できる®

Excel（エクセル）データベース

2019/2016/2013 & Microsoft 365対応

入力・整形・分析の効率アップに役立つ本

早坂清志＆できるシリーズ編集部

インプレス

できるシリーズは読者サービスが充実！

わからない操作が解決

できるサポート

本書購入のお客様なら**無料**です！

書籍で解説している内容について、電話などで質問を受け付けています。無料で利用できるので、分からないことがあっても安心です。なお、ご利用にあたっては316ページを必ずご覧ください。

詳しい情報は 316ページへ

ご利用は3ステップで完了！

ステップ1 書籍サポート番号のご確認

対象書籍の裏表紙にある6けたの「書籍サポート番号」をご確認ください。

ステップ2 ご質問に関する情報の準備

あらかじめ、問い合わせたい紙面のページ番号と手順番号などをご確認ください。

ステップ3 できるサポート電話窓口へ

●電話番号（全国共通）

0570-000-078

※月～金　10:00～18:00
　土・日・祝休み
※通話料はお客様負担となります

以下の方法でも受付中！

インターネット

FAX

封書

操作を見て
すぐに理解

できるネット解説動画

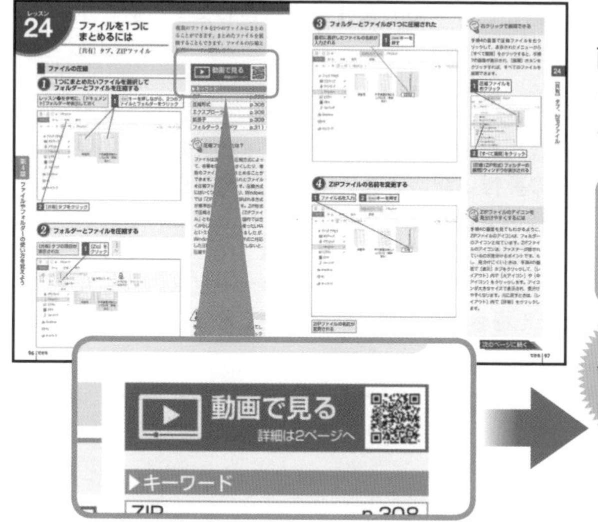

レッスンで解説している操作を動画で確認できます。画面の動きがそのまま見られるので、より理解が深まります。動画を見るには紙面のQRコードをスマートフォンで読み取るか、以下のURLから表示できます。

本書籍の動画一覧ページ
https://dekiru.net/exceldb2019

スマホで見る！

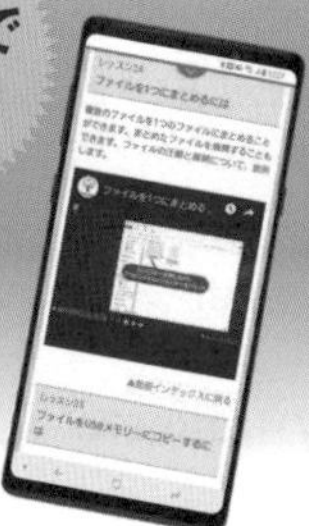

パソコンで見る！

いつでも読める！
検索できる！

購入者特典 無料電子版

本書の購入特典として、スマートフォンなどに保存して手軽に持ち歩ける電子書籍版（PDF）を提供しています。キーワードで内容を検索することもできます。

本書籍のWebページ
https://book.impress.co.jp/books/1120101076

外出先ではスマホで…

職場ではパソコンで…

ページ内の検索　言語バー　1/10
60　/321　目次
て、入力モードを変更しましたが、言語バーから入力モードの一覧を表示して、変更することもできます。言語バーのボタンを右クリックして、表示された一覧から切り替えた入力モードを選

知りたいことを検索できる！

ご利用の前に必ずお読みください

本書は、2020年10月現在の情報をもとに「Microsoft Excel 2019」の操作方法について解説しています。本書の発行後に「Microsoft Excel 2019」の機能や操作方法、画面などが変更された場合、本書の掲載内容通りに操作できなくなる可能性があります。本書発行後の情報については、弊社のWebページ（https://book.impress.co.jp/）などで可能な限りお知らせいたしますが、すべての情報の即時掲載ならびに、確実な解決をお約束することはできかねます。また本書の運用により生じる、直接的、または間接的な損害について、著者ならびに弊社では一切の責任を負いかねます。あらかじめご理解、ご了承ください。

本書で紹介している内容のご質問につきましては、できるシリーズの無償電話サポート「できるサポート」にて受け付けております。ただし、本書の発行後に発生した利用手順やサービスの変更に関しては、お答えしかねる場合があります。また、本書の奥付に記載されている初版発行日から3年が経過した場合、もしくは解説する製品やサービスの提供会社がサポートを終了した場合にも、ご質問にお答えしかねる場合があります。できるサポートのサービス内容については316ページの「できるサポートのご案内」をご覧ください。なお、都合により「できるサポート」のサービス内容の変更や「できるサポート」のサービスを終了させていただく場合があります。あらかじめご了承ください。

練習用ファイルについて

本書で使用する練習用ファイルは、弊社Webサイトからダウンロードできます。
練習用ファイルと書籍を併用することで、より理解が深まります。

▼練習用ファイルのダウンロードページ
https://book.impress.co.jp/books/1120101076

●用語の使い方

本文中では、「Microsoft Windows 10」のことを「Windows 10」または「Windows」と記述しています。また、「Microsoft Office 2019」のことを「Office 2019」または「Office」、「Microsoft Office Excel 2019」のことを「Excel 2019」または「Excel」と記述しています。また、本文中で使用している用語は、基本的に実際の画面に表示される名称に則っています。

●本書の前提

本書では、「Windows 10」に「Office Home & Business 2019」がインストールされているパソコンで、インターネットに常時接続されている環境を前提に画面を再現しています。お使いの環境と画面解像度が異なることもありますが、基本的に同じ要領で進めることができます。

まえがき

Excelといえば、言わずと知れた「表計算」ソフトですが、それなのに「なんでデータベース？」と疑問に持つ方もいらっしゃるかもしれません。実はExcelは誕生したときから、「表計算」「グラフ」「データベース」の3つの機能を柱に、その機能を強化してきました。一方で、オフィスにパソコンが普及し始めてから相当な年数が経っており、すでに社内には、相当量のデータが蓄積されています。さらにはインターネットの普及でさまざまなデータが手に入りやすくなるなどの状況もあり、今では簡単に誰でも大量のデータが利用できるようになっています。こうした背景があるなか、これらの大量のデータを使い慣れたExcelの豊富な機能を使って集計したり、分析したりという、Excelでデータベースを扱う機会が非常に多くなっているのです。

ただ、「データベース」と聞くと、「何だか難しそう」という印象を持つ方も多いかもしれません。確かに「レコード」や「フィールド」といった概念的な用語が出てくるので、取っつきにくさを感じることもあるでしょう。しかし、「データベース」は決して難しくありません。必要なのは、Excelでデータベースとして扱うための基本的な「ルール」をほんの少し知るだけです。いざExcelでデータを活用しようと思っても、うまく行かないというケースがよくありますが、そのうまく行かない理由は、そもそも、その元データが「ルール」を無視して作られたデータだったというケースがよくあるのです。

そこで、本書ではExcelでデータベースを扱うための基本的な「ルール」の解説から、多くのページを割きました。もちろん、データを活用するための、さまざまな機能の実践的な使い方も数多く紹介しています。もし、会社で「基幹システムから出力された大量のデータに、VLOOKUP関数をぶつけて必要なデータを作成している」というような方は、ぜひ12章を参考にして「Power Query」を試してみてください。これまで半日かけていたような作業が、たったの10分で済むようになるかもしれません。

現在、「モダンExcel」と呼ばれる新たなExcelの使い方が提唱されていますが、それはまさに、Power Queryを中心にしたExcelでデータベースを活用する方法なのです。本書が、その新たな使い方への道へとつなぐ一助になれれば幸いです。

2020年10月　早坂清志

できるシリーズの読み方

本書は、大きな画面で操作の流れを紙面に再現して、丁寧に操作を解説しています。初めての人でも迷わず進められ、操作をしながら必要な知識や操作を学べるように構成されています。レッスンの最初のページで、「解説」と「Before・After」の画面と合わせてレッスン概要を詳しく解説しているので、レッスン内容をひと目で把握できます。

対応バージョン

レッスンの内容が、Excelのどのバージョンに対応しているか確認できます。

動画で見る

レッスンで解説している操作を動画で見られます。詳しくは3ページを参照してください。

サンプル名

レッスンで使用するExcelのファイル名を明記しています。練習用ファイルのダウンロード方法については、12ページを参照してください。

関連レッスン

関連レッスンを紹介しています。関連レッスンを通して読むと、同じテーマを効果的に学べます。

解説

操作の要点やレッスンの概要を解説します。

左ページのつめでは、章タイトルでページを探せます。

図解

レッスンで学ぶ操作や機能の概要がひと目で分かります。

レッスン 32

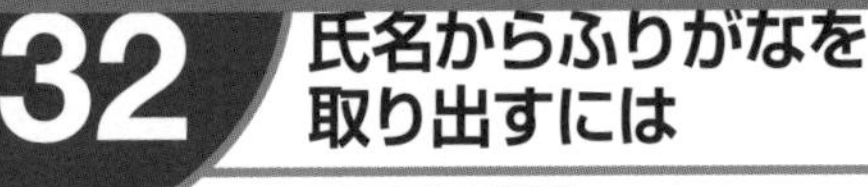

氏名からふりがなを取り出すには

PHONETIC関数

対応バージョン

365 2019 2016 2013

レッスンで使う練習用ファイル PHONETIC関数.xlsx

動画で見る 詳細は3ページへ

ふりがなを入力する手間を省こう

住所録や取引先の一覧などをデータベース化するときは、氏名を五十音順で並べ替えられるように「ふりがな」を入力します。しかし、Excelで氏名を入力していれば、ふりがなをあらためて入力する必要はありません。Excelは入力した文字の「読みがな情報」を保持しているため、ふりがなをすぐに表示できるのです。ただし、読みがなが正しくない場合やほかのアプリからデータをコピーした場合は、ふりがなを編集する必要があります。このレッスンでは、ふりがなを取り出す方法と編集するテクニックを紹介します。

関連レッスン

▶レッスン12 郵便番号から住所に変換するには ………… p.50

キーワード

関数	p.309
フィールド	p.312

ショートカットキー

Shift + Alt + 1 ………… ふりがなの編集

実践編 第6章

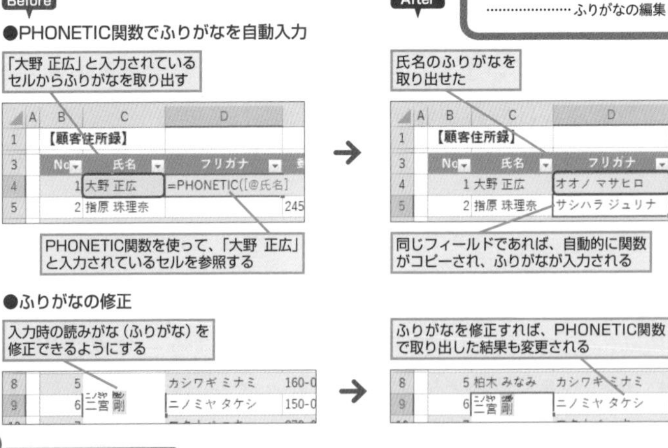

このレッスンで入力する関数

=PHONETIC(C2)

▶セルC2（[氏名] フィールド）にあるデータからふりがなを取り出す

●PHONETIC関数の書式

=PHONETIC（参照）

▶指定したセルに設定されているふりがなを取り出す

138 できる

手順

必要な手順を、すべての画面と操作を掲載して解説しています。

手順見出し
「○○を表示する」など、1つの手順ごとに内容の見出しを付けています。番号順に読み進めてください。

解説
操作の前提や意味、操作結果に関して解説しています。

操作説明
「○○をクリック」など、それぞれの手順での実際の操作です。番号順に操作してください。

キーワード

そのレッスンで覚えておきたい用語の一覧です。巻末の用語集の該当ページも掲載しているので、意味もすぐに調べられます。

テクニック

レッスンの内容を応用した、ワンランク上の使いこなしワザを解説しています。身に付ければパソコンがより便利になります。

右ページのつめでは、知りたい機能でページを探せます。

HINT!

レッスンに関連したさまざまな機能や、一歩進んだ使いこなしのテクニックなどを解説しています。

間違った場合は？

手順の画面と違うときには、まずここを見てください。操作を間違った場合の対処法を解説してあるので安心です。

ショートカットキー

知っておくと何かと便利。複数のキーを組み合わせて押すだけで、簡単に操作できます。

テクニック **長い数式の場合は、数式バーを広げると便利**

数式バーが1行の状態では、このレッスンのような長い数式をすべて表示し切れない場合があります。このようなときは、以下の手順で数式バーを複数行表示にするといいでしょう。複数行で表示すると、数式が折り返されて表示されるので見やすくなります。さらに数式バーの下側部分を下方向でドラッグすると、表示行数を増やすこともできます。数式バーを1行表示に戻すときは、同じボタンをクリックしてください。

1 数式バーのここをクリック

数式バーが複数行で表示された

1 PHONETIC関数を入力する

ここでは、セルD4にPHONETIC関数を入力して、[氏名]フィールドのふりがなを取り出す

1 セルD4をクリック　2 「=PHONETIC(」と入力

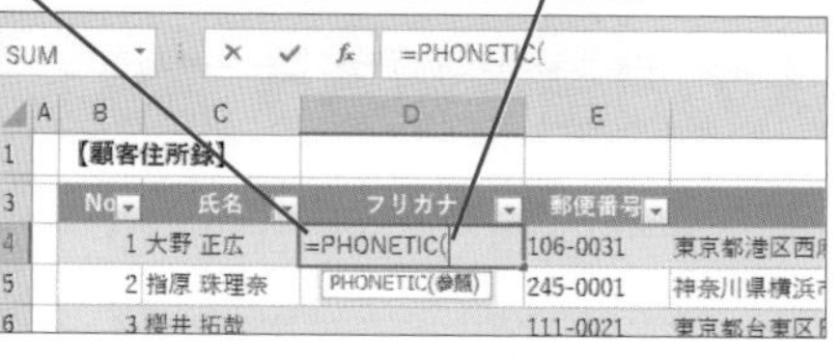

2 続けて参照するフィールドを指定する

1 セルC4をクリック　2 Enter キーを押す

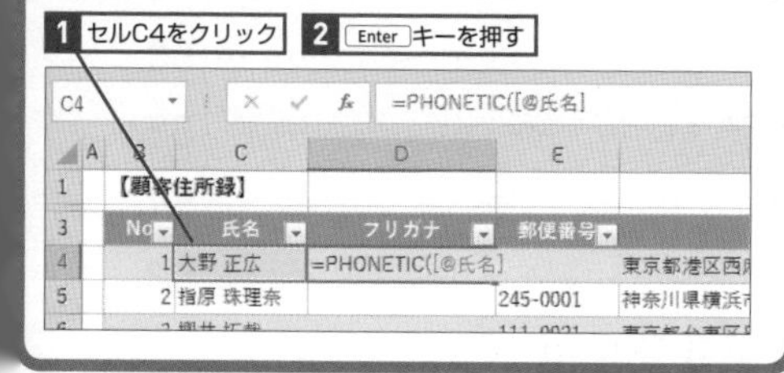

HINT!
漢字の上にふりがなを表示するには

以下のように操作すれば、漢字の上に「ルビ」のようにふりがなを表示できます。漢字の上に何も表示されない場合は、ふりがなの情報がないので、ふりがなを追加する必要があります。ただし、漢字の上にふりがなを表示するとデータが見にくくなることもあるので、必要に応じて操作しましょう。

間違った場合は？

手順2で Shift + Ctrl + ↑ キーを押してしまうと、上方向のセルが選択された状態になります。もう一度セルC9をクリックして、操作をやり直しましょう。

次のページに続く

32 PHONETIC関数

できる 139

※ここに掲載している紙面はイメージです。実際のレッスンページとは異なります。

目　次

実践編 **第9章　条件付き書式でデータの傾向を可視化しよう　215**

実践編 **第10章　目的に沿った方法でデータを分析しよう　237**

実践編 **第11章　ピボットテーブルで集計表を作成しよう　257**

実践編 第12章 大量の外部データを効率的に処理しよう 275

練習用ファイルの使い方

本書では、レッスンの操作をすぐに試せる無料の練習用ファイルを用意しています。Excelの初期設定では、ダウンロードした練習用ファイルを開くと、保護ビューで表示される仕様になっています。本書の練習用ファイルは安全ですが、練習用ファイルを開くときは以下の手順で操作してください。

▼ 練習用ファイルのダウンロードページ
https://book.impress.co.jp/books/1120101076

練習用ファイルを利用するレッスンには、練習用ファイルの名前が記載してあります。

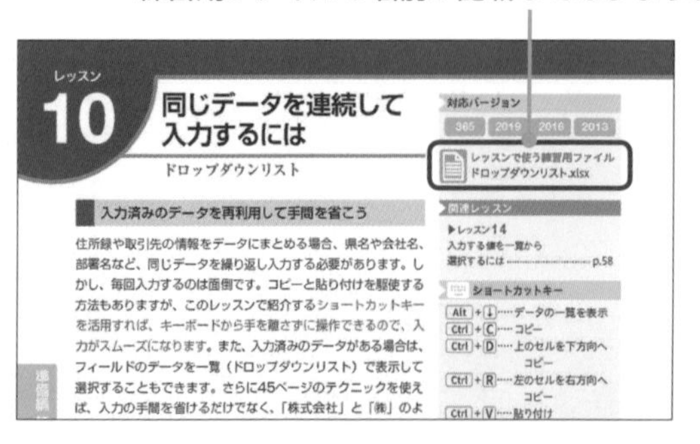

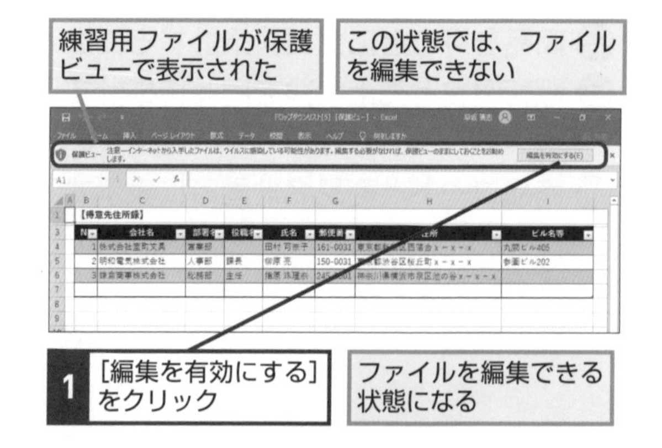

第1章

Excelで効率的にデータを管理しよう

Excelは計算するためのソフトウェアだと思っていませんか？　しかし、Excelをデータベースとして利用すれば、データの活用範囲が大きく広がります。この章では、Excelの表をデータベースとして扱うための基本的な考え方を紹介します。データベースの作成を始める前に、まず、この章を読み進めてください。

●この章の内容

レッスン

1 データベースの特徴を知ろう

データベース

対応バージョン

365 2019 2016 2013

このレッスンには、練習用ファイルがありません

必要な情報がすぐに見つかる！ 活用できる！

「データベース」とは、目的のデータをたくさん集めて整理し、効率よくデータを管理できるようにしたものです。例えば、「名刺」のデータを管理することを考えてみましょう。Excelにデータを入力するときに「データベース」を意識していないと、「見ため」を重視してページ1枚に収まるようにレイアウトしてしまいがちです。しかし、見ためを重視して名刺のデータを入力してしまうと、必要なデータを検索したり、複数の人が個別に管理している顧客の住所を1つにまとめる必要が出たときに、非常に手間がかかってしまいます。「データベース」を意識し、表形式で名刺のデータを入力しておけば、「同じ会社の人」を一瞬で探し出せる上、表形式のデータからあて名ラベルを印刷するなど、1つのデータをさまざまな用途に活用できるようになるのです。

●データベースを使わない情報整理

きちんと整理していないと、目的の名刺をすぐに探せない

データとして保存していても、データベース化していないと、必要な情報をすぐに探し出せない

関連レッスン

▶レッスン2
データベースの作り方を知ろう……p.16
▶レッスン3
データの種類を確認しよう……p.18

キーワード

データベース p.311

●データベースを使った情報整理

【顧客住所録】

No	氏名	郵便番号	都道府県	住所	マンション名等	電話番号
1	大野 正広	106-0031	東京都	港区西麻布x-x-x	○○マンション805	03-xxxx-xxxx
2	指原 珠理奈	245-0001	神奈川県	横浜市泉区池の谷x-x-x		045-xxx-xxxx
3	櫻井 拓哉	111-0021	東京都	台東区日本堤x-x-x	○×プラタ510	03-xxxx-xxxx
4	相葉 吾郎	333-0801	埼玉県	川口市東川口x-x-x		090-xxxx-xxxx
5	二宮 剛	150-0001	東京都	渋谷区神宮前x-x-x	○×マンション208	080-xxxx-xxxx
6	高橋 陽菜	279-0001	千葉県	浦安市当代島x-x-x		050-xxxx-xxxx
7	松本 慎吾	166-0001	東京都	杉並区阿佐谷北x-x-x	○○ハイツ312	03-xxxx-xxxx
8	篠田 由紀	655-0001	兵庫県	神戸市垂水区多聞町x-x-x		078-xxx-xxxx
9	稲垣 雅紀	174-0041	東京都	板橋区舟渡x-x-x	○○コーポ501	03-xxxx-xxxx
10	宮澤 智美	116-0001	東京都	荒川区町屋x-x-x		080-xxxx-xxxx
11	香取 潤	210-0001	神奈川県	川崎市川崎区本町x-x-x		044-xxx-xxxx
12	河西 佐江	331-0801	埼玉県	さいたま市北区今羽町x-x-x		048-xxx-xxxx
13	田村 可奈子	161-0031	東京都	新宿区西落合x-x-x	丸岡ビル405	03-xxxx-xxxx
14	指原 珠理奈	150-0031	東京都	渋谷区桜丘町x-x-x	参画ビル202	090-xxxx-xxxx
15	前田 優子	245-0001	神奈川県	横浜市泉区池の谷x-x-x		045-xxx-xxxx

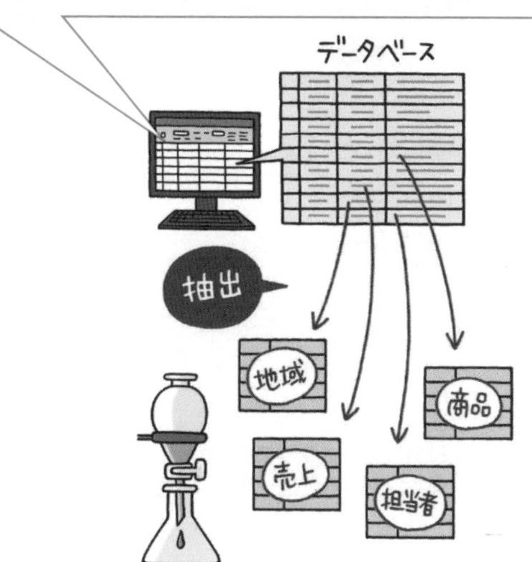

データベースがあれば、思い通りにデータの抽出や集計を実行でき、目的のデータを効率よく活用できる

住所録や集計表など、データをさまざまな形に加工して出力できる

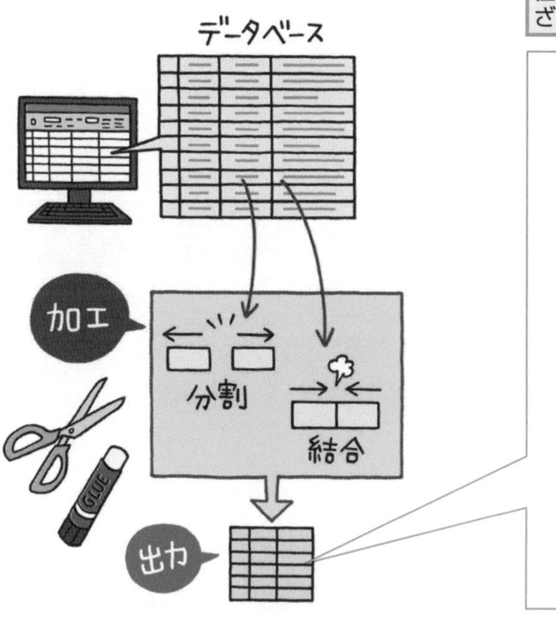

【売上データ】

No	日付	得意先	コード	商品名	単価	数量	金額
1	2020/5/1	株式会社室町文具	P-A401	A4コピー用紙	4,200	11	46,200
2	2020/5/1	鎌倉商事株式会社	M-CR50	CD-R	945	1	945
3	2020/5/1	株式会社大化事務機	P-B401	B4コピー用紙	3,150	4	12,600
4	2020/5/2	株式会社大化事務機	M-CR50	CD-R	945	4	3,780
5	2020/5/2	鎌倉商事株式会社	P-B401	B4コピー用紙	3,150	5	15,750
6	2020/5/2	鎌倉商事株式会社	P-A301	A3コピー用紙	4,200	3	12,600
7	2020/5/2	株式会社大化事務機	M-DR10	DVD-R	355	3	1,065
8	2020/5/3	慶応プラン株式会社	M-CR50	CD-R	945	2	1,890
9	2020/5/3	株式会社大化事務機	P-A301	A3コピー用紙	4,200	4	16,800
10	2020/5/3	明治デポ株式会社	P-B401	B4コピー用紙	3,150	9	28,350
11	2020/5/4	株式会社大化事務機	P-B401	B4コピー用紙	3,150	12	37,800
12	2020/5/4	昭和オフィス株式会社	P-A401	A4コピー用紙	4,200	11	46,200
13	2020/5/5	株式会社大化事務機	P-A401	A4コピー用紙	4,200	12	50,400
14	2020/5/5	明治デポ株式会社	P-A401	A4コピー用紙	4,200	13	54,600
15	2020/5/5	株式会社大宝通商	M-CR50	CD-R	945	3	2,835
16	2020/5/6	株式会社室町文具	M-DW01	DVD-RW	128	1	128
17	2020/5/6	鎌倉商事株式会社	M-CR50	CD-R	945	3	2,835
18	2020/5/6	昭和電気株式会社	M-CR50	CD-R	945	1	945
19	2020/5/6	慶応プラン株式会社	M-DR10	DVD-R	355	3	1,065
20	2020/5/7	株式会社大化事務機	P-A401	A4コピー用紙	4,200	1	4,200
21	2020/5/7	昭和電気株式会社	P-A301	A3コピー用紙	4,200	1	4,200
22	2020/5/7	株式会社大化事務機	M-DR10	DVD-R	355	5	1,775
23	2020/5/7	株式会社大宝通商	M-CR50	CD-R	945	1	945
24	2020/5/8	株式会社室町文具	P-A401	A4コピー用紙	4,200	11	46,200
25	2020/5/8	鎌倉商事株式会社	M-DR10	DVD-R	355	3	1,065
26	2020/5/9	株式会社大化事務機	P-A401	A4コピー用紙	4,200	3	12,600
27	2020/5/9	株式会社大化事務機	M-DR10	DVD-R	355	4	1,420
28	2020/5/9	鎌倉商事株式会社	P-B401	B4コピー用紙	3,150	5	15,750
29	2020/5/10	鎌倉商事株式会社	M-DW01	DVD-RW	128	9	1,152
30	2020/5/10	株式会社大化事務機	P-B401	B4コピー用紙	3,150	11	34,650
31	2020/5/10	慶応プラン株式会社	P-A401	A4コピー用紙	4,200	3	12,600
32	2020/5/10	株式会社大化事務機	P-B401	B4コピー用紙	3,150	10	31,500
33	2020/5/11	明治デポ株式会社	M-DR10	DVD-R	355	5	1,775
34	2020/5/11	株式会社大化事務機	M-DW01	DVD-RW	128	3	384
35	2020/5/11	昭和オフィス株式会社	M-CR50	CD-R	945	4	3,780
36	2020/5/11	株式会社大化事務機	P-A401	A4コピー用紙	4,200	5	21,000
37	2020/5/12	明治デポ株式会社	M-DR10	DVD-R	355	2	710
38	2020/5/12	株式会社大宝通商	P-A301	A3コピー用紙	4,200	4	16,800
39	2020/5/12	株式会社室町文具	M-DW01	DVD-RW	128	5	640
40	2020/5/12	鎌倉商事株式会社	P-B401	B4コピー用紙	3,150	8	25,200
41	2020/5/13	昭和電気株式会社	P-B401	B4コピー用紙	3,150	11	34,650
42	2020/5/13	慶応プラン株式会社	P-A301	A3コピー用紙	4,200	5	21,000
43	2020/5/14	株式会社大化事務機	M-DW01	DVD-RW	128	2	256
44	2020/5/14	昭和電気株式会社	P-A301	A3コピー用紙	4,200	1	4,200

HINT!
データベースソフトとの違いとは

データベースを専用に扱うソフトウェアには、Excelのほかに、Accessがあります。ExcelとAccessとの一番大きな違いは、扱えるデータ量の違いと考えるといいでしょう。数十万件ものデータを扱うことが想定される場合は、Accessなどのデータベースソフトを利用しましょう。Excelで入力したデータは、後からデータベースソフトに移行できます。まずはExcelでデータの管理を始めてみて、限界が生じてからデータベースソフトを利用するという運用方針でも十分です。

レッスン

2 データベースの作り方を知ろう

データの収集

対応バージョン

365 2019 2016 2013

このレッスンには、
練習用ファイルがありません

関連レッスン

▶レッスン10
同じデータを連続して
入力するには ………………… p.42
▶レッスン16
ほかのブックのデータを
利用するには ………………… p.72
▶レッスン20
CSV形式のデータを
Excelで利用するには ……… p.88

キーワード

データベース	p.311
テーブル	p.311
フィールド	p.312
レコード	p.312

データを集める3つの方法

データベースには、取引先の情報を管理する、商品の売り上げを集計するなど、さまざまな目的がありますが、「データを集めて管理し、必要な情報を利用する」ことは共通です。データを集める方法には、データを手入力する方法、ほかのブックやワークシートからデータをコピーする方法、ほかのファイルからデータを取り込む方法の3つがあることを覚えておきましょう。

ただし、データを手入力するときは、「株式会社大化事務機」と「(株) 大化事務機」などの名称や表記をそろえる必要があります。また、ほかのブックやワークシート、ファイルからデータを集めるときには、文字種や半角文字、全角文字などが混在しないようにデータを整えることも必要です。データを効率よく入力する方法については、第3章以降で詳しく解説します。

データベースとして利用できるように
ワークシートにデータを入力する

【顧客住所録】

No	氏名	郵便番号	住所	マンション名等	電話番号
1	大野 正広	106-0031	東京都港区西麻布x-x-x	○○マンション805	03-xxxx-xxxx
2	指原 珠理奈	245-0001	神奈川県横浜市泉区池の谷x-x-x		045-xxx-xxxx
3	櫻井 拓哉	111-0021	東京都台東区日本堤x-x-x	○×プラタ510	03-xxxx-xxxx
4	相葉 吾郎	333-0801	埼玉県川口市東川口x-x-x		090-xxxx-xxxx
6	二宮 剛	150-0001	東京都渋谷区神宮前x-x-x		

ほかのブックやワークシートにあるデータをコピーして利用する

【得意先住所録】

No	会社名	氏名	フリガナ	部署名	役職名	郵便番号
1	株式会社室町文具	田村 可奈子	タムラ カナコ	営業部		161-0031
2	明和電気株式会社	柳原 亮	ヤナギハラ リョウ	人事部	課長	150-0031
3	鎌倉商事株式会社	指原　珠理奈	サシハラ　ジュリナ	総務部	主任	245-0001
4	株式会社大化事務機	松本 慎吾	マツモト シンゴ	総務部		101-0021
5	慶応プラン株式会社	大竹 直美	オオタケ ナオミ	営業部		165-0021
6	鎌倉商事株式会社	渡辺 一樹	ワタナベ カズキ	購買部	部長	261-0001
7	株式会社大化事務機	田中 才加	タナカ サヤカ	管理部	課長	530-0011
8	株式会社大宝通商	香取 潤	カトリ ジュン	総務部		210-0001
9	明治デポ株式会社	秋元 裕二	アキモト ユウジ	営業部	主任	455-0001
10	昭和オフィス株式会社	太田 弘也	オオタ ヒロヤ	人事部		116-0011

●完成したデータベース

【顧客住所録】

No	氏名	郵便番号	都道府県	住所	マンション名等	電話
1	大野 正広	106-0031	東京都	港区西麻布x-x-x	○○マンション805	03-xxxx-
2	指原 珠理奈	245-0001	神奈川県	横浜市泉区池の谷x-x-x		045-xxx-
3	櫻井 拓哉	111-0021	東京都	台東区日本堤x-x-x	○×プラタ510	03-xxxx-
4	相葉 吾郎	333-0801	埼玉県	川口市東川口x-x-x		090-xxx
5	二宮 剛	150-0001	東京都	渋谷区神宮前x-x-x	○×マンション208	080-xxx
6	高橋 陽菜	279-0001	千葉県	浦安市当代島x-x-x		050-xxx
7	松本 慎吾	166-0001	東京都	杉並区阿佐谷北x-x-x	○○ハイツ312	03-xxxx-
8	篠田 由紀	655-0001	兵庫県	神戸市垂水区多聞町x-x-x		078-xxx-
9	稲垣 雅紀	174-0041	東京都	板橋区舟渡x-x-x	○○コーポ501	03-xxxx-
10	宮澤 智美	116-0001	東京都	荒川区町屋x-x-x		080-xxx
11	香取 潤	210-0001	神奈川県	川崎市川崎区本町x-x-x		044-xxx-
12	河西 佐江	331-0801	埼玉県	さいたま市北区今羽町x-x-x		048-xxx-
13	田村 可奈子	161-0031	東京都	新宿区西落合x-x-x	丸閣ビル405	03-xxxx-
14	指原 珠理奈	150-0031	東京都	渋谷区桜丘町x-x-x	参画ビル202	090-xxx
15	前田 優子	245-0001	神奈川県	横浜市泉区池の谷x-x-x		045-xxx-

CSV形式のデータをExcelに
取り込んで利用する

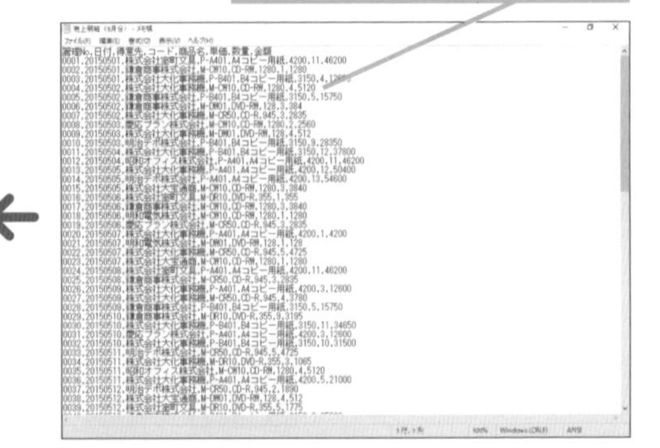

「フィールド」と「レコード」がデータベースの要！

データベースとは、行や列に入力したデータの集まりです。下の画面にある「顧客住所録」のデータベースを見てください。個人情報1件分のデータを1行で入力し､各フィールド（列）に「氏名」「郵便番号」「住所」などの項目を一覧にしています。データベースでは、1行のまとまりを「レコード」、1列のまとまりを「フィールド」と呼びます。そして、先頭の1行目には、各フィールドの「フィールド名」（項目名）を入力します。この行のことを「フィールド行」や「列見出し」と呼びます。これら全体のデータの集まりが「データベース」となるので、それぞれの名称を覚えておきましょう。

なお、データベースのセル範囲のことをExcelでは「テーブル」として、特別なセル範囲として扱うことができます。

HINT!
ワークシート1つに1つのデータベースを作成しよう

各データベースの間に空白行や空白列を設ければ、1つのワークシートに複数のデータベースを作成できますが、「1つのワークシートには1つのデータベース」という使い方にした方がデータを管理しやすくなります。また、1つのデータベースとして扱えるのは、1つのワークシートに入力されているデータになります。売り上げのデータなどは、月ごとなどに別シートに分けるのではなく、1年分を1つのワークシートにまとめて入力しておくと、集計時にデータの扱いが簡単になります。

◆フィールド
管理する内容を表す1列のまとまり。1つのフィールドには、同じ意味を持つデータを入力する

◆フィールド行
各フィールドのフィールド名（項目名）を表す行。セルや文字列に書式を設定してレコードと区別できるようにする

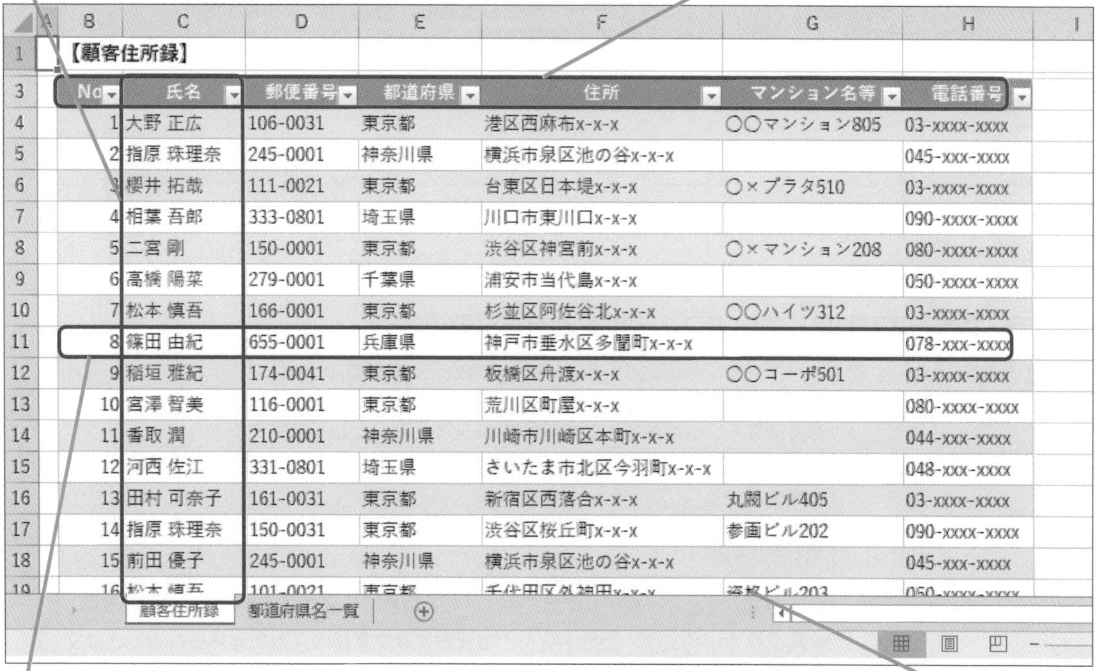

	A	B	C	D	E	F	G	H
1		【顧客住所録】						
3		No	氏名	郵便番号	都道府県	住所	マンション名等	電話番号
4		1	大野 正広	106-0031	東京都	港区西麻布x-x-x	○○マンション805	03-xxxx-xxxx
5		2	指原 珠理奈	245-0001	神奈川県	横浜市泉区池の谷x-x-x		045-xxx-xxxx
6		3	櫻井 拓哉	111-0021	東京都	台東区日本堤x-x-x	○×プラタ510	03-xxxx-xxxx
7		4	相葉 吾郎	333-0801	埼玉県	川口市東川口x-x-x		090-xxxx-xxxx
8		5	二宮 剛	150-0001	東京都	渋谷区神宮前x-x-x	○×マンション208	080-xxxx-xxxx
9		6	高橋 陽菜	279-0001	千葉県	浦安市当代島x-x-x		050-xxxx-xxxx
10		7	松本 慎吾	166-0001	東京都	杉並区阿佐谷北x-x-x	○○ハイツ312	03-xxxx-xxxx
11		8	篠田 由紀	655-0001	兵庫県	神戸市垂水区多聞町x-x-x		078-xxx-xxxx
12		9	稲垣 雅紀	174-0041	東京都	板橋区舟渡x-x-x	○○コーポ501	03-xxxx-xxxx
13		10	宮澤 智美	116-0001	東京都	荒川区町屋x-x-x		080-xxxx-xxxx
14		11	香取 潤	210-0001	神奈川県	川崎市川崎区本町x-x-x		044-xxx-xxxx
15		12	河西 佐江	331-0801	埼玉県	さいたま市北区今羽町x-x-x		048-xxx-xxxx
16		13	田村 可奈子	161-0031	東京都	新宿区西落合x-x-x	丸閣ビル405	03-xxxx-xxxx
17		14	指原 珠理奈	150-0031	東京都	渋谷区桜丘町x-x-x	参画ビル202	090-xxxx-xxxx
18		15	前田 優子	245-0001	神奈川県	横浜市泉区池の谷x-x-x		045-xxx-xxxx
19		16	[illegible]	101-0021	東京都	千代田区外神田x-x-x	[illegible]ビル203	050-xxxx-xxxx

顧客住所録　都道府県名一覧

◆レコード
データベースに含まれる1件（行）のデータの集まり。レコードの内容に対して抽出や集計を行う

◆テーブル
フィールドとレコードで構成される表形式のデータの一覧。並べ替えや抽出など、データベースの操作に欠かせない機能が用意されている

データの種類を確認しよう

データ型

対応バージョン

365 2019 2016 2013

このレッスンには、練習用ファイルがありません

データの種類を何にするかが、とても大切

普段、データを入力するときに「データの種類」（データ型）の違いについては、あまり意識していないかもしれません。なぜなら、私たちには「100」でも「100円」でも、同じ「100」という量を示していることが分かるからです。ところが、セルに「100円」と入力すると、Excelは入力されたデータを「文字列」として扱います。計算に利用できる「数値」と計算できない「文字列」とでは、まったく別の種類のデータとなるのです。いざ集計したいというときに、うまくできないというトラブルは「データ型の違い」が原因です。データベースを構築するときには、必ず「データ型」を意識するようにしましょう。

関連レッスン

▶レッスン13
セルの選択時にメッセージを表示するには ………… p.54

▶レッスン16
ほかのブックのデータを利用するには ………… p.72

▶レッスン46
期間内のレコードを抽出するには ………… p.196

ショートカットキー

Ctrl + 1 …［セルの書式設定］ダイアログボックスの表示

フィールドを利用する目的を考えてデータ型を検討する

同じように見えるデータであっても、直接入力する値や日付、計算に利用する数値など、さまざまな種類がある

	A	B	C	D	E	F	G	H	I
1		【売上データ】							
3		No	日付	得意先	コード	商品名	単価	数量	金額
4		1	2020/5/1	株式会社室町文具	P-A401	A4コピー用紙	4,200	11	46,200
5		2	2020/5/1	鎌倉商事株式会社	M-CR50	CD-R	945	1	945
6		3	2020/5/1	株式会社大化事務機	P-B401	B4コピー用紙	3,150	4	12,600

●上のデータベースで利用しているフィールドとデータ型の例

フィールドの例	データ型	データ型を決める目安
No	数値型	レコードの番号を表す。並べ替えの基準にすることが多い。ただし、レコードの連番ではなく、伝票番号などの場合は、「文字列型」として設定する
日付	日付型	期間を指定して集計するなど、日時の計算に利用するため、文字列型や数値型などは避ける
得意先	文字列型	全角文字や半角文字、英数字など、さまざまな文字種の入力が考えられるときは文字列型に設定する
コード	文字列型	「文字列型」に設定するコードは、別々のデータベース同士をつなぐ際の「キー」になるので、たとえ「数字」だけで生成される場合でも必ず「文字列型」に設定する
商品名	文字列型	全角文字や半角文字、英数字など、さまざまな文字種の入力が考えられるときは文字列型に設定する
単価	数値型	数量と掛け合わせたり、平均値を求めたりするなど、数値計算に利用するときは数値型に設定する。通貨記号やけた区切り文字はセルの書式を変更して設定する
数量	数値型	数値計算に利用するフィールドは数値型に設定する
金額	数値型	単価と同様に、集計などの数値計算に利用するフィールドには数値型を設定する。通貨記号やけた区切り文字は、セルの書式を変更して設定する

データ型によってデータの表示や扱い方が変わる！

通常、セルに「001」と入力すると、「1」だけが表示されます。これは、電卓で「0、0、1」とボタンを押しても、「1」となるのと同じ理屈です。しかし、伝票番号などを「001」のように表示したいこともあるでしょう。これをExcelで実現するには、2通りの方法があります。1つは「1」という数値のまま、セルの表示形式で「見ため」を変える方法で、もう1つが、「文字列」として入力する方法です。あらかじめセルの表示形式を［文字列］に設定しておけば、セルに「001」と表示できるようになります。見た目は同じ「001」となりますが、実際のデータはまったく別のデータになります。これについては、トラブルも多いので、次のレッスンで詳しく見てみましょう。

HINT! 日付とシリアル値の関係

セルの表示形式が［標準］のとき、「西暦/月/日」の形式で「2020/5/1」と入力すると、日付データとして入力されると同時に［日付］の表示形式が自動的に設定されます。Excelでは日付を1900年1月1日を「1」として数える「シリアル値」という連番で管理して、表示形式によって日付として表示します。日付を扱うときには、この点を理解しておきましょう。「シリアル値」については、レッスン㊻のテクニックで解説します。

●データ型による表示の違い

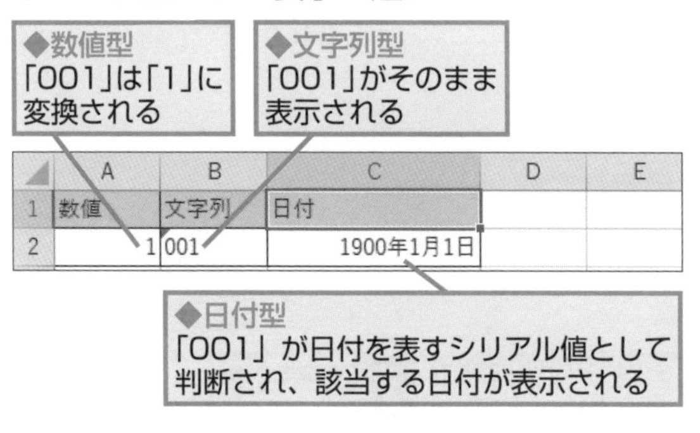

●セルの表示形式による見ための違い

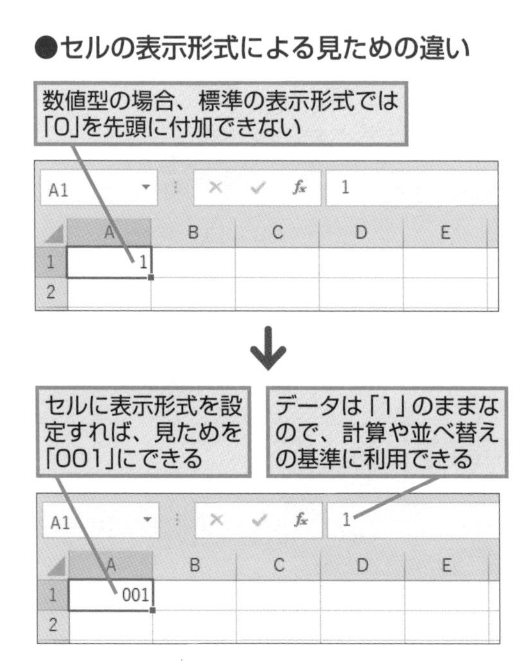

●セルの表示形式の変更方法

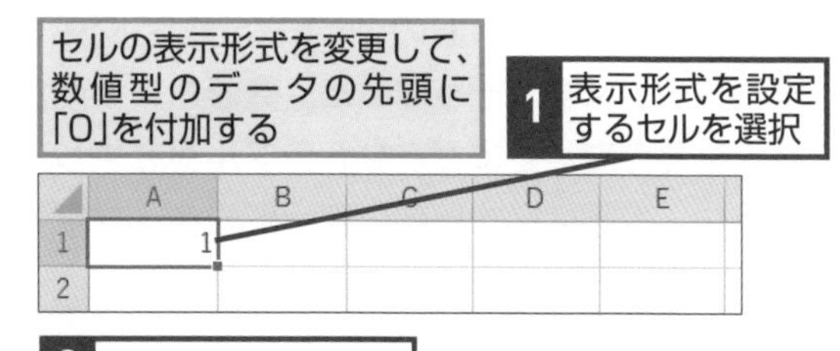

2 Ctrl＋1キーを押す

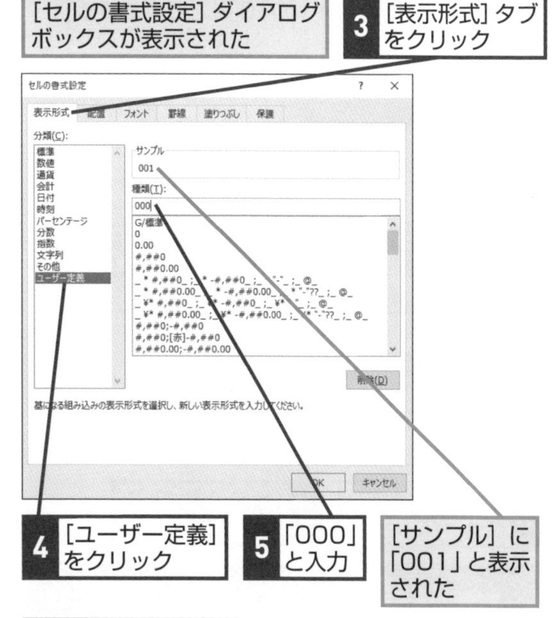

6 ［OK］をクリック

レッスン

4 ゼロで始まるデータに注意しよう

文字列数字

対応バージョン

365 2019 2016 2013

このレッスンには、練習用ファイルがありません

関連レッスン

▶レッスン3
データの種類を確認しよう…………p.18

キーワード

数値データ p.310
文字列データ p.312

数値と文字列を区別する

「伝票番号」や「コード番号」といった項目は、原則として「文字列型」のデータとして扱います。たとえば「1101」のように数字だけで成り立つ番号のときなど、表示形式が「標準」のままでもトラブルにならないことも多いので、そのまま意識せずに使われているケースもあります。ところが、「0101」のようにゼロ始まる番号の場合､そのままでは最初の「0」を入力できないので、そのセルだけ表示形式を「文字列」にしたり、先頭にアポストロフィをつけて「'0101」のように入力して対処してしまうケースが見受けられます。そうすると、数値と文字列が混在してしまうことになるので、さまざまなトラブルが発生します。これを避けるために、番号は必ず事前に表示形式を「文字列」に設定しておきましょう。

●セルの表示形式の変更方法

表示形式が［標準］に設定されている

「0101」と入力しても［101］と表示される

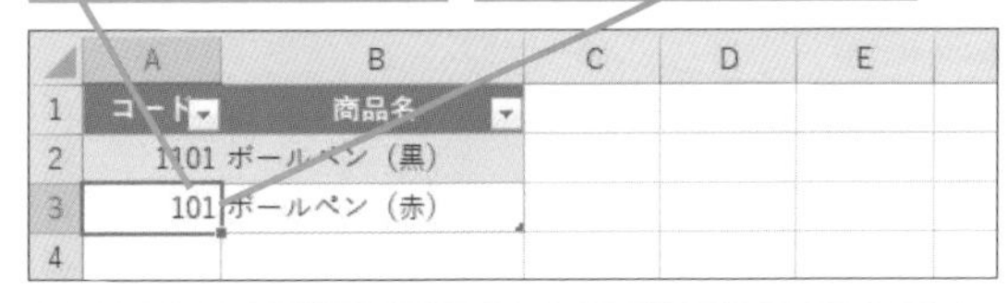

ここでは［0101］と表示されるように、表示形式を［文字列］に変更する

表示形式を変更するセルをドラッグして選択しておく

1 ［ホーム］タブをクリック

2 ［数値の書式］をクリック

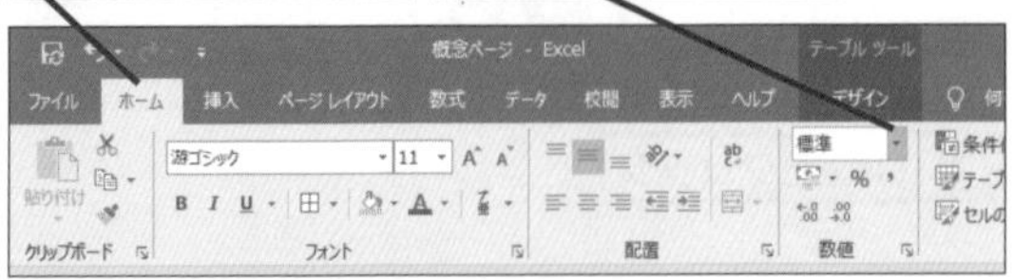

表示形式の一覧が表示された

3 ［文字列］をクリック

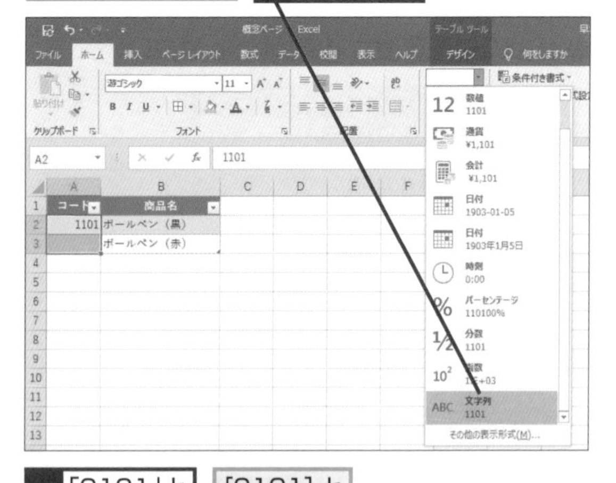

4 「0101」と入力

［0101］と表示された

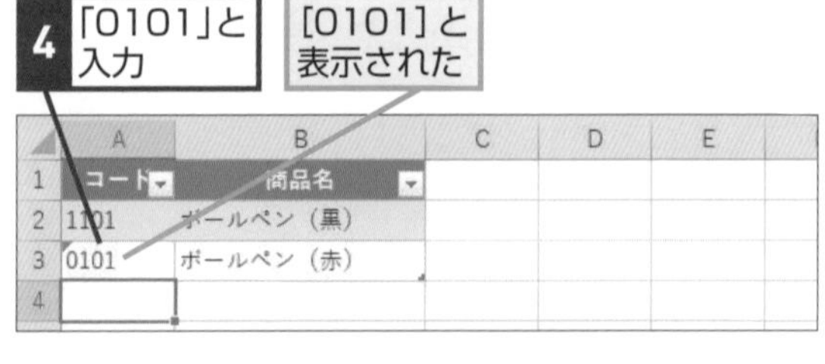

文字列数字の不具合に注意する

表示形式を「文字列」に設定しておけば、「0」で始まるコードを扱うことができるようになりますが、たとえば、以下の手順の「オートフィルター」のように、残念ながらうまく扱えないケースがあります。これは「文字列」に設定しているのにも関わらず、「数値フィルター」として表示されていて、そもそも「文字列」として認識されていないからです。このため、最初からコード体系を設定するなら、数字だけのコードにせず、「CD001」や「10-001」のように、文字や記号を入れた体系に設定してしまうのが無難です。すでに数字だけのコードが設定されてしまっているときは、正しい結果が得られているか、常に気を付けながら作業しましょう。

HINT! ワイルドカードで対処

下の手順の操作4で「01」ではなく「01*」と条件を指定することで「01」以外を表示させることができます。この「*」が、特定の文字の代わりとして条件に指定できる「ワイルドカード」です。ただし、この条件は、あくまで「『01』以外で始まる文字」という指定になるので、「01」だけでなく「011」や「0123」なども対象になってしまいます。使用するときには、十分に注意しましょう。

●文字列数字の不具合

A列の表示形式は[文字列]に設定されている

ここでは、A列にフィルターをかけて、「01」と入力されたセル以外を表示する

1 ここをクリック

	A	B	C	D	E
1	コード	取引方法			
2	01	店頭販売			
3	11	郵送			
4	12	メール便			
5	21	宅配便（元払い）			
6	22	宅配便（着払い）			
7					

2 [数値フィルター]にマウスポインターを合わせる

3 [指定の値に等しくない]をクリック

[フィルターオプション]ダイアログボックスが表示された

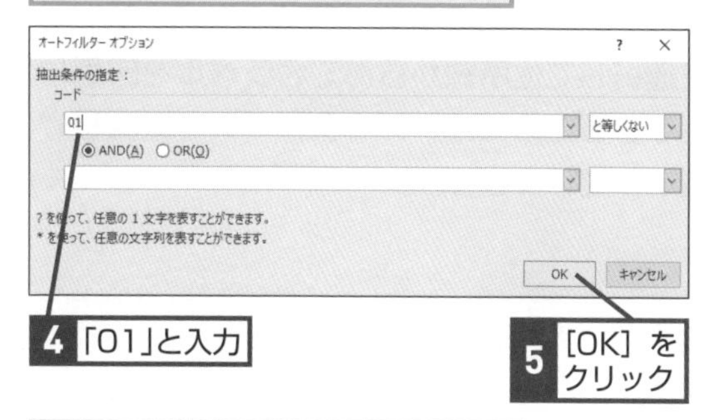

4 「01」と入力

5 [OK]をクリック

「01」と入力されたセルが表示されたままになっている

	A	B	C	D	E
1	コード	取引方法			
2	01	店頭販売			
3	11	郵送			
4	12	メール便			
5	21	宅配便（元払い）			
6	22	宅配便（着払い）			
7					

この章のまとめ

●入力の基本を守れば、データベースは簡単！

Excelで作った名簿などで、一人分のデータを2行にレイアウトしているケースをよく見かけます。きれいで見やすいのですが、そのようなレイアウトの表は、そのままではデータベースとして利用できません。データの抽出や並べ替えを行う際、Excelでは1行単位のまとまりを基準にしているためです。「データベース」としてExcelを使うには、レッスン❷で解説したように、1件分のレコードを1行に入力するのが基本です。商品の売り上げを分析する集計表を作成したり、Wordと連携して住所録からあて名ラベルを印刷したりするためには、データベースを意識して表を作成しましょう。

ただし、データベースとして扱うには、データ型や表示形式をきちんと意識するのが重要です。集計をやデータ抽出を行うときにトラブルが発生するのは、その多くが元々のデータに問題があるケースが多いのです。
とはいっても、難しいことは何もありません。ふりがなの有無やデータの重複をチェックするテクニックを使えば、大量のデータの入力や加工が素早くできるようになります。第2章以降では､データを「集める」「整える」「活用する」ためのテクニックを紹介します。大切なデータを十分に活用できるように、1つずつ基本を理解して「データベース使い」を目指しましょう!

【顧客住所録】

No	氏名	郵便番号	都道府県	住所	マンション名等	電
1	大野 正広	106-0031	東京都	港区西麻布x-x-x	○○マンション805	03-xx
2	指原 珠理奈	245-0001	神奈川県	横浜市泉区池の谷x-x-x		045-
3	櫻井 拓哉	111-0021	東京都	台東区日本堤x-x-x	○×プラタ510	
4	相葉 吾郎	333-0801	埼玉県	川口市東川口x-x-x		090-
5	二宮 剛	150-0001	東京都	渋谷区神宮前x-x-x	○×マンション208	080-
6	高橋 陽菜	279-0001	千葉県	浦安市当代島x-x-x		050-
7	松本 慎吾	166-0001	東京都	杉並区阿佐谷北x-x-x	○○ハイツ312	03-xx
8	篠田 由紀	655-0001	兵庫県	神戸市垂水区多聞町x-x-x		078-
9	稲垣 雅紀	174-0041	東京都	板橋区舟渡x-x-x	○○コーポ501	03-xx
10	宮澤 智美	116-0001	東京都	荒川区町屋x-x-x		080-
11	香取 潤	210-0001	神奈川県	川崎市川崎区本町x-x-x		044-
12	河西 佐江	331-0801	埼玉県	さいたま市北区今羽町x-x-x		048-
13	田村 可奈子	161-0031	東京都	新宿区西落合x-x-x	丸岡ビル405	03-xx
14	指原 珠理奈	150-0031	東京都	渋谷区桜丘町x-x-x	参画ビル202	090-
15	前田 優子	245-0001	神奈川県	横浜市泉区池の谷x-x-x		045-

データベースは簡単に作れる！

「データベースの流儀」に合わせてデータを入力すれば、Excel で大切なデータを活用できるようになる

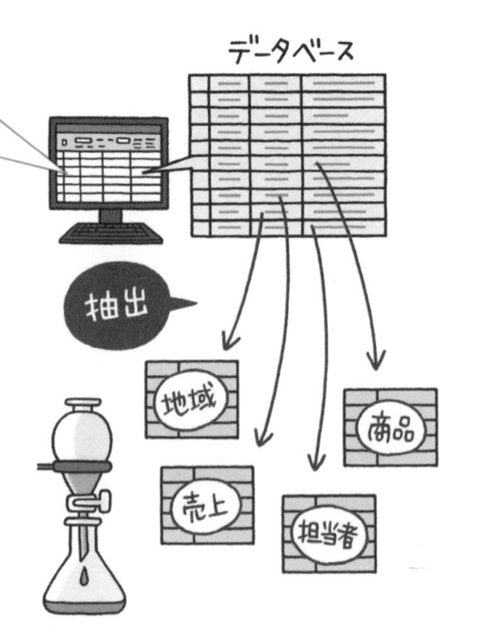

第2章 データをテーブルに変換して扱いやすくしよう

この章では、データを1から入力し、並べ替えや抽出がしやすくなるように、表を「テーブル」に変換します。テーブルは、Excelでデータベースを扱ううえで、基盤となる非常に重要な機能ですが、現実にはあまり利用されていないようです。通常の表やデータベースは、まずはテーブルに変換してから、利用するようにしましょう。

●この章の内容

レッスン

5 テーブルを作成するには

テーブルの作成

対応バージョン

365 2019 2016 2013

レッスンで使う練習用ファイル
テーブルの作成.xlsx

データベースの一歩は「テーブル」から

レッスン❷で紹介したように、データベースを効率よく管理するためには、表記や文字種の統一といったテクニックが必要になります。Excelでデータベースの機能を十分に活用するために「テーブル」の機能を利用しましょう。表形式で入力したデータをテーブルに変換すると、1行ごとに色が塗り分けられてデータが見やすくなります。レコードの追加時は、自動的に書式が適用され、必要な数式がコピーされるので、データ入力の手間を軽減できます。また、「フィルター」の機能を利用して、条件に合致するデータを瞬時に絞り込めるので便利です。

●このレッスンで作成するテーブルのフィールド

フィールド	入力するセル	列幅の目安
No	セル B3	4.5（41 ピクセル）
会社名	セル C3	19.13（158 ピクセル）
部署名	セル D3	8（69 ピクセル）
役職名	セル E3	8（69 ピクセル）
氏名	セル F3	11（93 ピクセル）
郵便番号	セル G3	8.38（72 ピクセル）
住所	セル H3	32.38（264 ピクセル）
ビル名等	セルI 3	20（165 ピクセル）

Before

フィールド名を入力しただけではデータベースの機能を使えない

After

テーブルに変換すると、「フィルター」などの機能を使えるようになる

関連レッスン

▶レッスン1
データベースの特徴を知ろう……p.14
▶レッスン2
データベースの作り方を知ろう……p.16
▶レッスン3
データの種類を確認しよう…………p.18
▶レッスン7
テーブル名を変更するには ………… p.30

キーワード

データベース	p.311
テーブル	p.311
フィールド	p.312

ショートカットキー

Ctrl + T ……テーブルの作成

❶ 表のタイトルを入力する

練習用ファイル［テーブルの作成.xlsx］を開いておく

1 セルB1をクリック

2 「【得意先住所録】」と入力

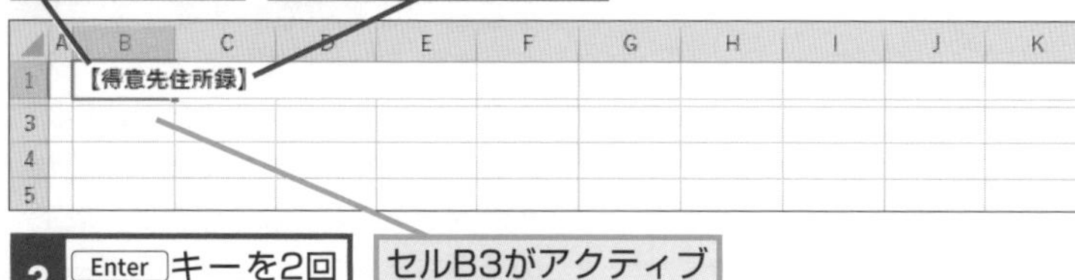

3 Enter キーを2回押す

セルB3がアクティブセルになる

❷ フィールド名を入力する

セルB1に表のタイトルが入力された

ここでは、［No］［会社名］［部署名］［役職名］［氏名］［郵便番号］［住所］［ビル名等］のフィールド名を入力する

No	会社名	部署名	役職名	氏名	郵便番号	住所	ビル名等

セルB3～I3にフィールド名を入力する

1 「No」と入力

2 Tab キーを押す

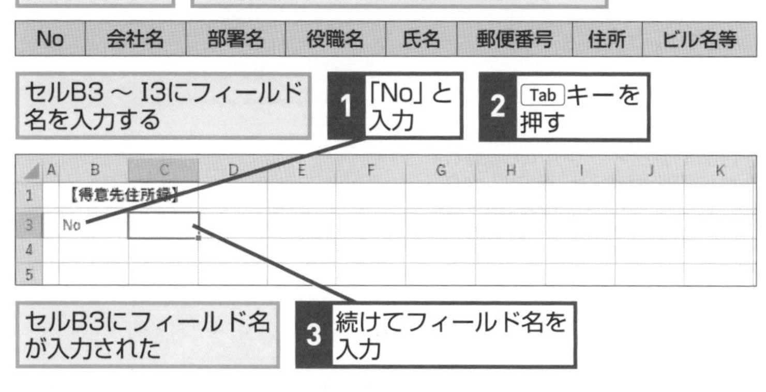

セルB3にフィールド名が入力された

3 続けてフィールド名を入力

❸ 表をテーブルに変換する

フィールド名を入力した表をテーブルに変換する

表をテーブルに変換するので、フィールド名が入力されているセルを選択する

1 セルB3をクリック

2 ［挿入］タブをクリック

3 ［テーブル］をクリック

テーブル

HINT!
「通し番号」のフィールドを用意しておく

データベースの用途に応じて、必要になるフィールドを用意します。このとき、全体の「通し番号」となるフィールドを最初に用意しておきましょう。例えば、［会社名］や［氏名］のフィールドを基準に並べ替えを実行しても、「通し番号」のフィールドを対象にすることで、いつでも入力順にデータを並べ替えられるので便利です。このレッスンの例では、手順2で入力している［No］が通し番号のフィールドになります。

HINT!
Tab キーでデータの入力が簡単に

手順2では、フィールド名の確定に Tab キーを使っています。Enter キーを使うと、データを入力している下のセルがアクティブセルになりますが、テーブルにフィールド名やデータを入力するときは Tab キーの方が便利です。一番右端のフィールドにデータを入力した後で、Tab キーを押すと、次のレコードの先頭にアクティブセルが移動します。詳しくは、レッスン❾を参照してください。

次のページに続く

4 テーブルに変換する範囲を確認する

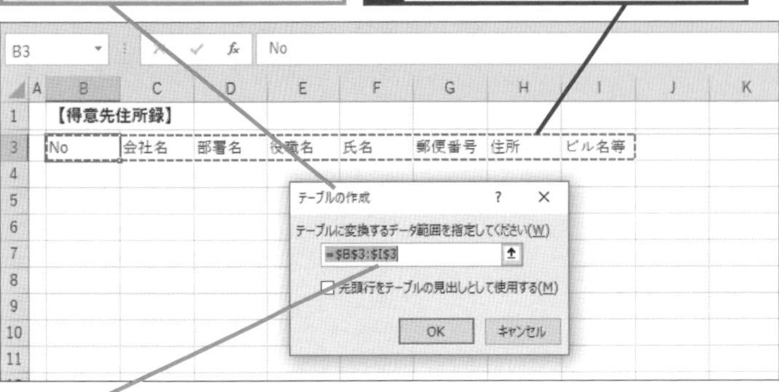

5 テーブルを作成する

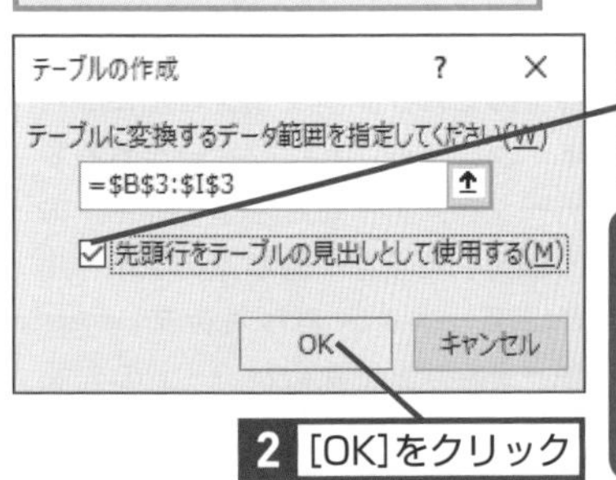

注意 [先頭行をテーブルの見出しとして使用する] にチェックマークを付け忘れると、「列1」「列2」のようなフィールド名が追加されてしまうので、必ずチェックマークを付けるようにしてください

6 セル範囲の選択を解除する

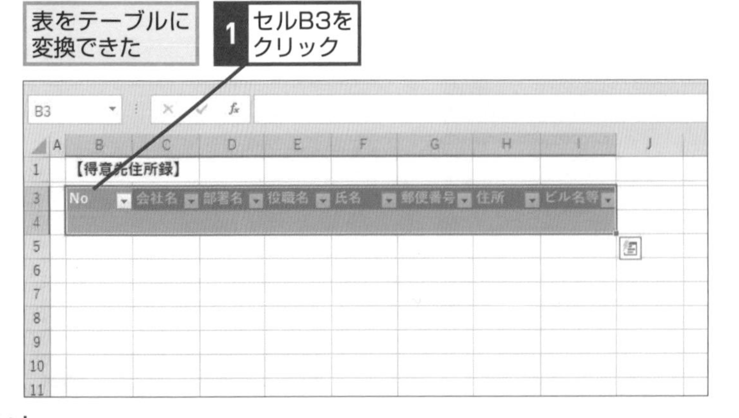

HINT! テーブルに変換する範囲を変更するには

手順3のように、フィールド名を入力したセルを選択すると、手順4のようにテーブルに変換するセル範囲が自動的に選択されます。すでにデータが入力されている場合は、入力済みのレコードを含めたセル範囲が選択されます。点線で囲まれたセル範囲が意図と異なる場合は、以下の手順でテーブルに変換するデータ範囲を変更しましょう。

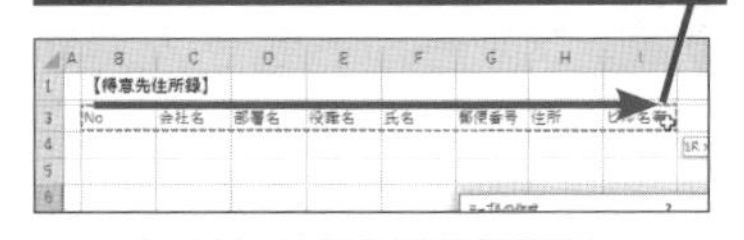

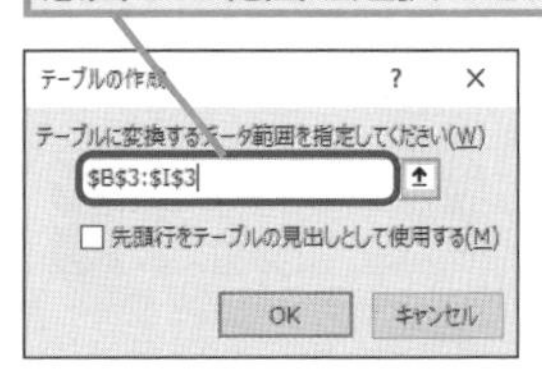

HINT! フィールド名の右に表示されるボタンは何？

表をテーブルに変換すると、フィールド名の右側にフィルターボタン(▼)が表示されます。フィルターボタンを使えば、条件を指定して特定のレコードだけを表示したり、データを並べ替えたりすることができます。詳しくは、第7章と第8章で解説します。

間違った場合は？

手順5で、[先頭行をテーブルの見出しとして使用する] のチェックマークを付けずにテーブルを作成してしまったときは、[元に戻す] ボタン(↶)をクリックして、手順3から操作をやり直してください。

7 列の幅を調整する

フィールドの内容に合わせて列の幅を調整する

1 B列とC列の境界にマウスポインターを合わせる

マウスポインターの形が変わった

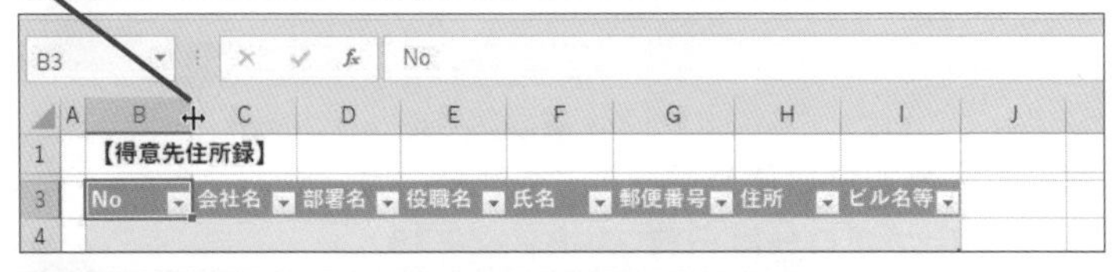

2 そのまま左にドラッグ

ドラッグ中に表示されるポップヒントで列の幅を確認できる

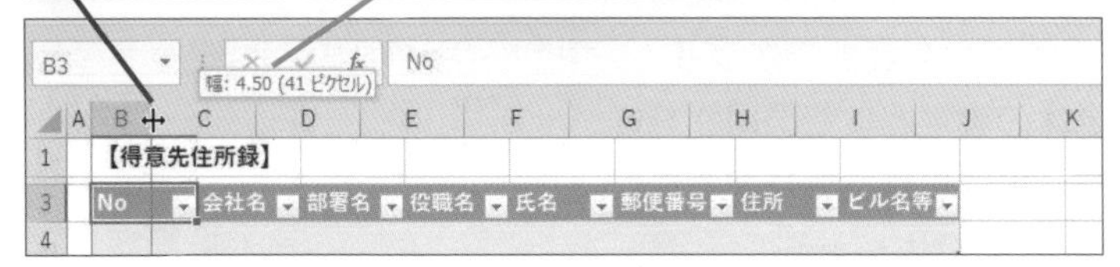

8 テーブルの見ためを整える

フィールドの列幅を調整できた

1 手順7を参考に、ほかのフィールドの列幅を調整

フィールド名をセルの中央に配置する

2 セルB3～I3をドラッグして選択

3 ［ホーム］タブをクリック

4 ［中央揃え］をクリック

フィールド名がセルの中央に配置される

HINT! フィールドの列幅を簡単に調整するには

例えば［部署名］と［役職名］など、入力するデータの長さを同じにするフィールドでは、同時に列幅を調整すると便利です。複数のフィールドを同じ列幅にするときは、列番号をドラッグして複数の列を選択した状態で操作しましょう。なお、列の境界にマウスポインターを合わせたままダブルクリックすると、データの長さに応じて自動的に列幅が調整されます。

1 列番号D～Eをドラッグして選択

2 E列とF列の境界にマウスポインターを合わせる

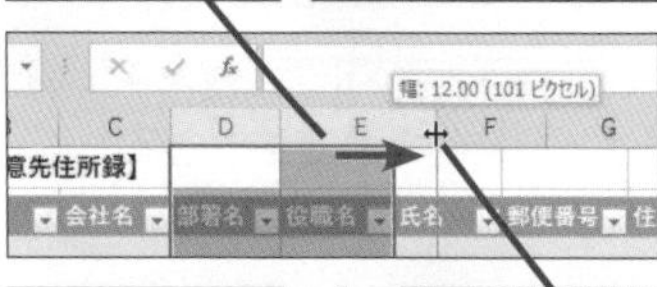

マウスポインターの形が変わった

3 そのまま右にドラッグ

D列とE列が同じ列幅で広がった

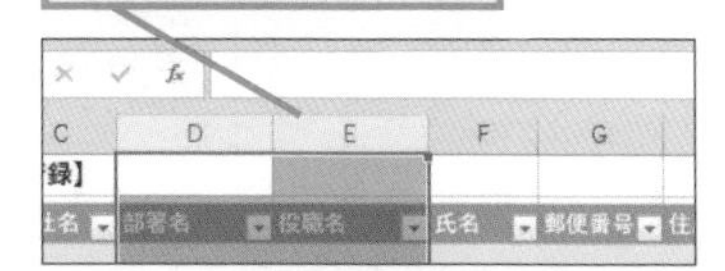

HINT! 列幅を示す単位について

列幅は、［幅：4.50（41ピクセル)］のように表示されます。「4.50」はその列幅で表示できるおおよその半角文字数、「41ピクセル」は画面を表示する点の最小単位です。

HINT! 列幅の調整は目安でOK

列幅はぴったり正確にそろえなくても構いません。24ページの表に記載されている数値を参考に、おおよその列幅を設定してください。

レッスン

6 テーブルのデザインを変更するには

テーブルスタイル

対応バージョン

365 2019 2016 2013

レッスンで使う練習用ファイル
テーブルスタイル.xlsx

好みに応じて配色を変更できる

テーブルに変換すると、初期設定ではセルに青系の色が塗られ、データを入力していくと、1行ごとに見やすく色が塗り分けられます。テーブルの作成時に設定される配色は、「テーブルスタイル」と呼ばれています。テーブルスタイルにはさまざまな色や罫線の組み合わせがあり、一度にテーブルのデザインを変更できます。また、テーブルスタイルは、テーブル全体の設定として適用されるので、後で行を挿入または削除しても、書式が崩れたりすることはありません。自分の好みに応じて配色を選びましょう。

キーワード

テーブル p.311

「テーブルスタイル」を選ぶことで、テーブルのデザインを簡単に変更できる

【得意先住所録】

No	会社名	部署名	役職名	氏名	郵便番号	住所	ビル名等
1	株式会社室町文具	営業部		田村 可奈子	161-0031	東京都新宿区西落合x－x－x	丸閥ビル405
2	明和電気株式会社	人事部	課長	柳原 亮	150-0031	東京都渋谷区桜丘町x－x－x	参画ビル202
3	鎌倉商事株式会社	総務部	主任	前田 優子	245-0001	神奈川県横浜市泉区池の谷x－x－x	
4	株式会社大化事務機	総務部		松本 慎吾	101-0021	東京都千代田区外神田x－x－x	資格ビル203
5	慶応プラン株式会社	営業部		大竹 直美	165-0021	東京都中野区丸山x－x－x	
6	鎌倉商事株式会社	購買部	部長	渡辺 一樹	261-0001	千葉県千葉市美浜区幸町x－x－x	
7	株式会社大化事務機	管理部	課長	田中 才加	530-0011	大阪府大阪市北区大深町x－x－x	
8	株式会社大宝通商	総務部		香取 潤	210-0001	神奈川県川崎市川崎区本町x－x－x	互角ビル801
9	明治デポ株式会社	営業部	主任	秋元 裕二	455-0001	愛知県名古屋市港区七番町x－x－x	
10	昭和オフィス株式会社	人事部		太田 弘也	116-0011		

テーブルにデータを入力した後でも簡単にデザインを変更できる

1 テーブルスタイルの一覧を表示する

ここでは、テーブルのデザインを変更する

1 セルB3をクリック

2 [テーブルツール] の [デザイン]タブをクリック

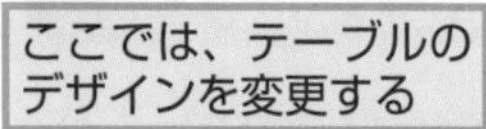

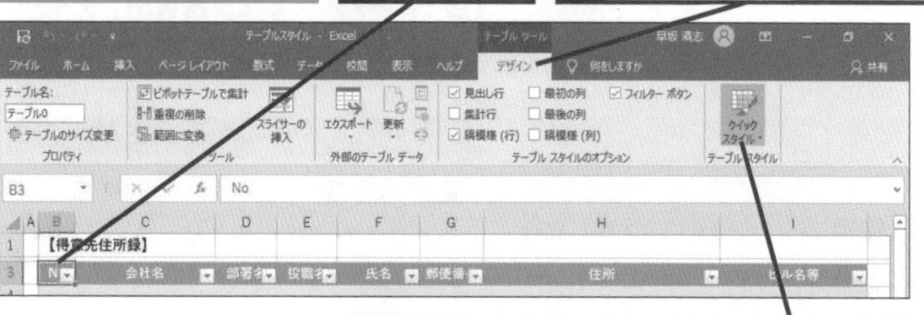

3 [クイックスタイル]をクリック

2 好みのスタイルを選択する

ここでは、テーブルの見ためを黒っぽいスタイルに変更する

1 [白, テーブルスタイル (中間) 15]をクリック

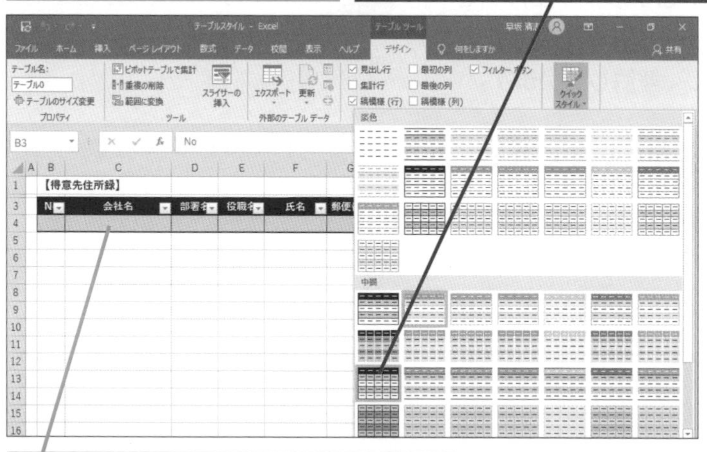

スタイルにマウスポインターを合わせると、一時的に設定後の状態が表示される

3 テーブルのデザインを変更できた

テーブルのデザインが [白, テーブルスタイル(中間) 15]に変わった

HINT!

先頭列や最終列に色を付けるには

[テーブルツール] の [デザイン] タブには、[テーブルスタイルのオプション] の設定項目が用意されています。例えば、このレッスンの練習用ファイルで [最初の列] にチェックマークを付けると、先頭列となるB列の色が変わります。

1 [テーブルツール]の[デザイン]タブをクリック

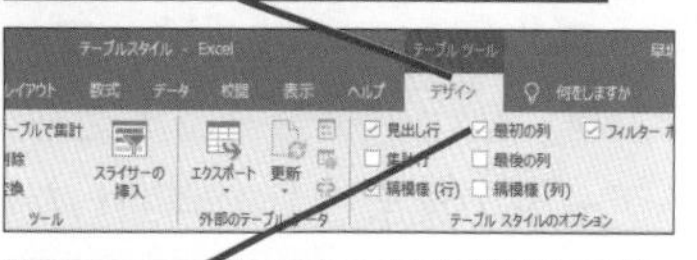

2 [最初の列] をクリックしてチェックマークを付ける

最初の列の色が変わった

HINT!

テーブルスタイルの一覧にない配色に設定するには

テーブルスタイルの一覧に表示される配色は、ブック全体のフォントや配色などをまとめて設定する「テーマ」によって決められています。例えば、新しいブックを作成すると [Office] というテーマが自動で適用されていますが、このテーマを変更することで配色を変更できます。テーブルスタイルの配色を変更するには、[ページレイアウト] タブの [配色] ボタンをクリックして表示された一覧から配色を選びましょう。

レッスン

7 テーブル名を変更するには

テーブル名

対応バージョン

365 2019 2016 2013

レッスンで使う練習用ファイル
テーブル名.xlsx

名前でセル範囲を参照できる

「テーブル名」とは、テーブル内のセル範囲を、分かりやすい名称で参照できるようにする機能です。新規に作成したテーブルには、テーブル名が自動的に付けられます。レッスン❺で作成したテーブルにも、実は「テーブル1」という名前が付いています。これは、Excelがテーブルを「データベース機能を持つ意味のあるデータの集まり」と判断した結果です。テーブル名を使うことにより、データの内容が明確になるばかりでなく、ほかのワークシートのセル範囲を簡単に指定したり参照したりすることができます。このレッスンでは、「テーブル1」というテーブル名を「得意先一覧TBL」に修正します。なお、テーブル名を使ったセル範囲の参照については、レッスン㉛で詳しく解説しています。

「テーブル名」を使えば関数も分かりやすくなる

テーブル名を使うと、下の例のように引数のセル参照が簡単になります。特に、「ワークシートを参照する数式の入力」が楽になります。詳しくは、レッスン㉛を参照してください。

●テーブル名を利用しないときのセル参照

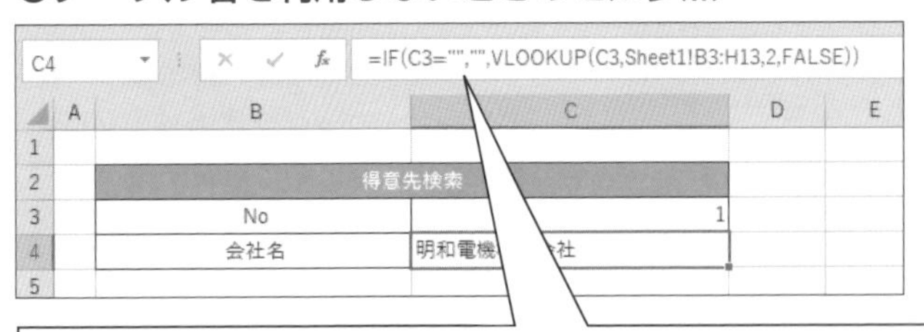

=IF(C3="","",VLOOKUP(C3,Sheet1!B3:H13,2,FALSE))

指定するセル範囲が複雑で分かりにくい

●テーブル名を利用したセル参照

=IF(C3="","",VLOOKUP(C3,得意先一覧TBL,2,FALSE))

[Sheet1] シートのセルB3～H13に「得意先一覧TBL」とテーブル名を付けておく

「得意先一覧TBL」と入力するだけで、特定のセル範囲を指定できる

関連レッスン

▶レッスン5
テーブルを作成するには ………… p.24
▶レッスン14
入力する値を一覧から
選択するには ………………………… p.58
▶レッスン33
コードの一覧から商品名や
単価を取り出すには ………………… p.142

キーワード

関数	p.309
テーブル	p.311
名前	p.311

❶ テーブル名を確認する

ここでは、得意先情報の一覧を管理するテーブルの名前を「得意先一覧TBL」に変更する

名前の変更前に、テーブル名を確認する

1 セルB3をクリック

テーブルには、自動的に「テーブル1」などの名前が付けられている

2 [テーブルツール]の[デザイン]タブをクリック

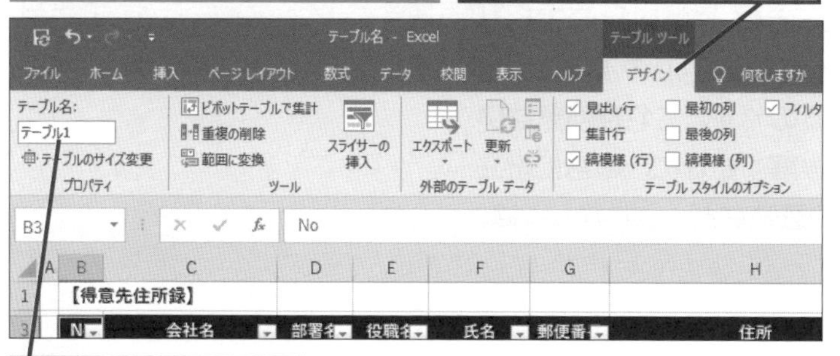

3 [テーブル名]を確認

❷ テーブル名を変更する

テーブル名を「テーブル1」から「得意先一覧TBL」に変更する

1 「得意先一覧TBL」と入力

2 Enter キーを押す

❸ テーブル名を変更できた

テーブル名が「得意先一覧TBL」に変わった

数式で「得意先一覧TBL」と指定すれば、このテーブルを参照できる

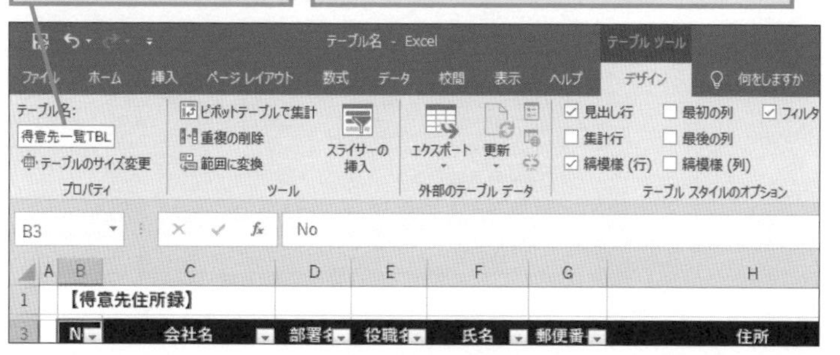

HINT!
テーブルの範囲を変更するには

テーブルの範囲を後から変更するときは、以下の手順で操作しましょう。[テーブルのサイズ変更]ダイアログボックスを表示している間は、何度でもセル範囲を指定し直せます。

1 [テーブルツール]の[デザイン]タブをクリック

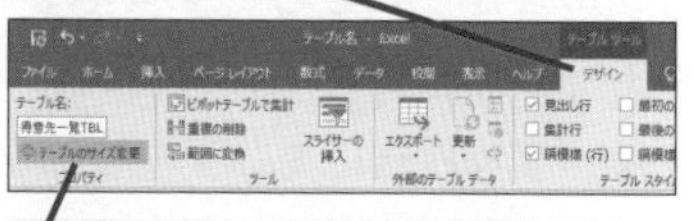

2 [テーブルのサイズ変更]をクリック

[テーブルのサイズ変更]ダイアログボックスが表示された

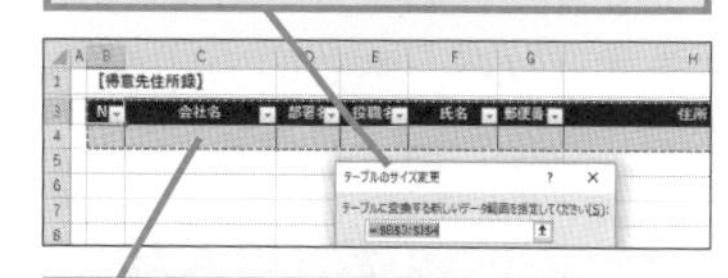

セルをドラッグすれば、テーブルの範囲を変更できる

HINT!
名前ボックスでも名前を確認できる

テーブルやセル範囲に設定した名前は、名前ボックスで確認できます。なお、名前をクリックすると、テーブルの場合はフィールド行以外のレコードがすべて選択されます。

1 セルB3をクリック

2 [名前ボックス]のここをクリック

テーブル名が表示される

間違った場合は？

間違った名前を付けてしまった場合は、[テーブルツール]の[デザイン]タブをクリックして、もう一度[テーブル名]に名前を入力します。

レッスン

8 テーブルの特徴を知ろう

テーブルの特徴

対応バージョン

365 2019 2016 2013

このレッスンには、練習用ファイルがありません

関連レッスン

▶レッスン7
テーブル名を変更するには ………… p.30
▶レッスン31
構造化参照式で計算するには …. p.136

キーワード

関数	p.309
テーブル名	p.311

フィールド名でセルを指定できる

レッスン❼では、テーブル名を付けておくことで、テーブル全体のセル参照がわかりやすくなることを紹介しました。この仕組みはテーブル全体のセル範囲だけでなく、テーブル内の個々のセルを参照するときにも、テーブル名やフィールド名で参照できます。例えば「単価×数量」で「金額」の計算を行う際、通常は「=D3*E3」のような数式になるところ、「=[@単価]*[@数量]」のように、元の意味をそのまま示す数式を入力できるのです。これは何気ないようですが、あとから数式の内容を読み解くときに、非常に役立ちます。なお、数式内の「@」マークの意味など、より詳しくは、レッスン㉛で紹介します。

●テーブルへの数式の入力

単価と数量をかけて、金額になるように数式を入力する

1 「=」と入力

SUM =

日付	商品	単価	数量	金額
2020/04/01	ボールペン（赤）	100	10	=
2020/04/01	蛍光マーカー（黄）	100	5	
2020/04/01	付箋紙	250	10	
2020/04/01	ホッチキス	980	2	

表示形式の一覧が表示された

3 「*」と入力

E3 =[@単価]*[@数量]

日付	商品	単価	数量	金額
2020/04/01	ボールペン（赤）	100	10	=[@単価]*[@数量]
2020/04/01	蛍光マーカー（黄）	100	5	
2020/04/01	付箋紙	250	10	
2020/04/01	ホッチキス	980	2	

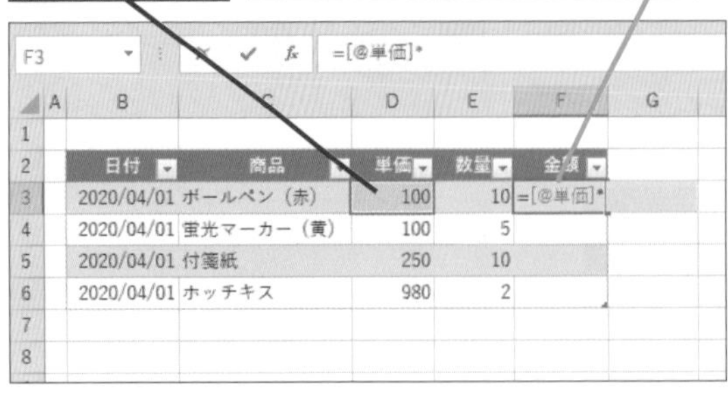

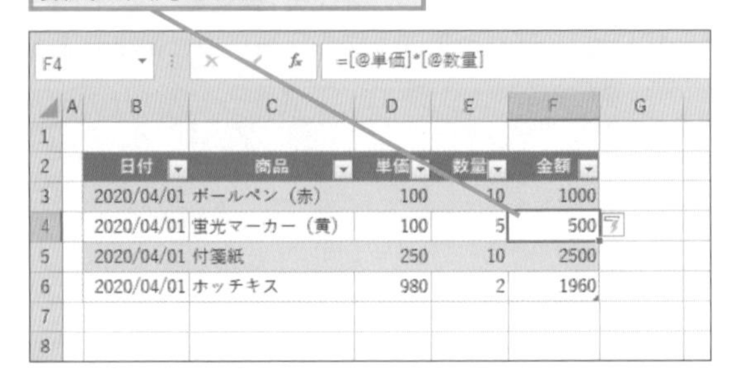

自動的にテーブル範囲が広がる

データベースに新しいレコードを追加するときは、テーブル範囲の最下行のすぐ下のセルに新しいデータを入力します。すると、自動的にテーブル範囲が広がり、同じフィールドに設定されていた罫線や表示形式等の書式がそのまま適用されます。また、数式が入力されていたフィールドには、その数式も同じようにコピーされるようになっています。さらに、テーブル名の参照範囲もテーブル範囲に合わせて自動的に広がるので、そのテーブルを参照していた数式や第11章で紹介するピボットテーブルなども、わざわざ参照元の範囲を変更する必要なく、そのまま使用できます。

●テーブルへの新規データの追加

7行目に新しいデータを入力する

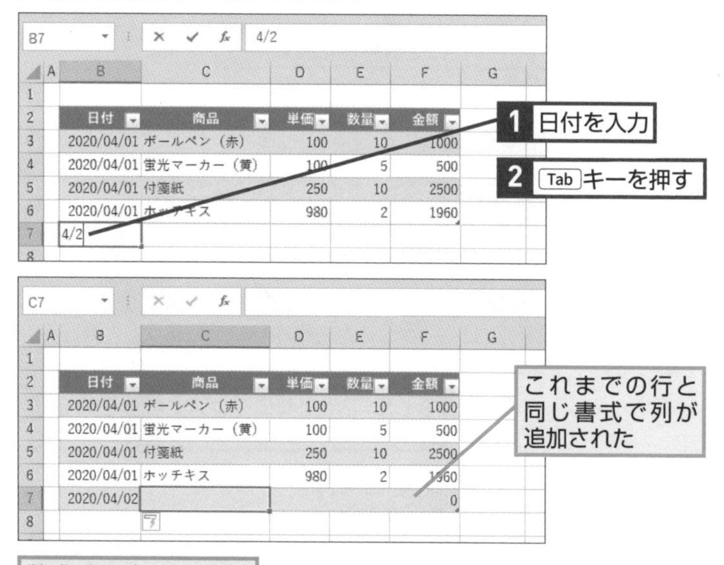

数式がコピーされたか確認する

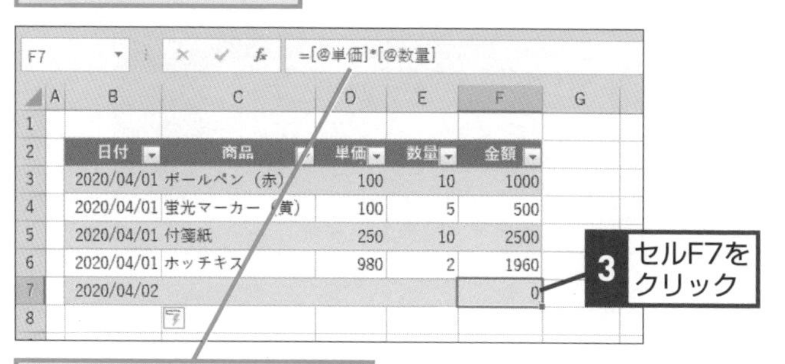

数式が自動的にコピーされた

HINT!

新しい行に書式などが適用されないときは

新しい行を追加しても、同じ書式等が適用されないときは、同一フィールド内のセルに対して、同じ設定がされているか確認してみましょう。また、数式が自動的にコピーされないようなときは、一度すべてのセルの数式をクリアしてから、先頭のセルに入力し直すと、下の行のセルに数式がコピーされます。

HINT!

テーブル範囲が自動的に広がらないときは

間をあけずに、テーブルに続く行にデータを入力しても、テーブル範囲が自動的に広がらない場合は、オプションの設定を変更してしまった可能性があります。以下の手順で[データ範囲の形式および数式を拡張する]を有効にしてください。

レッスン㊴を参考に、[Excelのオプション]ダイアログボックスを表示しておく

1 [詳細設定]をクリック

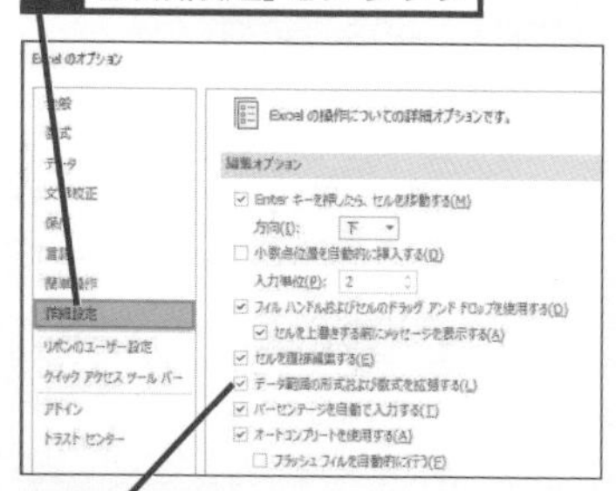

2 [データ範囲の形式および数式を拡張する] のここをクリックしてチェックマークを付ける

次のページに続く

対象のデータをすばやく選択できる

通常、作業対象のセルは、クリックしたり、セル範囲をドラッグしたりすることで選択できますが、テーブル範囲内のフィールド全体やレコード全体は、特定の位置でクリックすれば、それらの範囲を選択できます。これら特定の位置にマウスポインタを移動すると、マウスポインターの形が黒い矢印に変化するので、それを目印にしましょう。なお、フィールド全体を選択するとき、フィールドの上部を1回クリックした際には、フィールド名を除くデータ範囲のみが選択されますが、もう一度クリックすることで、フィールド名まで含めて選択できます。さらにもう1回クリックすると元に戻るので、適切な範囲を選択するようにしましょう。

HINT!

レコードやテーブル全体も選択できる

同様に、レコードのいちばん左のほうにマウスポインターを移動すると、右向きの黒い矢印が表示されて、レコード全体を選択することができます。さらに、テーブルの左上のセルの左斜め上辺りに移動すると、右下向きの黒い矢印が表示されて、テーブル全体を選択することができます。

●テーブルのデータだけを選択する

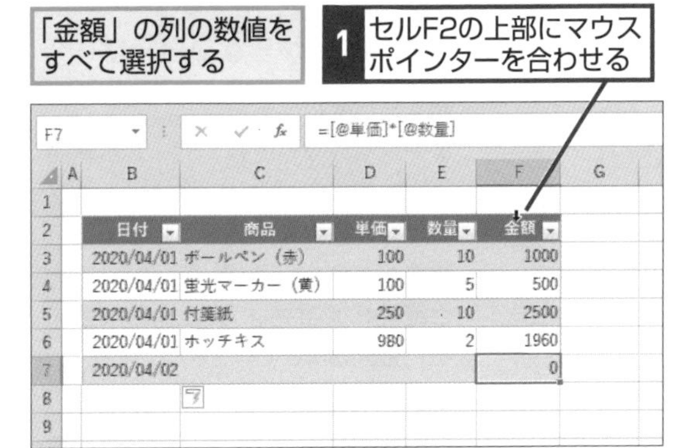

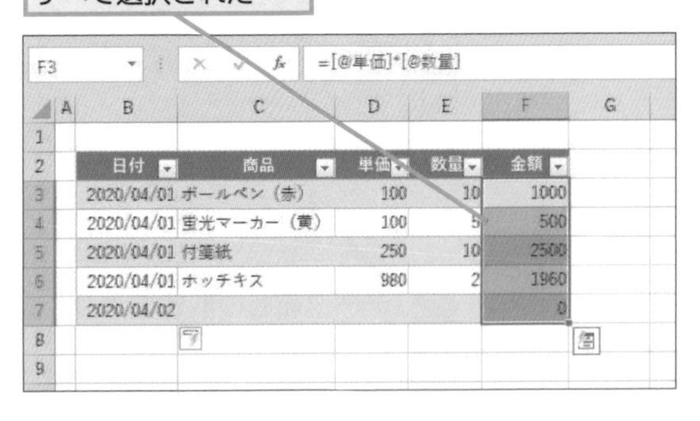

●テーブルの項目名とデータを選択する

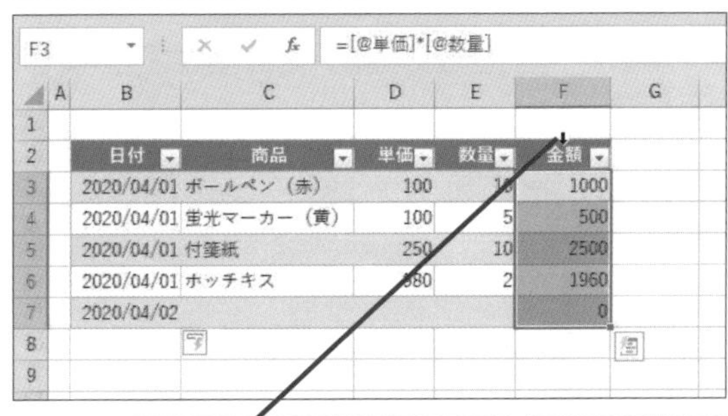

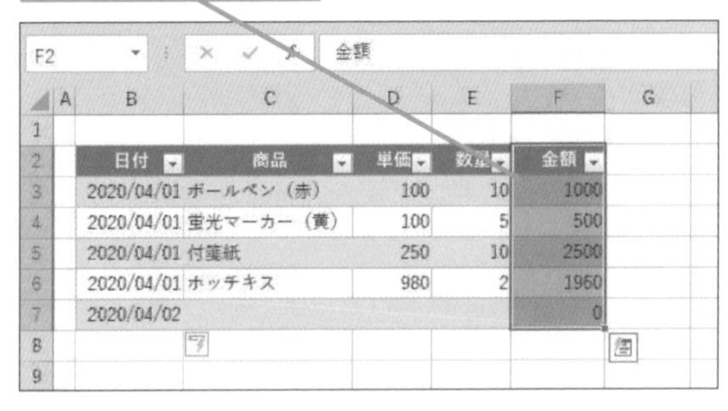

セルを選択してレコード全体を削除できる

通常、データベースのレコードを削除したいときは、行番号を選択して、行全体を対象にして削除することが多いですが、テーブルを適用しているときは、削除したいレコードのセルを右クリックして、表示されるメニューから［削除］-［テーブルの行］を選べばレコード全体を削除できます。このとき、あらかじめレコード全体の範囲を選択しておく必要はありません。同様に、［挿入］-［テーブルの行］を選択すれば、レコードの途中に新しいレコードを挿入できます。このとき、行の挿入や削除が行われるのは、テーブル範囲内のみになるので、テーブル範囲外の左右にほかのデータが入力されていたとしても、それらの範囲に影響はありません。

●レコードを削除する

3件目のレコードを削除する

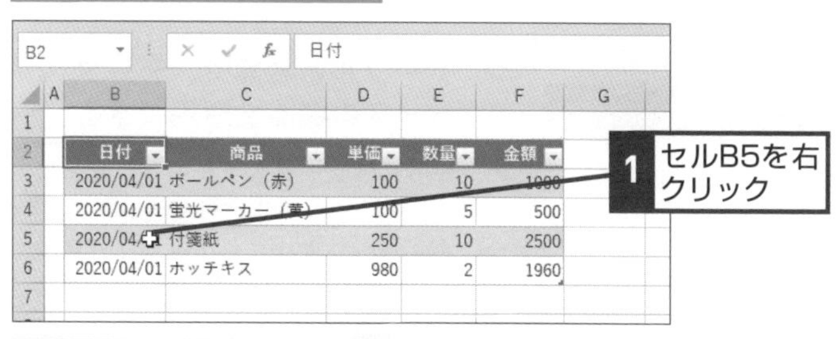

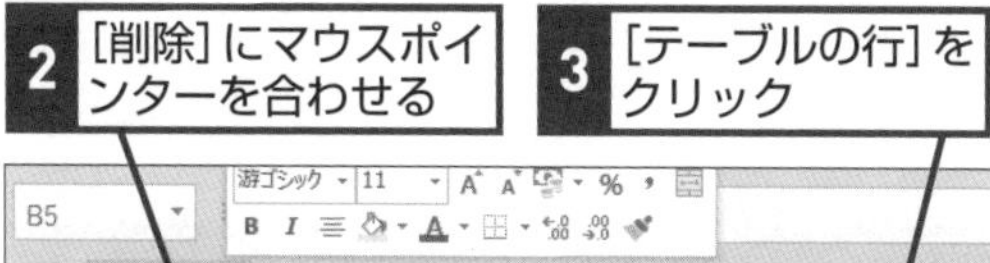

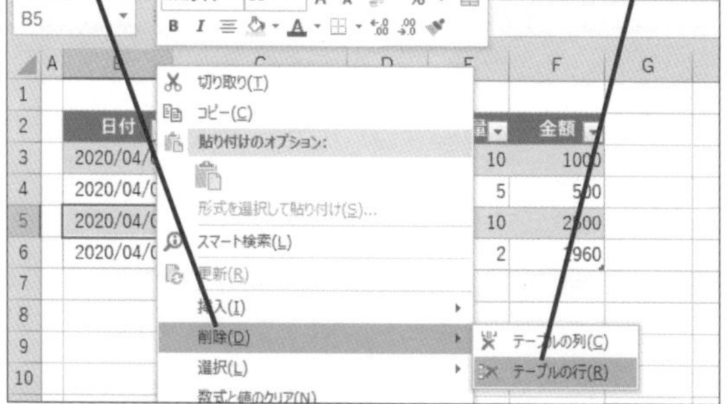

選択した行のデータが削除された

日付	商品	単価	数量	金額
2020/04/01	ボールペン（赤）	100	10	1000
2020/04/01	蛍光マーカー（黄）	100	5	500
2020/04/01	ホッチキス	980	2	1960

HINT! フィールドの挿入や削除もできる

テーブル内のセルを右クリックして、［テーブルの列］を選択することで、フィールドの挿入や削除も行えます。ただし、列幅は変更されないので、元のフィールドの列幅とは違ってしまいます。このため、フィールドを挿入したいときは、列番号をクリックして、列全体に対して挿入するといいでしょう。

HINT! ［テーブルの行］が表示されないときは

テーブルにフィルターを適用して、特定のレコードだけを表示しているとき（第8章の185ページ参照）は、テーブル内のセルを右クリックしても、［テーブルの行］は表示されず［シート行全体］が表示されます。［シート行全体］を選択すると、テーブル内のレコードだけが対象になるのではなく、行全体が対象となるので注意しましょう。

この章のまとめ

●データベースとして扱いやすくする

この章では、ただの表を「テーブル」に変換する方法を紹介しました。テーブルは、1行目に必ずほかの列と重複しないフィールド名が必要で、テーブル内のセルはセル結合できないなどの制限があります。ただし、逆に言えば、重複したフィールド名があったり、セルを結合できたりすると、データベースとして正常に扱うことはできないのです。テーブルを設定するという作業は、データベースを扱うための基礎工事のようなもので、必要なデータを抽出したり、集計を行ったりと、データベースの操作が格段にはかどるようになります。とても大切な基本機能となりますので、しっかり身に付けておきましょう。

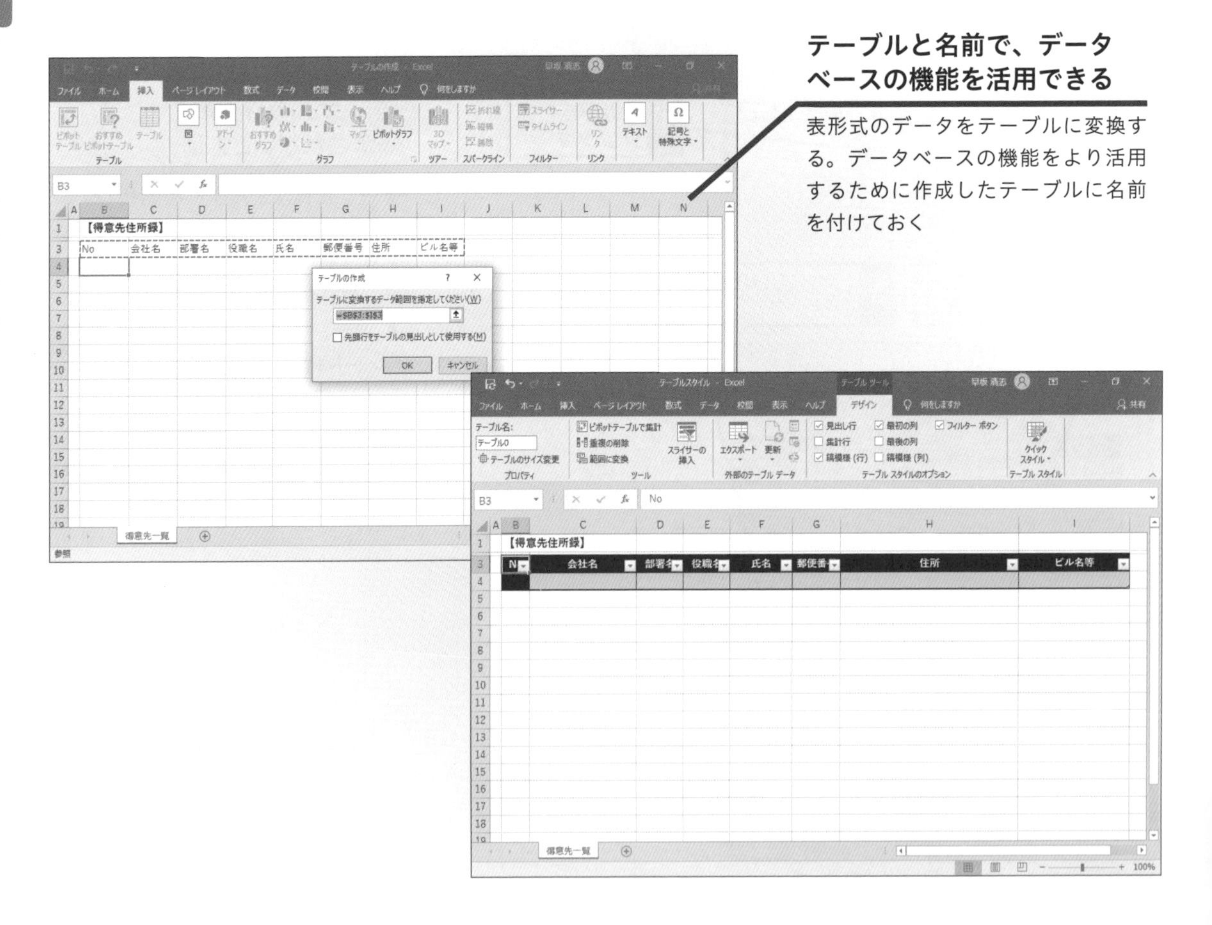

テーブルと名前で、データベースの機能を活用できる

表形式のデータをテーブルに変換する。データベースの機能をより活用するために作成したテーブルに名前を付けておく

練習問題

1

ブックを新しく作成して、セルB3～F3に下記のようなフィールド名を入力して、テーブルを作成してください。

●ヒント：フィールド名を入力したセルを選択して、テーブルに変換します。

日付	科目	備考	収入	支出

練習用ファイル
第2章_練習問題1.xlsx

2

練習問題1で作成したテーブルを「小遣い帳TBL」というテーブル名に変更しましょう。

●ヒント：［テーブルツール］の［デザイン］タブを利用します。

練習用ファイル
第2章_練習問題2.xlsx

テーブルの名前を「小遣い帳TBL」に
変更する

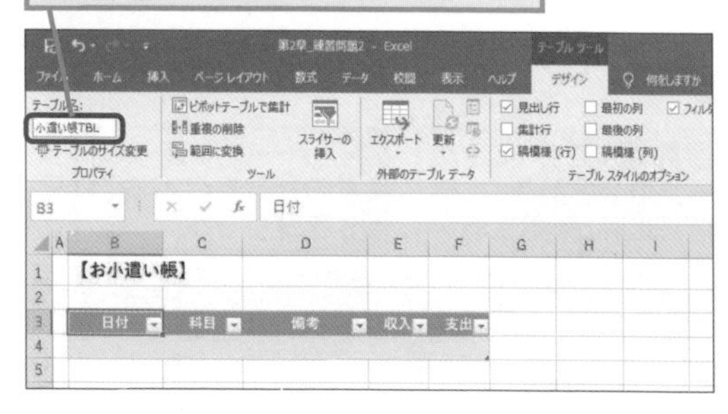

答えは次のページ

解答

1

レッスン❺を参考に表を「テーブル」に変換します。先頭行を見出しとして指定するのを忘れないようにしましょう。

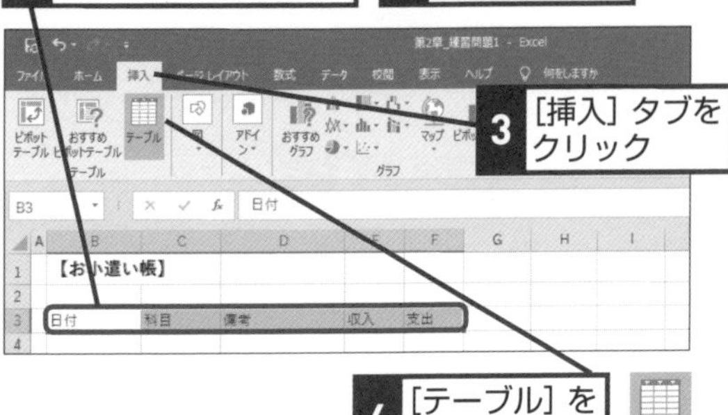

[テーブルの作成] ダイアログボックスが表示された

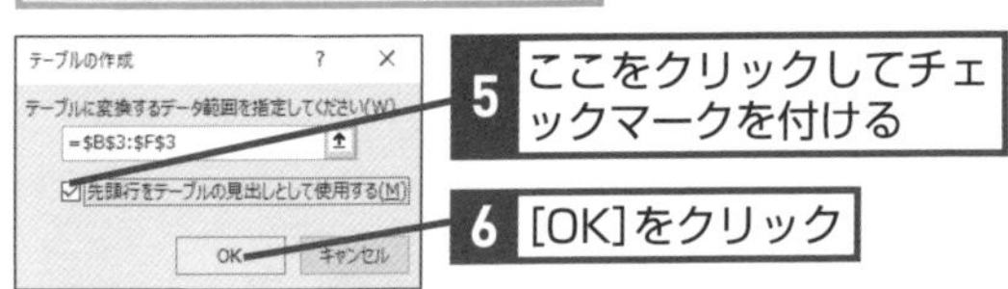

テーブルを作成できた

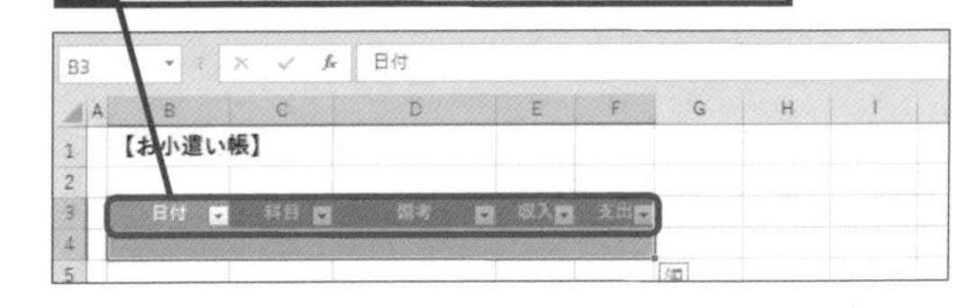

2

レッスン❼を参考に、練習問題1で変換したテーブルの名前を「小遣い帳TBL」に変更します。

練習問題1で作成したテーブルの名前を「小遣い帳TBL」に変更する

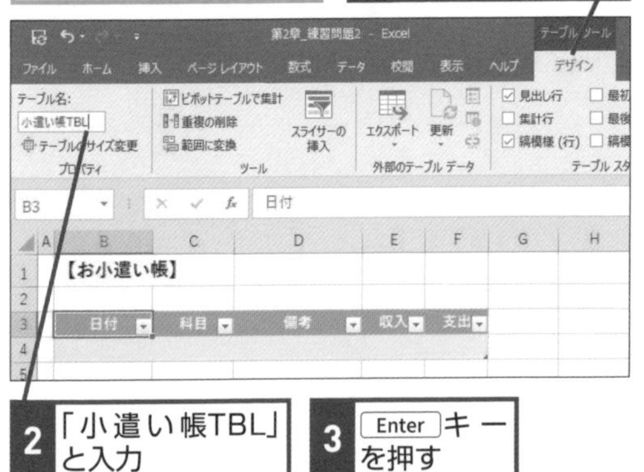

テーブル名が「小遣い帳TBL」に変わった

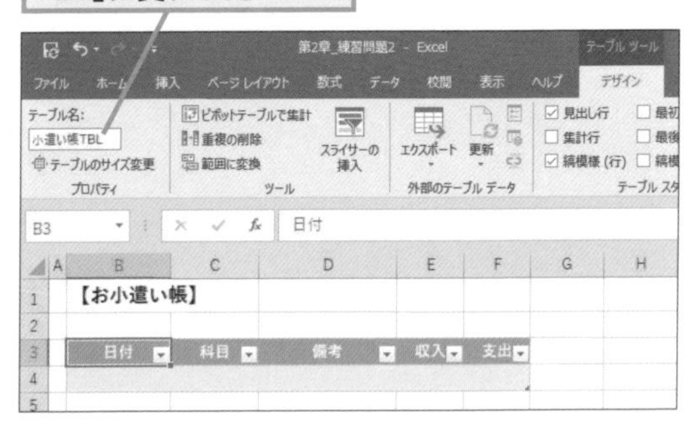

第3章 正確で効率的なデータの入力方法を知ろう

この章では、データベースに効率よくデータを入力する方法を紹介します。同じデータを繰り返し入力する手間や入力モードを切り替える操作を軽減する方法をはじめ、表記の揺れを防ぐテクニックをマスターしましょう。負担の大きい手入力の作業が驚くほど楽になります。

●この章の内容

レッスン 9

データ入力の基本を知ろう

データ入力

対応バージョン

365 2019 2016 2013

レッスンで使う練習用ファイル
データ入力.xlsx

データ入力は、Tabキーで行うのが基本

動画で見る
詳細は3ページへ

通常、データを入力するときはEnterキーを使うことが多いと思います。Excelの初期設定ではEnterキーを押すと、下のセルがアクティブセルになります。ところが、データベースは、1件を1行として右へ右へとデータを入力するので、Enterキーでは効率が上がりません。データベースにデータを入力するときは、Tabキーを使うようにしましょう。Tabキーを押すと、アクティブセルが右に移動するので、入力が楽になります。このレッスンの例では、「No」→「会社名」→「部署名」と連続で右に入力していきますが、テーブルの場合は、一番右の列にデータを入力してTabキーを押すと、次の行の一番左の列にアクティブセルが移動します。

関連レッスン

▶レッスン5
テーブルを作成するには………… p.24
▶レッスン14
入力する値を一覧から
選択するには………………………… p.58

キーワード

テーブル p.311

セルC5でEnterキーを押すと、セルC6がアクティブセルになる

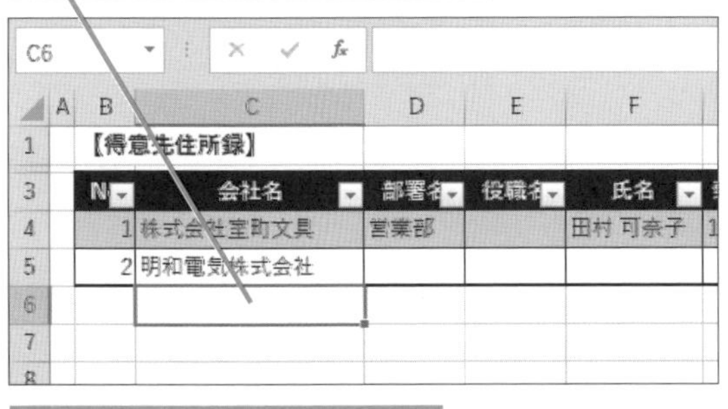

セルD5にデータを入力するとき、セルの移動が面倒

セルC5でTabキーを押すと、セルD5がアクティブセルになる

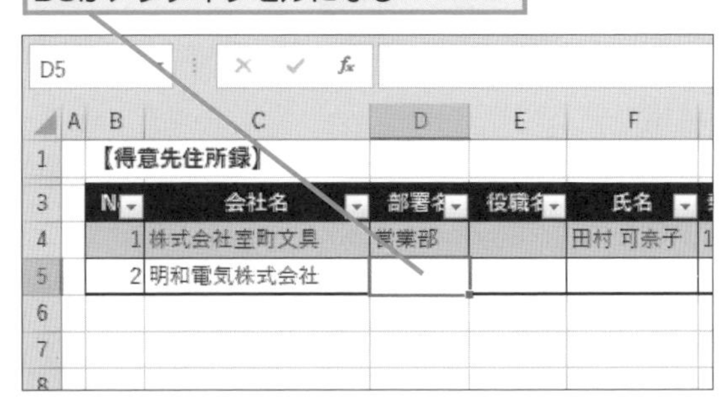

続けてセルD5にデータを入力できる

●このレッスンで入力するデータ

No	会社名	部署名	役職名	氏名	郵便番号	住所	ビル名等
1	株式会社室町文具	営業部		田村 可奈子	161-0031	東京都新宿区西落合ｘ－ｘ－ｘ	丸閥ビル 405
2	明和電気株式会社	人事部	課長	柳原 亮	150-0031	東京都渋谷区桜丘町ｘ－ｘ－ｘ	参画ビル 202
3	鎌倉商事株式会社	総務部	主任	前田 優子	245-0001	神奈川県横浜市泉区池の谷ｘ－ｘ－ｘ	

1 1件目のデータを入力する

ここでは Tab キーと Enter キーを使い分けてデータを入力する

1 セルB4～I4にデータを入力

ここでは全角文字で番地を入力するが、ルールに応じて半角文字で入力してもいい

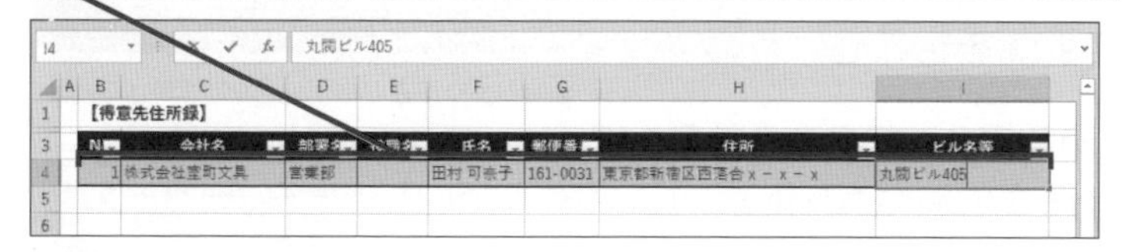

2 Tab キーを押す

2 2件目のデータを入力する

自動的にテーブルが広がり、セルB5がアクティブセルになった

1 セルB5に「2」と入力

2 Tab キーを押す

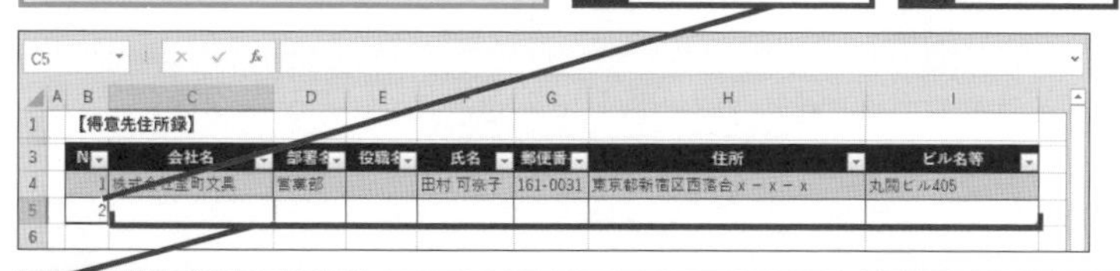

3 セルC5～I5にデータを入力

セルにデータを入力し、Tab キーを押して右のセルに続けてデータを入力する

4 Enter キーを押す

3 3件目のデータを入力する

テーブルは広がらず、セルB6がアクティブセルになった

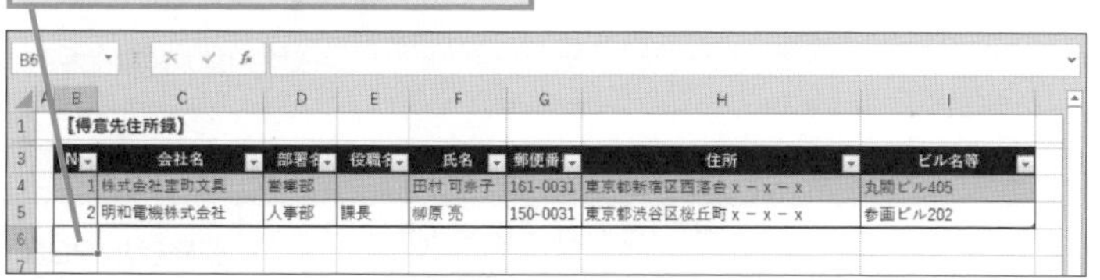

1 セルB6に「3」と入力

2 Tab キーを押す

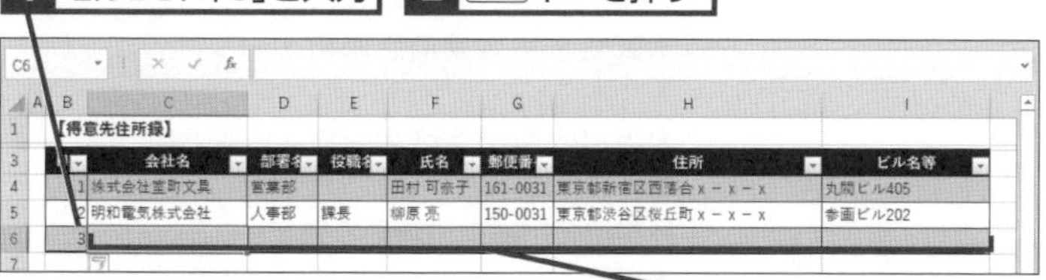

自動的にテーブルが広がり、セルC6がアクティブセルになった

3 セルC6～I6に残りのデータを入力

HINT!

入力方法のルールを決めておく

住所の番地などは、全角文字と半角文字のどちらでも入力できますが、後でデータベースを利用するときに、これらが混在するとうまく活用できないことがあります。あらかじめどちらの文字で入力するかルールを決めておきましょう。

HINT!

Shift ＋ Tab キーで左に移動できる

Tab キーを押すと右のセルがアクティブセルになりますが、左のセルをアクティブセルにするときは、Shift ＋ Tab キーを押します。

HINT!

セルの右下に表示されるボタンは何？

手順3でセルB6にデータを入力し、Tab キーを押すとテーブルが拡張されます。このとき［オートコレクトのオプション］ボタンが表示されます。このボタンをクリックして、［テーブルの自動拡張を元に戻す］をクリックすれば、テーブルの自動拡張を取り消すことができます。ただし、［自動的にテーブルを拡張しない］をクリックしてしまうと、テーブルが自動拡張されなくなってしまいますので、ここでは［オートコレクトのオプション］ボタンをクリックせずに操作を進めましょう。別の操作をすると［オートコレクトのオプション］ボタンは自動で非表示になります。

◆［オートコレクトのオプション］ボタン

5	2	明和電気株式会社	人事部	課長
6	3			
7				

9 データ入力

レッスン

10 同じデータを連続して入力するには

ドロップダウンリスト

対応バージョン

365 2019 2016 2013

レッスンで使う練習用ファイル
ドロップダウンリスト.xlsx

入力済みのデータを再利用して手間を省こう

住所録や取引先の情報をデータにまとめる場合、県名や会社名、部署名など、同じデータを繰り返し入力する必要があります。しかし、毎回入力するのは面倒です。コピーと貼り付けを駆使する方法もありますが、このレッスンで紹介するショートカットキーを活用すれば、キーボードから手を離さずに操作できるので、入力がスムーズになります。また、入力済みのデータがある場合は、フィールドのデータを一覧（ドロップダウンリスト）で表示して選択することもできます。さらに45ページのテクニックを使えば、入力の手間を省けるだけでなく、「株式会社」と「㈱」のような表記の揺れも防げます。

関連レッスン

▶レッスン14
入力する値を一覧から
選択するには ………………………… p.58

ショートカットキー

Alt + ↓ …… データの一覧を表示
Ctrl + C …… コピー
Ctrl + D …… 上のセルを下方向へコピー
Ctrl + R …… 左のセルを右方向へコピー
Ctrl + V …… 貼り付け

部署名や役職名など、同じフィールドに入力したデータを繰り返し入力できる

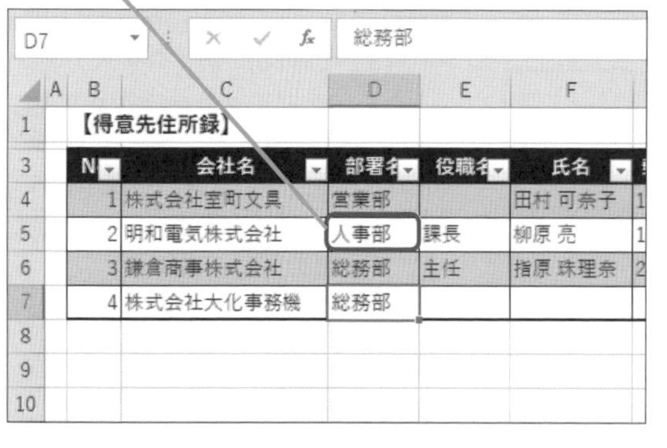

同じフィールドに入力されているデータを一覧表示して選択できる

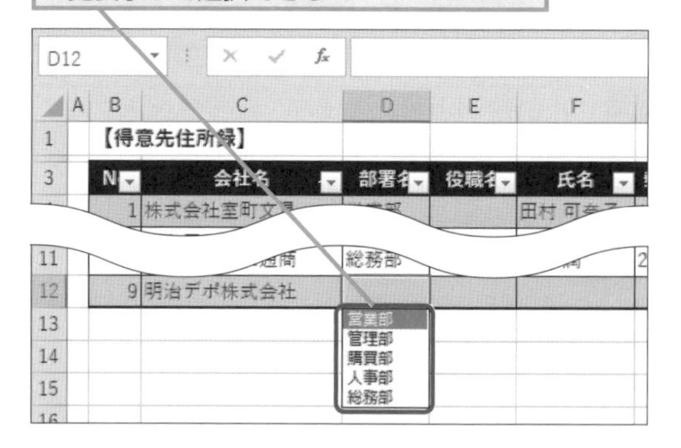

●このレッスンで入力するデータ

No	会社名	部署名	役職名	氏名	郵便番号	住所	ビル名等
4	株式会社大化事務機	総務部		松本 慎吾	101-0021	東京都千代田区外神田 x − x − x	資格ビル 203
5	慶応プラン株式会社	営業部		大竹 直美	165-0021	東京都中野区丸山 x − x − x	
6	鎌倉商事株式会社	購買部	部長	渡辺 一樹	261-0001	千葉県千葉市美浜区幸町 x − x − x	
7	株式会社大化事務機	管理部	課長	田中 才加	530-0011	大阪府大阪市北区大深町 x − x − x	
8	株式会社大宝通商	総務部		香取 潤	210-0001	神奈川県川崎市川崎区本町 x − x − x	互角ビル 801
9	明治デポ株式会社	営業部	主任	秋元 裕二	455-0001	愛知県名古屋市港区七番町 x − x − x	

❶ データを入力する

テーブルの一番下の行にデータを入力する

1 セルB7 ～ C7にデータを入力

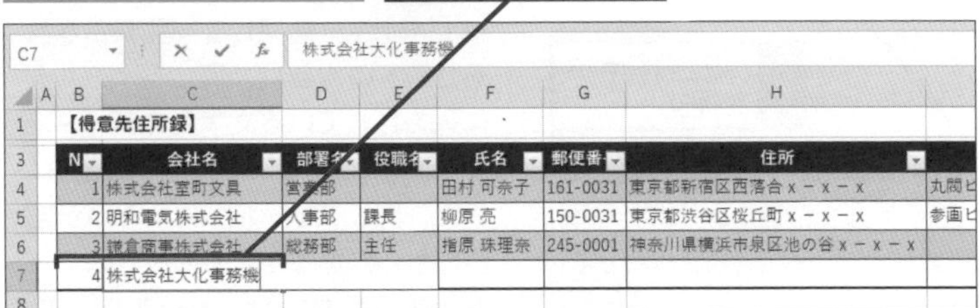

C7 株式会社大化事務機

【得意先住所録】

No	会社名	部署名	役職名	氏名	郵便番号	住所	
1	株式会社室町文具	営業部		田村 可奈子	161-0031	東京都新宿区西落合x－x－x	丸関ビ
2	明和電気株式会社	人事部	課長	柳原 亮	150-0031	東京都渋谷区桜丘町x－x－x	参画ビ
3	鎌倉商事株式会社	総務部	主任	指原 珠理奈	245-0001	神奈川県横浜市泉区池の谷x－x－x	
4	株式会社大化事務機						

❷ 上のセルのデータをコピーする

1 Tabキーを押す

セルD7にセルD6と同じデータを入力する

2 Ctrl＋Dキーを押す

D7

【得意先住所録】

No	会社名	部署名	役職名	氏名	郵便番号	住所	
1	株式会社室町文具	営業部		田村 可奈子	161-0031	東京都新宿区西落合x－x－x	丸関ビ
2	明和電気株式会社	人事部	課長	柳原 亮	150-0031	東京都渋谷区桜丘町x－x－x	参画ビ
3	鎌倉商事株式会社	総務部	主任	指原 珠理奈	245-0001	神奈川県横浜市泉区池の谷x－x－x	
4	株式会社大化事務機						

❸ 上のセルと同じデータを入力できた

1つ上のセルに入力されているデータをコピーできた

D7 総務部

【得意先住所録】

No	会社名	部署名	役職名	氏名	郵便番号	住所	
1	株式会社室町文具	営業部		田村 可奈子	161-0031	東京都新宿区西落合x－x－x	丸関ビ
2	明和電気株式会社	人事部	課長	柳原 亮	150-0031	東京都渋谷区桜丘町x－x－x	参画ビ
3	鎌倉商事株式会社	総務部	主任	指原 珠理奈	245-0001	神奈川県横浜市泉区池の谷x－x－x	
4	株式会社大化事務機	総務部					

前のページの表を参考に、残りのデータをセルC12まで入力しておく

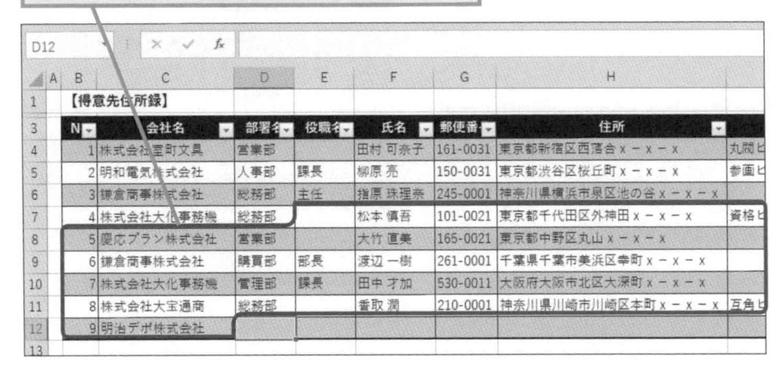

D12

【得意先住所録】

No	会社名	部署名	役職名	氏名	郵便番号	住所	
1	株式会社室町文具	営業部		田村 可奈子	161-0031	東京都新宿区西落合x－x－x	丸関ビ
2	明和電気株式会社	人事部	課長	柳原 亮	150-0031	東京都渋谷区桜丘町x－x－x	参画ビ
3	鎌倉商事株式会社	総務部	主任	指原 珠理奈	245-0001	神奈川県横浜市泉区池の谷x－x－x	
4	株式会社大化事務機	総務部		松本 慎吾	101-0021	東京都千代田区外神田x－x－x	資格ビ
5	慶応プラン株式会社	営業部		大竹 直美	165-0021	東京都中野区丸山x－x－x	
6	鎌倉商事株式会社	購買部	部長	渡辺 一樹	261-0001	千葉県千葉市美浜区幸町x－x－x	
7	株式会社大化事務機	管理部	課長	田中 才加	530-0011	大阪府大阪市北区大深町x－x－x	
8	株式会社大宝通商	総務部		香取 潤	210-0001	神奈川県川崎市川崎区本町x－x－x	互角ビ
9	明治デポ株式会社						

HINT! フィルハンドルのドラッグ時にメッセージが表示されたときは

本来はワークシートにテーブルを作成したら、それ以外のデータがワークシートに存在しないようにすべきです。しかし、テーブルの下に何かデータが入力されていて、テーブルにあるセルのフィルハンドルを「テーブル外に」ドラッグすると、以下のような警告のメッセージが表示されます。その場合は、[次回からこのダイアログを表示しない] をクリックしてチェックマークを付け、[OK] ボタンをクリックしましょう。なお、テーブルの下に別のデータがあるとき、テーブルにあるセルのフィルハンドルをテーブル外にドラッグすると、このメッセージの有無にかかわらずテーブルが拡張され、テーブルの下にあるデータが自動で移動します。

1 [次回からこのダイアログを表示しない] をクリックしてチェックマークを付ける

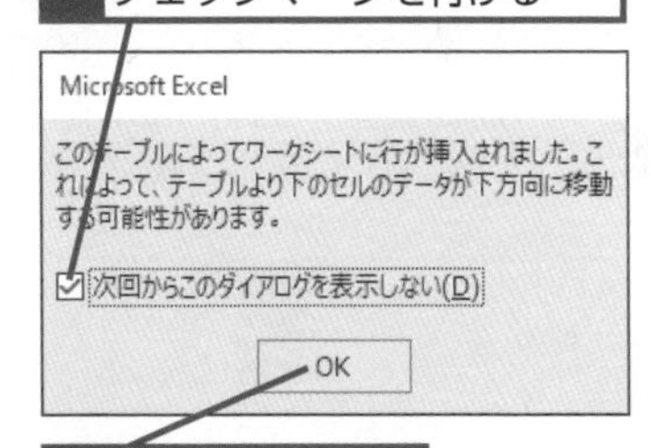

2 [OK]をクリック

間違った場合は？

入力の確定後に、間違いに気付いたときは、Shift＋Tabキーを押して左のセルに移動して、データを入力し直しましょう。なお、Shift＋Enterキーを押すと、上のセルに移動できます。

次のページに続く

4 入力履歴の一覧を表示する

[部署名] のフィールドに入力済みのデータの一覧をセルD12に表示する

1 セルD12をクリック

2 Alt + ↓キーを押す

D12

	A	B	C	D	E	F	G	H	
1		【得意先住所録】							
3		N	会社名	部署名	役職名	氏名	郵便番号	住所	
4		1	株式会社室町文具	営業部		田村 可奈子	161-0031	東京都新宿区西落合 x − x − x	丸
5		2	明和電気株式会社	人事部	課長	柳原 亮	150-0031	東京都渋谷区桜丘町 x − x − x	参
6		3	鎌倉商事株式会社	総務部	主任	指原 珠理奈	245-0001	神奈川県横浜市泉区池の谷 x − x − x	
7		4	株式会社大化事務機	総務部		松本 慎吾	101-0021	東京都千代田区外神田 x − x − x	資
8		5	慶応プラン株式会社	営業部		大竹 直美	165-0021	東京都中野区丸山 x − x − x	
9		6	鎌倉商事株式会社	購買部	部長	渡辺 一樹	261-0001	千葉県千葉市美浜区幸町 x − x − x	
10		7	株式会社大化事務機	管理部	課長	田中 才加	530-0011	大阪府大阪市北区大深町 x − x − x	
11		8	株式会社大宝通商	総務部		香取 潤	210-0001	神奈川県川崎市川崎区本町 x − x − x	互
12		9	明治デポ株式会社						
13									

5 一覧から値を選択する

[部署名] のフィールドに入力済みのデータが一覧で表示された

1 [営業部] をクリック

D12

	A	B	C	D	E	F	G	H	
1		【得意先住所録】							
3		N	会社名	部署名	役職名	氏名	郵便番号	住所	
4		1	株式会社室町文具	営業部		田村 可奈子	161-0031	東京都新宿区西落合 x − x − x	丸
5		2	明和電気株式会社	人事部	課長	柳原 亮	150-0031	東京都渋谷区桜丘町 x − x − x	参
6		3	鎌倉商事株式会社	総務部	主任	指原 珠理奈	245-0001	神奈川県横浜市泉区池の谷 x − x − x	
7		4	株式会社大化事務機	総務部		松本 慎吾	101-0021	東京都千代田区外神田 x − x − x	資
8		5	慶応プラン株式会社	営業部		大竹 直美	165-0021	東京都中野区丸山 x − x − x	
9		6	鎌倉商事株式会社	購買部	部長	渡辺 一樹	261-0001	千葉県千葉市美浜区幸町 x − x − x	
10		7	株式会社大化事務機	管理部	課長	田中 才加	530-0011	大阪府大阪市北区大深町 x − x − x	
11		8	株式会社大宝通商	総務部		香取 潤	210-0001	神奈川県川崎市川崎区本町 x − x − x	互
12		9	明治デポ株式会社						
13				営業部					
14				管理部 購買部					
15				人事部					
16				総務部					

↑↓キーを押しても選択できる

6 一覧からデータを入力できた

[部署名] のフィールドにあるデータを入力できた

引き続き必要なデータをセル I12 まで入力しておく

D12 営業部

	A	B	C	D	E	F	G	H	
1		【得意先住所録】							
3		N	会社名	部署名	役職名	氏名	郵便番号	住所	
4		1	株式会社室町文具	営業部		田村 可奈子	161-0031	東京都新宿区西落合 x − x − x	丸
5		2	明和電気株式会社	人事部	課長	柳原 亮	150-0031	東京都渋谷区桜丘町 x − x − x	参
6		3	鎌倉商事株式会社	総務部	主任	指原 珠理奈	245-0001	神奈川県横浜市泉区池の谷 x − x − x	
7		4	株式会社大化事務機	総務部		松本 慎吾	101-0021	東京都千代田区外神田 x − x − x	資
8		5	慶応プラン株式会社	営業部		大竹 直美	165-0021	東京都中野区丸山 x − x − x	
9		6	鎌倉商事株式会社	購買部	部長	渡辺 一樹	261-0001	千葉県千葉市美浜区幸町 x − x − x	
10		7	株式会社大化事務機	管理部	課長	田中 才加	530-0011	大阪府大阪市北区大深町 x − x − x	
11		8	株式会社大宝通商	総務部		香取 潤	210-0001	神奈川県川崎市川崎区本町 x − x − x	互
12		9	明治デポ株式会社	営業部					
13									

HINT!

Alt + ↓キーを押すと、入力済みの文字列が一覧表示される

Alt + ↓キーを押して一覧表示されるリストの内容は、同じフィールドに入力されている文字列のデータです。数値のデータは表示されません。また、同じフィールドにいくつか空白のセルがあると、入力済みのデータが表示されないことがあります。その場合は、コピーと貼り付けの機能を利用しましょう。

HINT!

コピーしたデータをまとめて貼り付けるには

セルをコピーして貼り付けの操作をする前に、貼り付け先のセルをドラッグして選択すると複数のセルにデータをまとめて貼り付けられます。同じデータをたくさん入力するときや、コピー元と貼り付け先のセルが離れているときに利用するといいでしょう。

1 コピーするセルをクリック

2 Ctrl + C キーを押す

明和電気株式会社	人事部	課長	柳原 亮	15
鎌倉商事株式会社	総務部	主任	前田 優子	24
株式会社大化事務機	総務部		松本 慎吾	10
慶応プラン株式会社	営業部		大竹 直美	16
鎌倉商事株式会社		部長	渡辺 一樹	26
株式会社大化事務機		課長	田中 才加	53
株式会社大宝通商			香取 潤	21
明治デポ株式会社		主任	秋元 裕二	45
昭和オフィス株式会社			太田 弘也	11

3 セル範囲をドラッグして選択

4 Ctrl + V キーを押す

複数のセルにまとめて同じデータを貼り付けられた

明和電気株式会社	人事部	課長	柳原 亮	15
鎌倉商事株式会社	総務部	主任	前田 優子	24
株式会社大化事務機	総務部		松本 慎吾	10
慶応プラン株式会社	営業部		大竹 直美	16
鎌倉商事株式会社	総務部	部長	渡辺 一樹	26
株式会社大化事務機	総務部	課長	田中 才加	53
株式会社大宝通商	総務部		香取 潤	21
明治デポ株式会社	総務部	主任	秋元 裕二	45
昭和オフィス株式会社	総務部		太田 弘也	11
		(Ctrl)		

テクニック オートフィル機能で素早く入力しよう

データベースでは、1件のレコードを1行ずつ入力しますが、レコードの先頭に付加する「連番」などは、後からまとめて入力した方が便利です。Excelのオートフィル機能を使えば、セルに入力した「最初の値」と「次の値」から増分値が判断されて、ドラッグしたセルまで連続データが挿入されます。また、[連続データ] ダイアログボックスを利用すると、ドラッグの手間が省けるほか、増分値を指定できます。[連続データ] ダイアログボックスを利用するときは、[範囲] で [列] を選択するのがポイントです。

●フィルハンドルを利用した入力方法

1 セルB4に「1」と入力

2 セルB5に「2」と入力

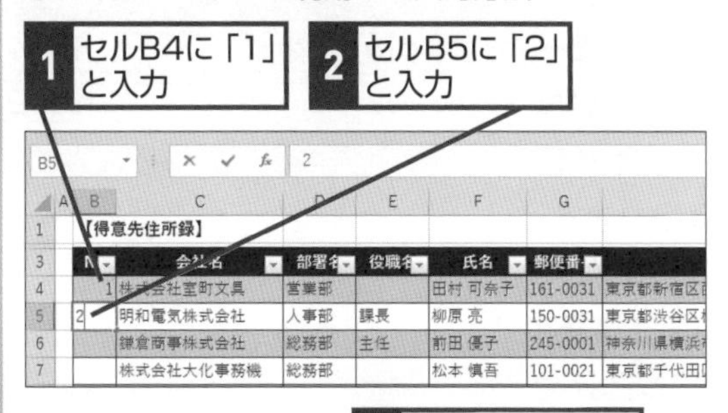

3 セルB4 ～ B5をドラッグして選択

4 セルB5のフィルハンドルをダブルクリック

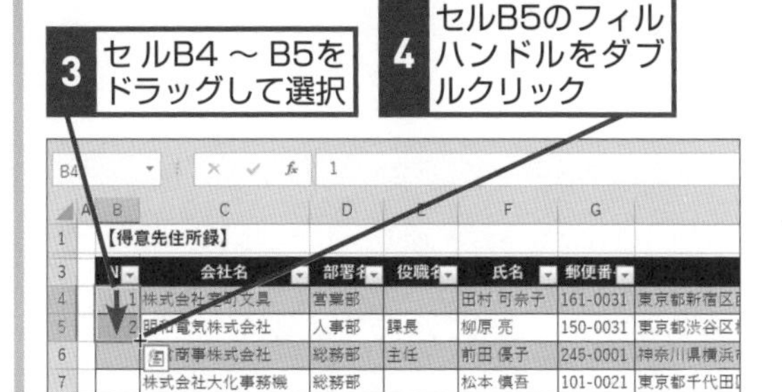

フィルハンドルをセルB13までドラッグしてもいい

レコードの終わりが判断され、1ずつ増加した数字が入力された

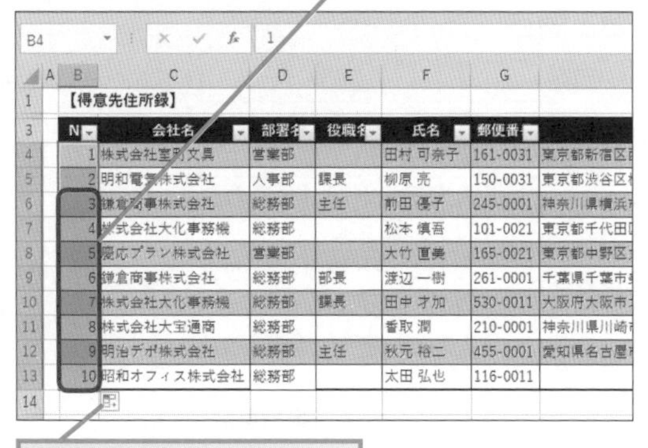

No	会社名	部署名	役職名	氏名	郵便番号	
1	株式会社室町文具	営業部		田村 可奈子	161-0031	東京都新宿区
2	明和電気株式会社	人事部	課長	柳原 亮	150-0031	東京都渋谷区
3	鎌倉商事株式会社	総務部	主任	前田 優子	245-0001	神奈川県横浜
4	株式会社大化事務機	総務部		松本 慎吾	101-0021	東京都千代田
5	慶応プラン株式会社	営業部		大竹 直美	165-0021	東京都中野区
6	鎌倉商事株式会社	総務部	部長	渡辺 一樹	261-0001	千葉県千葉市
7	株式会社大化事務機	総務部	課長	田中 才加	530-0011	大阪府大阪市
8	株式会社大宝通商	総務部		香取 潤	210-0001	神奈川県川崎
9	明治デポ株式会社	総務部	主任	秋元 裕二	455-0001	愛知県名古屋
10	昭和オフィス株式会社	総務部		太田 弘也	116-0011	

◆オートフィルオプション

●[連続データ] ダイアログボックスを利用した入力方法

上限を指定して連続する数値を入力する

1 セルB4に「1」と入力

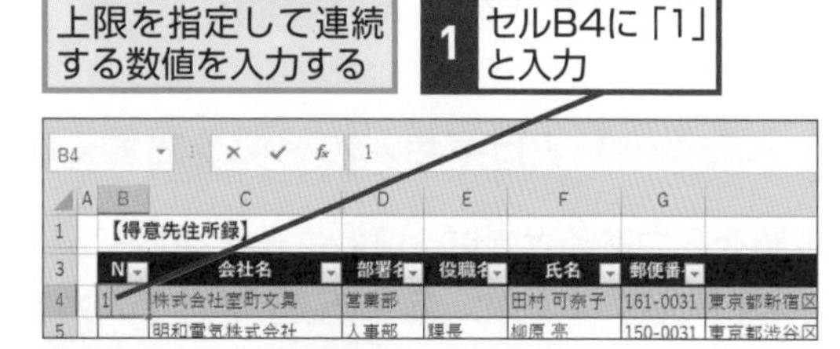

2 セルB4をクリック

3 [ホーム] タブをクリック

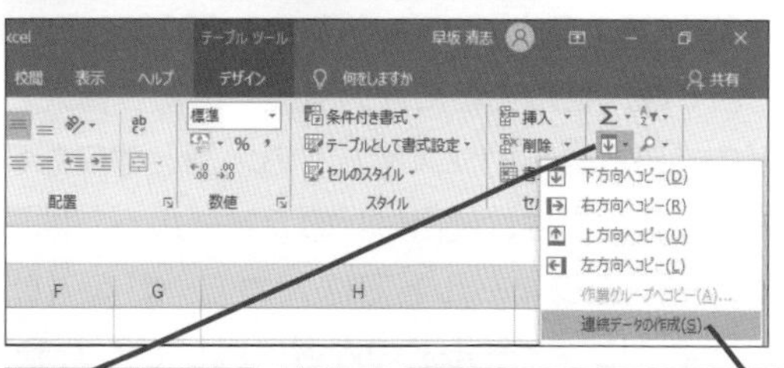

4 [フィル] をクリック

5 [連続データの作成] をクリック

[連続データ] ダイアログボックスが表示された

6 [列] をクリック

7 [加算] をクリック

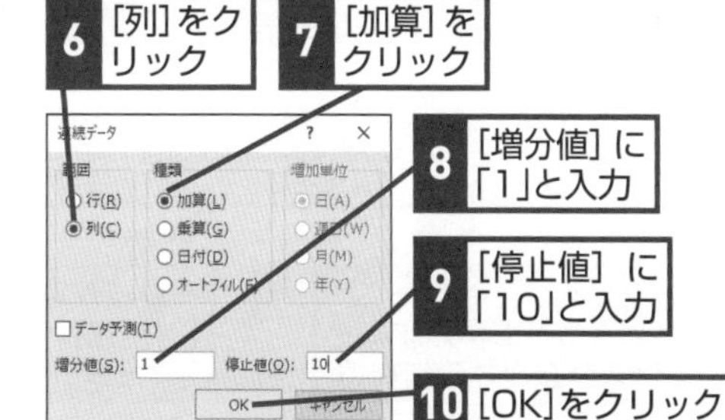

8 [増分値] に「1」と入力

9 [停止値] に「10」と入力

10 [OK] をクリック

セルB4に入力した数値が1つずつ加算され、停止値の10までが入力された

入力モードを自動的に切り替えるには

データの入力規則

対応バージョン

365 2019 2016 2013

レッスンで使う練習用ファイル
データの入力規則.xlsx

関連レッスン

▶レッスン13
セルの選択時にメッセージを表示するには……p.54

キーワード

データの入力規則	p.311
フィールド	p.312

入力モードや日本語入力を切り替えて効率アップ！

日本語を入力するときは、[半角/全角]キーを押して、入力モードを［ひらがな］にします。逆に英字や数字などを入力する際には、入力モードを［半角英数］にします。単純な操作ですが、大量のデータを入力する場合、[半角/全角]キーを押してフィールドごとに入力モードを切り替えるだけでもかなりの時間を費やしてしまいます。Excelでは、セルごとに入力モードの切り替えとMicrosoft IMEなどの「日本語入力システム」のオンとオフも切り替えられます。このレッスンでは、「［日付］のフィールドでは日本語入力をオフ」「［得意先］のフィールドでは入力モードを［ひらがな］にする」というようにフィールドの内容に応じて入力モードや日本語入力システムのオンとオフを自動的に切り替える方法を紹介します。

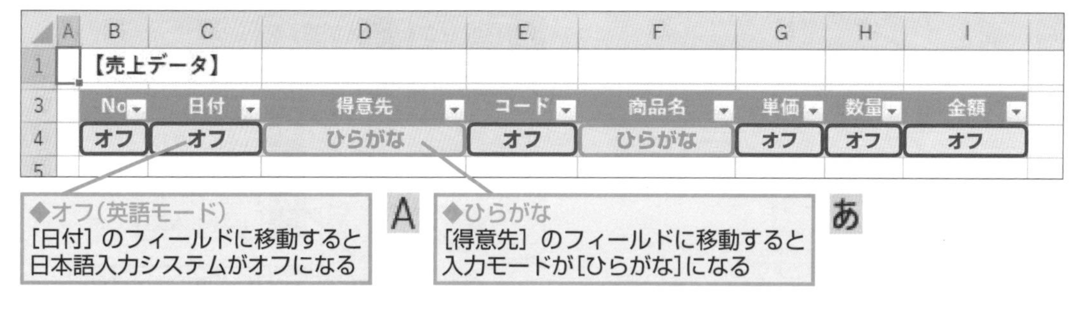

●設定できる入力モードや日本語入力システムの種類と動作

種類	動作	言語バーの表示
コントロールなし	入力モードを切り替えない。選択中の入力モードが使われる	選択中の入力モードに従う
オン	日本語入力を有効にする	あ
オフ（英語モード）	英字入力を有効にする	A
無効	英字入力を有効にして、入力モードの切り替えを無効にする	⊗

種類	動作	言語バーの表示
ひらがな	入力モードを［ひらがな］にする	あ
全角カタカナ	入力モードを［全角カタカナ］にする	カ
半角カタカナ	入力モードを［半角カタカナ］にする	_ｶ
全角英数字	入力モードを［全角英数］にする	Ａ
半角英数字	入力モードを［半角英数］にする	A

① フィールドを選択する

入力モードを設定するフィールドのセルを選択する

ここでは、[得意先]のフィールドに移動したときに、入力モードが自動的に[ひらがな]になるように設定する

Excelを起動した直後は、入力モードが[半角英数]になっている

1 セルD4をクリック

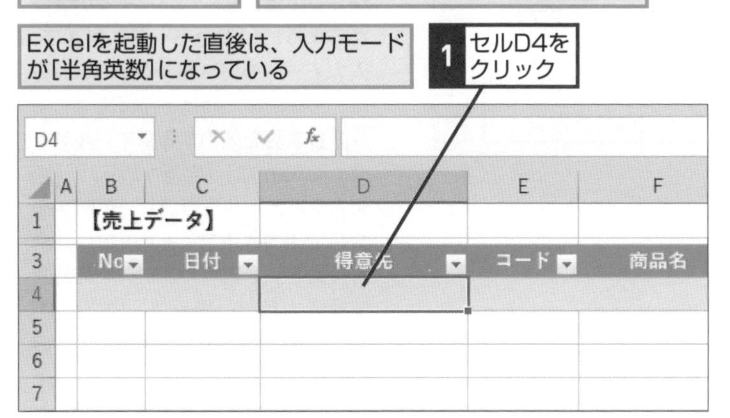

② 入力モードを確認する

1 言語バーのボタンが［A］と表示されていることを確認

［A］と表示されているときは、入力モードが[半角英数]になっている

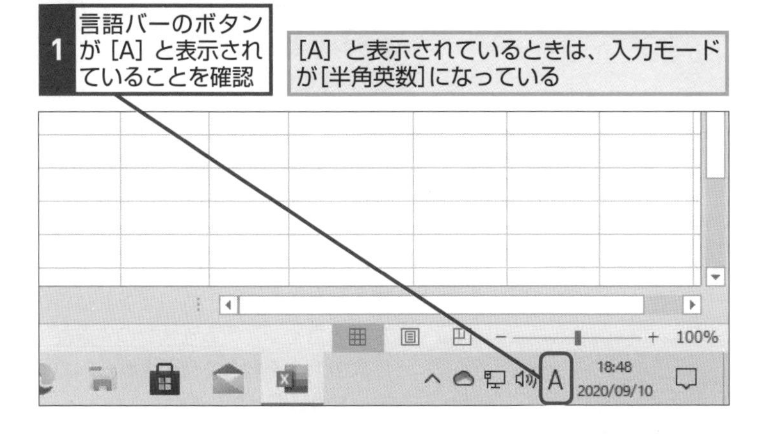

③ ［データの入力規則］ダイアログボックスを表示する

1 [データ]タブをクリック

2 [データの入力規則]をクリック

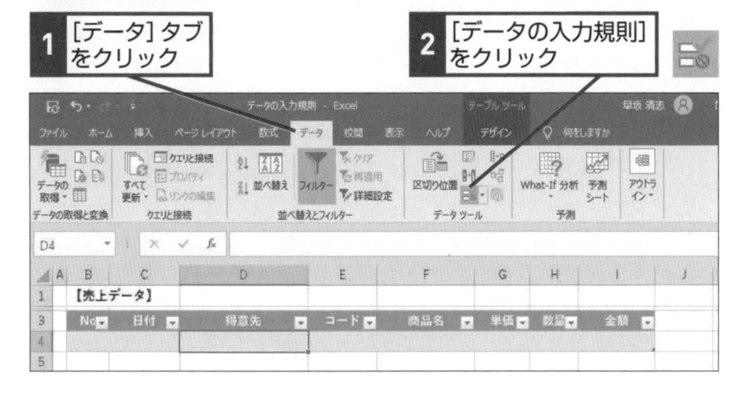

HINT!
データが入力されているときは列を選択する

手順1では入力モードを設定するフィールドを選択しています。データが入力されていないときは、先頭のセルを選択して［入力モード］を設定すれば、以降のレコードにも設定の内容が引き継がれますが、すでにデータが入力されている場合は、フィールド全体を選択してから入力モードを設定する必要があります。

HINT!
入力モードって何？

入力モードは、日本語入力システムが［オン］になっているときに選択できる「入力設定」です。日本語入力システムを［オフ］にすると、入力設定が無効となります。入力した文字を「ひらがな]や[全角カタカナ]など、どの種類で表示するかを設定するのが入力モードです。例えば、カタカナを入力するフィールドの入力モードを［全角カタカナ］に設定しておけば、カタカナに変換する手間を省けます。

次のページに続く

4 入力モードを選択する

[データの入力規則] ダイアログボックスが表示された

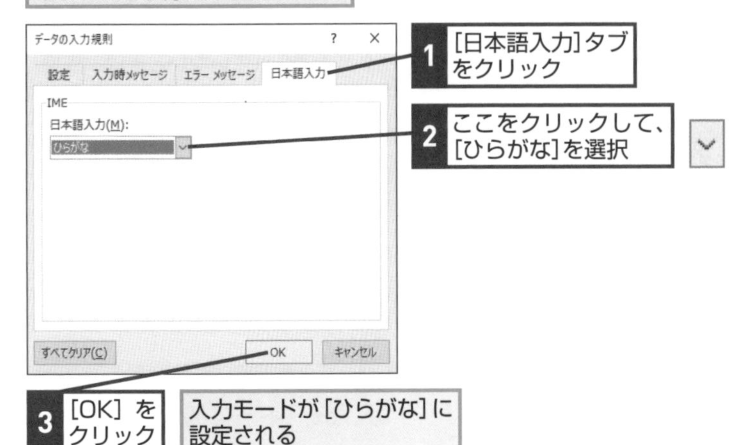

1 [日本語入力]タブをクリック

2 ここをクリックして、[ひらがな]を選択

3 [OK] をクリック

入力モードが [ひらがな] に設定される

5 入力モードを確認する

1 言語バーのボタンが[あ]と表示されたことを確認

入力モードが自動で [ひらがな] に切り替わった

6 フィールドを移動する

ほかのフィールドに移動して入力モードが切り替わることを確認する

1 セルC4をクリック

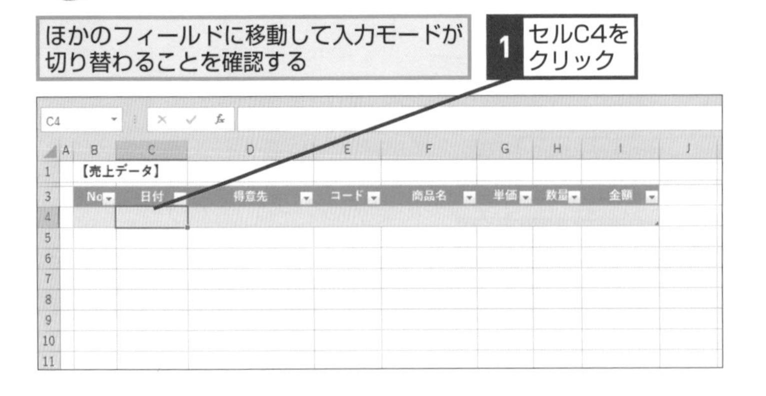

HINT! 入力モードを設定するコツ

入力モードの切り替えは、手順4の [データの入力規則] ダイアログボックスで設定します。46ページの表にあるように、入力モードに加えて、入力モードを切り替えない [コントロールなし] の項目から選択しましょう。日本語を入力するフィールドでは、[ひらがな] [全角カタカナ] [半角カタカナ] から選択し、英数字を全角で入力するフィールドでは [全角英数字] を指定します。半角英数字を入力したい場合は、[オフ (英語モード)] [無効] [半角英数字] のいずれかを選択しますが､通常は [オフ (英語モード)] を指定しておくといいでしょう。

HINT! [オン] と [ひらがな] はどう違うの？

手順4で [日本語入力] の一覧に表示される [オン] とは、「日本語入力システムをオフからオンにする」ということです。一方、[ひらがな] は「入力モードを [ひらがな] に設定する」ということです。[オン] は日本語入力をシステムをオンにするだけなので、それまで使用された入力モードの状態となります。

間違った場合は？

意図と異なる入力モードを設定してしまった場合は、手順1から操作をやり直します。設定する入力モードを判断できないときは、[コントロールなし] を選択しましょう。

❼ 入力モードを確認する

フィールドが移動したので入力モードが切り替わった

1 言語バーのボタンが［A］と表示されていることを確認

［A］と表示されているときは、入力モードが［半角英数］になっている

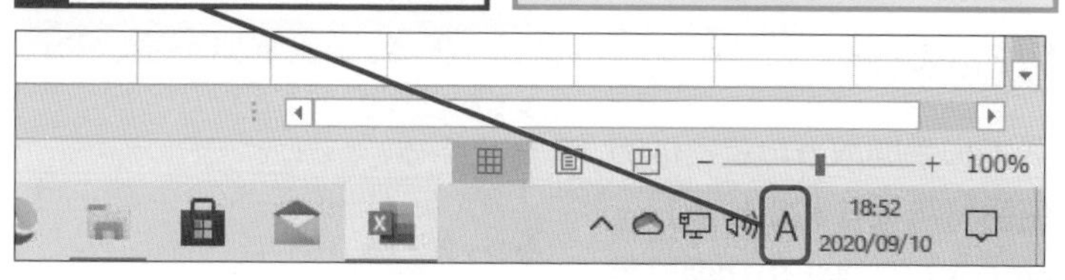

❽ 入力モードを設定したフィールドに移動する

もう一度、［得意先］のフィールドに移動して、入力モードを確認する

1 セルD4をクリック

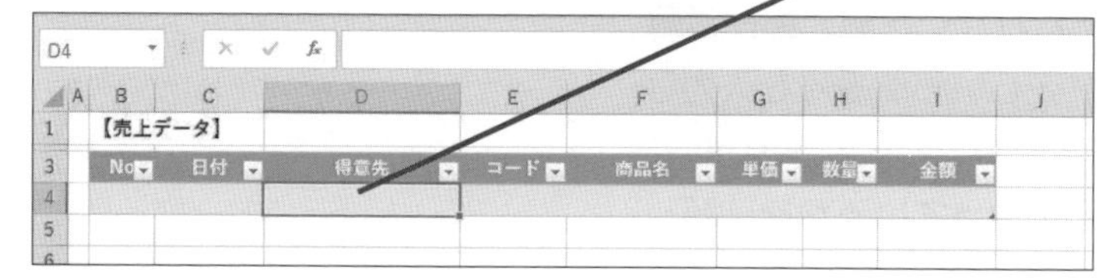

2 言語バーのボタンが［あ］と表示されていることを確認

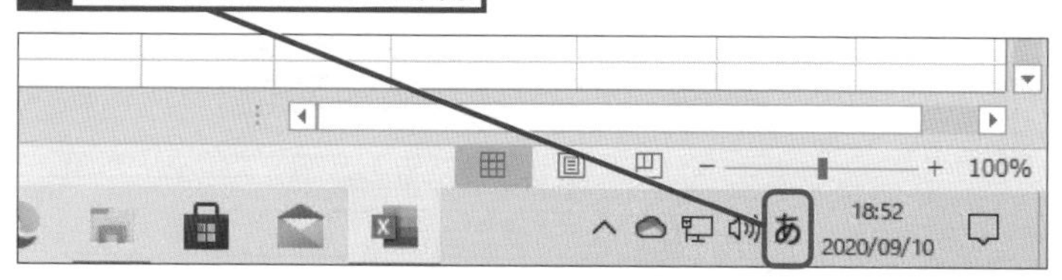

❾ ほかのフィールドに入力規則を設定する

1 手順1～4を参考に、［商品名］のフィールドの入力モードを［ひらがな］に設定

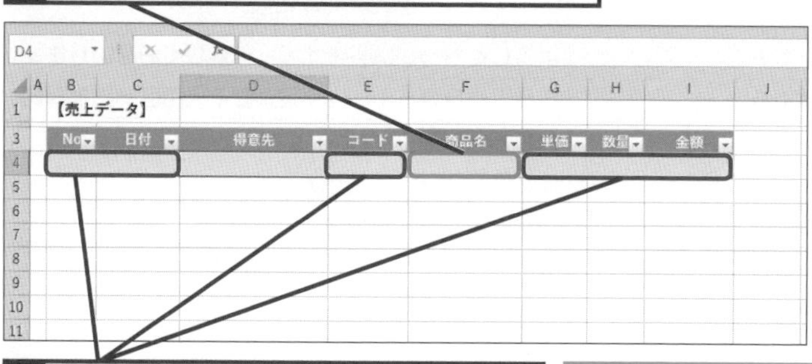

2 手順1～4を参考に、［No］［日付］［コード］［単価］［数量］［金額］のフィールドを［オフ（英語モード）］に設定

複数のセル範囲を選択してから入力規則を設定してもいい

HINT! 複数のフィールドに入力規則を設定するには

［No］［日付］［コード］などのフィールドに、まとめて［オフ（英語モード）］の入力規則を設定したいときは、複数のフィールドを選択してから設定すると簡単です。フィールドが連続していない場合は、Ctrlキーを押しながらクリックして選択するといいでしょう。

Ctrlキーを押せば複数のフィールドを選択できる

1 セルB4～C4をドラッグして選択

2 Ctrlキーを押しながらセルE4をクリック

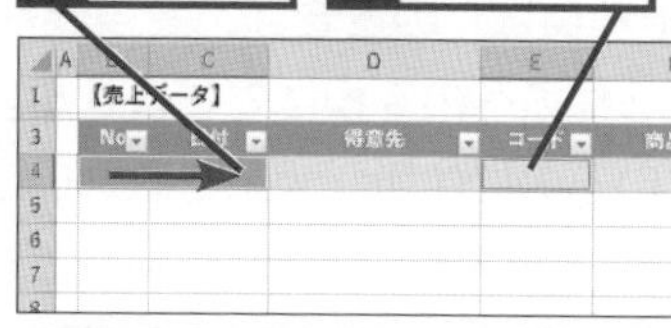

手順3を参考に［データの入力規則］ダイアログボックスを表示すれば、選択したフィールドにまとめて入力規則を設定できる

HINT! 入力規則を［無効］にしなければ入力モードを変更できる

セルに［ひらがな］の入力規則を設定しても、カタカナや半角英数字が入力できなくなるわけではありません。ただし、手順4で［無効］を設定すると、日本語入力システムの機能が無効になるので、入力モードの切り替えができなくなります。

レッスン

12 郵便番号から住所に変換するには

郵便番号辞書

対応バージョン

365 2019 2016 2013

レッスンで使う練習用ファイル
郵便番号辞書.xlsx

郵便番号辞書で住所の入力を楽にしよう

読み方が分からない住所や長い住所の入力に手間取ったことはありませんか？　そんなときはIMEの郵便番号辞書を利用しましょう。Windows 10に搭載されているMicrosoft IMEの初期設定では、標準で郵便番号辞書を利用できます。ポイントは、入力モードを［ひらがな］にして郵便番号の7けたを「－」（ハイフン）付きの全角文字で入力することです。変換候補に表示される住所を選択すれば、住所入力の手間を大幅に減らせます。入力モードが［半角英数］のときは、変換候補が表示されないため、郵便番号から住所への変換はできません。もし、正しい郵便番号を入力しているのに住所が表示されないときは、このレッスンで紹介している「郵便番号辞書」が利用できるようになっているかを確認しましょう。マイクロソフトが提供するIMEによって利用できる辞書は異なりますが、辞書の主な用途と使用例については、下の表を参照してください。

関連レッスン

▶レッスン10
同じデータを連続して
入力するには ……………………… p.42

▶レッスン14
入力する値を一覧から
選択するには ……………………… p.58

1 郵便番号を入力　2 space キーを押す

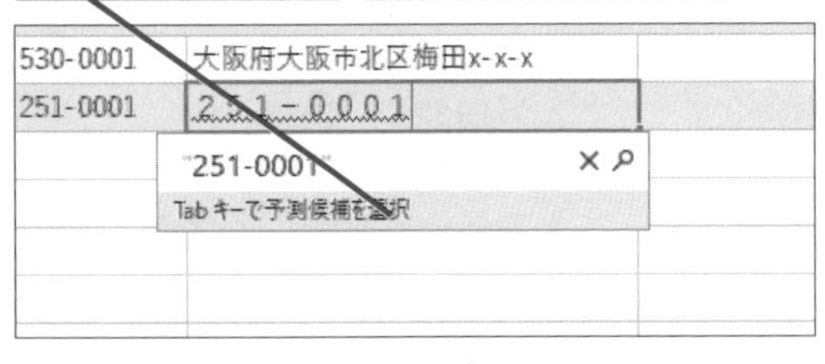

変換候補の一覧に住所が表示される

530-0001　大阪府大阪市北区梅田x-x-x
251-0001　神奈川県藤沢市西富
1　２５１－０００１
2　神奈川県藤沢市西富
3　251-0001

●主な辞書の用途と使用例

辞書	用途	使用例
標準辞書	漢字かな交じり文に変換する	よろしくおねがいします → 宜しくお願いします
郵便番号辞書	郵便番号を住所に変換する	１０１－００５１ → 東京都千代田区神田神保町
単漢字辞書	１文字の漢字を変換する	かめ → 甕
顔文字辞書	顔文字に変換する	にこにこ → (*^_^*)
人名地名辞書	人名や地名に変換する	おかいで → 岡出
カタカナ語英語辞書	カタカナ語の読みを英単語に変換する	まいくろそふと → Microsoft
記号辞書	記号の読みを記号に変換する	とうろく → ®

① [Microsoft IMEの設定] ダイアログボックスを表示する

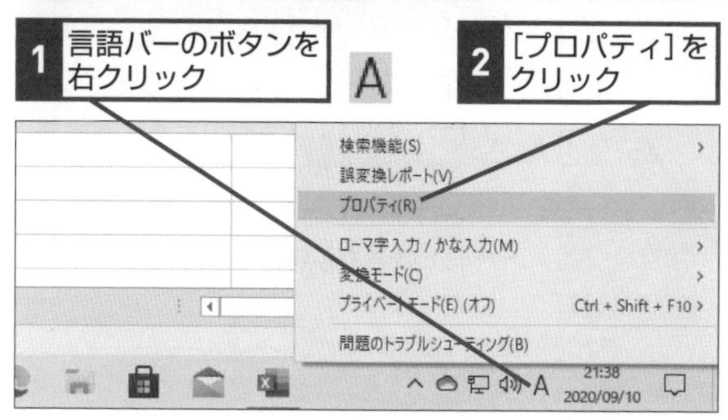

② 郵便番号辞書の設定を確認する

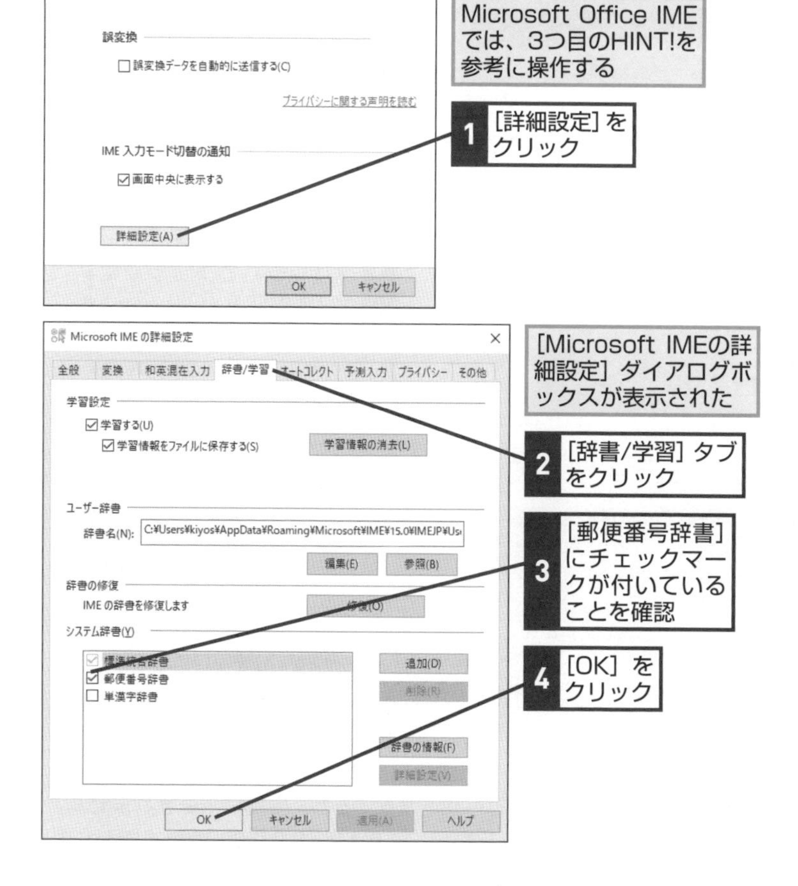

HINT!
郵便番号辞書って何？

郵便番号辞書は、「000−0000」の形式で入力した郵便番号を住所に変換する専門の辞書です。なお、ハイフンを入力せずに「1001234」のように郵便番号を入力した場合は、住所に変換されません。また、郵便番号辞書に存在しない郵便番号は、変換候補に表示されません。会社によっては、個別の郵便番号として大口事業所個別番号を利用している場合がありますが、郵便番号辞書に登録されていない場合があります。

HINT!
IMEの違いを知ろう

IMEは、Windows 10に搭載されているMicrosoft IMEを利用していることが多いでしょう。ただし、無償で利用できる「Google日本語入力」やジャストシステム社の「ATOK」など好きなIMEを利用することもできます。これらのIMEも、郵便番号辞書を持っています。IMEによって、話し言葉の変換精度や、固有名詞の変換候補の多さなどに違いがあります。取り扱っているデータで話し言葉や固有名詞の入力頻度が高いときは、これらのIMEを検討してみるのもいいでしょう。

次のページに続く

3 郵便番号から住所に変換する

入力モードを[ひらがな]にしておく

1 郵便番号を全角文字で入力

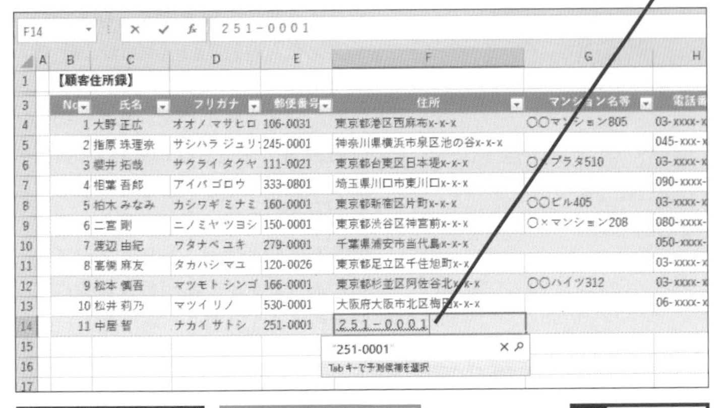

No	氏名	フリガナ	郵便番号	住所	マンション名等	電話番
1	大野 正広	オオノ マサヒロ	106-0031	東京都港区西麻布x-x-x	○○マンション805	03-xxxx-x
2	指原 珠理奈	サシハラ ジュリ	245-0001	神奈川県横浜市泉区池の谷x-x-x		045-xxx-x
3	櫻井 拓哉	サクライ タクヤ	111-0021	東京都台東区日本堤x-x-x	○×プラタ510	03-xxxx-x
4	相葉 吾郎	アイバ ゴロウ	333-0801	埼玉県川口市東川口x-x-x		090-xxxx-
5	柏木 みなみ	カシワギ ミナミ	160-0001	東京都新宿区片町x-x-x	○○ビル405	03-xxxx-x
6	二宮 剛	ニノミヤ ツヨシ	150-0001	東京都渋谷区神宮前x-x-x	○×マンション208	080-xxxx-
7	渡辺 由紀	ワタナベ ユキ	279-0001	千葉県浦安市当代島x-x-x		050-xxxx-
8	高橋 麻友	タカハシ マユ	120-0026	東京都足立区千住旭町x-x-x		03-xxxx-x
9	松本 慎吾	マツモト シンゴ	166-0001	東京都杉並区阿佐谷北x-x-x	○○ハイツ312	03-xxxx-x
10	松井 莉乃	マツイ リノ	530-0001	大阪府大阪市北区梅田x-x-x		06-xxxx-x
11	中居 智	ナカイ サトシ	251-0001	２５１－０００１		

2 space キーを2回押す

変換候補の一覧が表示された

3 住所をクリック

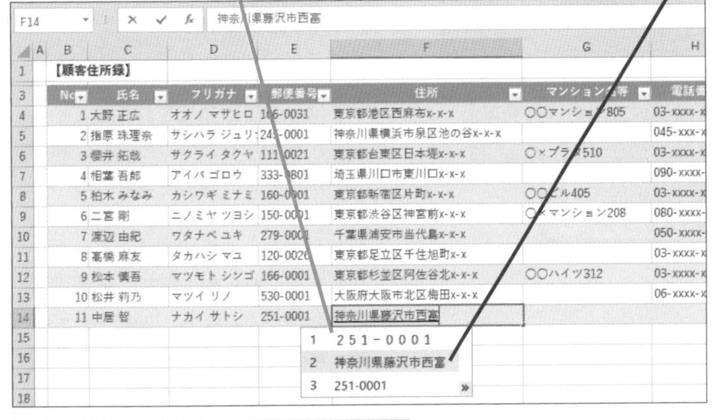

4 Enter キーを押す

郵便番号が住所に変換された

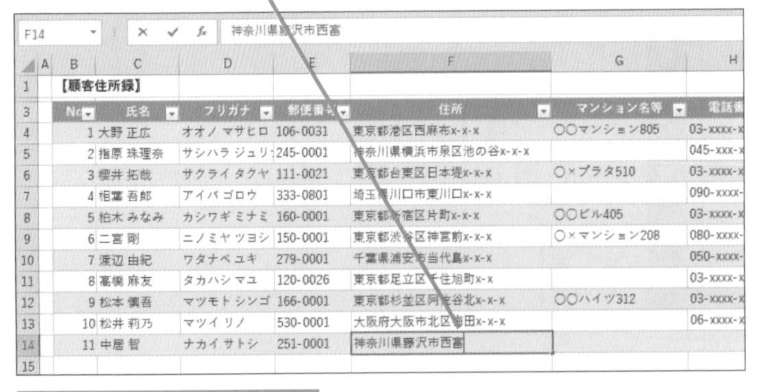

必要に応じて住所の続きを入力しておく

HINT! 入力モードを[ひらがな]にしておく

郵便番号は、「０００－００００」の形式で入力して変換します。郵便番号辞書を利用して郵便番号を変換するので、入力モードを［ひらがな］にしておく必要があります。

HINT! 辞書の更新日を確認しよう

郵便番号は、町域名の変更等に伴って随時変更されるので、Microsoft IMEの郵便番号辞書が最新のものとは限りません。Misorosoft IMEの郵便番号辞書は、51ページの[Microsoft IMEの詳細設定］ダイアログボックスで、「郵便番号辞書」を選択して［辞書の情報］ボタンをクリックすると、更新日を確認することができます。一方、最新の郵便番号は、日本郵便のWebページから検索することができます。

▼日本郵便のWebページ
http://www.post.japanpost.jp/

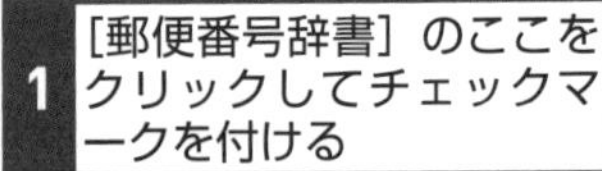

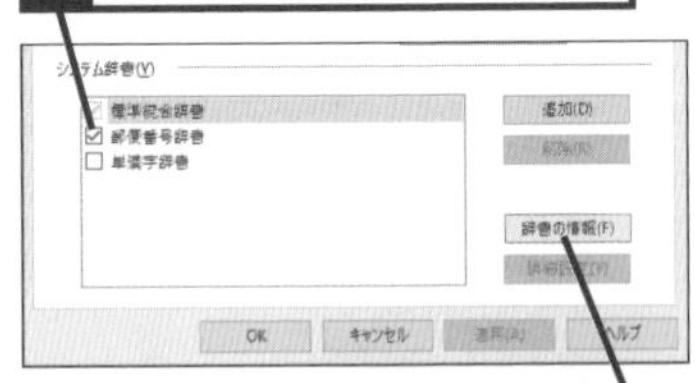

2 ［辞書の情報］をクリック

間違った場合は？

半角文字で数字を入力したり、全角文字で「－」（ハイフン）を挟まずに「０００００００」のように入力したりすると、住所に変換されません。「０００－００００」の形式で入力し直してください。

テクニック フラッシュフィルでデータの入力が楽になる

ある一定のパターンで入力されているデータの場合、「フラッシュフィル」を利用することで、元データから特定の文字だけを取り出したり、一定の法則に従って変換したりすることが簡単に行えます。フラッシュフィルは、Excel 2013で追加された機能です。ただし、データの法則性をExcelが正しく認識してくれないケースもあるため、万能とは言えません。もし、フラッシュフィルで意図した通りのデータ変換が行えない場合は、関数を利用してデータを変換します。

●氏名を姓と名に分ける

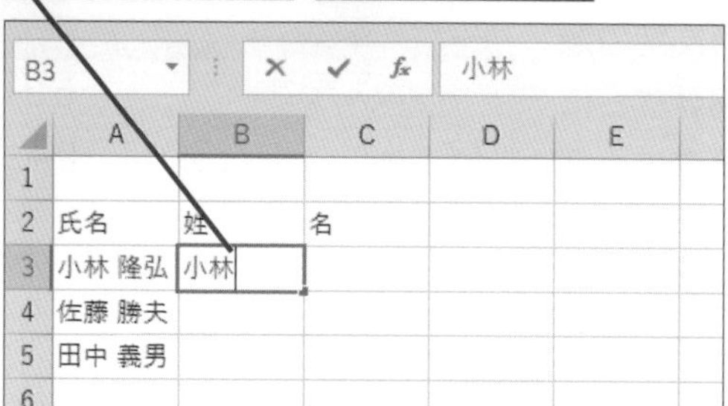

3 [データ] タブをクリック

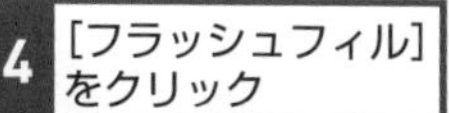

セルB4 ～ B5に自動で姓が入力された

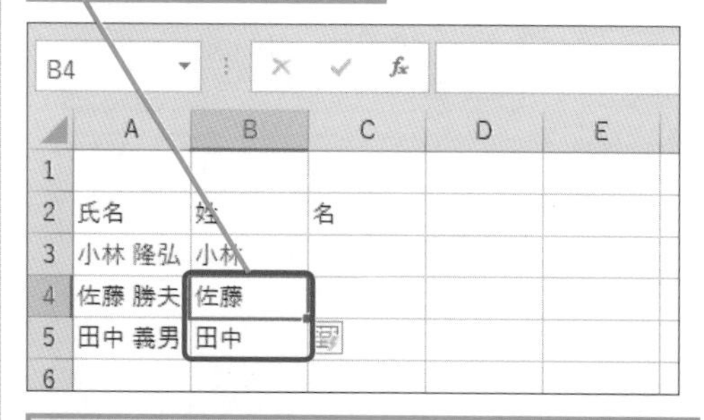

名を入力してフラッシュフィルを実行すると、同様に名が自動入力される

●電話番号を「-」区切りにする

3 [データ] タブをクリック

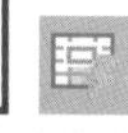

電話番号が「-」区切りで自動的に入力された

レッスン

13 セルの選択時にメッセージを表示するには

入力時メッセージ、エラーメッセージ

対応バージョン

365　2019　2016　2013

レッスンで使う練習用ファイル
入力時メッセージ.xlsx

関連レッスン

▶レッスン11
入力モードを自動的に
切り替えるには……………… p.46

キーワード

データの入力規則	p.311
フィールド	p.312

メッセージを表示して入力ミスを防ごう

「何百件ものデータ入力を明後日までに終わらせないといけない……」。そんなときは何人かで手分けしてデータを入力することもあるでしょう。このとき、表記揺れや全角文字と半角文字の混在などが発生してしまうと、将来的にデータの抽出や集計などに支障を来します。第5章では、集めたデータを整えるテクニックを解説しますが、未然に防げる間違いはできるだけ減らしたいものです。そこでこのレッスンでは、「必ず全角で入力する」と決めたフィールドに半角文字を入力してしまったときに、メッセージや警告を表示するテクニックを紹介します。
ただし、この設定は万能ではありません。ほかのセルのデータをコピーして貼り付ければ、入力規則に反するデータも結果的に入力できてしまいます。入力規則の設定は絶対的なものではなく、あくまでも入力作業を補助するものとして覚えておくといいでしょう。

●入力時にメッセージを表示する

	大竹 直美	165-0021	東京都中野区丸山x－x－x	
部長	渡辺 一樹	261-0001	千葉県千葉市美浜区幸町x－x－x	
課長	田中 才加	530-0011	大阪府大阪市北区大深町x－x－x	
	香取 潤	210-0001	神奈川県川崎市川崎区本町x－x－x	互角ビル801
主任	秋元 裕二	455-0001	愛知県名古屋市港区七番町x－x－x	
	太田 弘也	116-0011		

住所の入力
すべて全角で入力してください

データの入力時にメッセージを表示して、ユーザーの入力を補助する

データの入力時に注意すべきことや入力に関する禁止事項を表示できる

●入力規則に沿わないデータが入力されたときに
エラーメッセージを表示する

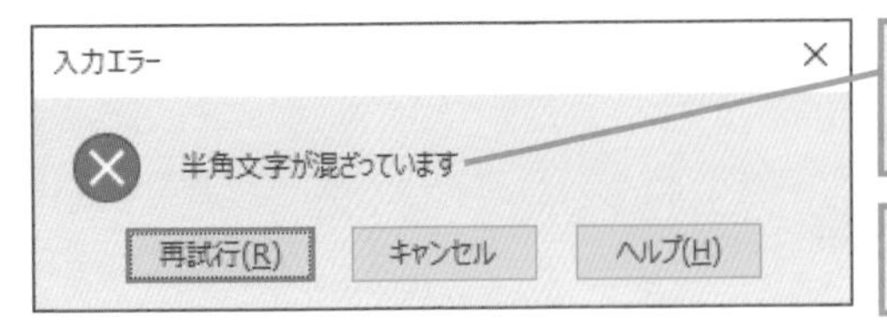

半角文字や全角文字、文字数など、フィールドの入力規則に違反したときにメッセージを表示する

表示するメッセージの内容を設定できる

セル選択時のメッセージ設定

1 [住所] フィールドを選択する

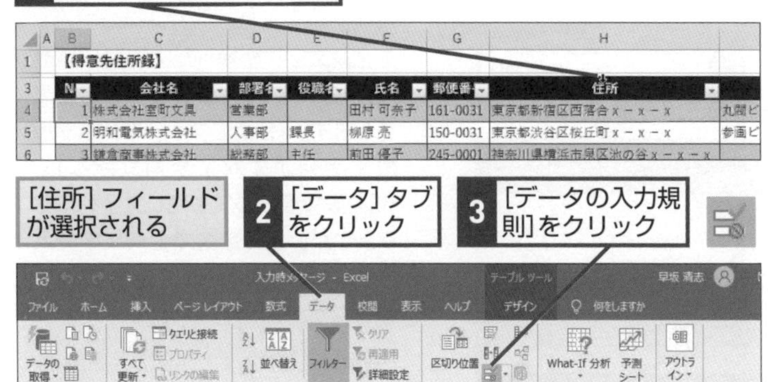

2 メッセージを設定する

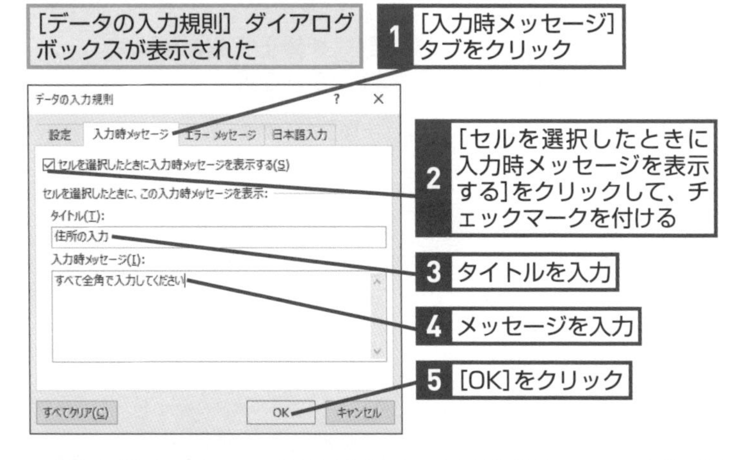

3 設定したメッセージを確認する

HINT!

マウスポインターの形に注意しよう

手順1ではクリック1つで [住所] のフィールドを選択します。マウスポインターの形が⬇に変わる場所をクリックしましょう。

HINT!

データが入力されている場合はフィールド全体を選択する

新しいテーブルで1レコード目のセルに入力規則を設定すれば、新しいレコードの追加時に設定内容が自動で適用されます。しかし、すでにデータが入力されているときは、手順1のようにフィールド名の上部をクリックし、フィールド全体を選択してから入力規則を設定しましょう。

HINT!

メッセージの内容を後から変更するには

後からメッセージを修正したいときもあるでしょう。その場合は、フィールド全体を選択してから、[データの入力規則] ダイアログボックスを表示します。フィールドの中に入力規則の設定が異なるセルが含まれる場合は、確認のメッセージが表示されますが、[はい] ボタンをクリックして操作を進めてください。

HINT!

メッセージは移動できる

セルを選択したときに表示されるメッセージの表示位置は変更できます。メッセージが邪魔でデータが見えないときは、メッセージをドラッグして移動しましょう。

次のページに続く

エラーメッセージの設定とエラーチェック

4 ［データの入力規則］ダイアログボックスを表示する

手順1と同様に［住所］フィールドを選択する

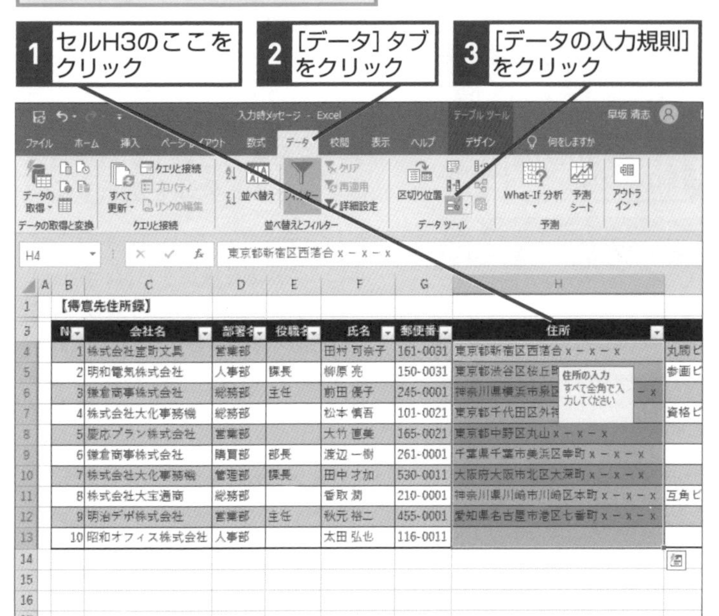

5 エラーメッセージの表示条件を設定する

［データの入力規則］ダイアログボックスが表示された

JIS関数を使って［住所］フィールドに全角以外の文字が入力されたときに、エラーメッセージが表示されるように設定する

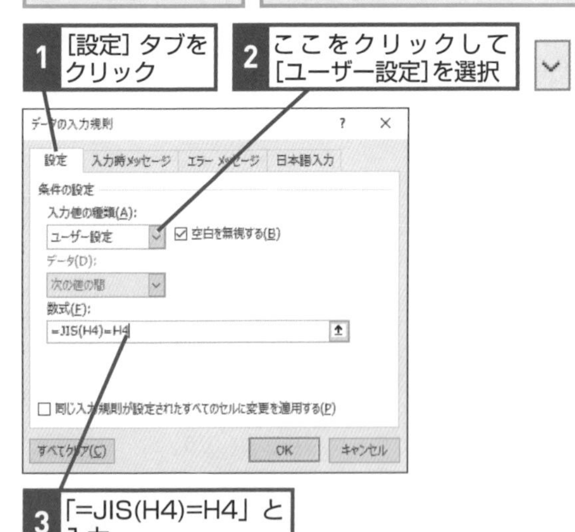

HINT!

JIS関数って何？

JIS関数は、文字列に含まれる半角文字を全角文字に変換する関数です。手順5で入力する「=JIS(H4)=H4」の数式は、「セルH4のデータを全角文字に変換した文字列」と「セルH4の文字列」が等しいことを意味します。［住所］フィールド（H列）の文字列がすべて全角文字なら、JIS関数で変換しても同じ文字列になりますが、この数式で全角文字で入力されているかを判断できます。

●JIS関数の書式

=JIS(文字列)

▶［文字列］に含まれる半角文字を全角文字に変換する

HINT!

数式を修正するときは F2 キーを押す

手順5で［数式］に入力した内容を修正するときは、F2キーを押してから操作しましょう。←や→キーを押してカーソルを移動しようとすると、ワークシートのセル番号が表示されてしまいます。

HINT!

よくある入力規則の例

全角文字のチェック以外にも特定の文字列の入力を禁止したいことがあります。よく使われる設定例を紹介するので、参考にしてください。

●全角の空白の入力を禁止する

=ISERROR(FIND("　",B2))

▶セルB2に全角の空白が含まれていたらエラーになる

●「-」（ハイフン）を含むデータの入力を禁止する

=COUNTIF(F2,"*-*")=0

▶セルF2に「-」（ハイフン）が含まれていたらエラーになる

6 エラーメッセージを設定する

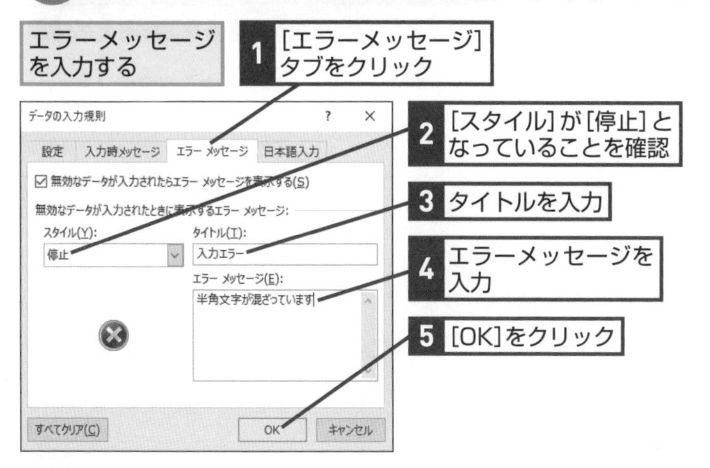

7 エラーメッセージを確認する

住所の番地を半角で入力して、エラーメッセージの表示を確認する

1 セルH13に半角文字を使って住所を入力

2 Tab キーを押す

8 エラーメッセージの内容を確認する

エラーメッセージが表示された

1 手順6で入力したタイトルがダイアログボックス名になっていることを確認

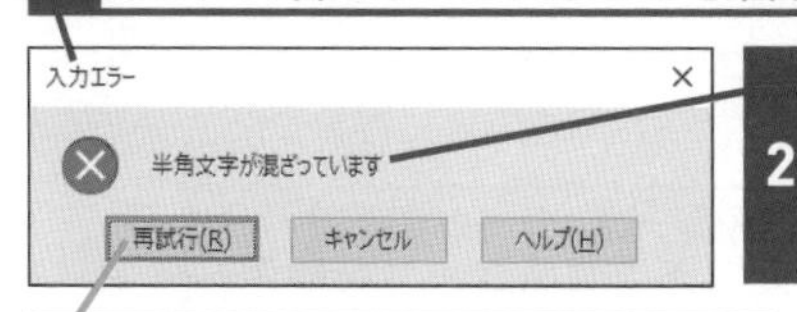

2 手順6で入力したエラーメッセージがダイアログボックス内に表示されていることを確認

[再試行]をクリックすれば、セルが反転し、すぐに住所を修正できる

HINT! [スタイル]は[停止]に設定する

手順6では［停止］［注意］［情報］の3種類からスタイルを選択できます。この設定によって、エラーメッセージとして表示されるダイアログボックスの種類を変更できます。[設定］タブで設定した条件に合わないデータを入力できないようにするには、［停止］を設定しましょう。
一方、［注意］か［情報］を指定した場合は、条件に合わないデータでも入力できるようになります。警告の画面を表示した上で、条件に合わないデータでも入力できるようにするには［注意]、条件に合わないということだけを伝えて入力できるようにするには［情報］を選択します。

HINT! 半角文字のチェックをしたいときは

セルに半角英数字や半角カタカナ以外の文字が入力されたときにエラーメッセージを表示するには、[データの入力規則］ダイアログボックスの［数式］に「=ASC(H4)=H4」と入力します。ASC関数は、文字列に含まれる全角文字を半角文字に変換します。チェックの考え方はJIS関数と同じです。
ただし、半角カタカナは、データベース間でデータのやりとりをするときに、トラブルが生じることがあるので、使用しない方がいいでしょう。半角英数字だけを入力するフィールドに設定することをお薦めします。

●ASC関数の書式

=ASC(文字列)

▶［文字列］に含まれる全角文字を半角文字に変換する

入力する値を一覧から選択するには

選択リスト

対応バージョン

365 2019 2016 2013

レッスンで使う練習用ファイル
選択リスト.xlsx

「選択リスト」を使えば、簡単に入力できる

入力をしやすくしたり、入力ミスを防いだりするために、個別の商品ごとに特定の「コード」を割り振って管理する場合があります。ところが、コードは一般に無意味な文字と数字の羅列だけで構成されるため、入力を間違えやすいものです。しかし、対象のコードを別の一覧表を参照して入力していたのでは、商品コードを利用する本来の意味がなくなってしまいます。コードのようにあらかじめ入力する項目が決まっているときは、「選択リスト」で一覧から入力できるようにするといいでしょう。選択リストは、レッスン⑬で解説した［データの入力規則］ダイアログボックスで設定できます。なお、セル範囲を参照してリストに表示するときは、あらかじめ名前を付けておきましょう。テーブルの行が増減した場合に、リストに表示される内容も自動で更新されます。

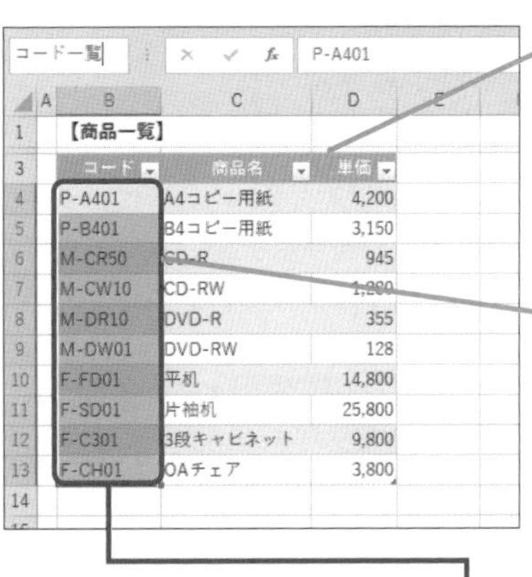

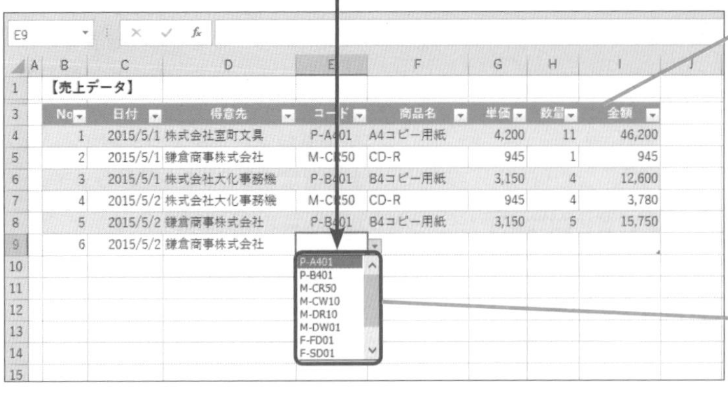

関連レッスン

▶レッスン13
セルの選択時にメッセージを表示するには p.54

キーワード

ブックで利用する名前の定義

① 名前を定義する範囲を選択する

ここでは、[商品一覧]シートの[コード]列に名前を定義して、[売上データ]シートから参照する

1 セルB3のここにマウスポインターを合わせる

マウスポインターの形が変わった

2 そのままクリック

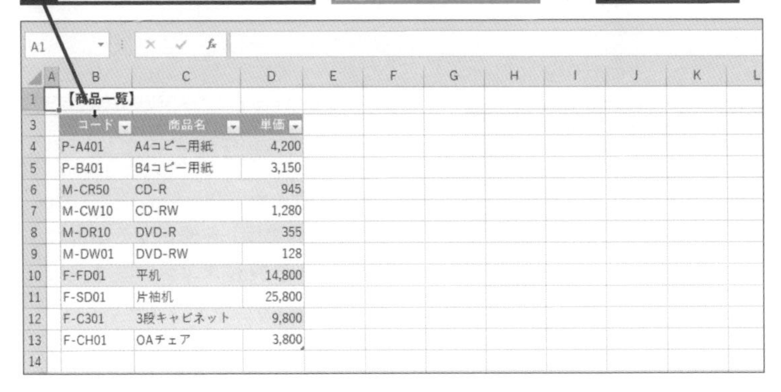

	A	B	C	D
1		【商品一覧】		
3		コード	商品名	単価
4		P-A401	A4コピー用紙	4,200
5		P-B401	B4コピー用紙	3,150
6		M-CR50	CD-R	945
7		M-CW10	CD-RW	1,280
8		M-DR10	DVD-R	355
9		M-DW01	DVD-RW	128
10		F-FD01	平机	14,800
11		F-SD01	片袖机	25,800
12		F-C301	3段キャビネット	9,800
13		F-CH01	OAチェア	3,800

② 選択したセル範囲の名前を定義する

セルB4～B13が選択された

ここでは、セルB4～B13に「コード一覧」という名前を定義する

1 名前ボックスをクリック

2 「コード一覧」と入力

コード一覧 | P-A401

	A	B	C	D
1		【商品一覧】		
3		コード	商品名	単価
4		P-A401	A4コピー用紙	4,200
5		P-B401	B4コピー用紙	3,150
6		M-CR50	CD-R	945
7		M-CW10	CD-RW	1,280
8		M-DR10	DVD-R	355
9		M-DW01	DVD-RW	128
10		F-FD01	平机	14,800
11		F-SD01	片袖机	25,800
12		F-C301	3段キャビネット	9,800
13		F-CH01	OAチェア	3,800

3 Enter キーを押す

セルB4～B13の[コード]列に「コード一覧」の名前が設定される

③ ワークシートを切り替える

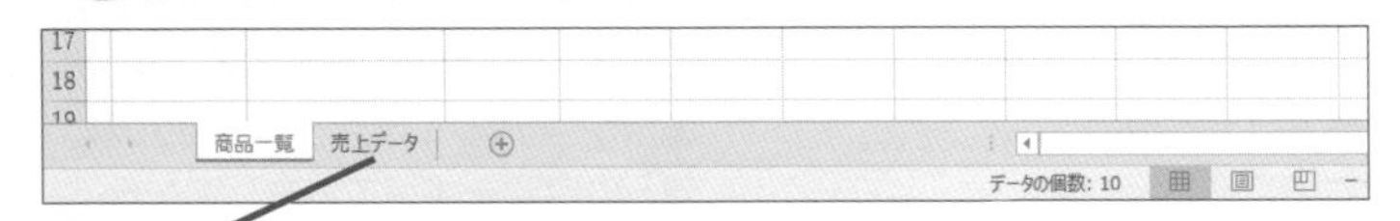

1 [売上データ]シートをクリック

HINT!

名前の設定を確認するには

名前の設定を確認したり、名前の参照範囲を変更したりするときは、[名前の管理] ダイアログボックスで設定を行います。名前を変えるときは、[編集] ボタンをクリックして [名前の編集] ダイアログボックスで新しい名前を入力します。参照するセル範囲を変更するときは、[名前の編集] ダイアログボックスにある [参照範囲] のボタンを利用しましょう。

1 [数式] タブをクリック

2 [名前の管理] をクリック

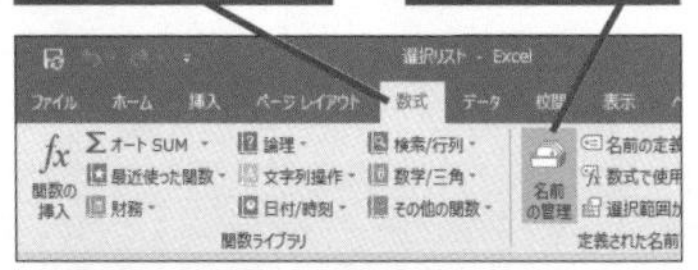

[名前の管理] ダイアログボックスが表示された

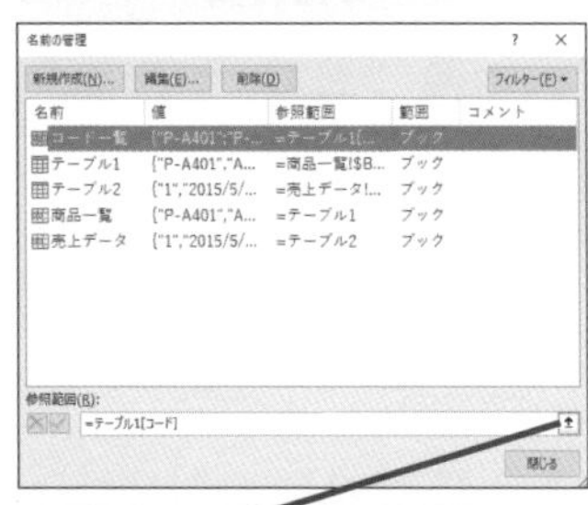

3 ここをクリック

名前の参照範囲が表示された

	A	B	C	D
1		【商品一覧】		
3		コード	商品名	単価
4		P-A401	A4コピー用紙	4,200
5		P-B401	B4コピー用紙	3,150
6		M-CR50	CD-R	945
7		M-CW10	CD-RW	1,280
8		M-DR10	DVD-R	355
9		M-DW01	DVD-RW	128
10		F-FD01	平机	14,800
11		F-SD01	片袖机	25,800
12		F-C301	3段キャビネット	9,800
13		F-CH01	OAチェア	3,800

次のページに続く

リストの設定

4 [データの入力規則] ダイアログボックスを表示する

[売上データ] シートが表示された

[売上データ] シートの [コード] フィールドに [商品一覧] シートの [コード] 列にある商品コードが表示されるようにする

1 セルE3のここをクリック

2 [データ] タブをクリック

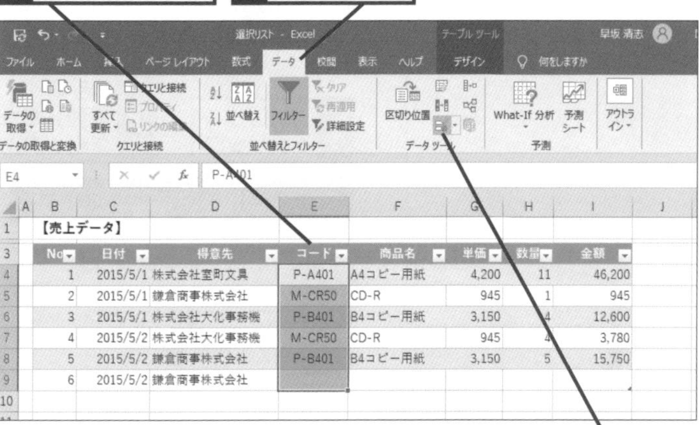

3 [データの入力規則] をクリック

5 一覧で表示する値を設定する

[データの入力規則] ダイアログボックスが表示された

1 [設定] タブをクリック

2 ここをクリックして [リスト] を選択

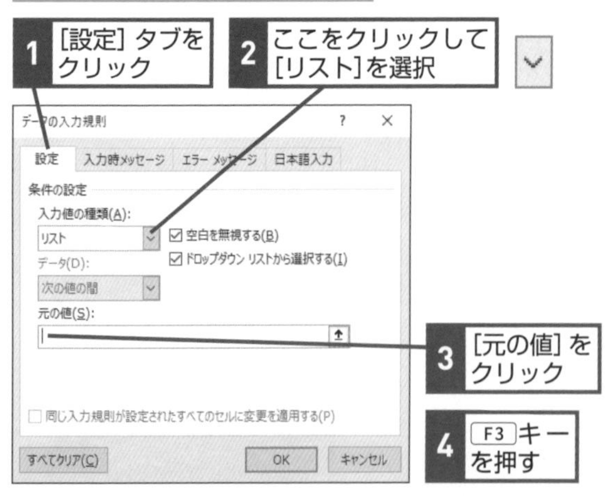

3 [元の値] をクリック

4 F3 キーを押す

HINT!

F3 キーで登録した名前を呼び出せる

59ページの手順1～2で [コード] 列に付けた名前を表示するため、手順5で F3 キーを押します。[データの入力規則] ダイアログボックスの [元の値] に直接「=コード一覧」と入力しても構いませんが、「=」は半角で入力してください。

HINT!

[元の値] を修正するには

[データの入力規則] ダイアログボックスの [元の値] を修正する場合は、F2 キーを押します。F2 キーを押さずに、←や→キーを押してカーソルを移動しようとすると、ワークシートのセル番号が表示されてしまい、設定内容がおかしくなってしまいます。

HINT!

[データの入力規則] では構造化参照ができない

[データの入力規則] ダイアログボックスの [元の値] にテーブル内の列を数式で指定するときは、「=商品一覧[コード]」のように構造化参照では指定できず、「=商品一覧!$B$4:$B$13」のような通常のセル参照となります。このため、[商品一覧] シートの [コード] 列に新たな商品が追加されたような場合は、データの入力規則に指定したセル範囲の変更が必要です。このレッスンでは、セル範囲に付けた名前を [元の値] に入力するのでセル範囲を変更する必要がありません。

間違った場合は？

[元の値] の内容にセル番号が表示されてしまった場合は、Back space キーや Delete キーを押して [元の値] の内容をすべて消去してから、もう一度 F3 キーを押します。

6 商品コードの一覧に表示する値を選択する

［名前の貼り付け］ダイアログボックスが表示された

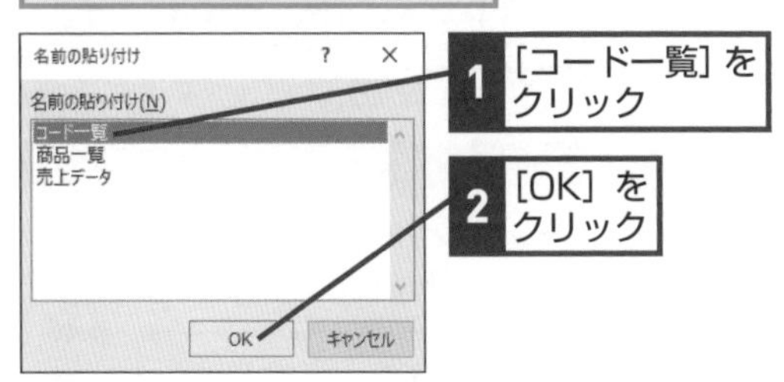

7 リストの設定を終了する

［商品一覧］シートの［コード］列に定義した［コード一覧］が設定された

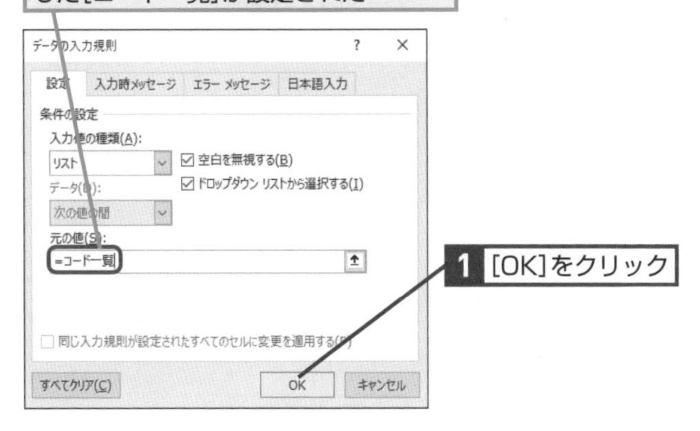

8 商品コードの一覧を表示する

商品コードを一覧から選択できるようになった

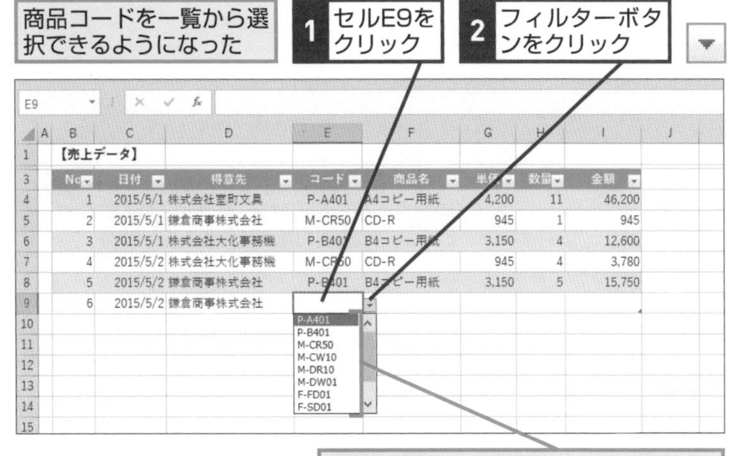

［商品一覧］シートの［コード］列にある商品コードの一覧が表示された

HINT!
ブック内の名前が一覧で表示される

手順6の［名前の貼り付け］ダイアログボックスには、ブック内でテーブルやセル範囲に設定しているすべての名前が表示されます。このレッスンの練習用ファイルでは、［商品一覧］シートのテーブルに［商品一覧］、［売上データ］シートのテーブルに［売上データ］という名前を設定しているので、［商品一覧］と［売上データ］の名前が表示されます。

HINT!
選択リストにないデータを入力できるようにするには

［備考］のようなフィールドがあるデータベースでは、「データ更新の必要あり」や「在庫確認」など、登録済みのメッセージをリストから選択して入力できると便利です。通常、選択リストを設定したフィールドは、一覧以外のデータが入力できないようになりますが、以下のように設定すれば、リストにないデータも入力できるようになります。
しかし、このレッスンで紹介した固定の商品コードなどを入力するときは、以下の設定は行いません。

［データの入力規則］ダイアログボックスを表示しておく

レッスン

15 商品種別によって選択リストに表示するコードを変更するには

選択リストの切り替え

対応バージョン

365 2019 2016 2013

レッスンで使う練習用ファイル
選択リストの切り替え.xlsx

選択リストの内容を切り替える

レッスン⓮では、［データの入力規則］ダイアログボックスを使って、商品コードをリストに表示できるようにしました。選択リストを使うと、リストの中から選択して入力できるようになるので、入力がとても簡単になります。ところが、コードの選択肢が多いと、たくさんの項目の中からスクロールして項目を探さなくてはいけなくなるため、とたんに入力するのが面倒になってしまいます。そこでここでは、「コピー用紙」「メディア」「事務機器」といった商品の「種別」を選択すると、［コード］フィールドに、該当する商品コードしか表示されないように設定してみましょう。選択リストを表示するには、レッスン⓮と同様に［データの入力規則］ダイアログボックスを利用しますが、［データの入力規則］ダイアログボックスでは、リストの内容を切り替えられません。そこで、ここでは「名前」とINDIRECT関数を活用する方法を紹介します。

キーワード

選択リスト	p.310
データの入力規則	p.311
名前	p.311

Before

6	3	2015/5/1	株式会社大化事務機	P-B401	B4コピー用紙	3,150	4	12,600
7	4	2015/5/2	株式会社大化事務機	M-CR50	CD-R	945	4	3,780
8	5	2015/5/2	鎌倉商事株式会社	P-B401	B4コピー用紙	3,150	5	15,750
9	6	2015/5/2	鎌倉商事株式会社					

P-A401
P-B401
M-CR50
M-CW10
M-DR10
M-DW01
F-FD01
F-SD01

リストは便利だが、表示項目が多いと選ぶのが面倒

After

6	3	2015/5/1	株式会社大化事務機	コピー用紙	P-B401	B4コピー用紙	3,150	4	12,600
7	4	2015/5/2	株式会社大化事務機	メディア	M-CR50	CD-R	945	4	3,780
8	5	2015/5/2	鎌倉商事株式会社	コピー用紙	P-B401	B4コピー用紙	3,150	5	15,750
9	6	2015/5/2	鎌倉商事株式会社	メディア					

M-CR50
M-CW10
M-DR10
M-DW01

「種別」に応じた商品コードのみを表示するように設定すれば、選択の手間が省ける

1 列を挿入する

ここでは、[商品一覧] シートの [商品一覧] テーブルに[種別]列を追加する

1 セルB3をクリック

2 [ホーム] タブをクリック

3 [挿入] のここをクリック

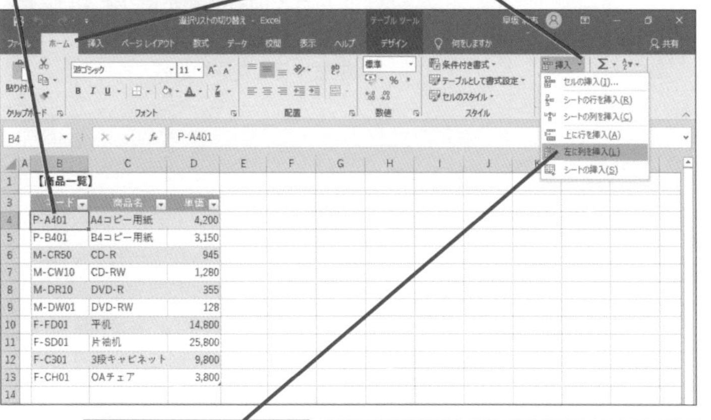

4 [左に列を挿入]をクリック

新しい列が追加される

レッスン❺を参考に列幅を変更しておく

5 セルB3に「種別」と入力

6 セルB4 ～ B5に「コピー用紙」と入力

7 セルB6 ～ B9に「メディア」と入力

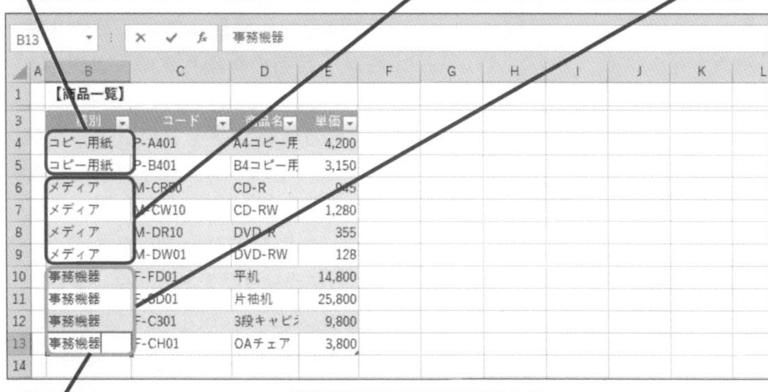

8 セルB10 ～ B13に「事務機器」と入力

9 Enter キーを押す

2 [名前の管理] ダイアログボックスを表示する

1 [数式] タブをクリック

2 [名前の管理] をクリック

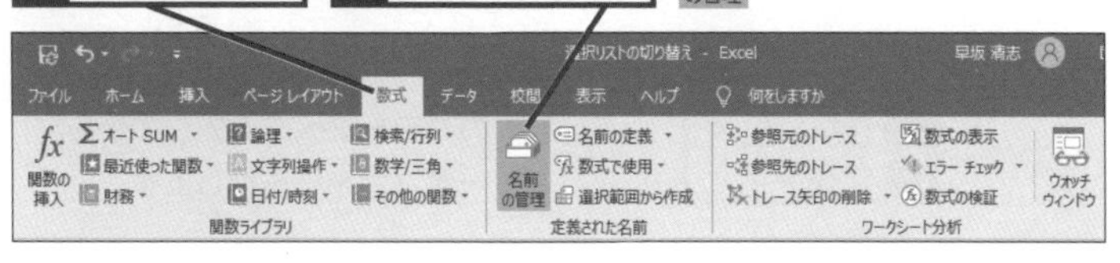

HINT! ショートカットメニューで列を挿入できる

テーブル内のB列のセルを右クリックして、[挿入] を選択しても、列を挿入できます。

HINT! 同じ [種別] はショートカットキーでも入力できる

同じ種別はオートフィルでコピーしてもいいですが、ショートカットキーを利用するのが簡単です。例えば、セルB4に「コピー用紙」と入力した後、セルB5を選択して Ctrl + D キーを押せば、セルB5にも「コピー用紙」と入力されます。

HINT! テーブルに挿入した列は列幅を再調整する

テーブル内のセルを選択して [左に列を挿入] を選ぶと、列幅が変更されずに挿入列の右側の列がそのまま右にずれます。その場合、列幅が最適な状態ではなくなるので、レッスン❺を参考に再度列幅を調整する必要があります。もし、元の列幅を変更せずに列を挿入したい場合は、[シートの列の挿入] を選ぶか、列名を右クリックして表示された一覧から [挿入] を選んで、列全体を挿入します。

次のページに続く

3 ［名前の編集］ダイアログボックスを表示する

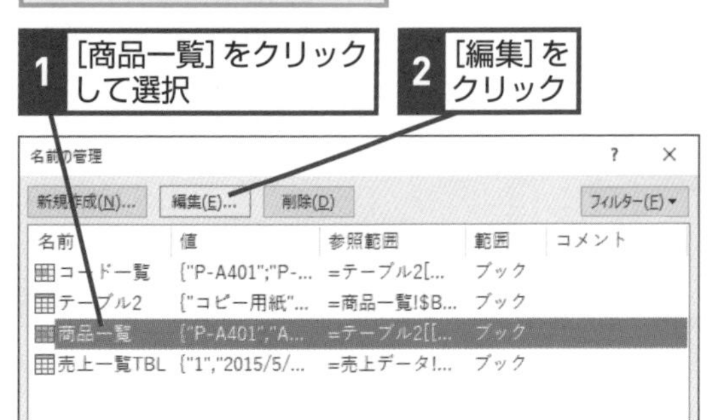

参照範囲を変更する

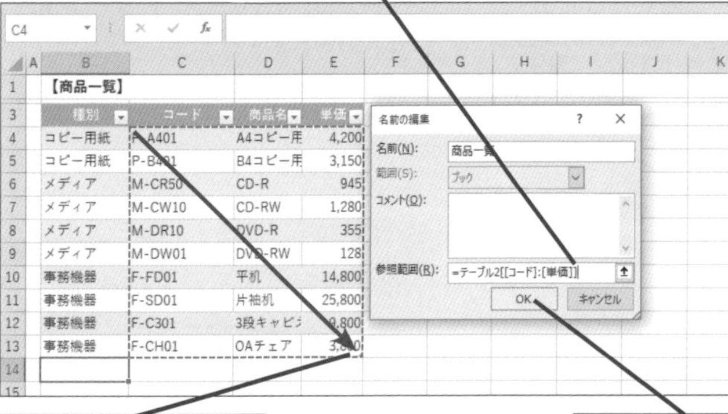

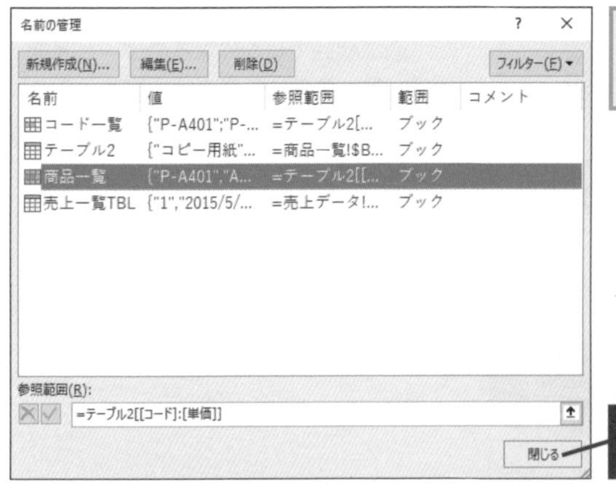

HINT! ［商品一覧］の参照範囲には［種別］欄を含めない

手順4では、テーブルに定義した［商品一覧］という名前の参照範囲を変更していますが、左端列が［コード］になっている必要があります。このため、［種別］列を含めないように注意してください。

HINT! 参照範囲をマウスで選択しにくいときは

手順4で参照範囲に指定するセル範囲が［名前の編集］ダイアログボックスに隠れて選択しにくいときは、［名前の編集］ダイアログボックスのタイトルバーをドラッグして移動してからセル範囲を選択しましょう。なお、参照範囲の右側にあるボタン（↑）をクリックすると、ダイアログボックスの表示が小さくなるので、参照範囲を選択しやすくなります。

間違った場合は？

［元の値］の内容にセル番号が表示されてしまった場合は、Back spaceキーやDeleteキーを押して［元の値］の内容をすべて消去してから、もう一度F3キーを押します。

5 一覧で表示する値を設定する

ここでは、[商品一覧]シートの[コード]列で、種別に応じた名前を定義する

1 セルC4～C5をドラッグして選択

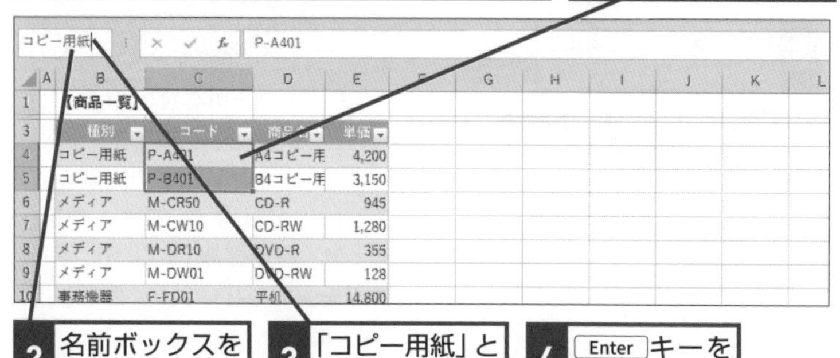

2 名前ボックスをクリック

3 「コピー用紙」と入力

4 Enter キーを押す

同様の手順でセルC6～C9に「メディア」、セルC10～C13に「事務機器」と名前を定義しておく

6 ワークシートを切り替える

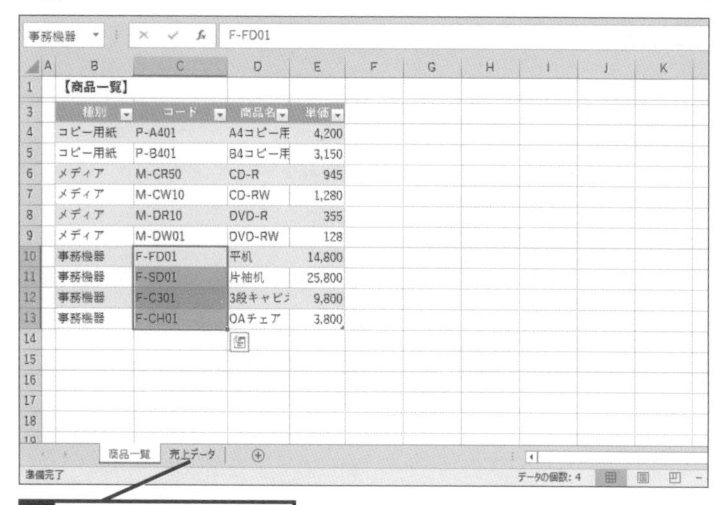

1 [売上データ] シートをクリック

HINT! 何でセル範囲に名前を付けるの？

この後、［種別］の選択リストで「コピー用紙」「メディア」「事務機器」と入力できるようにします。そして、これらの項目と同じ名称で、対応するコード欄に名前を定義しておくことで、各［種別］を選択した際に、対応するコードだけが表示されるようにします。

HINT! ［種別］の名前とリストの項目名を一致させよう

［種別］の選択リストに入力する「コピー用紙」「メディア」「事務機器」という項目名と、先に名前を付ける名称は一致させる必要があります。例えば、「コピー用紙」と「コピー紙」のように異なった名称を設定しないようにしましょう。

次のページに続く

7 [種別] フィールドに選択リストを表示する

[データの入力規則] ダイアログボックスを表示する

1 セルE3のここをクリック

2 [データ] タブをクリック

3 [データの入力規則] をクリック

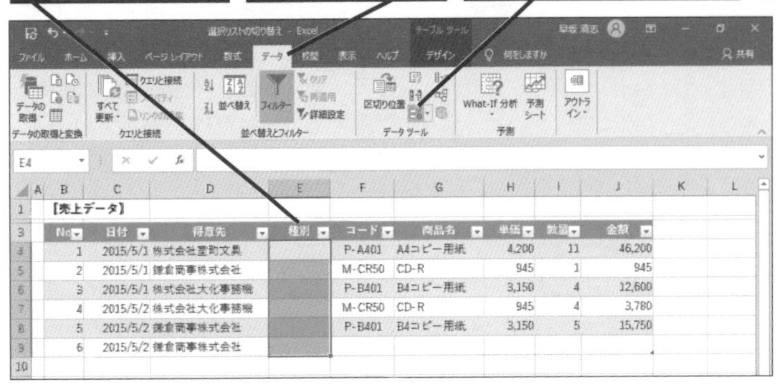

No	日付	得意先	種別	コード	商品名	単価	数量	金額
1	2015/5/1	株式会社室町文具		P-A401	A4コピー用紙	4,200	11	46,200
2	2015/5/1	鎌倉商事株式会社		M-CR50	CD-R	945	1	945
3	2015/5/1	株式会社大化事務機		P-B401	B4コピー用紙	3,150	4	12,600
4	2015/5/2	株式会社大化事務機		M-CR50	CD-R	945	4	3,780
5	2015/5/2	鎌倉商事株式会社		P-B401	B4コピー用紙	3,150	5	15,750
6	2015/5/2	鎌倉商事株式会社						

[データの入力規則] ダイアログボックスが表示された

4 [設定] タブをクリック

5 ここをクリックして[リスト]を選択

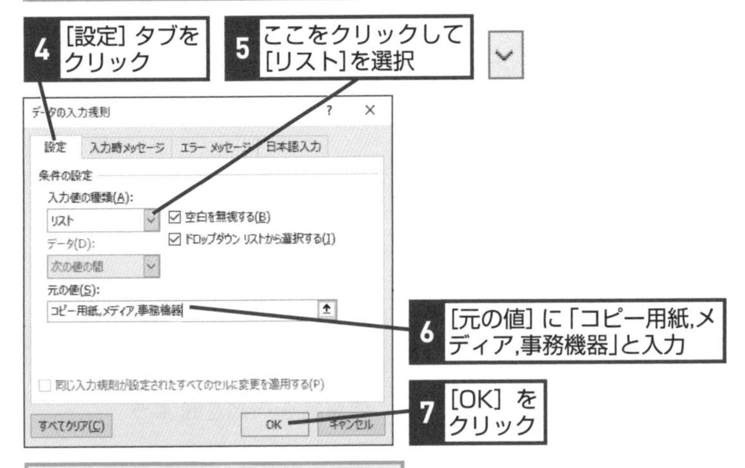

6 [元の値] に「コピー用紙,メディア,事務機器」と入力

7 [OK] をクリック

レッスン⓮を参考に選択リストから種別を選択しておく

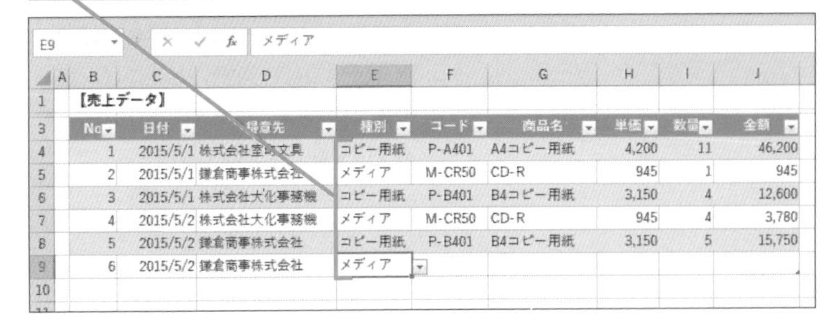

No	日付	得意先	種別	コード	商品名	単価	数量	金額
1	2015/5/1	株式会社室町文具	コピー用紙	P-A401	A4コピー用紙	4,200	11	46,200
2	2015/5/1	鎌倉商事株式会社	メディア	M-CR50	CD-R	945	1	945
3	2015/5/1	株式会社大化事務機	コピー用紙	P-B401	B4コピー用紙	3,150	4	12,600
4	2015/5/2	株式会社大化事務機	メディア	M-CR50	CD-R	945	4	3,780
5	2015/5/2	鎌倉商事株式会社	コピー用紙	P-B401	B4コピー用紙	3,150	5	15,750
6	2015/5/2	鎌倉商事株式会社	メディア					

HINT! [元の値] を入力するときは

[元の値] に入力する「コピー用紙,メディア,事務機器」は、それぞれの項目を半角のカンマで区切って入力します。「コピー用紙」と入力したら入力モードを [半角英数] にして「,」を入力し、入力モードを [ひらがな] にして「メディア」などの文字を入力するといいでしょう。「コピー用紙、メディア、事務機器」のように全角の読点を入力しないように注意してください。

間違った場合は？

「コピー用紙、メディア、事務機器」のように入力してしまった場合は、F2キーを押して編集モードにしてから←や→キーでカーソルを移動して「、」を削除し、半角の「,」を入力し直しましょう。

8 ［コード］フィールドに選択リストを表示する

INDIRECT関数を使って、［コード］フィールドにも選択リストを表示するように設定する

手順7を参考に、セルF3の上をクリックして［コード］フィールドを選択し、［データの入力規則］ダイアログボックスを表示しておく

1 ここをクリックして［リスト］を選択

2 ［元の値］に「=INDIRECT(E4)」と入力

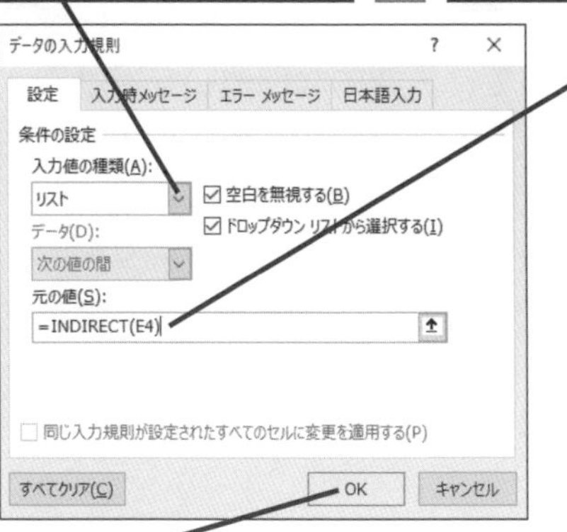

3 ［OK］をクリック

9 ［種別］で指定したコードのみ表示されるようになった

1 セルF9をクリック

2 フィルターボタンをクリック

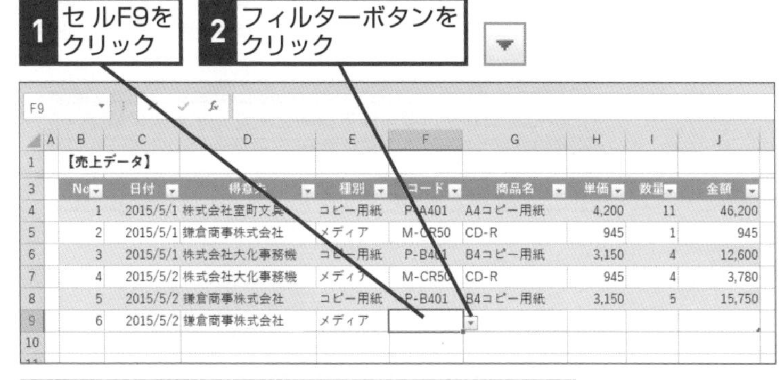

【売上データ】

No	日付	得意先	種別	コード	商品名	単価	数量	金額
1	2015/5/1	株式会社室町文具	コピー用紙	P-A401	A4コピー用紙	4,200	11	46,200
2	2015/5/1	鎌倉商事株式会社	メディア	M-CR50	CD-R	945	1	945
3	2015/5/1	株式会社大化事務機	コピー用紙	P-B401	B4コピー用紙	3,150	4	12,600
4	2015/5/2	株式会社大化事務機	メディア	M-CR50	CD-R	945	4	3,780
5	2015/5/2	鎌倉商事株式会社	コピー用紙	P-B401	B4コピー用紙	3,150	5	15,750
6	2015/5/2	鎌倉商事株式会社	メディア					

［種別］列で指定した種別の商品コードが［コード］フィールドの選択リストに表示された

【売上データ】

No	日付	得意先	種別	コード	商品名	単価	数量	金額
1	2015/5/1	株式会社室町文具	コピー用紙	P-A401	A4コピー用紙	4,200	11	46,200
2	2015/5/1	鎌倉商事株式会社	メディア	M-CR50	CD-R	945	1	945
3	2015/5/1	株式会社大化事務機	コピー用紙	P-B401	B4コピー用紙	3,150	4	12,600
4	2015/5/2	株式会社大化事務機	メディア	M-CR50	CD-R	945	4	3,780
5	2015/5/2	鎌倉商事株式会社	コピー用紙	P-B401	B4コピー用紙	3,150	5	15,750
6	2015/5/2	鎌倉商事株式会社	メディア					

M-CR50
M-CW10
M-DR10
M-DW01

HINT! INDIRECT関数って何？

INDIRECT関数は、引数に指定された文字列のセル番号や「名前」を間接的に参照する関数です。例えば、セルF4の［データの入力規則］では、「=INDIRECT(E4)」と指定していますが、セルE4には「コピー用紙」という文字列が入力されています。INDIRECT関数では、この文字列を「名前」として認識するので、「コピー用紙」という名前が付けられた［商品一覧］シートのセルC4～C5を参照して、これらのセルのコードをリストとして表示します。

HINT! ［コード］フィールドのリストに設定する数式は相対参照で

［コード］フィールドのリストに設定する数式は「=INDIRECT(E4)」のように、セルE4を相対参照で指定しましょう。このように相対参照で指定することで、各行の［種別］フィールドを参照するようにします。

HINT! 新しい商品を追加するには

新しい商品を追加したい場合は、［商品一覧］シートで行を挿入した後に［コード］フィールドなどのデータを入力します。手順5を参考に「コピー用紙」などの名前の範囲を定義し直してください。

この章のまとめ

●「キレイなデータベース作り」を心がけよう

データベースを利用すれば、条件を満たすデータを抽出したり、特定のフィールドで集計したりすることができます。データの抽出や集計方法は、第6章以降の「実践編」で解説しますが、スムーズにデータを活用できるかどうかは、元となる「データベース作り」にかかっています。少し面倒でも、間違いのない整合性の取れたデータベースを作ることで、必要なデータを自在に操れるようになるのです。
ふりがなや住所、商品名や単価などの間違いはデータベース設計の根幹にかかわります。また、複数人でデータを入力するときのミスも避けたいものです。この章で解説したテクニックを使って、人為的な間違いを避けるようにしましょう。とはいえ、データ入力の効率アップや起こりがちなミスを防ぐワザは、まだまだ入り口です。将来的にデータベースを活用するためにも、この章から第5章までの「準備編」のテクニックを身に付けて、「キレイな」データベースを作成することを心がけましょう。

効率よく正確に入力する

ほかのワークシートを参照したり、入力時にメッセージを表示したりすることで、間違いを減らす。辞書や入力規則、選択リストなどの機能を活用すれば、正確なデータベースを効率よく作成できる

530-0011	大阪府大阪市北区大深町x－x－x	
210-0001	神奈川県川崎市川崎区本町x－x－x	互角ビ
455-0001	愛知県名古屋市港区七番町x－x－x	
116-0011	東京都荒川区西尾久x-x-x	

住所の入力
すべて全角で入力してください

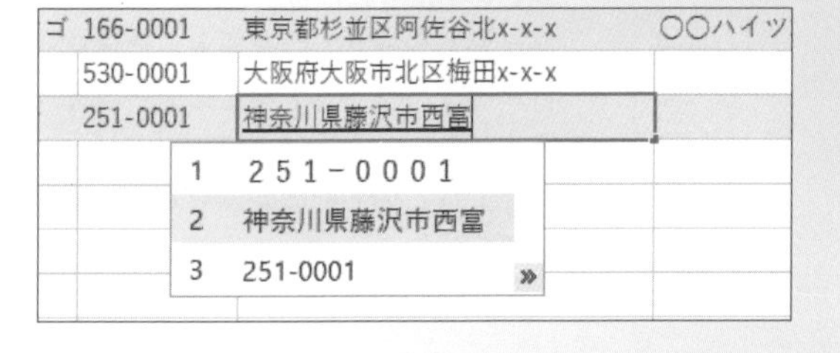

株式会社大化事務機	M-CR50	CD-R
鎌倉商事株式会社	P-B401	B4コピー用紙
鎌倉商事株式会社		

P-A401
P-B401
M-CR50
M-CW10
M-DR10
M-DW01
F-FD01
F-SD01

練習問題

1

[第3章_練習問題1.xlsx] の得意先住所録のテーブルに含まれる [郵便番号] フィールドに入力規則を設定してみましょう。[郵便番号] フィールドに半角以外の文字が入力されたら、エラーメッセージが表示されるように設定します。

●ヒント：[データの入力規則] ダイアログボックスで「=ASC(G4)=G4」と入力すると、半角文字以外の入力をチェックできます。

練習用ファイル
第3章_練習問題1.xlsx

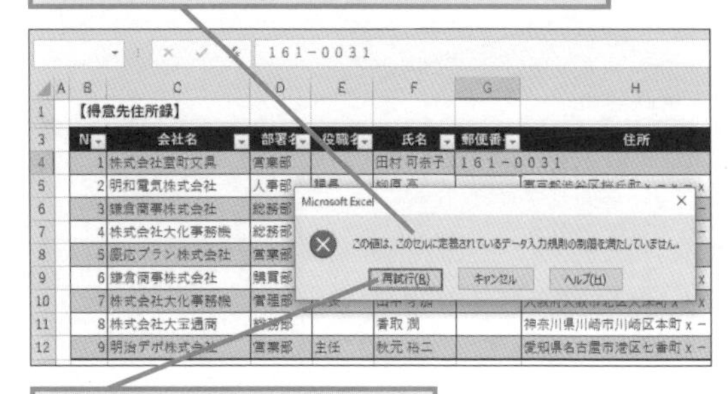

2

[第3章_練習問題2.xlsx] を開いて、[役職名] フィールドに、「部長」「課長」「係長」「主任」のいずれかの役職名を表示する選択リストを表示してみましょう。

●ヒント：[データの入力規則] ダイアログボックスを表示し、役職名を半角のカンマで区切って指定します。

練習用ファイル
第3章_練習問題2.xlsx

役職名を [役職名] フィールドの選択リストに表示する

答えは次のページ

解　答

1

1 セルG3のここをクリック

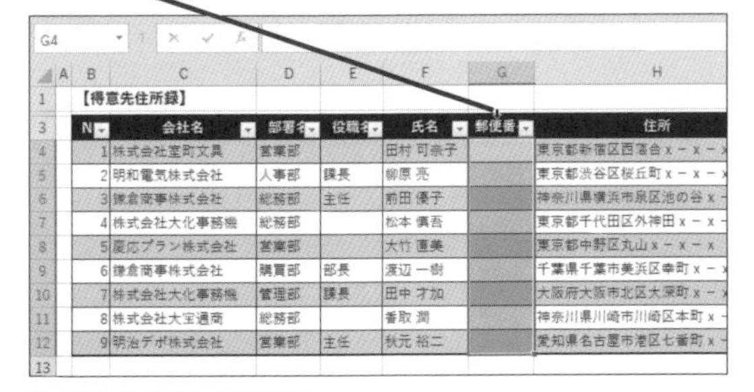

2 ［データ］タブをクリック

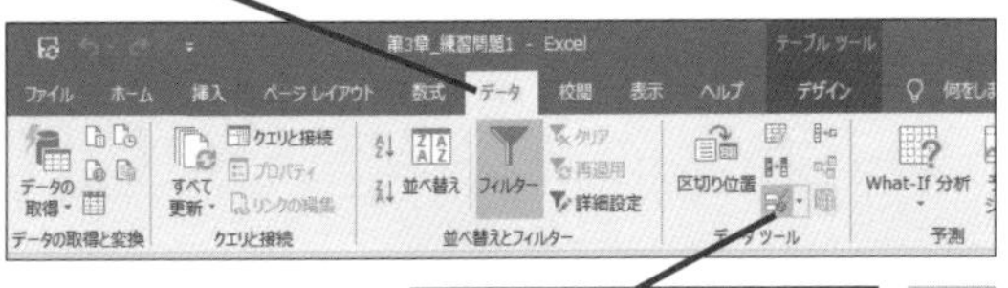

3 ［データの入力規則］をクリック

［郵便番号］フィールドを選択して、［データの入力規則］ダイアログボックスを表示します。次に［設定］タブの［入力値の種類］で［ユーザー定義］を選択しましょう。［数式］には「=ASC(G4)=G4」と入力してください。

●ASC関数の書式

=ASC(文字列)

▶［文字列］に含まれる全角文字を半角文字に変換する

［データの入力規則］ダイアログボックスが表示された

4 ［設定］タブをクリック

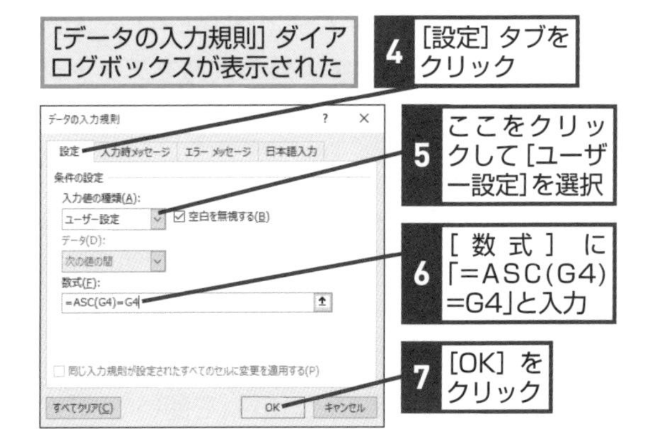

5 ここをクリックして［ユーザー設定］を選択

6 ［数式］に「=ASC(G4)=G4」と入力

7 ［OK］をクリック

2

1 セルE3のここをクリック

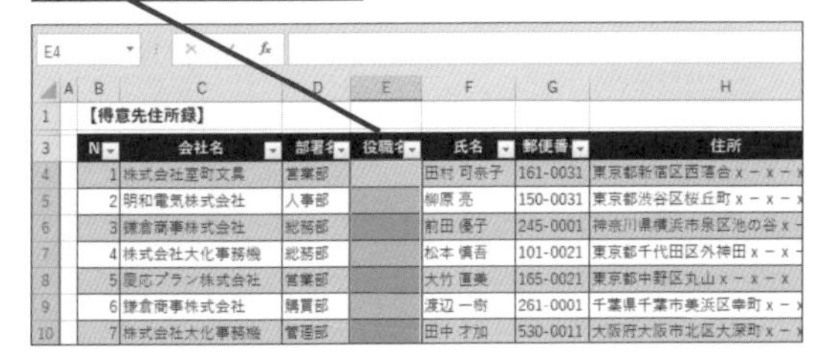

2 ［データ］タブをクリック

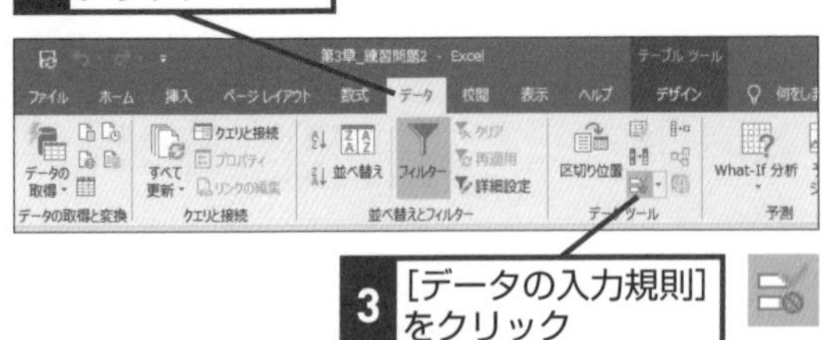

3 ［データの入力規則］をクリック

［役職名］フィールドを選択して、［データの入力規則］ダイアログボックスを表示します。［設定］タブの［入力値の種類］で［リスト］を選択します。［元の値］に「部長,課長,係長,主任」と役職名を半角の「,」で区切って入力しましょう。

［データの入力規則］ダイアログボックスが表示された

4 ［設定］タブをクリック

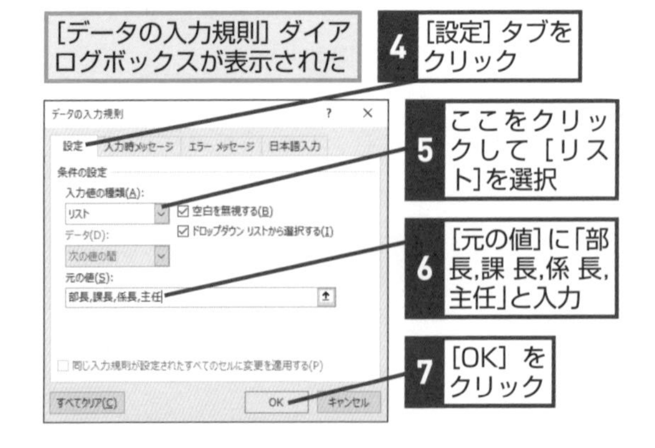

5 ここをクリックして［リスト］を選択

6 ［元の値］に「部長,課長,係長,主任」と入力

7 ［OK］をクリック

第4章 既存のデータを取り込んで活用しよう

作成するデータベースと類似する既存のデータがある場合、Excelに取り込んで整形すれば、入力の手間を省けます。この章では、既存のデータの取り込みやセルの連結・分割、特定の文字列の取り出しなど、データベースの規則に合うようにデータを整える方法を解説します。

●この章の内容

レッスン

16 ほかのブックのデータを利用するには

コピー、貼り付け

対応バージョン

365 2019 2016 2013

レッスンで使う練習用ファイル
コピー、貼り付け.xlsx
顧客一覧（追加用）.xlsx

「フィールド」に着目して既存のデータを活用する

データベースを作成するときに時間がかかるのが「データの入力」です。データ数が多ければ多いほど、入力ミスやフィールドの規則に注意する必要があり、入力時間は膨大なものになります。そんなときに既存のブックにあるデータをコピーして利用すれば、入力作業の負担が軽減されます。ただし、ほかのブックのデータを利用するときは、双方のブックに「同じフィールド」があるかどうかを確認しましょう。このレッスンで利用する［顧客一覧（追加用）.xlsx］には、すでに顧客データが入力されており、［顧客一覧TBL］のテーブルに必要なデータだけをコピーして利用すれば、入力の手間が省けるだけでなく、入力ミスも防げます。

関連レッスン

▶レッスン20
CSV形式のデータを
Excelで利用するには ……………… p.88

キーワード

オートフィル	p.308
フィールド	p.312

ショートカットキー

Alt + Tab ……………………ウィンドウの切り替え
Ctrl + C ……コピー
Ctrl + V ……貼り付け

Before

［顧客一覧］のデータベースに既存のブックにあるデータを追加する

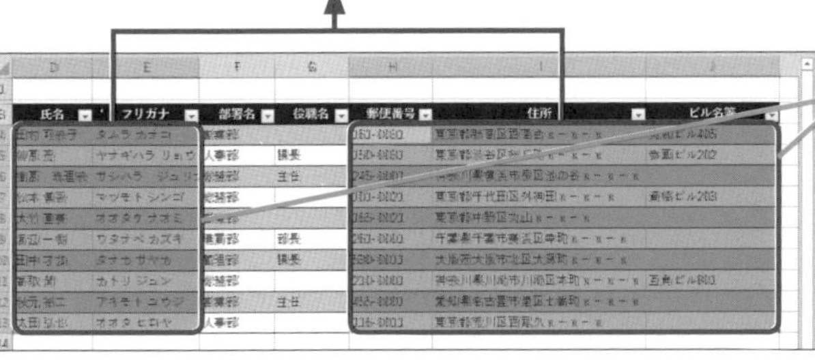

既存のブックにある共通のフィールドをコピーする

After

必要な部分のデータをコピーできた

❶ コピー先のフィールド名を確認する

ここでは、追加するデータを含むブックから、作成済みのデータベースにデータをコピーする

1 コピー先のフィールド名を確認

[顧客一覧（追加用）.xlsx]と[コピー、貼り付け.xlsx]を開いておく

【顧客住所録】

No	氏名	フリガナ	郵便番号	住所	マンション名等	電話番号
1	大野 正広	オオノ マサヒロ	106-0031	東京都港区西麻布x-x-x	○○マンション805	03-xxxx-xxxx
2	指原 珠理奈	サシハラ ジュリ	245-0001	神奈川県横浜市泉区池の谷x-x-x		045-xxx-xxxx
3	櫻井 拓哉	サクライ タクヤ	111-0021	東京都台東区日本堤x-x-x	○×プラタ510	03-xxxx-xxxx
4	相葉 吾郎	アイバ ゴロウ	333-0801	埼玉県川口市東川口x-x-x		090-xxxx-xxxx
5	柏木 みなみ	カシワギ ミナミ	160-0001	東京都新宿区片町x-x-x	○○ビル405	03-xxxx-xxxx
6	二宮 剛	ニノミヤ ツヨシ	150-0001	東京都渋谷区神宮前x-x-x	○×マンション208	080-xxxx-xxxx
7	渡辺 由紀	ワタナベ ユキ	279-0001	千葉県浦安市当代島x-x-x		050-xxxx-xxxx

❷ ブックを切り替える

コピー元の[顧客一覧（追加用）.xlsx]に表示を切り替える

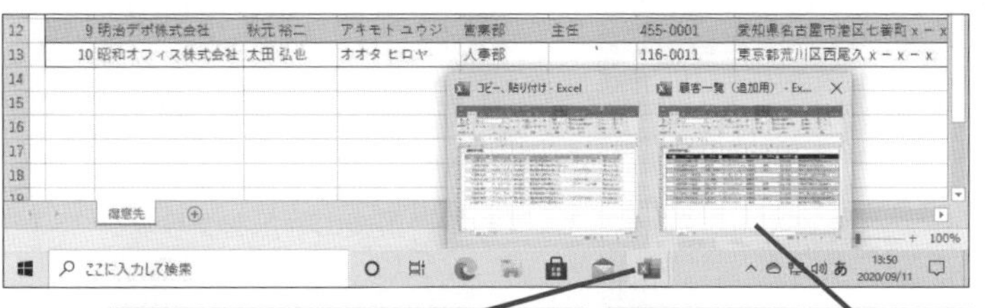

1 タスクバーのボタンにマウスポインターを合わせる

2 [顧客一覧（追加用）]をクリック

❸ コピーするデータを選択する

[顧客一覧（追加用）.xlsx]が表示された

[コピー、貼り付け.xlsx]にある[顧客住所録]のテーブルと共通のフィールドを選択する

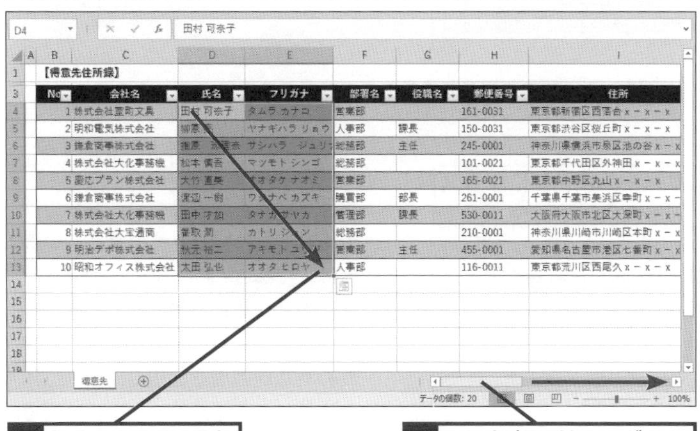

【得意先住所録】

No	会社名	氏名	フリガナ	部署名	役職名	郵便番号	住所
1	株式会社室町文具	田村 可奈子	タムラ カナコ	営業部		161-0031	東京都新宿区西落合x－x－x
2	明和電気株式会社	柳原 [illegible]	ヤナギハラ リョウ	人事部	課長	150-0031	東京都渋谷区桜丘町x－x－x
3	鎌倉商事株式会社	指原 珠理奈	サシハラ ジュリ	総務部	主任	245-0001	神奈川県横浜市泉区池の谷x－x
4	株式会社大化事務機	松本 慎吾	マツモト シンゴ	総務部		101-0021	東京都千代田区外神田x－x－x
5	慶応プラン株式会社	大竹 直美	オオタケ ナオミ	営業部		165-0021	東京都中野区丸山x－x－x
6	鎌倉商事株式会社	渡辺 一樹	ワタナベ カズキ	購買部	部長	261-0001	千葉県千葉市美浜区幸町x－x－
7	株式会社大化事務機	田中 才加	タナカ サヤカ	管理部	課長	530-0011	大阪府大阪市北区大深町x－x－
8	株式会社大宝通商	香取 潤	カトリ ジュン	総務部		210-0001	神奈川県川崎市川崎区本町x－x
9	明治デポ株式会社	秋元 裕二	アキモト ユウジ	営業部	主任	455-0001	愛知県名古屋市港区七番町x－x
10	昭和オフィス株式会社	太田 弘也	オオタ ヒロヤ	人事部		116-0011	東京都荒川区西尾久x－x－x

1 セルD4～E13をドラッグして選択

2 ここを右にドラッグしてスクロール

HINT!

ショートカットキーでウィンドウを切り替える

複数のブックを開いているとき、Altキーを押しながらTabキーを短く押すと、直前に開いていたブックと切り替えることができます。ブック以外にも、特定のウィンドウに切り替えたいときは、Altキーを押しながらTabキーを押したままにすると開いているウィンドウのサムネールが表示されます。続けてAltキーを押したままTabキーを押せばウィンドウを選択できるので、表示したいウィンドウを選択してからキーを離すと、そのウィンドウに切り替えることができます。

1 Altキーを押しながらTabキーを押す

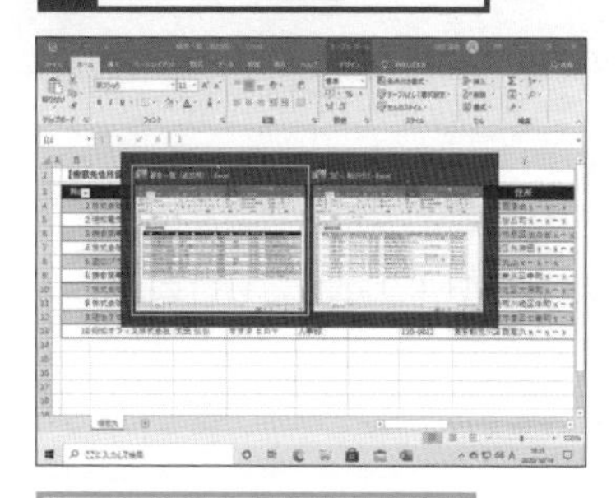

Tabキーでウィンドウを選択できる

Altキーを離すと選択したウィンドウが表示される

次のページに続く

4 コピーするデータを追加して選択する

コピーするセル範囲を続けて選択する

1 Ctrl キーを押しながらセルH4～J13までドラッグして選択

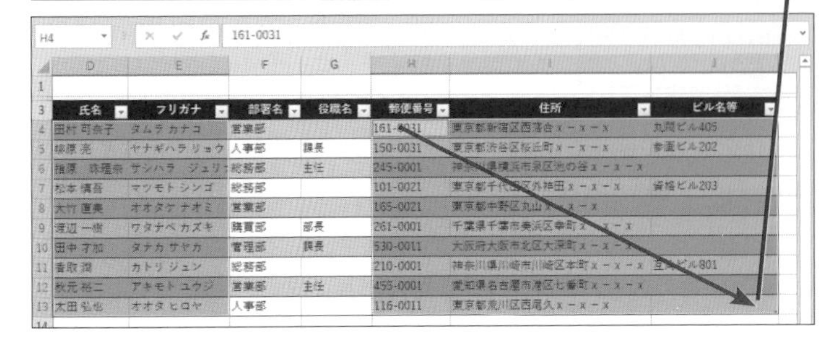

5 選択した範囲をコピーする

必要な項目のデータを選択できた

1 ［ホーム］タブをクリック

2 ［コピー］をクリック

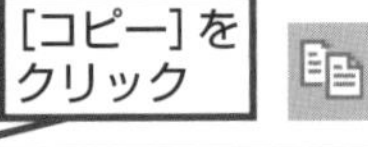

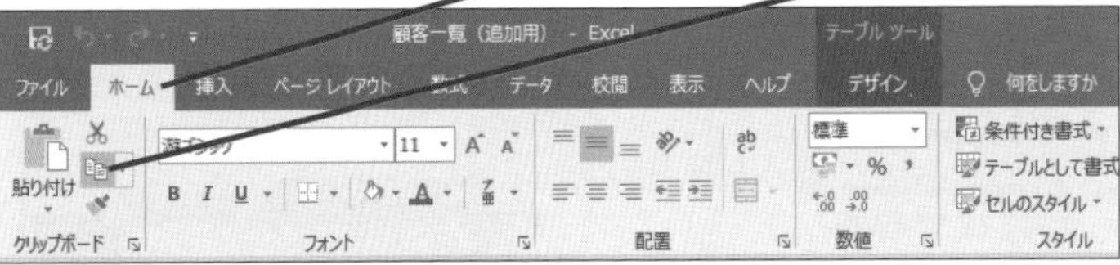

必要なデータがコピーされ、点線で囲まれた

6 ブックを切り替える

コピー先の［コピー、貼り付け.xlsx］に表示を切り替える

1 タスクバーのボタンにマウスポインターを合わせる

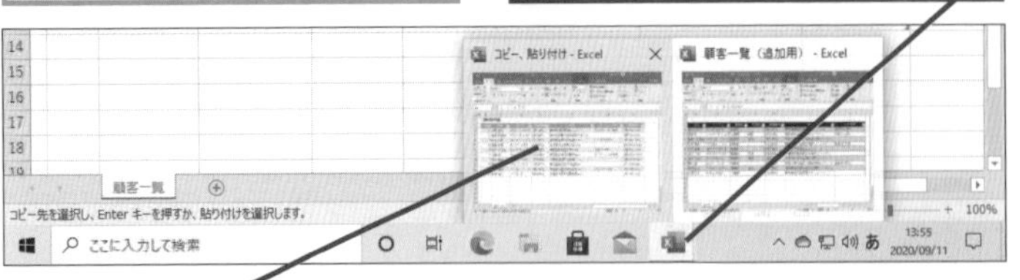

2 ［コピー、貼り付け］をクリック

HINT! Ctrl キーを押しながらドラッグする理由

手順4では、コピーするセル範囲を Ctrl キーを押しながらドラッグしています。これは、離れた位置にある複数のセル範囲を選択するためです。なお、連続するセル範囲を素早く、まとめて選択するには、先頭のセルをクリックした後、セル範囲の最後のセルを Shift キーを押しながらクリックします。

1 先頭のセルをクリック

2 Shift キーを押しながら、最後のセルをクリック

連続したセル範囲を選択できた

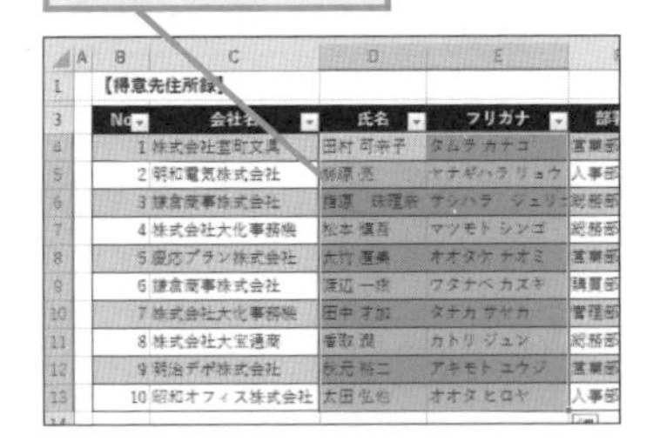

間違った場合は？

コピー範囲を間違えたり、貼り付け後にフィールドの位置が合わない場合は、［元に戻す］ボタン（↶）で直前の操作を取り消して、再度正しいセル範囲を選択してください。複数のセル範囲を意図通りに貼り付けられないときは、フィールド単位でコピーをするといいでしょう。

準備編 第4章 既存のデータを取り込んで活用しよう

7 データを貼り付ける

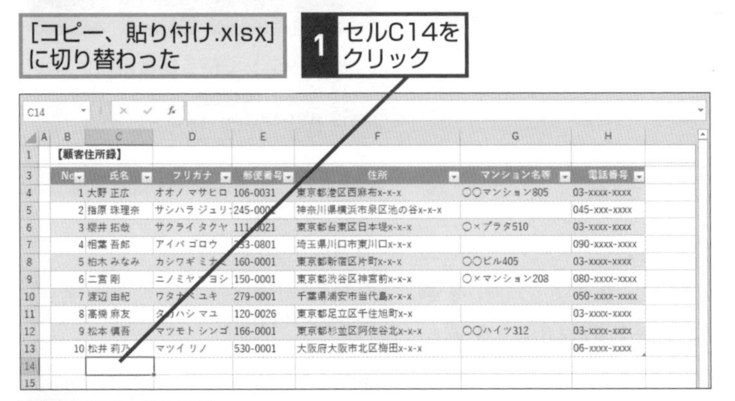

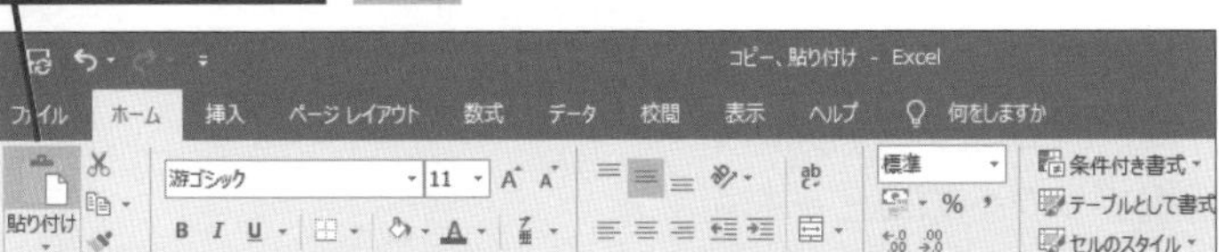

8 データが貼り付けられた

レッスン⑩のテクニックを参考に、必要に応じて通し番号を追加しておく

HINT! 非表示になっている列を再表示するには

ワークシートによっては、特定の列が非表示になっていることがあります。列番号が「A、B、C、D、F」となっていれば、E列は非表示の状態です。セル範囲のコピー時に、非表示の列を含むように選択すると、意図しないセル範囲までコピーされるので気を付けましょう。以下の手順で操作すれば、非表示の列を再表示できます。

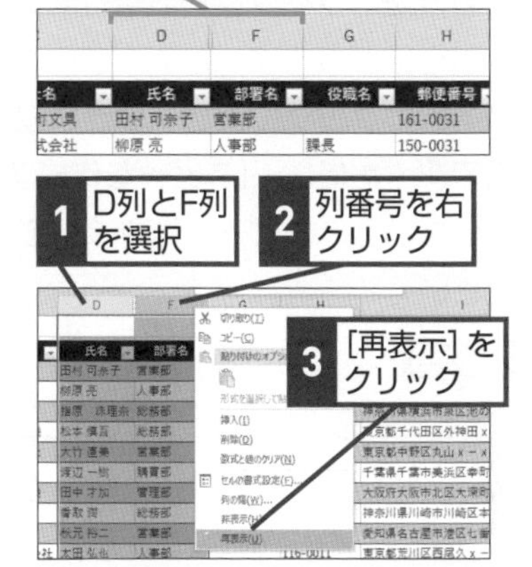

HINT! 連番のフィールドは貼り付け先で追加する

コピー元のデータにある連番のフィールドは、貼り付け先（[顧客一覧TBL]のテーブル）にあるデータ数によって、追加データの開始番号が変わります。貼り付け先の最終データの通し番号から2つのセルを選択し、オートフィルで連番を追加しましょう。

1 セルB12～B13をドラッグ

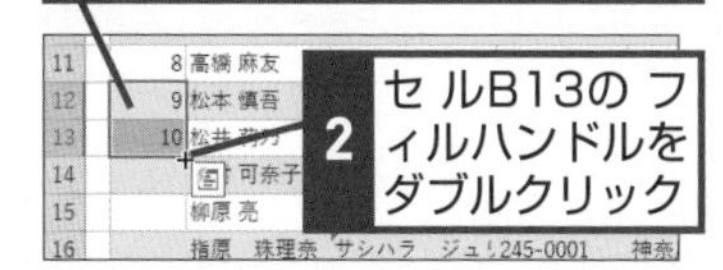

レッスン

17 ほかのブックからワークシートをコピーするには

シートの移動、コピー

対応バージョン

365 2019 2016 2013

レッスンで使う練習用ファイル
シートの移動、コピー.xlsx
売上データ（6月分）.xlsx

ワークシートごとデータをコピーできる

ワークシート内のすべてのセルをそのまま別のワークシートにコピーしたいことがあります。このような場合、すべてのセルを選択してからコピーしてから、別のワークシートのセルA1を選んでから貼り付ける方法もありますが、シート見出しを右クリックしてワークシートごとコピーする方が簡単です。前者の場合、ワークシートに対して行った印刷関連の設定などは失われますが、後者の方法でワークシート単位でコピーした場合は、これらの設定も引き継がれます。なお、ワークシートは、同じブックや開いている別のブックにコピーできますが、新規ブックへのコピーも可能です。ただし、［コピーを作成する］のチェックボックスをオンにしないと、コピーではなく移動になってしまう点に注意してください。

Before

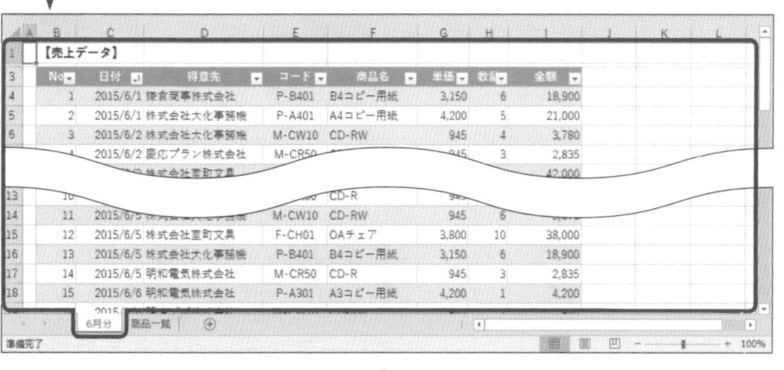

◆6月分のデータが含まれたワークシート

After

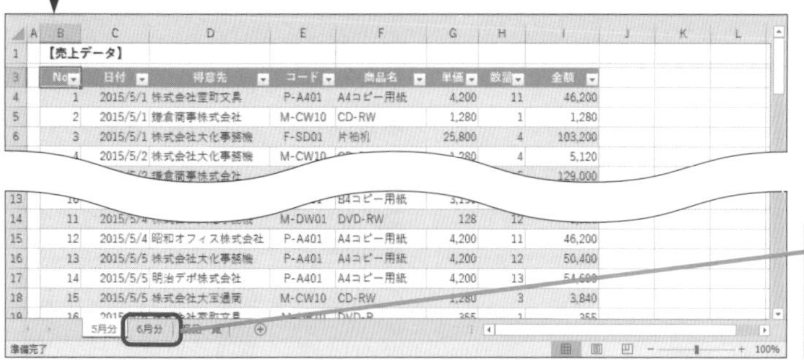

5月分のワークシートが含まれたブックに、別のブックにある6月分のワークシートを統合できる

関連レッスン

▶レッスン16
ほかのブックのデータを利用するには ………… p.72
▶レッスン18
Webページのデータを利用するには ………… p.80

キーワード

構造化参照 p.309
テーブル p.311

1 [シートの移動またはコピー] ダイアログボックスを表示する

[シートの移動、コピー.xlsx]と[売上データ(6月分).xlsx]を開いておく

[売上データ(6月分).xlsx]の[6月分]シートを[シートの移動、コピー.xlsx]にコピーする

2 ブックと挿入位置を指定してワークシートをコピーする

[シートの移動またはコピー] ダイアログボックスが表示された

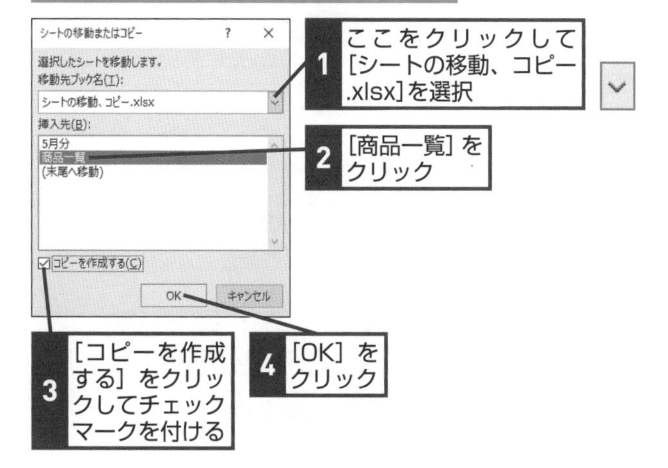

HINT! ワークシートを移動すると元のブックから削除される

シート見出しを右クリックしたときに表示される項目名が[移動またはコピー]となっているように、この機能ではワークシートの移動かコピーができます。手順2の操作3で[コピーを作成する]にチェックマークを付けることで、ワークシートをコピーします。このチェックマークを付けないと、ワークシートが移動して、元のブックからは削除されてしまいます。

[シートの移動またはコピー]ダイアログボックスで[コピーを作成する]にチェックマークを付けなかったときは、移動元のブックからワークシートが削除される

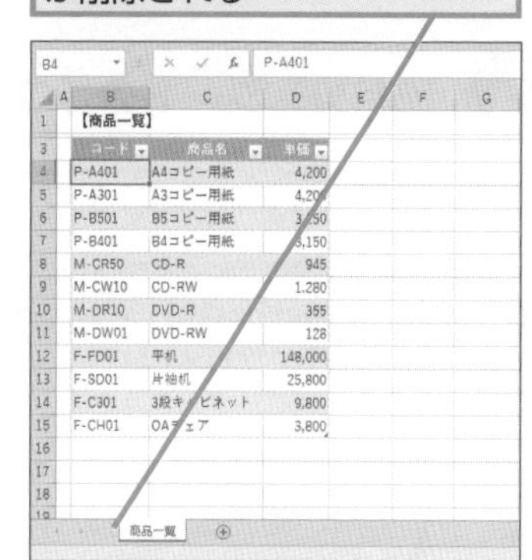

HINT! 挿入先で選んだワークシートの前に挿入される

[シートの移動またはコピー]ダイアログボックスで、ワークシートの移動やコピーをするときは、[挿入先]で指定したワークシートの「前」に、ワークシートが追加されます。ワークシートの一番最後に追加するには、[(末尾へ移動)]を選択します。

次のページに続く

3 [名前の管理] ダイアログボックスを表示する

[シートの移動、コピー.xlsx] に [6月分] シートがコピーされた

ここでは、[売上データ(6月分).xlsx] の [商品一覧] シートの [コード] 列に設定されている名前を削除する

1 [数式] タブをクリック

2 [名前の管理] をクリック

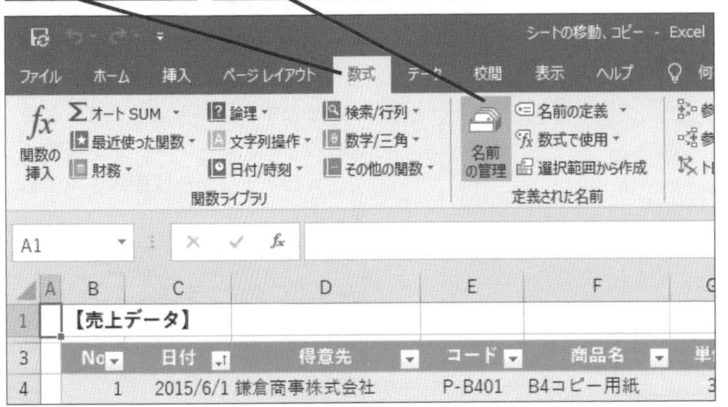

4 [6月分] シートの「コード一覧」を削除する

[名前の管理] ダイアログボックスが表示された

1 [範囲]の項目に[6月分]と表示されている[コード一覧]をクリック

2 [削除] をクリック

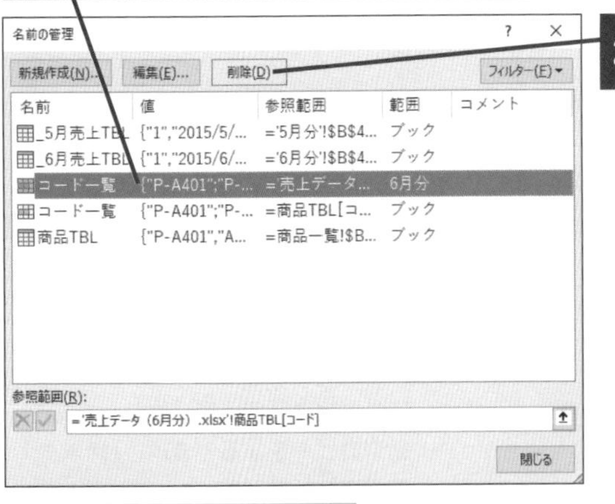

削除を確認するメッセージが表示された

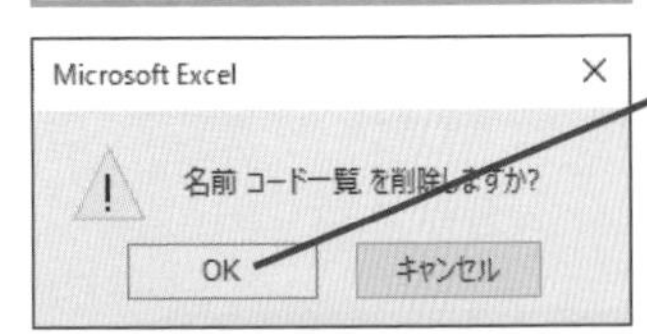

3 [OK] をクリック

[名前の管理] ダイアログボックスが表示されたら、[閉じる]をクリックする

HINT!

「名前」も一緒にコピーされるので不要な名前は削除しよう

ワークシートをコピーすると、そのワークシート内で使われていた名前もコピーされます。このため、元のブックとリンクが設定された状態となり、ファイルを開いたときに、リンクを更新するかどうかを確認するメッセージが表示されるようになってしまいます。また、移動先にすでに同じ名前が存在する場合は、名前がブック単位ではなく、ワークシート単位になります。このため、同じ名前が複数存在することになり、参照先のセルが意図していないセル範囲になってしまう場合もあります。このため、別のブックにコピーした場合は、元のブックを参照している名前がないかを確認して、不要な名前は削除しましょう。

同じ名前が定義されたテーブルを貼り付けておく

リンクを更新するかどうかを確認するメッセージが表示された

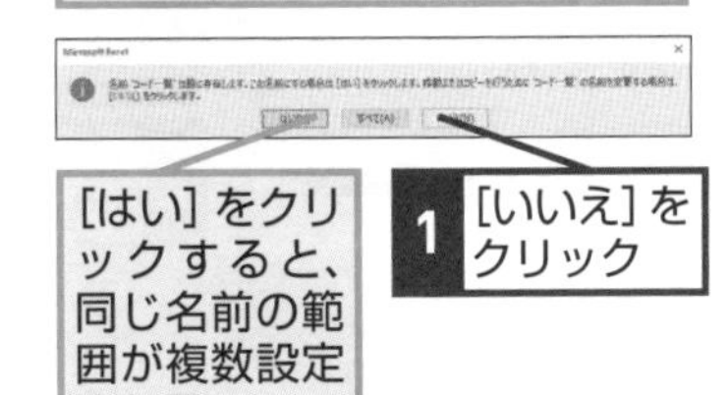

[はい] をクリックすると、同じ名前の範囲が複数設定される

1 [いいえ] をクリック

[名前の重複] ダイアログボックスが表示された

2 新しい名前を入力

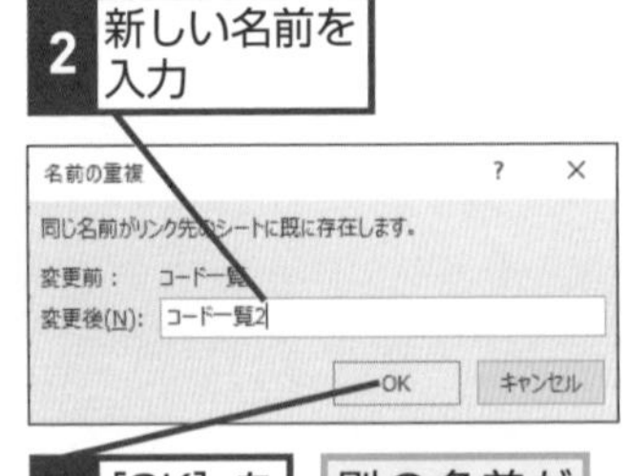

3 [OK] をクリック

別の名前が定義される

準備編 第4章 既存のデータを取り込んで活用しよう

テクニック 別のテーブルにデータをうまく貼り付けられないときは

テーブル間でデータを貼り付けるときに、データが入力されているフィールドだけ貼り付ければ、数式のフィールドには、自動的に数式がコピーされるようになっています。
しかし、数式に構造化参照式を使っている場合は注意が必要です。構造化参照式は、テーブルを参照しているので、コピーをすると、コピー元のテーブルを参照したままの数式となってしまいます。このため数式の結果にエラーや意図してしない結果が表示されてしまいます。テーブル間でデータを貼り付けるときは、数式が入力されていないデータのみを貼り付けるのが基本です。

●別のテーブルにデータ全体を貼り付けた場合

レッスンを参考に変更した［シートの移動、コピー.xlsx］を表示しておく

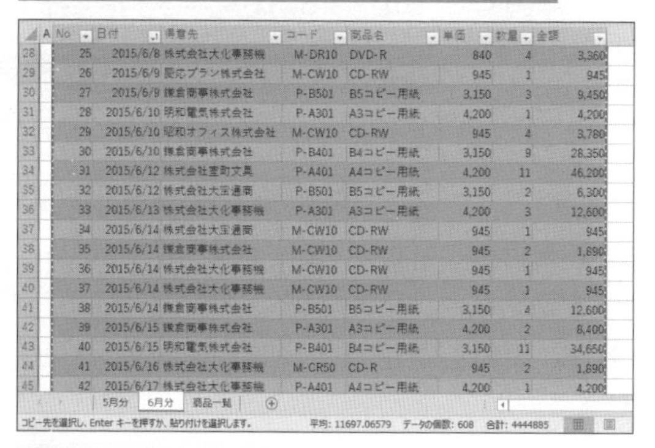

	No	日付	得意先	コード	商品名	単価	数量	金額
28	25	2015/6/8	株式会社大化事務機	M-DR10	DVD-R	840	4	3,360
29	26	2015/6/9	慶応プラン株式会社	M-CW10	CD-RW	945	1	945
30	27	2015/6/9	鎌倉商事株式会社	P-B501	B5コピー用紙	3,150	3	9,450
31	28	2015/6/10	明和電気株式会社	P-A301	A3コピー用紙	4,200	1	4,200
32	29	2015/6/10	昭和オフィス株式会社	M-CW10	CD-RW	945	4	3,780
33	30	2015/6/10	鎌倉商事株式会社	P-B401	B4コピー用紙	3,150	9	28,350
34	31	2015/6/12	株式会社室町文具	P-A401	A4コピー用紙	4,200	11	46,200
35	32	2015/6/12	株式会社大宝通商	P-B501	B5コピー用紙	3,150	2	6,300
36	33	2015/6/13	株式会社大化事務機	P-A301	A3コピー用紙	4,200	3	12,600
37	34	2015/6/14	株式会社大宝通商	M-CW10	CD-RW	945	1	945
38	35	2015/6/14	鎌倉商事株式会社	M-CW10	CD-RW	945	2	1,890
39	36	2015/6/14	株式会社大化事務機	M-CW10	CD-RW	945	1	945
40	37	2015/6/14	株式会社大化事務機	M-CW10	CD-RW	945	1	945
41	38	2015/6/14	鎌倉商事株式会社	P-B501	B5コピー用紙	3,150	4	12,600
42	39	2015/6/15	鎌倉商事株式会社	P-A301	A3コピー用紙	4,200	2	8,400
43	40	2015/6/15	明和電気株式会社	P-B401	B4コピー用紙	3,150	11	34,650
44	41	2015/6/16	株式会社大化事務機	M-CR50	CD-R	945	2	1,890
45	42	2015/6/17	株式会社大化事務機	P-A401	A4コピー用紙	4,200	1	4,200

5月分 6月分 商品一覧
コピー先を選択し、Enter キーを押すか、貼り付けを選択します。 平均: 11697.06579 データの個数: 608 合計: 4444885

1 ［6月分］シートのテーブルをコピー

2 ［5月分］シートのセルB104に貼り付け

	No	日付	得意先	コード	商品名	単価	数量	金額
97	94	2015/5/28	鎌倉商事株式会社	M-CW10	CD-RW	1,280	4	#VALUE!
98	95	2015/5/28	株式会社大化事務機	M-CW10	CD-RW	1,280	1	#VALUE!
99	96	2015/5/29	株式会社大化事務機	M-DR10	DVD-R	355	7	#VALUE!
100	97	2015/5/29	鎌倉商事株式会社	P-B501	B5コピー用紙	3,150	6	#VALUE!
101	98	2015/5/29	鎌倉商事株式会社	M-CW10	CD-RW	1,280	2	#VALUE!
102	99	2015/5/30	株式会社大化事務機	M-CR50	CD-R	945	5	#VALUE!
103	100	2015/5/31	慶応プラン株式会社	M-CW10	CD-RW	1,280	3	#VALUE!
104	1	6/1/2015	鎌倉商事株式会社	P-B401	B4コピー用紙	3,150	6	#VALUE!
105	2	6/1/2015	株式会社大化事務機	P-A401	A4コピー用紙	4,200	5	#VALUE!
106	3	6/2/2015	株式会社大化事務機	M-CW10	CD-RW	945	4	#VALUE!
107	4	6/2/2015	慶応プラン株式会社	M-CR50	CD-R	945	3	#VALUE!
108	5	6/3/2015	株式会社室町文具	P-A401	A4コピー用紙	4,200	10	#VALUE!
109	6	6/3/2015	明治デポ株式会社	M-CR50	CD-R	945	6	#VALUE!
110	7	6/3/2015	株式会社大化事務機	M-CR50	CD-R	945	4	#VALUE!
111	8	6/4/2015	株式会社大化事務機	M-CR50	CD-R	945	3	#VALUE!
112	9	6/4/2015	鎌倉商事株式会社	M-CW10	CD-RW	945	4	#VALUE!
113	10	6/5/2015	株式会社大化事務機	M-CR50	CD-R	945	5	#VALUE!
114	11	6/5/2015	株式会社大化事務機	M-CW10	CD-RW	945	6	#VALUE!

5月分 6月分 商品一覧
コピー先を選択し、Enter キーを押すか、貼り付けを選択します。 データの個数: 608

［No］列のデータが再度「1」から入力された

［金額］列にエラーが表示された

●別のテーブルにデータの一部だけを貼り付けた場合

レッスンを参考に変更した［シートの移動、コピー.xlsx］を表示しておく

【売上データ】

	No	日付	得意先	コード	商品名	単価	数量	金額
4	1	2015/6/1	鎌倉商事株式会社	P-B401	B4コピー用紙	3,150	6	18,900
5	2	2015/6/1	株式会社大化事務機	P-A401	A4コピー用紙	4,200	5	21,000
6	3	2015/6/2	株式会社大化事務機	M-CW10	CD-RW	945	4	3,780
7	4	2015/6/2	慶応プラン株式会社	M-CR50	CD-R	945	3	2,835
8	5	2015/6/3	株式会社室町文具	P-A401	A4コピー用紙	4,200	10	42,000
9	6	2015/6/3	明治デポ株式会社	M-CR50	CD-R	945	6	5,670
10	7	2015/6/3	株式会社大化事務機	M-CR50	CD-R	945	4	3,780
11	8	2015/6/4	株式会社大化事務機	M-CR50	CD-R	945	3	2,835
12	9	2015/6/4	鎌倉商事株式会社	M-CW10	CD-RW	945	4	3,780
13	10	2015/6/5	株式会社大化事務機	M-CR50	CD-R	945	5	4,725
14	11	2015/6/5	株式会社大化事務機	M-CW10	CD-RW	945	6	5,670
15	12	2015/6/5	株式会社室町文具	F-CH01	OAチェア	3,800	10	38,000
16	13	2015/6/5	株式会社大化事務機	P-B401	B4コピー用紙	3,150	6	18,900
17	14	2015/6/5	明和電気株式会社	M-CR50	CD-R	945	3	2,835
18	15	2015/6/6	明和電気株式会社	P-A301	A3コピー用紙	4,200	1	4,200
19	16	2015/6/6	明治デポ株式会社	M-CW10	CD-RW	945	1	945

5月分 6月分 商品一覧
コピー先を選択し、Enter キーを押すか、貼り付けを選択します。 平均: 1941/1/14 データの個数: 456

1 ［6月分］シートのセルC4～H79をコピー

2 ［5月分］シートのセルC104に貼り付け

	No	日付	得意先	コード	商品名	単価	数量	金額
97	94	2015/5/28	鎌倉商事株式会社	M-CW10	CD-RW	1,280	4	5,120
98	95	2015/5/28	株式会社大化事務機	M-CW10	CD-RW	1,280	1	1,280
99	96	2015/5/29	株式会社大化事務機	M-DR10	DVD-R	355	7	2,485
100	97	2015/5/29	鎌倉商事株式会社	P-B501	B5コピー用紙	3,150	6	18,900
101	98	2015/5/29	鎌倉商事株式会社	M-CW10	CD-RW	1,280	2	2,560
102	99	2015/5/30	株式会社大化事務機	M-CR50	CD-R	945	5	4,725
103	100	2015/5/31	慶応プラン株式会社	M-CW10	CD-RW	1,280	3	3,840
104		6/1/2015	鎌倉商事株式会社	P-B401	B4コピー用紙	3,150	6	18,900
105		6/1/2015	株式会社大化事務機	P-A401	A4コピー用紙	4,200	5	21,000
106		6/2/2015	株式会社大化事務機	M-CW10	CD-RW	945	4	3,780
107		6/2/2015	慶応プラン株式会社	M-CR50	CD-R	945	3	2,835
108		6/3/2015	株式会社室町文具	P-A401	A4コピー用紙	4,200	10	42,000
109		6/3/2015	明治デポ株式会社	M-CR50	CD-R	945	6	5,670
110		6/3/2015	株式会社大化事務機	M-CR50	CD-R	945	4	3,780
111		6/4/2015	株式会社大化事務機	M-CR50	CD-R	945	3	2,835
112		6/4/2015	鎌倉商事株式会社	M-CW10	CD-RW	945	4	3,780
113		6/5/2015	株式会社大化事務機	M-CR50	CD-R	945	5	4,725
114		6/5/2015	株式会社大化事務機	M-CW10	CD-RW	945	6	(Ctrl) 670

5月分 6月分 商品一覧
コピー先を選択し、Enter キーを押すか、貼り付けを選択します。 平均: 1/14/1941 データの個数: 456

［金額］列が正しく表示された

レッスン❿のテクニックを参考に、［No］列に連番を入力しておく

レッスン
18 Webページのデータを利用するには

Webページからのコピー、貼り付け

対応バージョン

365 2019 2016 2013

レッスンで使う練習用ファイル
Webページからのコピー、貼り付け.xlsx

Webページのデータを表形式で貼り付けて活用しよう

インターネット上には、さまざまなデータが存在します。元データの信ぴょう性や著作権などに注意しなければならないものの、これらのデータを有効に活用しない手はありません。表形式になっているデータならExcelに貼り付けることで、すぐに活用できますが、Webページの表はさまざまな方法で作られています。また、Webブラウザーによっても動作が異なるため、Webページの表をそのままExcelに貼り付けても、複数列のデータが1つのセルに入ってしまうなど、うまく行かないことがあります。Webページをうまく Excelで活用するコツは、新規シートを用意して［貼り付け］と［貼り付け先の書式に合わせる］のオプションの両方を試してみることです。どちらで貼り付けた方が、後の加工作業が楽になるかどうかで貼り付け方法を変えましょう。

関連レッスン

キーワード

CSV p.308

ショートカットキー

Ctrl + C …… コピー
Ctrl + V …… 貼り付け

Before

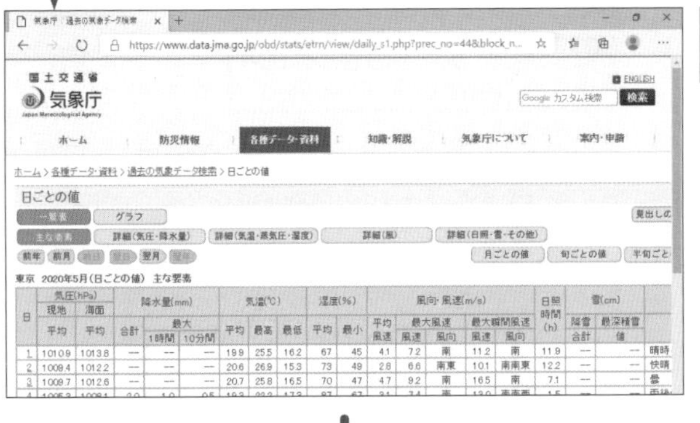

気象庁のWebページにある表のデータを利用する

After

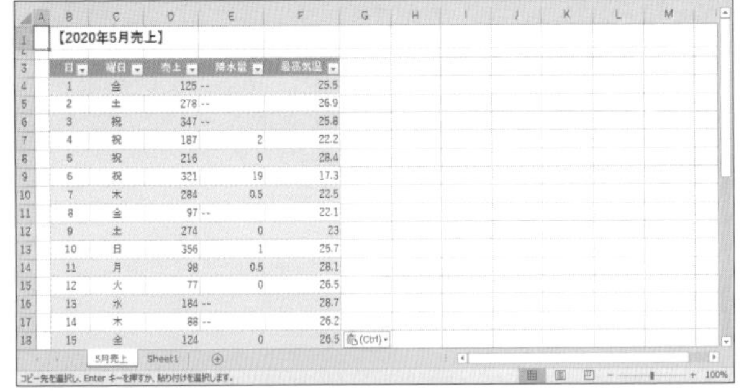

【2020年5月売上】

日	曜日	売上	降水量	最高気温
1	金	125	--	25.5
2	土	278	--	26.9
3	祝	347	--	25.8
4	祝	187	2	22.2
5	祝	216	0	28.4
6	祝	321	19	17.3
7	木	284	0.5	22.5
8	金	97	--	22.1
9	土	274	0	23
10	日	356	1	25.7
11	月	98	0.5	28.1
12	火	77	0	26.5
13	水	184	--	28.7
14	木	88	--	26.2
15	金	124	0	26.5

降水量と最高気温のデータだけをコピーして、売り上げとの相関関係を表せる

準備編 第4章 既存のデータを取り込んで活用しよう

1 気象庁のWebページを開く

ここではMicrosoft Edgeで気象庁のWebページを表示する

1 [Microsoft Edge] をクリック

Microsoft Edgeが起動した

2 ここをクリックして右のURLを入力

▼気象庁のWebページ
https://www.jma.go.jp/

3  キーを押す

気象庁のWebページが表示された

4 [各種データ・資料] をクリック

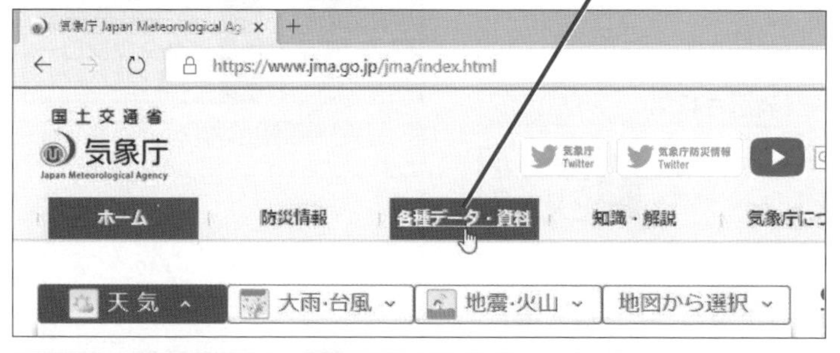

[各種データ・資料] のページが表示された

5 [過去の気象データ検索] をクリック

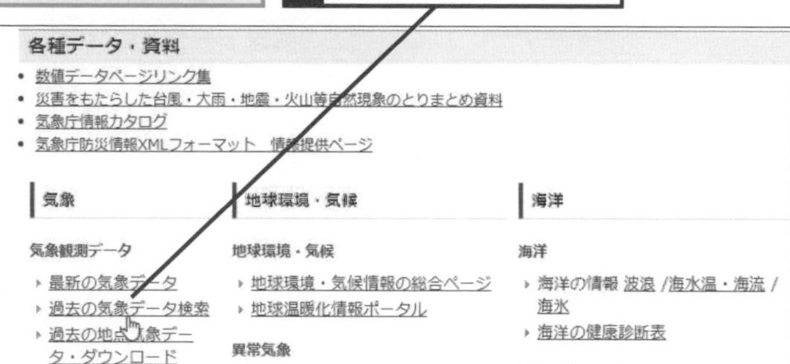

HINT!

さまざまな区分で気象データをダウンロードできる

公的機関のデータは著作権などを気にせず安心して利用できます。ただし、データの利用範囲や利用に関する注意点などについてはWebページをよく確認してください。このレッスンでは、気象庁のWebページを表示して、2020年5月の日ごとのデータを取得していますが、日ごとだけではなく、年ごと、3カ月ごと、時間ごとなどのデータも表示できます。

各地域で年や3カ月ごとの降水量や気温などのデータを確認できる

日ごとの値

一覧表 グラフ

主な要素 詳細(気圧・降水量) 詳細(気温・蒸気圧・湿度)

前年 前月 前日 翌日 翌月 翌年

東京 2020年5月(日ごとの値) 主な要素

日	気圧(hPa) 現地 平均	気圧(hPa) 海面 平均	降水量(mm) 合計	降水量(mm) 最大 1時間	降水量(mm) 最大 10分間	気温(℃) 平均	気温(℃) 最高	気温(℃) 最低	湿度 平均
1	1010.9	1013.8	--	--	--	19.9	25.5	16.2	67
2	1009.4	1012.2	--	--	--	20.6	26.9	15.3	73
3	1009.7	1012.6	--	--	--	20.7	25.8	16.5	70
4	1005.3	1008.1	2.0	1.0	0.5	19.3	22.2	17.3	87
5	1006.4	1009.2	0.0	0.0	0.0	21.3	28.4	16.4	73
6	1009.1	1012.0	19.0	8.5	4.5	15.8	17.3	14.6	90
7	1011.8	1014.7	0.5	0.5	0.5	16.5	22.5	11.0	61
8	1018.4	1021.3	--	--	--	16.7	22.1	11.1	48
9	1014.8	1017.7	0.0	0.0	0.0	18.3	23.0	13.9	64
10	1002.7	1005.5	1.0	1.0	0.5	21.5	25.7	17.7	82

次のページに続く

2 過去の気象データを検索する

［過去の気象データ検索］のページが表示された

1 ［都府県・地方を選択］をクリック

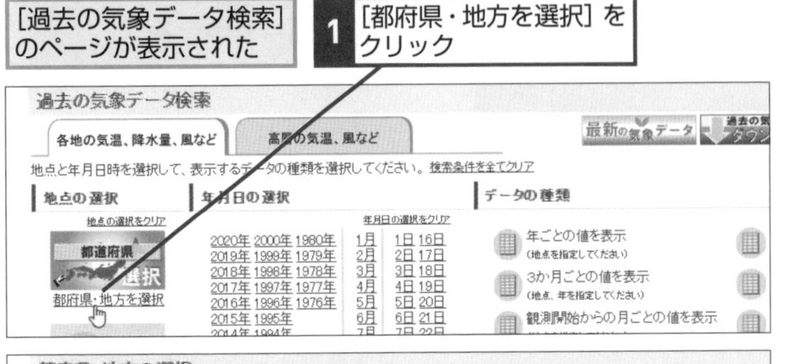

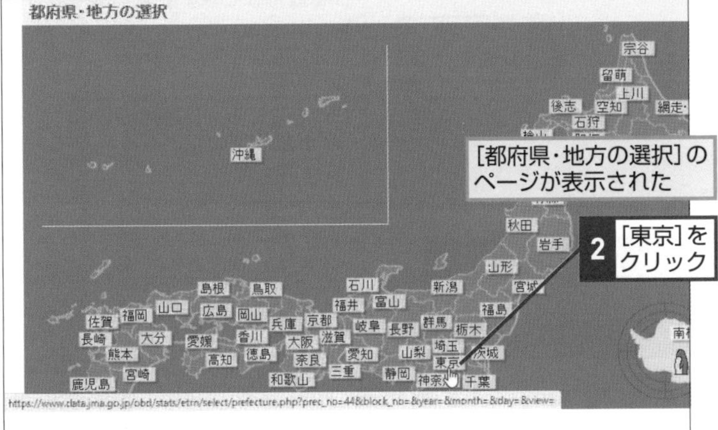

［都府県・地方の選択］のページが表示された

2 ［東京］をクリック

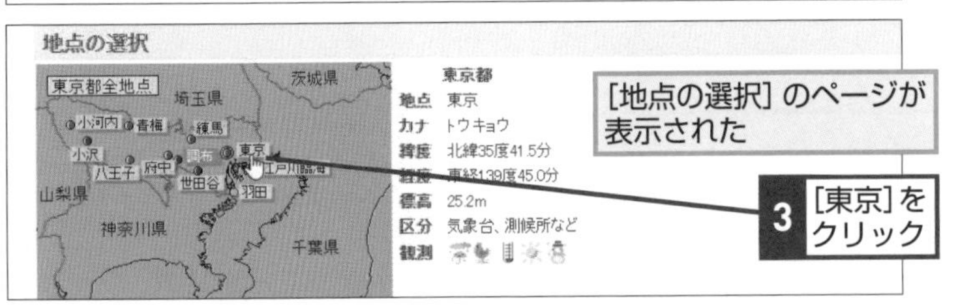

［地点の選択］のページが表示された

3 ［東京］をクリック

画面が切り替わった

4 ［2020年］をクリック

5 ［5月］をクリック

6 ［2020年5月の日ごとの値を表示］をクリック

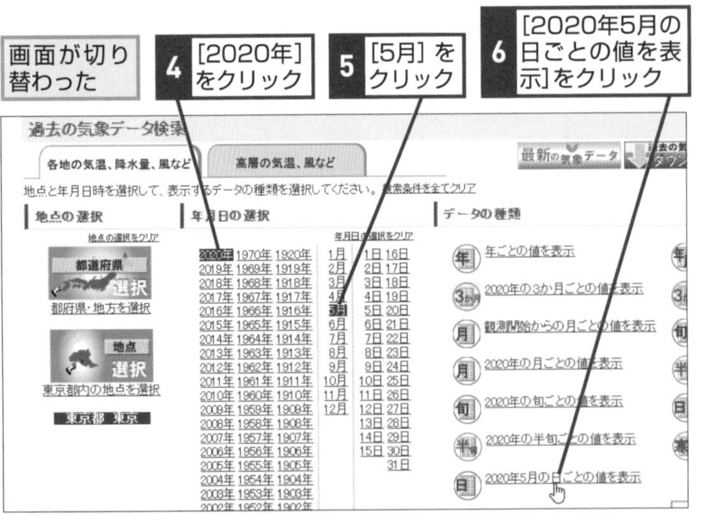

HINT! 日本各地の気象データをダウンロードできる

ここでは2020年5月の日ごとの東京の気象データを表示していますが、気象庁のWebページでは、日本全国各主要都市のデータをダウンロードできます。また、手順2の一番下の画面で、表示する年月日や表示するデータの期間も選べます。東京のデータは、120年以上前のデータをダウンロードできますが、選択する都市によっては1970年代以降のデータしか表示できない場合もあります。

HINT! 気象データはCSVでもダウンロードできる

手順3で表示した気象データは、CSV形式のファイルでもダウンロードができます。CSVファイルをExcelで開く方法については、レッスン⑲とレッスン⑳を参照してください。

手順2の画面を表示しておく

1 ［過去の気象データダウンロード］をクリック

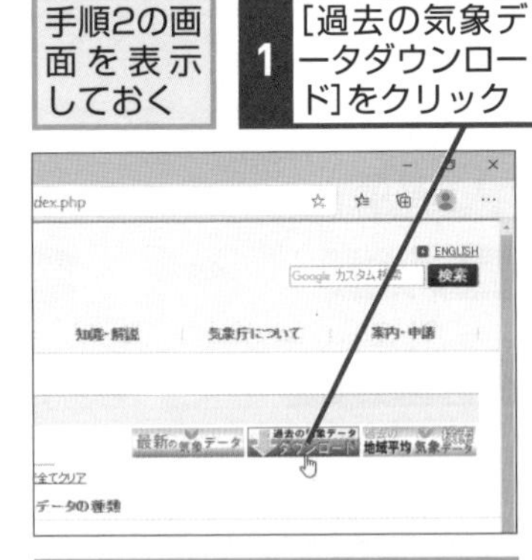

［過去の気象データダウンロード］のページが表示される

画面の指示に従って条件を設定すると、CSVデータをダウンロードできる

3 Webページから気象データをコピーする

東京の2020年5月の気象データが表示された

1 ここをクリック

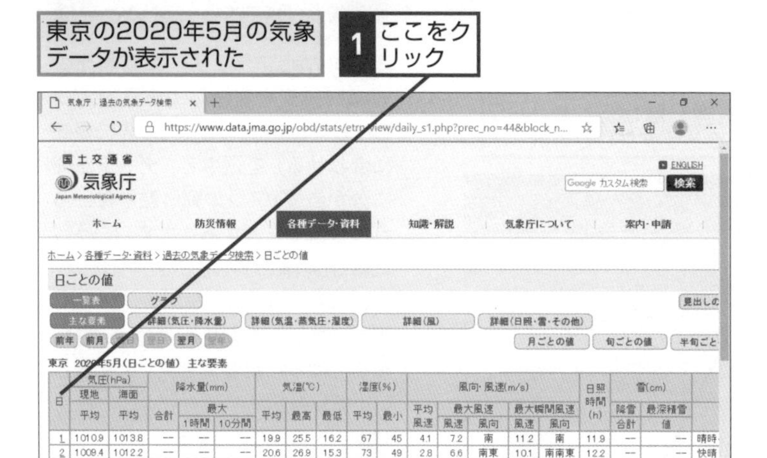

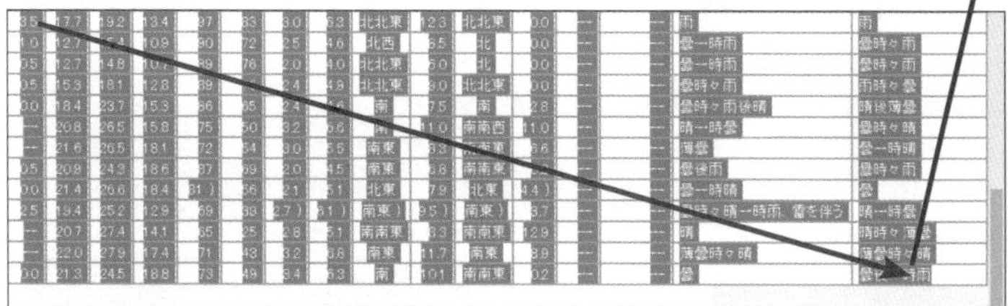

3 Ctrl＋Cキーを押す

4 Excelのワークシートにデータを貼り付ける

[Webページからのコピー、貼り付け.xlsx]を表示しておく

ワークシートにコピーしたデータを貼り付ける

[Sheet1]シートを表示しておく

1 [貼り付け]のここをクリック

貼り付け

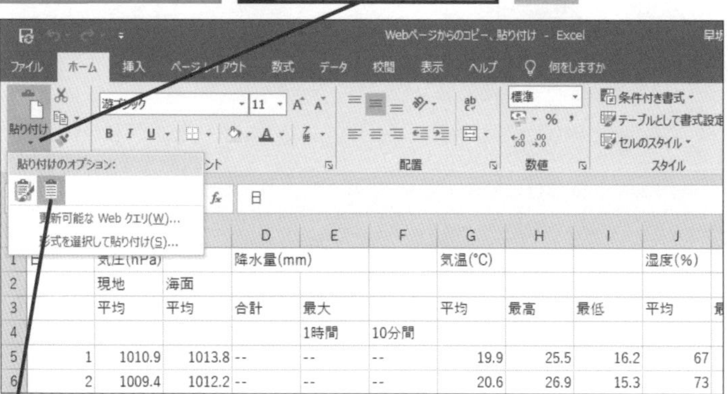

2 [貼り付け先の書式に合わせる]をクリック

HINT! 通常の［貼り付け］を使わないのはなぜ？

気象庁のWebページをMicrosoft Edgeで表示し、表示されたデータをコピーし、Excelで［貼り付け］ボタンをクリックした場合も、きちんと列に分割された表形式のデータとして貼り付けられます。ただし、Webページ上で設定されているリンクや塗りつぶしの色など、余計な書式も貼り付けられてしまいます。このため、手順4では［貼り付け先の書式に合わせる］を選び、元の書式を無視してデータだけを貼り付けています。

手順4でCtrl＋Vキーを押すと、Webページに設定されている書式も貼り付けられる

A1 | 日

	A	B	C	D	E
1	日	気圧(hPa)		降水量(m	
2		現地	海面		
3		平均	平均	合計	
4					1時間
5	1	1010.9	1013.8	--	
6	2	1009.4	1012.2	--	
7	3	1009.7	1012.6	--	
8	4	1005.3	1008.1	2	
9	5	1006.4	1009.2	0	
10	6	1009.1	1012	19	
11	7	1011.8	1014.7	0.5	
12	8	1018.4	1021.3	--	
13	9	1014.8	1017.7	0	
14	10	1002.7	1005.5	1	

次のページに続く

5 一部のデータだけコピーする

ワークシートにデータが貼り付けできた

「降水量（mm）」の合計値と「気温（℃）」の最高値をコピーする

1 セルD5からD35までドラッグして選択

2 Ctrl キーを押しながら、セルH5〜H35までドラッグして選択

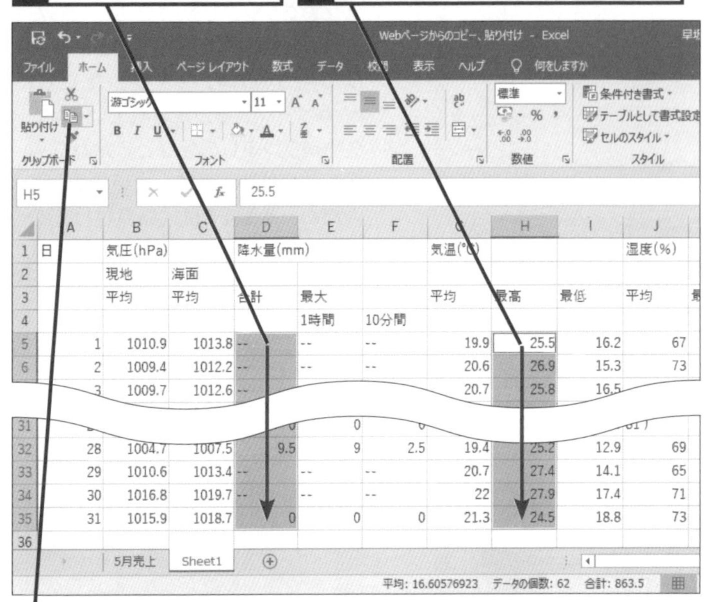

3 ［コピー］をクリック

6 コピーした一部のデータを貼り付ける

シート見出しをクリックして［5月売上］シートを表示しておく

1 セルE4をクリック

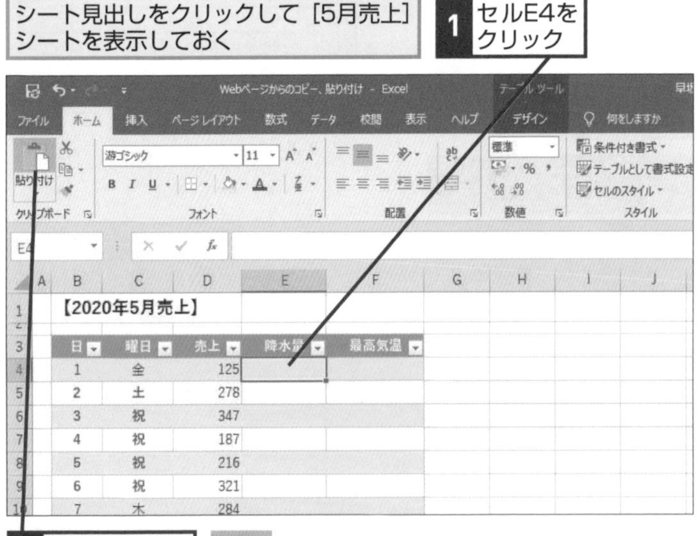

2 ［貼り付け］をクリック

HINT! Webブラウザーからデータをうまく貼り付けられないときは

ほかのWebブラウザーで気象庁のWebページを表示してデータをコピーしたときに、［貼り付け先の書式に合わせる］を選ぶと、データが列に分かれずに1つの列に貼り付けられてしまうことがあります。こうした場合は［貼り付け］ボタンをクリックした後、［ホーム］タブの［クリア］ボタンから［書式のクリア］を選び、貼り付けられた書式をクリアするといいでしょう。

1 ［ホーム］タブをクリック

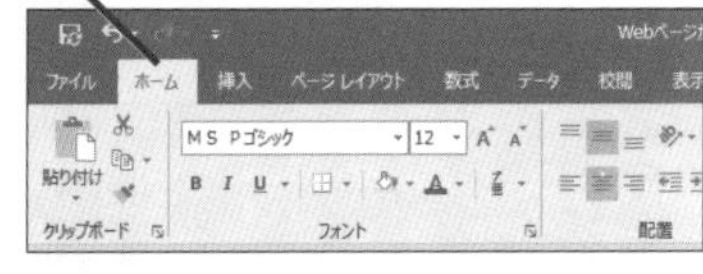

2 ［クリア］をクリック

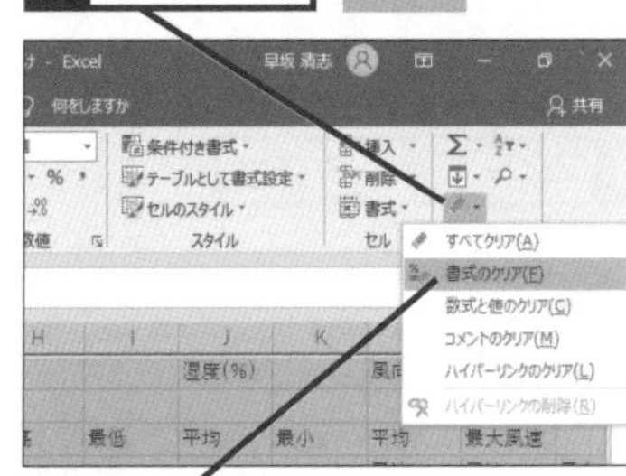

3 ［書式のクリア］をクリック

準備編 第4章 既存のデータを取り込んで活用しよう

7 データが貼り付けられた

ワークシートに降水量と気温が貼り付けられた

【2020年5月売上】

日	曜日	売上	降水量	最高気温
1	金	125	--	25.5
2	土	278	--	26.9
3	祝	347	--	25.8
4	祝	187	2	22.2
5	祝	216	0	28.4
6	祝	321	19	17.3
7	木	284	0.5	22.5
8	金	97	--	22.1
9	土	274	0	23
10	日	356	1	25.7
11	月	98	0.5	28.1
12	火	77	0	26.5
13	水	184	--	28.7
14	木	88	--	26.2
15	金	124	0	26.5

HINT!

グラフ化して視覚的に分析する

売り上げが「気温」や「降水量」に左右されるかどうかは、まず、「売上」と「気温」、「売上」と「降水量」のそれぞれの折れ線グラフを作ってみるといいでしょう。2つのグラフを作るのは、それぞれの数値の大きさが大きく異なるためです。2つのデータなら、それぞれのデータを「主軸」と「第2軸」に割り当てれば、2軸グラフで描画できます。グラフを描いて、相関関係がありそうなら、「相関分析」や「単回帰分析」など、より本格的なデータ分析へと進みます。

テクニック グラフ化するときは不明なデータを「#N/A」にしよう

気象庁のデータの場合、雨が降らなかった日は「降水量」に「--」と表示されています。このままのデータをグラフにすると、「--」は数値のゼロと見なされるので、データを折れ線などのグラフにしたい場合に、折れ線が横軸にくっついてしまいます。このようなときは、セルに「#N/A」と入力するといいでしょう。データを「#N/A」値にすると、折れ線グラフではこの数値を無視して、次のデータまで線をまっすぐに描くようになります。なお、「#N/A」とは、「Not Available」の略で、「入手不可」や「利用不可」という意味です。

降水量の測定ができなかった日のデータを「#N/A」に変更する

1 ここをクリック

2 「=NA()」と入力

【2020年5月売上】

日	曜日	売上	降水量	最高気温
1	金	125	=NA()	25.5
2	土	278	--	26.9
3	祝	347	--	25.8
4	祝	187	2	22.2
5	祝	216	0	28.4
6	祝	321	19	17.3
7	木	284	0.5	22.5
8	金	97	--	22.1
9	土	274	0	23
10	日	356	1	25.7
11	月	98	0.5	28.1
12	火	77	0	26.5

3 ほかのセルにも「=NA ()」を入力

【2020年5月売上】

日	曜日	売上	降水量	最高気温
1	金	125	#N/A	25.5
2	土	278	#N/A	26.9
3	祝	347	#N/A	25.8
4	祝	187	2	22.2
5	祝	216	0	28.4
6	祝	321	19	17.3
7	木	284	0.5	22.5
8	金	97	#N/A	22.1
9	土	274	0	23
10	日	356	1	25.7
11	月	98	0.5	28.1
12	火	77	0	26.5
13	水	184	#N/A	28.7
14	木	88	#N/A	26.2
15	金	124	0	26.5

レッスン
19 CSV形式のデータの内容を確認するには

CSVデータの確認

対応バージョン
365 2019 2016 2013

レッスンで使う練習用ファイル
売上明細（5月分）.csv

CSVファイルはテキストエディターで確認する

すでに入力されているデータが、Excel以外のアプリで作成されていたり、Windows以外のOSで扱われていたりすることがあります。そのような場合、CSV形式の「テキストファイル」としてデータを保存しておけば、異なる環境でもデータベース用のデータとして活用できます。
CSVとは、「Connma Separated Values」（カンマ区切り）の略で、データをカンマで区切って並べたテキストファイルで、拡張子は「.csv」です。Excelがインストールされている場合、拡張子が「.csv」のファイルをダブルクリックするとExcelが起動しますが、Excel本来のデータではないため、データが誤って取り込まれてしまうことがあります。Excelで開く前に、まずはテキストエディターで内容を確認してみましょう。

関連レッスン
▶レッスン20
CSV形式のデータを
Excelで利用するには……p.88
▶レッスン69
CSV形式のデータを
取り込むには……p.284

キーワード
CSV p.308

●売上明細（5月分）のデータ

管理 No	日付	得意先	コード	商品名	単価	数量	金額
0001	20200501	株式会社室町文具	P-A401	A4コピー用紙	4200	11	46200
0002	20200501	鎌倉商事株式会社	M-CW10	CD-RW	1280	1	1280
0003	20200501	株式会社大化事務機	P-B401	B4コピー用紙	3150	4	12600
0004	20200502	株式会社大化事務機	M-CW10	CD-RW	1280	4	5120
0005	20200502	鎌倉商事株式会社	P-B401	B4コピー用紙	3150	5	15750

●メモ帳でCSVファイルを開いた場合

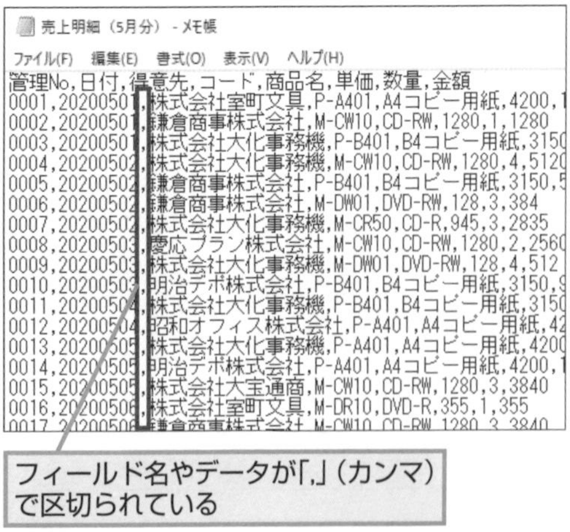
売上明細（5月分） - メモ帳
ファイル(F) 編集(E) 書式(O) 表示(V) ヘルプ(H)
管理No,日付,得意先,コード,商品名,単価,数量,金額
0001,20200501,株式会社室町文具,P-A401,A4コピー用紙,4200,1
0002,20200501,鎌倉商事株式会社,M-CW10,CD-RW,1280,1,1280
0003,20200501,株式会社大化事務機,P-B401,B4コピー用紙,3150
0004,20200502,株式会社大化事務機,M-CW10,CD-RW,1280,4,5120
0005,20200502,鎌倉商事株式会社,P-B401,B4コピー用紙,3150,5
0006,20200502,鎌倉商事株式会社,M-DW01,DVD-RW,128,3,384
0007,20200502,株式会社大化事務機,M-CR50,CD-R,945,3,2835
0008,20200503,慶応プラン株式会社,M-CW10,CD-RW,1280,2,2560
0009,20200503,株式会社大化事務機,M-DW01,DVD-RW,128,4,512
0010,20200503,明治デポ株式会社,P-B401,B4コピー用紙,3150,9
0011,20200504,株式会社大化事務機,P-B401,B4コピー用紙,3150
0012,20200504,昭和オフィス株式会社,P-A401,A4コピー用紙,42
0013,20200505,株式会社大化事務機,P-A401,A4コピー用紙,4200
0014,20200505,明治デポ株式会社,P-A401,A4コピー用紙,4200,1
0015,20200505,株式会社大宝通商,M-CW10,CD-RW,1280,3,3840
0016,20200506,株式会社室町文具,M-DR10,DVD-R,355,1,355
0017,20200506,鎌倉商事株式会社,M-CW10,CD-RW,1280,3,3840

フィールド名やデータが「,」（カンマ）で区切られている

●Excelで直接CSVファイルを開いた場合

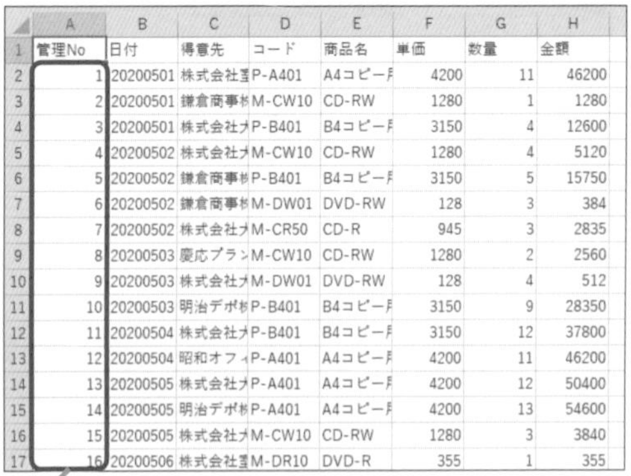

	A	B	C	D	E	F	G	H
1	管理No	日付	得意先	コード	商品名	単価	数量	金額
2	1	20200501	株式会社室	P-A401	A4コピー用	4200	11	46200
3	2	20200501	鎌倉商事株	M-CW10	CD-RW	1280	1	1280
4	3	20200501	株式会社大	P-B401	B4コピー用	3150	4	12600
5	4	20200502	株式会社大	M-CW10	CD-RW	1280	4	5120
6	5	20200502	鎌倉商事株	P-B401	B4コピー用	3150	5	15750
7	6	20200502	鎌倉商事株	M-DW01	DVD-RW	128	3	384
8	7	20200502	株式会社大	M-CR50	CD-R	945	3	2835
9	8	20200503	慶応プラン	M-CW10	CD-RW	1280	2	2560
10	9	20200503	株式会社大	M-DW01	DVD-RW	128	4	512
11	10	20200503	明治デポ株	P-B401	B4コピー用	3150	9	28350
12	11	20200504	株式会社大	P-B401	B4コピー用	3150	12	37800
13	12	20200504	昭和オフィ	P-A401	A4コピー用	4200	11	46200
14	13	20200505	株式会社大	P-A401	A4コピー用	4200	12	50400
15	14	20200505	明治デポ株	P-A401	A4コピー用	4200	13	54600
16	15	20200505	株式会社大	M-CW10	CD-RW	1280	3	3840
17	16	20200506	株式会社室	M-DR10	DVD-R	355	1	355

「管理No」が4けたで表示されず、「0」が消えてしまう

① メモ帳でCSVファイルを開く

ここでは、[04syo] フォルダーにある[売上明細(5月分).csv]を開く

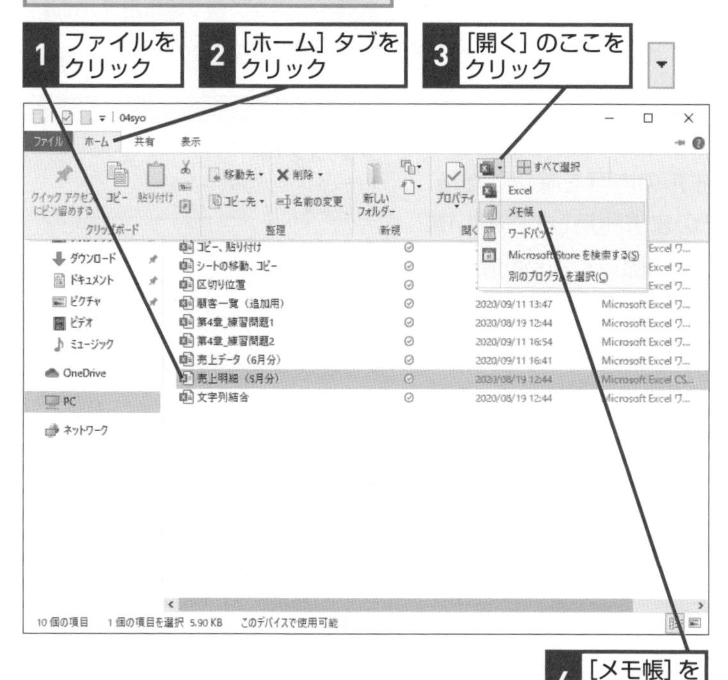

② データの内容を確認する

CSVファイルがメモ帳で開いた

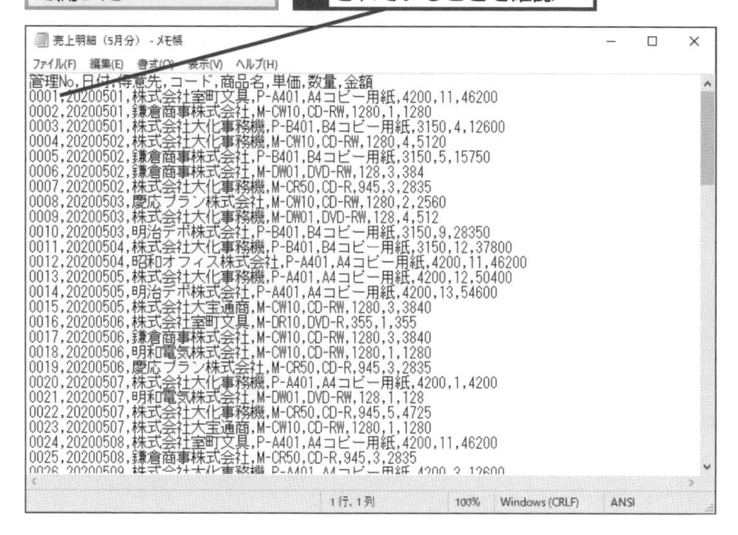

HINT! ファイルの拡張子を表示するには

Windowsの初期設定では、ファイルの拡張子は表示されません。アイコンだけでは、CSVファイルと確認するのは困難なので、拡張子を表示させるように設定するといいでしょう。エクスプローラーを起動し、Windows 10では［表示］タブにある［ファイル名拡張子］をクリックしてチェックマークを付けます。

1 [表示]タブをクリック

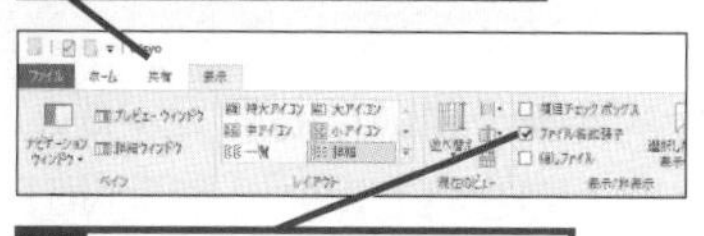

2 [ファイル名拡張子] をクリックしてチェックマークを付ける

HINT! CSVファイルを別のアプリで開くには

CSVファイルは、文字データだけで何の書式情報も含まれていないファイルなので、テキストファイルを扱えるほとんどのアプリで開けます。ファイルを右クリックすると表示されるワードパッドや、Wordでも開くことが可能です。ただし、編集して保存する場合は、必ず、元の「テキストファイル」の形式のまま保存してください。

レッスン

20 CSV形式のデータをExcelで利用するには

外部データの取り込み

対応バージョン

365 2019 2016 2013

レッスンで使う練習用ファイル
売上明細（5月分）.csv

「外部データの取り込み」を利用する

テキストエディターでCSV形式のファイルの内容を確認した後、Excelで直接開いて問題がなければ、そのまま利用しても構いません。ただし、データが問題ないかを必ず確認してから利用しましょう。

レッスン⑲で確認したように、冒頭の例は［売上明細（5月分).csv］をメモ帳で開いたものですが、これをExcelで直接開くと、4けたで入力されていた「管理No」の先頭のゼロが欠落してしまうほか、日付データの8けたの数字が、ただの数値になってしまいます。こうしたデータの場合は、CSVファイルをExcelで直接開かず、［テキストファイルウィザード］を利用して取り込むと、適切なデータに変換できます。

関連レッスン

▶レッスン16
ほかのブックのデータを
利用するには ………………………… p.72

▶レッスン19
CSV形式のデータの
内容を確認するには ………………… p.86

キーワード

CSV	p.308
区切り位置	p.309
フィールド	p.312

Before

◆CSV形式のファイル
データが「,」（カンマ）で区切られている

```
管理No,日付,得意先,コード,商品名,単価,数量,金額
0001,20200501,株式会社室町文具,P-A401,A4コピー用紙,4200,11,46200
0002,20200501,鎌倉商事株式会社,M-CW10,CD-RW,1280,1,1280
0003,20200501,株式会社大化事務機,P-B401,B4コピー用紙,3150,4,12600
0004,20200502,株式会社大化事務機,M-CW10,CD-RW,1280,4,5120
0005,20200502,鎌倉商事株式会社,P-B401,B4コピー用紙,3150,5,15750
0006,20200502,鎌倉商事株式会社,M-DW01,DVD-RW,128,3,384
0007,20200502,株式会社大化事務機,M-CR50,CD-R,945,3,2835
0008,20200503,慶応プラン株式会社,M-CW10,CD-RW,1280,2,2560
0009,20200503,株式会社大化事務機,M-DW01,DVD-RW,128,4,512
0010,20200503,明治デポ株式会社,P-B401,B4コピー用紙,3150,9,28350
0011,20200504,株式会社大化事務機,P-B401,B4コピー用紙,3150,12,37800
0012,20200504,昭和オフィス株式会社,P-A401,A4コピー用紙,4200,11,46200
0013,20200505,株式会社大化事務機,P-A401,A4コピー用紙,4200,12,50400
0014,20200505,明治デポ株式会社,P-A401,A4コピー用紙,4200,13,54600
0015,20200505,株式会社大宝通商,M-CW10,CD-RW,1280,3,3840
0016,20200506,株式会社室町文具,M-DR10,DVD-R,355,1,355
0017,20200506,鎌倉商事株式会社,M-CW10,CD-RW,1280,3,3840
0018,20200506,明和電気株式会社,M-CW10,CD-RW,1280,1,1280
0019,20200506,慶応プラン株式会社,M-CR50,CD-R,945,3,2835
```

CSV形式のファイルをExcelで開くと、管理Noのけたが変わり、日付が数値として扱われる

	A	B	C	D	E	F	G	H
1	管理No	日付	得意先	コード	商品名	単価	数量	金額
2	1	2020050	株式会社室	P-A401	A4コピー	4200	11	46200
3	2	2020050	鎌倉商事株	M-CW10	CD-RW	1280	1	1280
4	3	2020050	株式会社大	P-B401	B4コピー	3150	4	12600
5	4	2020050	株式会社大	M-CW10	CD-RW	1280	4	5120
6	5	2020050	鎌倉商事株	P-B401	B4コピー	3150	5	15750
7	6	2020050	鎌倉商事株	M-DW01	DVD-RW	128	3	384
8	7	2020050	株式会社大	M-CR50	CD-R	945	3	2835
9	8	2020050	慶応プラン	M-CW10	CD-RW	1280	2	2560
10	9	2020050	株式会社大	M-DW01	DVD-RW	128	4	512
11	10	2020050	明治デポ株	P-B401	B4コピー	3150	9	28350
12	11	2020050	株式会社大	P-B401	B4コピー	3150	12	37800
13	12	2020050	昭和オフィ	P-A401	A4コピー	4200	11	46200
14	13	2020050	株式会社大	P-A401	A4コピー	4200	12	50400

After

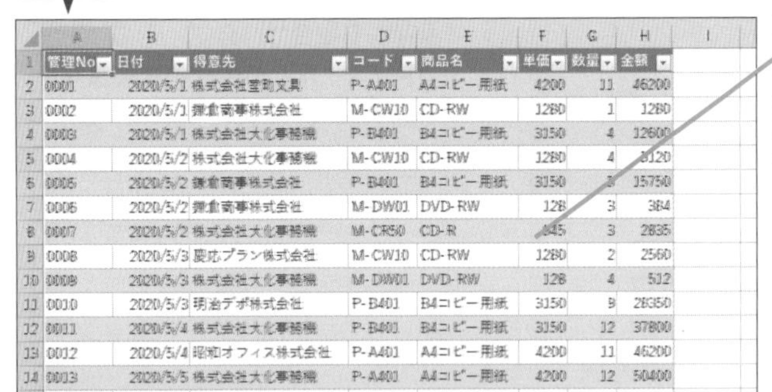

	A	B	C	D	E	F	G	H
1	管理No	日付	得意先	コード	商品名	単価	数量	金額
2	0001	2020/5/1	株式会社室町文具	P-A401	A4コピー用紙	4200	11	46200
3	0002	2020/5/1	鎌倉商事株式会社	M-CW10	CD-RW	1280	1	1280
4	0003	2020/5/1	株式会社大化事務機	P-B401	B4コピー用紙	3150	4	12600
5	0004	2020/5/2	株式会社大化事務機	M-CW10	CD-RW	1280	4	5120
6	0005	2020/5/2	鎌倉商事株式会社	P-B401	B4コピー用紙	3150	5	15750
7	0006	2020/5/2	鎌倉商事株式会社	M-DW01	DVD-RW	128	3	384
8	0007	2020/5/2	株式会社大化事務機	M-CR50	CD-R	945	3	2835
9	0008	2020/5/3	慶応プラン株式会社	M-CW10	CD-RW	1280	2	2560
10	0009	2020/5/3	株式会社大化事務機	M-DW01	DVD-RW	128	4	512
11	0010	2020/5/3	明治デポ株式会社	P-B401	B4コピー用紙	3150	9	28350
12	0011	2020/5/4	株式会社大化事務機	P-B401	B4コピー用紙	3150	12	37800
13	0012	2020/5/4	昭和オフィス株式会社	P-A401	A4コピー用紙	4200	11	46200
14	0013	2020/5/5	株式会社大化事務機	P-A401	A4コピー用紙	4200	12	50400

［テキストファイルウィザード］を利用すれば、フィールドのデータ形式を指定できるのでデータが扱いやすくなる

レガシデータインポートウィザードを有効にする

1 Backstageビューを表示する

CSV形式のデータを取り込む前に、レガシデータインポートウィザードを有効にする

Excel 2016以前のバージョンを利用しているときは、90ページの手順1から操作を開始する

データを取り込むために新しいワークシートを表示しておく

1 [ファイル] タブをクリック

2 [Excelのオプション] 画面を表示する

Backstageビューが表示された

1 [その他] をクリック

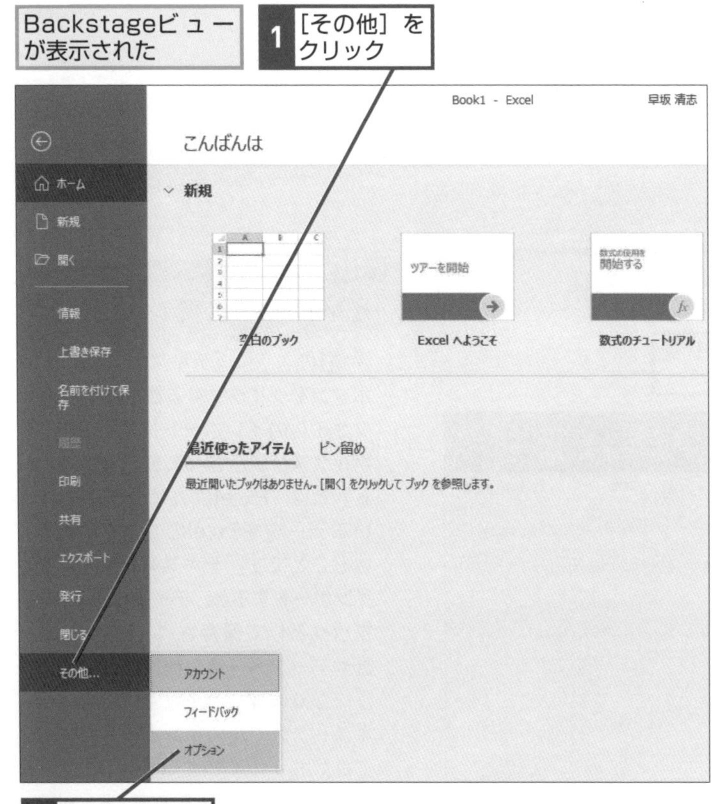

2 [オプション] をクリック

HINT!

レガシデータインポートウィザードって何？

現在、CSVファイルをインポートする方法は、このレッスンで紹介する「データインポートウィザード」を利用する方法と、レッスン㊾で紹介する「PowerQueryエディター」を使う方法の2通りがあります。Excel 2019/Microsoft 365では、PowerQueryを使う方法がメインとなっているため、この「レガシデータインポートウィザード」の設定を行わないと、91ページの手順2からの操作ができないので、まずはレガシデータインポートウイザードを有効にします。一方、Excel 2016以前は、「データインポートウィザード」を使う方法がメインとなっているため、この設定は不要です。90ページの手順1に進んでください。

次のページに続く

3 レガシデータインポートウィザードの設定をする

[Excelのオプション]画面が表示された

1 [データ]をクリック

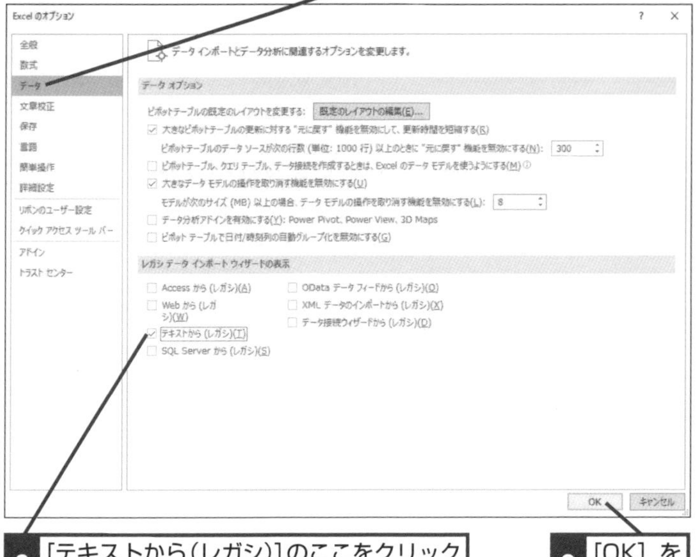

2 [テキストから(レガシ)]のここをクリックしてチェックマークを付ける

3 [OK]をクリック

HINT! その他のデータを取り込めるように設定できる

テキストファイル以外にも、AccessファイルやXMLデータファイルのデータを取り込むように設定することもできます。必要に応じて、手順3で［テキスト］以外にチェックマークを付けてください。

CSV形式のデータを取り込む

1 [データ]タブに切り替える

レガシデータインポートウィザードの設定ができた

1 [データ]をクリック

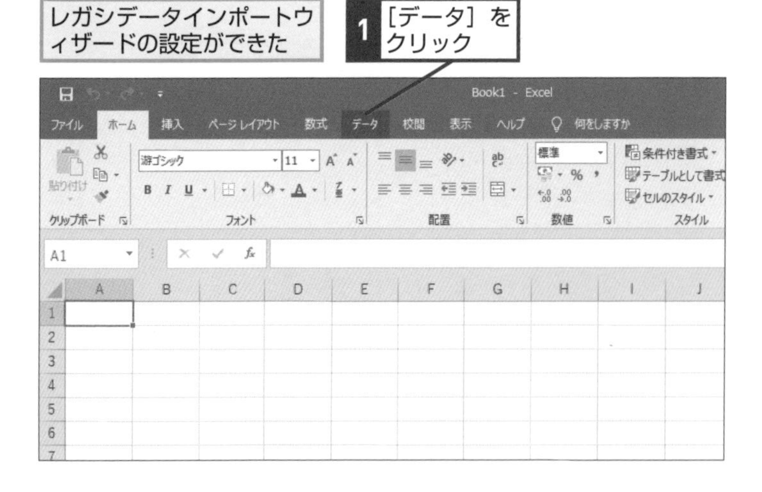

HINT! インポートって何？

手順1のように［テキストファイル］ボタンをクリックすると、［テキストファイルのインポート］ダイアログボックスが表示されます。「インポート」とは、Excel以外で作成されているデータをExcelのブックに取り込むことです。テキストファイルをインポートすると、データはExcelのブックとして保存され、Excelの集計やデータベースの機能が使えるようになります。なお、手順2の［テキストファイルのインポート］ダイアログボックスでは、［テキストファイル］が指定されるので、Excelのブックは表示されません。

2 取り込む方法を選択する

[データ] タブが表示された

データを取り込むために新しいワークシートを表示しておく

1 [データの取得] をクリック

2 [従来のウィザード] にマウスポインターを合わせる

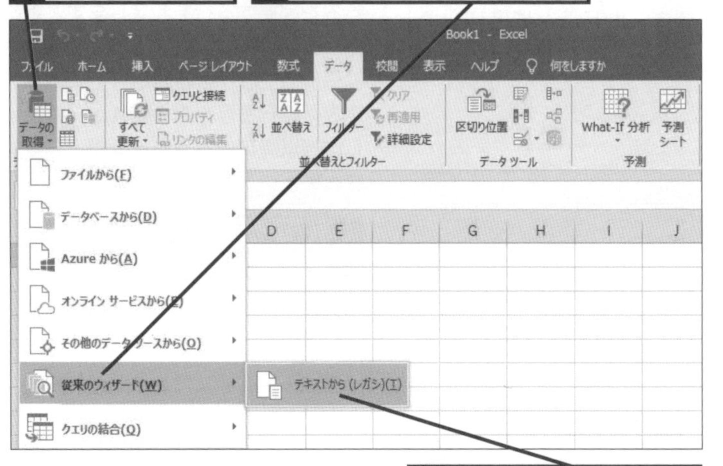

3 [テキストから (レガシ)] をクリック

3 CSV形式のファイルを選択する

ここでは、[04syo] フォルダーにある [売上明細 (5月分) .csv] の練習用ファイルを選択する

[テキストファイルのインポート] ダイアログボックスが表示された

1 CSV形式のファイルが保存されている場所を選択

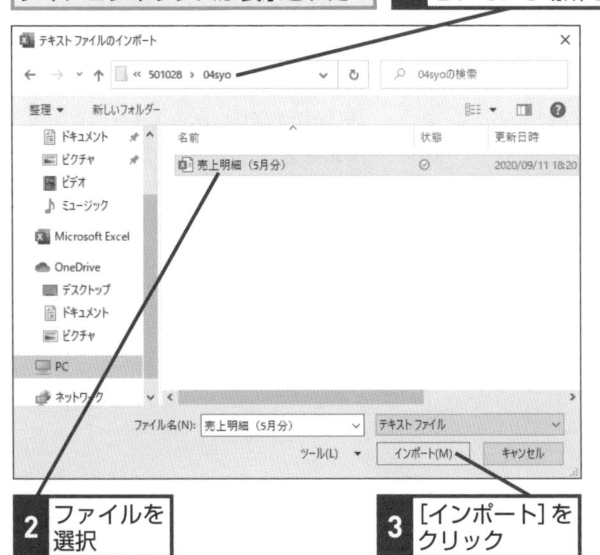

2 ファイルを選択

3 [インポート] をクリック

HINT!

レガシデータインポートウィザードの設定をしておく

Excel 2019/Microsoft 365では、89ページからの手順を行わないと、下の画面のように、[テキストから (レガシ)] コマンドが表示されません。一方、Excel 2016以前の場合は、[データ] タブの [外部データの取り込み] - [テキストファイル] をクリックして実行します。

手順2の画面で [テキストから (レガシ)] が表示されないときは、89ページからの手順を参考に、レガシデータインポートウィザードの設定をしておく

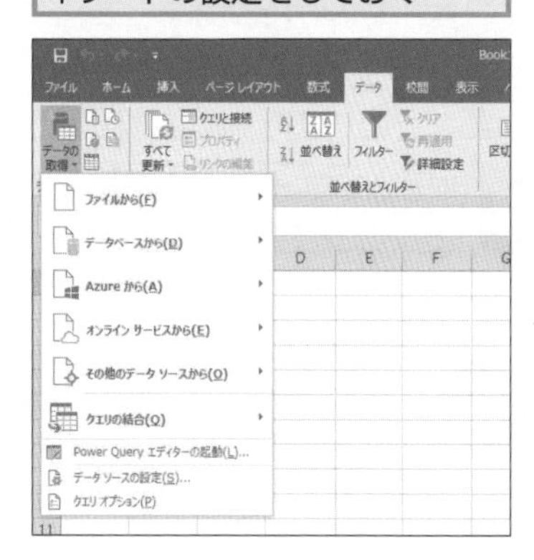

HINT!

インポートできるファイル形式とは

Excelでインポートできるファイル形式は、テキストファイルだけでなく、Accessのデータベースや、Webのデータ、インターネット上で提供されているさまざまなデータをインポートできます。テキストファイル (.txtや.csv) はソフトウェアやOSに依存することのない汎用性が高いファイル形式で、よく利用されています。

次のページに続く

4 ファイル形式と取り込みの開始位置を指定する

［テキストファイルウィザード］が起動した

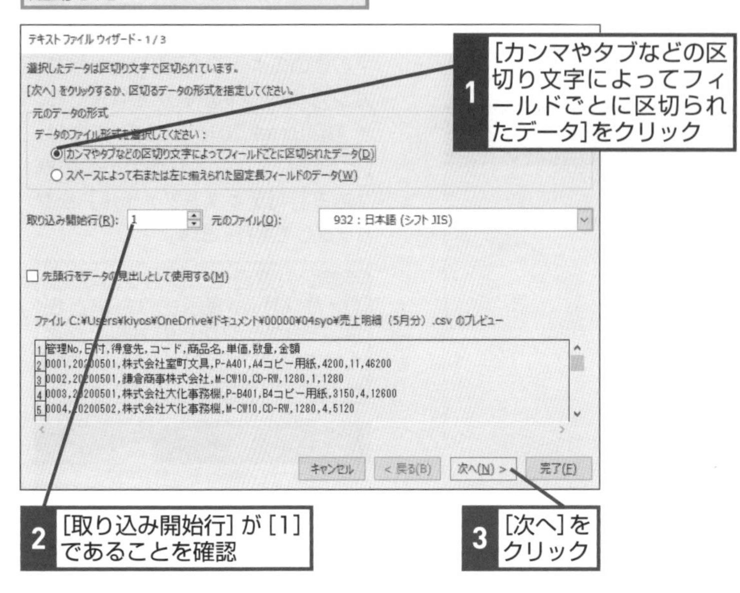

5 ［区切り文字］を指定する

ここでは、カンマで区切られたファイルを取り込む

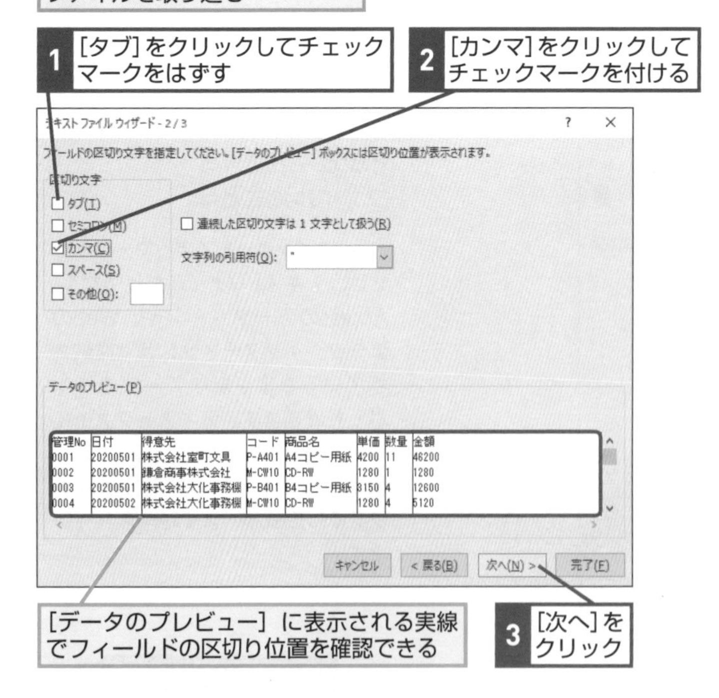

HINT!

データの取り込みを開始する行を指定するには

データから「新規に入力した追加分だけインポートしたい」というような場合、以下のように操作して取り込みを開始する行を設定します。手順3の［テキストファイルウィザード-1/3］で［取り込み開始行］に取り込みたい行番号を入力すれば、指定した行以降のデータをインポートできます。

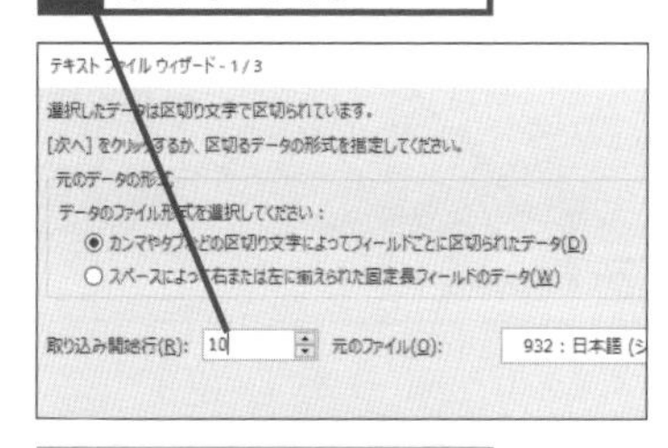

入力した行番号以降のデータを取り込める

HINT!

区切り文字を判断するには

フィールドがどのように区切られているか分からないテキストファイルをインポートするときは、手順4の［テキストファイルウィザード-2/3］で［区切り文字］にある各チェックボックスをオン／オフしてみましょう、選択した区切り位置が［データのプレビュー］の表示に反映されます。区切り位置が実線で正しく表示される区切り文字を選択してください。

6 [管理No] フィールドのデータ形式を設定する

[管理No] フィールドのデータ形式を[文字列]に設定する

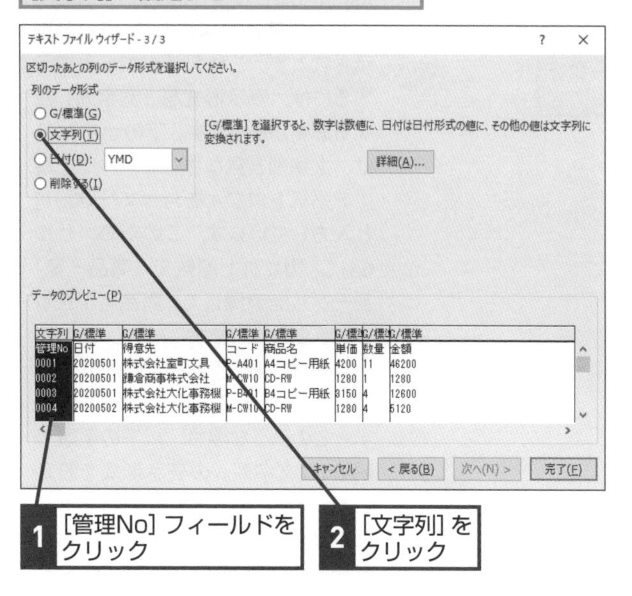

7 [日付] フィールドのデータ形式を設定する

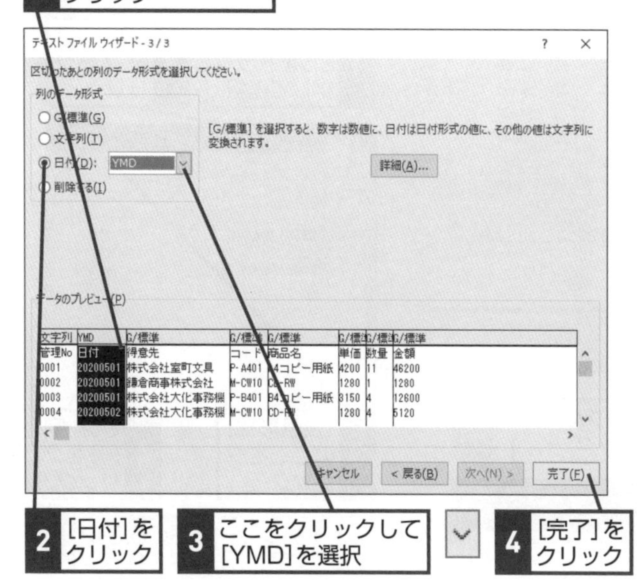

HINT! [列のデータ形式] って何？

手順6～7で設定している[列のデータ形式] とは、もともと文字のみのデータだったものを、日付や数値データなど、Excelで扱いやすい形式に変更する機能です。何も設定しないときは [G/標準] という形式が設定されますが、[G/標準] のままではExcelで適切にデータが扱われないことがあります。データの内容を確認し、内容に合ったデータ形式を設定します。このレッスンでインポートするデータは日付が「/」で区切られていないため、Excelが日付と認識できません。そのため手順7では[日付]のフィールドを選択して、[列のデータ形式] で [日付] を選択します。日付に表示される「YMD」は、それぞれ「Y」が「年」、「M」が「月」、Dが「日」を表していて、日付の年月日がどの順序で入力されているかを指定するものです。

HINT! データ型を判断できないときは

第1章で解説したように、フィールドのデータをどのように使うかによって、設定すべきデータ型が異なります。データ型を判断できないときは、いったん [G/標準] のデータ形式で取り込み、データのインポート後にフィールドのデータ形式を個別に変更しましょう。

間違った場合は？

フィールドのデータ形式の設定を間違った場合、もう一度目的のフィールドをクリックして、データ形式を選択し直します。

次のページに続く

8 データの取り込み先を指定する

[データの取り込み] ダイアログボックスが表示された

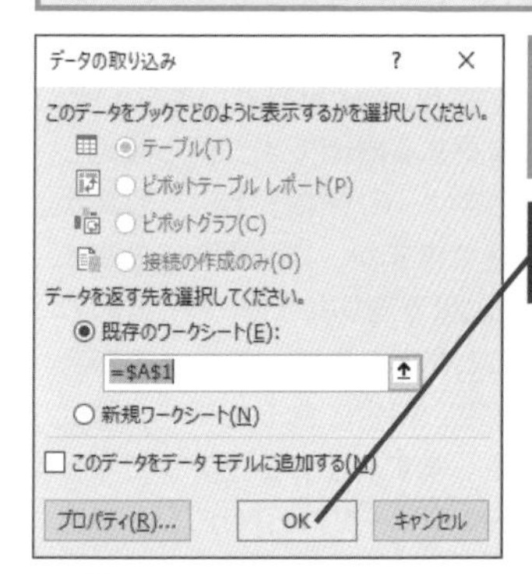

ここでは、表示中のワークシートにそのままデータを取り込む

1 [OK] をクリック

CSVファイルのデータがワークシートに表示された

	A	B	C	D	E	F	G	H
1	管理No	日付	得意先	コード	商品名	単価	数量	金額
2	0001	2020/5/1	株式会社室町文具	P-A401	A4コピー用紙	4200	11	46200
3	0002	2020/5/1	鎌倉商事株式会社	M-CW10	CD-RW	1280	1	1280
4	0003	2020/5/1	株式会社大化事務機	P-B401	B4コピー用紙	3150	4	12600
5	0004	2020/5/2	株式会社大化事務機	M-CW10	CD-RW	1280	4	5120
6	0005	2020/5/2	鎌倉商事株式会社	P-B401	B4コピー用紙	3150	5	15750
7	0006	2020/5/2	鎌倉商事株式会社	M-DW01	DVD-RW	128	3	384
8	0007	2020/5/2	株式会社大化事務機	M-CR50	CD-R	945	3	2835
9	0008	2020/5/3	慶応プラン株式会社	M-CW10	CD-RW	1280	2	2560
10	0009	2020/5/3	株式会社大化事務機	M-DW01	DVD-RW	128	4	512
11	0010	2020/5/3	明治デポ株式会社	P-B401	B4コピー用紙	3150	9	28350
12	0011	2020/5/4	株式会社大化事務機	P-B401	B4コピー用紙	3150	12	37800
13	0012	2020/5/4	昭和オフィス株式会社	P-A401	A4コピー用紙	4200	11	46200
14	0013	2020/5/5	株式会社大化事務機	P-A401	A4コピー用紙	4200	12	50400
15	0014	2020/5/5	明治デポ株式会社	P-A401	A4コピー用紙	4200	13	54600
16	0015	2020/5/5	株式会社大宝通商	M-CW10	CD-RW	1280	3	3840
17	0016	2020/5/6	株式会社室町文具	M-DR10	DVD-R	355	1	355
18	0017	2020/5/6	鎌倉商事株式会社	M-CW10	CD-RW	1280	3	3840

Sheet1

9 表をテーブルに変換する

取り込んだデータをテーブルに変換する

1 [挿入] タブをクリック

2 [テーブル] をクリック

テーブル

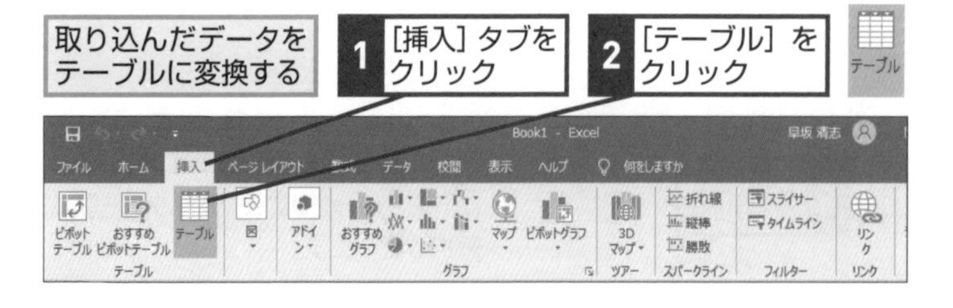

HINT!

「0」始まりのデータは表示形式を文字列にする

Excelではセルに「0001」と入力すると、数値と見なされて「1」と表示されます。これを「0001」と表示するには、表示形式を「文字列」にする必要があります。下のセルB4には、文字列と見なされるように先頭にアポストロフィを付けて「'0001」と入力しています。このため、セルC4に入力された関数で［商品一覧］テーブルを参照して、商品名が正しく表示されています。一方、セルB5～B6は数値と見なされているので、商品名にエラーが表示されています。このような場合、以下の手順でB列に［文字列］の表示形式を設定しましょう。設定後にはセルをダブルクリックして Enter キーを押し、データを更新することでセルC5～C6が正しく表示されるようになります。なお、表示形式の設定はデータ入力の前でも構いません。

[コード] フィールドの表示形式を文字列に変更する

1 セルB4～B6をドラッグして選択

2 [ホーム] タブをクリック

3 [表示形式] のここをクリック

4 [文字列] をクリック

[コード] フィールドの表示形式が [文字列] に設定される

[コード] フィールドのデータを更新しておく

準備編 第4章 既存のデータを取り込んで活用しよう

10 テーブルに変換する範囲を確認する

[テーブルの作成] ダイアログボックスが表示された

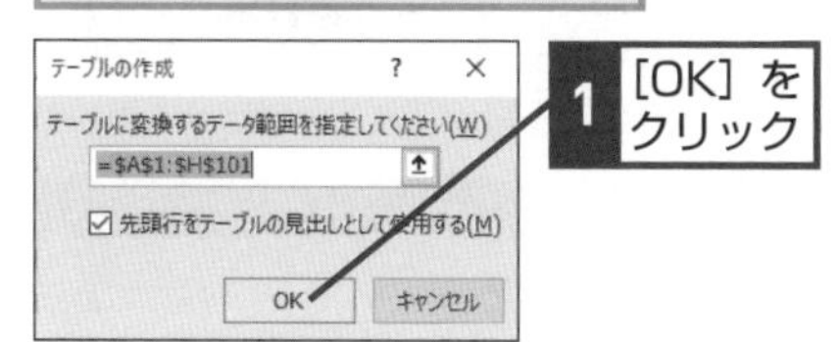

1 [OK] をクリック

11 外部データとの接続を解除する

読み込んだCSVファイルとの外部接続を削除する

1 [はい]をクリック

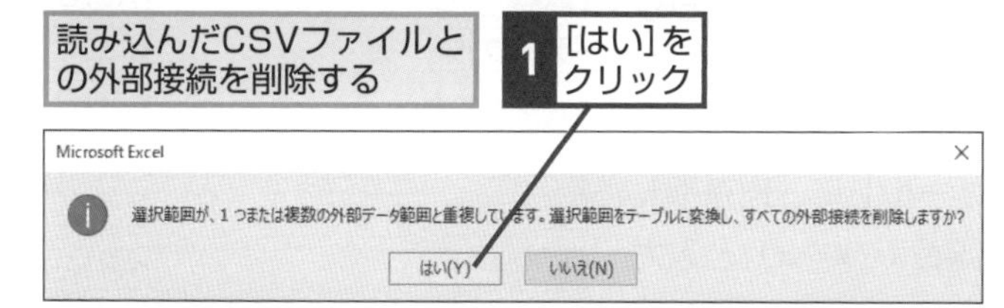

表をテーブルに変換できた

管理No	日付	得意先	コード	商品名	単価	数量	金額
0001	2020/5/1	株式会社室町文具	P-A401	A4コピー用紙	4200	11	46200
0002	2020/5/1	鎌倉商事株式会社	M-CW10	CD-RW	1280	1	1280
0003	2020/5/1	株式会社大化事務機	P-B401	B4コピー用紙	3150	4	12600
0004	2020/5/2	株式会社大化事務機	M-CW10	CD-RW	1280	4	5120
0005	2020/5/2	鎌倉商事株式会社	P-B401	B4コピー用紙	3150	5	15750
0006	2020/5/2	鎌倉商事株式会社	M-DW01	DVD-RW	128	3	384
0007	2020/5/2	株式会社大化事務機	M-CR50	CD-R	945	3	2835
0008	2020/5/3	慶応プラン株式会社	M-CW10	CD-RW	1280	2	2560
0009	2020/5/3	株式会社大化事務機	M-DW01	DVD-RW	128	4	512
0010	2020/5/3	明治デポ株式会社	P-B401	B4コピー用紙	3150	9	28350
0011	2020/5/4	株式会社大化事務機	P-B401	B4コピー用紙	3150	12	37800
0012	2020/5/4	昭和オフィス株式会社	P-A401	A4コピー用紙	4200	11	46200
0013	2020/5/5	株式会社大化事務機	P-A401	A4コピー用紙	4200	12	50400
0014	2020/5/5	明治デポ株式会社	P-A401	A4コピー用紙	4200	13	54600
0015	2020/5/5	株式会社大宝通商	M-CW10	CD-RW	1280	3	3840
0016	2020/5/6	株式会社室町文具	M-DR10	DVD-R	355	1	355
0017	2020/5/6	鎌倉商事株式会社	M-CW10	CD-RW	1280	3	3840

HINT!
テーブルに変換すると外部データとの接続が解除される

毎日、同じファイル名でCSVファイルの内容が更新される場合は、Excelファイルとのリンクを保ったままにすると、Excelファイルを開いたときにデータが自動的に更新されるようになります。ただし、リンクの機能はテーブルと併用ができません。このため、手順11で［いいえ］ボタンをクリックすると、再び［テーブルの作成］ダイアログボックスが表示され、指定した範囲がテーブルに変換されません。手順9と手順10の操作を繰り返し実行して、テーブルに変換してください。

手順11で[いいえ]をクリックすると、再度 [テーブルの作成] ダイアログボックスが表示される

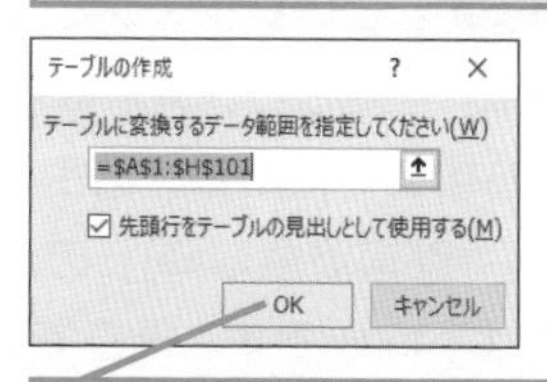

[OK] をクリックしてから[はい]をクリックする

間違った場合は？

手順10で［先頭行をテーブルの見出しとして使用する］のチェックマークを付けずに［OK］ボタンをクリックしてしまったときは、［元に戻す］ボタン（）をクリックして、手順9から操作をやり直してください。

レッスン 21

別々のセルの文字列を結合するには

文字列結合

対応バージョン

365 2019 2016 2013

レッスンで使う練習用ファイル
文字列結合.xlsx

「&」で文字列の連結を解決！

データベースによっては、住所入力用のフィールドが複数存在することがあります。[都道府県] [都道府県以降] [住所] [ビル名等] など、組み合わせはさまざまありますが、フィールドの違いについて悩む必要はありません。「&」（アンパサンド）を使えばそれぞれのフィールドを結合できます。「-」（ハイフン）や「/」（スラッシュ）、空白、かっこなどを挟んで結合することもできるので、日付や電話番号などの結合にも応用できます。

下の画面を見てください。[都道府県] のフィールドに、「東京都」、[都道府県以降] のフィールドに「新宿区西落合x−x−x」と入力されています。このレッスンでは、[都道府県] と [都道府県以降] のフィールドを結合し、「東京都新宿区西落合x−x−x」というデータを表示します。ただし、結合後のフィールドの内容は「=[@都道府県]&[@都道府県以降]」のような数式になり、データの検索や置換には不向きです。そこで、関数で表示したデータを「値」として貼り付ける手順も紹介します。

Before

【得意先住所録】

No	会社名	郵便番号	住所	都道府県	都道府県以降	ビル名等
1	株式会社室町文具	161-0031		東京都	新宿区西落合 x − x − x	丸関ビル405
2	明和電気株式会社	150-0031		東京都	渋谷区桜丘町 x − x − x	参画ビル202
3	鎌倉商事株式会社	245-0001		神奈川県	横浜市泉区池の谷 x − x − x	
4	株式会社大化事務機	101-0021		東京都	千代田区外神田 x − x − x	資格ビル203
5	慶応プラン株式会社	165-0021		東京都	中野区丸山 x − x − x	
6	鎌倉商事株式会社	261-0001		千葉県	千葉市美浜区幸町 x − x − x	
7	株式会社大化事務機	530-0011		大阪府	大阪市北区大深町 x − x − x	
8	株式会社大宝通商	210-0001		神奈川県	川崎市川崎区本町 x − x − x	互角ビル801
9	明治デパ株式会社	455-0001		愛知県	名古屋市港区七番町 x − x − x	
10	昭和オフィス株式会社	116-0011		東京都	荒川区西尾久 x − x − x	

住所が別々のフィールドに入力されている

After

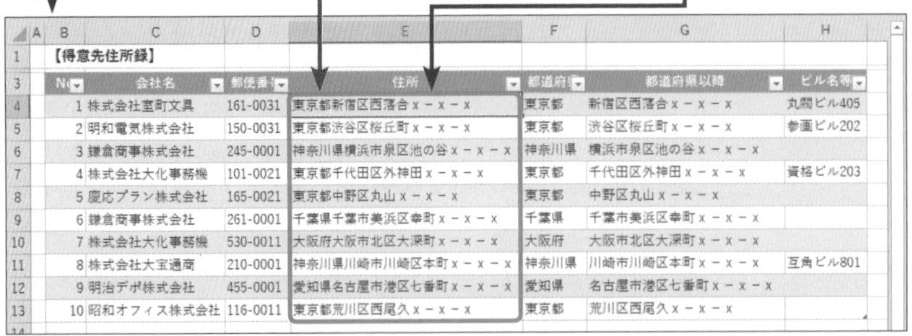

【得意先住所録】

No	会社名	郵便番号	住所	都道府県	都道府県以降	ビル名等
1	株式会社室町文具	161-0031	東京都新宿区西落合 x − x − x	東京都	新宿区西落合 x − x − x	丸関ビル405
2	明和電気株式会社	150-0031	東京都渋谷区桜丘町 x − x − x	東京都	渋谷区桜丘町 x − x − x	参画ビル202
3	鎌倉商事株式会社	245-0001	神奈川県横浜市泉区池の谷 x − x − x	神奈川県	横浜市泉区池の谷 x − x − x	
4	株式会社大化事務機	101-0021	東京都千代田区外神田 x − x − x	東京都	千代田区外神田 x − x − x	資格ビル203
5	慶応プラン株式会社	165-0021	東京都中野区丸山 x − x − x	東京都	中野区丸山 x − x − x	
6	鎌倉商事株式会社	261-0001	千葉県千葉市美浜区幸町 x − x − x	千葉県	千葉市美浜区幸町 x − x − x	
7	株式会社大化事務機	530-0011	大阪府大阪市北区大深町 x − x − x	大阪府	大阪市北区大深町 x − x − x	
8	株式会社大宝通商	210-0001	神奈川県川崎市川崎区本町 x − x − x	神奈川県	川崎市川崎区本町 x − x − x	互角ビル801
9	明治デパ株式会社	455-0001	愛知県名古屋市港区七番町 x − x − x	愛知県	名古屋市港区七番町 x − x − x	
10	昭和オフィス株式会社	116-0011	東京都荒川区西尾久 x − x − x	東京都	荒川区西尾久 x − x − x	

別々のフィールドにあった住所を1つにまとめて文字列を値に変更できる

関連レッスン

▶レッスン22
1つのセルに入力されたデータを分割するには ………… p.100

キーワード

構造化参照	p.309
数値データ	p.310
テーブル	p.311
フィールド	p.312
フィールド名	p.312
文字列データ	p.312
レコード	p.312

❶ 数式を入力する

ここでは、［都道府県］と［都道府県以降］のフィールドを結合して、［住所］フィールドに表示する

1 セルE4に「=[@都道府県]&[@都道府県以降]」と入力

2 Enterキーを押す

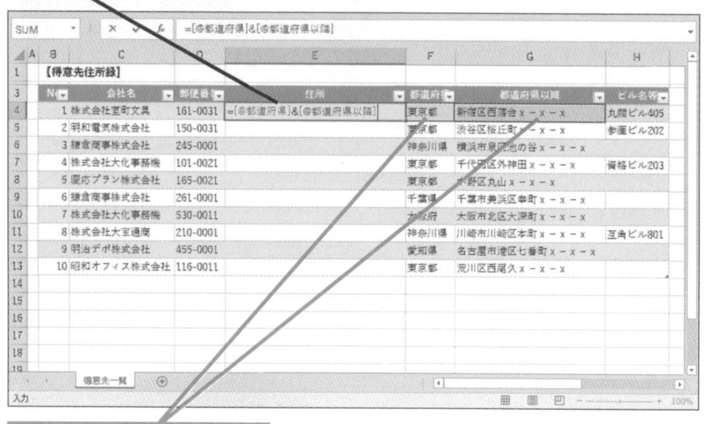

結合されるフィールドに色がついて表示された

❷ 文字列が結合された

[都道府県]と[都道府県以降]のフィールドが結合され、[住所]フィールドに表示された

テーブルに含まれる最後のレコードまで、自動的に数式が入力された

レコードが増えた場合も自動で数式が入力される

HINT! 構造化参照でデータの入力が楽になる

テーブルでセルを参照する方法はレッスン❽でも解説していますが、テーブルでは数式に「フィールド名」を利用できます。手順1では、参照する［都道府県］と［都道府県以降］のフィールド名を引数に指定しています。このようにフィールド名を数式で参照する方法を構造化参照と呼びますが、最後のレコードまで自動で数式が入力され、レコードの追加時も自動で数式がコピーされます。レッスン❽で紹介した名前以外でもテーブル内のデータを簡単に参照できる方法を覚えておきましょう。

HINT! 数式コンプリートを有効活用しよう

手順1で入力モードを［半角英数］にした状態で「= [」と入力すると、テーブル内のフィールド名一覧が表示されます。これは、数式オートコンプリートという機能で、引数の入力をサポートしてくれる機能です。↓や↓キーを押して入力したいフィールド名を選択してからtキーを押すと、そのフィールド名を入力することができます。詳しくは、レッスン㉞（149ページ）のHINT!で解説しています。

1 セルE4に「= [@」と入力

No
会社名
郵便番号
住所
都道府県
都道府県以降
ビル名等

数式コンプリートに表示されるフィールド名をダブルクリックすると、入力が楽になる

次のページに続く

③ ［住所］フィールドを選択する

値に変更するため、［住所］フィールドを選択する

1 セルE3のここをクリック

④ 数式をコピーする

［住所］フィールドの数式をいったんコピーする

1 ［ホーム］タブをクリック

2 ［コピー］をクリック

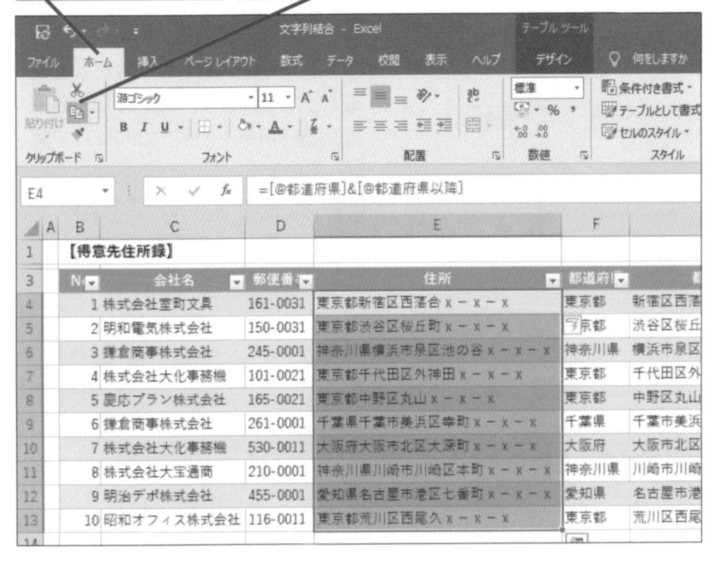

HINT!
データの貼り付け後に値に変えるには

手順5の操作1で［貼り付け］ボタンの上部をクリックしたときは、［貼り付けのオプション］ボタンが選択されているセル範囲の右下に表示されます。［貼り付けのオプション］ボタンをクリックして［値］を選択すると、値のみを貼り付けられます。

◆貼り付けのオプション

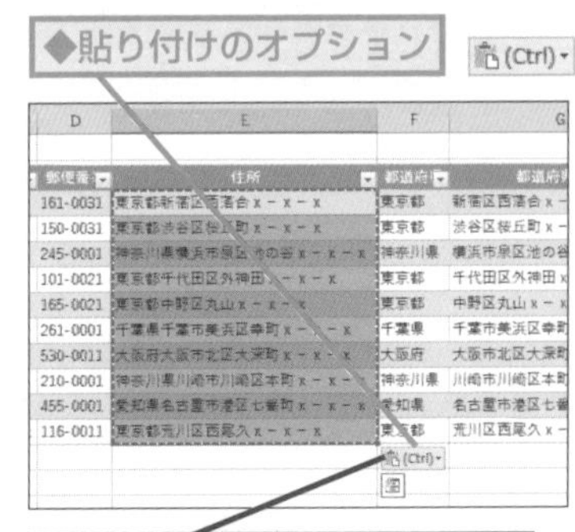

1 ［貼り付けのオプション］をクリック

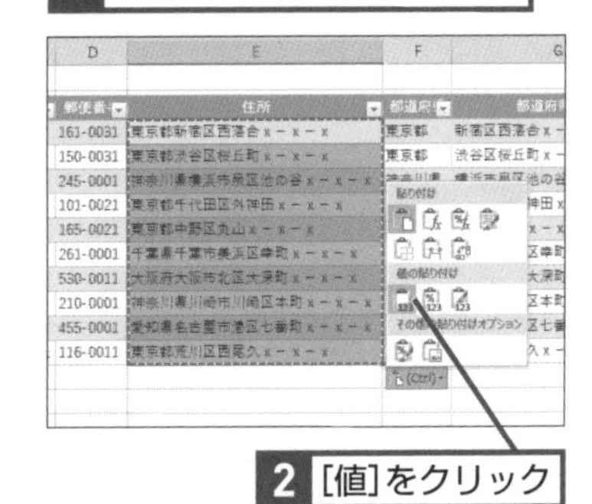

2 ［値］をクリック

貼り付けた数式が値に変わる

HINT!
表示されている文字列を値として貼り付けるのはなぜ

「&」を使った数式は、参照元のフィールドやセルが削除されるとエラーが表示されてしまいます。結合したデータは、一度コピーをして、「値」としてセルに貼り付け直すことで、参照元データとの関係がなくなり、独立したデータとなります。

5 値として貼り付ける

コピーした[住所]フィールドが点線で囲まれた

E4 =[@都道府県]&[@都道府県以降]

	B	C	D	E	F	
1	【得意先住所録】					
3	No	会社名	郵便番号	住所	都道府県	都
4	1	株式会社室町文具	161-0031	東京都新宿区西落合ｘ－ｘ－ｘ	東京都	新宿区西落
5	2	明和電気株式会社	150-0031	東京都渋谷区桜丘町ｘ－ｘ－ｘ	東京都	渋谷区桜丘
6	3	鎌倉商事株式会社	245-0001	神奈川県横浜市泉区池の谷ｘ－ｘ－ｘ	神奈川県	横浜市泉区
7	4	株式会社大化事務機	101-0021	東京都千代田区外神田ｘ－ｘ－ｘ	東京都	千代田区外
8	5	慶応プラン株式会社	165-0021	東京都中野区丸山ｘ－ｘ－ｘ	東京都	中野区丸山
9	6	鎌倉商事株式会社	261-0001	千葉県千葉市美浜区幸町ｘ－ｘ－ｘ	千葉県	千葉市美浜
10	7	株式会社大化事務機	530-0011	大阪府大阪市北区大深町ｘ－ｘ－ｘ	大阪府	大阪市北区
11	8	株式会社大宝通商	210-0001	神奈川県川崎市川崎区本町ｘ－ｘ－ｘ	神奈川県	川崎市川崎
12	9	明治デポ株式会社	455-0001	愛知県名古屋市港区七番町ｘ－ｘ－ｘ	愛知県	名古屋市港
13	10	昭和オフィス株式会社	116-0011	東京都荒川区西尾久ｘ－ｘ－ｘ	東京都	荒川区西尾
14						

1 [貼り付け]のここをクリック

2 [値]をクリック

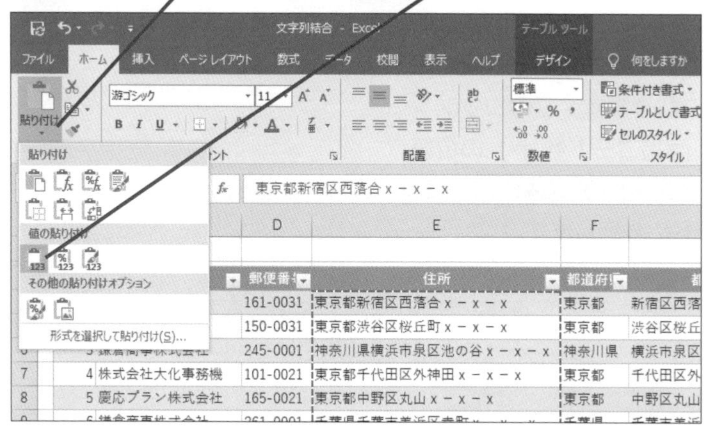

6 数式が値に変換された

手順2で入力された数式が値として貼り付けられた

数式バーに値が表示された

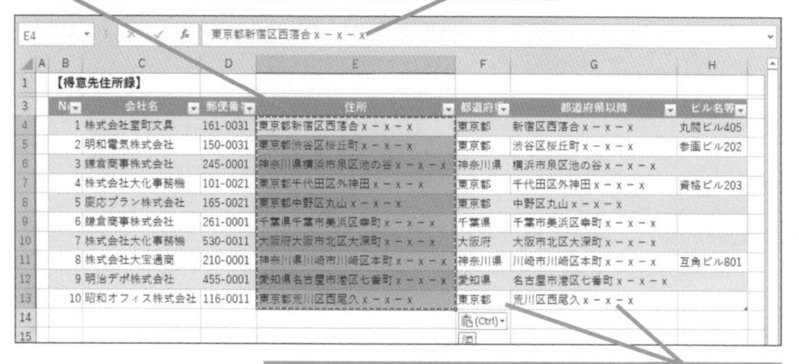

必要に応じて[都道府県]と[都道府県以降]のフィールドを削除しておく

HINT! 数値同士の結合は文字列になる

数値同士のセルを「&」で結合すると、「文字列」として認識されて、計算結果には左寄せの数字の羅列（文字列の数字）が表示されます。文字列の数字は計算に利用できないので、数値にしたい場合は、手順5と手順6を参考に値として貼り付けた後、表示される［エラーチェックオプション］ボタンで数値に変換しましょう。

「&」で結合した数値を一度コピーして、貼り付けると[エラーチェックオプション]が表示される

1 [エラーチェックオプション]をクリック

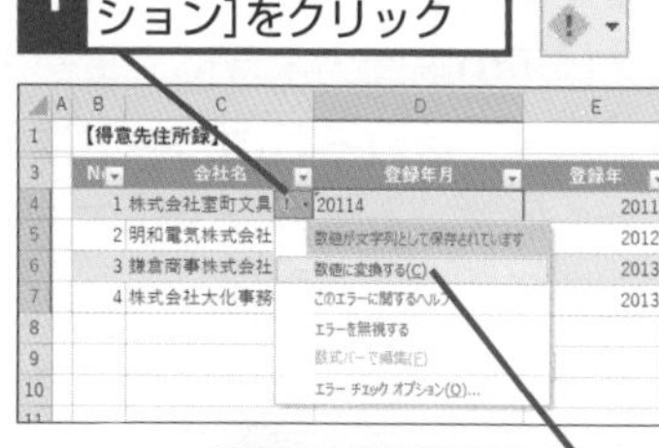

2 [数値に変換する]をクリック

データが数値に変更され、右寄せになった

	B	C	D	E
1	【得意先住所録】			
3	No	会社名	登録年月	登録年
4	1	株式会社室町文具	20114	2011
5	2	明和電気株式会社	20129	2012
6	3	鎌倉商事株式会社	201312	2013
7	4	株式会社大化事務機	20133	2013

間違った場合は？

間違って手順5の操作1で［貼り付け］ボタンの上部をクリックしてしまったときは、再度、［貼り付け］ボタンの下部をクリックして［形式を選択して貼り付け］を選択するか、前ページのHINT!を参考に［貼り付けのオプション］ボタンで値に変更します。

レッスン

22 1つのセルに入力されたデータを分割するには

区切り位置

対応バージョン

365 2019 2016 2013

レッスンで使う練習用ファイル
区切り位置.xlsx

任意の位置でデータを分割できる！

「都道府県から番地までの住所」や「製品コードと商品コードを組み合わせた注文番号」など、1つのセルに長いデータが入力されていることがあります。長いデータを複数のセルに分割するときに、いちいち別のセルに入力し直したりするのは、時間がかかって面倒です。いったんコピーして、不要なデータを削除するのも、間違いの元です。そこで、このレッスンでは、データを区切る位置を指定して、1つのセルの文字列を分割して別々のセルに表示するテクニックを紹介します。
例えば下の画面のように、複数の体系のコードが組み合わさっている場合、それぞれのコードに分割しておくと、分割されたコードごとにデータ集計などが行えるようになります。このレッスンでは、「P-A401」などと管理している商品コードを「-」の位置で分割して、種別コードの「P」と品目コードの「A401」というように、商品コードを2つのフィールドに表示します。

動画で見る
詳細は3ページへ

関連レッスン

▶レッスン21
別々のセルの文字列を
結合するには ………… p.96

キーワード

区切り位置	p.309
データ型	p.310

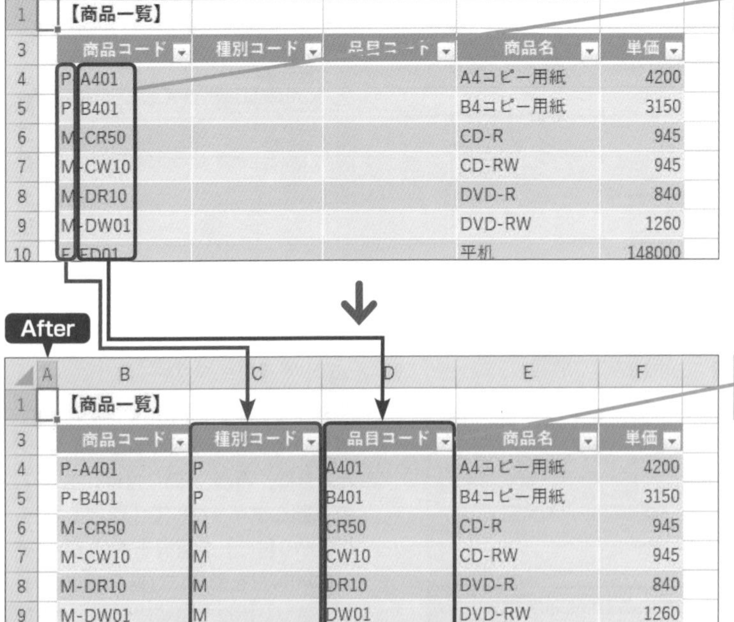

1 [商品コード] フィールドを選択する

ここでは、[商品コード] フィールドの文字列を [種別コード] と [品目コード] のフィールドに分割する

1 セルB3のここをクリック

	A	B	C	D	E	F	G	H
1		【商品一覧】						
3		商品コード	種別コード	品目コード	商品名	単価		
4		P-A401			A4コピー用紙	4200		
5		P-B401			B4コピー用紙	3150		
6		M-CR50			CD-R	945		
7		M-CW10			CD-RW	945		
8		M-DR10			DVD-R	840		

2 [区切り位置指定ウィザード] を起動する

[商品コード] フィールドのすべてのデータが選択された

1 [データ] タブをクリック

2 [区切り位置] をクリック

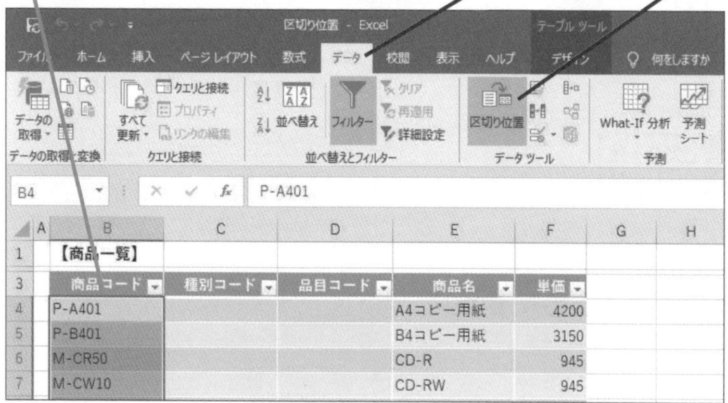

3 [商品コード] フィールドのデータ形式を選択する

[区切り位置指定ウィザード] が起動した

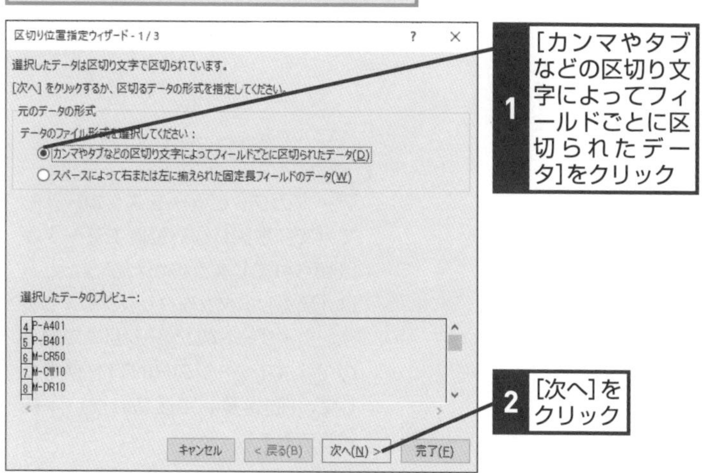

HINT!
任意の位置で分割したいときは

空白が入っていたり、けた数がそろっているようなデータは、手順3で表示される [区切り位置指定ウィザード] の [元のデータの形式] で [スペースによって右または左に揃えられた固定長フィールドのデータ] を選ぶと、任意の位置で分割できます。

手順1、2を参考に [区切り文字位置指定ウィザード] を起動しておく

1 [スペースによって右または左に揃えられた固定長フィールドのデータ] をクリック

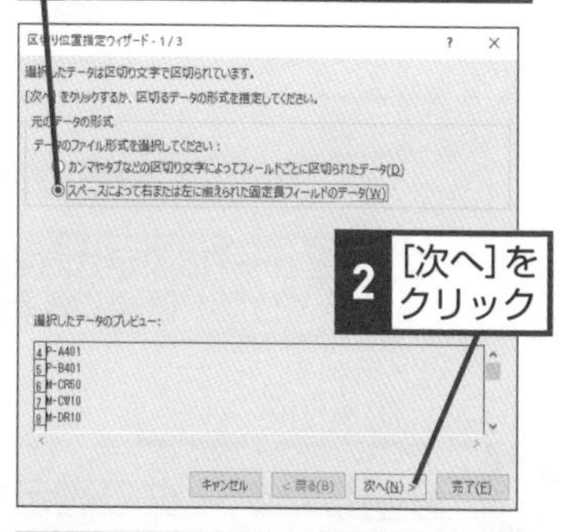

任意の位置を指定して、文字列を分割する

3 分割する位置をクリック

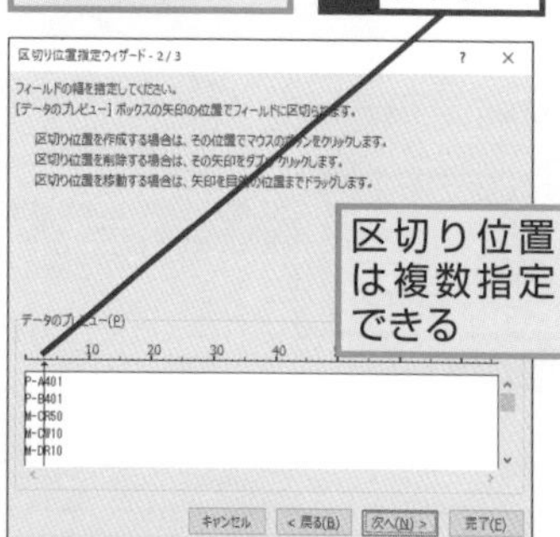

区切り位置を間違えた場合は、区切り位置を表す線をダブルクリックして削除するか、ドラッグして移動する

次のページに続く

4 [区切り文字] を指定する

ここでは、「-」(半角ハイフン)の位置で文字列を分割する

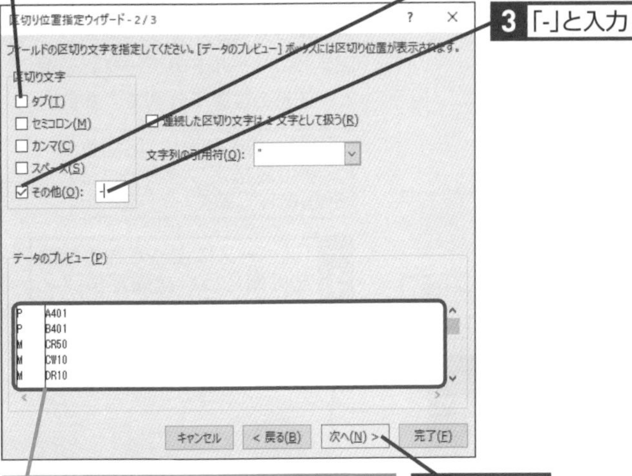

[データのプレビュー]に表示される実線でデータの分割位置を確認できる

4 [次へ]をクリック

5 分割したデータの表示先を選択できるようにする

区切り文字を指定できた

フィールドのデータ型もここで変更できる

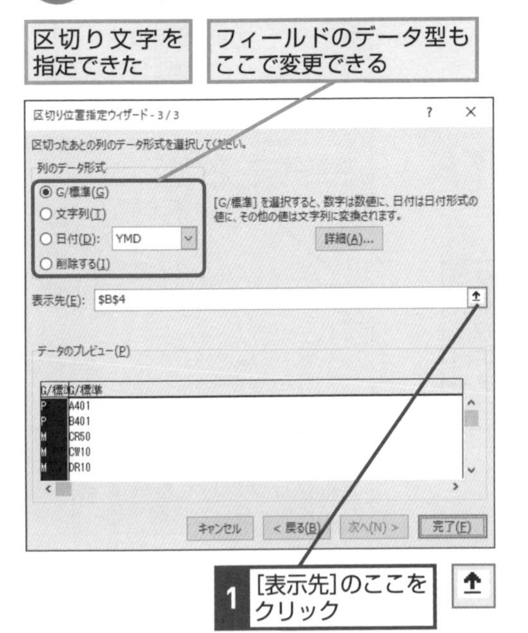

1 [表示先]のここをクリック

HINT!

データに合わせて区切り文字を選択しよう

このレッスンで使用する練習用ファイルは、「-」でデータが区切られているため、手順4で「-」を指定しますが、「・」や「/」など、さまざまな区切り文字が考えられます。[区切り位置指定ウィザード] の画面下に表示される [データのプレビュー] を参考にしながら、区切り位置の文字列を指定しましょう。

このレッスンの練習用ファイルでは、種別コードと品目コードが「-」で区切られている

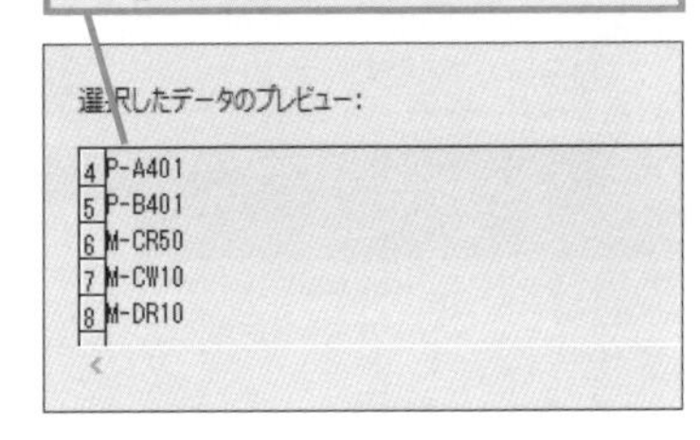

間違った場合は？

データのプレビューをスクロールしてみて、意図しない位置でデータが区切られてしまうのがわかったときは、[戻る] ボタンをクリックしましょう。ウィザードの1ページ目まで戻るので、101ページのHINT!を参考にして、「固定長」で区切れないか検討してみましょう。

6 [区切り位置指定ウィザード] を終了する

[区切り位置指定ウィザード]が小さくなった

1 セルC4をクリック

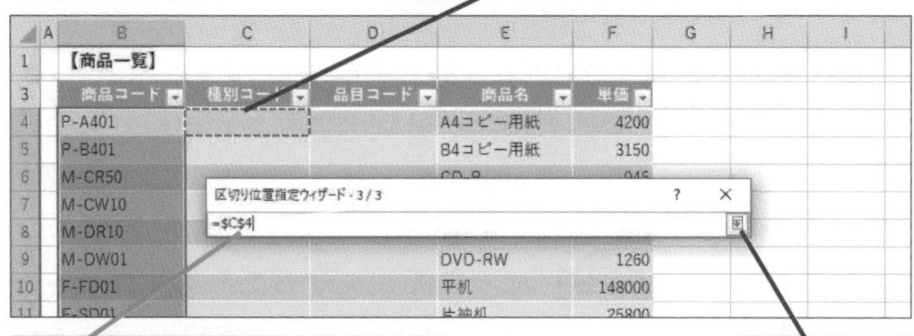

[区切り位置指定ウィザード] に[=$C$4]と入力された

2 ここをクリック

7 [区切り位置指定ウィザード] を終了する

[区切り位置指定ウィザード] が元の大きさで表示された

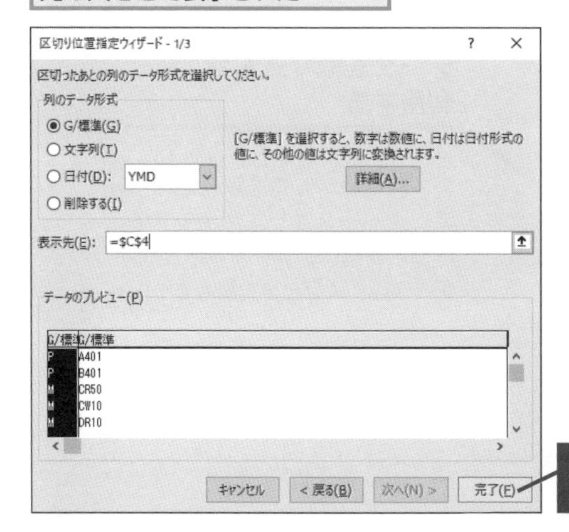

1 [完了]をクリック

8 文字列が分割された

指定した[区切り文字]で文字列を分割できた

	A	B	C	D	E	F	G	H
1		【商品一覧】						
3		商品コード	種別コード	品目コード	商品名	単価		
4		P-A401	P	A401	A4コピー用紙	4200		
5		P-B401	P	B401	B4コピー用紙	3150		
6		M-CR50	M	CR50	CD-R	945		
7		M-CW10	M	CW10	CD-RW	945		
8		M-DR10	M	DR10	DVD-R	840		
9		M-DW01	M	DW01	DVD-RW	1260		
10		F-FD01	F	FD01	平机	148000		
11		F-SD01	F	SD01	片袖机	25800		

HINT!
データの［表示先］って何？

手順5と手順6で指定するデータの表示先は非常に重要です。すでにデータが入力されているフィールドを指定してしまうと、データが上書きされてしまいます。このレッスンでは［種別コード］と［品目コード］のフィールドをC列とD列に設け、セルC4から分割したデータが表示されるように設定しています。複数のフィールドにデータを分割する場合は、分割するデータがいくつのフィールドに表示されるかを考えて、あらかじめ必要なフィールドを用意しておきましょう。

間違った場合は？

セル位置の指定を間違えた場合は、手順5と手順6を参考に［区切り位置指定ウィザード］のウィンドウを小さく表示して、操作し直します。分割先のデータの表示位置を間違えると、既存のデータが上書きされてしまうので、注意してください。

この章のまとめ

●既存のデータを上手に活用しよう

昨今では、Excelのファイルだけに限らず、インターネット上のデータや、社内の基幹システムから出力されたCSVファイルなど、Excel以外のデータをExcelに取り込んでから、Excelの機能を利用して集計したり、データを分析したりする扱い方が増えてきました。これらのデータを効率よく、適切に、Excelに取り込めるように、いろいろな方法をマスターしておきましょう。
データベースに入力したデータと取り込んだデータで住所や郵便番号、商品コードなどの表記やフィールドの区分けが異なるときは、文字列の統合や分割の機能を利用してみましょう。データの結合は、関数を利用すれば簡単に実行できますし、［区切り位置指定ウィザード］などの機能を使うことで、フィールドのデータを自在に分割できます。
この章で解説したテクニックは、データベースの基本となるデータを作成する上でとても重要です。さらにデータベースを活用できるように、フィールドの目的とデータの内容を常に把握して作業を進めましょう。

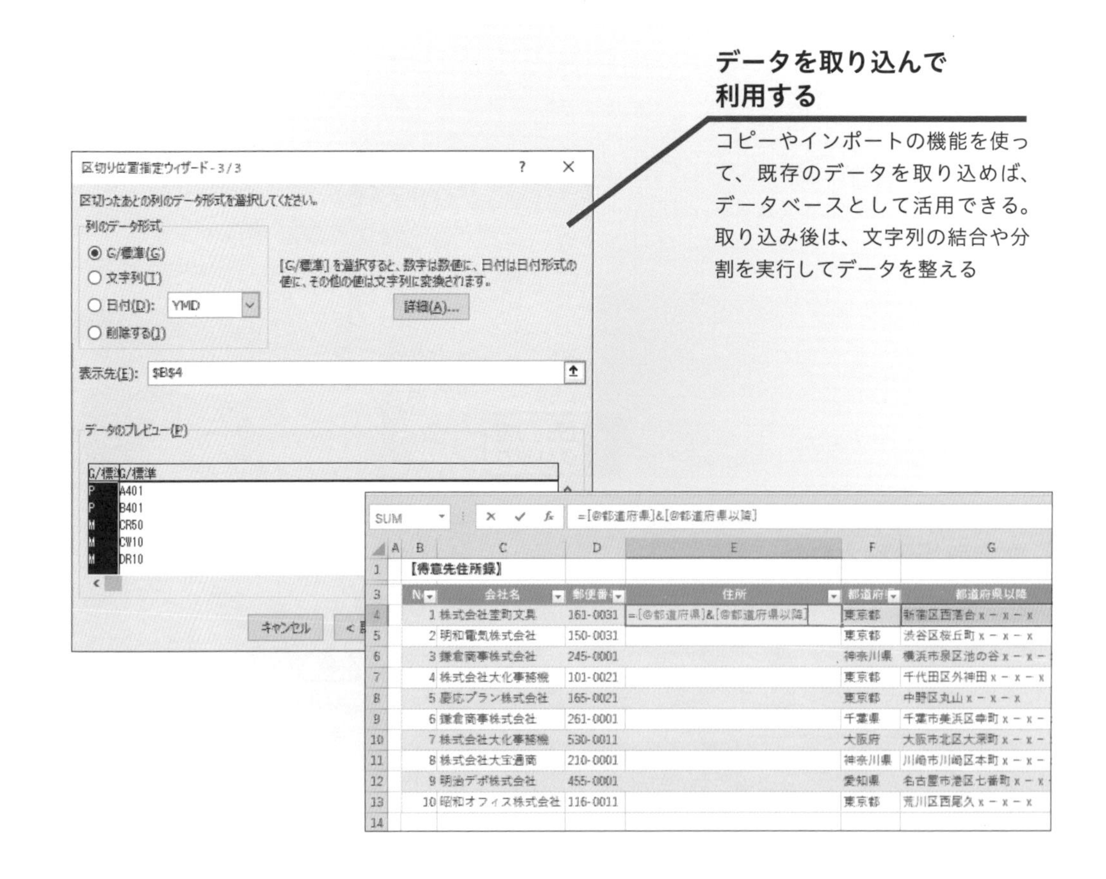

練習問題

1

[第4章_練習問題1.xlsx] を開いて、[氏] フィールドと [名] フィールドにある文字列を1つに結合してみましょう。このとき、半角の空白を間に入れるようにします。

●ヒント：文字の連結には「&」を使い、半角の空白は「" "」で指定します。

練習用ファイル
第4章_練習問題1.xlsx

2

[第4章_練習問題2.xlsx] を開き、[氏名] フィールドを [氏] と [名] のフィールドに分割してみましょう。[氏名] フィールドの「氏」と「名」の間は、半角の空白が入力されています。

●ヒント：[区切り位置指定ウィザード] を使って [氏名] フィールドを2つに分割します。

練習用ファイル
第4章_練習問題2.xlsx

答えは次のページ

解答

1

1 セルE4に「=[@氏]&" "&[@名]」と入力

2 Enter キーを押す

セルE4に「= [@氏] &" "& [@名]」と入力します。氏と名の間に半角の空白を入れたい場合は、「" "」として指定します。「"」の間は、全角ではなく半角の空白文字を入力しましょう。

2

レッスン㉒を参考に、[氏名]フィールドを選択して[区切り位置指定ウィザード]を起動しておく

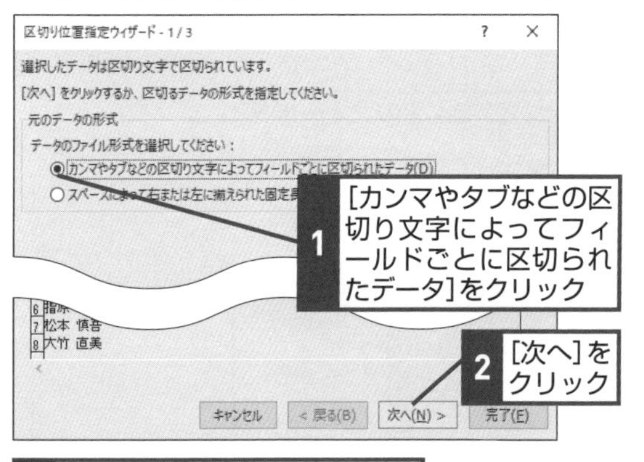

1 [カンマやタブなどの区切り文字によってフィールドごとに区切られたデータ]をクリック

2 [次へ]をクリック

3 [タブ]をクリックしてチェックマークをはずす

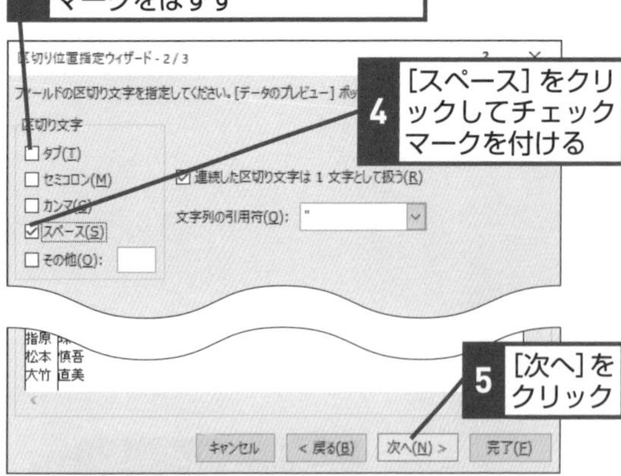

4 [スペース]をクリックしてチェックマークを付ける

5 [次へ]をクリック

[区切り位置指定ウィザード]で[氏名]フィールドを「スペース」で分割し、[氏]と[名]のフィールドに表示します。表示先に2つのフィールドを選択してから2つの列を選び、データを分割しましょう。

6 Shift キーを押しながらドラッグ

2つのフィールドが選択できた

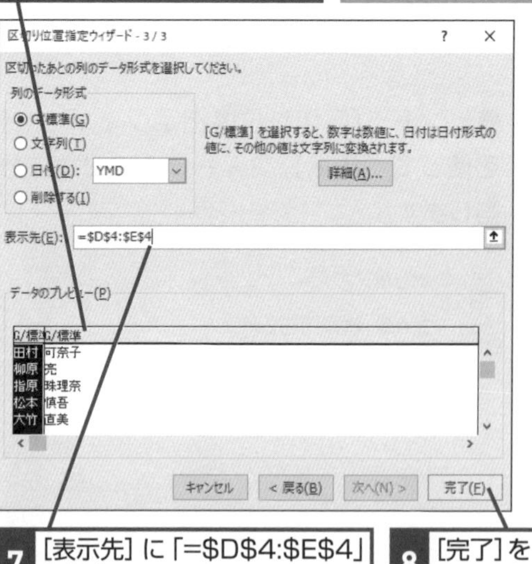

7 [表示先]に「=$D$4:$E$4」と指定

8 [完了]をクリック

氏名が2つのフィールドに分割される

第5章 表記を統一してデータベースの信頼性を高めよう

この章では、入力やインポートによって集めたデータを整えていきます。文字列に含まれる余計な空白の削除や表記の統一、重複したデータの削除など、「データの精度」を高めて、データベースを使いやすくしましょう。

●この章の内容

レッスン

23 文字列から空白文字を取り除くには

TRIM関数

対応バージョン

365 2019 2016 2013

レッスンで使う練習用ファイル
TRIM関数.xlsx

余計な空白はまとめて削除しよう

パソコンの画面上では、セルに含まれる「半角や全角の空白」や「空白の数」などをひと目で判断できないことが少なくありません。データを入力した人の癖や元データの違いで、空白（スペース）の使い方が統一されていないケースもあります。
[Before] の例は、[氏名] フィールドに余分な空白が入っているデータです。空白が邪魔になり、データに統一感がありません。見ための位置を整えるために空白をいくつか挿入しているデータもあります。余計な空白は、関数を利用して削除してしまいましょう。なお、TRIM関数により「氏」と「名」の間に半角と全角の空白が混在した状態になりますが、レッスン㉔でそれらを統一する方法を解説します。また、関数の結果は「値」として貼り付け直して、元のデータの変更が影響しないようにしてください。

関連レッスン

▶レッスン16
ほかのブックのデータを利用するには ……… p.72

▶レッスン24
文字列の全角や半角を統一するには ……… p.110

▶レッスン26
表記の揺れを統一するには ……… p.116

キーワード

関数	p.309
構造化参照	p.309
文字列データ	p.312

Before

氏名の前後に含まれる空白の入れ方が統一されていない

大野 正広
櫻井　拓哉
 森　　吾郎
二宮   　剛
松本 慎吾

After

姓の前の空白を削除し、姓と名の間にある空白を1つにする

大野 正広
櫻井　拓哉
森　吾郎
二宮 剛
松本 慎吾

※ は半角の空白、□は全角の空白

このレッスンで入力する関数

```
=TRIM([@氏名])
```

▶各行の［氏名］フィールドにある文字列の前後の空白を削除し、文字列の途中に複数の空白がある場合は1つにまとめる

① TRIM関数を入力する

[氏名]フィールドにある文字列の先頭に空白を削除し、姓と名の空白を1つにする

1 セルC4に「=TRIM([@氏名])」と入力

2 Enter キーを押す

C4 =TRIM([@氏名])

	A	B	C	D	E	F	
1		【顧客住所録】					
3		No	氏名（空白削除）	氏名	郵便番号	住所	
4		1	=TRIM([@氏名])	大野 正広	106-0031	東京都港区西麻布x-x-x	○○
5		2		指原 珠理奈	245-0001	神奈川県横浜市泉区池の谷x-x-x	
6		3		櫻井　拓哉	111-0021	東京都台東区日本堤x-x-x	○×
7		4		森　　吾郎	333-0801	埼玉県川口市東川口x-x-x	
8		5		柏木 みなみ	160-0001	東京都新宿区片町x-x-x	○○
9		6		二宮　　剛	150-0001	東京都渋谷区神宮前x-x-x	○×
10		7		渡辺 由紀	279-0001	千葉県浦安市当代島x-x-x	
11		8		高橋 麻友	120-0026	東京都足立区千住旭町x-x-x	
12		9		松本 慎吾	166-0001	東京都杉並区阿佐谷北x-x-x	○○
13		10		松井 莉乃	530-0001	大阪府大阪市北区梅田x-x-x	
14							

② 文字列から空白が取り除かれた

[氏名] フィールドから先頭の余分な空白が削除され、[氏名(空白削除)]フィールドに表示された

テーブルに含まれる最後のレコードまで、自動的に関数が入力された

C5 =TRIM([@氏名])

	A	B	C	D	E	F	
1		【顧客住所録】					
3		No	氏名（空白削除）	氏名	郵便番号	住所	
4		1	大野 正広	大野 正広	106-0031	東京都港区西麻布x-x-x	○○
5		2	指原 珠理奈	指原 珠理奈	245-0001	神奈川県横浜市泉区池の谷x-x-x	
6		3	櫻井　拓哉	櫻井　拓哉	111-0021	東京都台東区日本堤x-x-x	○×
7		4	森　吾郎	森　　吾郎	333-0801	埼玉県川口市東川口x-x-x	
8		5	柏木 みなみ	柏木 みなみ	160-0001	東京都新宿区片町x-x-x	○○
9		6	二宮 剛	二宮　　剛	150-0001	東京都渋谷区神宮前x-x-x	○×
10		7	渡辺 由紀	渡辺 由紀	279-0001	千葉県浦安市当代島x-x-x	
11		8	高橋 麻友	高橋 麻友	120-0026	東京都足立区千住旭町x-x-x	
12		9	松本 慎吾	松本 慎吾	166-0001	東京都杉並区阿佐谷北x-x-x	○○
13		10	松井 莉乃	松井 莉乃	530-0001	大阪府大阪市北区梅田x-x-x	
14							

1 レッスン㉑の手順3～5を参考に、[氏名（空白削除）]フィールドの文字列を値に変換

[氏名] フィールドを削除し、必要に応じて[氏名（空白削除）] フィールドの名前を変更しておく

HINT! TRIM関数って何？

TRIM関数は、文字列の前後にある空白をすべて削除し、文字列の途中にある「□□」のような空白を「□」というように1つにまとめる関数です。文字列の途中の空白をまとめるときは、最初の空白が残ります。残った空白を削除したいときは、レッスン㉔やレッスン㉕を参考にしてください。

●TRIM関数の書式

=TRIM(文字列)

▶［文字列］の前後に入力されている空白を削除し、［文字列］の途中に空白が複数ある場合は、1つにまとめる参画

HINT! 「@」の意味とは

構造化参照式については、レッスン㉑のHINT!でも紹介していますが、フィールド名の前に入力する「@」は「同じ行」を表します。「[@氏名]」の場合、「[氏名]フィールドの同じ行」という意味になります。

間違った場合は？

関数の入力が終わらないうちに、Enter キーを押してしまうと、エラーが表示されます。表示されたメッセージを確認してから閉じ、関数を正確に入力し直してください。

レッスン

24 文字列の全角や半角を統一するには

ASC関数、JIS関数

対応バージョン

365 2019 2016 2013

レッスンで使う練習用ファイル
ASC関数、JIS関数.xlsx

氏名や住所の全角文字や半角文字をまとめてそろえられる

データがある程度増えてくると、データベースの作成時に決めた規則に合わないものも出てきます。データベースで、フィールド内のデータを検索したり抽出したりする場合、全角と半角の違いで結果が違ってしまうこともあるため、まとめて統一しておきましょう。Excelには文字列に関する関数がたくさん用意されていますが、このレッスンでは、ASC関数で［氏名］フィールドに含まれる空白（スペース）を半角に統一し、JIS関数で［住所］フィールドに含まれる半角文字を全角に統一します。日本語の漢字やひらがなには、半角文字がないので、何も変更されません。
レッスン㉓と同じく、参照元のセルを削除すると、関数で求めた結果のセルにエラーが表示されてしまうので、忘れずに値に変換しておきましょう。

関連レッスン

▶レッスン13
セルの選択時にメッセージを表示するには……p.54
▶レッスン23
文字列から空白文字を取り除くには……p.108
▶レッスン26
表記の揺れを統一するには……p.116

キーワード

関数	p.309
表記揺れ	p.311
フィールド	p.312
文字列データ	p.312

Before

氏名に含まれる全角文字を半角文字に変換する

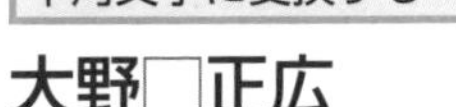

大野□正広

→

After

漢字やひらがなは半角文字に変換されない

大野□正広

このレッスンで入力する関数

=ASC([@氏名])

▶各行の［氏名］フィールドにある文字列に含まれる全角文字を半角文字に変換する。漢字やひらがななど、半角文字でないデータはそのまま表示される

Before

住所に含まれる半角文字を全角文字に変換する

東京都港区西麻布x-x-x

After

漢字やひらがなは全角文字なので何も変換されない

東京都港区西麻布ｘ－ｘ－ｘ

このレッスンで入力する関数

=JIS([@住所])

▶各行の［住所］フィールドにある文字列に含まれる半角文字を全角文字に変換する

全角文字から半角文字への変換

1 ASC関数を入力する

ここでは、[氏名] フィールドに含まれる全角の空白を半角の空白に変換する

1 セルC4に「=ASC([@氏名])」と入力

2 Enter キーを押す

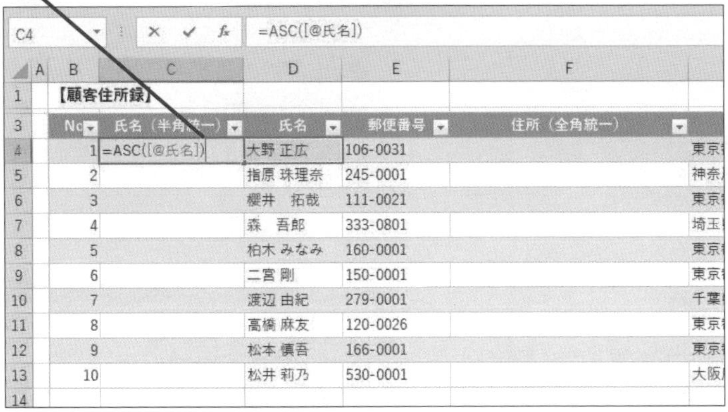

C4 =ASC([@氏名])

【顧客住所録】

No	氏名（半角統一）	氏名	郵便番号	住所（全角統一）	
1	=ASC([@氏名])	大野 正広	106-0031		東京
2		指原 珠理奈	245-0001		神奈
3		櫻井　拓哉	111-0021		東京
4		森　吾郎	333-0801		埼玉
5		柏木 みなみ	160-0001		東京
6		二宮 剛	150-0001		東京
7		渡辺 由紀	279-0001		千葉
8		高橋 麻友	120-0026		東京
9		松本 慎吾	166-0001		東京
10		松井 莉乃	530-0001		大阪

HINT! ASC関数って何？

ASC関数は全角文字を半角文字に変換する関数です。ただし、半角文字がない全角文字は変換できません。このため、漢字やひらがなは、そのまま表示されます。基本的に英数字や記号は半角に変換されますが、「【」「○」などの記号は、半角文字がないので変換されません。

●ASC関数の書式

=ASC(文字列)

▶［文字列］に含まれる全角文字を半角文字に変換する

2 全角文字が半角文字に変換された

[氏名] フィールドに含まれる全角の空白が半角の空白に変換され、[氏名（半角統一）] フィールドに表示された

テーブルに含まれる最後のレコードまで、自動的に関数が入力された

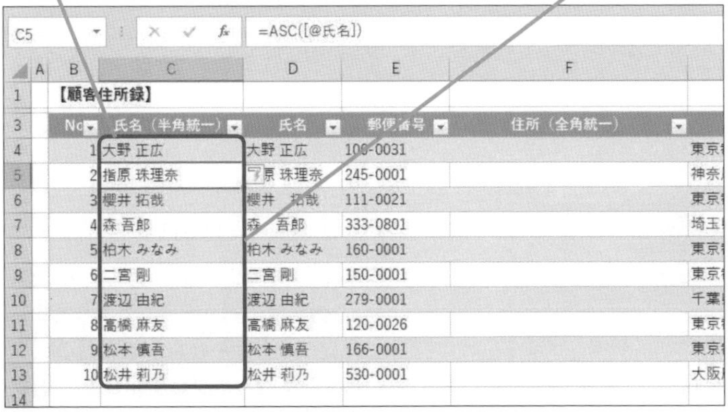

C5 =ASC([@氏名])

【顧客住所録】

No	氏名（半角統一）	氏名	郵便番号	住所（全角統一）	
1	大野 正広	大野 正広	106-0031		東京
2	指原 珠理奈	指原 珠理奈	245-0001		神奈
3	櫻井 拓哉	櫻井　拓哉	111-0021		東京
4	森 吾郎	森　吾郎	333-0801		埼玉
5	柏木 みなみ	柏木 みなみ	160-0001		東京
6	二宮 剛	二宮 剛	150-0001		東京
7	渡辺 由紀	渡辺 由紀	279-0001		千葉
8	高橋 麻友	高橋 麻友	120-0026		東京
9	松本 慎吾	松本 慎吾	166-0001		東京
10	松井 莉乃	松井 莉乃	530-0001		大阪

1 レッスン㉑の手順3～5を参考に、[氏名（半角統一）] フィールドの文字列を値に変換

[氏名] フィールドを削除し、必要に応じて [氏名（半角統一）] フィールドの名前を変更しておく

HINT! 半角カタカナは使わないようにしよう

ASC関数は、文字列をまとめて半角文字に変換できる便利な関数ですが、カタカナの扱いには注意が必要です。半角カタカナがデータに入力されていると、異なるデータベース間でやりとりをするときに、データが正しく読み込めなかったり、文字化けを引き起こしたりすることがあります。トラブルの元になるので、使用しない方がいいでしょう。

次のページに続く

半角文字から全角文字への変換

3 JIS関数を入力する

スクロールバーを右にドラッグして、[住所] フィールドを表示しておく

ここでは、[住所] フィールドに含まれる半角の文字を全角の文字に変換する

1 セルF4に「=JIS([@住所])」と入力

2 Enter キーを押す

4 半角文字が全角文字に変換された

[住所] フィールドに含まれる半角文字が全角文字に変換され、[住所（全角統一）] フィールドに表示された

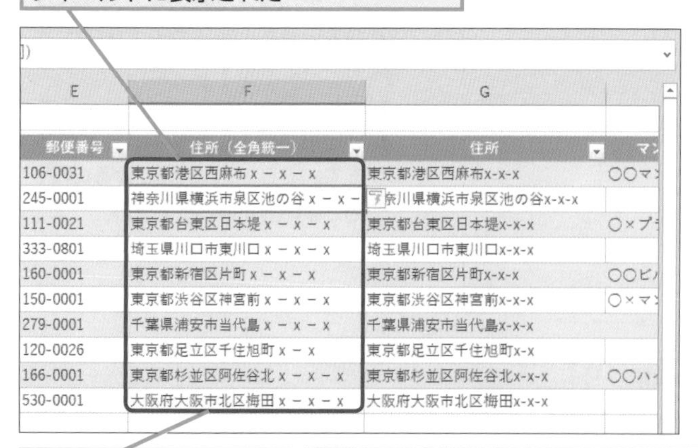

テーブルに含まれる最後のレコードまで、自動的に関数が入力された

1 レッスン㉑の手順3～5を参考に、[氏名(全角統一)] フィールドの文字列を値に変換

[住所] フィールドを削除し、必要に応じて [住所(全角統一)] フィールドの名前を変更しておく

HINT!

JIS関数って何？

JIS関数は、ASC関数とは反対に、半角文字を全角文字に変換する関数です。レッスン⑬でも解説していますが、JIS関数やASC関数をデータの入力チェックにも利用できます。データの入力前に全角文字と半角文字の制限をしておくこともテクニックの1つです。

●JIS関数の書式

=JIS(文字列)

▶ [文字列] に含まれる半角文字を全角文字に変換する

HINT!

「－」（ハイフン）と「ー」（長音）の違いに注意しよう

JIS関数を使って半角文字を全角文字に変換すると、「－」（ハイフン）ではなく、「ー」（長音）が誤って使われていることに気付くこともあります。データを修正する場合は、JIS関数が参照している [住所] のフィールドを修正します。

間違った場合は？

手順3でJIS関数を入力した後に「この名前の構文が正しくありません。」と表示されたときは [OK] ボタンをクリックして閉じて、「]」を入力し忘れていないか確認してください。このような入力ミスを防ぐには、「数式オートコンプリート」機能を活用して数式を入力するといいでしょう。この機能は、レッスン㉞の149ページのHINT!を参考にしてください。

テクニック 英字の表記もまとめて統一できる

このレッスンでは、全角文字と半角文字の変換方法を解説しました。では、「DVD-dl」と「DVD-DL」、「USB-HDD」と「Usb-HDD」というような英字の表記揺れにはどう対応したらいいのでしょうか。
このような英字の一括変換に利用できる関数が、UPPER関数、LOWER関数、PROPER関数です。この3つの関数の動作については以下を参照してください。これらの関数を使えば、「大文字と小文字の区別なく型番を入力していき、まとめて大文字に変換する」「人名などをすべて小文字で入力しておいて、後で頭文字を大文字にする」ということも簡単です。

このテクニックで入力する関数

=UPPER(B3)

▶セルB3に含まれる英字の小文字を大文字に変換する

MICROSOFT ― 英字の小文字を大文字に変換する

●UPPER関数の書式

=UPPER(文字列)

▶［文字列］に含まれる英字の小文字を大文字に変換する。英字以外の文字列はそのまま表示される

=LOWER(B3)

▶セルB3に含まれる英字の大文字を小文字に変換する

microsoft ― 英字の大文字を小文字に変換する

●LOWER関数の書式

=LOWER(文字列)

▶［文字列］に含まれる英字の大文字を小文字に変換する。英字以外の文字列はそのまま表示される

=PROPER(B3)

▶セルB3に含まれる英単語の1文字目を大文字に、2文字目以降をすべて小文字に変換する

Microsoft ― 英単語の1文字目を大文字に、2文字目以降をすべて小文字に変換する

●PROPER関数の書式

=PROPER(文字列)

▶［文字列］に含まれる英単語の1文字目を大文字に、2文字目以降をすべて小文字に変換する。英字以外の文字列はそのまま表示される

2 Tabキーを押す

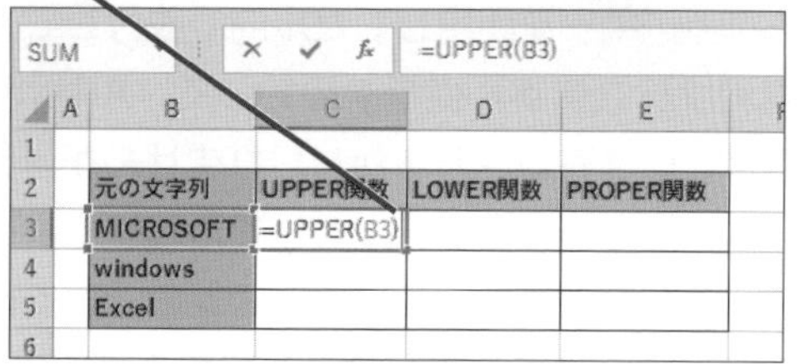

大文字のまま表示された

3 セルD3に「=LOWER(B3)」と入力

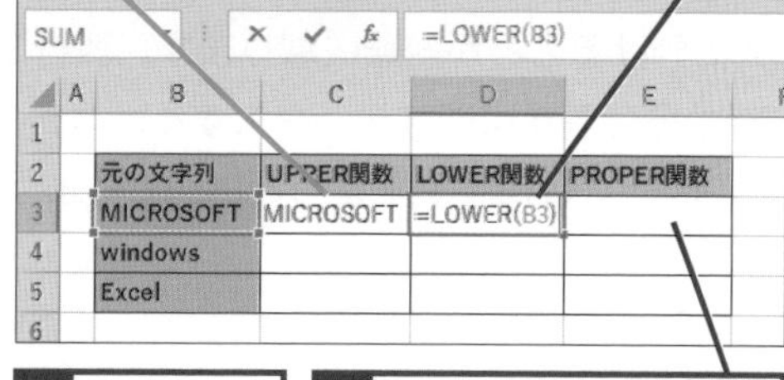

4 Tabキーを押す

5 セルE3に「=PROPER(B3)」と入力

6 Enterキーを押す

LOWER関数とPROPER関数で文字列を変換できた

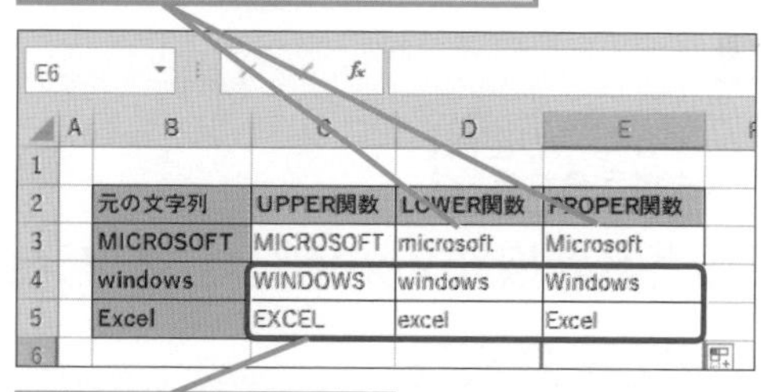

ほかのセルにも関数をコピーしておく

24 ASC関数、JIS関数

レッスン

25 文字列から改行コードを取り除くには

SUBSTITUTE関数

対応バージョン

365 2019 2016 2013

レッスンで使う練習用ファイル
SUBSTITUTE関数.xlsx

改行コードを空白文字に置換する

一般的に、住所は文字が長くなるため、2列に分けて入力することが多いですが、住所を1列で入力し、ビル名などのところで Alt ＋ Enter キーを利用してセル内で改行して入力しているケースも見受けられます。横幅を節約して、A4用紙などに印刷したい場合などには有効な方法かもしれませんが、データベースとして利用し、後であて名ラベルとして印刷するような場合には不適切です。そんなときは、このレッスンの方法で改行コードを取り除きましょう。通常、改行コードを取り除くには、CLEAN関数を使います。ただし、CLEAN関数でそのまま改行コードだけを取り除くと、2列に分けられていた住所が1行になってしまい、後から2列に分けることが困難になります。改行コードを空白に置換して後から分割が可能なデータにするには、このレッスンで紹介するSUBSTITUTE関数を使うといいでしょう。

Before

住所の途中で改行されている

東京都港区西麻布x-x-x
○○マンション805

After

改行コードが半角の空白文字に置き換えられた

東京都港区西麻布x-x-x␣○○マンション805

このレッスンで入力する関数

```
=SUBSTITUTE([@住所],CHAR(10)," ")
```

▶各行の［住所］フィールドにある改行コードを半角の空白文字（␣）に置き換える

関連レッスン

▶レッスン22
1つのセルに入力されたデータを分割するには ……… p.100
▶レッスン23
文字列から空白文字を取り除くには ……… p.108
▶レッスン26
表記の揺れを統一するには ……… p.116

キーワード

関数	p.309
フィールド	p.312
文字列データ	p.312

1 SUBSTITUTE関数を入力する

ここでは、［住所］フィールドに含まれる改行コードを半角の空白文字に変換する

1 セルE4に「=SUBSTITUTE([@住所],CHAR(10),"␣")」と入力

=SUBSTITUTE([@住所],CHAR(10)," ")

【顧客住所録】

No	氏名	郵便番号	住所（改行→空白）	住所
1	大野 正広	106-0031	=SUBSTITUTE([@住所],CHAR(10)," ")	東京都港区西麻布x-x-x ○○マンション805
2	指原 珠理奈	245-0001		神奈川県横浜市泉区池の谷x-x-
3	櫻井 拓哉	111-0021		東京都台東区日本堤x-x-x ○×プラタ510
4	森 吾郎	333-0801		埼玉県川口市東川口x-x-x
5	柏木 みなみ	160-0001		東京都新宿区片町x-x-x ○○ビル405
6	二宮 剛	150-0001		東京都渋谷区神宮前x-x-x ○×マンション208
7	渡辺 由紀	279-0001		千葉県浦安市当代島x-x-x
8	高橋 麻友	120-0026		東京都足立区千住旭町x-x
9	松本 慎吾	166-0001		東京都杉並区阿佐谷北x-x-x ○○ハイツ312
10	松井 莉乃	530-0001		大阪府大阪市北区梅田x-x-x

2 Enter キーを押す

2 改行コードが空白文字に変換された

［住所］フィールドに含まれる改行コードが半角の空白文字に変換され、［住所(改行→空白)］フィールドに表示された

テーブルに含まれる最後のレコードまで、自動的に関数が入力された

E5 =SUBSTITUTE([@住所],CHAR(10)," ")

【顧客住所録】

No	氏名	郵便番号	住所（改行→空白）	住所
1	大野 正広	106-0031	東京都港区西麻布x-x-x ○○マンション805	東京都港区西麻布x-x-x ○○マンション805
2	指原 珠理奈	245-0001	神奈川県横浜市泉区池の谷x-x-x	神奈川県横浜市泉区池の谷x-x-
3	櫻井 拓哉	111-0021	東京都台東区日本堤x-x-x ○×プラタ510	東京都台東区日本堤x-x-x ○×プラタ510
4	森 吾郎	333-0801	埼玉県川口市東川口x-x-x	埼玉県川口市東川口x-x-x
5	柏木 みなみ	160-0001	東京都新宿区片町x-x-x ○○ビル405	東京都新宿区片町x-x-x ○○ビル405
6	二宮 剛	150-0001	東京都渋谷区神宮前x-x-x ○×マンション208	東京都渋谷区神宮前x-x-x ○×マンション208
7	渡辺 由紀	279-0001	千葉県浦安市当代島x-x-x	千葉県浦安市当代島x-x-x
8	高橋 麻友	120-0026	東京都足立区千住旭町x-x	東京都足立区千住旭町x-x
9	松本 慎吾	166-0001	東京都杉並区阿佐谷北x-x-x ○○ハイツ312	東京都杉並区阿佐谷北x-x-x ○○ハイツ312
10	松井 莉乃	530-0001	大阪府大阪市北区梅田x-x-x	大阪府大阪市北区梅田x-x-x

1 レッスン㉑の手順3～5を参考に、［住所(改行→空白)］フィールドの文字列を値に変換

［住所］フィールドを削除しておく

HINT! SUBSTITUTE関数を使う理由とは

ここでは、セル内で改行されている住所を1行にしています。ところが、そのまま1行につなげてしまうと、後で2つに分けられなくなってしまいます。SUBSTITUTE関数で改行を半角の空白文字に置換しておけば、レッスン㉒で紹介した［区切り位置指定ウィザード］を利用して、データを2列に分けられます。

HINT! 単純な改行コードだけを削除するときは

後でデータを分割する必要がなく、単純に改行コードを削除するときは、CLEAN関数を利用するといいでしょう。

●CLEAN関数の書式

=CLEAN(文字列)

［文字列］中に含まれる制御文字を削除する

間違った場合は？

手順2でエラーが表示されたときは、手順1で入力した数式のかっこの数や「,」（カンマ）の位置を確認してください。正しい数式に編集し直すと、セルに住所が正しく入力されます。

レッスン

26 表記の揺れを統一するには

検索と置換

対応バージョン

365 2019 2016 2013

レッスンで使う練習用ファイル
検索と置換.xlsx

表記の統一は大切なテクニック

「表記の統一」は、データベースを活用するための大切なテクニックです。例えば、「有限会社のデータだけを抽出したい」として「有限会社」を検索しても「(有)」のデータは抽出されません。同じように、「女性会員の数を求めたい」といったとき、性別に「女」「女性」「F」など、別々の規則でデータが入力されていては、女性会員のデータをスムーズに抽出できません。フィールド内の同じデータを同じ単語で入力することがデータベースの基本であり、データを活用するために必要なことなのです。
入力後のデータの表記が統一されていない場合、1つずつ直していく方法もありますが、間違いを探しながら修正していくのは大変です。このレッスンでは、［置換］の機能を使って一括で表記を統一する方法を紹介します。

関連レッスン

▶レッスン23
文字列から空白文字を取り除くには ……… p.108
▶レッスン26
文字列の全角や半角を統一するには ……… p.116

キーワード

検索	p.309
表記揺れ	p.311
文字列データ	p.312

ショートカットキー

Ctrl + H …… 置換

●よくある置換の例

Before

指定したキーワードに一致するデータをまとめて置換できる

(株) インプレス → 株式会社インプレス

(有) できる商事 → 有限会社できる商事

After

●お薦めしない置換の例

Before

キーワードが短すぎると、意図しないデータも置換されてしまう

営業部 → 営業本部

渡部 → 渡本部

After

間違って置換されてしまう

1 [検索と置換] ダイアログボックスを表示する

ここでは、[会社名] フィールドにある「(株)」を「株式会社」に変換する

1 [ホーム] タブをクリック

2 [検索と選択] をクリック

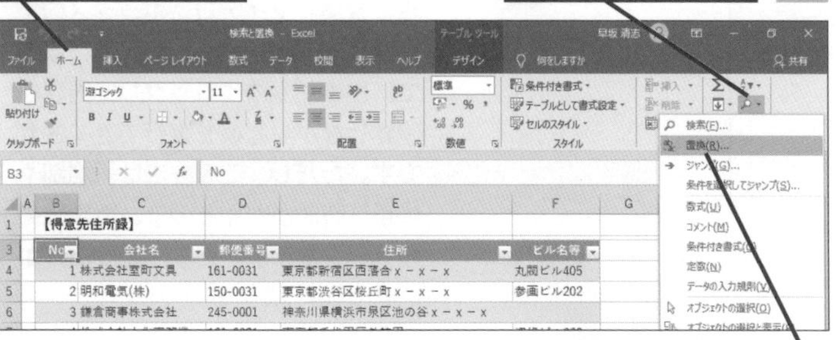

3 [置換]をクリック

2 検索する文字列と置き換える文字列を入力する

[検索と置換] ダイアログボックスが表示された

1 [検索する文字列]に「(株)」と入力

2 [置換後の文字列]に「株式会社」と入力

検索方法の詳細設定画面を表示する

3 [オプション]をクリック

3 オプションを確認する

ここでは、半角と全角の「かっこ」を区別せずに置換できるように設定する

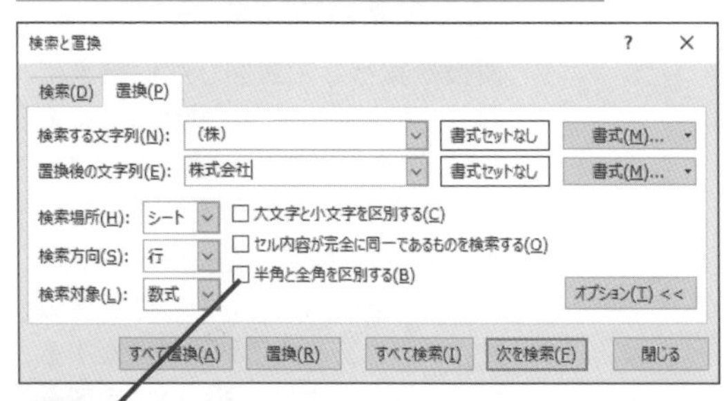

1 [半角と全角を区別する] にチェックマークが付いていないことを確認

「(株)」に入力されている「かっこ」が半角と全角のどちらであっても、正しく「株式会社」に置き換えられる

HINT! 検索範囲を限定するには

このレッスンでは、ワークシート全体を対象に検索していますが、あらかじめセル範囲をドラッグして選択しておけば、目的のデータを素早く検索できます。特定のフィールドのみを対象に検索したいときなどに便利です。

[検索と置換] ダイアログボックスを表示する前にセル範囲を選択しておくと、検索対象を絞り込める

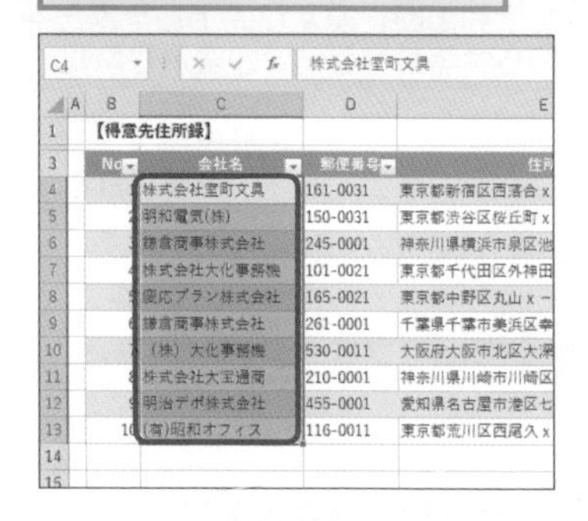

HINT! 「(株)」や「(有)」は環境依存文字の場合もある

このレッスンの練習用ファイルに入力された「(株)」や「(有)」は、半角の「(」と「)」の間に「株」や「有」を入れた3文字で入力されています。しかし、データによっては「㈱」や「㈲」の1文字で入力されていることもあります。これらは、環境依存文字と呼ばれ、システムによっては正しく表示できないことがあります。環境依存文字が入力されているときも、置換しておくといいでしょう。

次のページに続く

4 文字列を置き換える

ここでは検索した文字列をすべて置換する

1 [すべて置換]をクリック

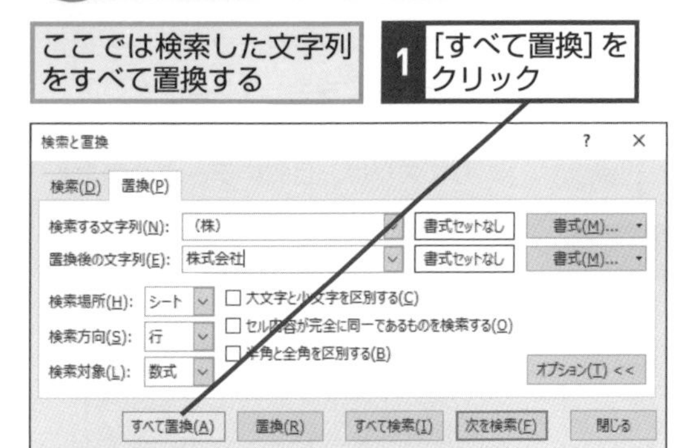

文字列の置き換えが完了したことを知らせるメッセージが表示された

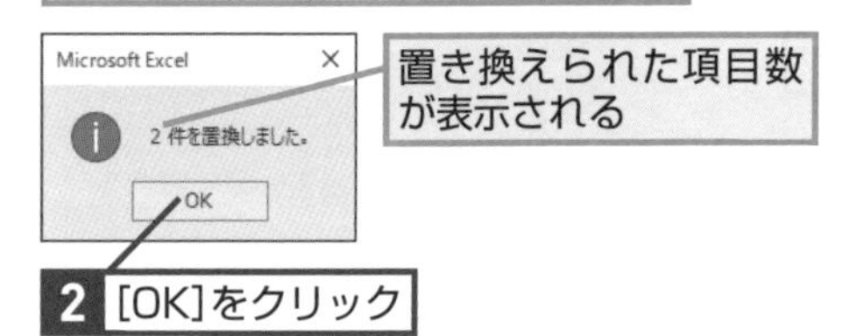

置き換えられた項目数が表示される

2 [OK]をクリック

5 ほかの文字列を置き換える

続けて、「(有)」を「有限会社」に置き換える

1 「(有)」と入力

2 「有限会社」と入力

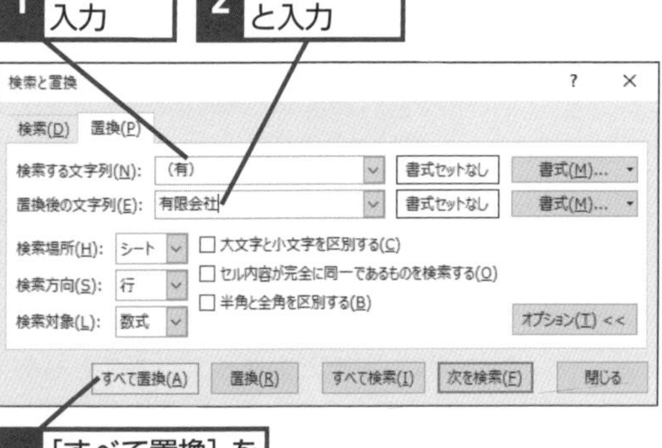

3 [すべて置換]をクリック

文字列の置き換えが完了したことを知らせるメッセージが表示された

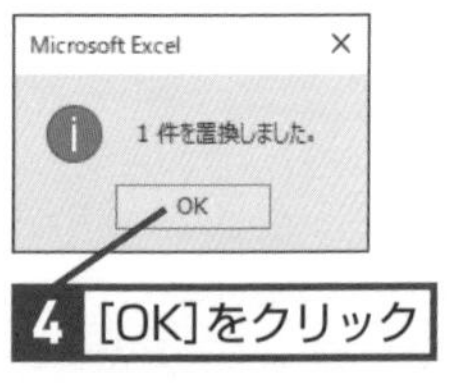

4 [OK]をクリック

HINT! 置換される文字列の一覧を表示するには

置換を実行する前に、検索結果を確認したいときは、手順4で[すべて検索]ボタンをクリックします。[検索と置換]ダイアログボックスの下に検索結果の一覧が表示されるので、検索結果をクリックして内容を確認しながら置換を実行できて便利です。ただし、この方法は、判別や修正に時間がかかるので、検索結果のデータ数が多いときは避けた方がいいでしょう。

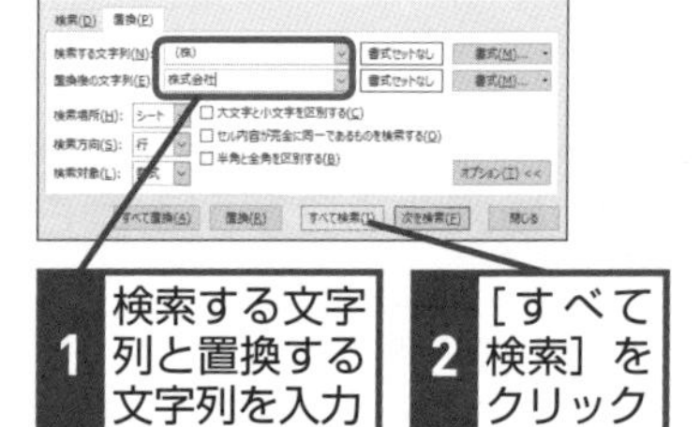

1 検索する文字列と置換する文字列を入力

2 [すべて検索]をクリック

検索結果が表示された

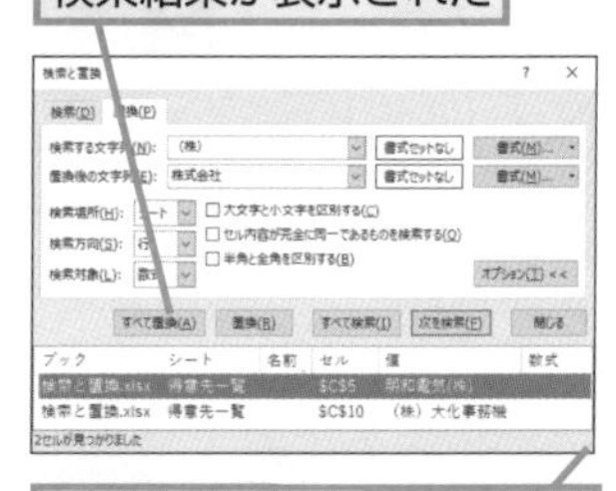

ここにマウスポインターを合わせて右下にドラッグすれば、ウィンドウのサイズを大きくできる

間違った場合は？

置換を実行して意図しない結果になったときは、元の状態になるまで[元に戻す]ボタン()をクリックして手順1から操作をやり直します。または、[検索と置換]の[置換]タブで、直前に実行した[置換後の文字列]にある文字列を[検索する文字列]に入力し、正しい文字列を[置換後の文字列]に指定して置換を実行してもいいでしょう。

6 [検索と置換] ダイアログボックスを閉じる

1 [閉じる]をクリック

検索と置換

検索(D) 置換(P)

検索する文字列(N): (有) 書式セットなし 書式(M)...

置換後の文字列(E): 有限会社 書式セットなし 書式(M)...

検索場所(H): シート □大文字と小文字を区別する(C)

検索方向(S): 行 □セル内容が完全に同一であるものを検索する(O)

検索対象(L): 数式 □半角と全角を区別する(B)

オプション(T) <<

すべて置換(A) 置換(R) すべて検索(I) 次を検索(F) 閉じる

7 文字列が置き換えられた

「(株)」が「株式会社」に置き換えられた

【得意先住所録】

No	会社名	郵便番号	住所	ビル名等
1	株式会社室町文具	161-0031	東京都新宿区西落合x－x－x	丸岡ビル405
2	明和電気株式会社	150-0031	東京都渋谷区桜丘町x－x－x	参画ビル202
3	鎌倉商事株式会社	245-0001	神奈川県横浜市泉区池の谷x－x－x	
4	株式会社大化事務機	101-0021	東京都千代田区外神田x－x－x	資格ビル203
5	慶応プラン株式会社	165-0021	東京都中野区丸山x－x－x	
6	鎌倉商事株式会社	261-0001	千葉県千葉市美浜区幸町x－x－x	
7	株式会社大化事務機	530-0011	大阪府大阪市北区大深町x－x－x	
8	株式会社大宝通商	210-0001	神奈川県川崎市川崎区本町x－x－x	互角ビル801
9	明治デパ株式会社	455-0001	愛知県名古屋市港区七番町x－x－x	
10	有限会社昭和オフィス	116-0011	東京都荒川区西尾久x－x－x	

得意先一覧

「(有)」が「有限会社」に置き換えられた

HINT! 文字列が短い場合は確認しながら置換する

例えば、部署名の名称が「部」から「本部」に変更になった場合、「部」を「本部」に一括置換してしまうと、ワークシート全体の「部」が置換されてしまい、名前の「渡部」が「渡本部」なってしまうなど、意図しない結果になってしまいます。[検索する文字列]を「営業部」、[置換後の文字列]を「営業本部」などの単語とするか、1つずつ確認しながら置換を実行してください。

検索結果を1つずつ確認しながら置き換える

1 検索する文字列と置換する文字列を入力

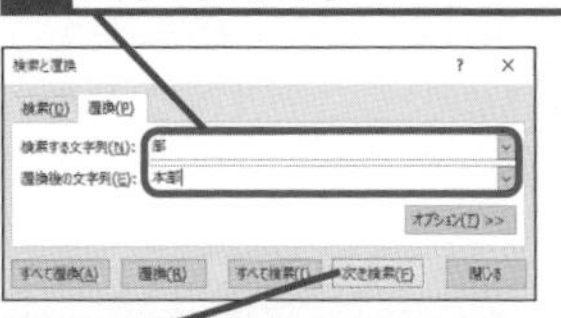

2 [次を検索]をクリック

検索対象のセルが表示された

置換する場合は、[置換]をクリックする

次の文字を検索するときは[次を検索]をクリックする

HINT! 書式も検索できる

検索は、文字列だけでなく書式を対象に実行できます。[検索と置換]ダイアログボックスの[書式]ボタンをクリックすれば、検索する書式を指定できます。「マイナスの数値を赤色で表示する」などと決められている場合に便利です。

レッスン

27 重複レコードを確認するには

条件付き書式

対応バージョン

365 2019 2016 2013

レッスンで使う練習用ファイル
条件付き書式.xlsx

重複しているデータに色を付ける

例えば名簿などに、同じ氏名が複数入力されているケースがよくあります。それらのデータが同一人物のものなのか、同姓同名の別人なのかなど、調べて整理しておく必要があります。これらの重複データを削除する方法はレッスン㉙と㉚で紹介しますが、まずは、それらの重複データが存在するのか、簡単に確認する方法を紹介します。1つのフィールドに対して、重複データが存在するかどうかを確認したいときは、「条件付き書式」を使うことで、重複データに色を付けて目立たせることができます。

関連レッスン

▶レッスン28
複数の重複レコードを一度で確認するには …………………… p.122
▶レッスン29
重複レコードを削除するには ….. p.126

キーワード

重複レコード	p.310
条件付き書式	p.310

Before

[氏名] フィールドで重複しているレコードを確認し、色を付けて目立たせたい

After

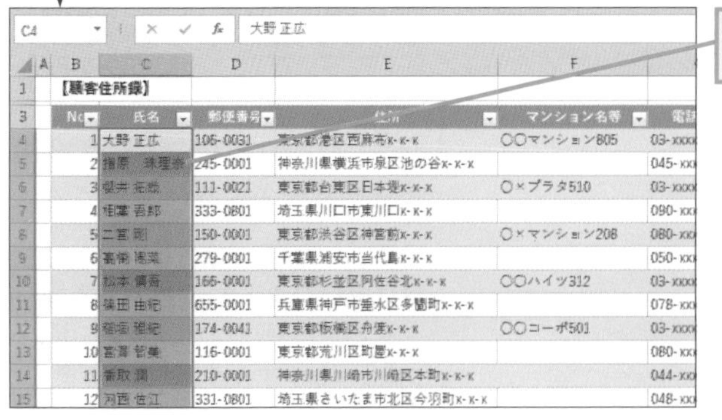

[氏名] フィールドの重複しているレコードに色を付けられる

1 条件付き書式を選択する

ここでは［氏名］フィールドの重複レコードに色を付ける

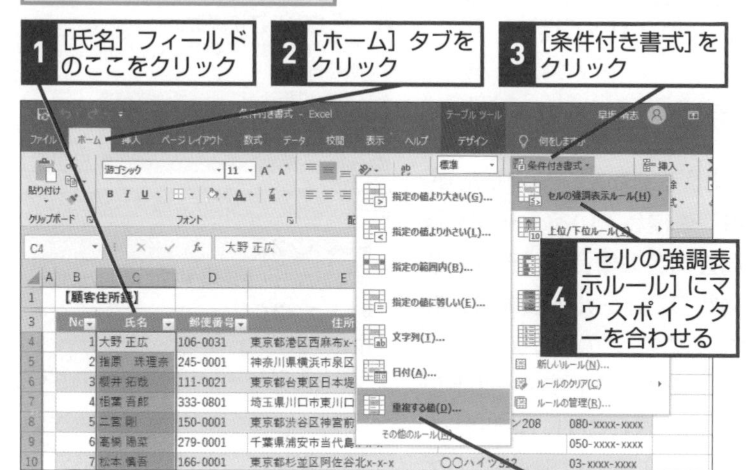

5 ［重複する値］をクリック

2 条件と書式を指定する

［重複する値］ダイアログボックスが表示された

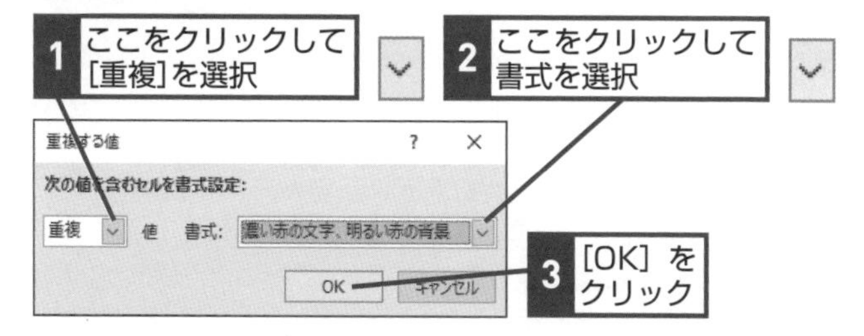

3 条件付き書式を適用できた

重複している氏名に選択した書式が適用された

C4 大野 正広

	A	B	C	D	E	F	G	H
1		【顧客住所録】						
3		No	氏名	郵便番号	住所	マンション名等	電話番号	
4		1	大野 正広	106-0031	東京都港区西麻布x-x-x	○○マンション805	03-xxxx-xxxx	
5		2	指原　珠理奈	245-0001	神奈川県横浜市泉区池の谷x-x-x		045-xxx-xxxx	
6		3	櫻井 拓哉	111-0021	東京都台東区日本堤x-x-x	○×プラタ510	03-xxxx-xxxx	
7		4	相葉 吾郎	333-0801	埼玉県川口市東川口x-x-x		090-xxxx-xxxx	
8		5	二宮 剛	150-0001	東京都渋谷区神宮前x-x-x	○×マンション208	080-xxxx-xxxx	
9		6	高橋 陽菜	279-0001	千葉県浦安市当代島x-x-x		050-xxxx-xxxx	
10		7	松本 慎吾	166-0001	東京都杉並区阿佐谷北x-x-x	○○ハイツ312	03-xxxx-xxxx	
11		8	篠田 由紀	655-0001	兵庫県神戸市垂水区多聞町x-x-x		078-xxx-xxxx	
12		9	稲垣 智紀	174-0041	東京都板橋区舟渡x-x-x	○○コーポ501	03-xxxx-xxxx	

HINT!

氏名と住所で重複をチェックしたいときは

このレッスンで紹介している条件付き書式では、指定した列内で重複しているデータに色が付きます。同姓同名かデータの重複かを判断したいときは、［氏名］と［住所］のそれぞれのフィールドで条件付き書式を設定するといいでしょう。［氏名］フィールドと［住所］フィールドで両方に色が付いている行を探せば、氏名と住所が両方重複しているデータをすぐにチェックできます。また、複数フィールドを一度に確認する方法は、次のレッスン㉘で紹介します。

HINT!

色を付けた後、セルの色で並べ替えると確認しやすい

重複しているレコードは、隣り合った状態で見比べた方が確認しやすいため、重複レコードに色を付けたら並べ替えを実行するといいでしょう。色で並べ替える方法については、レッスン㊵で紹介しています。

セルの色を基準にしてレコードの並べ替えができる

	A	B	C	D	E
1		【顧客住所録】			
3		No	氏名	郵便番号	住所
4		2	指原　珠理奈	245-0001	神奈川県横浜市泉区
5		7	松本 慎吾	166-0001	東京都杉並区阿佐谷
6		11	香取 潤	210-0001	神奈川県川崎市川崎
7		15	指原　珠理奈	245-0001	神奈川県横浜市泉区
8		16	松本 慎吾	101-0021	東京都千代田区外神
9		20	香取 潤	210-0001	神奈川県川崎市川崎
10		1	大野 正広	106-0031	東京都港区西麻布x-x

複数の重複レコードを一度で確認するには

COUNTIF関数、COUNTIFS関数

対応バージョン

365 2019 2016 2013

レッスンで使う練習用ファイル
COUNTIF関数、
COUNTIFS関数.xlsx

動画で見る
詳細は3ページへ

関連レッスン

▶レッスン29
重複レコードを削除するには ····· p.126
▶レッスン30
任意の重複レコードを
削除するには ······························ p.128

キーワード

レコード p.312

レコードの重複か同姓同名かがすぐに分かる

レッスン㉗では、「条件付き書式」を使う方法を紹介しましたが、条件付き書式は、1つのフィールド内で重複しているデータを確認するのに適しています。しかし、同姓同名の場合は「氏名と住所が同じかどうか」というように、複数のフィールドを対象に判断しなければならないので不向きです。そこで、このレッスンでは、関数を利用して、重複データの場合は、「重複確認」フィールドに「重複」と表示させる方法を紹介します。まずは、COINTIF関数で、単一条件で判断する方法を紹介し、次にCOUNTIF関数を使って複数条件で判断する方法を紹介しましょう。

［氏名］フィールドにある重複レコードを確認できる

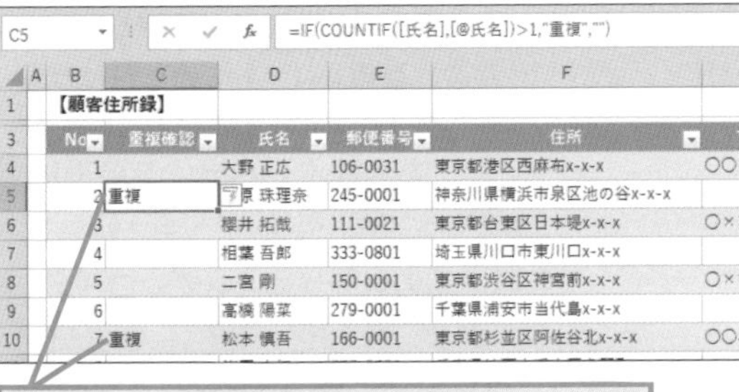

COUNTIFS関数を利用して、［氏名］と［住所］のフィールドを同時に比較し、重複データかどうかを調べられる

［重複］と表示されているレコードのみを抽出できる

このレッスンで入力する関数

=IF(COUNTIF([氏名],[@氏名])>1,"重複","")

▶［氏名］フィールドの中で、各行の［氏名］の値と一致するデータを数える。データの数が1より大きければ「重複」と表示し、そうでなければ何も表示しない

=IF(COUNTIFS([氏名],[@氏名],[住所],[@住所])>1,"重複","")

▶［氏名］フィールドの中で、各行の［氏名］の値と一致し、かつ［住所］フィールドの中で、各行の［住所］の値と一致するデータを数える。数えた値が1より大きければ「重複」と表示し、そうでなければ何も表示しない

1つの条件で判断する場合

COUNTIF関数を組み合わせて入力する

[氏名] フィールドにデータの重複がないかを確認する

ここでは、[氏名] フィールドで重複しているレコードの [重複確認] フィールドに[重複]と表示する

1 セルC4に「=IF(COUNTIF([氏名],[@氏名])>1,"重複","")」と入力

=IF(COUNTIF([氏名],[@氏名])>1,"重複","")

	A	B	C	D	E	F	G	H
1		【顧客住所録】						
3		No	重複確認	氏名	郵便番号	住所	マンション名等	電話
4		1	=IF(COUNTIF([氏名],[@氏名])>1,"重複","")				○○マンション805	03-xxxx
5		2		指原 珠理奈	245-0001	神奈川県横浜市泉区池の谷x-x-x		045-xxx
6		3		櫻井 拓哉	111-0021	東京都台東区日本堤x-x-x	○×プラタ510	03-xxxx
7		4		相葉 吾郎	333-0801	埼玉県川口市東川口x-x-x		090-xxx
8		5		二宮 剛	150-0001	東京都渋谷区神宮前x-x-x	○×マンション208	080-xxx
9		6		高橋 陽菜	279-0001	千葉県浦安市当代島x-x-x		050-xxx
10		7		松本 慎吾	166-0001	東京都杉並区阿佐谷北x-x-x	○○ハイツ312	03-xxxx
11		8		篠田 由紀	655-0001	兵庫県神戸市垂水区多聞町x-x-x		078-xxx
12		9		稲垣 雅紀	174-0041	東京都板橋区舟渡x-x-x	○○コーポ501	03-xxxx
13		10		宮澤 智美	116-0001	東京都荒川区町屋x-x-x		080-xxx
14		11		香取 潤	210-0001	神奈川県川崎市川崎区本町x-x-x		044-xxx
15		12		河西 佐江	331-0801	埼玉県さいたま市北区今羽町x-x-x		048-xxx
16		13		田村 可奈子	161-0031	東京都新宿区西落合x-x-x	丸閣ビル405	03-xxxx
17		14		柳原 亮	150-0031	東京都渋谷区桜丘町x-x-x	参画ビル202	090-xxx

2 Enter キーを押す

2 重複しているレコードを確認できるようになった

テーブルに含まれる最後のレコードまで、自動的に関数が入力された

C5 =IF(COUNTIF([氏名],[@氏名])>1,"重複","")

	A	B	C	D	E	F	G	H
1		【顧客住所録】						
3		No	重複確認	氏名	郵便番号	住所	マンション名等	電話
4		1		大野 正広	106-0031	東京都港区西麻布x-x-x	○○マンション805	03-xxxx
5		2	重複	原 珠理奈	245-0001	神奈川県横浜市泉区池の谷x-x-x		045-xxx
6		3		櫻井 拓哉	111-0021	東京都台東区日本堤x-x-x	○×プラタ510	03-xxxx
7		4		相葉 吾郎	333-0801	埼玉県川口市東川口x-x-x		090-xxx
8		5		二宮 剛	150-0001	東京都渋谷区神宮前x-x-x	○×マンション208	080-xxx
9		6		高橋 陽菜	279-0001	千葉県浦安市当代島x-x-x		050-xxx
10		7	重複	松本 慎吾	166-0001	東京都杉並区阿佐谷北x-x-x	○○ハイツ312	03-xxxx
11		8		篠田 由紀	655-0001	兵庫県神戸市垂水区多聞町x-x-x		078-xxx
12		9		稲垣 雅紀	174-0041	東京都板橋区舟渡x-x-x	○○コーポ501	03-xxxx
13		10		宮澤 智美	116-0001	東京都荒川区町屋x-x-x		080-xxx
14		11	重複	香取 潤	210-0001	神奈川県川崎市川崎区本町x-x-x		044-xxx
15		12		河西 佐江	331-0801	埼玉県さいたま市北区今羽町x-x-x		048-xxx
16		13		田村 可奈子	161-0031	東京都新宿区西落合x-x-x	丸閣ビル405	03-xxxx
17		14		柳原 亮	150-0031	東京都渋谷区桜丘町x-x-x	参画ビル202	090-xxx

[氏名] のフィールドで重複するレコードに[重複]と表示された

HINT!

検索範囲と目的のセル範囲の内容を比較できる

手順1では、IF関数とCOUNTIF関数を組み合わせています。COUTNTIF関数は、指定した範囲の中で条件を満たすデータを数える関数なので、[氏名] フィールドを検索範囲に、氏名が入力されたセルD4を検索条件に指定しています。重複しているデータであれば、COUNTIF関数の結果が1より大きくなるため「>1」としているわけです。IF関数で条件を満たすかどうかを判断して、[重複確認] フィールドに「重複」と表示しています。

●COUNTIF関数の書式

=COUNTIF(範囲,検索条件)

▶ [範囲] の中に検索条件を満たすセルがいくつあるかを求める

間違った場合は？

重複レコードが見つからないときは、関数を見直します。どのフィールドを対象とすればレコードの重複を見つけやすいかを念頭に置いて、関数を修正してみましょう。

次のページに続く

3 重複しているレコードを抽出する

[重複確認] フィールドに [重複] と表示されているレコードを抽出する

1 [重複確認] フィールドのフィルターボタンをクリック

2 [(すべて選択)] をクリックしてチェックマークをはずす

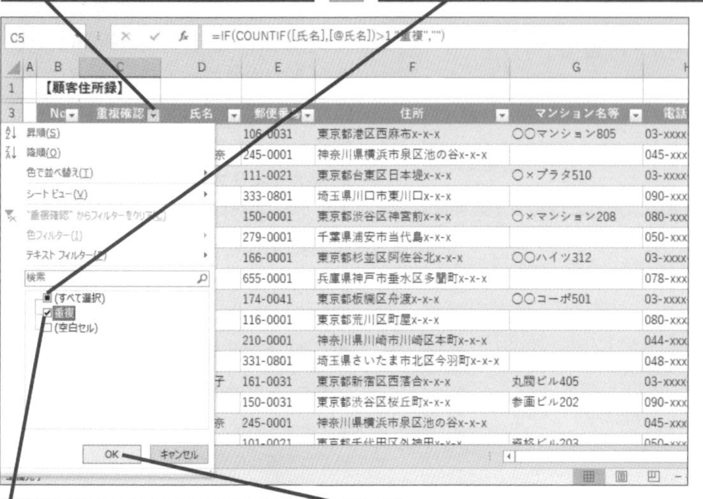

3 [重複] をクリックしてチェックマークを付ける

4 [OK] をクリック

4 重複しているレコードが抽出された

氏名が重複しているレコードが抽出された

	No	重複確認	氏名	郵便番号	住所	マンション名等	電話
5	2	重複	指原 珠理奈	245-0001	神奈川県横浜市泉区池の谷x-x-x		045-xxx
10	7	重複	松本 慎吾	166-0001	東京都杉並区阿佐谷北x-x-x	○○ハイツ312	03-xxxx
14	11	重複	香取 潤	210-0001	神奈川県川崎市川崎区本町x-x-x		044-xxx
18	15	重複	指原 珠理奈	245-0001	神奈川県横浜市泉区池の谷x-x-x		045-xxx
19	16	重複	松本 慎吾	101-0021	東京都千代田区外神田x-x-x	資格ビル203	050-xxx
23	20	重複	香取 潤	210-0001	神奈川県川崎市川崎区本町x-x-x	互角ビル801	090-xxx

右のHINT!を参考にしてフィルターを解除しておく

HINT! フィルターを利用して重複しているレコードだけを取り出せる

テーブルを利用していれば、手順3のように条件を選択するだけで、対象のデータを取り出せます。

HINT! 名前の昇順で並べ替えを実行しておこう

このレッスンでは、[氏名] フィールドで重複レコードを調べましたが、同姓同名の場合もあります。重複データを調べた後に [氏名] フィールドで並べ替えておけば、重複内容を確認しやすくなります。

1 [氏名] フィールドのフィルターボタンをクリック

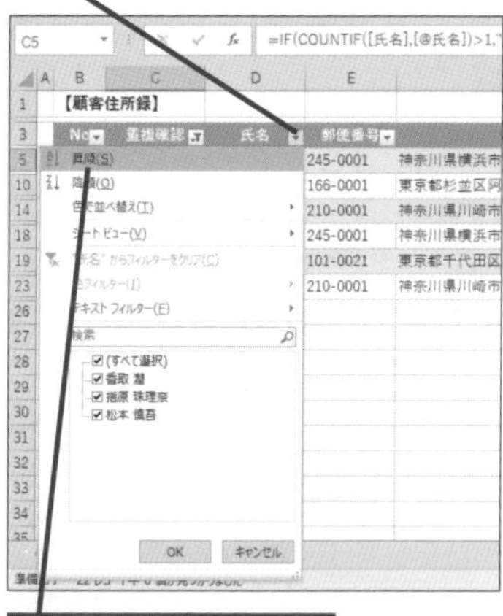

2 [昇順] をクリック

名前の五十音順でレコードが並べ替わる

HINT! フィルターを解除するには

フィルターを解除するには、フィルターを設定したフィールドのフィルターボタン（）をクリックし、["（フィールド名）"からフィルターをクリア] をクリックします。

準備編 第5章 表記を統一してデータベースの信頼性を高めよう

2つの条件で判断する場合

1 COUNTIFS関数を組み合わせて入力する

ここでは氏名と住所が同じであれば、[重複確認]フィールドに[重複]と表示されるようにする

[氏名]と[住所]のフィールドを比較して、同姓同名かレコードの重複かを確認する

1 セルC4に「=IF(COUNTIFS([氏名],[@氏名],[住所],[@住所])>1,"重複","")」と入力

C4 =IF(COUNTIFS([氏名],[@氏名],[住所],[@住所])>1,"重複","")

【顧客住所録】

No	重複確認	氏名	郵便番号	住所	マンション名等	電話
1	=IF(COUNTIFS([氏名],[@氏名],[住所],[@住所])>1,"重複","")				○○マンション805	03-xxxx
2		指原 珠理奈	245-0001	神奈川県横浜市泉区池の谷x-x-x		045-xxx
3		櫻井 拓哉	111-0021	東京都台東区日本堤x-x-x	○×プラタ510	03-xxxx
4		相葉 吾郎	333-0801	埼玉県川口市東川口x-x-x		090-xxx
5		二宮 剛	150-0001	東京都渋谷区神宮前x-x-x	○×マンション208	080-xxx
6		高橋 陽菜	279-0001	千葉県浦安市当代島x-x-x		050-xxx
7		松本 慎吾	166-0001	東京都杉並区阿佐谷北x-x-x	○○ハイツ312	03-xxxx
8		篠田 由紀	655-0001	兵庫県神戸市垂水区多聞町x-x-x		078-xxx
9		稲垣 雅紀	174-0041	東京都板橋区舟渡x-x-x	○○コーポ501	03-xxxx
10		宮澤 智美	116-0001	東京都荒川区町屋x-x-x		080-xxx
11		香取 潤	210-0001	神奈川県川崎市川崎区本町x-x-x		044-xxx
12		河西 佐江	331-0801	埼玉県さいたま市北区今羽町x-x-x		048-xxx
13		田村 可奈子	161-0031	東京都新宿区西落合x-x-x	丸岡ビル405	03-xxxx
14		柳原 亮	150-0031	東京都渋谷区桜丘町x-x-x	参画ビル202	090-xxx
15		指原 珠理奈	245-0001	神奈川県横浜市泉区池の谷x-x-x		045-xxx

2 Enter キーを押す

2 重複しているレコードを確認できるようになった

[氏名]と[住所]のフィールドで重複するレコードに[重複]と表示された

氏名と住所がともに重複しているレコードが分かる

C4 =IF(COUNTIFS([氏名],[@氏名],[住所],[@住所])>1,"重複","")

【顧客住所録】

No	重複確認	氏名	郵便番号	住所	マンション名等	電話
1		大野 正広	106-0031	東京都港区西麻布x-x-x	○○マンション805	03-xxxx
2	重複	指原 珠理奈	245-0001	神奈川県横浜市泉区池の谷x-x-x		045-xxx
3		櫻井 拓哉	111-0021	東京都台東区日本堤x-x-x	○×プラタ510	03-xxxx
4		相葉 吾郎	333-0801	埼玉県川口市東川口x-x-x		090-xxx
5		二宮 剛	150-0001	東京都渋谷区神宮前x-x-x	○×マンション208	080-xxx
6		高橋 陽菜	279-0001	千葉県浦安市当代島x-x-x		050-xxx
7		松本 慎吾	166-0001	東京都杉並区阿佐谷北x-x-x	○○ハイツ312	03-xxxx
8		篠田 由紀	655-0001	兵庫県神戸市垂水区多聞町x-x-x		078-xxx
9		稲垣 雅紀	174-0041	東京都板橋区舟渡x-x-x	○○コーポ501	03-xxxx
10		宮澤 智美	116-0001	東京都荒川区町屋x-x-x		080-xxx
11	重複	香取 潤	210-0001	神奈川県川崎市川崎区本町x-x-x		044-xxx
12		河西 佐江	331-0801	埼玉県さいたま市北区今羽町x-x-x		048-xxx
13		田村 可奈子	161-0031	東京都新宿区西落合x-x-x	丸岡ビル405	03-xxxx
14		柳原 亮	150-0031	東京都渋谷区桜丘町x-x-x	参画ビル202	090-xxx
15	重複	指原 珠理奈	245-0001	神奈川県横浜市泉区池の谷x-x-x		045-xxx

顧客一覧

準備完了

前ページの手順3～4を参考に操作すれば、重複しているレコードを抽出できる

HINT!

COUNTIFS関数を使えば、複数のフィールドを比較できる

COUNTIFS関数は、複数の条件に一致するデータの個数を求められる関数です。手順1では、[氏名] と [住所] のフィールドを同時に比較して、同姓同名かレコードの重複かを判断しています。

●COUNTIFS関数の書式

=COUNTIFS(条件範囲1,条件1,条件範囲2,条件2,……,条件範囲127,条件127)

▶指定した複数の条件を満たすセルがいくつあるかを求める

間違った場合は？

手順1で Enter キーを押した後にエラーが表示されたときは、入力した関数をよく確認します。かっこ（「(」や「)」）の数は間違いやすいので、注意しましょう。

レッスン

29 重複レコードを削除するには

重複の削除

対応バージョン

365 2019 2016 2013

レッスンで使う練習用ファイル
重複の削除.xlsx

重複レコードを素早く削除できる

レッスン㉗や㉘の方法で重複レコードを見つけたら、不要なレコードを削除しましょう。「同姓同名」ではなく、同じ人のデータが複数登録されてしまっているとときは、[重複の削除] 機能を使うと簡単です。この機能は、指定したフィールドで重複しているデータを見つけたら、最初のレコードだけを残して、残りのレコードを削除することができる機能です。このとき、削除されるレコードを確認できないので、この機能の特性を理解して使いましょう。

関連レッスン

▶レッスン**27**
重複レコードを確認するには ····· p.120
▶レッスン**30**
任意の重複レコードを
削除するには ······························· p.128

キーワード

重複レコード	p.310

Before

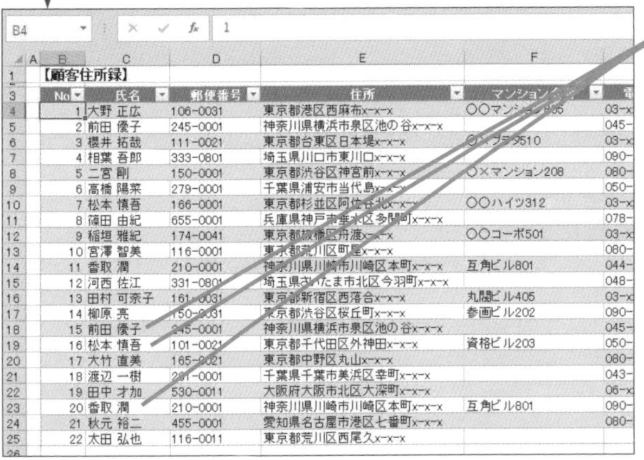

【顧客住所録】

No	氏名	郵便番号	住所	マンション名等	電
1	大野 正広	106-0031	東京都港区西麻布x-x-x	○○マンション805	03-x
2	前田 優子	245-0001	神奈川県横浜市泉区池の谷x-x-x		045-
3	櫻井 拓哉	111-0021	東京都台東区日本堤x-x-x	○×プラザ510	03-x
4	相葉 吾郎	333-0801	埼玉県川口市東川口x-x-x		090-
5	二宮 剛	150-0001	東京都渋谷区神宮前x-x-x	○×マンション208	080-
6	高橋 陽菜	279-0001	千葉県浦安市当代島x-x-x		050-
7	松本 慎吾	166-0001	東京都杉並区阿佐谷北x-x-x	○○ハイツ312	03-x
8	篠田 由紀	655-0001	兵庫県神戸市垂水区多聞町x-x-x		078-
9	稲垣 雅紀	174-0041	東京都板橋区舟渡x-x-x	○○コーポ501	03-x
10	宮澤 智美	116-0001	東京都荒川区町屋x-x-x		080-
11	香取 潤	210-0001	神奈川県川崎市川崎区本町x-x-x	互角ビル801	044-
12	河西 佐江	331-0801	埼玉県さいたま市北区今羽町x-x-x		048-
13	田村 可奈子	161-0031	東京都新宿区西落合x-x-x	丸閥ビル405	03-x
14	柳原 亮	150-0031	東京都渋谷区桜丘町x-x-x	参画ビル202	090-
15	前田 優子	245-0001	神奈川県横浜市泉区池の谷x-x-x		045-
16	松本 慎吾	101-0021	東京都千代田区外神田x-x-x	資格ビル203	050-
17	大竹 直美	165-0021	東京都中野区丸山x-x-x		080-
18	渡辺 一樹	261-0001	千葉県千葉市美浜区幸町x-x-x		043-
19	田中 才加	530-0011	大阪府大阪市北区大深町x-x-x		06-x
20	香取 潤	210-0001	神奈川県川崎市川崎区本町x-x-x	互角ビル801	090-
21	秋元 裕二	455-0001	愛知県名古屋市港区七番町x-x-x		080-
22	太田 弘也	116-0011	東京都荒川区西尾久x-x-x		

[氏名] フィールドで重複している
レコードの行を削除する

After

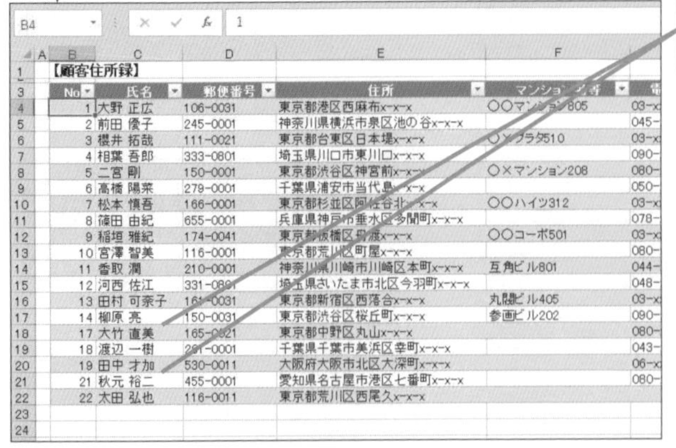

【顧客住所録】

No	氏名	郵便番号	住所	マンション名等	電
1	大野 正広	106-0031	東京都港区西麻布x-x-x	○○マンション805	03-x
2	前田 優子	245-0001	神奈川県横浜市泉区池の谷x-x-x		045-
3	櫻井 拓哉	111-0021	東京都台東区日本堤x-x-x	○×プラザ510	03-x
4	相葉 吾郎	333-0801	埼玉県川口市東川口x-x-x		090-
5	二宮 剛	150-0001	東京都渋谷区神宮前x-x-x	○×マンション208	080-
6	高橋 陽菜	279-0001	千葉県浦安市当代島x-x-x		050-
7	松本 慎吾	166-0001	東京都杉並区阿佐谷北x-x-x	○○ハイツ312	03-x
8	篠田 由紀	655-0001	兵庫県神戸市垂水区多聞町x-x-x		078-
9	稲垣 雅紀	174-0041	東京都板橋区舟渡x-x-x	○○コーポ501	03-x
10	宮澤 智美	116-0001	東京都荒川区町屋x-x-x		080-
11	香取 潤	210-0001	神奈川県川崎市川崎区本町x-x-x	互角ビル801	044-
12	河西 佐江	331-0801	埼玉県さいたま市北区今羽町x-x-x		048-
13	田村 可奈子	161-0031	東京都新宿区西落合x-x-x	丸閥ビル405	03-x
14	柳原 亮	150-0031	東京都渋谷区桜丘町x-x-x	参画ビル202	090-
17	大竹 直美	165-0021	東京都中野区丸山x-x-x		080-
18	渡辺 一樹	261-0001	千葉県千葉市美浜区幸町x-x-x		043-
19	田中 才加	530-0011	大阪府大阪市北区大深町x-x-x		06-x
21	秋元 裕二	455-0001	愛知県名古屋市港区七番町x-x-x		080-
22	太田 弘也	116-0011	東京都荒川区西尾久x-x-x		

[氏名] フィールドで重複している
レコードが削除された

1 [重複の削除] ダイアログボックスを表示する

ここでは [氏名] フィールドで重複しているレコードを削除する

1 セルB4をクリック

2 [データ] タブをクリック

3 [重複の削除] をクリック

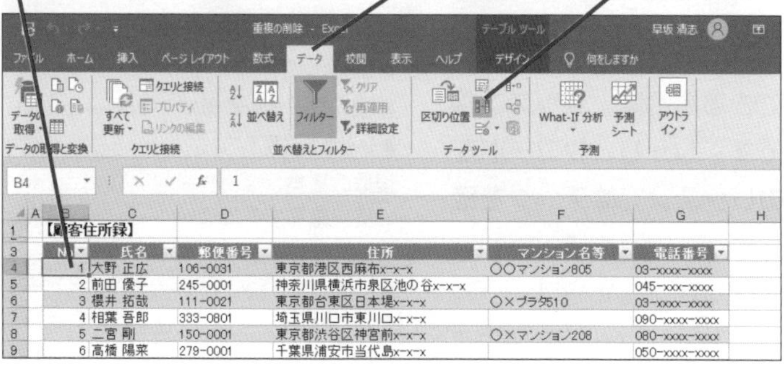

2 重複しているレコードを削除する

[重複の削除]ダイアログボックスが表示された

1 [先頭行をデータの見出しとして使用する] にチェックマークが付いていることを確認

2 [すべて選択解除]をクリック

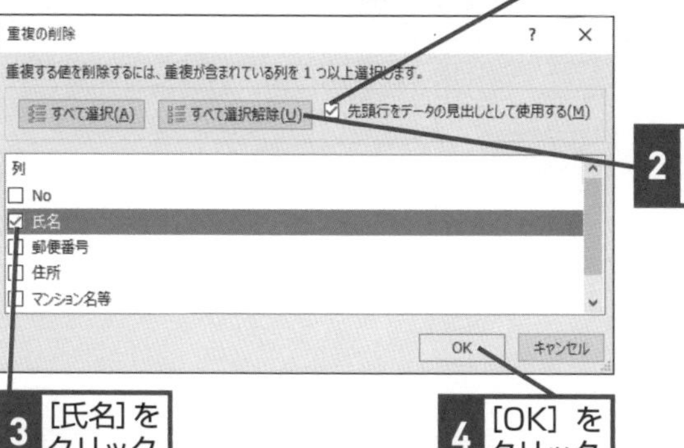

3 [氏名] をクリック

4 [OK] をクリック

[氏名]フィールドで重複しているレコードが削除された

5 [OK] をクリック

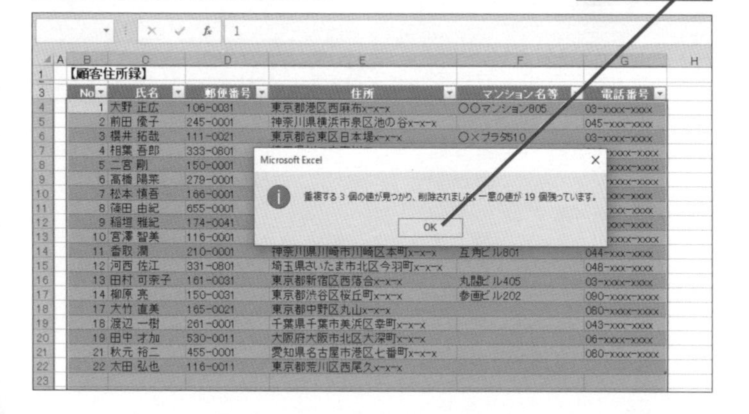

HINT! 降順で並べ替えておくといい

[重複の削除] 機能では、重複レコードの最初のレコードが残り、それ以降のレコードは削除されます。一般に、データベースは、新しいデータを下に追加していくので、あらかじめ「No.」の降順で並べ替えてから実行することで、新しいレコードのほうを残すことができます。

HINT! 重複データに色を付けておくとわかりやすい

「重複の削除」機能は、削除の対象になるデータがわかりにくいので、あらかじめレッスン㉗の方法で、重複データに色を付けておくといいでしょう。「重複の削除」を実行すると重複データがなくなりますので、色が付かなくなり便利です。

レッスン

30 任意の重複レコードを削除するには

レコードの削除

対応バージョン

365 2019 2016 2013

レッスンで使う練習用ファイル
レコードの削除.xlsx

重複レコードを素早く削除できる

単純に重複レコードが判別できて削除できる場合は、レッスン㉙の［重複の削除］機能を使うのが簡単です。しかし、レコードを一度削除すると元に戻せないので、このレッスンではデータを確認しながら削除する方法を紹介します。また、確認作業が終わったら、その時点でブックを別名で保存しておくといいでしょう。万が一必要なレコードを削除してしまっても、レコードを削除する前のブックを開けばレコードを復元できます。別名で保存したブックを利用すればレコードの抽出や削除をやり直せますが、二度手間にならないように注意してレコードを削除しましょう。

関連レッスン

▶レッスン27
重複レコードを確認するには ····· p.120
▶レッスン28
複数の重複レコードを
一度で確認するには ····················· p.122

キーワード

フィールド	p.312
フィルター	p.312
フィルターボタン	p.312
レコード	p.312

Before

レッスン㉘を参考に、完全に重複しているレコードを抽出しておく

氏名や住所、電話番号が同じレコードは重複と判断できる

【顧客住所録】

	No	重複確認	氏名	郵便番号	住所	マンション名等	電話番号
5	2	重複	指原 珠理奈	245-0001	神奈川県横浜市泉区池の谷x-x-x		045-xxx-xxxx
14	11	重複	香取 潤	210-0001	神奈川県川崎市川崎区本町x-x-x	互角ビル801	044-xxx-xxxx
18	15	重複	指原 珠理奈	245-0001	神奈川県横浜市泉区池の谷x-x-x		045-xxx-xxxx
23	20	重複	香取 潤	210-0001	神奈川県川崎市川崎区本町x-x-x	互角ビル801	090-xxxx-xxxx

↓

After

重複レコードをまとめて削除できる

氏名が同じでも、住所が異なるレコードは削除されない

【顧客住所録】

	No	重複確認	氏名	郵便番号	住所	マンション名等	電話番号
4	1		大野 正広	106-0031	東京都港区西麻布x-x-x	○○マンション805	03-xxxx-xxxx
5	3		櫻井 拓哉	111-0021	東京都台東区日本堤x-x-x	○×プラタ510	03-xxxx-xxxx
6	4		相葉 吾郎	333-0801	埼玉県川口市東川口x-x-x		090-xxxx-xxxx
7	5		二宮 剛	150-0001	東京都渋谷区神宮前x-x-x	○×マンション208	080-xxxx-xxxx
8	6		高橋 陽菜	279-0001	千葉県浦安市当代島x-x-x		050-xxxx-xxxx
9	7		松本 慎吾	166-0001	東京都杉並区阿佐谷北x-x-x	○○ハイツ312	03-xxxx-xxxx
10	8		篠田 由紀	655-0001	兵庫県神戸市垂水区多聞町x-x-x		078-xxx-xxxx
11	9		稲垣 雅紀	174-0041	東京都板橋区舟渡x-x-x	○○コーポ501	03-xxxx-xxxx
12	10		宮澤 智美	116-0001	東京都荒川区町屋x-x-x		080-xxxx-xxxx
13	12		河西 佐江	331-0801	埼玉県さいたま市北区今羽町x-x-x		048-xxx-xxxx
14	13		田村 可奈子	161-0031	東京都新宿区西落合x-x-x	丸間ビル405	03-xxxx-xxxx
15	14		柳原 亮	150-0031	東京都渋谷区桜丘町x-x-x	参画ビル202	090-xxxx-xxxx
16	15		指原 珠理奈	245-0001	神奈川県横浜市泉区池の谷x-x-x		045-xxx-xxxx
17	16		松本 慎吾	101-0021	東京都千代田区外神田x-x-x	資格ビル203	050-xxxx-xxxx
18	17		大竹 直美	165-0021	東京都中野区丸山x-x-x		080-xxxx-xxxx

① 重複レコードの内容を確認する

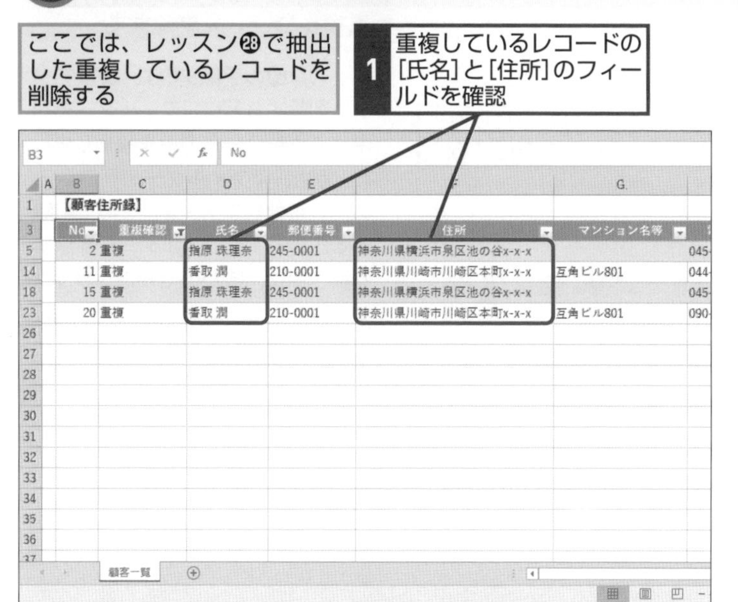

② 重複レコードを選択する

ここでは、セルD5とセルD14をクリックして「指原 珠理奈」と「香取 潤」を選択する

HINT! レコードを削除する前によく確認しよう

レコードを削除する前に、内容を確認する習慣を付けておきましょう。削除は簡単ですが、必要なデータを削除してしまうと、再度入力しなければならなくなります。重要なデータを扱う場合は、削除をする前に、上書き保存や別の名前で仮に保存しておき、レコードを元の状態に戻せるようにしておくといいでしょう。

間違った場合は？

手順2で、Ctrlキーを押しながら間違ったセルをクリックしてしまうと、選択の解除ができません。間違ったセルをクリックしてしまったときは、セルA1などのセルをいったんクリックし、重複レコードのセルをクリックし直しましょう。

次のページに続く

3 データの抽出を解除する

重複レコードを選択できた

フィルターを解除してから、重複レコードを削除する

1 [重複確認] フィールドのフィルターボタンをクリック

2 [(すべて選択)] をクリックしてチェックマークを付ける

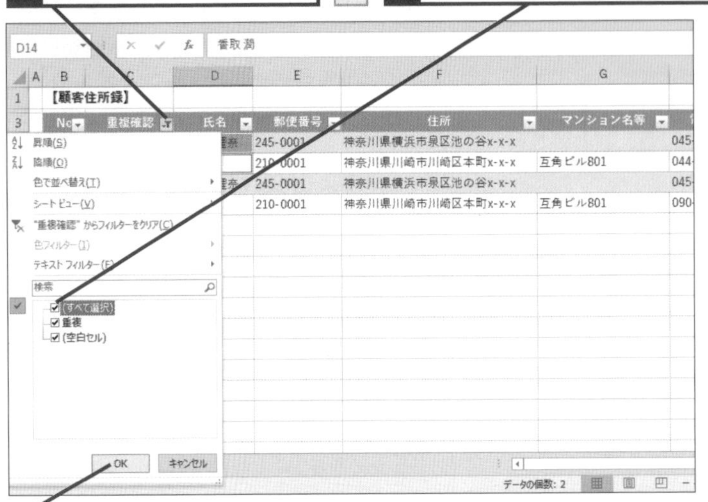

3 [OK] をクリック

4 すべてのレコードが表示された

データの抽出が解除され、すべてのレコードが表示された

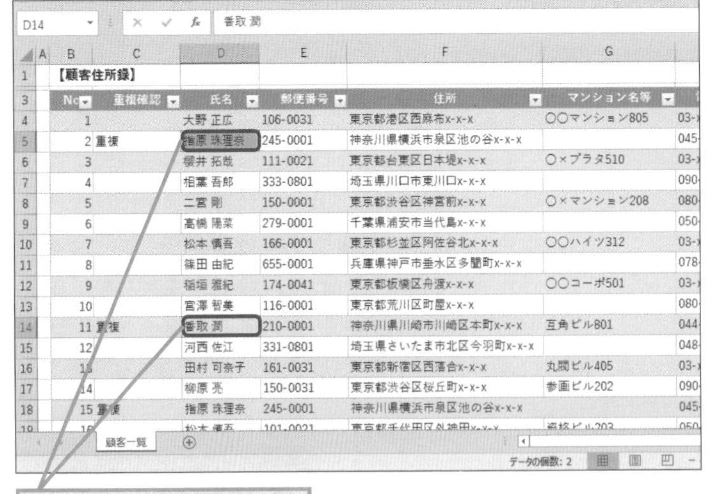

重複レコードが選択された状態になっている

HINT! フィルターを解除してから重複レコードを削除する

レッスン㉘の手順3では、重複データを削除する前に、フィルターを利用して重複データのみを抽出しました。手順3でフィルターを解除するのは、重複レコードをまとめて削除するためです。フィルターを解除する操作中に、ほかのセルをクリックするなどして、重複レコードの選択をキャンセルしてしまわないように注意してください。

間違った場合は？

レコードを削除した直後なら［元に戻す］ボタン（）をクリックして元に戻せます。レコードの削除後に何か操作をしてしまうと、その操作まで元に戻り、作業時間が無駄になってしまいます。直前の操作を元に戻すときにだけ利用してください。

5 重複レコードを削除する

手順2で選択した重複レコードをまとめて削除する

1 セルD5を右クリック

2 ［削除］にマウスポインターを合わせる

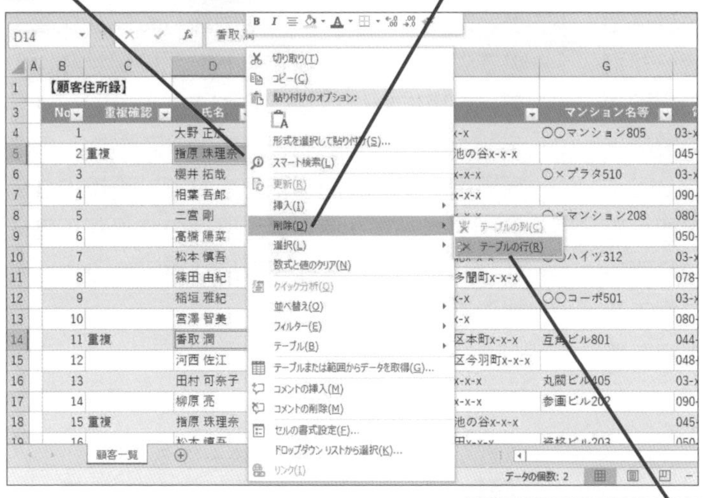

3 ［テーブルの行］をクリック

6 重複レコードが削除された

重複レコードのデータが削除された

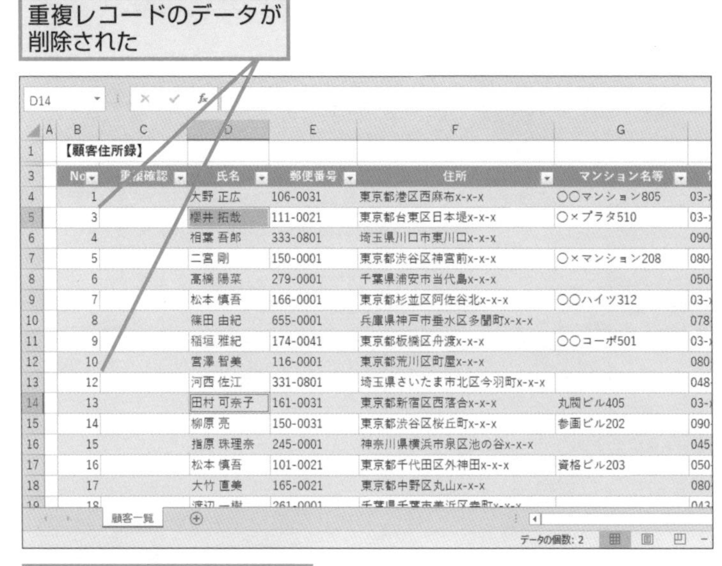

必要に応じて、通し番号を振り直しておく

HINT! Microsoft 365ユーザーは自動で上書き保存されるので注意する

Microsoft 365を使用していて、ファイルをOneDriveやSharePointに保存している場合は、自動で上書き保存するようになっています。データの検証中に自動保存されると、わずらわしく感じることもあるので、タイトルバーの左上に表示されてる［自動保存］の［オン］のところクリックして、［オフ］にするといいでしょう。なお、自動保存されたファイルは、タイトルバーに表示されているファイル名をクリックして、［バージョン履歴］をクリックすれば、各バージョンのファイルを開くこともできます。

［自動保存］が［オン］になっていると自動で上書き保存される

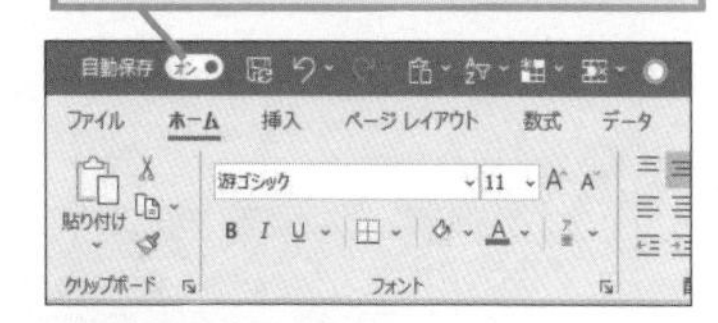

1 ファイル名をクリック

2 ［バージョン履歴］をクリック

表示されたバージョン履歴をクリックすると、その時点のファイルを開くことができる

この章のまとめ

●データベースにはデータの統一が欠かせない

データベースの作成は、一定の規則に従ってデータを入力することが大切です。余計な空白が混ざっていたり、全角や半角の統一が取れていなかったりするなど、データの表記がそろっていない場合は、関数や置換の機能を利用して、フィールド全体で統一を行ってください。また、同じレコードを複数追加しておくと、データベースの信頼性が失われてしまいます。重複したレコードは、この章で紹介した関数やフィルターを利用して内容を確認してから、不要なレコードを削除しましょう。ただし、レコードを削除してブックを上書き保存すると、レコードを元に戻せないので、慎重に操作してください。
データの統一は、「データベース作り」の必須事項です。表記が統一されて、重複のないデータベースを使えば、処理の結果が正確になり、データをスムーズに活用できるようになるでしょう。

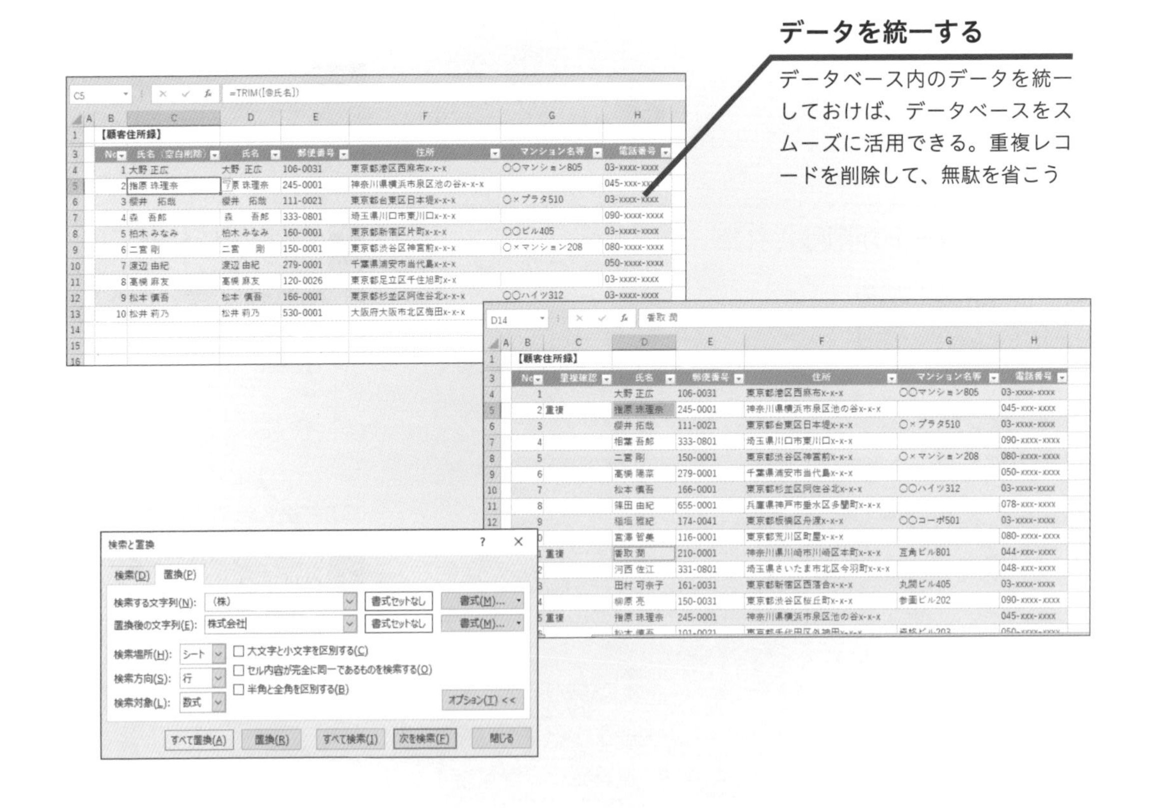

練習問題

1

[第5章_練習問題1.xlsx] を開き、氏名の間に入力されている空白文字を半角文字に置換してみましょう。ここでは、[検索と置換] ダイアログボックスを使って置換を実行します。

●ヒント：[検索と置換] ダイアログボックスの [オプション] ボタンをクリックして設定する必要があるか、考えてみましょう。

練習用ファイル
第5章_練習問題1.xlsx

2

[第5章_練習問題2.xlsx] を開き、入力されている英単語を半角文字にして、最初の1文字を大文字にしてみましょう。

●ヒント：半角文字はASC関数、最初の1文字目を大文字にするにはPROPER関数を使います。両方を組み合わせて利用するには、ASC関数のかっこの中にPROPER関数を指定します。

練習用ファイル
第5章_練習問題2.xlsx

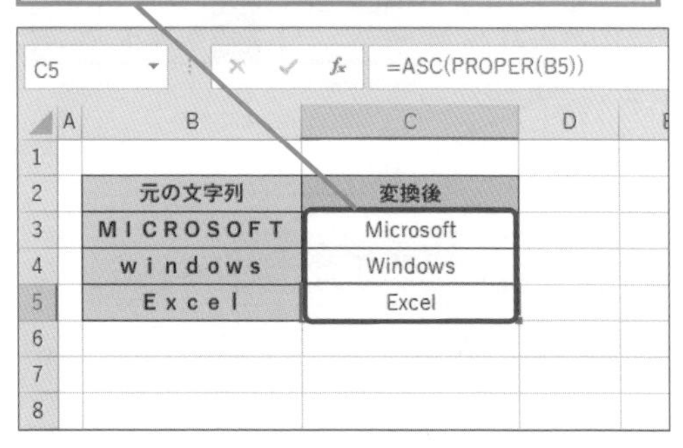

答えは次のページ

解答

1

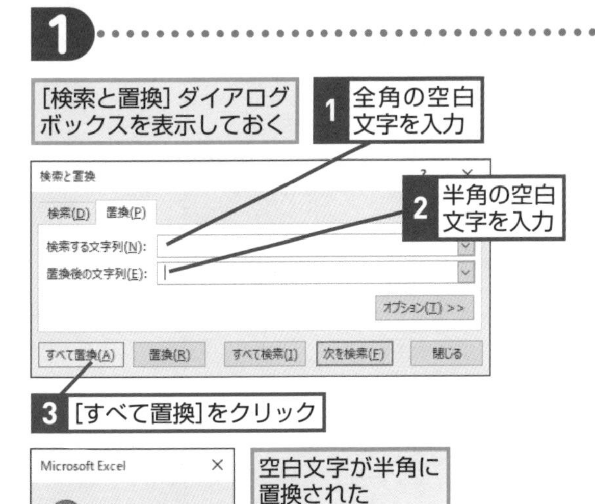

レッスン㉖を参考に［検索と置換］ダイアログボックスを表示します。［検索する文字列］に全角の空白文字、［置換後の文字列］に半角の空白文字を入力して、［すべて置換］ボタンをクリックしてください。
なお、［オプション］ボタンをクリックすると、［半角と全角を区別する］のチェックボックスをオンに設定できますが、ここでは、オンにしなくても構いません。このチェックボックスをオンにせず、検索文字に全角の空白文字を指定すると、半角の空白文字も検索対象になりますが、それも半角の空白文字に置換されるので、結果は変わりません。

2

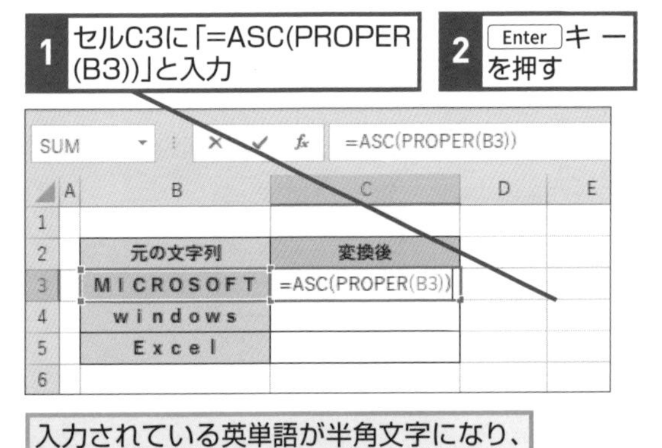

セルC3に「=ASC(PROPER(B3))」と入力して下のセルにコピーします。「=PROPER(ASC(B3))」と入力しても同じ結果が得られます。

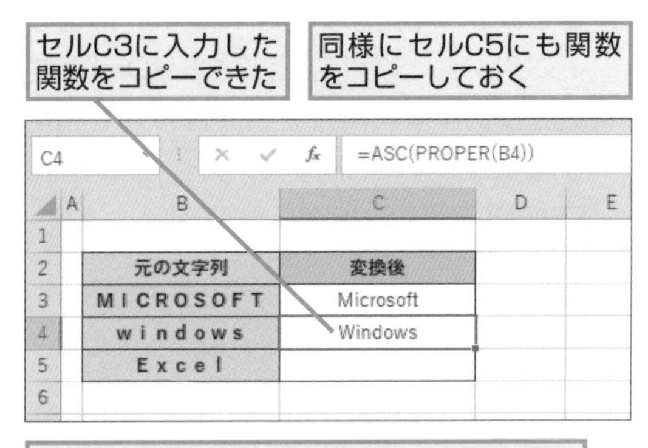

第6章 データベースから特定のデータを自在に取り出そう

データベースを作成する上で、一番手間のかかる作業は、データの入力です。そこで、できるだけデータを再利用することで、極力データを入力しなくて済むように意識しましょう。この章では、関数を使ってさまざまなデータを取り出し、データを再入力せずに済ませる方法を紹介します。

●この章の内容

レッスン

31 構造化参照式で計算するには

テーブルの構造化参照式

対応バージョン

365 2019 2016 2013

レッスンで使う練習用ファイル
テーブルの構造化参照式.xlsx

「単価」×「数量」を自動で計算する

Excelは、数式を入力することで自動的に計算できるのが大きな魅力です。これはデータベースでも同様です。例えば下の表で[金額] フィールドに、「単価」×「数量」の値を入力するとき、あらかじめ数式を入力しておけば、自動で計算でき、いちいち電卓で計算して入力する必要はありません。レッスン㉑でも構造化参照を利用した数式を入力しましたが、「=G4*H4」の代わりに、テーブルのフィールド名を利用した「=[@単価]*[@数量]」という数式で計算ができます。また、テーブル内の列に数式を入力すれば、列全体に数式がコピーされるのでとても便利です。

フィールド名を利用して、分かりやすい数式を入力できる

SUM　=IF([@数量]="","",[@単価]*[@数量])

	A	B	C	D	E	F	G	H	I	J	K
1		【売上データ】									
3		No	日付	得意先	コード	商品名	単価	数量	金額		
4		1	2015/5/1	株式会社室町文具	P-A401	A4コピー用紙	4,200	11	=IF([@数量]="","",[@単価]*[@数量])		
5		2	2015/5/1	鎌倉商事株式会社	M-CR50	CD-R	945	1			
6		3	2015/5/1	株式会社大化事務機	P-B401	B4コピー用紙	3,150	4			
7		4	2015/5/2	株式会社大化事務機	M-DR10	DVD-R	355	4			
8		5	2015/5/2	鎌倉商事株式会社	P-B401	B4コピー用紙	3,150	5			
9											

テーブルのセルに数式を入力すると、同じフィールドに数式が自動でコピーされる

[単価]×[数量]の値をすぐに求められる

I5　=IF([@数量]="","",[@単価]*[@数量])

	A	B	C	D	E	F	G	H	I	J	K
1		【売上データ】									
3		No	日付	得意先	コード	商品名	単価	数量	金額		
4		1	2015/5/1	株式会社室町文具	P-A401	A4コピー用紙	4,200	11	46,200		
5		2	2015/5/1	鎌倉商事株式会社	M-CR50	CD-R	945	1	945		
6		3	2015/5/1	株式会社大化事務機	P-B401	B4コピー用紙	3,150	4	12,600		
7		4	2015/5/2	株式会社大化事務機	M-DR10	DVD-R	355	4	1,420		
8		5	2015/5/2	鎌倉商事株式会社	P-B401	B4コピー用紙	3,150	5	15,750		
9											

関連レッスン

▶レッスン32
氏名からふりがなを取り出すには……p.138
▶レッスン33
コードの一覧から商品名や単価を取り出すには……p.142

キーワード

構造化参照 p.309
フィールド p.312

1 IF関数を入力する

3 セルH4をクリック

「=IF([@数量]」と表示された

F	G	H	I	J	K	L
商品名	単価	数量	金額			
A4コピー用紙	4,200	11	=IF([@数量]			
CD-R	945	1	IF(論理式, [値が真の場合], [値が偽の場合])			
B4コピー用紙	3,150	4				

2 続けて参照するフィールド名を入力する

1 続けて「="","",[@単価]*[@数量])」と入力

[@単価]と[@数量]はセルG4とセルH4をクリックして、入力してもいい

F	G	H	I	J	K	L
商品名	単価	数量	金額			
A4コピー用紙	4,200	11	=IF([@数量]="","",[@単価]*[@数量])			
CD-R	945	1				
B4コピー用紙	3,150	4				

2 Enter キーを押す

3 [金額] フィールドに関数が入力された

[金額] フィールドすべてに関数がコピーされ、計算結果が表示された

F	G	H	I	J	K	L
商品名	単価	数量	金額			
A4コピー用紙	4,200	11	46,200			
CD-R	945	1	945			
B4コピー用紙	3,150	4	12,600			
DVD-R	355	4	1,420			
B4コピー用紙	3,150	5	15,750			

HINT!

構造化参照をオフにするには

構造化参照は数式が分かりやすくなる便利な機能ですが、セルの絶対参照と相対参照の使い分けができないので、複雑な数式を入力したい場合には不便です。このような場合は、セルを選択したときに構造化参照に置き換えないように設定しましょう。［ファイル］タブ-［オプション］をクリックして［Excelのオプション］ダイアログボックスを表示し、[数式]で［数式でテーブル名を使用する］をクリックしてチェックマークをはずします。

HINT!

構造化参照の仕組みは？

数式中でテーブル範囲全体を参照するときは、「=テーブル名」のように表記します。各フィールド全体を参照するときは「=テーブル名[フィールド名]」のように、テーブル名に続いて角カッコでフィールド名を囲みます。さらに、数式を入力する行と数式で参照するセルが同じ行の場合は、「=テーブル名[@フィールド名]」のように、フィールド名に「@」マークを付けて記述されます。このとき、数式を入力するセルが同じテーブル内の場合は、テーブル名が省略されて「=[@フィールド名]」となります。そのほか、フィールド名の行を含むときなど、それぞれ特有の表記方法が用意されています。

レッスン **32**

氏名からふりがなを取り出すには

PHONETIC関数

対応バージョン

365 2019 2016 2013

レッスンで使う練習用ファイル
PHONETIC関数.xlsx

動画で見る
詳細は3ページへ

ふりがなを入力する手間を省こう

住所録や取引先の一覧などをデータベース化するときは、氏名を五十音順で並べ替えられるように「ふりがな」を入力します。しかし、Excelで氏名を入力していれば、ふりがなをあらためて入力する必要はありません。Excelは入力した文字の「読みがな情報」を保持しているため、ふりがなをすぐに表示できるのです。ただし、読みがなが正しくない場合やほかのアプリからデータをコピーした場合は、ふりがなを編集する必要があります。このレッスンでは、ふりがなを取り出す方法と編集するテクニックを紹介します。

関連レッスン

▶レッスン12
郵便番号から住所に変換するには ………… p.50

キーワード

関数	p.309
フィールド	p.312

ショートカットキー

Shift + Alt + 1 ………… ふりがなの編集

Before

●PHONETIC関数でふりがなを自動入力

「大野 正広」と入力されているセルからふりがなを取り出す

PHONETIC関数を使って、「大野 正広」と入力されているセルを参照する

After

氏名のふりがなを取り出せた

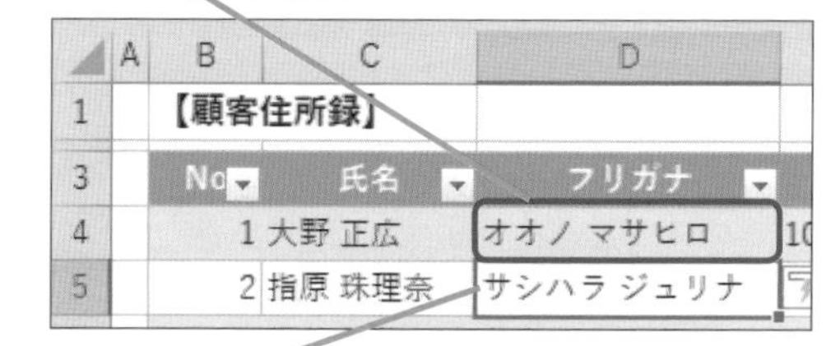

同じフィールドであれば、自動的に関数がコピーされ、ふりがなが入力される

●ふりがなの修正

入力時の読みがな（ふりがな）を修正できるようにする

8	5		カシワギ ミナミ	160-0
9	6	ニノミヤ ツヨシ 二宮 剛	ニノミヤ タケシ	150-0

ふりがなを修正すれば、PHONETIC関数で取り出した結果も変更される

8	5	柏木 みなみ	カシワギ ミナミ	160-0
9	6	ニノミヤ ツヨシ 二宮 剛	ニノミヤ タケシ	150-0

このレッスンで入力する関数

=PHONETIC(C2)

▶セルC2（[氏名] フィールド）にあるデータからふりがなを取り出す

●PHONETIC関数の書式

=PHONETIC（参照）

▶指定したセルに設定されているふりがなを取り出す

❶ PHONETIC関数を入力する

ここでは、セルD4にPHONETIC関数を入力して、[氏名]フィールドのふりがなを取り出す

1 セルD4をクリック　**2** 「=PHONETIC(」と入力

❷ 続けて参照するフィールドを指定する

1 セルC4をクリック　**2** Enter キーを押す

C4　=PHONETIC([@氏名]

	A	B	C	D	E
1		【顧客住所録】			
3		No	氏名	フリガナ	郵便番号
4		1	大野 正広	=PHONETIC([@氏名]	東京都港区西
5		2	指原 珠理奈		245-0001	神奈川県横浜

❸ [フリガナ] フィールドにふりがなが表示された

[氏名]フィールドに設定されているふりがなが自動的に取り出された

テーブルに含まれる最後のレコードまで、自動的にPHONETIC関数が入力された

D5　=PHONETIC([@氏名])

	A	B	C	D	E	
1		【顧客住所録】				
3		No	氏名	フリガナ	郵便番号	
4		1	大野 正広	オオノ マサヒロ	106-0031	東京都港区西
5		2	指原 珠理奈	サシハラ ジュリナ	245-0001	神奈川県横浜
6		3	櫻井 拓哉	サクライ タクヤ	111-0021	東京都台東区
7		4	相葉 吾郎	アイバ ゴロウ	333-0801	埼玉県川口市
8		5	柏木 みなみ	カシワギ ミナミ	160-0001	東京都新宿区
9		6	二宮 剛	ニノミヤ タケシ	150-0001	東京都渋谷区
10		7	渡辺 由紀	ワタナベ ユキ	279-0001	千葉県浦安市

HINT!

漢字の上にふりがなを表示するには

以下のように操作すれば、漢字の上に「ルビ」のようにふりがなを表示できます。漢字の上に何も表示されない場合は、ふりがなの情報がないので、ふりがなを追加する必要があります。ただし、漢字の上にふりがなを表示するとデータが見にくくなることもあるので、必要に応じて操作しましょう。

1 ふりがなを表示するセル範囲を選択

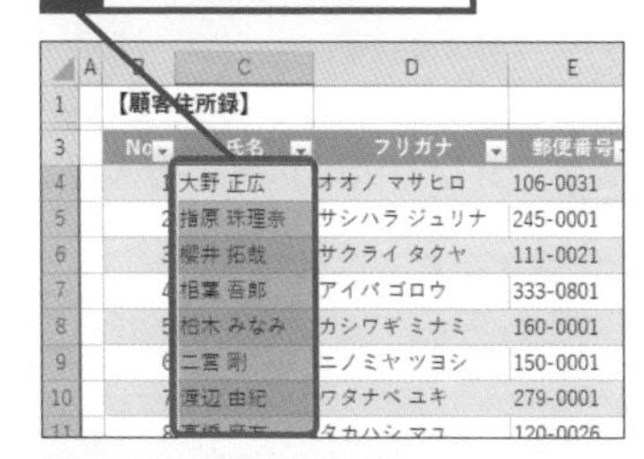

2 [ホーム] タブをクリック

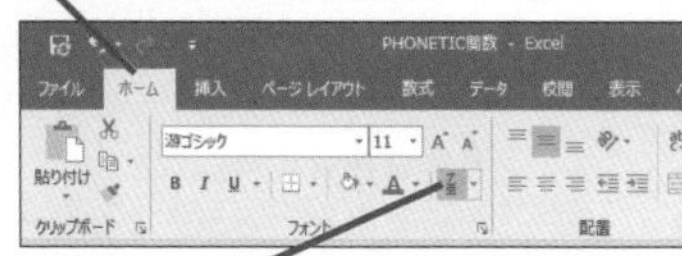

3 [ふりがなの表示/非表示]をクリック

漢字の上にふりがなが表示された

次のページに続く

4 ふりがなを表示する

ここでは、正しいふりがなが表示されなかったセルC9のふりがなを表示する

1 セルC9をクリック

2 Shift＋Alt＋↑キーを押す

C9 | 二宮 剛

	A	B	C	D	E	F
1		【顧客住所録】				
3		No	氏名	フリガナ	郵便番号	住所
4		1	大野 正広	オオノ マサヒロ	106-0031	東京都港区西麻布x-x-x
5		2	指原 珠理奈	サシハラ ジュリナ	5-0001	神奈川県横浜市泉区池の
6		3	櫻井 拓哉	サクライ タクヤ	111-0021	東京都台東区日本堤x-x-x
7		4	相葉 吾郎	アイバ ゴロウ	333-0801	埼玉県川口市東川口x-x-x
8		5	柏木 みなみ	カシワギ ミナミ	160-0001	東京都新宿区片町x-x-x
9		6	二宮 剛	二宮 剛	150-0001	東京都渋谷区神宮前x-x-x
10		7	渡辺 由紀	ワタナベ ユキ	279-0001	千葉県浦安市当代島x-x-x

5 ふりがなが表示された

ふりがなを修正できるようになった

ここでは「タケシ」を「ツヨシ」に変更する

C9 | 二宮 剛

	A	B	C	D	E	F
1		【顧客住所録】				
3		No	氏名	フリガナ	郵便番号	住所
4		1	大野 正広	オオノ マサヒロ	106-0031	東京都港区西麻布x-x-x
5		2	指原 珠理奈	サシハラ ジュリナ	245-0001	神奈川県横浜市泉区池の
6		3	櫻井 拓哉	サクライ タクヤ	111-0021	東京都台東区日本堤x-x-x
7		4	相葉 吾郎	アイバ ゴロウ	333-0801	埼玉県川口市東川口x-x-x
8		5		カシワギ ミナミ	160-0001	東京都新宿区片町x-x-x
9		6	二宮 剛	ニノミヤ タケシ	150-0001	東京都渋谷区神宮前x-x-x
10		7		ワタナベ ユキ	279-0001	千葉県浦安市当代島x-x-x

6 ふりがなを削除する

1 Deleteキーを3回押す

「タケシ」の3文字が削除された

C9 | 二宮 剛

	A	B	C	D	E	F
1		【顧客住所録】				
3		No	氏名	フリガナ	郵便番号	住所
4		1	大野 正広	オオノ マサヒロ	106-0031	東京都港区西麻布x-x-x
5		2	指原 珠理奈	サシハラ ジュリナ	245-0001	神奈川県横浜市泉区池の
6		3	櫻井 拓哉	サクライ タクヤ	111-0021	東京都台東区日本堤x-x-x
7		4	相葉 吾郎	アイバ ゴロウ	333-0801	埼玉県川口市東川口x-x-x
8		5		カシワギ ミナミ	160-0001	東京都新宿区片町x-x-x
9		6	ニノミヤ 二宮 剛	ニノミヤ タケシ	150-0001	東京都渋谷区神宮前x-x-x
10		7		ワタナベ ユキ	279-0001	千葉県浦安市当代島x-x-x

HINT! ふりがなを取り出せないときは

ほかのアプリからコピーしたデータや関数を利用して作成したデータなどには、読みがなの情報がありません。PHONETIC関数を入力しても、元の漢字がそのまま表示されてしまいます。以下のように操作して、ふりがなを設定しておきましょう。この方法は、セルのデータ全体に対してのふりがなが取得されるので、この場合は、姓と名の間に全角スペースが入ります。姓と名のそれぞれで、ふりがなを付けたい場合は、セルをダブルクリックして、姓や名の文字だけをドラッグして選択してから、Shift＋Alt＋↑キーを押します。

ふりがなが正しく取り出されていない

7	4	相葉 吾郎	アイバ ゴロウ	333-0
8	5	柏木 みなみ	カシワギ ミナミ	160-0
9	6	二宮 剛	二宮 剛	150-0
10	7	渡辺 由紀	ワタナベ ユキ	279-0

1 Shift＋Alt＋↑キーを押す

自動的にふりがなが取り出された

7	4	相葉 吾郎	アイバ ゴロウ	333-0
8	5		カシワギ ミナミ	160-0
9	6	二宮 剛	二宮 剛	150-0
10	7		ワタナベ ユキ	279-0

2 Enterキーを押す

ふりがなを設定できた

7	4	相葉 吾郎	アイバ ゴロウ	333-0
8	5	柏木 みなみ	カシワギ ミナミ	160-0
9	6	二宮 剛	ニノミヤ　タケシ	150-0
10	7	渡辺 由紀	ワタナベ ユキ	279-0

間違った場合は？

手順4でShift＋Ctrl＋↑キーを押してしまうと、上方向のセルが選択された状態になります。もう一度セルC9をクリックして、操作をやり直しましょう。

7 ふりがなを修正する

1 「ツヨシ」と入力

2 Enter キーを押す

C9 二宮 剛

	A	B	C	D	E	F
1		【顧客住所録】				
3		No	氏名	フリガナ	郵便番号	住所
4		1	大野 正広	オオノ マサヒロ	106-0031	東京都港区西麻布x-x-x
5		2	指原 珠理奈	サシハラ ジュリナ	245-0001	神奈川県横浜市泉区池の谷x-x-x
6		3	櫻井 拓哉	サクライ タクヤ	111-0021	東京都台東区日本堤x-x-x
7		4	相葉 吾郎	アイバ ゴロウ	333-0801	埼玉県川口市東川口x-x-x
8		5	柏木 みなみ	カシワギ ミナミ	160-0001	東京都新宿区片町x-x-x
9		6	二宮 剛	ニノミヤ タケシ	150-0001	東京都渋谷区神宮前x-x-x
10		7			0001	千葉県浦安市当代島x-x-x
11		8	高橋		0026	東京都足立区千住旭町x-x-x
12		9	松本		0001	東京都杉並区阿佐谷北x-x-x

つよし
ツヨシ

セルに入力されている文字列が選択された

C9 二宮 剛

	A	B	C	D	E	F
1		【顧客住所録】				
3		No	氏名	フリガナ	郵便番号	住所
4		1	大野 正広	オオノ マサヒロ	106-0031	東京都港区西麻布x-x-x
5		2	指原 珠理奈	サシハラ ジュリナ	245-0001	神奈川県横浜市泉区池の谷x-x-x
6		3	櫻井 拓哉	サクライ タクヤ	111-0021	東京都台東区日本堤x-x-x
7		4	相葉 吾郎	アイバ ゴロウ	333-0801	埼玉県川口市東川口x-x-x
8		5	柏木 みなみ	カシワギ ミナミ	160-0001	東京都新宿区片町x-x-x
9		6	二宮 剛	ニノミヤ タケシ	150-0001	東京都渋谷区神宮前x-x-x
10		7		ワタナベ ユキ	279-0001	千葉県浦安市当代島x-x-x

3 もう一度 Enter キーを押す

8 ふりがなを修正できた

ふりがなを修正したので、PHONETIC関数で取り出したふりがなも修正された

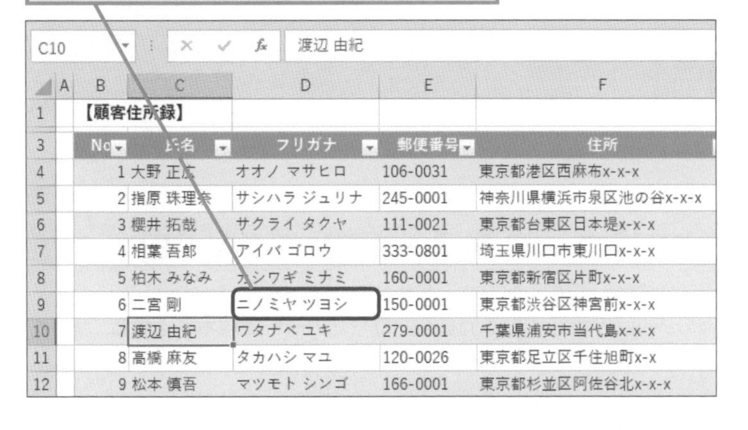

C10 渡辺 由紀

	A	B	C	D	E	F
1		【顧客住所録】				
3		No	氏名	フリガナ	郵便番号	住所
4		1	大野 正広	オオノ マサヒロ	106-0031	東京都港区西麻布x-x-x
5		2	指原 珠理奈	サシハラ ジュリナ	245-0001	神奈川県横浜市泉区池の谷x-x-x
6		3	櫻井 拓哉	サクライ タクヤ	111-0021	東京都台東区日本堤x-x-x
7		4	相葉 吾郎	アイバ ゴロウ	333-0801	埼玉県川口市東川口x-x-x
8		5	柏木 みなみ	カシワギ ミナミ	160-0001	東京都新宿区片町x-x-x
9		6	二宮 剛	ニノミヤ ツヨシ	150-0001	東京都渋谷区神宮前x-x-x
10		7	渡辺 由紀	ワタナベ ユキ	279-0001	千葉県浦安市当代島x-x-x
11		8	高橋 麻友	タカハシ マユ	120-0026	東京都足立区千住旭町x-x-x
12		9	松本 慎吾	マツモト シンゴ	166-0001	東京都杉並区阿佐谷北x-x-x

HINT!

ふりがなを「ひらがな」で表示するには

ふりがなは、全角カタカナのほか、ひらがなや半角カタカナでも表示できます。ふりがなの種類を変更したい場合は、元の漢字が入力されているセルを選択しておきます。PHONETIC関数を入力したセルを操作するのではないので、注意してください。

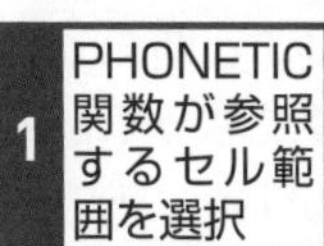

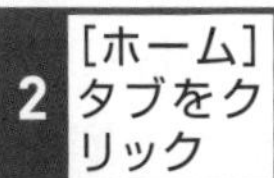

3 [ふりがなの表示/非表示]のここをクリック

4 [ふりがなの設定]をクリック

[ふりがなの設定]ダイアログボックスが表示された

ここではふりがなの種類を[ひらがな]に設定する

5 [ふりがな]タブをクリック

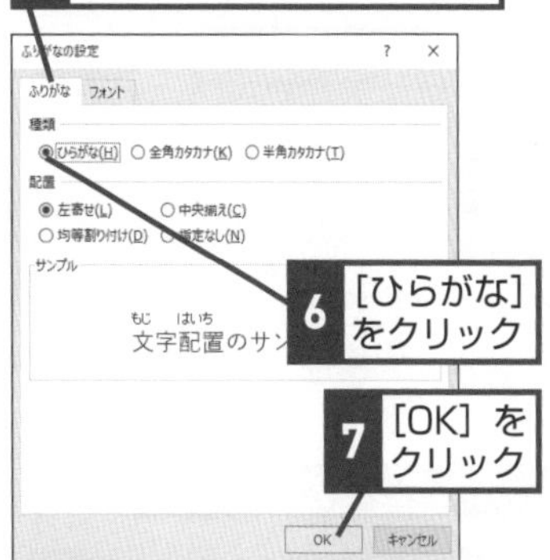

6 [ひらがな]をクリック

7 [OK]をクリック

編集時に表示されるふりがなと、PHONETIC関数で取り出したふりがながひらがなで表示される

レッスン

33 コードの一覧から商品名や単価を取り出すには

VLOOKUP関数

対応バージョン

365 | 2019 | 2016 | 2013

レッスンで使う練習用ファイル
VLOOKUP関数.xlsx

関連レッスン

▶レッスン14
入力する値を一覧から
選択するには ……………………… p.58

キーワード

関数	p.309
テーブル	p.311
名前	p.311
フィールド	p.312
フィールド行	p.312

商品名や単価を自在に取り出せるVLOOKUP関数

商品名や単価は、何度も同じものを繰り返し入力する必要があります。ところが、商品名や単価をそのまま入力していたのでは、入力作業が面倒な上、商品名や単価の入力間違いという致命的なミスも起こりやすくなってしまいます。このような場合は、商品にコードを振り、別途、商品一覧表を作成しておいて、その表から商品名などを取り出すようにしましょう。コードを入力して、商品名などのデータを取り出すには、VLOOKUP関数を使います。商品一覧表は、実際に売り上げを入力するワークシートとは別にして、下の図のように一覧表の左端列にコードを入力しておき、VLOOKUP関数で参照します。すると、コードが一致した行の商品名や単価を取り出せます。

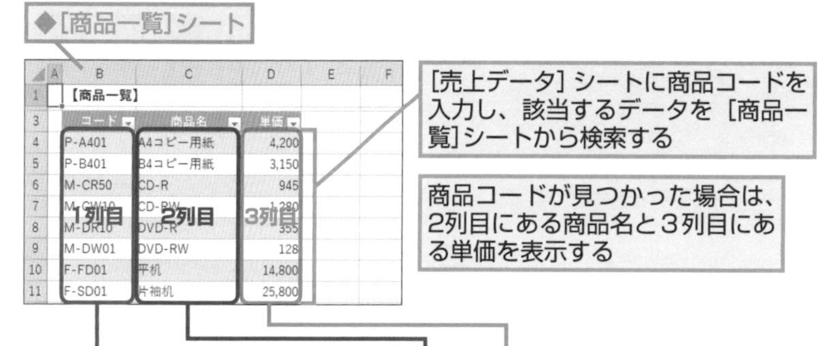

【商品一覧】

コード	商品名	単価
P-A401	A4コピー用紙	4,200
P-B401	B4コピー用紙	3,150
M-CR50	CD-R	945
M-CW10	CD-RW	1,280
M-DR10	DVD-R	355
M-DW01	DVD-RW	128
F-FD01	平机	14,800
F-SD01	片袖机	25,800

◆[売上データ]シート

【売上データ】

No	日付	得意先	コード	商品名	単価	数量	金額
1	2016/5/1	株式会社室町文具	P-A401	A4コピー用紙	4,200	11	46,200
2	2016/5/1	鎌倉商事株式会社	M-CR50	CD-R	945	1	945
3	2016/5/1	株式会社大化事務機	P-B401	B4コピー用紙	3,150	4	12,600
4	2016/5/2	株式会社大化事務機	M-DR10	DVD-R	355	4	1,420
5	2016/5/2	鎌倉商事株式会社	[illegible]	[illegible]	3,500	5	17,500

VLOOKUP関数で1列目から3列目のデータを検索できる

このレッスンで入力する関数

=IF([@コード]="","",VLOOKUP([@コード],商品一覧TBL,2,FALSE))

▶ [コード] フィールドに入力された商品コードを元に「商品一覧TBL」と名前を付けたテーブルの左端列を検索し、見つかった場合は[商品一覧TBL]の2列目の商品名を表示する。コードの一致で検索する場合は、[コード] フィールドが未入力だったときはエラーを表示するように、VLOOKUP関数の最後の引数に「FALSE」を指定する

① VLOOKUP関数を入力する

［商品一覧TBL］テーブルの左端列（セルB4～B13）の範囲を商品コードで検索して、商品名を入力する

1 セルF4に「=IF([@コード]="","",VLOOKUP([@コード],」と入力

F4 =IF([@コード]="","",VLOOKUP([@コード],

【売上データ】

No	日付	得意先	コード	商品名	単価	数量	金額
1	2016/5/1	株式会社室町文具	P-A401	=IF([@コード]="","",VLOOKUP([@コード],			
2	2016/5/1	鎌倉商事株式会社	M-CR50				
3	2016/5/1	株式会社大化事務機	P-B401			4	0
4	2016/5/2	株式会社大化事務機	M-DR10			4	0
5	2016/5/2	鎌倉商事株式会社	P-B401			5	0

VLOOKUP(検索値, 範囲, 列番号, [検索方法])

② ［商品一覧］シートに切り替える

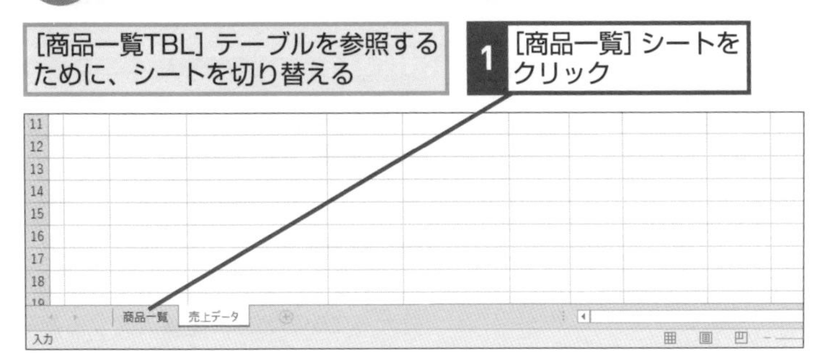

③ ［商品一覧TBL］テーブルを参照範囲に指定する

［商品一覧TBL］テーブルをVLOOKUP関数の参照範囲に指定する

A1 =IF([@コード]="","",VLOOKUP([@コード],商品一覧!

【商品一覧】

コード	商品名	単価
P-A401	A4コピー用紙	4,200
P-B401	B4コピー用紙	3,150
M-CR50	CD-R	945
M-CW10	CD-RW	1,280
M-DR10	DVD-R	355
M-DW01	DVD-RW	128
F-FD01	平机	14,800
F-SD01	片袖机	25,800
F-C301	3段キャビネット	9,800
F-CH01	OAチェア	3,800

VLOOKUP(検索値, 範囲, 列番号, [検索方法])

1 セルB3の左上にマウスポインターを合わせる

マウスポインターの形が変わった 

2 そのままクリック

HINT! VLOOKUP関数でコードに一致したデータを検索できる

VLOOKUP関数は、［範囲］に指定した左端列を［検索値］で探して、該当するデータがある場合、その結果を表示します。このレッスンの例であれば、「商品一覧TBL」の範囲を［コード］フィールドに入力されたコード（検索値）で探して、商品名（左から2列目のデータ）を表示します。最後の引数の「FALSE」は検索の方法を指定するもので、コードのように完全に一致するものを探したいときは「FALSE」を指定します。「TRUE」を指定したときには、検索対象の範囲の中に近似値があれば表示します。

●VLOOKUP関数の書式

=VLOOKUP(検索値,範囲,列番号,検索方法)

▶［検索値］を元に［範囲］を検索し、［範囲］の中で表示したい列が左から何番目なのかを［列番号］で指定する。［検索値］が［範囲］の中にない場合、エラー（FALSE）を返すか、近似値（TRUE）を返すかを［検索方法］で指定する

HINT! フィールド行を除く範囲を選択する

手順3のようにマウスポインターをテーブルの左上に合わせて1回クリックすると、テーブルのフィールド行を除いたセルB4～D13が選択されます。ここでは、セルB3の左上にマウスポインターを合わせ、マウスポインターが➘の形になったらクリックします。

間違った場合は？

手順3でフィールド行まで選択されてしまったときは、マウスポインターの形が➘になるところをクリックし直します。

次のページに続く

VLOOKUP関数の参照範囲が指定された

[商品一覧TBL] テーブルが選択された

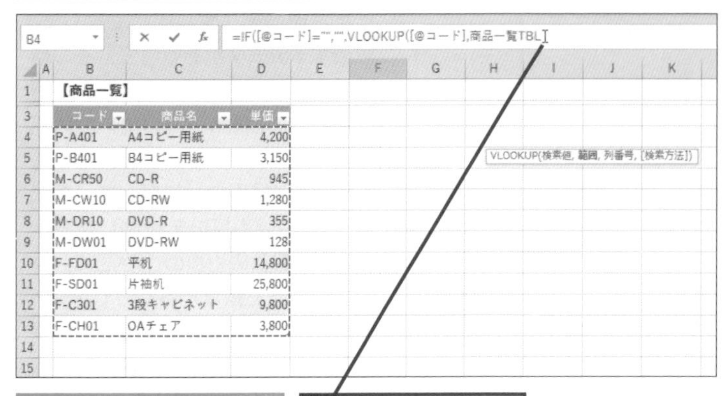

コード	商品名	単価
P-A401	A4コピー用紙	4,200
P-B401	B4コピー用紙	3,150
M-CR50	CD-R	945
M-CW10	CD-RW	1,280
M-DR10	DVD-R	355
M-DW01	DVD-RW	128
F-FD01	平机	14,800
F-SD01	片袖机	25,800
F-C301	3段キャビネット	9,800
F-CH01	OAチェア	3,800

数式バーに関数の続きを入力する

1 数式バーのここをクリック

5 テーブルの検索範囲と検索方法を指定する

1 続けて「,2,FALSE))」と入力

2 Tab キーを押す

A1

=IF([@コード]="","",VLOOKUP([@コード],商品一覧TBL,2,FALSE))

【商品一覧】

コード	商品名	単価
P-A401	A4コピー用紙	4,200
P-B401	B4コピー用紙	3,150
M-CR50	CD-R	945
M-CW10	CD-RW	1,280
M-DR10	DVD-R	355
M-DW01	DVD-RW	128
F-FD01	平机	14,800
F-SD01	片袖机	25,800
F-C301	3段キャビネット	9,800
F-CH01	OAチェア	3,800

商品名が自動的に入力された

G4

【売上データ】

No	日付	得意先	コード	商品名	単価	数量	金額
1	2016/5/1	株式会社室町文具	P-A401	A4コピー用紙		11	0
2	2016/5/1	鎌倉商事株式会社	M-CR50	CD-R		1	0
3	2016/5/1	株式会社大化事務機	P-B401	B4コピー用紙		4	0
4	2016/5/2	株式会社大化事務機	M-DR10	DVD-R		4	0
5	2016/5/2	鎌倉商事株式会社	P-B401	B4コピー用紙		5	0

HINT! IF関数を組み合わせるのはなぜ？

IF関数は、指定する条件を満たすかどうかで処理を分岐できる関数です。VLOOKUP関数で検索した結果、該当するデータがない場合、セルにエラーが表示されてしまうので、[コード] フィールドにデータが入力されていない（[@コード] =""）場合は、[商品名] フィールドに何も表示しないようにIF関数を組み合わせています。

●IF関数の書式

=IF(論理式,真の場合,偽の場合)

▶[論理式]を満たせば[真の場合]、満たさない場合は[偽の場合]を返す

HINT! 数式に直接テーブル名を入力できる

手順6の上の画面ではVLOOKUP関数が参照するテーブル名を直接入力しています。参照先のテーブル名が分かっているときは直接入力するといいでしょう。入力するときは、1文字でもテーブル名が異なっているとエラーのメッセージが表示されてしまいます。テーブル名が分からないときは前ページの手順3を参考にテーブル名を指定しましょう。

間違った場合は？

手順5でエラーが表示されたときは、かっこの数や「,」（カンマ）の位置を見直して、間違いないか確認してください。正しい数式に編集し直すと、セルに商品名が入力されます。

6 単価を一覧から検索して入力する

続いて商品コードで検索して、単価を入力する

1 手順4を参考にセルG4に「=IF([@コード]="","",VLOOKUP([@コード],商品一覧TBL,3,FALSE))」と入力

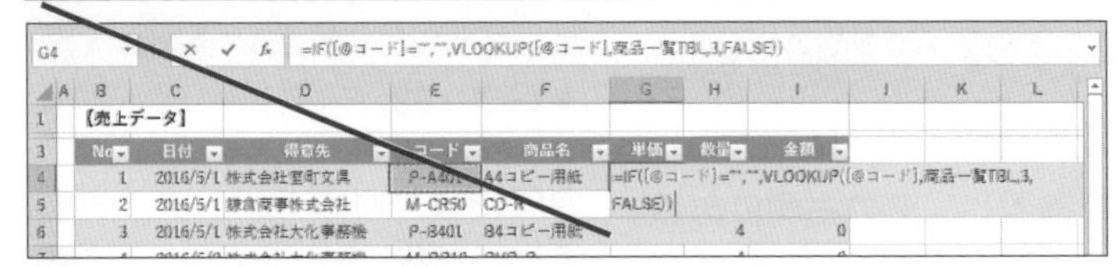

2 Tab キーを押す

単価と金額が自動的に入力された

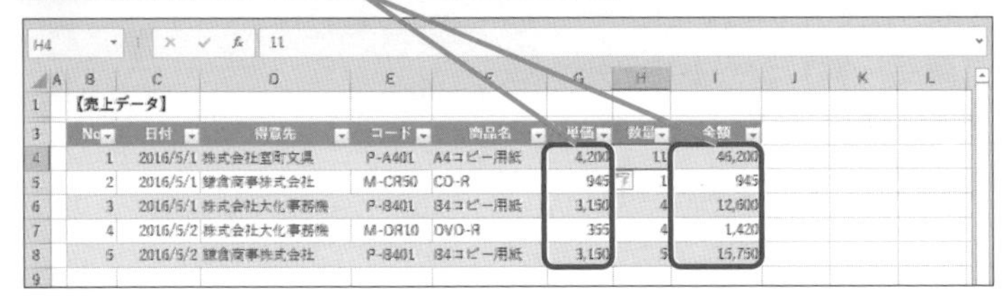

7 新しい商品名を追加する

1 [商品一覧] シートをクリック

ここでは [商品一覧TBL] テーブルに新しい商品名を追加する

2 セルB14に「F-CH02」、セルC14に「レターケース」、セルD14に「3500」と入力

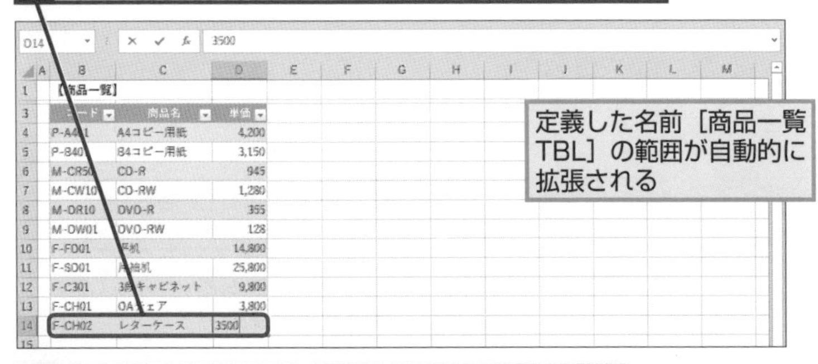

定義した名前 [商品一覧TBL] の範囲が自動的に拡張される

3 [売上データ] シートをクリック

4 セルE8に「F-CH02」と入力

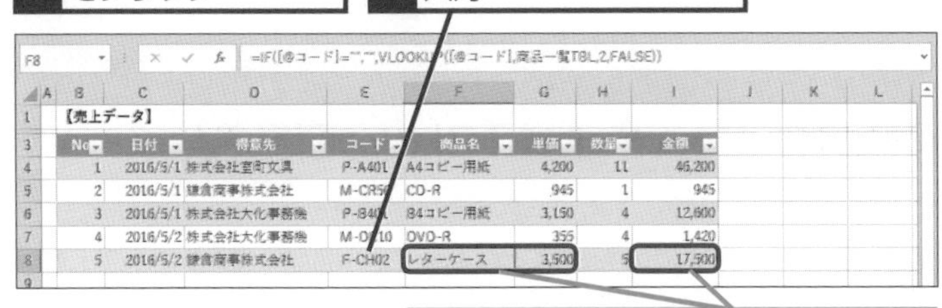

入力したコードに合わせてテーブルのデータが更新された

HINT! 関数をコピーして修正しよう

手順4でセルF4に入力した数式を利用すると、セルG4の数式を簡単に入力できます。このレッスンのように同じセル範囲を参照していて、表示するデータが異なるような場合は便利です。ただし、関数の引数に指定するセル範囲は、セルのクリックやドラッグの操作で意図せず変わることがあります。以下のように操作して正確にコピーしましょう。

1 セルF4をクリック

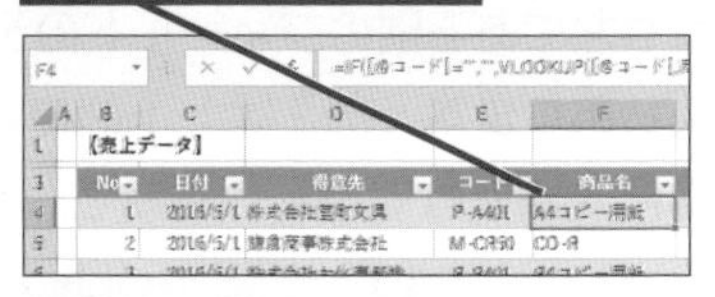

2 Ctrl + C キーを押す

セルがコピーされた

3 セルG4をクリック

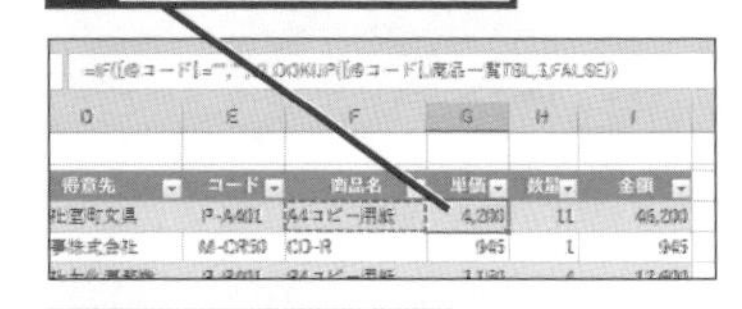

4 Ctrl + V キーを押す

参照先の列が異なるため、エラーが表示される

5 F2 キーを押す

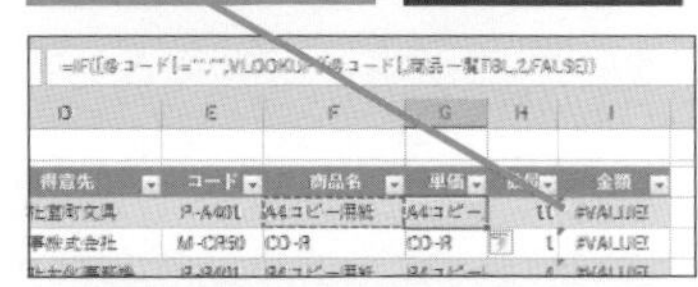

数式を編集できるようになった

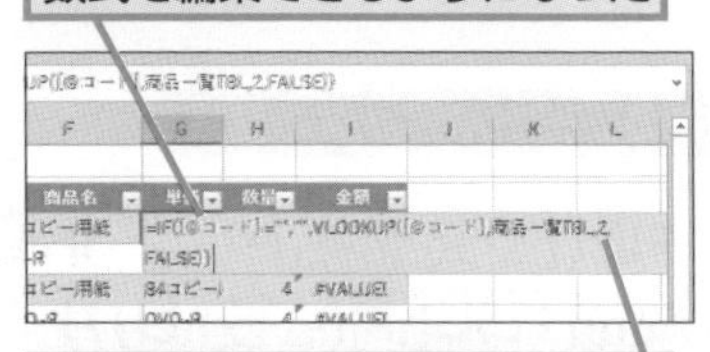

[商品一覧TBL]の[単価]フィールド(左から3列目のデータ)を参照するので、数式の「2」を「3」に書き換える

レッスン

34 商品名から商品のコードを取り出すには

INDEX関数、MATCH関数

対応バージョン

365 2019 2016 2013

レッスンで使う練習用ファイル
INDEX関数、MATCH関数.xlsx

関連レッスン

▶レッスン33
コードの一覧から商品名や
単価を取り出すには ………………… p.142
▶レッスン35
重さと距離からなる料金表から
送料を求めるには …………………… p.150

キーワード

フィールド	p.312
文字列データ	p.312

テーブルの2列目以降にあるデータからも左のデータを取り出せる

レッスン㉝で解説したように、VLOOKUP関数を使えば、入力した「コード」から、テーブルの左端列を参照し、その右側にあるいずれかのフィールドを取り出せます。ところが、実務では、テーブルの2列目以降に入力されているフィールドを参照して、その右や左にある別のフィールドのデータを取り出したいというケースもあります。例えば、下図のように［商品一覧］シートの2列目に入力されている「商品名」から、その左列にある「コード」を取り出したいときは、INDEX関数とMATCH関数を組み合わせるといいでしょう。

◆[商品一覧]シート

【商品一覧】

コード	商品名	単価
P-A401	A4コピー用紙	4,200
P-B401	B4コピー用紙	3,150
M-CR50	CD-R	945
M-CW10	CD-RW	1,280
M-DR10	DVD-R	355
M-DW01	DVD-RW	128
F-FD01	平机	14,800
F-SD01	片袖机	25,800
F-C301	3段キャビネット	9,800
F-CH01	OAチェア	3,800

◆[売上データ]シート

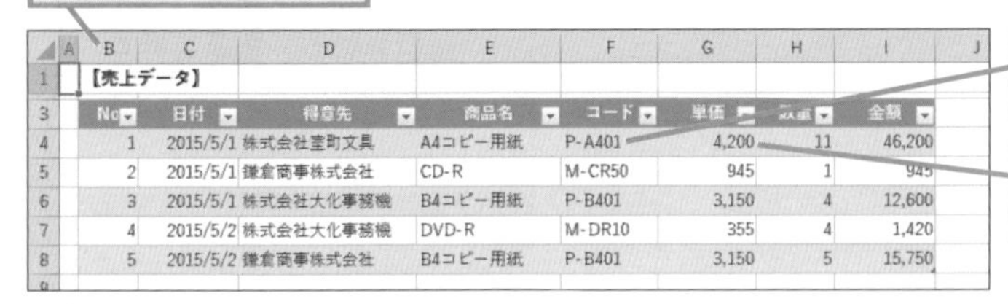

【売上データ】

No	日付	得意先	商品名	コード	単価	数量	金額
1	2015/5/1	株式会社室町文具	A4コピー用紙	P-A401	4,200	11	46,200
2	2015/5/1	鎌倉商事株式会社	CD-R	M-CR50	945	1	945
3	2015/5/1	株式会社大化事務機	B4コピー用紙	P-B401	3,150	4	12,600
4	2015/5/2	株式会社大化事務機	DVD-R	M-DR10	355	4	1,420
5	2015/5/2	鎌倉商事株式会社	B4コピー用紙	P-B401	3,150	5	15,750

［商品一覧］シートにある［商品名］を参照して、コードを表示する

［売上データ］シートにある［コード］を参照し、単価を表示する

このレッスンで入力する関数

=IF([@商品名]="","",INDEX(商品TBL[コード],MATCH([@商品名],商品TBL[商品名],0)))

▶MATCH関数で、［売上データ］シートの［商品名］フィールドに入力された値を元に、［商品一覧］シートで「商品TBL」と名前を付けたテーブル内の［商品名］フィールドを検索し、見つかった場合は、その行の位置を返す。そして［商品TBL］の中からMATCH関数で求めた行位置にある［コード］フィールドの値をINDEX関数で表示する。IF関数で、［商品名］フィールドの商品名が未入力の場合にエラーが表示されないようにする

1 IF関数とINDEX関数を入力する

［商品一覧］シートと商品名が同じデータを検索して、コードを表示する

1 セルF4をクリック

2 「=IF([@商品名]="","",INDEX(」と入力

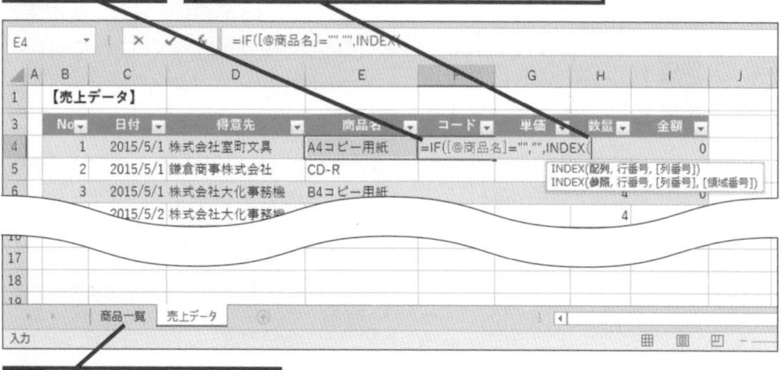

3 ［商品一覧］シートをクリック

2 INDEX関数の引数を指定する

［商品一覧］シートが表示された

1 セルB3のここをクリック

=IF([@商品名]="","",INDEX(商品一覧!

【商品一覧】

コード	商品名	単価
P-A401	A4コピー用紙	4,200
P-B401	B4コピー用紙	3,150
M-CR50	CD-R	945
M-CW10	CD-RW	1,280
M-DR10	DVD-R	355
M-DW01	DVD-RW	128
F-FD01	平机	14,800
F-SD01	片袖机	25,800
F-C301	3段キャビネット	9,800
F-CH01	OAチェア	3,800

INDEX(配列, 行番号, [列番号])
INDEX(参照, 行番号, [列番号], [領域番号])

INDEX関数の［参照］の引数が指定された

続けて数式を入力する

2 ここをクリック

=IF([@商品名]="","",INDEX(商品TBL[コード]

【商品一覧】

コード	商品名	単価
P-A401	A4コピー用紙	4,200
P-B401	B4コピー用紙	3,150
M-CR50	CD-R	945
M-CW10	CD-RW	1,280
M-DR10	DVD-R	355
M-DW01	DVD-RW	128
F-FD01	平机	14,800
F-SD01	片袖机	25,800
F-C301	3段キャビネット	9,800
F-CH01	OAチェア	3,800

INDEX(配列, 行番号, [列番号])
INDEX(参照, 行番号, [列番号], [領域番号])

HINT! INDEX関数って何？

INDEX関数とは、表形式のセル範囲を指定した［参照］から、［行番号］と［列番号］の引数で指定した位置の値を取り出す関数です。セル範囲は、縦一列の範囲を指定することもでき、その場合は、［列番号］の指定を省略できます。ここでは、[参照]に［商品TBL］の［コード］フィールド、［行番号］にMATCH関数を指定しています。

●INDEX関数の書式

=INDEX(参照,行番号,列番号)

▶［参照］で指定したセル範囲の中から、［列番号］と［行番号］で指定した位置の値を取り出す。［参照］に縦1列や横1行のセル範囲を指定した場合は、列番号の引数を省略できる

次のページに続く

③ MATCH関数を入力する

MATCH関数の引数［検査範囲］を指定する

1 「,MATCH([@商品名],」と入力

MATCH関数の［検査範囲］の引数が指定された

C4　=IF([@商品名]="","",INDEX(商品TBL[コード],MATCH([@商品名],商品TBL[商品名]

【商品一覧】

コード	商品名	単価
P-A401	A4コピー用紙	4,200
P-B401	B4コピー用紙	3,150
M-CR50	CD-R	945
M-CW10	CD-RW	1,280
M-DR10	DVD-R	355
M-DW01	DVD-RW	128
F-FD01	平机	14,800
F-SD01	片袖机	25,800
F-C301	3段キャビネット	9,800
F-CH01	OAチェア	3,800

④ 続けて検索条件の種類を指定する

［商品名］フィールドに完全一致したときに、コードが表示されるようにする

1 「,0)))」と入力

A1　=IF([@商品名]="","",INDEX(商品TBL[コード],MATCH([@商品名],商品TBL[商品名],0)))

【商品一覧】

コード	商品名	単価
P-A401	A4コピー用紙	4,200
P-B401	B4コピー用紙	3,150
M-CR50	CD-R	945
M-CW10	CD-RW	1,280
M-DR10	DVD-R	355
M-DW01	DVD-RW	128
F-FD01	平机	14,800

2 Enter キーを押す

［売上データ］シートが表示され、コードが自動的に入力された

F5　=IF([@商品名]="","",INDEX(商品TBL[コード],MATCH([@商品名],商品TBL[商品名],0)))

【売上データ】

No	日付	得意先	商品名	コード	単価	数量	金額
1	2015/5/1	株式会社室町文具	A4コピー用紙	P-A401		11	0
2	2015/5/1	鎌倉商事株式会社	CD-R	M-CR50		1	0
3	2015/5/1	株式会社大化事務機	B4コピー用紙	P-B401		4	0
4	2015/5/2	株式会社大化事務機	DVD-R	M-DR10		4	0
5	2015/5/2	鎌倉商事株式会社	B4コピー用紙	P-B401		5	0

HINT! MATCH関数って何？

MATCH関数とは、縦1列や横1行で指定した［検査範囲］から特定の［検査値］を検索して、見つかった場合は、その位置を番号で返す関数です。特徴的なのは3番目の引数に指定する［照合の種類］です。これを「0」に指定することで「完全一致」、「1」で「コードの昇順（小さい順）一致」、「-1」で「コードの降順（大きい順）一致」で検索できます。

●MATCH関数の書式

=MATCH(検査値,検査範囲,照合の種類)

▶［検査範囲］で指定したセル範囲の中から、［検査値］で指定した内容に一致する位置の番号を返す。［照合の種類］には、「降順一致」の場合は「-1」、「完全一致」は「0」、「昇順一致」は「1」を指定する

HINT! ほかのワークシートにあるテーブルも構造化参照の形式で参照できる

ほかのワークシートのセルを選択するとき、通常は「シート名!セル番地」のように指定されます。このため、手順2で数式の入力中に［商品一覧］シートを選択した場合も、「商品一覧!」のように一時的に表示されますが、ほかのワークシートにあるテーブル範囲を指定すれば、「商品TBL[コード]」のように構造化参照に置き換わります。テーブル名は、ブック内で重複しない名前しか付けられないため、ほかのワークシートのテーブルを指定しても特定のテーブルを判別できます。このため、ほかのワークシートにあるテーブルを参照する場合も、構造化参照式にワークシートの名前は付きません。

❺ IF関数とVLOOKUP関数を入力する

[商品一覧] シートと商品名が同じデータを検索して単価を表示する

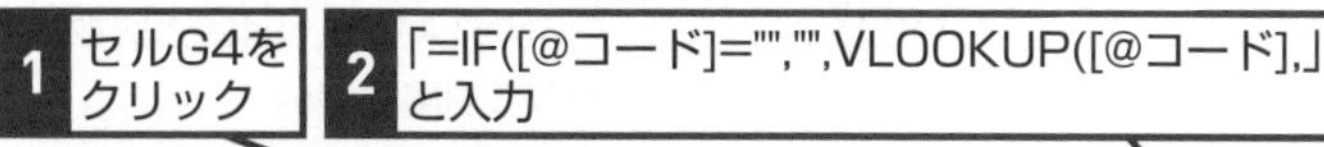

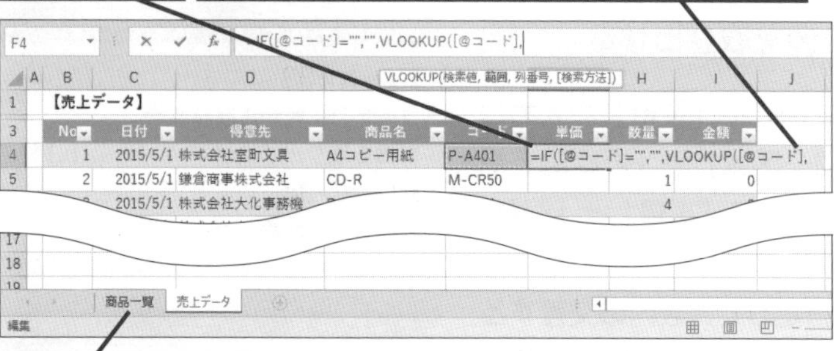

3 [商品一覧] シートをクリック

4 セルB3のここをクリック

=IF([@コード]="","",VLOOKUP([@コード],商品一覧!

VLOOKUP(検索値, 範囲, 列番号, [検索方法])

【商品一覧】

コード	商品名	単価
P-A401	A4コピー用紙	4,200
P-B401	B4コピー用紙	3,150
M-CR50	CD-R	945
M-CW10	CD-RW	1,280
M-DR10	DVD-R	355

❻ [商品一覧] シートの検索範囲と検索方法を指定する

VLOOKUP関数の [範囲] の引数が指定された

1 数式バーに「,3,FALSE))」と入力

=IF([@コード]="","",VLOOKUP([@コード],商品TBL,3,FALSE))

【商品一覧】

コード	商品名	単価
P-A401	A4コピー用紙	4,200
P-B401	B4コピー用紙	3,150
M-CR50	CD-R	945
M-CW10	CD-RW	1,280
M-DR10	DVD-R	355

2 Enter キーを押す

単価が自動的に入力された

単価と数量から売上金額が求められた

G5

=IF([@コード]="","",VLOOKUP([@コード],商品TBL,3,FALSE))

【売上データ】

No	日付	得意先	商品名	コード	単価	数量	金額
1	2015/5/1	株式会社室町文具	A4コピー用紙	P-A401	4,200	11	46,200
2	2015/5/1	鎌倉商事株式会社	CD-R	M-CR50	945	1	945
3	2015/5/1	株式会社大化事務機	B4コピー用紙	P-B401	3,150	4	12,600
4	2015/5/2	株式会社大化事務機	DVD-R	M-DR10	355	4	1,420
5	2015/5/2	鎌倉商事株式会社	B4コピー用紙	P-B401	3,150	5	15,750

HINT!

数式オートコンプリートの機能を活用しよう

キーボードから関数の頭の数文字を入力すると、以降の文字を補完してくれる「数式オートコンプリート」の機能が働きます。入力モードが[半角英数] の状態で関数を入力すると、入力した文字に一致する関数の候補がリストで表示されます。↑や↓キーで入力したい関数に移動してから、Tab キーを押すと関数を入力できます。このとき、Tab キーではなくEnter キーを押してしまうと、途中で数式の入力が終了されてしまい、エラーとなってしまうので注意してください。なお、テーブルの範囲を指定する場合も、数式オートコンプリートで入力できます。
なお、数式オートコンプリートは、入力モードが [半角英数] の状態で入力しないと機能しません。数式オートコンプリートを利用するときは、入力モードを [半角英数] にした状態で入力しましょう。

ここではセルG5にVLOOKUP関数を入力する

1 「=VL」と入力

2 Tab キーを押す

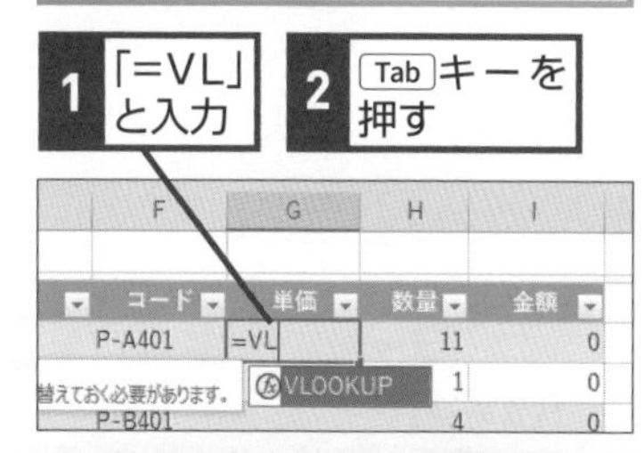

VLOOKUP関数と「(」が入力された

3 「[@」と入力

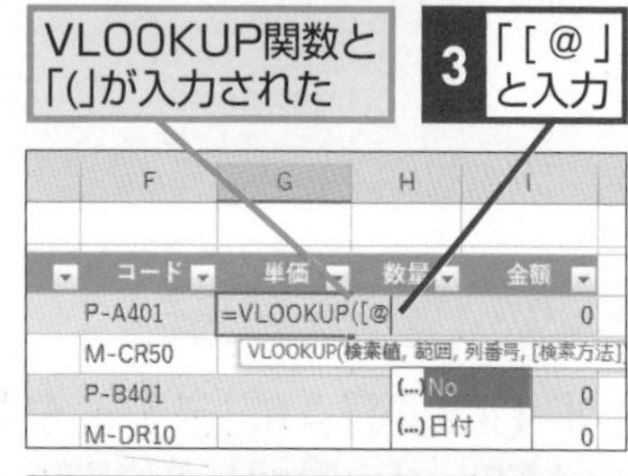

テーブルの場合、引数に指定できるフィールド名が表示される

Tab キーやマウスで項目を選択する

レッスン

35 重さと距離からなる料金表から送料を求めるには

COUNTA関数、INDEX関数、MATCH関数

対応バージョン

365 2019 2016 2013

レッスンで使う練習用ファイル
COUNTA関数、INDEX関数、MATCH関数.xlsx

関連レッスン

▶レッスン33
コードの一覧から商品名や単価を取り出すには ………………… p.142

▶レッスン34
商品名から商品のコードを取り出すには……………………………… p.146

キーワード

構造化参照	p.309
テーブル	p.311

テーブルの縦項目と横項目から値を取り出せる

下図の［送料一覧］シートには、一番左の列に「重量」が入力されており、1行目のフィールド行に「同一区域」や「近距離」などの距離の区分が入力されています。該当する「重量」と「距離」が交差する位置の料金が実際の送料となります。

INDEX関数は、行と列の位置を引数に指定して、表内の交差する位置のセルの値を取り出せる関数ですが、INDEX関数の引数にMATCH関数を利用して、「重量」と「距離」が一致する位置を求めることで、送料を取り出せます。

◆[送料一覧]シート

A1

【送料一覧】

重量	同一区域	近距離	中距離	遠距離
0.0	500	600	800	1,100
1.1	550	700	950	1,300
2.1	700	900	1,200	1,500
5.1	1,000	1,300	1,800	2,500
10.1	1,500	1,900	2,500	3,300
20.1	2,000	2,500	3,200	4,100
50.1	5,000	6,000	7,000	8,000

「重量」と「距離」に応じた料金を記載した送料の一覧表を用意しておく

◆[配送データ]シート

G4 =IF(COUNTA(配送データTBL[@[重量]:[配送エリア]])<2,"",INDEX(送料TBL,

【配送データ】

No	日付	送付先	重量	配送エリア	送料
1	2015/5/1	株式会社室町文具	1.2	近距離	700
2	2015/5/1	鎌倉商事株式会社	10.8	同一区域	1,500
3	2015/5/1	株式会社大化事務機	4.1	近距離	900
4	2015/5/2	株式会社大化事務機	5	中距離	1,200

[送料一覧] シートの重量と距離から、送料を表示する

このレッスンで入力する関数

```
=IF(COUNTA(配送データTBL[@[重量]:[配送エリア]])<2,"",INDEX(送料TBL,
MATCH([@重量],送料TBL[重量]),MATCH([@配送エリア],送料TBL[#見出し],0))
```

▶送料を取り出すために、INDEX関数の［行番号］に［配送データ］シートの重量から［送料一覧］シートの重量の行番号を求めるMATCH関数を利用し、［列番号］に［配送データ］シートの［配送エリア］から［送料一覧］シートの列番号を求めるMATCH関数を利用して、重量と配送エリアに合致する値を取り出す。COUNTA関数は、重量と配送エリアのいずれかが未入力の場合を調べ、IF関数で値がないときに何も表示しないようにする

1 IF関数とCOUNTA関数を入力する

[配送データ] シートの重量と配達エリアを参照する

1 セルG4に「=IF(COUNTA(」と入力

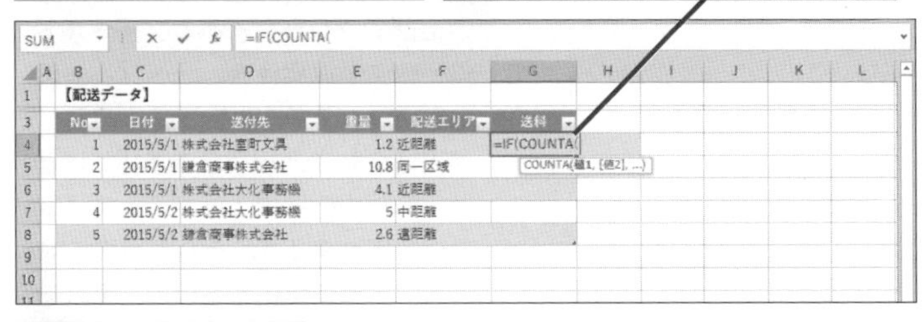

2 セルE4～F4をドラッグして選択

COUNTA関数の引数 [値] が指定された

2 IF関数の引数を入力する

IF関数の引数 [偽の場合] にINDEX関数を入力する

1 続けてセルG4に「)<2,"",INDEX(」と入力

2 [送料一覧] シートをクリック

HINT! COUNTA関数って何?

COUNTA関数は、セルに入力されている数値や文字列の数を数えることができる関数です。ここでは、[重量]フィールドと[配送エリア]フィールドにデータが入力されていないとエラーになってしまうため、COUNTA関数でこれらのセルに入力されているデータの数を数え、「2」より小さいときに、IF関数で何も表示しないようにします。

●COUNTA関数の書式

=COUNTA(値)

▶ [値] に指定したセル範囲に入力されているデータの数を数える

HINT! テーブル名がないと構造化参照式が分かりにくい

このレッスンでは、[送料一覧] シートにあるテーブルや [重量] フィールド、1行目のフィールド行を引数に指定します。このレッスンの練習用ファイルでは、それぞれのテーブルに「配送データTBL」と「送料TBL」というテーブル名を付けていますが、分かりやすいテーブル名に変更しておかないと、引数に「テーブル2」や「テーブル1」と表示され、どのテーブルの何を参照しているのかが分かりにくくなってしまいます。あらかじめテーブル名を分かりやすい名前に変更しておきましょう。

●テーブル名を変更しなかった場合の記述例

=IF(COUNTA(テーブル2[@[重量]:[配送エリア]])<2,"",INDEX(テーブル1,MATCH([@重量],テーブル1[重量])

テーブル名を変更しておかないと、どのテーブルの範囲を引数に指定しているかが分かりにくい

次のページに続く

3 ［送料一覧］シートのテーブル全体を選択する

［送料一覧］シートが表示された

1 セルB3のここをクリック

=IF(COUNTA(配送データTBL[@[重量]:[配送エリア]])<2,"",INDEX(送料一覧!

	B	C	D	E	F
1	【送料一覧】				
3	重量	同一区域	近距離	中距離	遠距離
4	0.0	500	600	800	1,100
5	1.1	550	700	950	1,300
6	2.1	700	900	1,200	1,500
7	5.1	1,000	1,300	1,800	2,500
8	10.1	1,500	1,900	2,500	3,300
9	20.1	2,000	2,500	3,200	4,100
10	50.1	5,000	6,000	7,000	8,000

セルB4～F10が選択された

INDEX関数の引数［参照］が指定された

=IF(COUNTA(配送データTBL[@[重量]:[配送エリア]])<2,"",INDEX(送料TBL

HINT!

テーブル内の領域を選択する方法をマスターしよう

テーブル内の領域は、各フィールドの上部をクリックするとフィールドのデータ領域全体を、テーブル斜め上をクリックするとテーブルのデータ領域全体を選択できます。このとき、各セルの境界上にマウスポインターを移動すると、それぞれの向きの黒い矢印に変化するので、それを目安にしてクリックしましょう。

また、手順3では、セルの斜め上の位置で1回クリックしています。1回だけクリックしたときは、データ領域全体を選択できますが、さらにもう1回クリックすると、先頭のフィールド行も含めたテーブル全体を選択できます。さらにもう1回クリックすると、データ領域全体に戻り、クリックするたびにフィールド行も含めるかどうかを切り替えられます。これは各フィールドを選択するときも同様です。

テクニック 長い数式の場合は、数式バーを広げると便利

数式バーが1行の状態では、このレッスンのような長い数式をすべて表示し切れない場合があります。このようなときは、以下の手順で数式バーを複数行表示にするといいでしょう。複数行で表示すると、数式が折り返されて表示されるので見やすくなります。さらに数式バーの下側部分を下方向でドラッグすると、表示行数を増やすこともできます。数式バーを1行表示に戻すときは、同じボタンをクリックしてください。

1 数式バーのここをクリック

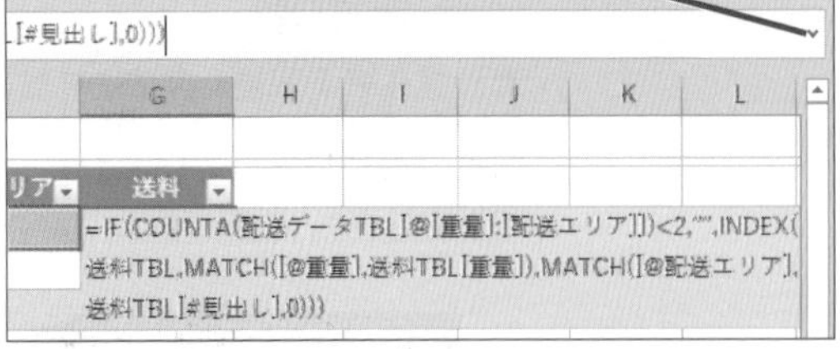

=IF(COUNTA(配送データTBL[@[重量]:[配送エリア]])<2,"",INDEX(送料TBL,MATCH([@重量],送料TBL[重量]),MATCH([@配送エリア],送料TBL[#見出し],0)))

数式バーが複数行で表示された

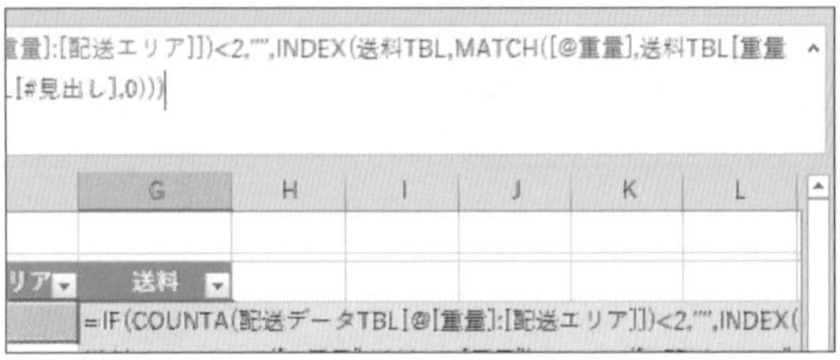

4 1つ目のMATCH関数を入力する

INDEX関数の引数［行番号］を指定する

1 数式バーに「,MATCH(」と入力

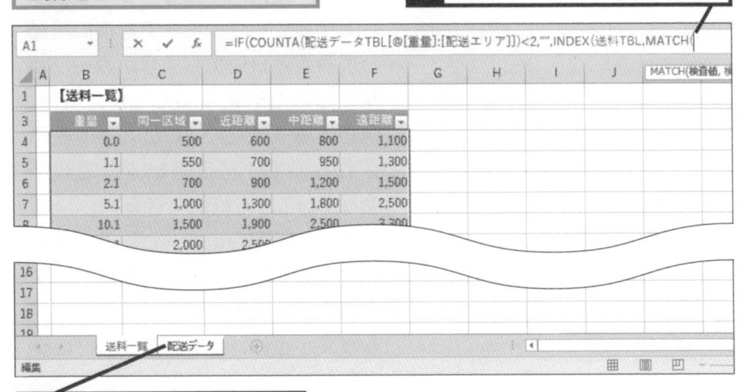

2 ［配送データ］シートをクリック

5 MATCH関数の引数を指定する

［配送データ］シートが表示された

1 セルE4をクリック

=IF(COUNTA(配送データTBL[@[重量]:[配送エリア]])<2,"",INDEX(送料TBL,MATCH([@重量]

【配送データ】

No	日付	送付先	重量	配送エリア	送料
1	2015/5/1	株式会社室町文具	1.2	近距離	=IF(COUNTA(配送データTBL[@[重量]:[配送エリア]])< 送料TBL,MATCH([@重量]
2	2015/5/1	鎌倉商事株式会社	10.8	同一区域	
3	2015/5/1	株式会社大化事務機	4.1	近距離	
4	2015/5/2	株式会社大化事務機	5	中距離	
5	2015/5/2	鎌倉商事株式会社	2.6	遠距離	

MATCH関数の引数［検査値］が指定できた

2 数式バーに「,」と入力

3 ［送料一覧］シートをクリック

HINT! 2つのMATCH関数で昇順一致と完全一致を使い分ける

MATCH関数は、［照合の種類］の引数によって、検査値の検索方法を変えられます。このレッスンでは、INDEX関数の［行番号］の引数にネストするMATCH関数で「昇順一致」、［列番号］の引数にネストするMATCH関数で「完全一致」を指定しています。

「昇順一致」は、［送料一覧］シートの「重量」のように、参照元にあらかじめ数値を昇順にした値が入力された場合に有効です。最初の値以上で次の値未満のとき、最初の値の位置が返されます。練習用ファイルの例では、「0.0以上1.1未満」の場合は「1」、「1.1以上2.1未満」は「2」、「2.1以上5.1未満」は「3」、「5.1以上10.1未満」は「4」、「10.1以上20.1未満」は「5」、「20.1以上50.1未満」は「6」、「50.1以上」は「7」という位置が返さます。

次のページに続く

6 ［送料一覧］シートの［重量］フィールドを選択する

［送料一覧］シートが表示された

1 セルB3のここをクリック

セルB4～B10が選択された

MATCH関数の引数［検査範囲］が指定された

7 2つ目のMATCH関数を入力する

INDEX関数の引数［列番号］にMATCH関数を入力する

1 数式バーに「),MATCH(」と入力

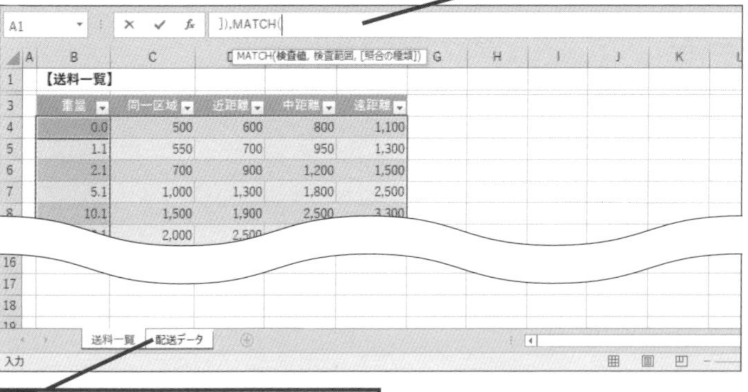

2 ［配送データ］シートをクリック

［配送データ］シートが表示された

3 セルF4をクリック

MATCH関数の引数［検査値］が指定された

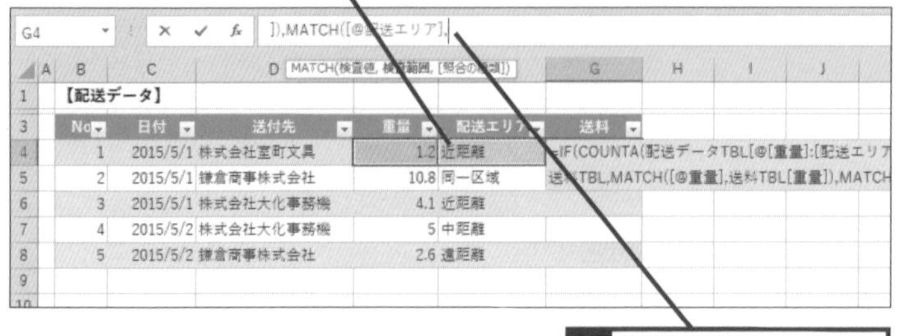

4 数式バーに「,」と入力

HINT! 関数の構文エラーを防ぐには

かっこの対応や関数の構文が怪しいときは、数式バーにカーソルを表示してから、←や→キーで前後に移動してみるといいでしょう。カーソルがかっこを通過するときに、一瞬、対応する「(」と「)」が太字で表示されるので、左右のかっこの数が合っているかを確認できます。
さらに、関数のヒントとして、数式バーでカーソルのある位置に対応する引数が太字で表示されます。これも構文が正しいかを判断するのに役立ちます。

カーソルキーの←や→でかっこの前後にカーソルを移動すると、対応するかっこが太字で表示される

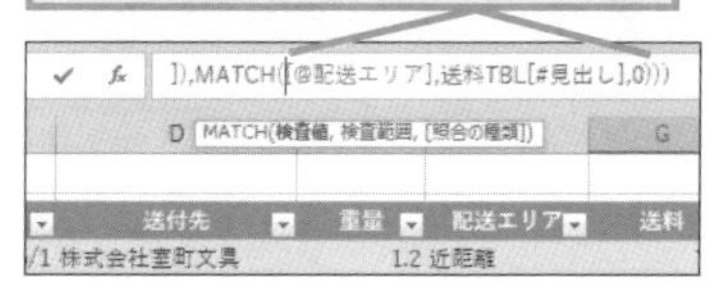

HINT! 任意の位置で数式を改行してもいい

関数の引数に関数を指定すると、数式が長くなるばかりか、構造が複雑になり、内容が分かりにくくなることが多いものです。そのような場合は、引数の区切りであるカンマの後など、切りのいいところで任意に改行して、数式を分かりやすくしましょう。数式の途中で改行するときは、改行したい位置をクリックしてから、Alt＋Enterキーを押します。

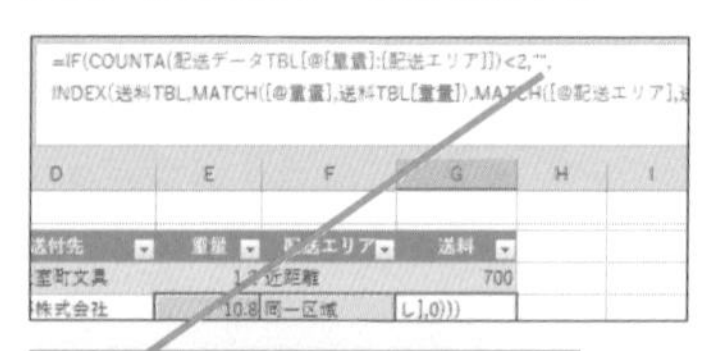

カンマの後で改行すると、数式が見やすくなる

8 ［送料一覧］シートにある1行目のフィールド行を選択する

MATCH関数の引数［検査範囲］を指定する

9 続けて検索の条件を指定する

MATCH関数の引数［検査範囲］が指定された

1 数式バーに「,0)))」と入力

2 Enter キーを押す

［配送データ］シートに表示が切り替わり、送料が表示された

No	日付	送付先	重量	配送エリア	送料
1	2015/5/1	株式会社室町文具	1.2	近距離	700
2	2015/5/1	鎌倉商事株式会社	10.8	同一区域	1,500
3	2015/5/1	株式会社大化事務機	4.1	近距離	900
4	2015/5/2	株式会社大化事務機	5	中距離	1,200
5	2015/5/2	鎌倉商事株式会社	2.6	遠距離	1,500

HINT!

関数の構文エラーが表示されたときは

複雑な構造の関数を入力するときは、カンマやかっこの数が合っていないなどの構文エラーが表示されてしまい、セルに入力できなくなることがあります。このような場合は、セルの先頭に「'」（アポストロフィ）を入力して、いったん文字列として入力してしまうことをお薦めします。こうしておけば、せっかく入力した長い数式を1から入力し直さなければならない悲劇だけは避けられます。後は落ち着いて数式の間違いを探し出し、間違いを訂正できたら先頭の「'」を削除すれば、きちんと数式として入力できます。

長い数式の入力を間違えると、すべてを1から入力し直すことになってしまう

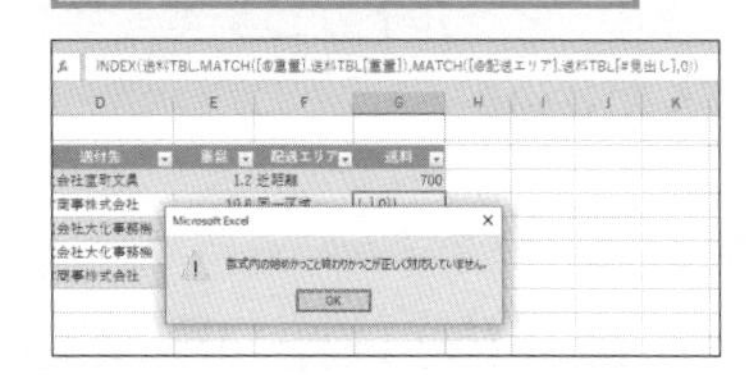

レッスン
36 住所から都道府県名を取り出すには

MID関数、LEFT関数

対応バージョン

365 2019 2016 2013

レッスンで使う練習用ファイル
MID関数、LEFT関数.xlsx

位置と文字数から都道府県を取り出せる！

住所から都道府県名を取り出すには文字数と、「県」が付くのか、付くなら何文字目かということを考えます。まず、神奈川県と和歌山県、鹿児島県以外、すべての都道府県は3文字です。つまり、住所の4文字目が「県」の場合は、左から4文字を、それ以外は3文字を取り出せば、すべての都道府県名が取り出せることになります。同じように、都道府県名を除いた住所も「県」の位置を利用します。住所の4文字目が「県」であれば、5文字目以降、それ以外は4文字目以降を取り出します。条件の分岐には、IF関数を利用します。

このテクニックは、会社の部署名の分割などにも応用できるので、対象のフィールドから基準となる「文字」を見つけて、試してみてください。

関連レッスン

▶レッスン23
文字列から空白文字を取り除くには ……p.108

▶レッスン24
文字列の全角や半角を統一するには ……p.110

▶レッスン26
表記の揺れを統一するには ……p.116

キーワード

フィールド	p.312
文字列データ	p.312

このレッスンで入力する関数

=LEFT([@住所],IF(MID([@住所],4,1)="県",4,3))

▶［住所］フィールドの文字列の4文字目が「県」であれば住所の左側から4文字分取り出し、そうでなければ住所の左側から3文字分取り出す

住所の先頭から4文字目が「県」の場合は4文字、それ以外は3文字取り出す

神奈川県横浜市都筑区東方町２０－１ 角ビル１０F

神奈川県

東京都千代田区一番町５１－３ 丸正ビル3F

東京都

=MID([@住所],LEN([@都道府県])+1,100)

▶［住所］フィールドの「都道府県の文字数＋1文字」目から、最後の文字（最大100文字）まで取り出す

都道府県名が4文字なら、5文字目から住所の最後まで取り出す

都道府県名が3文字なら、4文字目から住所の最後まで取り出す

神奈川県横浜市泉区池の谷x-x-x

横浜市泉区池の谷x-x-x

東京都新宿区西落合x-x-x

新宿区西落合x-x-x

都道府県名の取り出し

関数を組み合わせて入力する

ここでは、[住所] フィールドから都道府県名だけを取り出す

1 セルE4に「=LEFT([@住所],IF(MID([@住所],4,1)="県",4,3))」と入力

2 Enter キーを押す

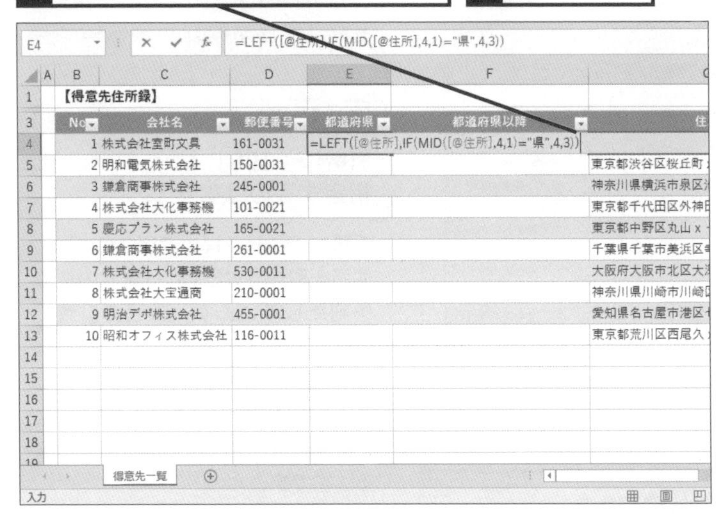

E4　=LEFT([@住所],IF(MID([@住所],4,1)="県",4,3))

【得意先住所録】

No	会社名	郵便番号	都道府県	都道府県以降	住
1	株式会社室町文具	161-0031	=LEFT([@住所],IF(MID([@住所],4,1)="県",4,3))		
2	明和電気株式会社	150-0031			東京都渋谷区桜丘町
3	鎌倉商事株式会社	245-0001			神奈川県横浜市泉区
4	株式会社大化事務機	101-0021			東京都千代田区外神田
5	慶応プラン株式会社	165-0021			東京都中野区丸山
6	鎌倉商事株式会社	261-0001			千葉県千葉市美浜区
7	株式会社大化事務機	530-0011			大阪府大阪市北区大
8	株式会社大宝通商	210-0001			神奈川県川崎市川崎区
9	明治デポ株式会社	455-0001			愛知県名古屋市港区
10	昭和オフィス株式会社	116-0011			東京都荒川区西尾久

得意先一覧

入力

2 都道府県名を取り出せた

[住所] フィールドから都道府県名だけを取り出せた

E5　=LEFT([@住所],IF(MID([@住所],4,1)="県",4,3))

【得意先住所録】

No	会社名	郵便番号	都道府県	都道府県以降	住
1	株式会社室町文具	161-0031	東京都		東京都新宿区西落合
2	明和電気株式会社	150-0031	東京都		東京都渋谷区桜丘町
3	鎌倉商事株式会社	245-0001	神奈川県		神奈川県横浜市泉区
4	株式会社大化事務機	101-0021	東京都		東京都千代田区外神田
5	慶応プラン株式会社	165-0021	東京都		東京都中野区丸山
6	鎌倉商事株式会社	261-0001	千葉県		千葉県千葉市美浜区
7	株式会社大化事務機	530-0011	大阪府		大阪府大阪市北区大
8	株式会社大宝通商	210-0001	神奈川県		神奈川県川崎市川崎区
9	明治デポ株式会社	455-0001	愛知県		愛知県名古屋市港区
10	昭和オフィス株式会社	116-0011	東京都		東京都荒川区西尾久

得意先一覧

準備完了

テーブルに含まれる最後のレコードまで、自動的に関数が入力された

HINT!

MID関数って何？

MID関数は、指定した位置と文字数で、文字列の一部を取り出す関数です。手順1で入力する「=MID([@住所] ,4,1)」は、[住所] フィールドに入力されている文字列の4文字目から1文字分取り出すという意味になります。

●MID関数の書式

=MID(文字列,開始位置,文字数)

▶指定した [文字列] の [開始位置] から [文字数] 分の文字列を取り出す

HINT!

LEFT関数で左側から指定した文字を取り出せる

LEFT関数は、文字列の左側（先頭）から指定した文字数分、文字列の一部を取り出す関数です。「=LEFT([@住所],4)」は、[住所] フィールドに入力されている文字列の左側から4文字分取り出すという意味になります。

●LEFT関数の書式

=LEFT(文字列,文字数)

▶指定した [文字列] の左側から [文字数] 分の文字列を取り出す

次のページに続く

都道府県名を除いた住所の取り出し

3 関数を組み合わせて入力する

ここでは、[住所] フィールドから都道府県名を除いた住所を取り出す

1 セルF4に「=MID([@住所],LEN([@都道府県])+1,100)」と入力

2 Enter キーを押す

F4　=MID([@住所],LEN([@都道府県])+1,100)

	A	B	C	D	E	F	G
1		【得意先住所録】					
3		No	会社名	郵便番号	都道府県	都道府県以降	住
4		1	株式会社室町文具	161-0031	東京都	=MID([@住所],LEN([@都道府県])+1,100)	
5		2	明和電気株式会社	150-0031	東京都		東京都渋谷区桜丘町
6		3	鎌倉商事株式会社	245-0001	神奈川県		神奈川県横浜市泉区
7		4	株式会社大化事務機	101-0021	東京都		東京都千代田区外神
8		5	慶応プラン株式会社	165-0021	東京都		東京都中野区丸山 x
9		6	鎌倉商事株式会社	261-0001	千葉県		千葉県千葉市美浜区
10		7	株式会社大化事務機	530-0011	大阪府		大阪府大阪市北区大
11		8	株式会社大宝通商	210-0001	神奈川県		神奈川県川崎市川崎
12		9	明治デポ株式会社	455-0001	愛知県		愛知県名古屋市港区
13		10	昭和オフィス株式会社	116-0011	東京都		東京都荒川区西尾久
14							
15							

4 都道府県名以外の住所を取り出せた

[住所] フィールドから都道府県名以外の住所を取り出せた

F5　=MID([@住所],LEN([@都道府県])+1,100)

	A	B	C	D	E	F	G
1		【得意先住所録】					
3		No	会社名	郵便番号	都道府県	都道府県以降	住
4		1	株式会社室町文具	161-0031	東京都	新宿区西落合ｘ－ｘ－ｘ	東京都新宿区西落合
5		2	明和電気株式会社	150-0031	東京都	渋谷区桜丘町ｘ－ｘ－ｘ	東京都渋谷区桜丘町
6		3	鎌倉商事株式会社	245-0001	神奈川県	横浜市泉区池の谷ｘ－ｘ－ｘ	神奈川県横浜市泉区
7		4	株式会社大化事務機	101-0021	東京都	千代田区外神田ｘ－ｘ－ｘ	東京都千代田区外神
8		5	慶応プラン株式会社	165-0021	東京都	中野区丸山ｘ－ｘ－ｘ	東京都中野区丸山 x
9		6	鎌倉商事株式会社	261-0001	千葉県	千葉市美浜区幸町ｘ－ｘ－ｘ	千葉県千葉市美浜区
10		7	株式会社大化事務機	530-0011	大阪府	大阪市北区大深町ｘ－ｘ－ｘ	大阪府大阪市北区大
11		8	株式会社大宝通商	210-0001	神奈川県	川崎市川崎区本町ｘ－ｘ－ｘ	神奈川県川崎市川崎
12		9	明治デポ株式会社	455-0001	愛知県	名古屋市港区七番町ｘ－ｘ－ｘ	愛知県名古屋市港区
13		10	昭和オフィス株式会社	116-0011	東京都	荒川区西尾久ｘ－ｘ－ｘ	東京都荒川区西尾久
14							
15							

テーブルに含まれる最後のレコードまで、自動的に関数が入力された

1 レッスン㉑の手順3～5を参考に、[都道府県] と [都道府県以降] のフィールドに入力された文字列を値に変換

元になった [住所] フィールドを削除しておく

HINT!

LEN関数でセルにある文字数を数える

LEN関数は、全角や半角の文字の違いに関係なく、引数に指定した文字の文字数を数える関数です。

●LEN関数の書式

=LEN(文字列)

▶指定した[文字列]の文字数を返す

HINT!

引数に「100」と指定するのはなぜ？

手順3と手順4では都道府県名を除く住所を取り出すために「県」の位置を判断しています。関数の引数に「100」と指定する理由は、「県」以降の住所の文字数が、100文字を超えるものはないという考えからです。一般的には「50」でも同じ結果になるはずです。

間違った場合は？

関数の入力時にカンマの位置やかっこの数を間違えてしまったときは、エラーが表示されて、入力を確定できません。[元に戻す] ボタン（）で入力をキャンセルして、入力し直しましょう。関数の意味を考えながら慎重に入力してください。

テクニック 特定の文字列を基準に文字列を取り出す

メールアドレスのように長さが決まっていない文字列の場合、共通する文字列を探してから必要な部分を取り出します。以下の例では、基準とする「@」の位置をFIND関数で探し、そこから計算した文字数分をLEFT関数の引数に利用して、アカウント（「@」より前の文字列）を取り出しています。

なお、テーブル内の同じ行のフィールドを構造化参照で参照する場合は、[@コード]のように表現されますが、「E-Mail」のように、フィールド名に「-」（ハイフン）などの記号があるときは、[@[E-Mail]]のように角かっこが二重で表現されます。

このテクニックで入力する関数

=LEFT ([@[E-Mail]], FIND ("@", [@[E-Mail]]) -1)

▶FIND関数で、[E-Mail] フィールドの文字列から「@」を探して1を引いた値（取り出す文字数）を求めて、LEFT関数を利用して[E-Mail] フィールドの文字列の左側（先頭）からその文字数分取り出す

●FIND関数の書式

=FIND(検索文字列,対象,開始位置)

▶指定した[検索文字列]が[対象]の文字列の中で[開始位置]から数えて何文字目にあるか調べる。[開始位置]を省略した場合は、「1」が指定されたものとする

メールアドレスから、アカウント（「@」より前の文字列）を取り出す

1 セルE4に「=LEFT ([@[E-Mail]], FIND ("@", [@[E-Mail]]) -1)」と入力

2 Enter キーを押す

アカウントが表示された

テクニック 「(有)」や「(株)」など、かっこ内の文字列を取り出せる

文字列に含まれる「かっこ」を基準にして、かっこ内の文字を取り出すこともできます。考え方は上のテクニックと似ています。まず、FIND関数を使って「(」と「)」の位置を検索し、位置から求めた値をMID関数の引数に指定すれば、かっこ内の文字列を取り出せます。このテクニックを使えば、「(有)」や「(株)」など、頻繁に使われるような略称から、かっこを除いた文字を別のフィールドに取り出すことも可能です。

このテクニックで入力する関数

=MID([@商品名],FIND("(",[@商品名])+1,
FIND(")",[@商品名])-FIND("(",[@商品名])-1)

数式中の赤い「(」「)」は元データに合わせて全角か半角で入力する

▶FIND関数で「(」の位置を求めて1を足し、それをMID関数の引数[開始位置]にする。FIND関数で「)」の位置を求めて「(」の位置を引き、さらにかっこ内の文字数分である1を引いて、MID関数の引数[文字数]にする。MID関数で、[商品名]の文字列の[開始位置]から[文字数]分の文字列を取り出す

●MID関数の書式

=MID(文字列,開始位置,文字数)

▶指定した[文字列]の[開始位置]から[文字数]分の文字列を取り出す

かっこに挟まれた文字列を取り出す

1 セルD4に「=MID([@商品名],FIND("(",[@商品名])+1,FIND(")",[@商品名])-FIND("(",[@商品名])-1)」と入力

2 Enter キーを押す

かっこ内の文字列が表示された

この章のまとめ

●関数を利用することでデータ入力も最小限に

この章では、関数を利用して、さまざまなデータを取り出す方法を紹介しました。関数というと、「合計」や「平均」というような数値の計算を行うものというイメージがありますが、関数を使うことで、データを取り出したり加工したりすることもできるのです。特に実務でよく利用されるのがVLOOKUP関数です。参照セルが未入力のとき、エラーが表示されないようにIF関数と組み合わせる方法は、非常によく使う例ですので、ぜひともマスターしましょう。そして、VLOOKUP関数では対応できない場合でも、INDEX関数とMATCH関数の連携技で目的のデータを取り出せます。これらの関数の使い方をマスターできれば、怖いものなしです。

関数を利用してデータを取り出す

VLOOKUPをはじめとした関数を活用して、ほかのテーブルやフィールドから、データを取り出したり加工したりすることができる

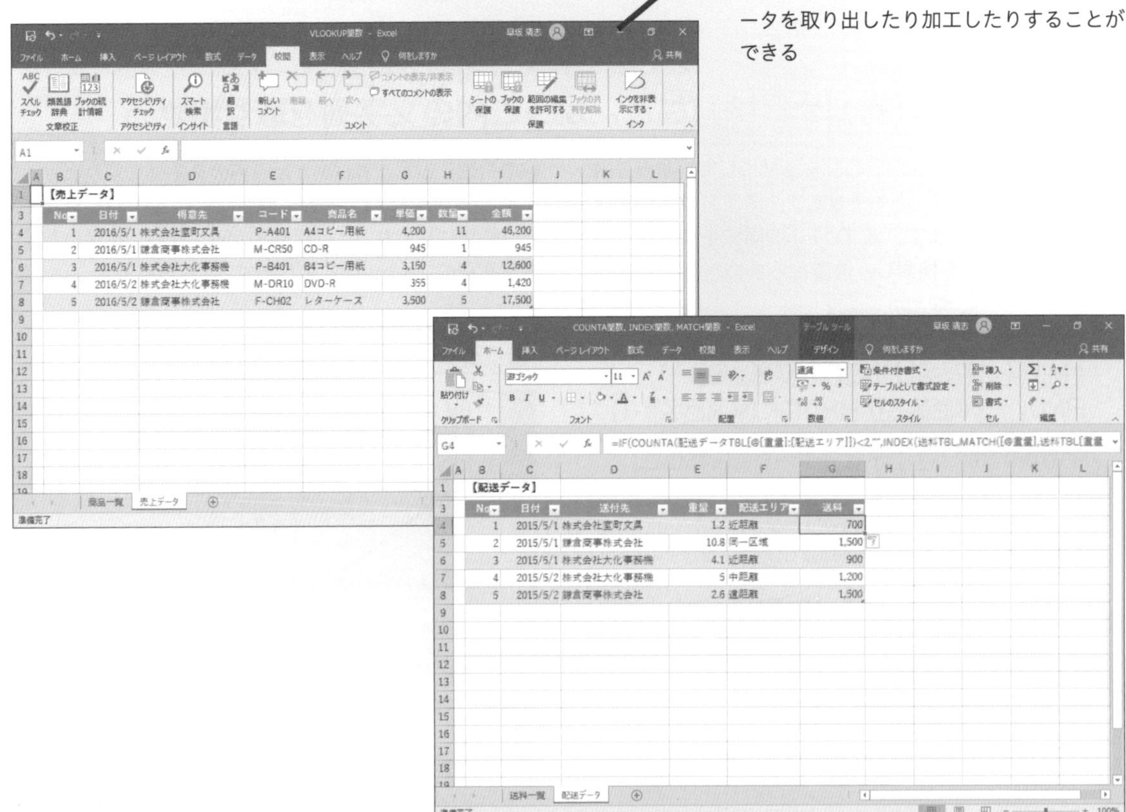

練習問題

1

売り上げが「300万円以上」なら「A」、「200万円以上、300万円未満」なら「B」、「200万円未満」なら「C」という評価を、D列の評価欄に表示してみましょう。

●ヒント:「評価一覧」(評価TBL)の[売上]フィールドに、各評価の区切りとなる値を、セルD4～D6にVLOOKUP関数を入力します。VLOOKUP関数の[検索方法]の引数には、昇順一致で検索するように「TRUE」を指定します。

練習用ファイル
第6章_練習問題1.xlsx

売上金額別に評価のランクを決めて、「A」～「C」の評価を表示する

【営業成績評価】

氏名	売上	評価
田中	250	B
鈴木	110	C
石川	300	A

■評価一覧

売上	評価
100	C
200	B
300	A

2

[売上データTBL]テーブルの[商品コード]の頭文字と同じ「商品一覧」の[分類コード]を検索して、「商品一覧」の[商品分類と商品名、単価を[売上データTBL]テーブルに表示してみましょう。

●ヒント:[分類コード]は、[商品コード]の先頭1文字になっています。先頭1文字は、LEFT関数を使って「=LEFT(A1,1)」のようにして取り出すことができます。

練習用ファイル
第6章_練習問題2.xlsx

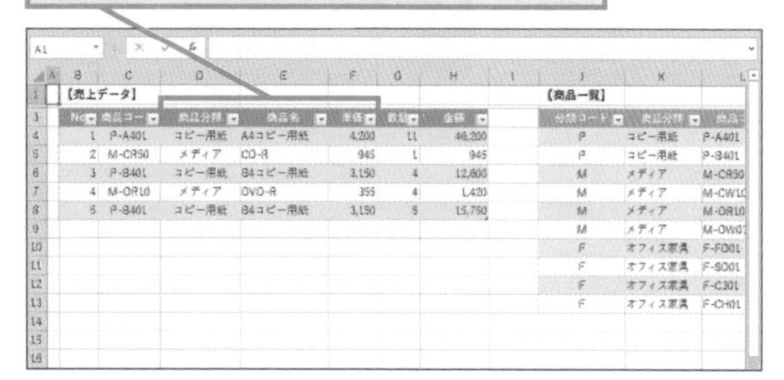

答えは次のページ

解　答

1

1 セルF4～F6に「100」「200」「300」とそれぞれ入力

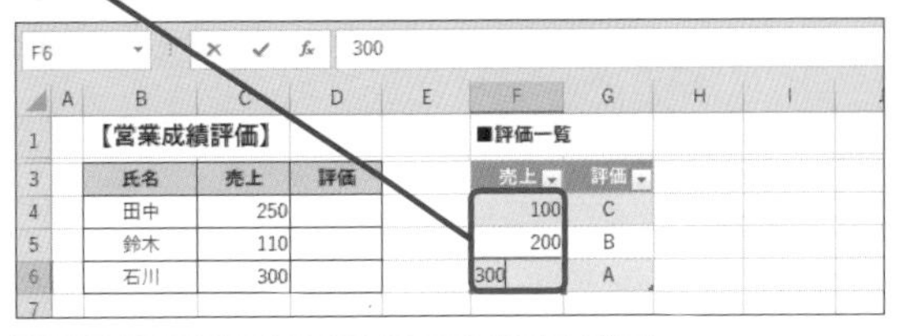

2 セルD4に「=VLOOKUP(C4,評価TBL,2,TRUE)」と入力

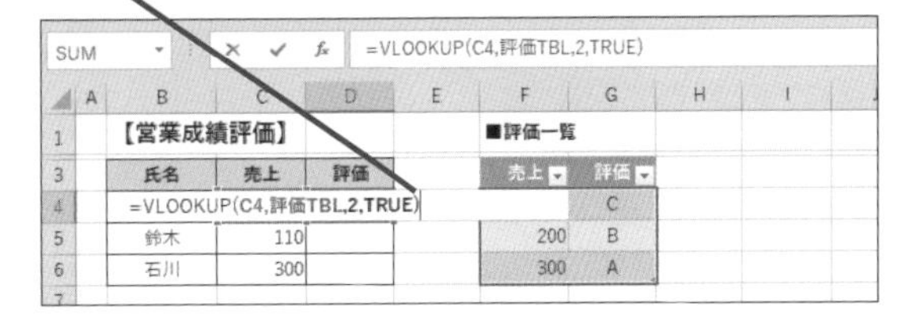

このような場合、IF関数を利用して数式を記述している例を見かけますが、VLOOKUP関数を使ったほうが簡単です。VLOOKUP関数は、「昇順一致」で検索することができるので、評価の値を昇順に入力した表を用意します。そして、VLOOKUP関数の［検索方法］の引数に「TRUE」を指定するのがポイントです。なお、［検索方法］の引数は省略しても構いません。

数式が入力できた

3 セルD4のフィルハンドルをダブルクリック

評価が表示される

2

商品コードの頭文字で検索して商品分類を表示する

1 セルD4に「=VLOOKUP(LEFT([@商品コード],1),商品TBL,2,FALSE)」と入力

商品コードで検索して商品名を表示する

2 セルE4に「=VLOOKUP([@商品コード],商品TBL[[商品コード]:[単価]],2,FALSE)」と入力

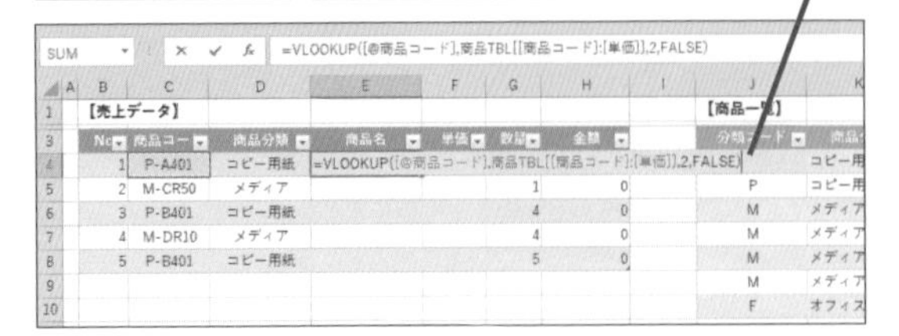

［売上データTBL］テーブルの［商品コード］フィールドの頭文字を元に、「商品TBL」の左端列を検索し、見つかった場合に「商品TBL」2列目の「商品分類」、4列目の「商品名」、5列目の「単価」をそれぞれ［売上データTBL］テーブルに表示します。［商品コード］フィールドの頭文字は、VLOOKUP関数の引数［検索値］に「LEFT([@商品コード],1)」として取り出します。

商品コードで検索して金額を表示する

3 セルF4に「=VLOOKUP([@商品コード],商品TBL[[商品コード]:[単価]],3,FALSE)」と入力

第7章 データを思い通りに並べ替えよう

データベースから必要なデータを探したり、類似するデータをまとめたりするのに有効なテクニックが「並べ替え」です。単純に昇順や降順に並べ替えるだけでなく、関数を利用して会社名のみのふりがなを取り出して並べ替える方法のほか、独自に都道府県のリストを作成し、リストの順序で並べ替えを実行するテクニックなどを紹介します。

●この章の内容

レッスン

37 複数の項目で並べ替えるには

並べ替え

対応バージョン

365 2019 2016 2013

レッスンで使う練習用ファイル
並べ替え.xlsx

優先順位を設定するのがポイント

大量のデータを整理したり比較検討したりするときは、基準となる1つのフィールドで並べ替えを行うだけで、同じデータがまとまって見やすくなります。また、複数のフィールドで並べ替えれば、データの傾向も分かります。「並べ替え」は、データの集計や分析の最初の一歩なので、このレッスンで基本的な使い方を覚えてしまいましょう。なお、データベースでは、並べ替えの基準を「キー」と呼びます。

並べ替えには「昇順」と「降順」の2種類があり、それぞれ「小さい順」「大きい順」になります。データに英数字や記号、漢字が混ざっているときは、昇順で「数字→記号→英字→読み、または漢字コード」の並び順が基本となります。

このレッスンでは、[得意先] と [コード] のフィールドを昇順で、[金額] のフィールドを降順で並べ替えてみます。

Before

【売上データ】

No	日付	得意先	コード	商品名	単価	数量	金額
1	2015/5/1	株式会社室町文具	P-A401	A4コピー用紙	4,200	11	46,200
2	2015/5/1	鎌倉商事株式会社	M-CR50	CD-R	945	1	945
3	2015/5/1	株式会社大化事務機	P-B401	B4コピー用紙	3,150	4	12,600
4	2015/5/2	株式会社大化事務機	M-CR50	CD-R	945	4	3,780
5	2015/5/2	鎌倉商事株式会社	P-B401	B4コピー用紙	3,150	5	15,750
6	2015/5/2	鎌倉商事株式会社	M-CW10	CD-RW	1,280	3	3,840
7	2015/5/2	株式会社大化事務機	M-DR10	DVD-R	355	3	1,065
8	2015/5/3	慶応プラン株式会社	M-CR50	CD-R	945	2	1,890
9	2015/5/3	株式会社大化事務機	M-CW10	CD-RW	1,280	4	5,120

複数のフィールドを基準に並べ替えたい

After

【売上データ】

No	日付	得意先	コード	商品名	単価	数量	金額
59	2015/5/17	株式会社大化事務機	M-CR50	CD-R	945	5	4,725
4	2015/5/2	株式会社大化事務機	M-CR50	CD-R	945	4	3,780
91	2015/5/27	株式会社大化事務機	M-CR50	CD-R	945	2	1,890
55	2015/5/15	株式会社大化事務機	M-CR50	CD-R	945	1	945
95	2015/5/28	株式会社大化事務機	M-CR50	CD-R	945	1	945
9	2015/5/3	株式会社大化事務機	M-CW10	CD-RW	1,280	4	5,120
22	2015/5/7	株式会社大化事務機	M-DR10	DVD-R	355	5	1,775
45	2015/5/14	株式会社大化事務機	M-DR10	DVD-R	355	5	1,775
50	2015/5/15	株式会社大化事務機	M-DR10	DVD-R	355	5	1,775
99	2015/5/30	株式会社大化事務機	M-DR10	DVD-R	355	5	1,775
27	2015/5/9	株式会社大化事務機	M-DR10	DVD-R	355	4	1,420
68	2015/5/18	株式会社大化事務機	M-DR10	DVD-R	355	4	1,420
7	2015/5/2	株式会社大化事務機	M-DR10	DVD-R	355	3	1,065
72	2015/5/19	株式会社大化事務機	M-DR10	DVD-R	355	3	1,065
78	2015/5/21	株式会社大化事務機	M-DR10	DVD-R	355	3	1,065
89	2015/5/26	株式会社大化事務機	M-DW01	DVD-RW	128	8	1,024

売上データ　商品一覧　得意先一覧

[得意先] と [コード] のフィールドを昇順、[金額] フィールドを降順に並べ替えられた

❶ ［得意先］のフィールドを並べ替える

ここでは、［得意先］と［コード］のフィールドを昇順、［金額］フィールドを降順に並べ替える

最初に［得意先］フィールドを昇順に並べ替える

1 ［得意先］フィールドのフィルターボタンをクリック

	コード	商品名	単価	数量	金額
4	P-A401	A4コピー用紙	4,200	11	46,200
5	M-CR50	CD-R	945	1	945
6	P-B401	B4コピー用紙	3,150	4	12,600
7	M-CR50	CD-R	945	4	3,780
8	P-B401	B4コピー用紙	3,150	5	15,750
9	M-CW10	CD-RW	1,280	3	3,840
10	M-DR10	DVD-R	355	3	1,065
11	M-CR50	CD-R	945	2	1,890
12	M-CW10	CD-RW	1,280	4	5,120
13	P-B401	B4コピー用紙	3,150	9	28,350
14	P-B401	B4コピー用紙	3,150	12	37,800
15	P-A401	A4コピー用紙	4,200	11	46,200
16	P-A401	A4コピー用紙	4,200	12	50,400
17	P-A401	A4コピー用紙	4,200	13	54,600
18	M-CR50	CD-R	945	3	2,835

2 ［昇順］をクリック

❷ ［得意先］フィールドが並べ替えられた

［得意先］フィールドが昇順で並び変わった

	No	日付	得意先	コード	商品名	単価	数量	金額
4	3	2015/5/1	株式会社大化事務機	P-B401	B4コピー用紙	3,150	4	12,600
5	4	2015/5/2	株式会社大化事務機	M-CR50	CD-R	945	4	3,780
6	7	2015/5/2	株式会社大化事務機	M-DR10	DVD-R	355	3	1,065
7	9	2015/5/3	株式会社大化事務機	M-CW10	CD-RW	1,280	4	5,120
8	11	2015/5/4	株式会社大化事務機	P-B401	B4コピー用紙	3,150	12	37,800
9	13	2015/5/5	株式会社大化事務機	P-A401	A4コピー用紙	4,200	12	50,400
10	20	2015/5/7	株式会社大化事務機	P-A401	A4コピー用紙	4,200	1	4,200
11	22	2015/5/7	株式会社大化事務機	M-DR10	DVD-R	355	5	1,775
12	26	2015/5/9	株式会社大化事務機	P-A401	A4コピー用紙	4,200	3	12,600
13	27	2015/5/9	株式会社大化事務機	M-DR10	DVD-R	355	4	1,420
14	30	2015/5/10	株式会社大化事務機	P-B401	B4コピー用紙	3,150	11	34,650
15	32	2015/5/10	株式会社大化事務機	P-B401	B4コピー用紙	3,150	10	31,500
16	34	2015/5/11	株式会社大化事務機	M-DW01	DVD-RW	128	3	384
17	36	2015/5/11	株式会社大化事務機	P-A401	A4コピー用紙	4,200	5	21,000
18	43	2015/5/14	株式会社大化事務機	M-DW01	DVD-RW	128	2	256

HINT! セルやフォントの色で並べ替えることもできる

値だけではなく、セルやフォントの色をキーに並べ替えられます。あらかじめ、セルに色を設定しておく必要がありますが、文字列や数値以外の条件で並べ替えができ、データの活用範囲が広がります。色をキーにした並べ替えについては、レッスン㊵で詳しく解説します。

セルの色をキーに指定して並べ替えを実行できる

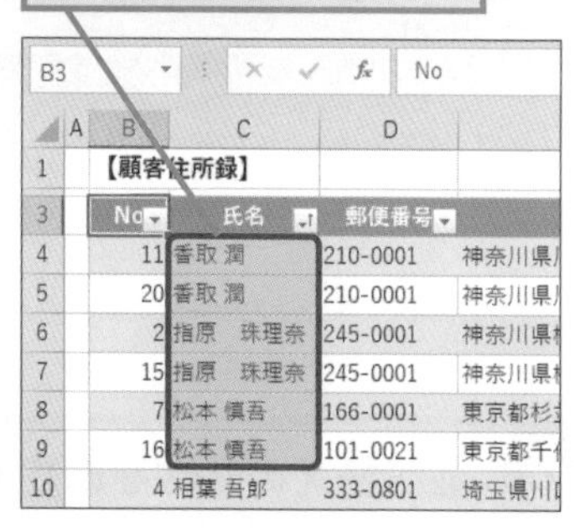

	No	氏名	郵便番号
4	11	香取 潤	210-0001
5	20	香取 潤	210-0001
6	2	指原 珠理奈	245-0001
7	15	指原 珠理奈	245-0001
8	7	松本 慎吾	166-0001
9	16	松本 慎吾	101-0021
10	4	相葉 吾郎	333-0801

間違った場合は？

手順1で［降順］を選んでしまった場合は、もう一度［得意先］フィールドのフィルターボタンをクリックして［昇順］を選びます。

HINT! 日本語はふりがなの有無で結果が異なる

日本語の漢字は、通常、「ふりがな」を基準にして並べ替えられます。Excelのワークシートに入力したデータには、自動的に「ふりがな」が付いているので、手順2のような結果になりますが、もし、ふりがながない場合は、「株式会社室町文具」→「株式会社大化事務機」というような漢字コードの順に並べ替えられます。

次のページに続く

3 [並べ替え] ダイアログボックスを表示する

続けて、複数のフィールドで並べ替えるために [並べ替え] ダイアログボックスを表示する

フィールド行が見出しと認識されるようにセルB3をクリックする

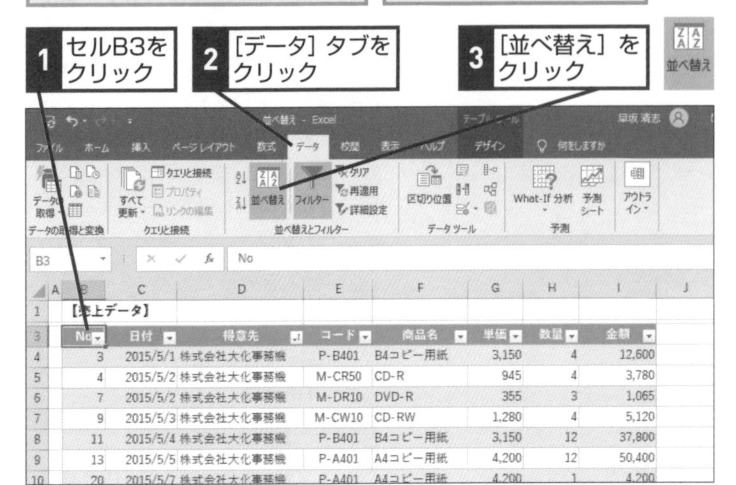

4 並べ替えの条件を追加する

[並べ替え] ダイアログボックスが表示された

手順1で設定した条件が表示されている

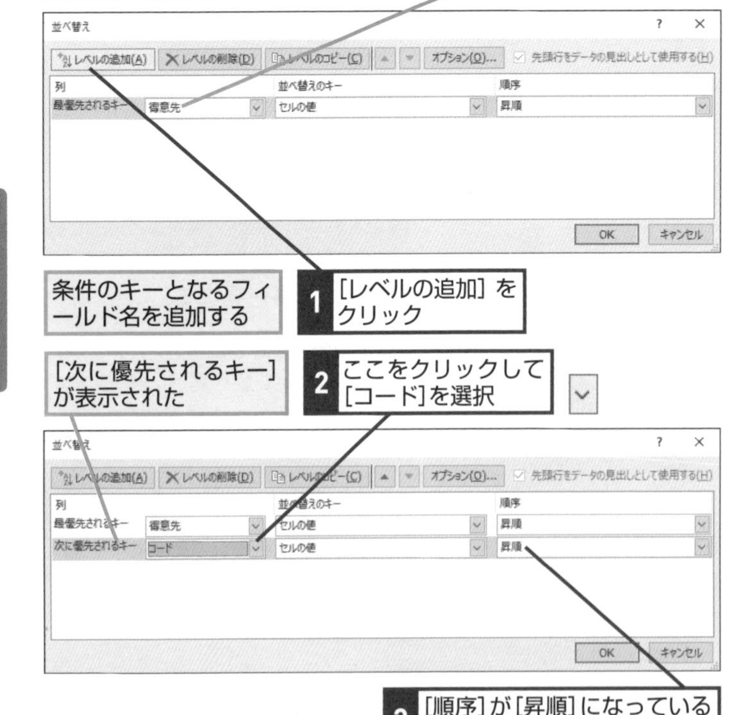

HINT! 並べ替えの順序がブックに保存される

[並べ替え] ダイアログボックスで設定した並べ替えの順序は、ブックに保存されます。並べ替えの順序を頻繁に変えるような場合や、特定のフィールドで常に並べ替えておきたい場合は、ブックの保存前に、基準とする1つのフィールドで並べ替えておきましょう。

HINT! 目的に応じて並べ替えの優先順位を切り替えるには

[並べ替え] ダイアログボックスで、優先されるキーの順序を変えれば、結果の見え方が変わってきます。例えば、「店舗ごとの売れ筋商品」と「商品ごとの売上金額の店舗ランク」では、優先させるキーが変わります。知りたい情報の目的に応じて、優先するキーの順番を入れ替えてみましょう。

[コード] を「最優先されるキー」に変更する

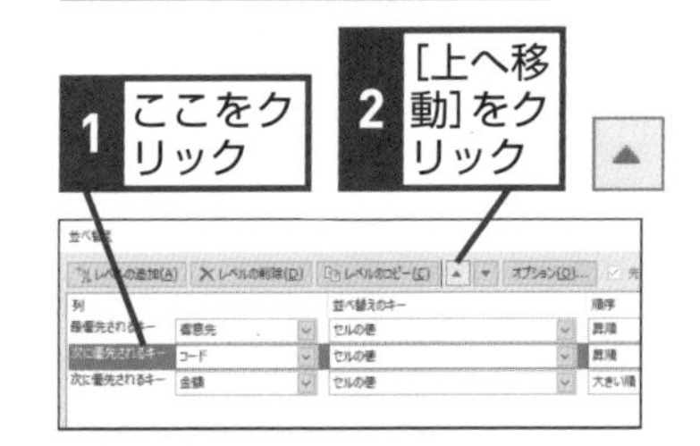

並べ替えの優先順位が変更される

間違った場合は？

手順4で[再優先されるキー]に[得意先] のフィールド名でなく、[列B] が表示されたときは [キャンセル] ボタンをクリックします。手順3のようにセルB3をクリックしてから [データ] タブの [並べ替え] ボタンをクリックしてください。

5 3つ目の条件を追加する

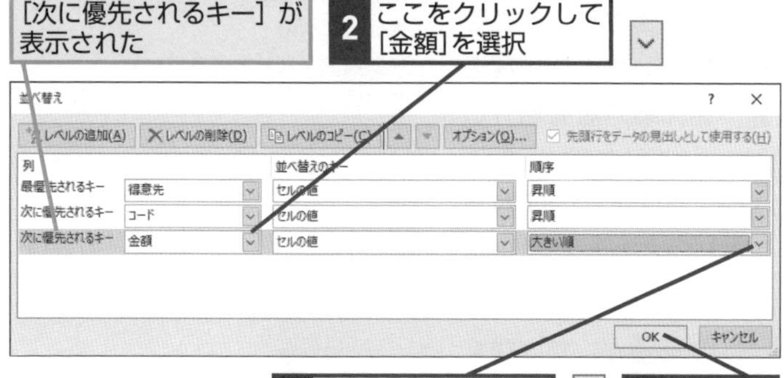

3 ここをクリックして[大きい順]を選択

4 [OK] をクリック

6 指定した条件で並べ替えられた

[得意先] と [コード] のフィールドが昇順、[金額] フィールドが降順で並び変わった

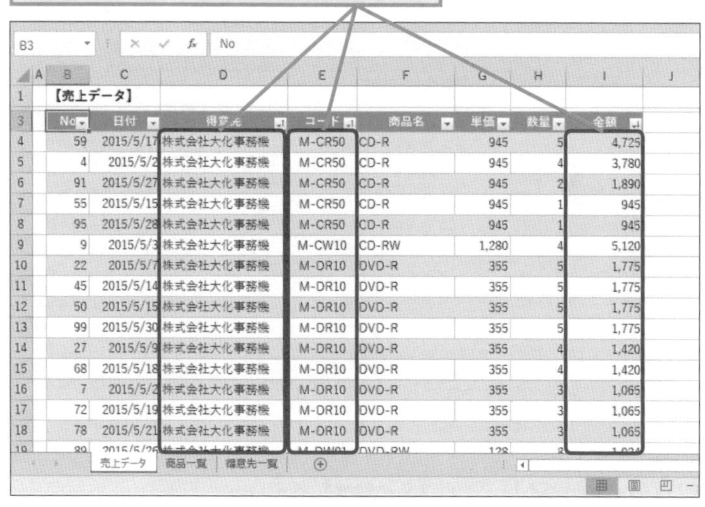

No	日付	得意先	コード	商品名	単価	数量	金額
59	2015/5/17	株式会社大化事務機	M-CR50	CD-R	945	5	4,725
4	2015/5/2	株式会社大化事務機	M-CR50	CD-R	945	4	3,780
91	2015/5/27	株式会社大化事務機	M-CR50	CD-R	945	2	1,890
55	2015/5/15	株式会社大化事務機	M-CR50	CD-R	945	1	945
95	2015/5/28	株式会社大化事務機	M-CR50	CD-R	945	1	945
9	2015/5/3	株式会社大化事務機	M-CW10	CD-RW	1,280	4	5,120
22	2015/5/7	株式会社大化事務機	M-DR10	DVD-R	355	5	1,775
45	2015/5/14	株式会社大化事務機	M-DR10	DVD-R	355	5	1,775
50	2015/5/15	株式会社大化事務機	M-DR10	DVD-R	355	5	1,775
99	2015/5/30	株式会社大化事務機	M-DR10	DVD-R	355	5	1,775
27	2015/5/9	株式会社大化事務機	M-DR10	DVD-R	355	4	1,420
68	2015/5/18	株式会社大化事務機	M-DR10	DVD-R	355	4	1,420
7	2015/5/2	株式会社大化事務機	M-DR10	DVD-R	355	3	1,065
72	2015/5/19	株式会社大化事務機	M-DR10	DVD-R	355	3	1,065
78	2015/5/21	株式会社大化事務機	M-DR10	DVD-R	355	3	1,065

HINT!

設定した並べ替えの条件を削除するには

設定した条件が不要になったときは、以下の手順で削除しましょう。すべての条件を削除するには [データ] タブの [クリア] ボタンをクリックする方法もあります。データベースに[No]などの連番を振ったフィールドがあれば、キーに指定して元の順番に並べ替えができます。

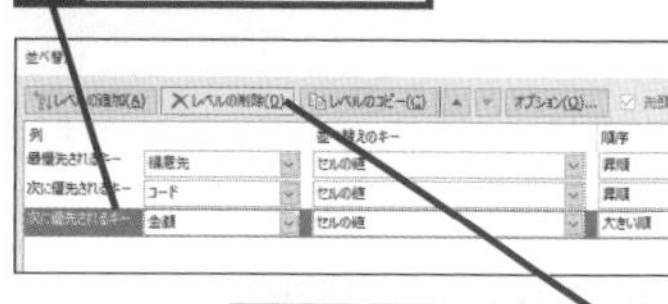

2 [レベルの削除] をクリック

選択した条件が削除された

3 [OK]をクリック

間違った場合は？

想定していた結果が得られないときは、キーとなるフィールドや優先順位に間違いがないかを確認します。複数の条件を組み合わせる場合、条件を1つ設定して、表示されるデータの順序を確認してから次の条件を設定して比較すると、思い通りの結果になっているかを判断しやすいでしょう。

レッスン

38 特定の文字列を除いて並べ替えるには

置換、並べ替え

対応バージョン

365 2019 2016 2013

レッスンで使う練習用ファイル
置換、並べ替え.xlsx

正しい「ふりがな」を設定しておくことが大切

よくある並べ替えの失敗例に「会社名」があります。会社名の先頭に「株式会社」や「有限会社」などの文字が付いているからです。「株式会社」などを削除すれば正しく並べ替えられますが、そのためだけにデータを修正するのは現実的ではありません。そこでこのレッスンでは、「株式会社」などの文字を除いたふりがなを取り出し、そのフィールドを基準にして並べ替える方法を紹介します。まず、[フリガナ] フィールドに文字列を置換するSUBSTITUTE関数と、ふりがなを取り出すPHONETIC関数を組み合わせて記述します。ポイントは、「正しいふりがなが設定されている場合に限る」ということです。「ユウゲンガイシャ」と「ユウゲンカイシャ」など、ふりがなに間違いがあると、せっかくのテクニックが役に立ちません。もし、ふりがなが間違っているときは、レッスン㉜を参考に修正しておきましょう。

キーワード

Before

「株式会社」が含まれていると、会社の名称で五十音順に並べ替えができない

A1

	A	B	C	D	E
1		【得意先住所録】			
3		No	会社名	フリガナ	郵便番
4		1	株式会社室町文具		161-0031
5		2	明和電気株式会社		150-0031
6		3	鎌倉商事株式会社		245-0001
7		4	株式会社大化事務機		101-0021
8		5	慶応プラン株式会社		165-0021
9		6	鎌倉商事株式会社		261-0001
10		7	株式会社大化事務機		530-0011
11		8	株式会社大宝通商		210-0001
12		9	明治デポ株式会社		455-0001
13		10	株式会社昭和オフィス		116-0011

After

「株式会社」を除いた会社名のフリガナをキーにすれば、五十音順に並べられる

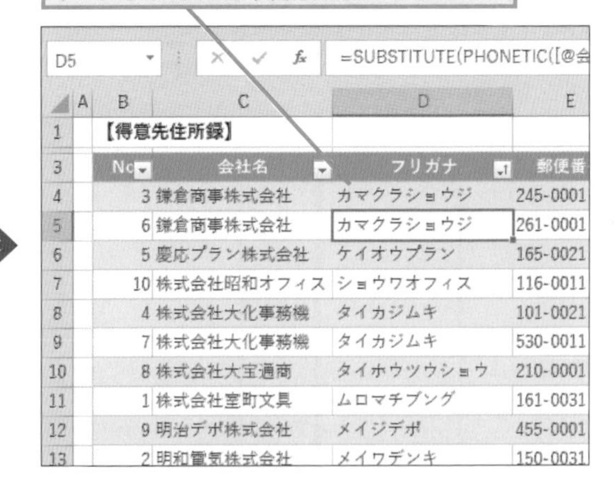

D5 =SUBSTITUTE(PHONETIC([@会

	A	B	C	D	E
1		【得意先住所録】			
3		No	会社名	フリガナ	郵便番
4		3	鎌倉商事株式会社	カマクラショウジ	245-0001
5		6	鎌倉商事株式会社	カマクラショウジ	261-0001
6		5	慶応プラン株式会社	ケイオウプラン	165-0021
7		10	株式会社昭和オフィス	ショウワオフィス	116-0011
8		4	株式会社大化事務機	タイカジムキ	101-0021
9		7	株式会社大化事務機	タイカジムキ	530-0011
10		8	株式会社大宝通商	タイホウツウショウ	210-0001
11		1	株式会社室町文具	ムロマチブング	161-0031
12		9	明治デポ株式会社	メイジデポ	455-0001
13		2	明和電気株式会社	メイワデンキ	150-0031

このレッスンで入力する関数

=SUBSTITUTE(PHONETIC([@会社名]),"カブシキガイシャ ","")

▶この列にある［会社名］フィールドの文字列から、PHONETIC関数を使ってふりがなを取り出し、「カブシキガイシャ」の文字が含まれていれば削除する

1 関数を組み合わせて入力する

ここでは、[会社名] フィールドから「カブシキガイシャ」を除いたふりがなを取り出す

1 セルD4に「=SUBSTITUTE(PHONETIC([@会社名]),"カブシキガイシャ","")」と入力

2 Enter キーを押す

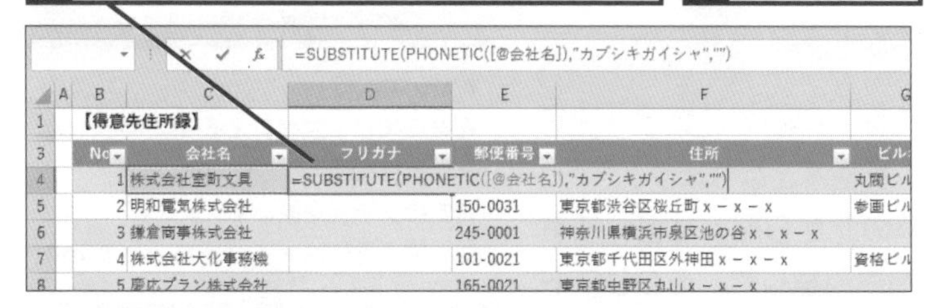

2 「株式会社」を除いたふりがなが表示された

会社名から「株式会社」を除いたふりがなが表示された

最後のレコードまで、自動的に関数が入力された

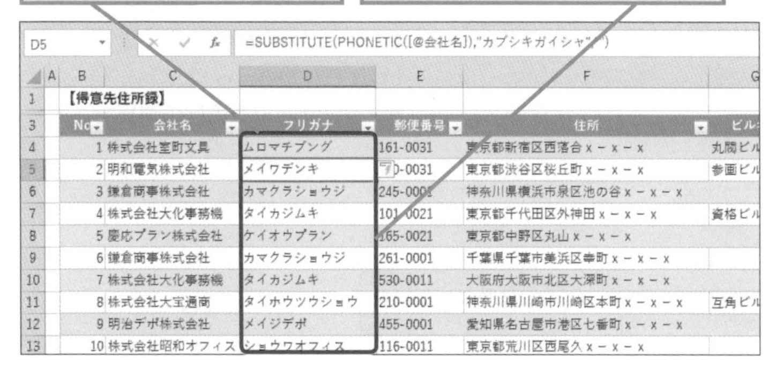

3 取り出したふりがなで並べ替える

1 [フリガナ] フィールドのフィルターボタンをクリック

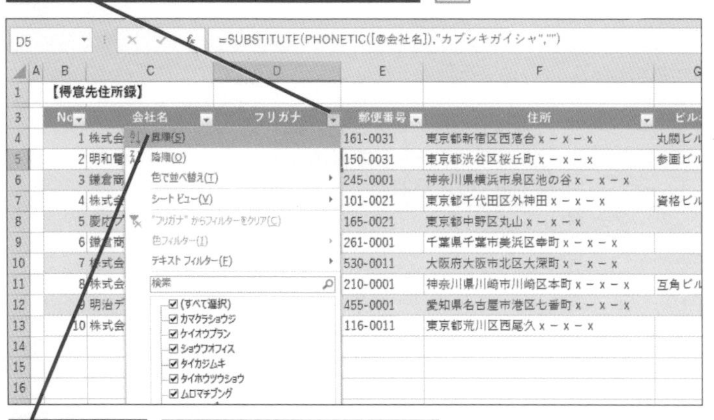

2 [昇順] をクリック

[フリガナ] フィールドが昇順で並べ替わる

HINT! 「有限会社」もまとめて取り除きたいときは

会社名の中に「有限会社」が混ざっている場合は、関数を修正します。SUBSTITUTE関数をもう1つ組み合わせて、セルD4に「=SUBSTITUTE(SUBSTITUTE(PHONETIC([@会社名]),"カブシキガイシャ",""),"ユウゲンガイシャ","")」と入力しましょう。

●SUBSTITUTE関数の書式

=SUBSTITUTE(文字列,検索文字列,置換文字列,置換対象)

▶ [文字列] の中にある [検索文字列] を [置換文字列] に置換する。[検索文字列] が複数見つかった場合、何番目を置換するかを [置換対象] で指定できる。省略時は、すべて置換される

HINT! ふりがなを入力し直した方が早いこともある

株式会社と有限会社の2種類程度であれば、上のHINT!を参考に関数を修正するといいでしょう。しかし、「財団法人」や「合名会社」もあるからといって、複数のSUBSTITUTE関数を組み合わせると、数式が複雑になります。全体のレコード数と取り除きたい文字を含むデータの数によっては、対象となるセルに会社名だけのふりがなを入力した方が早い場合もあります。

レッスン

39 都道府県名などの任意項目で並べ替えるには

ユーザー設定リスト

対応バージョン

365 2019 2016 2013

レッスンで使う練習用ファイル
ユーザー設定リスト.xlsx

専用のリストで自在に並べ替える！

レッスン㊳で解説したように、並べ替えは、昇順で「数字→記号→英字→読み、または漢字コードの順」が基本となります。「部署の規模が大きい順」や「都道府県の北から順」など、任意の順番を指定したい場合は、リストを別途用意して、そのリストを基準に並べ替えを実行するといいでしょう。このレッスンでは、都道府県を北から順番に並べたリストを登録して並べ替える方法を解説します。なお、任意のリストは「ユーザー設定リスト」と呼ばれます。Excelにユーザー設定リストを登録しておけば、登録したリストのブックがなくても並べ替えられます。

関連レッスン

▶レッスン37
複数の項目で並べ替えるには…… p.164
▶レッスン38
特定の文字列を除いて
並べ替えるには…………………………… p.168

キーワード

オートフィル	p.308
並べ替え	p.311
ユーザー設定リスト	p.312

ショートカットキー

Ctrl + Shift + ↓
…………………… 下方向の連続セルを選択

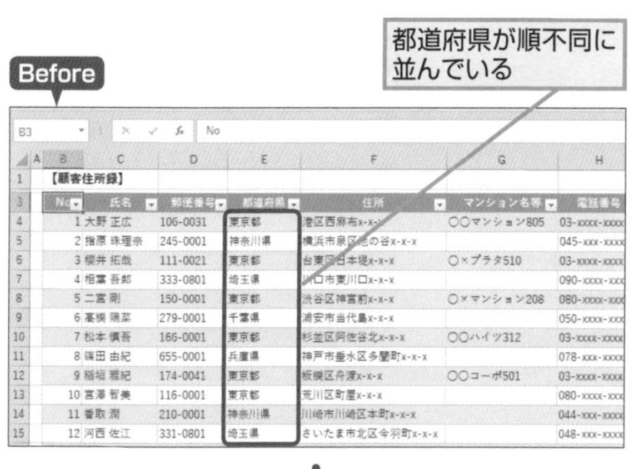

	A	B	C	D	E	F	G	H
1		【顧客住所録】						
3		No	氏名	郵便番号	都道府県	住所	マンション名等	電話番号
4		1	大野 正広	106-0031	東京都	港区西麻布x-x-x	○○マンション805	03-xxxx-xxxx
5		2	指原 珠理奈	245-0001	神奈川県	横浜市泉区池の谷x-x-x		045-xxx-xxxx
6		3	櫻井 拓哉	111-0021	東京都	台東区日本堤x-x-x	○×プラタ510	03-xxxx-xxxx
7		4	相葉 吾郎	333-0801	埼玉県	川口市東川口x-x-x		090-xxxx-xxxx
8		5	二宮 剛	150-0001	東京都	渋谷区神宮前x-x-x	○×マンション208	080-xxxx-xxxx
9		6	高橋 陽菜	279-0001	千葉県	浦安市当代島x-x-x		050-xxxx-xxxx
10		7	松本 慎吾	166-0001	東京都	杉並区阿佐谷北x-x-x	○○ハイツ312	03-xxxx-xxxx
11		8	篠田 由紀	655-0001	兵庫県	神戸市垂水区多聞町x-x-x		078-xxx-xxxx
12		9	稲垣 雅紀	174-0041	東京都	板橋区舟渡x-x-x	○○コーポ501	03-xxxx-xxxx
13		10	宮澤 智美	116-0001	東京都	荒川区町屋x-x-x		080-xxxx-xxxx
14		11	香取 潤	210-0001	神奈川県	川崎市川崎区本町x-x-x		044-xxx-xxxx
15		12	河西 佐江	331-0801	埼玉県	さいたま市北区今羽町x-x-x		048-xxx-xxxx

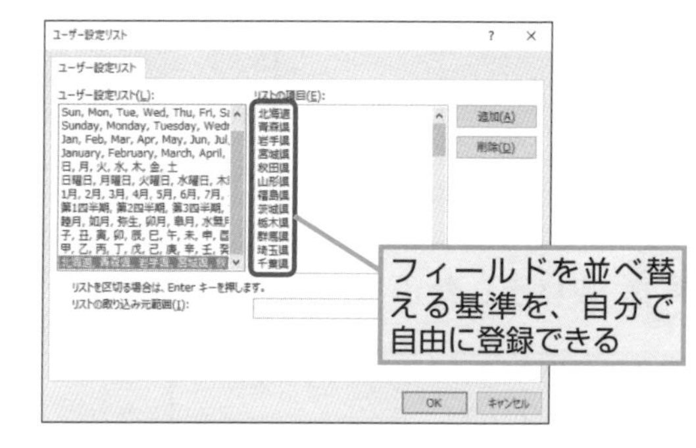

	A	B	C	D	E	F	G	H
1		【顧客住所録】						
3		No	氏名	郵便番号	都道府県	住所	マンション名等	電話番号
4		4	相葉 吾郎	333-0801	埼玉県	川口市東川口x-x-x		090-xxxx-xxxx
5		12	河西 佐江	331-0801	埼玉県	さいたま市北区今羽町x-x-x		048-xxx-xxxx
6		6	高橋 陽菜	279-0001	千葉県	浦安市当代島x-x-x		050-xxxx-xxxx
7		18	渡辺 一樹	261-0001	千葉県	千葉市美浜区幸町x-x-x		043-xxx-xxxx
8		1	大野 正広	106-0031	東京都	港区西麻布x-x-x	○○マンション805	03-xxxx-xxxx
9		3	櫻井 拓哉	111-0021	東京都	台東区日本堤x-x-x	○×プラタ510	03-xxxx-xxxx
10		5	二宮 剛	150-0001	東京都	渋谷区神宮前x-x-x	○×マンション208	080-xxxx-xxxx
11		7	松本 慎吾	166-0001	東京都	杉並区阿佐谷北x-x-x	○○ハイツ312	03-xxxx-xxxx
12		9	稲垣 雅紀	174-0041	東京都	板橋区舟渡x-x-x	○○コーポ501	03-xxxx-xxxx
13		10	宮澤 智美	116-0001	東京都	荒川区町屋x-x-x		080-xxxx-xxxx
14		13	田村 可奈子	161-0031	東京都	新宿区西落合x-x-x	丸閣ビル405	03-xxxx-xxxx
15		14	指原 珠理奈	150-0031	東京都	渋谷区桜丘町x-x-x	参画ビル202	090-xxxx-xxxx

ユーザー設定リストの設定

① リストを選択する

ここでは、都道府県名が北から順に入力されているリストをExcelの［ユーザー設定リスト］に登録する

［ユーザー設定リスト.xlsx］の［都道府県名一覧］シートを表示しておく

都道府県の一覧をまとめて選択する

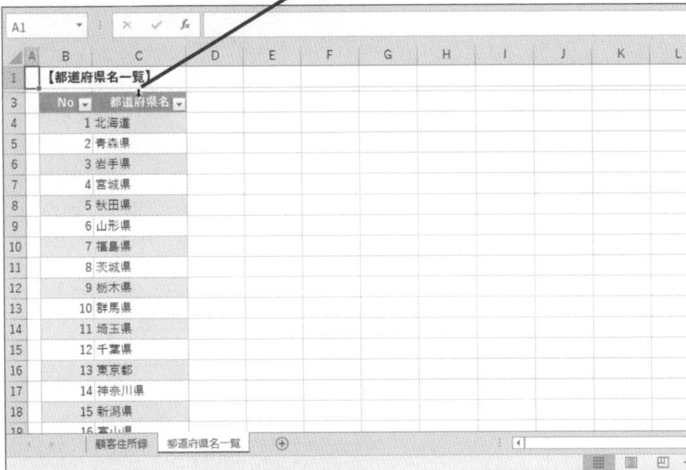

② 都道府県名を選択できた

［都道府県名］フィールドに入力されているすべての都道府県名が選択された

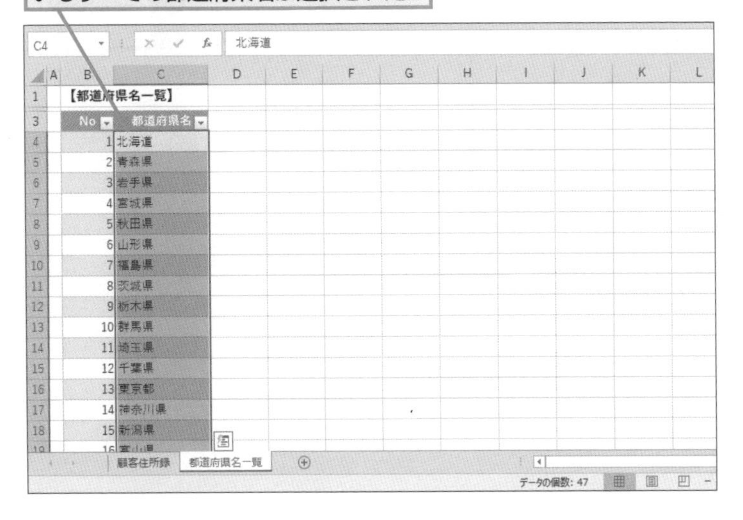

HINT!

登録したリストはオートフィルにも利用できる

任意の並べ替えを指定するリストを、Excelに登録しておけば、繰り返し利用できます。並べ替え以外にも、オートフィルで自動的にリストを作成することもできます。

ユーザー設定リストを登録しておく

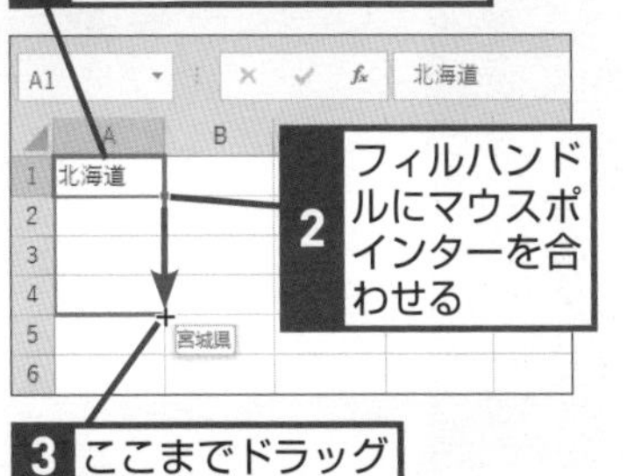

ユーザー設定リストの内容が自動的に入力された

次のページに続く

3 ［ユーザー設定リスト］ダイアログボックスを表示する

［Excelのオプション］ダイアログボックスを表示する

1 ［ファイル］タブをクリック

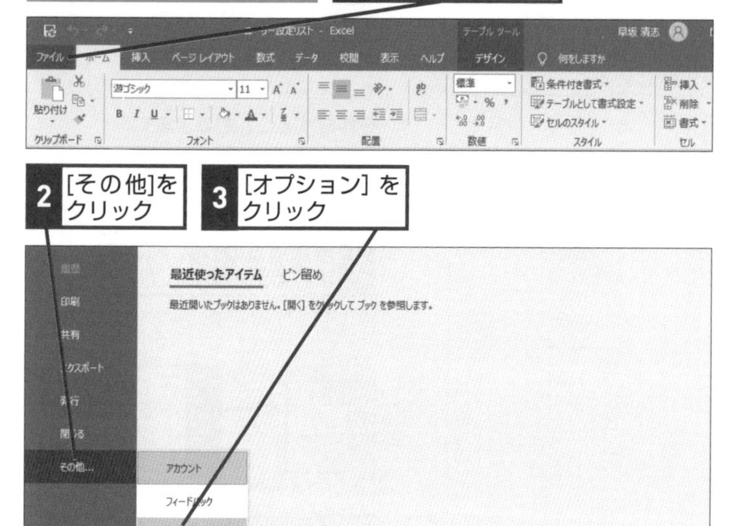

2 ［その他］をクリック

3 ［オプション］をクリック

［Excelのオプション］ダイアログボックスが表示された

4 ［詳細設定］をクリック

5 ここを下にドラッグしてスクロール

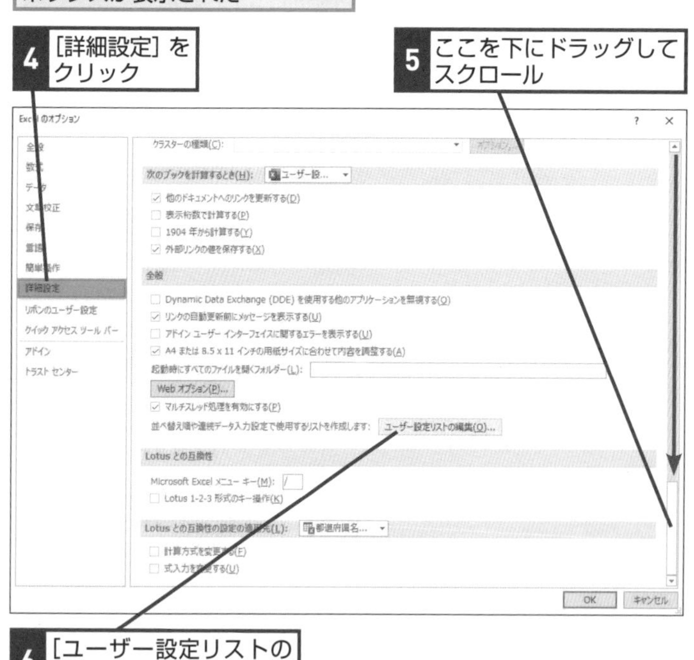

6 ［ユーザー設定リストの編集］をクリック

HINT! リストを手入力で追加することもできる

ここでは、あらかじめリストの内容をセルに入力しておいて、そのデータを取り込む方法を紹介していますが、リストの内容は、［ユーザー設定リスト］ダイアログボックスに直接入力することもできます。項目数が少ない場合は、直接入力したほうが簡単です。手順4で、［ユーザー設定リスト］ダイアログボックスが表示されたら、［リストの項目］欄をクリックして、項目ごとにEnterキーで改行しながら入力します。すべての項目を入力し終えたら、［追加］ボタンをクリックすれば完了です。

手順4の画面を表示しておく

1 すべての項目を入力

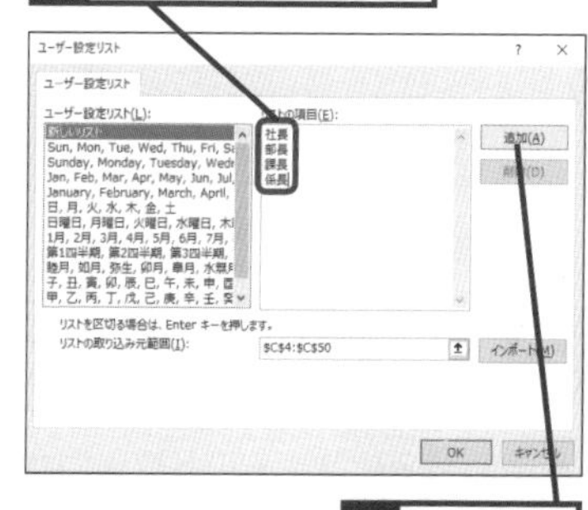

2 ［追加］をクリック

4 コピーしたリストをインポートする

[ユーザー設定リスト] ダイアログボックスが表示された

1 ここに [$C$4:$C$50] と表示されていることを確認

2 [インポート] をクリック

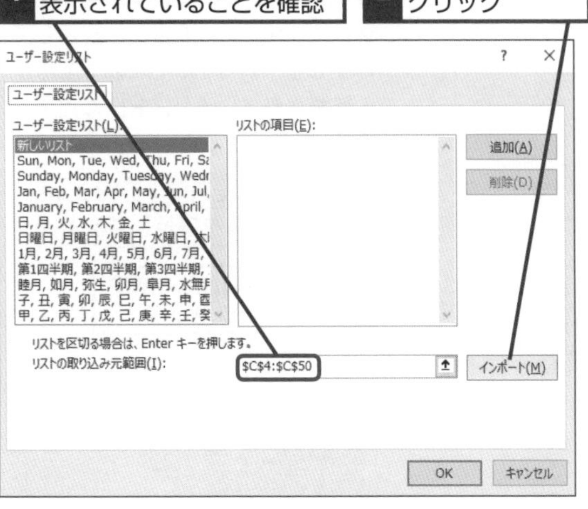

5 リストをExcelに登録する

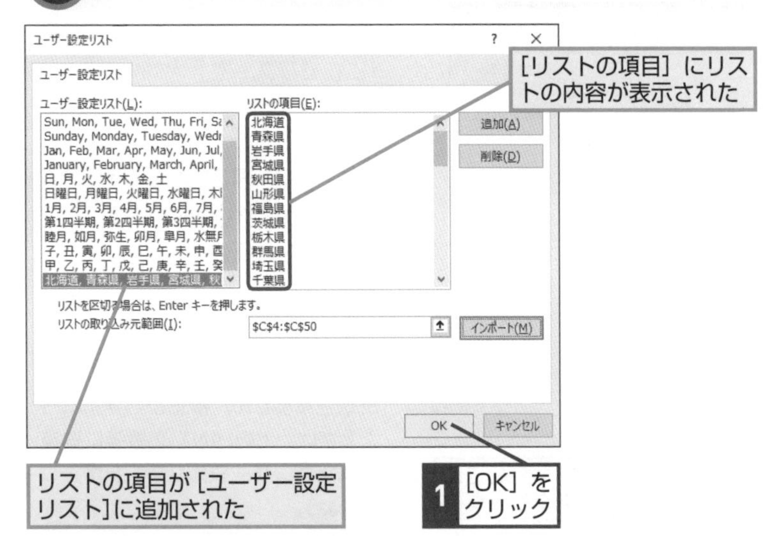

[リストの項目] にリストの内容が表示された

リストの項目が [ユーザー設定リスト] に追加された

1 [OK] をクリック

[Excelのオプション] ダイアログボックスが表示された

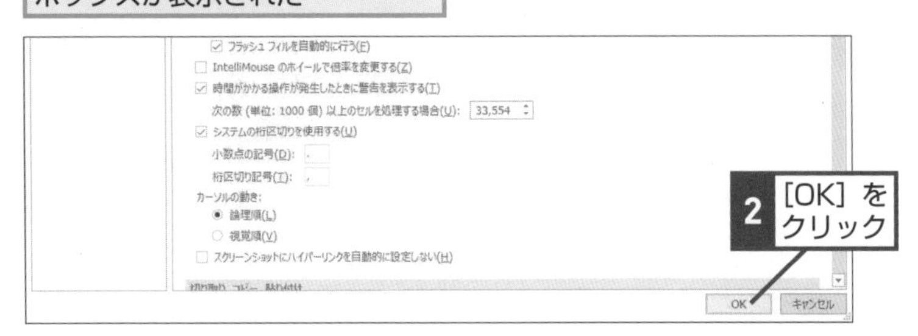

2 [OK] をクリック

HINT! あらかじめ用意されているリストもある

Excelのユーザー設定リストには、あらかじめ用意されているリストもあります。例えば、「月」～「日」までの曜日や、干支など、よく使われるリストが事前に登録されています。

Excelに登録されているユーザー設定リストから[日曜日]～[土曜日]といったリストを利用できる

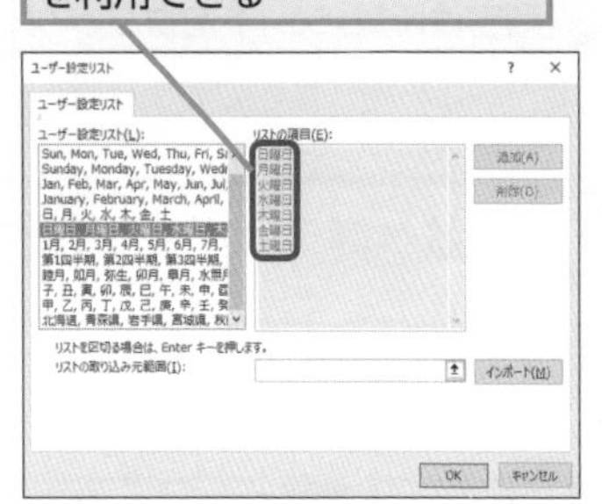

間違った場合は？

手順5で [リストの項目] にリストの内容が表示されないときは、[キャンセル] ボタンをクリックして、[ユーザー設定リスト] ダイアログボックスを閉じ、手順1から操作をやり直します。

次のページに続く

ユーザー設定リストを利用した並べ替え

6 ワークシートを切り替える

［顧客住所録］シートに切り替えて
ユーザー設定リストを表示する

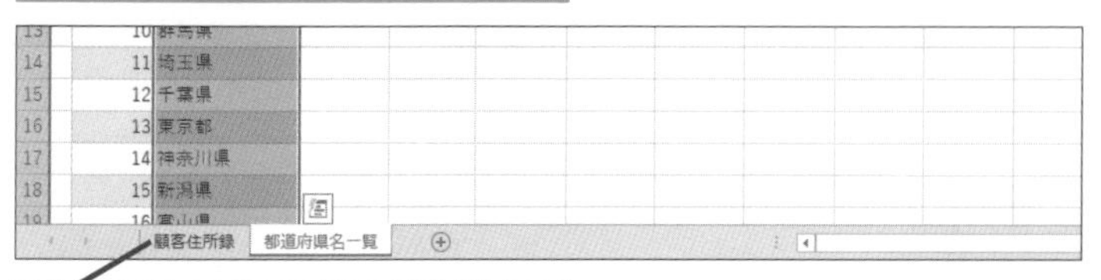

1 ［顧客住所録］シートをクリック

7 ［並べ替え］ダイアログボックスを表示する

［顧客住所録］シートが
表示された

1 セルB3を
クリック

2 ［データ］タブを
クリック

3 ［並べ替え］を
クリック

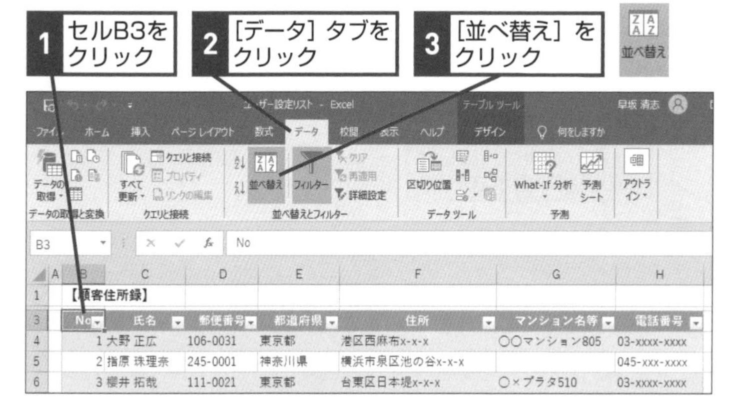

8 ［ユーザー設定リスト］ダイアログ ボックスを表示する

［並べ替え］ダイアログ
ボックスが表示された

1 ここをクリックして
［都道府県］を選択

2 ［順序］のここ
をクリック

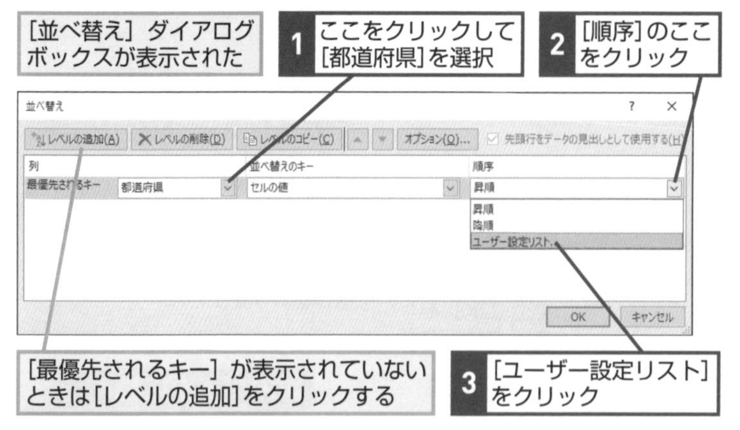

［最優先されるキー］が表示されていない
ときは［レベルの追加］をクリックする

3 ［ユーザー設定リスト］
をクリック

HINT!

ユーザー設定リストを 修正するには

ユーザー設定リストを修正するには、［ユーザー設定リスト］の一覧を表示し、登録済みのリストをクリックして［リストの項目］に表示して修正します。なお、Excelに最初から登録されているリストは修正できません。

［ユーザー設定リスト］ダイア
ログボックスを表示しておく

1 Excelに登録した修正
リストをクリック

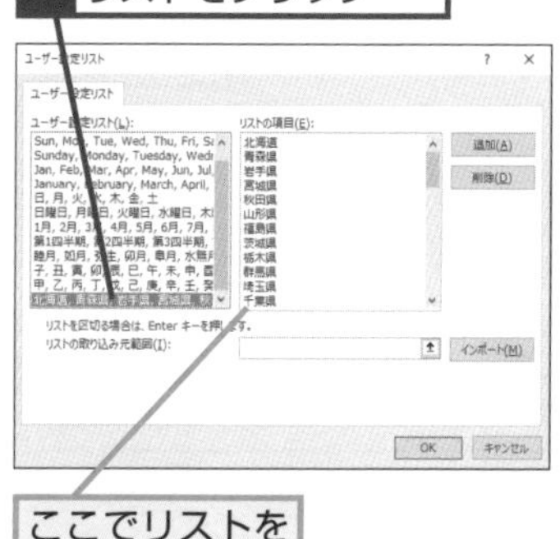

ここでリストを
修正できる

HINT!

リストの取り込み元を 修正しても反映されない

取り込み元のリストである［都道府県名］シートの内容を修正しても、登録されたユーザー設定リストには反映されません。修正が必要になったときは、上のHINT!を参考に登録されたユーザー設定リストを修正しましょう。

9 並べ替えを実行する

[ユーザー設定リスト] ダイアログボックスが表示された

手順4で追加した [ユーザー設定リスト] を表示する

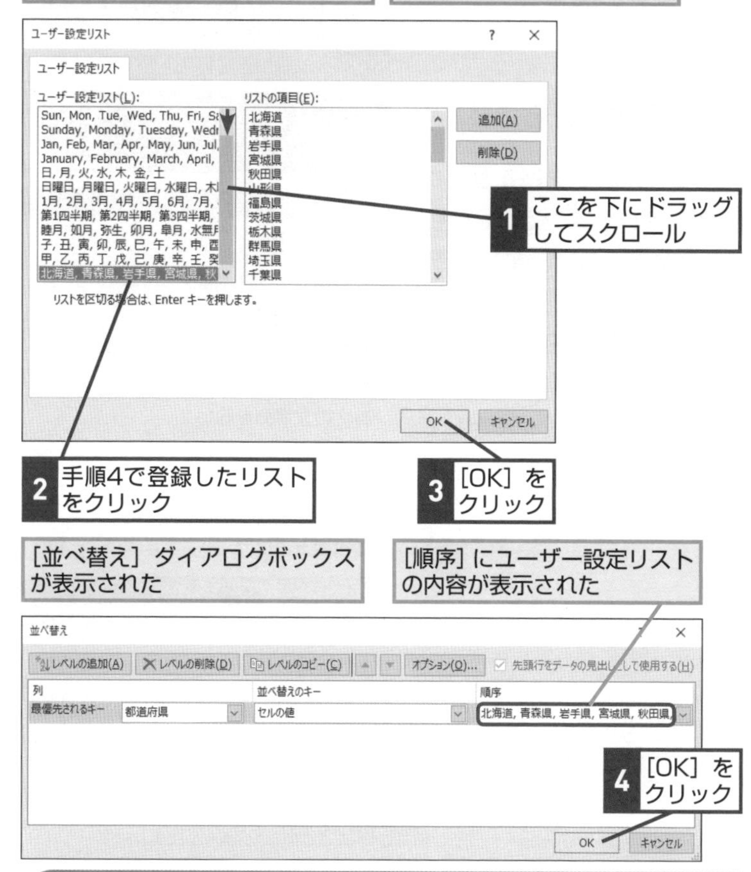

1 ここを下にドラッグしてスクロール

2 手順4で登録したリストをクリック

3 [OK] をクリック

[並べ替え] ダイアログボックスが表示された

[順序] にユーザー設定リストの内容が表示された

並べ替え
レベルの追加(A) / レベルの削除(D) / レベルのコピー(C) / オプション(O)... / 先頭行をデータの見出しとして使用する(H)
列 / 並べ替えのキー / 順序
最優先されるキー 都道府県 / セルの値 / 北海道, 青森県, 岩手県, 宮城県, 秋田県,
OK / キャンセル

4 [OK] をクリック

10 指定した順序で並べ替えられた

Excelに登録したユーザー設定リストで都道府県が北から順に並び替わった

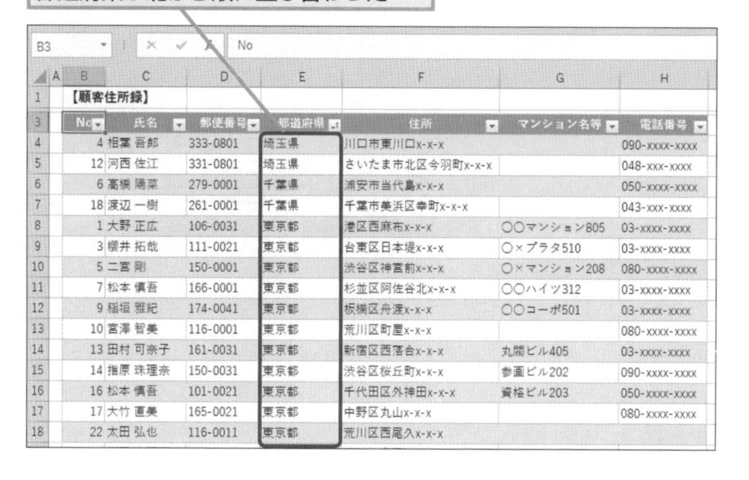

B3 No

	B	C	D	E	F	G	H
1	【顧客住所録】						
3	No	氏名	郵便番号	都道府県	住所	マンション名等	電話番号
4	4	相葉 吾郎	333-0801	埼玉県	川口市東川口x-x-x		090-xxxx-xxxx
5	12	河西 佐江	331-0801	埼玉県	さいたま市北区今羽町x-x-x		048-xxx-xxxx
6	6	高橋 陽菜	279-0001	千葉県	浦安市当代島x-x-x		050-xxxx-xxxx
7	18	渡辺 一樹	261-0001	千葉県	千葉市美浜区幸町x-x-x		043-xxx-xxxx
8	1	大野 正広	106-0031	東京都	港区西麻布x-x-x	○○マンション805	03-xxxx-xxxx
9	3	櫻井 拓哉	111-0021	東京都	台東区日本堤x-x-x	○×プラタ510	03-xxxx-xxxx
10	5	二宮 剛	150-0001	東京都	渋谷区神宮前x-x-x	○×マンション208	080-xxxx-xxxx
11	7	松本 慎吾	166-0001	東京都	杉並区阿佐谷北x-x-x	○○ハイツ312	03-xxxx-xxxx
12	9	稲垣 雅紀	174-0041	東京都	板橋区舟渡x-x-x	○○コーポ501	03-xxxx-xxxx
13	10	宮澤 智美	116-0001	東京都	荒川区町屋x-x-x		080-xxxx-xxxx
14	13	田村 可奈子	161-0031	東京都	新宿区西落合x-x-x	丸岡ビル405	03-xxxx-xxxx
15	14	指原 珠理奈	150-0031	東京都	渋谷区桜丘町x-x-x	参画ビル202	090-xxxx-xxxx
16	16	松本 慎吾	101-0021	東京都	千代田区外神田x-x-x	資格ビル203	050-xxxx-xxxx
17	17	大竹 直美	165-0021	東京都	中野区丸山x-x-x		080-xxxx-xxxx
18	22	太田 弘也	116-0011	東京都	荒川区西尾久x-x-x		

HINT! 登録済みのリストを削除するには

リストの修正と同じように、[ユーザー設定リスト] ダイアログボックスから操作すれば、登録済みのユーザー設定リストを削除できます。リストを選択して [削除] ボタンをクリックしましょう。ただし、Excelに最初から登録されているリストは削除できません。

[ユーザー設定リスト] から登録したリストを削除する

1 ここをクリック

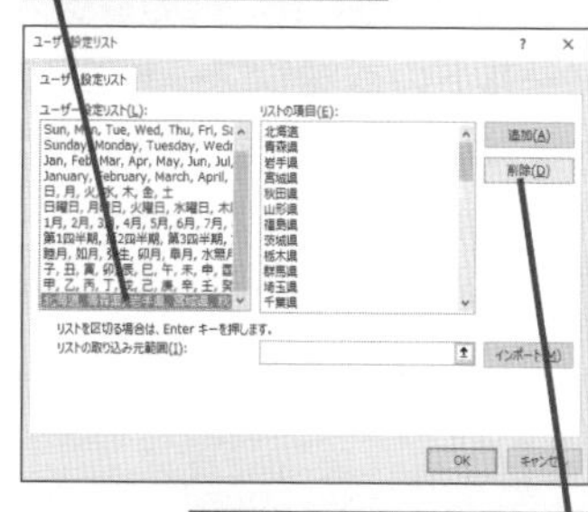

2 [削除]をクリック

削除を確認するメッセージが表示された

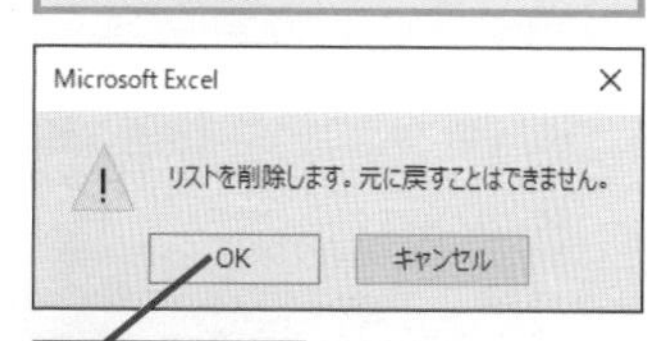

3 [OK] をクリック

[ユーザー設定リスト] から登録したリストが削除される

間違った場合は？

手順9で別のユーザー設定リストを選択してしまった場合は、もう一度、手順8から実行し、「ユーザー設定リスト」を選択します。

39 ユーザー設定リスト

レッスン

40 セルや文字の色で並べ替えるには

セルの色

対応バージョン

365　2019　2016　2013

レッスンで使う練習用ファイル
セルの色.xlsx

動画で見る
詳細は3ページへ

関連レッスン

▶レッスン27
重複レコードを確認するには….. p.120

▶レッスン37
複数の項目で並べ替えるには….. p.164

▶レッスン38
特定の文字列を除いて
並べ替えるには…… p.168

▶レッスン39
都道府県名などの任意項目で
並べ替えるには…… p.170

キーワード

条件付き書式	p.310
並べ替え	p.311
フィールド	p.312

「色」を使えば、直感的にデータを把握できる！

大量のデータを扱うとき、特定のデータに「意味」を持たせるために色を付ける場合があります。そこでこのレッスンでは、「色」を基準にして並べ替えて、データをより見やすくしてみましょう。その前に、知っておきたい機能が「条件付き書式」です。この機能は、指定した条件を満たす場合に、書式が自動で設定されるため、非常に便利です。このレッスンの練習用ファイルには、[氏名]フィールドの重複レコードに色を付ける条件付き書式を設定してあります。あらかじめ「意味のあるデータ」に付けておいた色で並べ替えて、まとめてみましょう。

Before

A1

【顧客住所録】

No	氏名	郵便番号	住所	マンション名等	電話番号
1	大野 正広	106-0031	東京都港区西麻布x-x-x	○○マンション805	03-xxxx-xxxx
2	指原 珠理奈	245-0001	神奈川県横浜市泉区池の谷x-x-x		045-xxx-xxxx
3	櫻井 拓哉	111-0021	東京都台東区日本堤x-x-x	○×プラタ510	03-xxxx-xxxx
4	相葉 吾郎	333-0801	埼玉県川口市東川口x-x-x		090-xxxx-xxxx
5	二宮 剛	150-0001	東京都渋谷区神宮前x-x-x	○×マンション208	080-xxxx-xxxx
6	高橋 陽菜	279-0001	千葉県浦安市当代島x-x-x		050-xxxx-xxxx
7	松本 慎吾	166-0001	東京都杉並区阿佐谷北x-x-x	○○ハイツ312	03-xxxx-xxxx
8	篠田 由紀	655-0001	兵庫県神戸市垂水区多聞町x-x-x		078-xxx-xxxx
9	稲垣 雅紀	174-0041	東京都板橋区舟渡x-x-x	○○コーポ501	03-xxxx-xxxx
10	宮澤 智美	116-0001	東京都荒川区町屋x-x-x		080-xxxx-xxxx

条件付き書式の機能を利用して、重複した値のセルに色を付けておく

After

B3　No

【顧客住所録】

No	氏名	郵便番号	住所	マンション名等	電話番号
11	香取 潤	210-0001	神奈川県川崎市川崎区本町x-x-x	互角ビル801	044-xxx-xxxx
20	香取 潤	210-0001	神奈川県川崎市川崎区本町x-x-x	互角ビル801	090-xxxx-xxxx
2	指原 珠理奈	245-0001	神奈川県横浜市泉区池の谷x-x-x		045-xxx-xxxx
15	指原 珠理奈	245-0001	神奈川県横浜市泉区池の谷x-x-x		045-xxx-xxxx
7	松本 慎吾	166-0001	東京都杉並区阿佐谷北x-x-x	○○ハイツ312	03-xxxx-xxxx
16	松本 慎吾	101-0021	東京都千代田区外神田x-x-x	資格ビル203	050-xxxx-xxxx
4	相葉 吾郎	333-0801	埼玉県川口市東川口x-x-x		090-xxxx-xxxx
21	秋元 裕二	455-0001	愛知県名古屋市港区七番町x-x-x		080-xxxx-xxxx
9	稲垣 雅紀	174-0041	東京都板橋区舟渡x-x-x	○○コーポ501	03-xxxx-xxxx
22	太田 弘也	116-0011	東京都荒川区西尾久x-x-x		

セルに付けた色を基準にして並べ替えれば、重複と思われるデータをすぐに確認できる

1 [並べ替え] ダイアログボックスを表示する

ここでは、[氏名] フィールドに設定済みの条件付き書式をキーにしてレコードを並べ替える

1 セルB3をクリック

2 [データ] タブをクリック

3 [並べ替え] をクリック

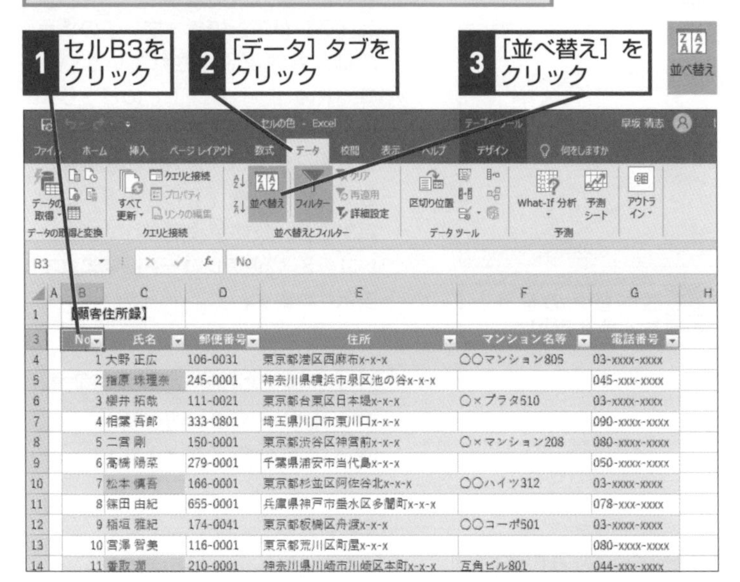

	B	C	D	E	F	G
1	【顧客住所録】					
3	No	氏名	郵便番号	住所	マンション名等	電話番号
4	1	大野 正広	106-0031	東京都港区西麻布x-x-x	○○マンション805	03-xxxx-xxxx
5	2	揖原 珠理奈	245-0001	神奈川県横浜市泉区池の谷x-x-x		045-xxx-xxxx
6	3	櫻井 拓哉	111-0021	東京都台東区日本堤x-x-x	○×プラタ510	03-xxxx-xxxx
7	4	相葉 吾郎	333-0801	埼玉県川口市東川口x-x-x		090-xxxx-xxxx
8	5	二宮 剛	150-0001	東京都渋谷区神宮前x-x-x	○×マンション208	080-xxxx-xxxx
9	6	高橋 陽菜	279-0001	千葉県浦安市当代島x-x-x		050-xxxx-xxxx
10	7	松本 慎吾	166-0001	東京都杉並区阿佐谷北x-x-x	○○ハイツ312	03-xxxx-xxxx
11	8	篠田 由紀	655-0001	兵庫県神戸市垂水区多聞町x-x-x		078-xxx-xxxx
12	9	稲垣 雅紀	174-0041	東京都板橋区舟渡x-x-x	○○コーポ501	03-xxxx-xxxx
13	10	宮澤 智美	116-0001	東京都荒川区町屋x-x-x		080-xxxx-xxxx
14	11	香取 潤	210-0001	神奈川県川崎市川崎区本町x-x-x	互角ビル801	044-xxx-xxxx

2 [並べ替えのキー] を設定する

[並べ替え] ダイアログボックスが表示された

1 ここをクリックして[氏名]を選択

2 [並べ替えのキー] のここをクリック

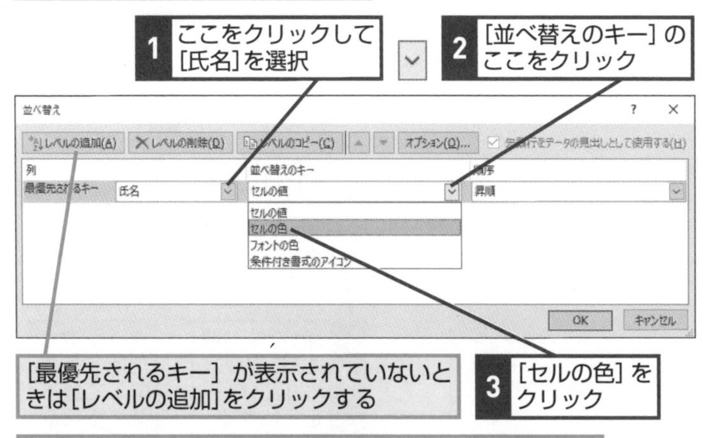

[最優先されるキー] が表示されていないときは[レベルの追加]をクリックする

3 [セルの色] をクリック

フォントの色やアイコンを指定するときは、[並べ替えのキー]で[フォントの色]か[セルのアイコン]を選択する

HINT! 条件付き書式の内容を確認するには

設定済みの条件付き書式を確認するには、以下の手順で操作します。このレッスンのサンプルは、レッスン㉗で解説する方法で重複データに色を付けています。

1 [ホーム] タブをクリック

2 [条件付き書式]をクリック

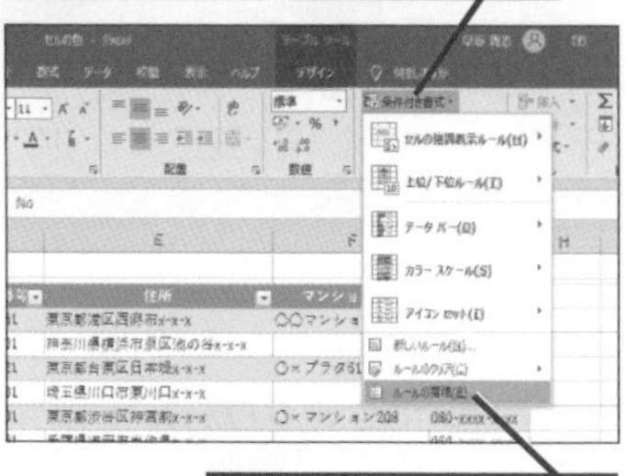

3 [ルールの管理] をクリック

[条件付き書式ルールの管理] ダイアログボックスが表示された

4 内容を確認する条件をクリック

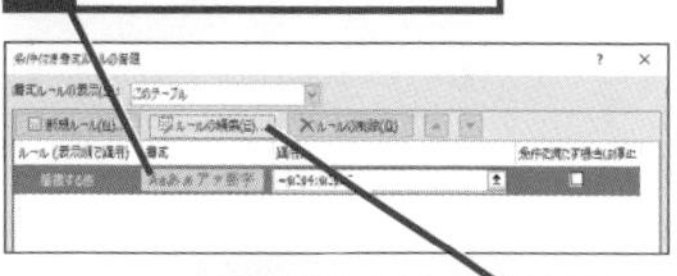

5 [ルールの編集] をクリック

[書式ルールの編集] ダイアログボックスが表示された

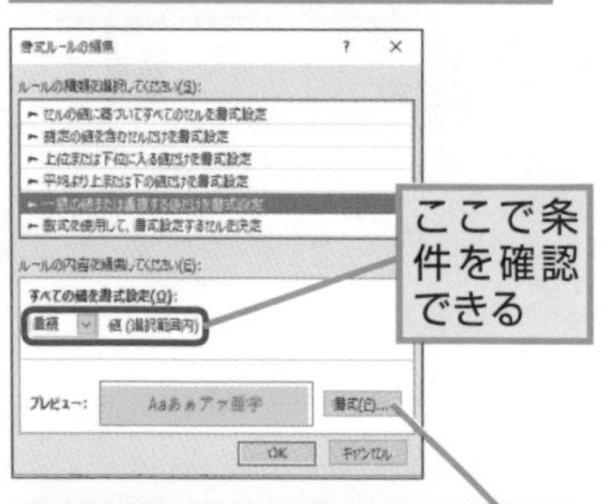

ここで条件を確認できる

[書式]をクリックすると、書式の確認と変更ができる

次のページに続く

③ 並べ替える色を指定する

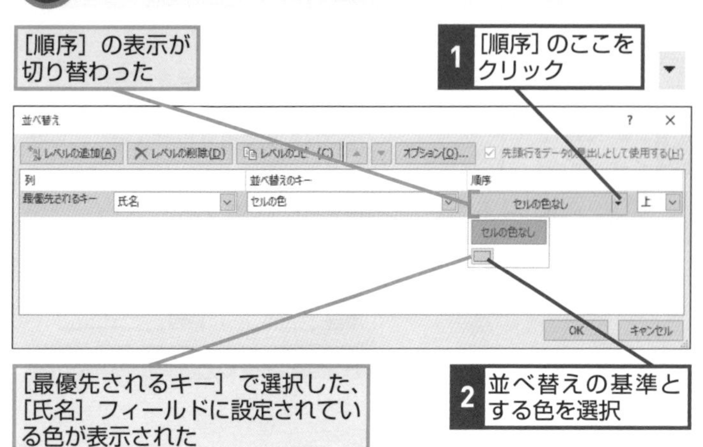

④ 並べ替えの方法を指定する

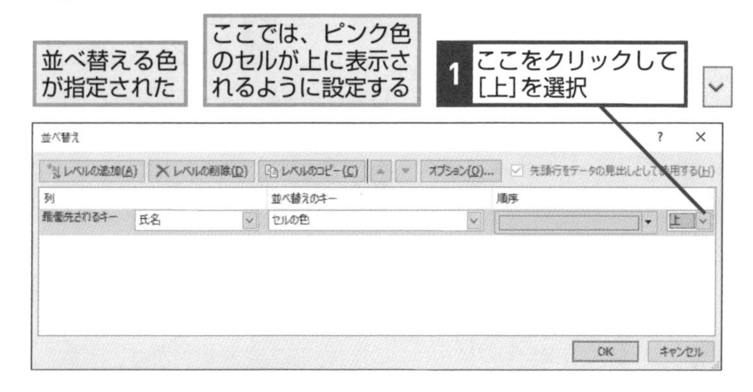

⑤ 並べ替えの条件を追加する

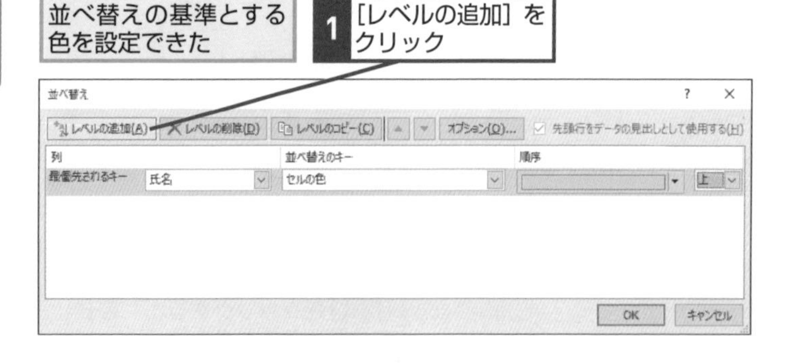

HINT! [順序] の右にある [上] や [下] はどう使うの?

[順序] の右にある項目では [上] と [下] が選択できます。この項目では、条件が設定されていないレコードの [上] か [下] のどちらに並べ替えの結果を表示するかを設定します。例えば、2つの色を条件としてそれぞれを [上] と [下] に設定すると、条件が設定されていないレコードは2色のレコードに挟まれて表示されます。

HINT! フィルターボタンを使って並べ替えてもいい

フィルターボタンを利用して色を基準にした並べ替えも可能です。ただし、複数の条件は指定できません。

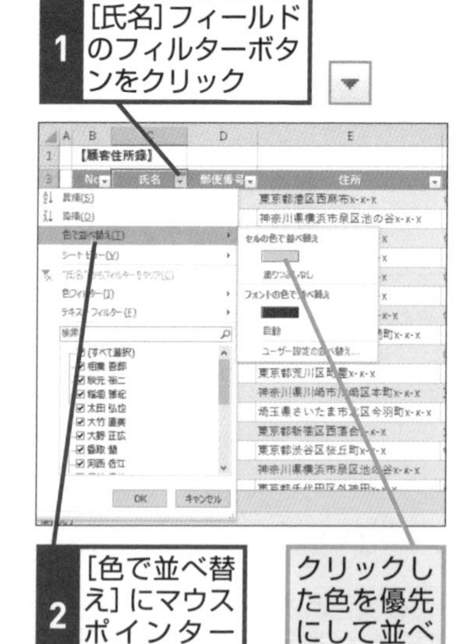

6 [氏名] フィールドの条件を追加する

[次に優先されるキー] が表示された

同じ [氏名] フィールドを指定し、表示順を設定する

1 ここをクリックして[氏名]を選択

2 ここをクリックして[昇順]を選択

3 [OK] をクリック

7 セルの色と氏名を基準に並べ替えられた

指定した色の順番で並び変わった

同じ色が設定されたレコードは、まとまって表示される

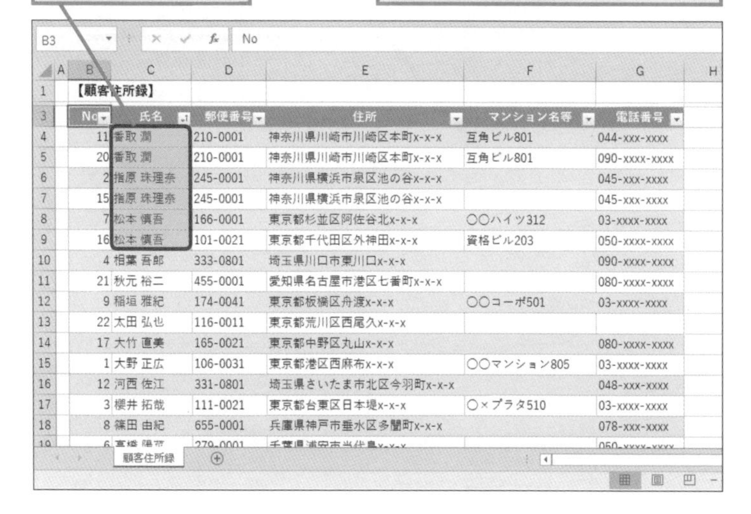

【顧客住所録】

No	氏名	郵便番号	住所	マンション名等	電話番号
11	香取 潤	210-0001	神奈川県川崎市川崎区本町x-x-x	互角ビル801	044-xxx-xxxx
20	香取 潤	210-0001	神奈川県川崎市川崎区本町x-x-x	互角ビル801	090-xxxx-xxxx
2	指原 珠理奈	245-0001	神奈川県横浜市泉区池の谷x-x-x		045-xxx-xxxx
15	指原 珠理奈	245-0001	神奈川県横浜市泉区池の谷x-x-x		045-xxx-xxxx
7	松本 慎吾	166-0001	東京都杉並区阿佐谷北x-x-x	○○ハイツ312	03-xxxx-xxxx
16	松本 慎吾	101-0021	東京都千代田区外神田x-x-x	資格ビル203	050-xxxx-xxxx
4	相葉 吾郎	333-0801	埼玉県川口市東川口x-x-x		090-xxxx-xxxx
21	秋元 裕二	455-0001	愛知県名古屋市港区七番町x-x-x		080-xxxx-xxxx
9	稲垣 雅紀	174-0041	東京都板橋区舟渡x-x-x	○○コーポ501	03-xxxx-xxxx
22	太田 弘也	116-0011	東京都荒川区西尾久x-x-x		
17	大竹 直美	165-0021	東京都中野区丸山x-x-x		080-xxxx-xxxx
1	大野 正広	106-0031	東京都港区西麻布x-x-x	○○マンション805	03-xxxx-xxxx
12	河西 佐江	331-0801	埼玉県さいたま市北区今羽町x-x-x		048-xxx-xxxx
3	櫻井 拓哉	111-0021	東京都台東区日本堤x-x-x	○×プラタ510	03-xxxx-xxxx
8	篠田 由紀	655-0001	兵庫県神戸市垂水区多聞町x-x-x		078-xxx-xxxx

顧客住所録

HINT! 並べ替えを実行すれば重複レコードかどうかがはっきりする

124ページのHINT!やこのレッスンで紹介したように、重複と思われるレコードの並べ替えを実行すれば、同姓同名かどうかをすぐに比較できます。例えば、このレッスンのサンプルファイルの場合、「松本 慎吾」は住所が異なるので、同姓同名の別人なのか、引っ越しなどによって住所が違う同一人物なのかを確認する必要があることがすぐに分かります。一方、「香取 潤」と「指原 珠理奈」は住所も同一なので、重複したレコードと考えられます。データベースでは重複したレコードは必要ありません。レッスン㉙や㉚を参考にして、削除しましょう。

間違った場合は？

思い通りの結果にならなかったときは、指定し忘れている色がないかどうか、もう一度確認してください。なお、セルの色とフォントの色は条件が異なる点にも注意してください。

この章のまとめ

●レコードを効率よく並べ替えよう

この章では、並べ替えに関するテクニックを解説しました。条件を設定してデータを並べ替えるだけで、数字の増減や項目数の大小だけでなく、売り上げや商品分布などの傾向がはっきりするほか、どのデータを注目して見せるかを整理できます。店舗ごとの特徴や年齢、性別による商品の売れ行きの違いなど、データを並べ替えることでデータの比較や検討がしやすくなるのです。
そのためには、並べ替えの前にデータの信頼性を高めておく必要があります。並べ替えの前に、フィールドの規則に従ってデータが入力されていることを確認してください。単純な入力忘れやふりがなの設定などが並べ替えの結果に大きく影響します。また、並べ替えを繰り返すうちに、元データの順番が分からなくなっても［No］などの連番を振ったフィールドを用意しておけば、いつでも元に戻せる、ということも覚えておきましょう。
第8章以降では、抽出や集計、分析など、より応用的なデータの活用方法を紹介しますが、その際にも並べ替えは重要になります。思い通りにデータを並べ替えて、十分に活用できるようにしておきましょう。

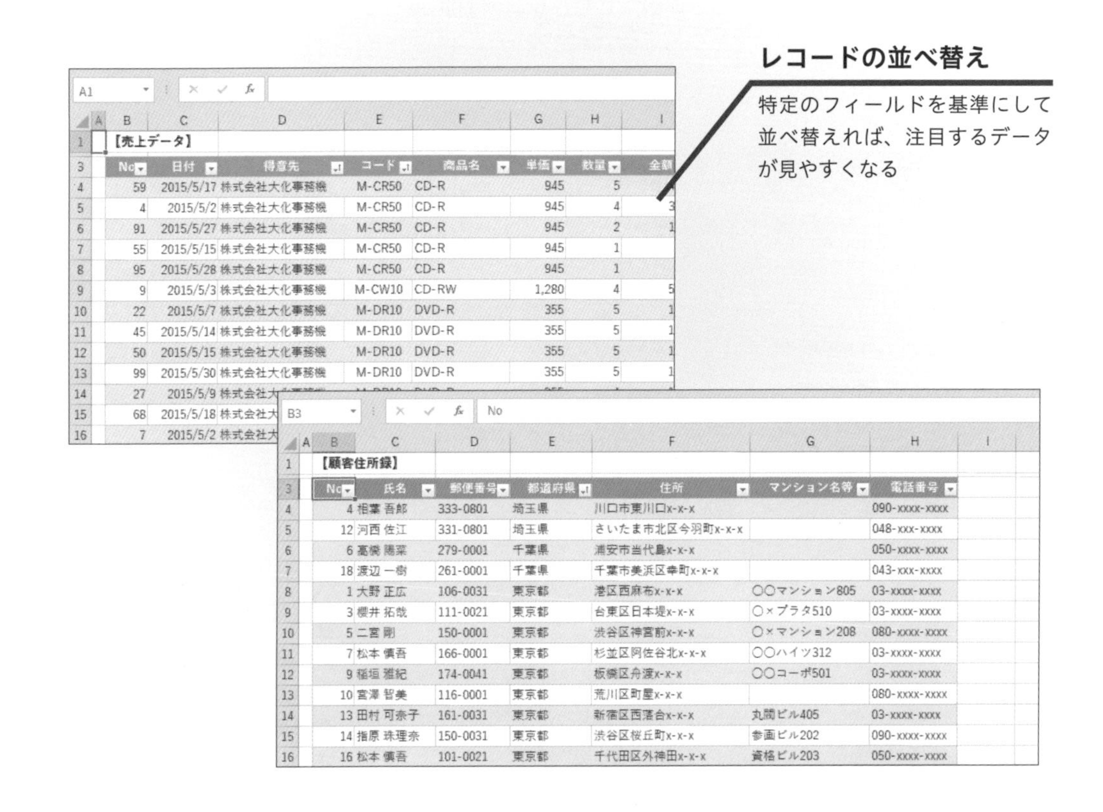

No	日付	得意先	コード	商品名	単価	数量
59	2015/5/17	株式会社大化事務機	M-CR50	CD-R	945	5
4	2015/5/2	株式会社大化事務機	M-CR50	CD-R	945	4
91	2015/5/27	株式会社大化事務機	M-CR50	CD-R	945	2
55	2015/5/15	株式会社大化事務機	M-CR50	CD-R	945	1
95	2015/5/28	株式会社大化事務機	M-CR50	CD-R	945	1
9	2015/5/3	株式会社大化事務機	M-CW10	CD-RW	1,280	4
22	2015/5/7	株式会社大化事務機	M-DR10	DVD-R	355	5
45	2015/5/14	株式会社大化事務機	M-DR10	DVD-R	355	5
50	2015/5/15	株式会社大化事務機	M-DR10	DVD-R	355	5
99	2015/5/30	株式会社大化事務機	M-DR10	DVD-R	355	5
27	2015/5/9	株式会社大				
68	2015/5/18	株式会社大				
7	2015/5/2	株式会社大				

No	氏名	郵便番号	都道府県	住所	マンション名等	電話番号
4	相葉 吾郎	333-0801	埼玉県	川口市東川口x-x-x		090-xxxx-xxxx
12	河西 佐江	331-0801	埼玉県	さいたま市北区今羽町x-x-x		048-xxx-xxxx
6	高橋 陽菜	279-0001	千葉県	浦安市当代島x-x-x		050-xxxx-xxxx
18	渡辺 一樹	261-0001	千葉県	千葉市美浜区幸町x-x-x		043-xxx-xxxx
1	大野 正広	106-0031	東京都	港区西麻布x-x-x	○○マンション805	03-xxxx-xxxx
3	櫻井 拓哉	111-0021	東京都	台東区日本堤x-x-x	○×プラタ510	03-xxxx-xxxx
5	二宮 剛	150-0001	東京都	渋谷区神宮前x-x-x	○×マンション208	080-xxxx-xxxx
7	松本 慎吾	166-0001	東京都	杉並区阿佐谷北x-x-x	○○ハイツ312	03-xxxx-xxxx
9	稲垣 雅紀	174-0041	東京都	板橋区舟渡x-x-x	○○コーポ501	03-xxxx-xxxx
10	宮澤 智美	116-0001	東京都	荒川区町屋x-x-x		080-xxxx-xxxx
13	田村 可奈子	161-0031	東京都	新宿区西落合x-x-x	丸間ビル405	03-xxxx-xxxx
14	指原 珠理奈	150-0031	東京都	渋谷区桜丘町x-x-x	参画ビル202	090-xxxx-xxxx
16	松本 慎吾	101-0021	東京都	千代田区外神田x-x-x	資格ビル203	050-xxxx-xxxx

レコードの並べ替え

特定のフィールドを基準にして並べ替えれば、注目するデータが見やすくなる

練習問題

1

［第7章_練習問題.xlsx］の［売上一覧］シートを表示して、［コード］フィールドを［昇順］、［金額］フィールドを［大きい順］、［得意先］フィールドを［昇順］として並べ替えを実行してみましょう。

●ヒント：複数の条件は［並べ替え］ダイアログボックスで指定します。優先するキー（基準）を［コード］［金額］［得意先］の順にすることを忘れないようにしましょう。

練習用ファイル

第7章_練習問題.xlsx

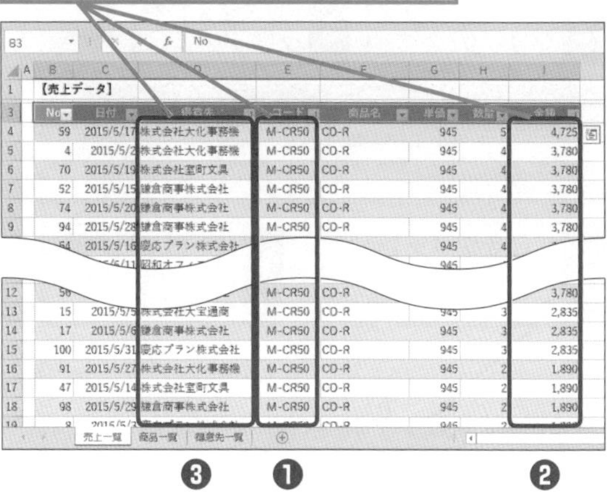

2

練習問題1で指定した並べ替えの順番を変更してみましょう。［金額］フィールド（大きい順）、［得意先］フィールド（昇順）、［コード］フィールド（昇順）の順にします。

●ヒント：［並べ替え］ダイアログボックスを利用して、優先されるキーの順番を変更します。

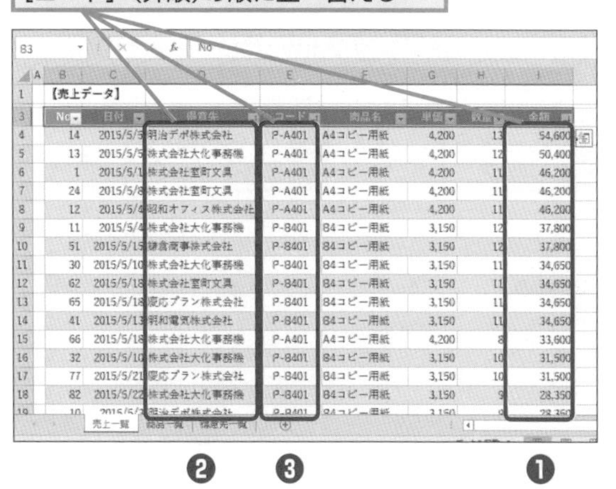

答えは次のページ

解　答

1

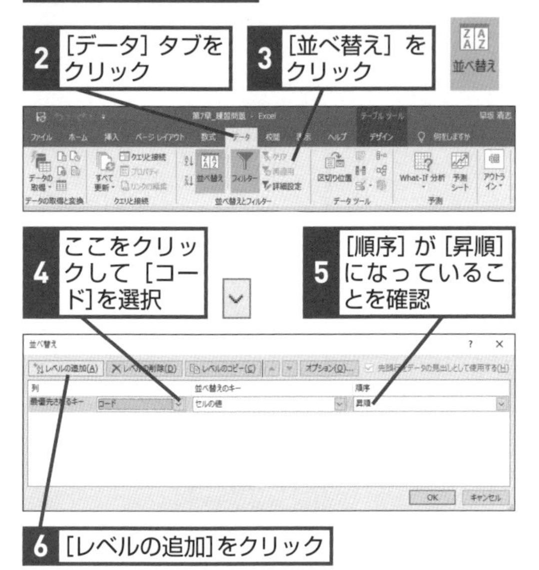

複数の条件で並べ替えを行うときは、[並べ替え] ダイアログボックスを利用します。[並べ替え] ダイアログボックスの上から順に、並べ替えのキー（基準）を設定しましょう。ここでは [コード] を昇順、[金額] を大きい順、[得意先] を昇順にします。この並べ替えにより、商品のまとまりで、売上金額が大きい順のレコードを確認できます。

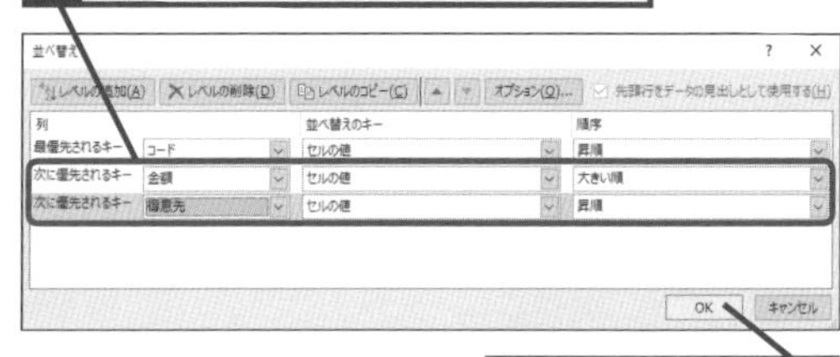

2

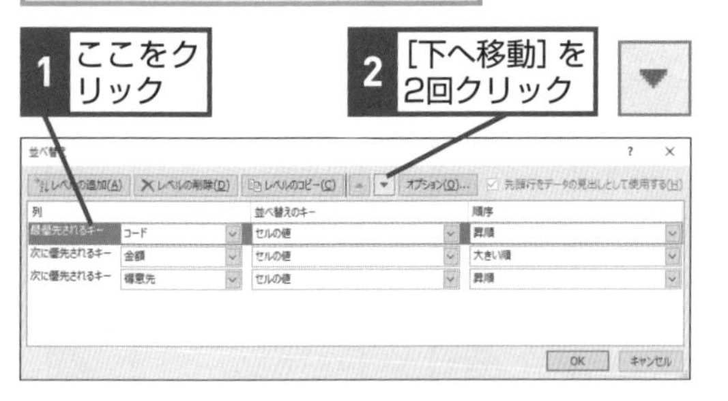

練習問題1で設定した並べ替えの条件を変更します。[並べ替え]ダイアログボックスを表示し、優先順位を入れ替えます。設定した条件の単位で、優先順位を変更できるので [上へ移動] や [下へ移動] ボタンを使って並べ替えます。

第8章

フィルター機能で目的のデータを取り出そう

データベースに含まれるデータの数が多いほど、特定のデータを見つけるのが難しくなります。そんなときに活用したいのが「フィルター」の機能です。条件に一致するデータを取り出すフィルターは、レコードの抽出に欠かせません。この章では、文字列や数値、日付など、実務でよく使うレコードの抽出テクニックをまとめて紹介します。

●この章の内容

レッスン
41 特定の文字列を含むレコードを抽出するには

テキストフィルター

対応バージョン

365 2019 2016 2013

レッスンで使う練習用ファイル
テキストフィルター .xlsx

関連レッスン

▶レッスン42
任意の条件を指定してレコードを抽出するには ……… p.188

▶レッスン43
指定した数値以上のレコードを抽出するには ……… p.190

▶レッスン44
上位10位のレコードを抽出するには ……… p.192

▶レッスン46
期間内のレコードを抽出するには ……… p.196

キーワード

オートフィルター	p.308
データベース	p.311
フィールド	p.312
フィルター	p.312
フィルターボタン	p.312
レコード	p.312

どんなデータも「キーワード」で取り出せる！

データベースにあるデータが増えれば増えるほど、目的のデータを探し出すのは大変になります。そのような場合でも、フィルターの機能を使えば、目的のデータだけを瞬時に探し出せます。
下の図を見てください。A3コピー用紙やCD-R、DVD-Rなど、さまざまな商品の売り上げをまとめたデータベースがあります。この中から「コピー用紙」という名前が付いた商品の売り上げを抽出するには、どうしたらいいでしょうか？
レッスン㊲で紹介した並べ替えを利用すればうまくいきそうですが、並べ替えはレコードにある商品名を基準に順番を入れ替えるので、「コピー用紙」という名前だけではうまく抽出ができません。そんなときは、このレッスン以降で紹介するフィルターの機能を利用しましょう。このレッスンでは、まず、「コピー用紙」という文字列を含むレコードだけを検索します。コピー用紙に該当する商品には、「A3コピー用紙」「A4コピー用紙」「B4コピー用紙」「B5コピー用紙」があります。Excelを利用すれば、さらに「CD」と「DVD」の名前が付いた商品の売り上げも抽出できます。数あるデータの中から、「自分が知りたいデータをすぐに指定して表示する」ことこそ、データベースの醍醐味です。さっそくフィルターの利用方法と操作方法を見ていきましょう。

Before

特定の商品がどれだけ売れているかを調べたい

【売上データ】

No	日付	得意先	コード	商品名	単価	数量	金額
1	2015/5/1	株式会社室町文具	P-A401	A4コピー用紙	4,200	11	46,
2	2015/5/1	鎌倉商事株式会社	M-CR50	CD-R	945	1	
3	2015/5/1	株式会社大化事務機	P-B401	B4コピー用紙	3,150	4	12,
4	2015/5/2	株式会社大化事務機	M-CR50	CD-R	945	4	3,
5	2015/5/2	鎌倉商事株式会社	P-B401	B4コピー用紙	3,150	5	15,
6	2015/5/2	鎌倉商事株式会社	P-A301	A3コピー用紙	4,200	3	12,
7	2015/5/2	株式会社大化事務機	M-DR10	DVD-R	355	3	1,
8	2015/5/3	慶応プラン株式会社	M-CR50	CD-R	945	2	1,
9	2015/5/3	株式会社大化事務機	P-A301	A3コピー用紙	4,200	4	16,
10	2015/5/3	明治デザ株式会社	P-B401	B4コピー用紙	3,150	9	28,
11	2015/5/4	株式会社大化事務機	P-B401	B4コピー用紙	3,150	12	37,
12	2015/5/4	昭和オフィス株式会社	P-A401	A4コピー用紙	4,200	11	46,
13	2015/5/5	株式会社大化事務機	P-A401	A4コピー用紙	4,200	12	50,
14	2015/5/5	明治デザ株式会社	P-A401	A4コピー用紙	4,200	13	54,

→

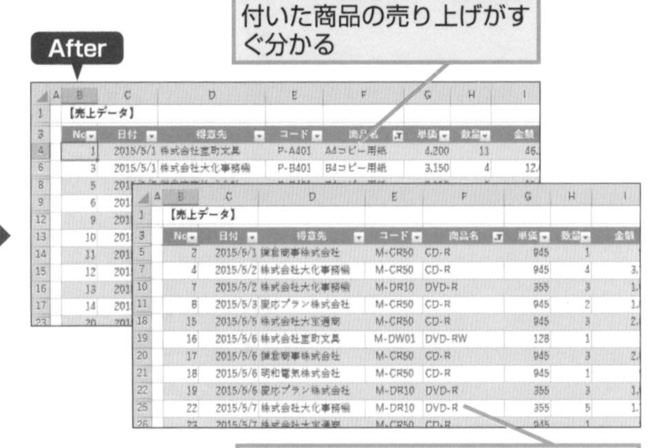

検索キーワードの設定

1 検索ボックスにキーワードを入力する

ここでは、商品名に「コピー用紙」を含むレコードを抽出する

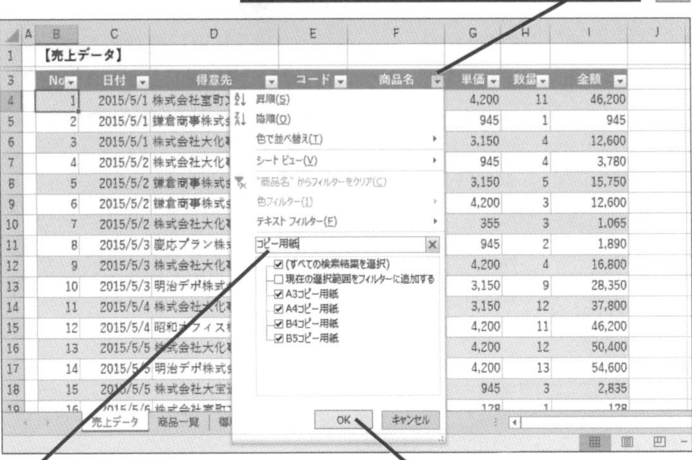

2 検索ボックスに「コピー用紙」と入力

3 [OK] をクリック

2 指定したキーワードを含むレコードを抽出できた

商品名に「コピー用紙」を含むレコードが表示された

フィルターボタンの表示が変わった

【売上データ】

No	日付	得意先	コード	商品名	単価	数量	金額
1	2015/5/1	株式会社室町文具	P-A401	A4コピー用紙	4,200	11	46,200
3	2015/5/1	株式会社大化事務機	P-B401	B4コピー用紙	3,150	4	12,600
5	2015/5/2	鎌倉商事株式会社	P-B401	B4コピー用紙	3,150	5	15,750
6	2015/5/2	鎌倉商事株式会社	P-A301	A3コピー用紙	4,200	3	12,600
9	2015/5/3	株式会社大化事務機	P-A301	A3コピー用紙	4,200	4	16,800
10	2015/5/3	明治デポ株式会社	P-B401	B4コピー用紙	3,150	9	28,350
11	2015/5/4	株式会社大化事務機	P-B401	B4コピー用紙	3,150	12	37,800
12	2015/5/4	昭和オフィス株式会社	P-A401	A4コピー用紙	4,200	11	46,200
13	2015/5/5	株式会社大化事務機	P-A401	A4コピー用紙	4,200	12	50,400
14	2015/5/5	明治デポ株式会社	P-A401	A4コピー用紙	4,200	13	54,600
20	2015/5/7	株式会社大化事務機	P-A401	A4コピー用紙	4,200	1	4,200
21	2015/5/7	明和電気株式会社	P-A301	A3コピー用紙	4,200	1	4,200
24	2015/5/8	株式会社室町文具	P-A401	A4コピー用紙	4,200	11	46,200
26	2015/5/9	株式会社大化事務機	P-A401	A4コピー用紙	4,200	3	12,600
28	2015/5/9	鎌倉商事株式会社	P-B401	B4コピー用紙	3,150	5	15,750

売上データ　商品一覧　得意先一覧

100 レコード中 45 個が見つかりました

HINT!

「フィルター」で不要なデータを取り除ける

「フィルター」(filter) は、空気や液体に含まれる不要物をろ過する装置を語源としています。多くのデータの中から、不要なデータをろ過する (除く) というわけです。
なお、抽出するフィールドが文字列 (テキスト) なら [テキストフィルター]、数値なら [数値フィルター]、日付なら [日付フィルター] といったように、手順1で表示される項目の名称が変わります。

次のページに続く

複数条件の設定

3 [オートフィルターオプション] ダイアログボックスを表示する

1 [商品名] フィールドのフィルターボタンをクリック

2 [テキストフィルター] にマウスポインターを合わせる

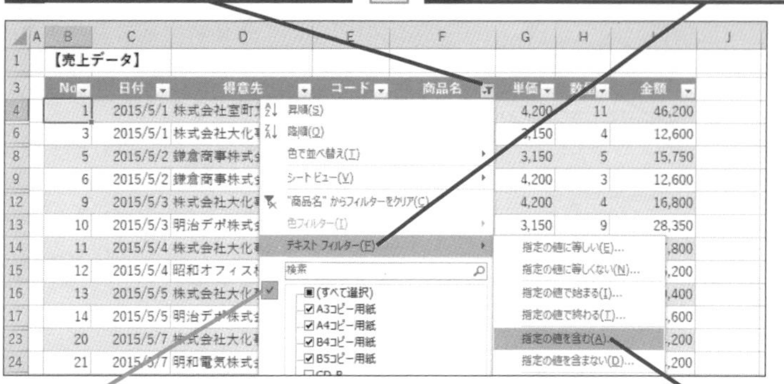

抽出条件が設定されている場合は、チェックマークが表示される

3 [指定の値を含む] をクリック

4 レコードの抽出条件を変更する

[オートフィルターオプション] ダイアログボックスが表示された

抽出条件を変更して、商品名に「CD」か「DVD」を含むレコードを抽出する

1 「CD」と入力

2 [OR]をクリック

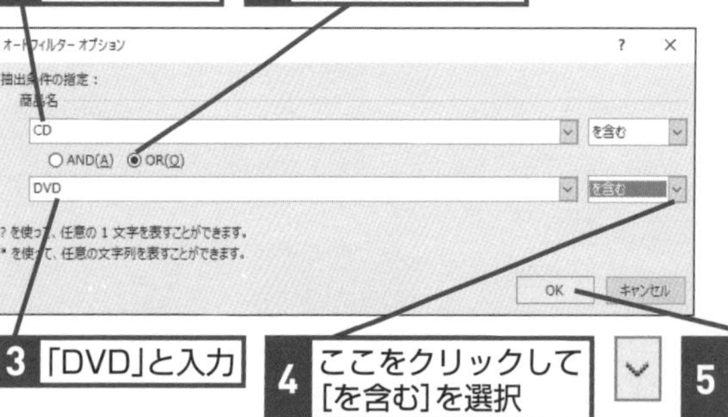

3 「DVD」と入力

4 ここをクリックして [を含む] を選択

5 [OK] をクリック

5 変更した抽出条件のレコードを抽出できた

商品名に「CD」と「DVD」を含むレコードが抽出された

	A	B	C	D	E	F	G	H	I	J
1		【売上データ】								
3		No	日付	得意先	コード	商品名	単価	数量	金額	
5		2	2015/5/1	鎌倉商事株式会社	M-CR50	CD-R	945	1	945	
7		4	2015/5/2	株式会社大化事務機	M-CR50	CD-R	945	4	3,780	
10		7	2015/5/2	株式会社大化事務機	M-DR10	DVD-R	355	3	1,065	
11		8	2015/5/3	慶応プラン株式会社	M-CR50	CD-R	945	2	1,890	
18		15	2015/5/5	株式会社大宝通商	M-CR50	CD-R	945	3	2,835	
19		16	2015/5/6	株式会社室町文具	M-DW01	DVD-RW	128	1	128	

HINT!

複数のキーワードを使い分けよう

複数のキーワードを条件に設定する場合、[AND] と [OR] で、抽出結果が異なります。[AND] は、2つの条件を両方とも満たすデータが、[OR] は、どちらか一方の条件を満たすデータが抽出されます。
手順4では、[OR] を選択しているので、「『CD』を含む、もしくは『DVD』を含む」という抽出条件が指定され、「A3コピー用紙」や「A4コピー用紙」は抽出されません。「CDDVD-R」「CD DVD-RW」という商品はデータベースに存在しないので、[AND] を選んでしまうと、何もデータが抽出されません。

間違った場合は？

抽出結果が異なるときは、[オートフィルターオプション] ダイアログボックスを表示して、抽出条件を正しく設定し直します。

フィルターの解除

1 フィルターを解除する

設定したフィルターを解除して、すべてのレコードを表示する

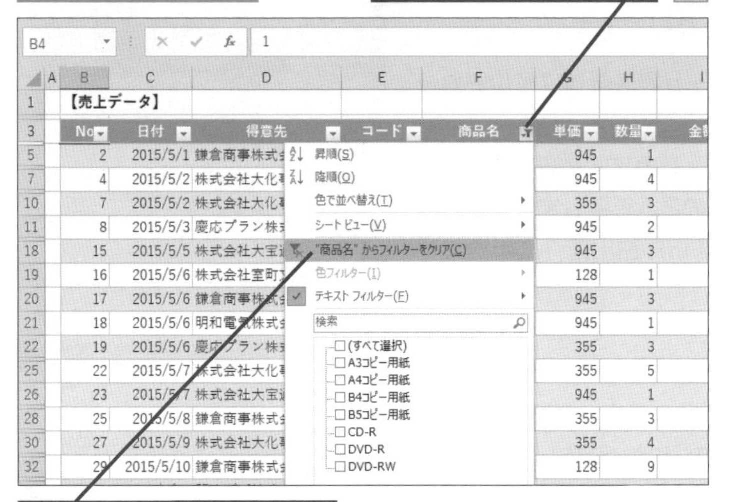

2 フィルターが解除された

設定した抽出条件が削除され、すべてのレコードが表示された

フィルターボタンの表示が変わり、通常の状態になった

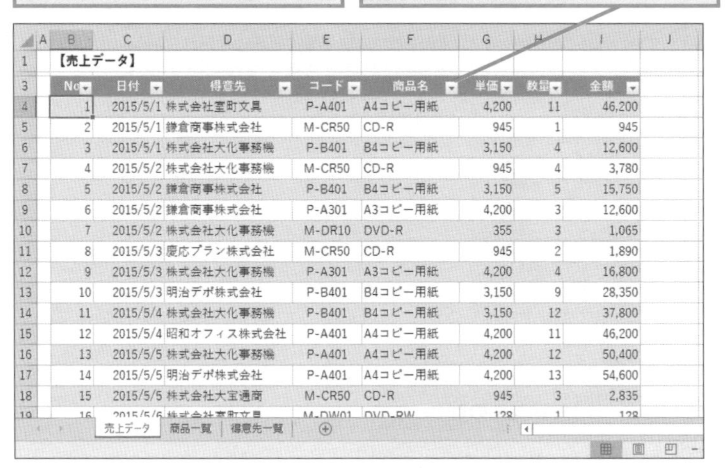

No	日付	得意先	コード	商品名	単価	数量	金額
1	2015/5/1	株式会社室町文具	P-A401	A4コピー用紙	4,200	11	46,200
2	2015/5/1	鎌倉商事株式会社	M-CR50	CD-R	945	1	945
3	2015/5/1	株式会社大化事務機	P-B401	B4コピー用紙	3,150	4	12,600
4	2015/5/2	株式会社大化事務機	M-CR50	CD-R	945	4	3,780
5	2015/5/2	鎌倉商事株式会社	P-B401	B4コピー用紙	3,150	5	15,750
6	2015/5/2	鎌倉商事株式会社	P-A301	A3コピー用紙	4,200	3	12,600
7	2015/5/2	株式会社大化事務機	M-DR10	DVD-R	355	3	1,065
8	2015/5/3	慶応プラン株式会社	M-CR50	CD-R	945	2	1,890
9	2015/5/3	株式会社大化事務機	P-A301	A3コピー用紙	4,200	4	16,800
10	2015/5/3	明治デポ株式会社	P-B401	B4コピー用紙	3,150	9	28,350
11	2015/5/4	株式会社大化事務機	P-B401	B4コピー用紙	3,150	12	37,800
12	2015/5/4	昭和オフィス株式会社	P-A401	A4コピー用紙	4,200	11	46,200
13	2015/5/5	株式会社大化事務機	P-A401	A4コピー用紙	4,200	12	50,400
14	2015/5/5	明治デポ株式会社	P-A401	A4コピー用紙	4,200	13	54,600
15	2015/5/5	株式会社大宝通商	M-CR50	CD-R	945	3	2,835

HINT!

抽出作業が終わったらフィルターを解除しておこう

抽出結果の確認が終わったら、必ず手順1の要領でフィルターを解除しておきましょう。このままブックを保存すると、フィルターが設定された状態が残ってしまい、次回ブックを開いたときにデータベースの内容を間違って把握する恐れがあります。抽出結果のみを利用したいときは、抽出結果をすべて選択して、ほかのブックやワークシートにコピーするといいでしょう。

HINT!

[クリア] ボタンでもフィルターを解除できる

[データ] タブの [クリア] ボタンをクリックすると、複数のフィールドに設定されているフィルターをまとめて解除できます。

フィルターが解除され、フィルターボタンが通常の状態になった

レッスン 42

任意の条件を指定してレコードを抽出するには

ワイルドカード

対応バージョン

365　2019　2016　2013

レッスンで使う練習用ファイル
ワイルドカード.xlsx

動画で見る
詳細は3ページへ

1文字で何役もこなす「ワイルドカード」

このレッスンでは、特別な検索キーワードである「ワイルドカード」をマスターしましょう。

ワイルドカードとは、抽出条件の中で、任意の文字を表す「*」（アスタリスク）と「?」（クエスチョン）の2つを指します。「*」は複数の文字、「?」は1文字を表し、どちらも抽出条件に半角文字で入力する必要があります。

例えば、「A?コピー用紙」と指定すると、「『A』の次の1文字は何でもよく、文字列の終わりが『コピー用紙』になっているレコード」を抽出できます。また、「DVD*」と指定すると、「『DVD』の後は何でもよく、文字列の始まりが『DVD』になっているレコード」として、「DVD-R」や「DVD-RW」を抽出できます。ワイルドカードを組み合わせて「東京都*区*」という条件を指定すると、住所から東京都23区のみのレコードを取り出すことも可能です。ワイルドカードを使った抽出例は、下の表を参照してください。

After

【売上データ】

No	日付	得意先	コード	商品名	単価	数量	金額
1	2020/5/1	株式会社室町文具	P-A401	A4コピー用紙	4,200	11	46,200
6	2020/5/2	鎌倉商事株式会社	P-A301	A3コピー用紙	4,200	3	12,600
9	2020/5/3	株式会社大化事務機	P-A301	A3コピー用紙	4,200	4	16,800
12	2020/5/4	昭和オフィス株式会社	P-A401	A4コピー用紙	4,200	11	46,200
13	2020/5/5	株式会社大化事務機	P-A401	A4コピー用紙	4,200	12	50,400
14	2020/5/5	明治デポ株式会社	P-A401	A4コピー用紙	4,200	13	54,600
20	2020/5/7	株式会社大化事務機	P-A401	A4コピー用紙	4,200	1	4,200
21	2020/5/7	明和電気株式会社	P-A301	A3コピー用紙	4,200	1	4,200
24	2020/5/8	株式会社室町文具	P-A401	A4コピー用紙	4,200	11	46,200
26	2020/5/9	株式会社大化事務機	P-A401	A4コピー用紙	4,200	3	12,600
31	2020/5/10	慶応プラン株式会社	P-A401	A4コピー用紙	4,200	3	12,600
36	2020/5/11	株式会社大化事務機	P-A401	A4コピー用紙	4,200	5	21,000
38	2020/5/12	株式会社大宝通商	P-A301	A3コピー用紙	4,200	4	16,800
42	2020/5/13	慶応プラン株式会社	P-A301	A3コピー用紙	4,200	5	21,000
44	2020/5/14	明和電気株式会社	P-A301	A3コピー用紙	4,200	1	4,200

数ある商品の中から、「A」で始まり「コピー用紙」で終わるレコードのみを抽出できる

「B」の文字で始まる、「B4コピー用紙」や「B5コピー用紙」は除外してレコードを抽出できる

●ワイルドカードを使った抽出の例

入力例	意味	抽出結果の例
W???	「W」で始まり、任意の3文字が続く文字列	W001、Work、Word
＊山＊	「山」を挟む前後が任意の文字数の文字列で	小山田、上山田
01*	「01」で始まる任意の文字列	011、01a、01-001

関連レッスン

キーワード

1 ［オートフィルターオプション］ダイアログボックスを表示する

ここでは、「A」の後に任意の1文字が入り、「コピー用紙」で終わるレコードを抽出する

1 ［商品名］フィールドのフィルターボタンをクリック

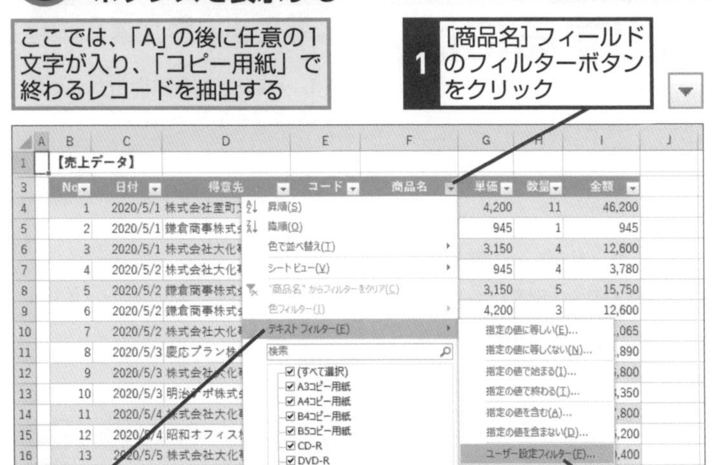

2 ［テキストフィルター］にマウスポインターを合わせる

3 ［ユーザー設定フィルター］をクリック

2 レコードの抽出条件を設定する

［オートフィルターオプション］ダイアログボックスが表示された

1 「A?コピー用紙」と入力

「?」は半角文字で入力する

2 ［と等しい］が選択されていることを確認

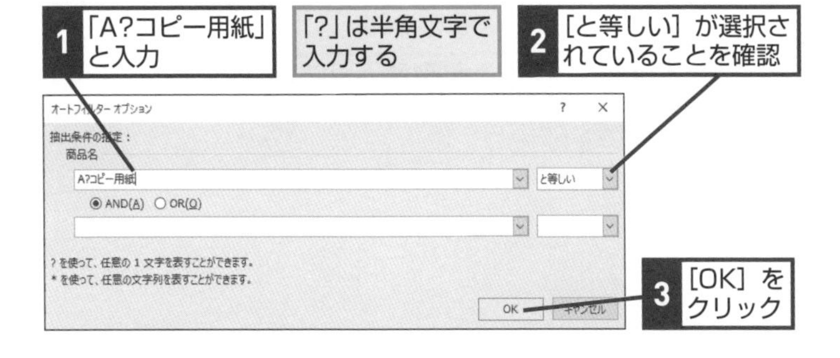

3 ［OK］をクリック

3 指定した条件に一致するレコードを抽出できた

「A」の後に任意の1文字が入り、「コピー用紙」で終わる文字列を含むレコードを抽出できた

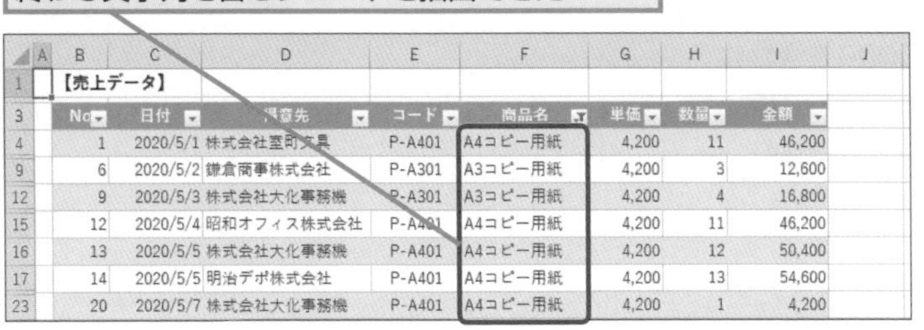

HINT! 「*」や「?」を検索するには

ワイルドカードに含まれる「*」や「?」などの文字列を検索するには、「*」や「?」の前に「~」（チルダ）を入力します。

1 ここに「~*」と入力

2 ここをクリックして［と等しい］を選択

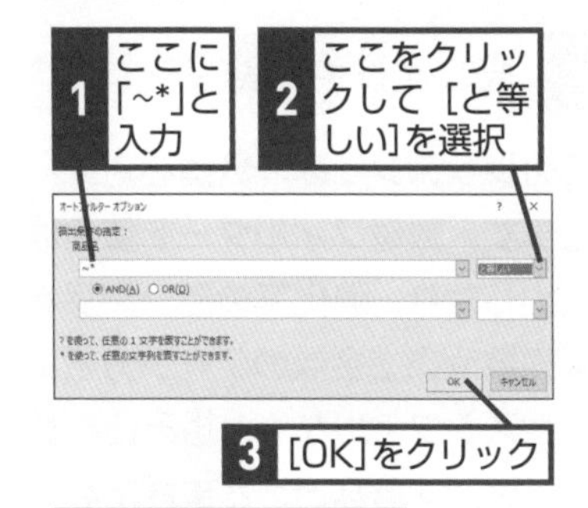

3 ［OK］をクリック

「*」を含むレコードが検索される

HINT! ワイルドカードを使えば、より柔軟に検索できる

［オートフィルターオプション］ダイアログボックスで選択できる［で始まる］や［で終わる］などは、入力した文字列や数値を比較するための条件です。
ワイルドカードの指定方法によっては、選択可能な比較条件と同じになる場合もありますが、ワイルドカードの使い方をマスターすれば、単純に開始や終了の一致だけでなく、「東京23区の住所」や「商品名の一部分」など、細かい条件を組み合わせた抽出が可能になります。

間違った場合は？

思い通りの抽出結果にならないときは、抽出条件の設定を見直してみましょう。ワイルドカードの内容や位置によって抽出条件が変わります。

レッスン
43
指定した数値以上のレコードを抽出するには

数値フィルター

対応バージョン

365 2019 2016 2013

レッスンで使う練習用ファイル
数値フィルター.xlsx

売り上げや利益額を詳しく分析しよう！

このレッスンでは、数値を対象にする「数値フィルター」を紹介します。数値フィルターを使えば、売り上げ目標を達成した日を抽出したり、消化率の悪い商品を調べたりするなど、目標とする販売数や売上金額のデータ分析に役立ちます。また、並べ替えやテキストフィルターと組み合わせれば、店舗や商品ごとに売上金額を確認するなど、さまざまな視点からデータの内容を確認できます。下の表を見てください。同じ数値でも、比較条件を変えるとまったく違う結果になります。数値フィルターの設定後に、いろいろなフィールドで並べ替えてみるだけでも新しい発見があるかも知れません。
このレッスンでは、売上金額が5万円以上のレコードを抽出する方法を解説します。

関連レッスン

▶レッスン41
特定の文字列を含むレコードを抽出するには ………… p.184

▶レッスン44
上位10位のレコードを抽出するには ………… p.192

キーワード

オートフィルター	p.308
数値データ	p.310
フィールド	p.312
レコード	p.312

After

売上金額が5万円以上のレコードを抽出できる

●比較条件による抽出結果の違いの例（入力値：50000の場合）

比較条件	抽出されるレコードの内容
と等しい	50000 と一致するレコードのみ
と等しくない	50000 と一致しないレコードすべて
より大きい	50000 より大きいレコード。50000 は含まない
以上	50000 以上のレコード。50000 を含む
より小さい	50000 より小さいレコード。50000 は含まない
以下	50000 以下のレコード。50000 を含む

1 [オートフィルターオプション] ダイアログボックスを表示する

ここでは、売上金額が5万円以上のレコードを抽出する

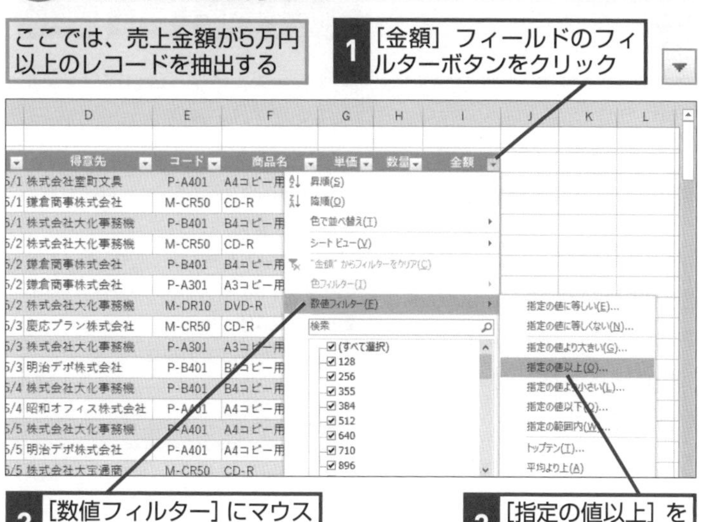

2 レコードの抽出条件を設定する

[オートフィルターオプション] ダイアログボックスが表示された

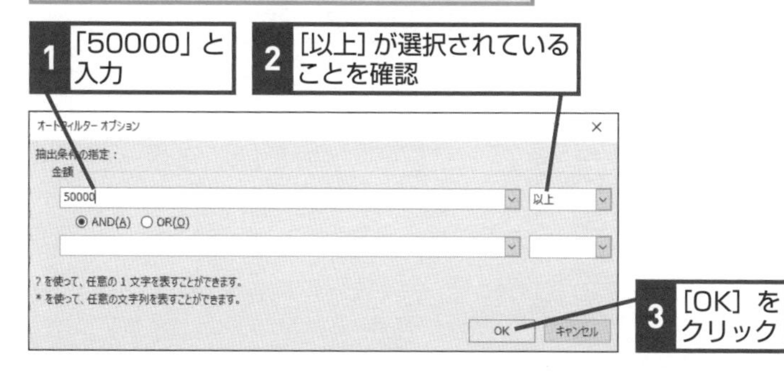

3 指定した数値以上のレコードを抽出できた

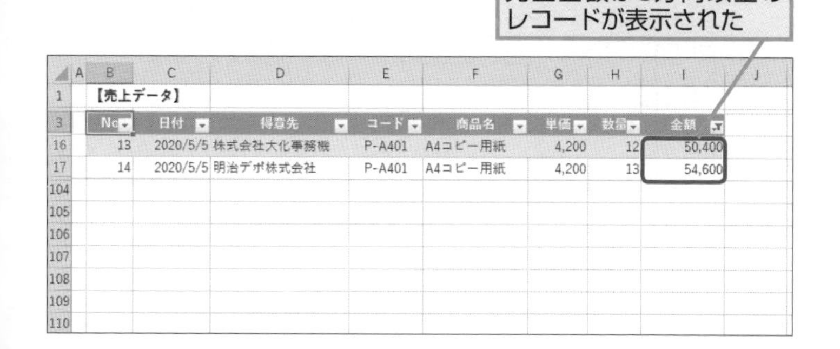

HINT! 数値の範囲を指定してレコードを抽出するには

「100000以上、200000以下」のように、一定の範囲の数値を抽出したいときは、以下のように設定しましょう。上限と下限の数値を入力して、[AND] を選択します。

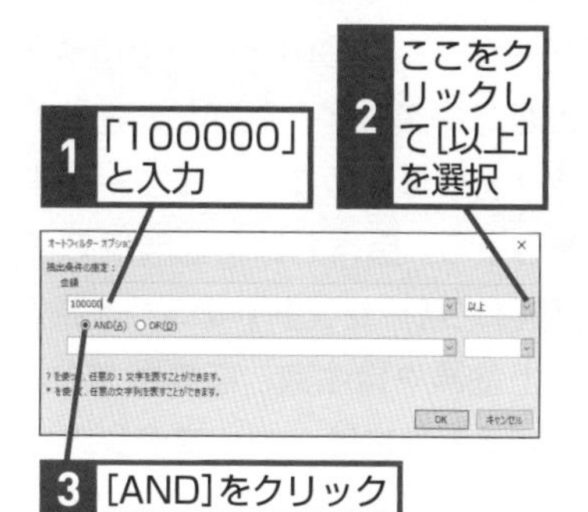

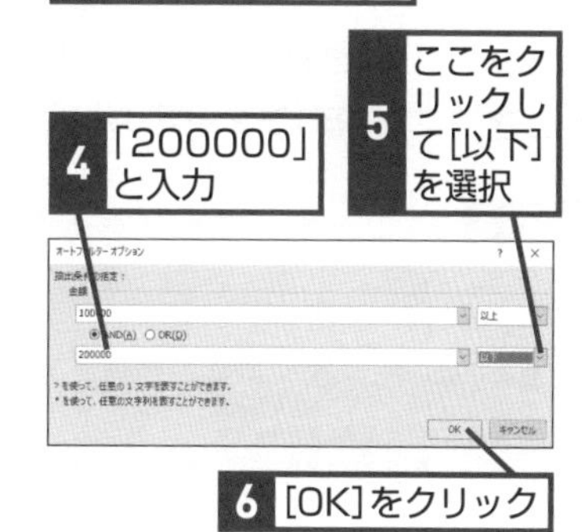

間違った場合は？

存在するはずのレコードが見当たらないときは、別のフィールドにフィルターが設定されていないかを確認してみましょう。また、手順2で入力する数値のけた数が間違っていることもあります。手順1から操作して、レコードの抽出条件をよく確認しましょう。

レッスン

44 上位10位のレコードを抽出するには

トップテン

対応バージョン

365 2019 2016 2013

レッスンで使う練習用ファイル
トップテン.xlsx

「トップテン」で重要なデータを素早く取り出せる

データベースの中から、上位や下位のレコードを見つけ出すのは大変な作業です。しかし、あきらめる必要はありません。このようなときは、数値フィルターの1つ、「トップテン」を利用してみましょう。操作も非常に簡単で、「上位／下位」「必要なレコード数」「項目／パーセント」の3つを指定するだけです。
売上金額や発注数、在庫数など、数値の上位や下位のデータを確認するときには、トップテンの機能が役立ちます。
このとき、同一の値は複数表示されるのがポイントです。「上位10項目」を条件に指定したときに、11項目や12項目が表示されるときは、対象のフィールドに同一のデータが複数あります。

関連レッスン

キーワード

Before

【売上データ】

	No	日付	得意先	コード	商品名	単価	数量	金額
4	1	2015/5/1	株式会社室町文具	P-A401	A4コピー用紙	4,200	11	46,200
5	2	2015/5/1	鎌倉商事株式会社	M-CR50	CD-R	945	1	945
6	3	2015/5/1	株式会社大化事務機	P-B401	B4コピー用紙	3,150	4	12,600
7	4	2015/5/2	株式会社大化事務機	M-CR50	CD-R	945	4	3,780
8	5	2015/5/2	鎌倉商事株式会社	P-B401	B4コピー用紙	3,150	5	15,750
9	6	2015/5/2	鎌倉商事株式会社	P-A301	A3コピー用紙	4,200	3	12,600
10	7	2015/5/2	株式会社大化事務機	M-DR10	DVD-R	355	3	1,065
11	8	2015/5/3	慶応プラン株式会社	M-CR50	CD-R	945	2	1,890
12	9	2015/5/3	株式会社大化事務機	P-A301	A3コピー用紙	4,200	4	16,800
13	10	2015/5/3	明治デポ株式会社	P-B401	B4コピー用紙	3,150	9	28,350
14	11	2015/5/4	株式会社大化事務機	P-B401	B4コピー用紙	3,150	12	37,800
15	12	2015/5/4	昭和オフィス株式会社	P-A401	A4コピー用紙	4,200	11	46,200
16	13	2015/5/5	株式会社大化事務機	P-A401	A4コピー用紙	4,200	12	50,400
17	14	2015/5/5	明治デポ株式会社	P-A401	A4コピー用紙	4,200	13	54,600

売り上げの数量について、上位10項目を調べたい

After

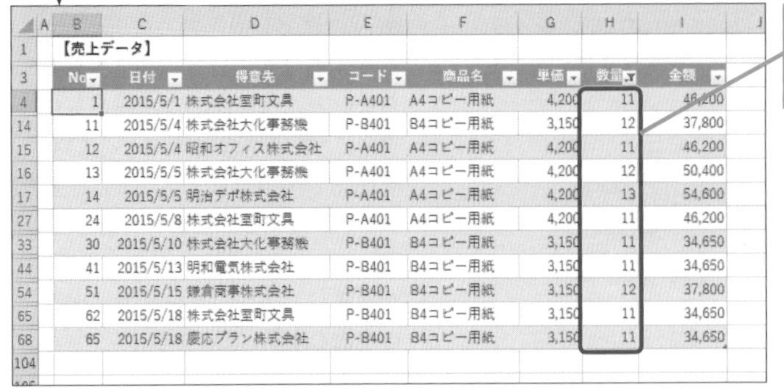

【売上データ】

	No	日付	得意先	コード	商品名	単価	数量	金額
4	1	2015/5/1	株式会社室町文具	P-A401	A4コピー用紙	4,200	11	46,200
14	11	2015/5/4	株式会社大化事務機	P-B401	B4コピー用紙	3,150	12	37,800
15	12	2015/5/4	昭和オフィス株式会社	P-A401	A4コピー用紙	4,200	11	46,200
16	13	2015/5/5	株式会社大化事務機	P-A401	A4コピー用紙	4,200	12	50,400
17	14	2015/5/5	明治デポ株式会社	P-A401	A4コピー用紙	4,200	13	54,600
27	24	2015/5/8	株式会社室町文具	P-A401	A4コピー用紙	4,200	11	46,200
33	30	2015/5/10	株式会社大化事務機	P-B401	B4コピー用紙	3,150	11	34,650
44	41	2015/5/13	明和電気株式会社	P-B401	B4コピー用紙	3,150	11	34,650
54	51	2015/5/15	鎌倉商事株式会社	P-B401	B4コピー用紙	3,150	12	37,800
65	62	2015/5/18	株式会社室町文具	P-B401	B4コピー用紙	3,150	11	34,650
68	65	2015/5/18	慶応プラン株式会社	P-B401	B4コピー用紙	3,150	11	34,650
104								

トップテンの数値フィルターを利用して、売り上げの数量が多い上位10項目の案件を調べられる

1 [トップテンオートフィルター] ダイアログボックスを表示する

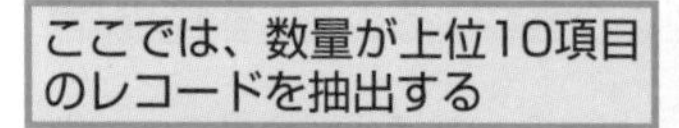

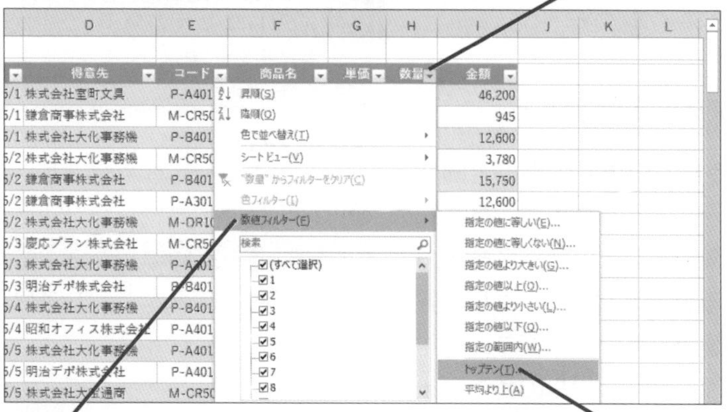

2 [数値フィルター] にマウスポインターを合わせる

3 [トップテン] をクリック

2 レコードの抽出条件を設定する

[トップテンオートフィルター] ダイアログボックスが表示された

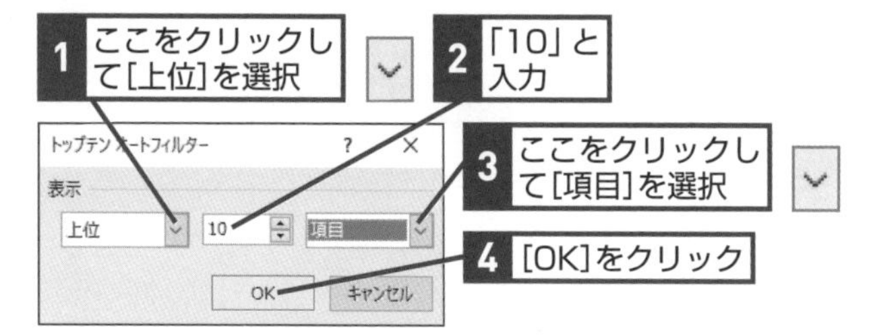

3 上位10項目のレコードを抽出できた

数量が上位10項目のレコードが表示された

同じデータがあるときは、10項目以上表示される

	A	B	C	D	E	F	G	H	I	J
1		【売上データ】								
3		No	日付	得意先	コード	商品名	単価	数量	金額	
4		1	2015/5/1	株式会社室町文具	P-A401	A4コピー用紙	4,200	11	46,200	
14		11	2015/5/4	株式会社大化事務機	P-B401	B4コピー用紙	3,150	12	37,800	
15		12	2015/5/4	昭和オフィス株式会社	P-A401	A4コピー用紙	4,200	11	46,200	
16		13	2015/5/5	株式会社大化事務機	P-A401	A4コピー用紙	4,200	12	50,400	
17		14	2015/5/5	明治デポ株式会社	P-A401	A4コピー用紙	4,200	13	54,600	
27		24	2015/5/8	株式会社室町文具	P-A401	A4コピー用紙	4,200	11	46,200	
33		30	2015/5/10	株式会社大化事務機	P-B401	B4コピー用紙	3,150	11	34,650	
44		41	2015/5/13	明和電気株式会社	P-B401	B4コピー用紙	3,150	11	34,650	
54		51	2015/5/15	鎌倉商事株式会社	P-B401	B4コピー用紙	3,150	12	37,800	
65		62	2015/5/18	株式会社室町文具	P-B401	B4コピー用紙	3,150	11	34,650	
68		65	2015/5/18	慶応プラン株式会社	P-B401	B4コピー用紙	3,150	11	34,650	
104										
105										

HINT!

割合を指定して抽出するには

レコード全体から、上位10%や下位30%のレコードを抽出できます。割合を指定して抽出するには、手順2で[項目]ではなく、[パーセント]を選択しましょう。例えば、「売上金額の上位20%に該当する日付や店舗名を分析したい」「数量の下位10%を確認して発注に備えたい」といったときに役立ちます。

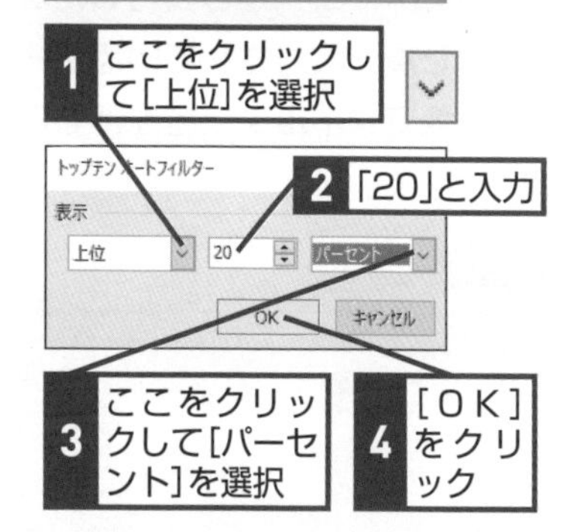

HINT!

抽出した項目は必要に応じて並べ替えよう

フィルターは、指定した条件に合致するレコードだけを表示する機能なので、このレッスンのように、トップテンでレコードを抽出しても、データの並び順は変わりません。必要であれば、レッスン㊲などを参考に並べ替えを実行しましょう。

間違った場合は？

指定した値以上の数でレコードが抽出されたときは、同一のデータが含まれるので、間違いではありません。抽出されたレコードが条件よりも少ない場合は、ほかのフィールドにフィルターが設定されていないかどうかを確認してみましょう。

選択セルと同じデータのレコードを抽出するには

選択したセルの値でフィルター

対応バージョン

365 2019 2016 2013

レッスンで使う練習用ファイル
選択したセルの値で
フィルター .xlsx

関連レッスン

▶レッスン41
特定の文字列を含むレコードを
抽出するには p.184

キーワード

オートフィルター p.308

今見ているデータと同じデータだけを表示する

データを検証しているときなどに、「今見ているこの商品と同じデータだけを見たい」というようなことがよくあります。基本的には、レッスン㊶で紹介したように検索ボックスに商品名を入力すれば目的は果たせますが、今見ているセルを右クリックして表示されるメニューから実行したほうが簡単です。このメニューからは、セルに入力されているデータだけでなく、セルの色やフォントの色でフィルターをかけることもできるので、状況に応じて使い分けましょう。

Before

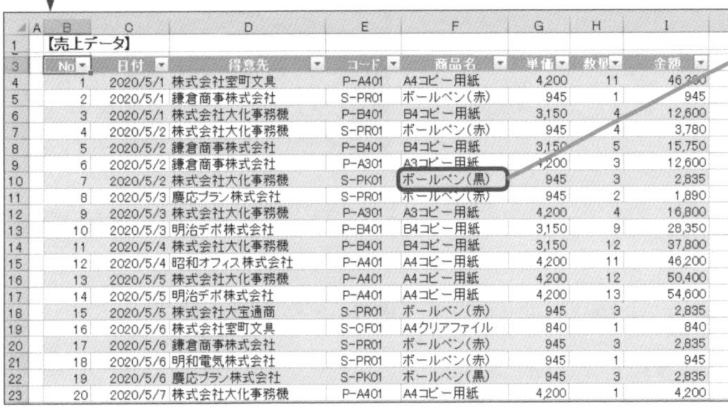

【売上データ】

	No	日付	得意先	コード	商品名	単価	数量	金額
4	1	2020/5/1	株式会社室町文具	P-A401	A4コピー用紙	4,200	11	46,200
5	2	2020/5/1	鎌倉商事株式会社	S-PR01	ボールペン(赤)	945	1	945
6	3	2020/5/1	株式会社大化事務機	P-B401	B4コピー用紙	3,150	4	12,600
7	4	2020/5/2	株式会社大化事務機	S-PR01	ボールペン(赤)	945	4	3,780
8	5	2020/5/2	鎌倉商事株式会社	P-B401	B4コピー用紙	3,150	5	15,750
9	6	2020/5/2	鎌倉商事株式会社	P-A301	A3コピー用紙	4,200	3	12,600
10	7	2020/5/2	株式会社大化事務機	S-PK01	ボールペン(黒)	945	3	2,835
11	8	2020/5/3	慶応プラン株式会社	S-PR01	ボールペン(赤)	945	2	1,890
12	9	2020/5/3	株式会社大化事務機	P-A301	A3コピー用紙	4,200	4	16,800
13	10	2020/5/3	明治デポ株式会社	P-B401	B4コピー用紙	3,150	9	28,350
14	11	2020/5/4	株式会社大化事務機	P-B401	B4コピー用紙	3,150	12	37,800
15	12	2020/5/4	昭和オフィス株式会社	P-A401	A4コピー用紙	4,200	11	46,200
16	13	2020/5/5	株式会社大化事務機	P-A401	A4コピー用紙	4,200	12	50,400
17	14	2020/5/5	明治デポ株式会社	P-A401	A4コピー用紙	4,200	13	54,600
18	15	2020/5/5	株式会社大宝通商	S-PR01	ボールペン(赤)	945	3	2,835
19	16	2020/5/6	株式会社室町文具	S-CF01	A4クリアファイル	840	1	840
20	17	2020/5/6	鎌倉商事株式会社	S-PR01	ボールペン(赤)	945	3	2,835
21	18	2020/5/6	明和電気株式会社	S-PR01	ボールペン(赤)	945	1	945
22	19	2020/5/6	慶応プラン株式会社	S-PK01	ボールペン(黒)	945	3	2,835
23	20	2020/5/7	株式会社大化事務機	P-A401	A4コピー用紙	4,200	1	4,200

After

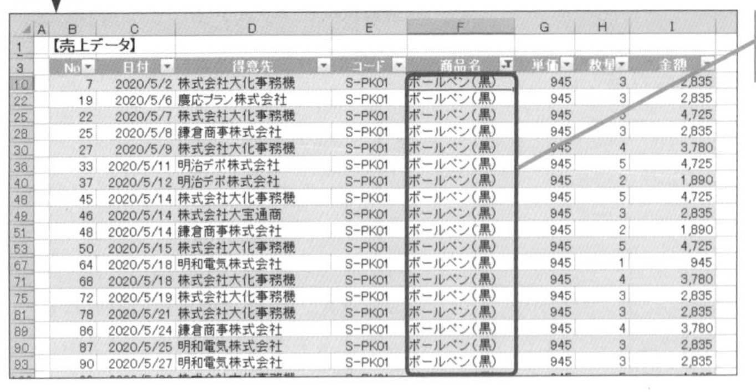

【売上データ】

	No	日付	得意先	コード	商品名	単価	数量	金額
10	7	2020/5/2	株式会社大化事務機	S-PK01	ボールペン(黒)	945	3	2,835
22	19	2020/5/6	慶応プラン株式会社	S-PK01	ボールペン(黒)	945	3	2,835
25	22	2020/5/7	株式会社大化事務機	S-PK01	ボールペン(黒)	945	[illegible]	4,725
28	25	2020/5/8	鎌倉商事株式会社	S-PK01	ボールペン(黒)	945	3	2,835
30	27	2020/5/9	株式会社大化事務機	S-PK01	ボールペン(黒)	945	4	3,780
36	33	2020/5/11	明治デポ株式会社	S-PK01	ボールペン(黒)	945	5	4,725
40	37	2020/5/12	明治デポ株式会社	S-PK01	ボールペン(黒)	945	2	1,890
48	45	2020/5/14	株式会社大化事務機	S-PK01	ボールペン(黒)	945	5	4,725
49	46	2020/5/14	株式会社大宝通商	S-PK01	ボールペン(黒)	945	3	2,835
51	48	2020/5/14	鎌倉商事株式会社	S-PK01	ボールペン(黒)	945	2	1,890
53	50	2020/5/15	株式会社大化事務機	S-PK01	ボールペン(黒)	945	5	4,725
67	64	2020/5/18	明和電気株式会社	S-PK01	ボールペン(黒)	945	1	945
71	68	2020/5/18	株式会社大化事務機	S-PK01	ボールペン(黒)	945	4	3,780
75	72	2020/5/19	株式会社大化事務機	S-PK01	ボールペン(黒)	945	3	2,835
81	78	2020/5/21	株式会社大化事務機	S-PK01	ボールペン(黒)	945	3	2,835
89	86	2020/5/24	鎌倉商事株式会社	S-PK01	ボールペン(黒)	945	4	3,780
90	87	2020/5/25	明和電気株式会社	S-PK01	ボールペン(黒)	945	3	2,835
93	90	2020/5/27	明和電気株式会社	S-PK01	ボールペン(黒)	945	3	2,835

❶ 抽出するデータのセルを選択する

ここでは［商品名］フィールドが「ボールペン（黒）」のレコードを抽出する

1 セルF10をクリック

	A	B	C	D	E	F	G	H	I	J
1		【売上データ】								
3		No	日付	得意先	コード	商品名	単価	数量	金額	
4		1	2020/5/1	株式会社室町文具	P-A401	A4コピー用紙	4,200	11	46,200	
5		2	2020/5/1	鎌倉商事株式会社	S-PR01	ボールペン（赤）	945	1	945	
6		3	2020/5/1	株式会社大化事務機	P-B401	B4コピー用紙	3,150	4	12,600	
7		4	2020/5/2	株式会社大化事務機	S-PR01	ボールペン（赤）	945	4	3,780	
8		5	2020/5/2	鎌倉商事株式会社	P-B401	B4コピー用紙	3,150	5	15,750	
9		6	2020/5/2	鎌倉商事株式会社	P-A301	A3コピー用紙	4,200	3	12,600	
10		7	2020/5/2	株式会社大化事務機	S-PK01	ボールペン（黒）	945	3	2,835	
11		8	2020/5/3	慶応プラン株式会社	S-PR01	ボールペン（赤）	945	2	1,890	
12		9	2020/5/3	株式会社大化事務機	P-A301	A3コピー用紙	4,200	4	16,800	
13		10	2020/5/3	明治デポ株式会社	P-B401	B4コピー用紙	3,150	9	28,350	
14		11	2020/5/4	株式会社大化事務機	P-B401	B4コピー用紙	3,150	12	37,800	

❷ フィルターを実行する

抽出したいデータのセルが選択された

1 セルF10を右クリック

2 ［フィルター］にマウスポインターを合わせる

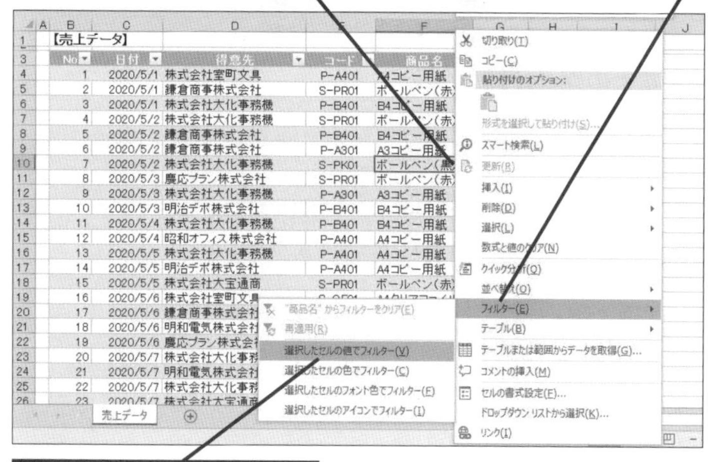

3 ［選択したセルの値でフィルター］をクリック

❸ 選択したセルの値でフィルターできた

選択したセルと同じデータのレコードだけが表示された

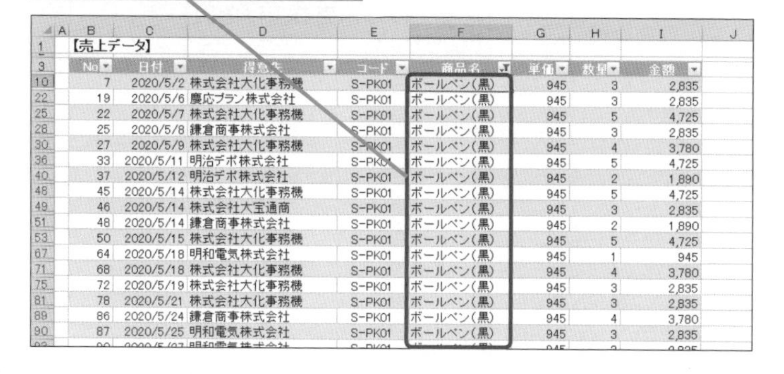

	A	B	C	D	E	F	G	H	I	J
1		【売上データ】								
3		No	日付	得意先	コード	商品名	単価	数量	金額	
10		7	2020/5/2	株式会社大化事務機	S-PK01	ボールペン（黒）	945	3	2,835	
22		19	2020/5/6	慶応プラン株式会社	S-PK01	ボールペン（黒）	945	3	2,835	
25		22	2020/5/7	株式会社大化事務機	S-PK01	ボールペン（黒）	945	5	4,725	
28		25	2020/5/8	鎌倉商事株式会社	S-PK01	ボールペン（黒）	945	3	2,835	
30		27	2020/5/9	株式会社大化事務機	S-PK01	ボールペン（黒）	945	4	3,780	
36		33	2020/5/11	明治デポ株式会社	S-PK01	ボールペン（黒）	945	5	4,725	
40		37	2020/5/12	明治デポ株式会社	S-PK01	ボールペン（黒）	945	2	1,890	
48		45	2020/5/14	株式会社大化事務機	S-PK01	ボールペン（黒）	945	5	4,725	
49		46	2020/5/14	株式会社大宝通商	S-PK01	ボールペン（黒）	945	3	2,835	
51		48	2020/5/14	鎌倉商事株式会社	S-PK01	ボールペン（黒）	945	2	1,890	
53		50	2020/5/15	株式会社大化事務機	S-PK01	ボールペン（黒）	945	5	4,725	
67		64	2020/5/18	明和電気株式会社	S-PK01	ボールペン（黒）	945	1	945	
71		68	2020/5/18	株式会社大化事務機	S-PK01	ボールペン（黒）	945	4	3,780	
75		72	2020/5/19	株式会社大化事務機	S-PK01	ボールペン（黒）	945	3	2,835	
81		78	2020/5/21	株式会社大化事務機	S-PK01	ボールペン（黒）	945	3	2,835	
89		86	2020/5/24	鎌倉商事株式会社	S-PK01	ボールペン（黒）	945	4	3,780	
90		87	2020/5/25	明和電気株式会社	S-PK01	ボールペン（黒）	945	3	2,835	

HINT!
フィルターの解除も右クリックで実行できる

フィルターを設定したセルを右クリックすると、ショートカットメニューの［フィルター］に［"（フィールド名）"からフィルターをクリア］と表示されます。これを実行することで、そのフィールドのフィルターを解除することができます。

1 フィルターを適用したセルを右クリック

2 ［フィルター］にマウスポインターを合わせる

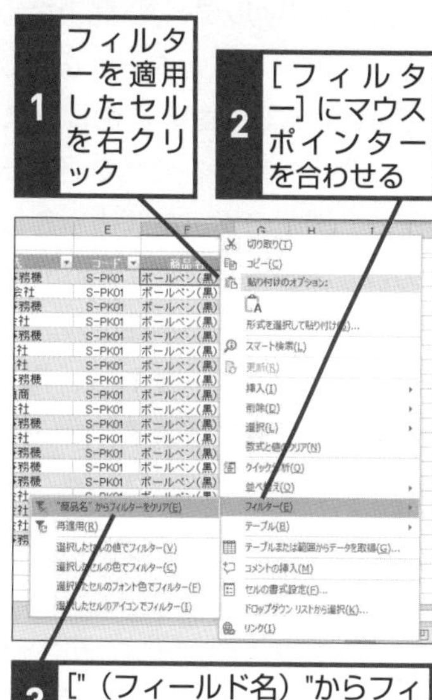

3 ［"（フィールド名）"からフィルターをクリア］をクリック

レッスン

46 期間内のレコードを抽出するには

日付フィルター

対応バージョン

365 2019 2016 2013

レッスンで使う練習用ファイル
日付フィルター.xlsx

週や月ごとにデータを正確に集計！

これまでのレッスンでは、キーワードに一致する商品を抽出する「テキストフィルター」、売上金額のトップテンや平均より上を取り出す「数値フィルター」の使い方を解説しました。もう1つ忘れてはいけないのが、このレッスンで紹介する「日付フィルター」です。売上金額や在庫数などのデータから、週報や月報を作成するとき、期間の指定を間違ってしまっては、元も子もありません。このレッスンでは、2020年5月6日から2020年5月9日までのレコードを抽出する手順を解説します。期間を指定する「日付フィルター」をマスターすれば、月や週、季節ごとの売上金額や出荷額をすぐに把握できます。

関連レッスン

▶レッスン41
特定の文字列を含むレコードを抽出するには ………… p.184
▶レッスン42
任意の条件を指定してレコードを抽出するには ………… p.188

キーワード

オートフィルター p.308
シリアル値 p.310
日付データ p.311

Before

【売上データ】

No	日付	得意先	コード	商品名	単価	数量	金額
1	2020/5/1	株式会社室町文具	P-A401	A4コピー用紙	4,200	11	46,200
2	2020/5/1	鎌倉商事株式会社	M-CR50	CD-R	945	1	945
3	2020/5/1	株式会社大化事務機	P-B401	B4コピー用紙	3,150	4	12,600
4	2020/5/2	株式会社大化事務機	M-CR50	CD-R	945	4	3,780
5	2020/5/2	鎌倉商事株式会社	P-B401	B4コピー用紙	3,150	5	15,750
6	2020/5/2	鎌倉商事株式会社	P-A301	A3コピー用紙	4,200	3	12,600
7	2020/5/2	株式会社大化事務機	M-DR10	DVD-R	355	3	1,065
8	2020/5/3	慶応プラン株式会社	M-CR50	CD-R	945	2	1,890
9	2020/5/3	株式会社大化事務機	P-A301	A3コピー用紙	4,200	4	16,800
10	2020/5/3	明治デポ株式会社	P-B401	B4コピー用紙	3,150	9	28,350
11	2020/5/4	株式会社大化事務機	P-B401	B4コピー用紙	3,150	12	37,800
12	2020/5/4	昭和オフィス株式会社	P-A401	A4コピー用紙	4,200	11	46,200
13	2020/5/5	株式会社大化事務機	P-A401	A4コピー用紙	4,200	12	50,400
14	2020/5/5	明治デポ株式会社	P-A401	A4コピー用紙	4,200	13	54,600
15	2020/5/5	株式会社大宝通商	M-CR50	CD-R	945	3	2,835

5月6日 ～ 5月9日 に売れた商品を調べたい

After

【売上データ】

No	日付	得意先	コード	商品名	単価	数量	金額
16	2020/5/6	株式会社室町文具	M-DW01	DVD-RW	128	1	128
17	2020/5/6	鎌倉商事株式会社	M-CR50	CD-R	945	3	2,835
18	2020/5/6	明和電気株式会社	M-CR50	CD-R	945	1	945
19	2020/5/6	慶応プラン株式会社	M-DR10	DVD-R	355	3	1,065
20	2020/5/7	株式会社大化事務機	P-A401	A4コピー用紙	4,200	1	4,200
21	2020/5/7	明和電気株式会社	P-A301	A3コピー用紙	4,200	1	4,200
22	2020/5/7	株式会社大化事務機	M-DR10	DVD-R	355	5	1,775
23	2020/5/7	株式会社大宝通商	M-CR50	CD-R	945	1	945
24	2020/5/8	株式会社室町文具	P-A401	A4コピー用紙	4,200	11	46,200
25	2020/5/8	鎌倉商事株式会社	M-DR10	DVD-R	355	3	1,065
26	2020/5/9	株式会社大化事務機	P-A401	A4コピー用紙	4,200	3	12,600
27	2020/5/9	株式会社大化事務機	M-DR10	DVD-R	355	4	1,420
28	2020/5/9	鎌倉商事株式会社	P-B401	B4コピー用紙	3,150	5	15,750

5月6日～ 5月9日に売れた商品のほか、売り上げの数量が分かる

1 [オートフィルターオプション] ダイアログボックスを表示する

ここでは、特定の期間でレコードを抽出するので、[日付] フィールドの抽出条件に[指定の範囲内]を選択する

1 [日付] フィールドのフィルターボタンをクリック

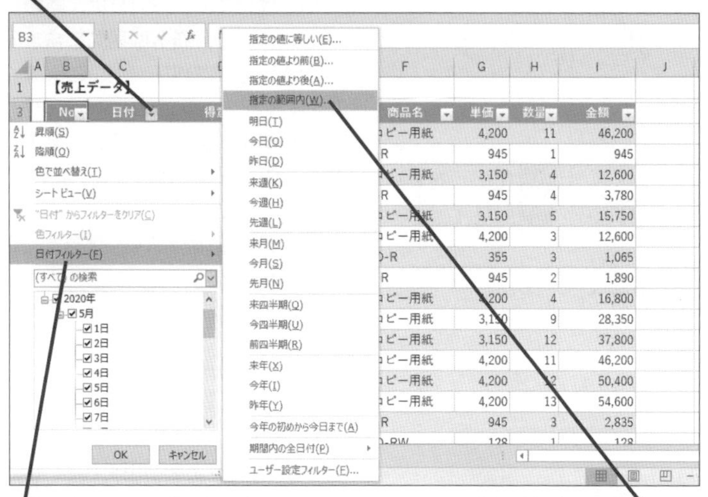

2 [日付フィルター] にマウスポインターを合わせる

3 [指定の範囲内] をクリック

2 開始日を設定する

[オートフィルターオプション] ダイアログボックスが表示された

ここでは、「2020年5月6日以降」と指定する

1 ここをクリック

手順1で [指定の範囲内] を選択したので、自動的に[以降] [以前]が選択される

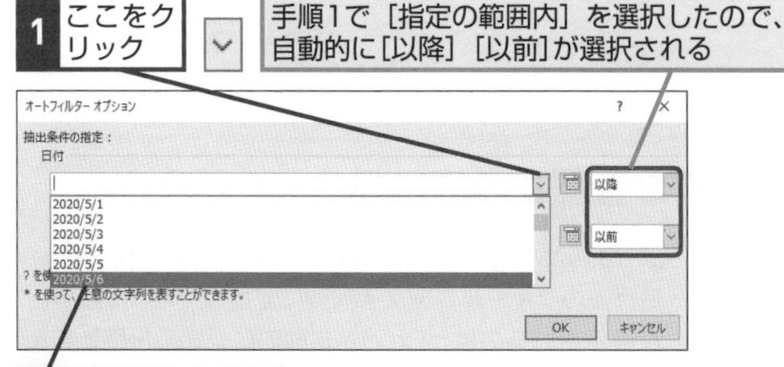

2 [2020/5/6] をクリック

HINT! フィルターの一覧からすぐに抽出できる

日付型のフィールドにあるフィルターボタンをクリックすると、[日付フィルター] の一覧に日付に関する条件が表示されます。[先週] や [先月] など、「今日」の日付を基準にして、素早くデータを抽出できます。

HINT! カレンダーから日付を入力できる

手順2で表示される [日付の選択] ボタン（）をクリックすれば、カレンダーから日付を入力できます。表示されるカレンダーから特定の日付を自由に選択できますが、フィールドにない日付は有効な条件となりません。

1 [日付の選択] をクリック

カレンダーが表示された

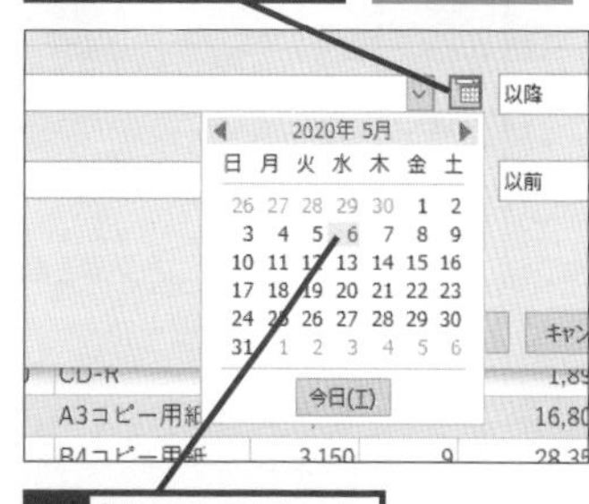

2 指定する日付をクリック

次のページに続く

3 終了日を設定する

開始日の条件を設定できた

ここでは、終了日を「2020年5月9日以前」と指定する

1 [AND] が選択されていることを確認

2 ここをクリックして「2020/5/9」を選択

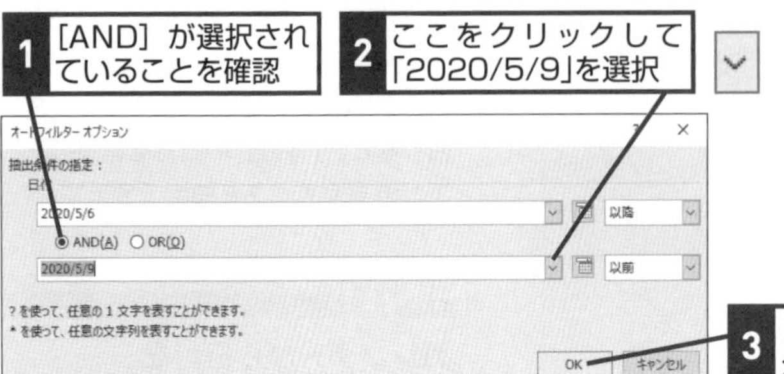

3 [OK] をクリック

4 範囲内の日付のレコードを抽出できた

指定した日付の範囲内のレコードが表示された

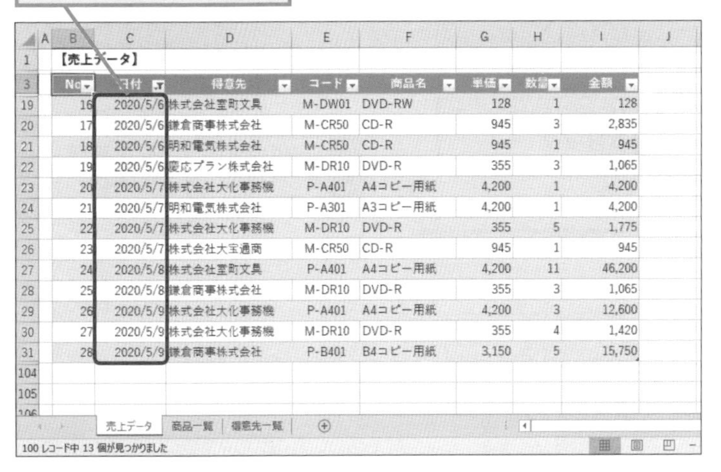

【売上データ】

No	日付	得意先	コード	商品名	単価	数量	金額
16	2020/5/6	株式会社室町文具	M-DW01	DVD-RW	128	1	128
17	2020/5/6	鎌倉商事株式会社	M-CR50	CD-R	945	3	2,835
18	2020/5/6	明和電気株式会社	M-CR50	CD-R	945	1	945
19	2020/5/6	慶応プラン株式会社	M-DR10	DVD-R	355	3	1,065
20	2020/5/7	株式会社大化事務機	P-A401	A4コピー用紙	4,200	1	4,200
21	2020/5/7	明和電気株式会社	P-A301	A3コピー用紙	4,200	1	4,200
22	2020/5/7	株式会社大化事務機	M-DR10	DVD-R	355	5	1,775
23	2020/5/7	株式会社大宝通商	M-CR50	CD-R	945	1	945
24	2020/5/8	株式会社室町文具	P-A401	A4コピー用紙	4,200	11	46,200
25	2020/5/8	鎌倉商事株式会社	M-DR10	DVD-R	355	3	1,065
26	2020/5/9	株式会社大化事務機	P-A401	A4コピー用紙	4,200	3	12,600
27	2020/5/9	株式会社大化事務機	M-DR10	DVD-R	355	4	1,420
28	2020/5/9	鎌倉商事株式会社	P-B401	B4コピー用紙	3,150	5	15,750

売上データ　商品一覧　得意先一覧

100 レコード中 13 個が見つかりました

HINT!
[以降] と [以前] は「当日」も含まれる

通常、「6日以降」「9日以前」という場合は、6日と9日も期間に含まれます。「2020年5月1日以降に適用」などという場合でも、5月1日は、開始日時となるので、通常は期間に含まれるのが一般的です。手順2と手順3の [オートフィルターオプション] ダイアログボックスで期間を指定する場合でも、同じ考え方となります。

HINT!
複数のフィルターで多角的に分析できる

フィルターの特徴は複数の設定ができることです。日付の条件で絞り込んだレコードで [得意先] フィールドのフィルターボタンを利用すれば、さらにデータを分析できます。フィルターボタンを駆使してデータをさまざまな角度から分析してみましょう。

間違った場合は？

レコードが抽出されない場合は、フィールドが文字列型に設定されている可能性があります。次ページのテクニックを参考にして、フィールドを日付型に変換してください。

テクニック 日付や時刻はシリアル値で管理されている

普段、Excelを利用するときに意識する必要はありませんが、Excelの中では、日付や時刻はすべて「シリアル値」で計算されています。下図のように、「1900/1/1」を「1」として、それ以降の日数を整数で表したものがシリアル値です。例えば「2000/1/1」は「36526」、「2020/1/1」は「43831」と表されます。日付型のフィールドを文字列型に変換したときに数字が表示されるのは、Excelが自動的にシリアル値と判断して計算しているためです。

●日付とシリアル値の関係

日付	1900/1/1	……	2000/1/1	……	2020/1/1
シリアル値	1	……	36526	……	43831

「1900/1/1」を「1」という値で管理している

この数値を元にExcelが計算を行い、日付として表示している

テクニック 文字列型のデータを日付型に変換する

見ためは日付のように見えても、セルには文字列として入力されていることがあります。文字列型のデータでは、日付の範囲を指定してもレコードが正しく抽出されません。以下のように操作して、フィールドを日付型に修正してデータを整えましょう。

1 日付型に変換するフィールドを選択

2 [データ] タブをクリック

3 [区切り位置] をクリック

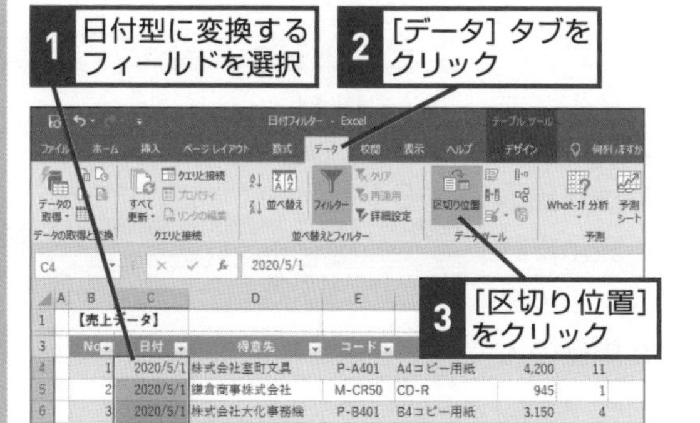

[区切り位置指定ウィザード]が起動した

4 [カンマやタブなどの区切り文字によってフィールドごとに区切られたデータ]が選択されていることを確認

5 [次へ]をクリック

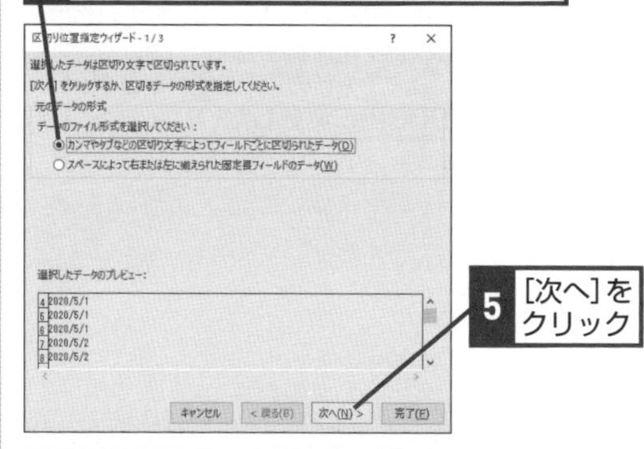

文字列型のデータを日付型に変換する場合は、区切り文字を指定しない

6 [区切り文字] のチェックマークをすべてはずす

7 [次へ]をクリック

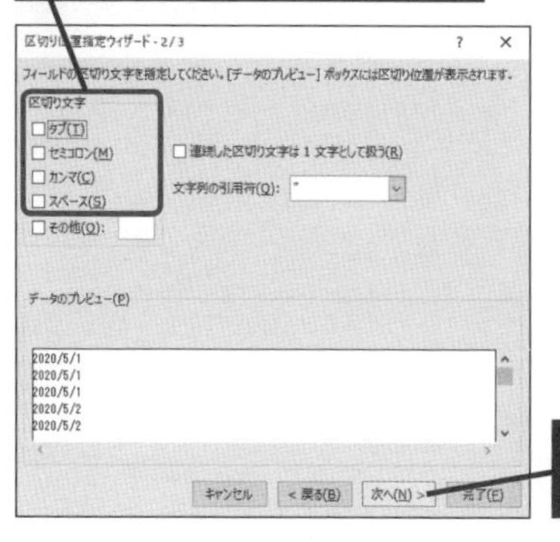

変換する日付の形式を選択する

ここでは、年月日(YMD)の形式を選択する

8 [日付]をクリック

9 ここをクリックして[YMD]を選択

10 [完了]をクリック

11 [日付] フィールドのフィルターボタンをクリック

フィールドのデータ型が日付型に変換され、[日付フィルター]を選択できるようになった

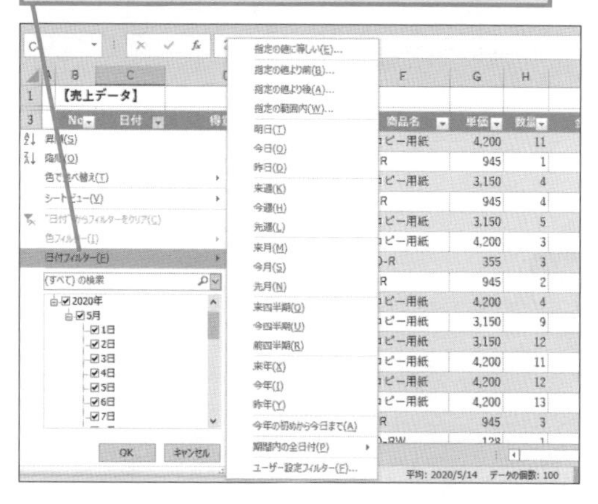

レッスン

47 条件に合致したデータだけを変更するには

データの変更

対応バージョン

365　2019　2016　2013

レッスンで使う練習用ファイル
データの変更.xlsx

関連レッスン

▶レッスン41
特定の文字列を含むレコードを抽出するには ……………………… p.184

キーワード

オートフィルター　p.308

フィルター表示しているデータだけを変更する

例えば、売上データの中で特定の条件に当てはまる商品だけの単価を変更したいときは、その条件に当てはまるデータだけが表示されるようにオートフィルターで条件を設定したあと、表示されている単価のセルを選択して単価を変更すると簡単です。このとき、セルの選択方法に気を付けるのと、さらに変更した単価の入力を確定するときに、通常の Enter キーではなく、Ctrl＋Enter キーを使うのがポイントです。こうすることで、表示されている選択したセルだけの値を一度に変更できます。

Before

	A	B	C	D	E	F	G	H	I
1		【売上データ】							
3		No	日付	得意先	コード	商品名	単価	数量	金額
4		1	2020/5/1	株式会社室町文具	P-A401	A4コピー用紙	4,200	11	46,200
5		2	2020/5/1	鎌倉商事株式会社	S-PR01	ボールペン(赤)	945	1	945
6		3	2020/5/1	株式会社大化事務機	P-B401	B4コピー用紙	3,150	4	12,600
7		4	2020/5/2	株式会社大化事務機	S-PR01	ボールペン(赤)	945	4	3,780
8		5	2020/5/2	鎌倉商事株式会社	P-B401	B4コピー用紙	3,150	5	15,750
9		6	2020/5/2	鎌倉商事株式会社	P-A301	A3コピー用紙	4,200	3	12,600
10		7	2020/5/2	株式会社大化事務機	S-PK01	ボールペン(黒)	945	3	2,835
11		8	2020/5/3	慶応プラン株式会社	S-PR01	ボールペン(赤)	945	2	1,890
12		9	2020/5/3	株式会社大化事務機	P-A301	A3コピー用紙	4,200	4	16,800
13		10	2020/5/3	明治デポ株式会社	P-B401	B4コピー用紙	3,150	9	28,350
14		11	2020/5/4	株式会社大化事務機	P-B401	B4コピー用紙	3,150	12	37,800
15		12	2020/5/4	昭和オフィス株式会社	P-A401	A4コピー用紙	4,200	11	46,200
16		13	2020/5/5	株式会社大化事務機	P-A401	A4コピー用紙	4,200	12	50,400
17		14	2020/5/5	明治デポ株式会社	P-A401	A4コピー用紙	4,200	13	54,600
18		15	2020/5/5	株式会社大宝通商	S-PR01	ボールペン(赤)	945	3	2,835
19		16	2020/5/6	株式会社室町文具	S-CF01	A4クリアファイル	840	1	840

[得意先]フィールドに「株式会社大化事務機」が、[商品名]フィールドに「ボールペン(赤)」と「ボールペン(黒)」が含まれるレコードの、[単価]を945円から900円に変更したい

After

	A	B	C	D	E	F	G	H	I
1		【売上データ】							
3		No	日付	得意先	コード	商品名	単価	数量	金額
4		1	2020/5/1	株式会社室町文具	P-A401	A4コピー用紙	4,200	11	46,200
5		2	2020/5/1	鎌倉商事株式会社	S-PR01	ボールペン(赤)	945	1	945
6		3	2020/5/1	株式会社大化事務機	P-B401	B4コピー用紙	3,150	4	12,600
7		4	2020/5/2	株式会社大化事務機	S-PR01	ボールペン(赤)	900	4	3,600
8		5	2020/5/2	鎌倉商事株式会社	P-B401	B4コピー用紙	3,150	5	15,750
9		6	2020/5/2	鎌倉商事株式会社	P-A301	A3コピー用紙	4,200	3	12,600
10		7	2020/5/2	株式会社大化事務機	S-PK01	ボールペン(黒)	900	3	2,700
11		8	2020/5/3	慶応プラン株式会社	S-PR01	ボールペン(赤)	945	2	1,890
12		9	2020/5/3	株式会社大化事務機	P-A301	A3コピー用紙	4,200	4	16,800
13		10	2020/5/3	明治デポ株式会社	P-B401	B4コピー用紙	3,150	9	28,350
14		11	2020/5/4	株式会社大化事務機	P-B401	B4コピー用紙	3,150	12	37,800
15		12	2020/5/4	昭和オフィス株式会社	P-A401	A4コピー用紙	4,200	11	46,200
16		13	2020/5/5	株式会社大化事務機	P-A401	A4コピー用紙	4,200	12	50,400
17		14	2020/5/5	明治デポ株式会社	P-A401	A4コピー用紙	4,200	13	54,600
18		15	2020/5/5	株式会社大宝通商	S-PR01	ボールペン(赤)	945	3	2,835
19		16	2020/5/6	株式会社室町文具	S-CF01	A4クリアファイル	840	1	840

特定のデータだけを変更できた

フィルターで抽出されなかったレコードの[単価]は変更されていない

❶ 抽出したデータを選択する

[得意先] フィールドのフィルターボタンをクリックして、「株式会社大化事務機」で抽出しておく

[商品名] フィールドのフィルターボタンをクリックして、「ボールペン(赤)」と「ボールペン(黒)」で抽出しておく

【売上データ】

	No	日付	得意先	コード	商品名	単価	数量	金額
7	4	2020/5/2	株式会社大化事務機	S-PR01	ボールペン(赤)	945	4	3,780
10	7	2020/5/2	株式会社大化事務機	S-PK01	ボールペン(黒)	945	3	2,835
25	22	2020/5/7	株式会社大化事務機	S-PK01	ボールペン(黒)	945	5	4,725
30	27	2020/5/9	株式会社大化事務機	S-PK01	ボールペン(黒)	945	4	3,780
48	45	2020/5/14	株式会社大化事務機	S-PK01	ボールペン(黒)	945	5	4,725
53	50	2020/5/15	株式会社大化事務機	S-PK01	ボールペン(黒)	945	5	4,725
58	55	2020/5/15	株式会社大化事務機	S-PR01	ボールペン(赤)	945	1	945
62	59	2020/5/17	株式会社大化事務機	S-PR01	ボールペン(赤)	945	5	4,725
71	68	2020/5/18	株式会社大化事務機	S-PK01	ボールペン(黒)	945	4	3,780
75	72	2020/5/19	株式会社大化事務機	S-PK01	ボールペン(黒)	945	3	2,835
81	78	2020/5/21	株式会社大化事務機	S-PK01	ボールペン(黒)	945	3	2,835

1 セルG7をクリック

2 Ctrl + shift キーを押しながら ↓ キーを押す

❷ フィルターを実行する

抽出されたデータだけが選択された

1 「900」と入力

2 Ctrl キーを押しながら Enter キーを押す

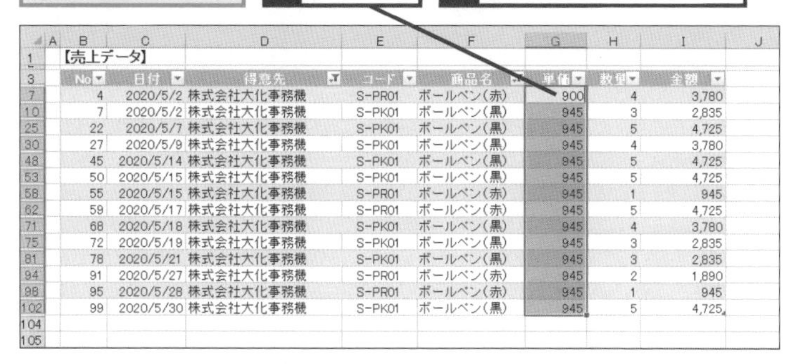

【売上データ】

	No	日付	得意先	コード	商品名	単価	数量	金額
7	4	2020/5/2	株式会社大化事務機	S-PR01	ボールペン(赤)	900	4	3,780
10	7	2020/5/2	株式会社大化事務機	S-PK01	ボールペン(黒)	945	3	2,835
25	22	2020/5/7	株式会社大化事務機	S-PK01	ボールペン(黒)	945	5	4,725
30	27	2020/5/9	株式会社大化事務機	S-PK01	ボールペン(黒)	945	4	3,780
48	45	2020/5/14	株式会社大化事務機	S-PK01	ボールペン(黒)	945	5	4,725
53	50	2020/5/15	株式会社大化事務機	S-PK01	ボールペン(黒)	945	5	4,725
58	55	2020/5/15	株式会社大化事務機	S-PR01	ボールペン(赤)	945	1	945
62	59	2020/5/17	株式会社大化事務機	S-PR01	ボールペン(赤)	945	5	4,725
71	68	2020/5/18	株式会社大化事務機	S-PK01	ボールペン(黒)	945	4	3,780
75	72	2020/5/19	株式会社大化事務機	S-PK01	ボールペン(黒)	945	3	2,835
81	78	2020/5/21	株式会社大化事務機	S-PK01	ボールペン(黒)	945	3	2,835
94	91	2020/5/27	株式会社大化事務機	S-PR01	ボールペン(赤)	945	2	1,890
98	95	2020/5/28	株式会社大化事務機	S-PR01	ボールペン(赤)	945	1	945
102	99	2020/5/30	株式会社大化事務機	S-PK01	ボールペン(黒)	945	5	4,725

❸ 抽出したデータだけを変更できた

[単価] フィールドの値がすべて変更された

【売上データ】

	No	日付	得意先	コード	商品名	単価	数量	金額
7	4	2020/5/2	株式会社大化事務機	S-PR01	ボールペン(赤)	900	4	3,600
10	7	2020/5/2	株式会社大化事務機	S-PK01	ボールペン(黒)	900	3	2,700
25	22	2020/5/7	株式会社大化事務機	S-PK01	ボールペン(黒)	900	5	4,500
30	27	2020/5/9	株式会社大化事務機	S-PK01	ボールペン(黒)	900	4	3,600
48	45	2020/5/14	株式会社大化事務機	S-PK01	ボールペン(黒)	900	5	4,500
53	50	2020/5/15	株式会社大化事務機	S-PK01	ボールペン(黒)	900	5	4,500
58	55	2020/5/15	株式会社大化事務機	S-PR01	ボールペン(赤)	900	1	900
62	59	2020/5/17	株式会社大化事務機	S-PR01	ボールペン(赤)	900	5	4,500
71	68	2020/5/18	株式会社大化事務機	S-PK01	ボールペン(黒)	900	4	3,600
75	72	2020/5/19	株式会社大化事務機	S-PK01	ボールペン(黒)	900	3	2,700
81	78	2020/5/21	株式会社大化事務機	S-PK01	ボールペン(黒)	900	3	2,700
94	91	2020/5/27	株式会社大化事務機	S-PR01	ボールペン(赤)	900	2	1,800
98	95	2020/5/28	株式会社大化事務機	S-PR01	ボールペン(赤)	900	1	900
102	99	2020/5/30	株式会社大化事務機	S-PK01	ボールペン(黒)	900	5	4,500

[得意先] フィールドと [商品名] フィールドのフィルターを解除しておく

HINT! 抽出したデータを選択するには

テーブル内の列全体は、フィールド名の上部の部分をクリックすれば選択できますが、その方法だと表示されているセルの位置関係などによって、非表示になっている関係ないセルの値まで書き換えられてしまうことがあります。それを避けるために、必ず手順1のように、表示されている先頭のセルを選択してから、Ctrl + Shift + ↓ キーを押して、最下行のセルまで選択するようにしましょう。

HINT! 選択したセルのすべてに同じ値を入力するには

手順2では、変更した単価を入力する際に、通常の Enter キーではなく、Ctrl + Enter キーを押しています。あらかじめセル範囲を選択しておいてから、Ctrl + Enter キーでデータを入力すると、その選択していた範囲に同じデータを入力できます。この場合は、非表示になっているセルは無視され、選択されている範囲の表示されているセルだけに同じデータが入力されます。

条件に合致したレコードを別のワークシートに抽出するには

フィルターオプション

対応バージョン

365 2019 2016 2013

レッスンで使う練習用ファイル
フィルターオプション.xlsx

レコードをブックやワークシートに取り出せる！

これまで利用してきたフィルターでは、テーブルに条件を指定して、抽出結果を確認しました。しかし、別のワークシートで、抽出結果から集計処理をするときやピボットテーブルを利用して分析したいときに、いちいちデータをコピーしていたのでは手間がかかります。そんなときは、「フィルターオプション」の機能を利用しましょう。

下の図を見てください。フィルターオプションを利用するときのポイントは、「リスト範囲」と「検索条件範囲」のワークシートを別にすることです。このレッスンでは、赤色の枠で囲まれたセル範囲を青色の枠で囲まれた条件で検索し、結果を緑色の枠に表示させます。

◆リスト範囲([売上明細]シート)
抽出元になるテーブルのセル範囲。テーブルをすべて含むセル範囲を指定する

【売上データ】

No	日付	得意先	コード	商品名	単価	数量	金額
1	2020/5/1	株式会社室町文具	P-A401	A4コピー用紙	4,200	11	46,200
2	2020/5/1	鎌倉商事株式会社	M-CR50	CD-R	945	1	945
3	2020/5/1	株式会社大化事務機	P-B401	B4コピー用紙	3,150	4	12,600
4	2020/5/2	株式会社大化事務機	M-CR50	CD-R	945	4	3,780
5	2020/5/2	鎌倉商事株式会社	P-B401	B4コピー用紙	3,150	5	15,750
6	2020/5/2	鎌倉商事株式会社	P-A301	A3コピー用紙	4,200	3	12,600

フィルター オプションの設定
抽出先
○ 選択範囲内(F)
◉ 指定した範囲(O)
リスト範囲(L): 売上データ
検索条件範囲(C): 果!$B$3:$E$5
抽出範囲(T): 果!$B$9:$H$9
☐ 重複するレコードは無視する(R)
OK　キャンセル

◆検索条件範囲([抽出結果]シート)
抽出条件が入力してあるセル範囲。リスト範囲にあるフィールド名とデータの組み合わせで入力しておく

【条件範囲】

No	日付	日付	商品名
	>=2020/5/6	<=2020/5/12	A4コピー用紙
	>=2020/5/6	<=2020/5/12	B4コピー用紙

【抽出範囲】

No	日付	得意先	商品名	単価	数量	金額
20	2020/5/7	株式会社大化事務機	A4コピー用紙	4,200	1	4,200
24	2020/5/8	株式会社室町文具	A4コピー用紙	4,200	11	46,200
26	2020/5/9	株式会社大化事務機	A4コピー用紙	4,200	3	12,600
28	2020/5/9	鎌倉商事株式会社	B4コピー用紙	3,150	5	15,750
30	2020/5/10	株式会社大化事務機	B4コピー用紙	3,150	11	34,650
31	2020/5/10	慶応プラン株式会社	A4コピー用紙	4,200	3	12,600
32	2020/5/10	株式会社大化事務機	B4コピー用紙	3,150	10	31,500
36	2020/5/11	株式会社大化事務機	A4コピー用紙	4,200	5	21,000

◆［フィルターオプションの設定］ダイアログボックス
抽出元と抽出条件、抽出結果の表示先を指定する

◆抽出範囲([抽出結果]シート)
抽出結果を表示するセル範囲。起点とするセル番号を指定する

関連レッスン

▶レッスン42
任意の条件を指定してレコードを抽出するには ……… p.188

キーワード

フィールド	p.312
フィルターオプション	p.312
レコード	p.312

ショートカットキー

Ctrl + A ……表全体の選択

1 抽出条件を確認する

ここでは、指定した条件を満たすレコードを［売上明細］シートから検索して、［抽出結果］シートに抽出結果を表示する

あらかじめ抽出条件を［抽出結果］シートに入力しておく

1 抽出条件を確認

ここでは、2020年5月6日から2020年5月12日までのA4コピー用紙とB4コピー用紙のレコードを抽出する

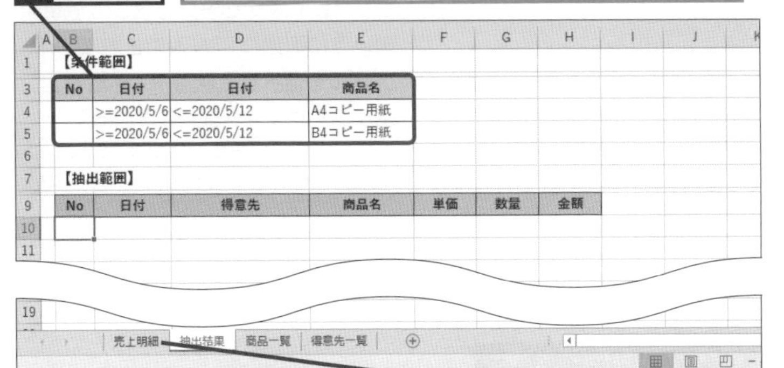

ワークシートを［抽出結果］シートから［売上明細］シートに切り替える

2 ［売上明細］シートをクリック

2 リスト範囲に名前を付ける

1 セルB3の左上を2回クリック

テーブル全体が選択された

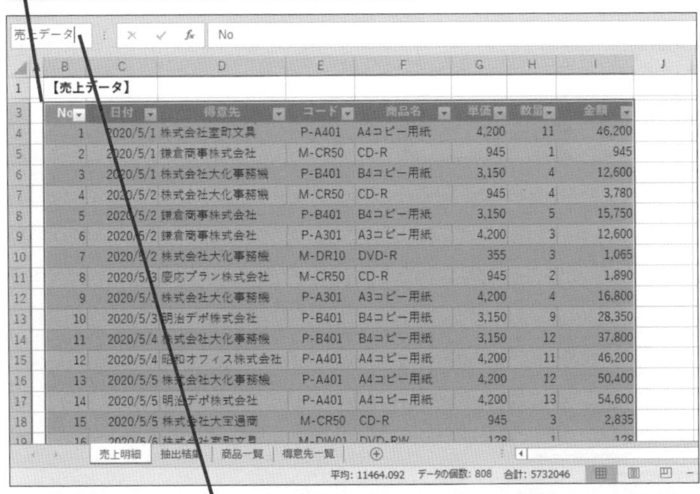

No	日付	得意先	コード	商品名	単価	数量	金額
1	2020/5/1	株式会社室町文具	P-A401	A4コピー用紙	4,200	11	46,200
2	2020/5/1	鎌倉商事株式会社	M-CR50	CD-R	945	1	945
3	2020/5/1	株式会社大化事務機	P-B401	B4コピー用紙	3,150	4	12,600
4	2020/5/2	株式会社大化事務機	M-CR50	CD-R	945	4	3,780
5	2020/5/2	鎌倉商事株式会社	P-B401	B4コピー用紙	3,150	5	15,750
6	2020/5/2	鎌倉商事株式会社	P-A301	A3コピー用紙	4,200	3	12,600
7	2020/5/2	株式会社大化事務機	M-DR10	DVD-R	355	3	1,065
8	2020/5/3	慶応プラン株式会社	M-CR50	CD-R	945	2	1,890
9	2020/5/3	株式会社大化事務機	P-A301	A3コピー用紙	4,200	4	16,800
10	2020/5/3	明治デポ株式会社	P-B401	B4コピー用紙	3,150	9	28,350
11	2020/5/4	株式会社大化事務機	P-B401	B4コピー用紙	3,150	12	37,800
12	2020/5/4	昭和オフィス株式会社	P-A401	A4コピー用紙	4,200	11	46,200
13	2020/5/5	株式会社大化事務機	P-A401	A4コピー用紙	4,200	12	50,400
14	2020/5/5	明治デポ株式会社	P-A401	A4コピー用紙	4,200	13	54,600
15	2020/5/5	株式会社大宝通商	M-CR50	CD-R	945	3	2,835

2 「売上データ」と入力

テーブルのセル範囲に名前が付けられる

3 Enterキーを押す

HINT!

抽出条件はどうやって指定するの？

手順1で確認している抽出条件は、［売上明細］シートのテーブルに含まれるフィールド名とキーワードです。これまでのレッスンで［オートフィルターオプション］ダイアログボックスで指定したキーワードに該当します。抽出条件は手順1のように必ず表形式で指定します。横方向に入力すると［AND］、縦方向に入力すると［OR］と同じ意味になります。このレッスンでは、「2020年5月6日から5月12日までのA4コピー用紙またはB4コピー用紙のレコード」という条件でレコードを抽出します。

HINT!

表全体をすぐに選択するには

手順2ではセルB3の左上にマウスポインターを合わせ、マウスポインターの形が↘の状態で2回クリックしてテーブル全体を選択します。マウスポインターでテーブル全体を選択しにくいときは、Ctrl＋Aキーを押しても構いません。空白行や空白列がなければ、テーブルや表の全体をすぐに選択できます。

HINT!

名前ボックスでリスト範囲に名前を付ける

手順2では、名前ボックスを利用してデータの抽出元となるリスト範囲に「売上データ」という名前を付けます。フィールド名まで含めたセル範囲に「名前」を付けておくことで、手順4の［名前の貼り付け］ダイアログボックスで簡単に指定できるようになります。

次のページに続く

3 ［フィルターオプションの設定］ダイアログボックスを表示する

ワークシートを［売上明細］シートから［抽出結果］シートに切り替える

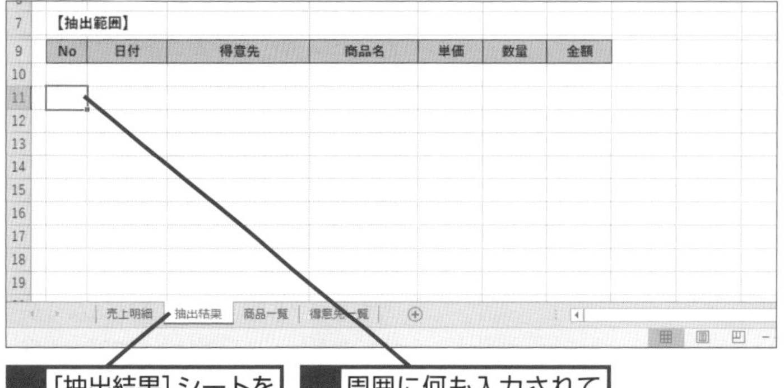

1 ［抽出結果］シートをクリック

2 周囲に何も入力されていないセルをクリック

3 ［データ］タブをクリック

4 ［詳細設定］をクリック

詳細設定

HINT!

警告のメッセージが表示されたときは

手順3の操作で、データが入力されているセルを選択していると、以下のようなメッセージが表示されることがあります。これは、Excelがリスト範囲を自動的に取得できない場合に表示されます。［OK］ボタンをクリックしてメッセージを閉じ、手順3のように周囲に何も入力されていないセルを選択した状態で［詳細設定］ボタンをクリックし直しましょう。

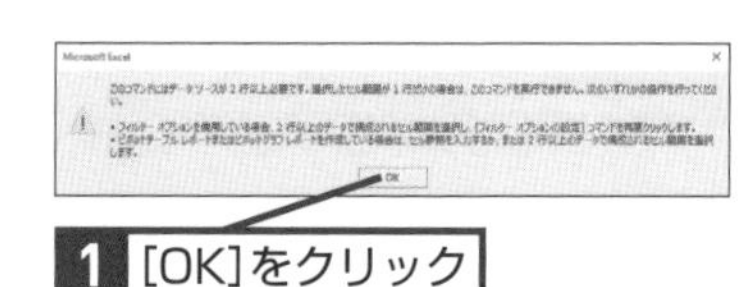

1 ［OK］をクリック

4 抽出元のリスト範囲を表示する

［フィルターオプションの設定］ダイアログボックスが表示された

1 ［リスト範囲］のここをクリック

2 F3 キーを押す

［名前の貼り付け］ダイアログボックスが表示された

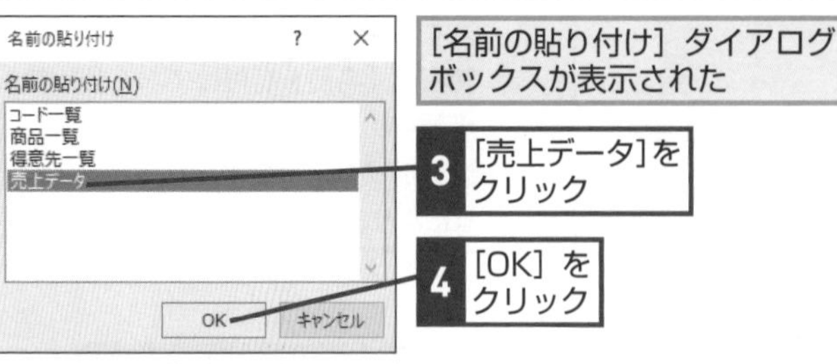

3 ［売上データ］をクリック

4 ［OK］をクリック

フィルター機能で目的のデータを取り出そう 実践編 第8章

5 抽出条件が入力されたワークシートに切り替える

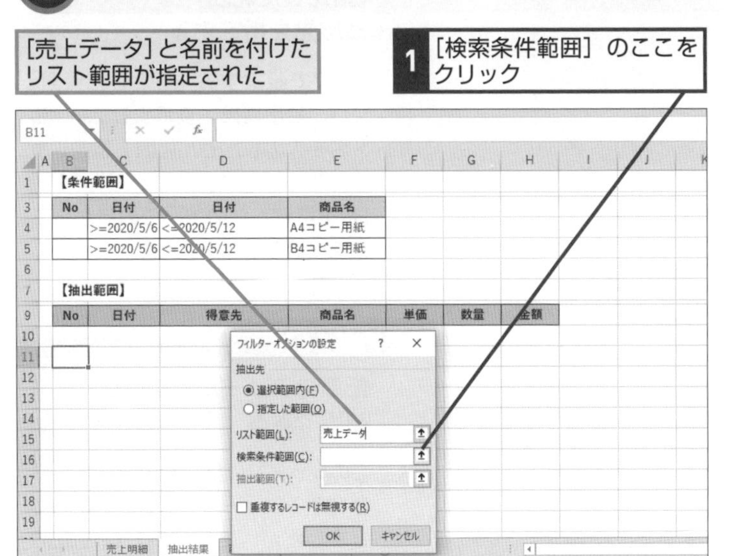

6 抽出条件の範囲を指定する

HINT!

ダイアログボックスはボタンをクリックしても小さくできる

[フィルターオプションの設定] ダイアログボックスは、抽出条件範囲をドラッグしている最中に小さくなりますが、手順5でをクリックしても、表示を小さくできます。この場合、もう一度同じ位置にあるボタンをクリックすると、ダイアログボックスが元の大きさに戻ります。
選択したい範囲がダイアログボックスに隠れて選択しにくい場合は、この方法でダイアログボックスを小さくするといいでしょう。

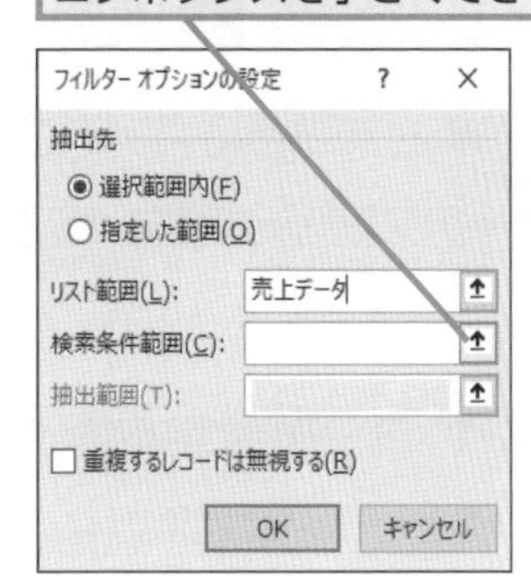

間違った場合は？

[検索条件範囲] の範囲を間違ってしまった場合は、もう一度、正しいセル範囲をドラッグします。[検索条件範囲] のボックスにカーソルが表示されていれば、何度でもやり直せます。

次のページに続く

レコードの抽出先を指定する

セルB3 ～ E5を抽出条件に指定できた

[検索条件範囲] に抽出条件を指定した、セルB3 ～ E5のセル範囲が表示された

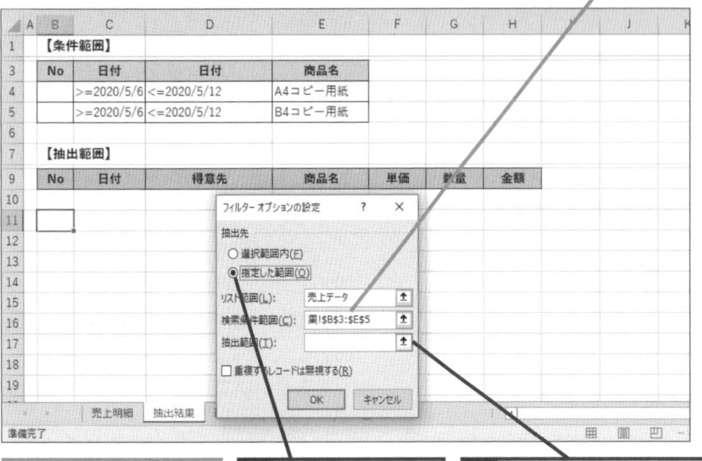

続けて、レコードの抽出先を指定する

1 [指定した範囲] をクリック

2 [抽出範囲] のここをクリック

3 セルB9 ～ H9をドラッグして選択

4 ここをクリック

8 レコードの抽出先が指定された

[抽出範囲] に抽出条件を指定した、セルB9 ～ H9のセル範囲が表示された

HINT! [指定した範囲] は抽出先を指定する

手順7で設定する [指定した範囲] には、抽出結果を表示するフィールド名を入力したセル範囲を指定します。このレッスンでは、セルB9 ～ H9を指定したので、この行から下に抽出結果が表示されます。

HINT! 任意のフィールドだけを抽出できる

このレッスンでは、元のテーブルに存在するフィールド名を抽出範囲にしましたが、抽出範囲には任意のフィールドだけを指定できます。例えば、抽出範囲に [No] [日付] [得意先] [商品名] [金額] のフィールド名のみを入力した場合、[単価] と [数量] フィールドのデータは抽出されません。

間違った場合は？

[抽出範囲] の範囲を間違って指定したときは、[抽出範囲] のボックスをクリックして、セル範囲を選択し直します。

条件に一致するレコードを抽出する

抽出元と抽出条件、抽出先が指定できたのでレコードの抽出を実行する

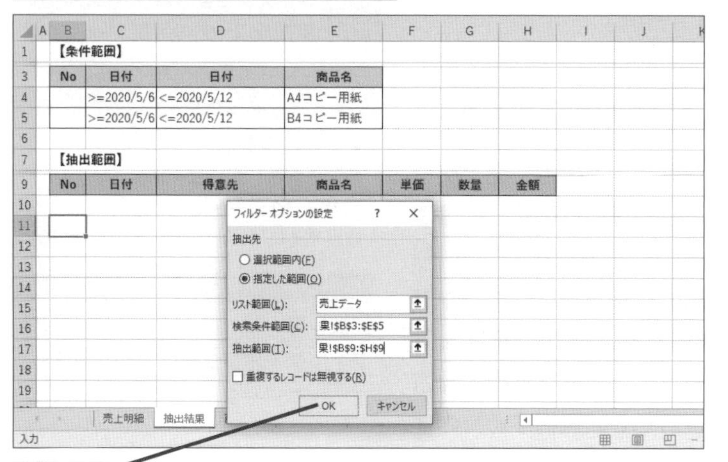

1 [OK]をクリック

10 レコードが抽出された

指定した条件のレコードを別のワークシートに抽出できた

【条件範囲】

No	日付	日付	商品名
	>=2020/5/6	<=2020/5/12	A4コピー用紙
	>=2020/5/6	<=2020/5/12	B4コピー用紙

【抽出範囲】

No	日付	得意先	商品名	単価	数量	金額
20	2020/5/7	株式会社大化事務機	A4コピー用紙	4,200	1	4,200
24	2020/5/8	株式会社室町文具	A4コピー用紙	4,200	11	46,200
26	2020/5/9	株式会社大化事務機	A4コピー用紙	4,200	3	12,600
28	2020/5/9	鎌倉商事株式会社	B4コピー用紙	3,150	5	15,750
30	2020/5/10	株式会社大化事務機	B4コピー用紙	3,150	11	34,650
31	2020/5/10	慶応プラン株式会社	A4コピー用紙	4,200	3	12,600
32	2020/5/10	株式会社大化事務機	B4コピー用紙	3,150	10	31,500
36	2020/5/11	株式会社大化事務機	A4コピー用紙	4,200	5	21,000
40	2020/5/12	鎌倉商事株式会社	B4コピー用紙	3,150	8	25,200

売上明細 | 抽出結果 | 商品一覧 | 得意先一覧

抽出した結果は、元のテーブルとは別の表形式のデータになる

HINT!

選択範囲内にも抽出できる

[フィルターオプションの設定] ダイアログボックスで、[抽出先] に [選択範囲内] を選択すると、元のテーブルで該当するデータだけを表示できます。この場合、元のテーブル内のセルを選択して、操作を始めるのがポイントです。この場合、3つ以上の複雑な条件も指定できます。
すべてのデータを表示するには、[データ] タブの [クリア] ボタンをクリックしましょう。

1 [データ] タブをクリック

2 [クリア]をクリック

クリア

テーブルのデータがすべて表示される

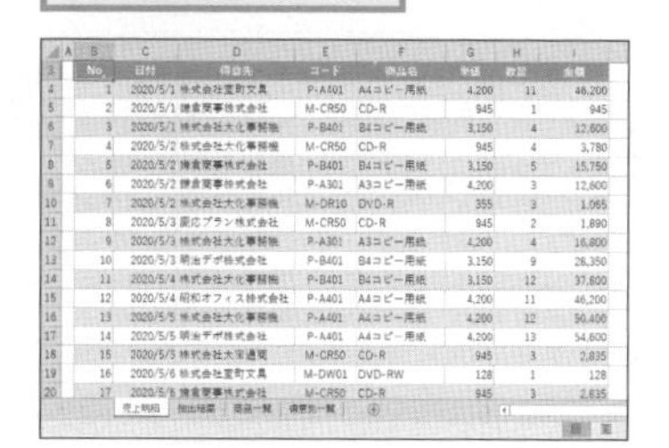

No.	日付	得意先	コード	商品名	単価	数量	金額
1	2020/5/1	株式会社室町文具	P-A401	A4コピー用紙	4,200	11	46,200
2	2020/5/1	鎌倉商事株式会社	M-CR50	CD-R	945	1	945
3	2020/5/1	株式会社大化事務機	P-B401	B4コピー用紙	3,150	4	12,600
4	2020/5/2	株式会社大化事務機	M-CR50	CD-R	945	4	3,780
5	2020/5/2	鎌倉商事株式会社	P-B401	B4コピー用紙	3,150	5	15,750
6	2020/5/2	鎌倉商事株式会社	P-A301	A3コピー用紙	4,200	3	12,600
7	2020/5/2	株式会社大化事務機	M-DR10	DVD-R	355	3	1,065
8	2020/5/3	慶応プラン株式会社	M-CR50	CD-R	945	2	1,890
9	2020/5/3	株式会社大化事務機	P-A301	A3コピー用紙	4,200	4	16,800
10	2020/5/3	明治デポ株式会社	P-B401	B4コピー用紙	3,150	9	28,350
11	2020/5/4	株式会社大化事務機	P-B401	B4コピー用紙	3,150	12	37,800
12	2020/5/4	昭和オフィス株式会社	P-A401	A4コピー用紙	4,200	11	46,200
13	2020/5/5	株式会社大化事務機	P-A401	A4コピー用紙	4,200	12	50,400
14	2020/5/5	明治デポ株式会社	P-A401	A4コピー用紙	4,200	13	54,600
15	2020/5/5	[illegible]	M-CR50	CD-R	945	3	2,835
16	2020/5/6	株式会社室町文具	M-DW01	DVD-RW	128	1	128
17	2020/5/6	鎌倉商事株式会社	M-CR50	CD-R	945	3	2,835

レッスン

49 データ中の商品名を1つだけ抽出するには

重複レコードの無視

対応バージョン

365 2019 2016 2013

レッスンで使う練習用ファイル
重複レコードの無視.xlsx

関連レッスン

▶レッスン48
条件に合致したレコードを
別のワークシートに
抽出するには ………………… p.202

キーワード

重複レコード	p.310
フィルターオプション	p.312
ユニークデータ	p.312

[重複レコードは無視する] オプションを活用する

例えば、売上データを商品ごとに関数で集計する場合、売上データに登場する商品名を1回だけ抽出する必要があります。このようなデータを「ユニークデータ」、あるいは「無重複レコード」などと呼びます。このようなデータを抽出する方法はいくつかありますが、フィルターオプションを利用する方法がいちばんスマートでしょう。レッスン㊽で、別シートにデータを抽出する方法を紹介しましたが、このとき［重複レコードは無視する］のオプションを指定することで、該当データを1回だけ抽出することができます。ピボットテーブルで集計した結果を利用するのも手ですが、この方法もぜひ覚えておきましょう。

After

［商品名］フィールドの商品名を、1種類につき1回だけ抽出する

	A	B	C	D	E	F	G	H	I	J	K
3		No	日付	得意先	コード	商品名	単価	数量	金額		商品名
4		1	2020/5/1	株式会社室町文具	P-A401	A4コピー用紙	4,200	11	46,200		A4コピー用紙
5		2	2020/5/1	鎌倉商事株式会社	S-PR01	ボールペン(赤)	945	1	945		ボールペン(赤)
6		3	2020/5/1	株式会社大化事務機	P-B401	B4コピー用紙	3,150	4	12,600		B4コピー用紙
7		4	2020/5/2	株式会社大化事務機	S-PR01	ボールペン(赤)	945	4	3,780		A3コピー用紙
8		5	2020/5/2	鎌倉商事株式会社	P-B401	B4コピー用紙	3,150	5	15,750		ボールペン(黒)
9		6	2020/5/2	鎌倉商事株式会社	P-A301	A3コピー用紙	4,200	3	12,600		A4クリアファイル
10		7	2020/5/2	株式会社大化事務機	S-PK01	ボールペン(黒)	945	3	2,835		B5コピー用紙
11		8	2020/5/3	慶応プラン株式会社	S-PR01	ボールペン(赤)	945	2	1,890		
12		9	2020/5/3	株式会社大化事務機	P-A301	A3コピー用紙	4,200	4	16,800		
13		10	2020/5/3	明治デポ株式会社	P-B401	B4コピー用紙	3,150	9	28,350		
14		11	2020/5/4	株式会社大化事務機	P-B401	B4コピー用紙	3,150	12	37,800		
15		12	2020/5/4	昭和オフィス株式会社	P-A401	A4コピー用紙	4,200	11	46,200		
16		13	2020/5/5	株式会社大化事務機	P-A401	A4コピー用紙	4,200	12	50,400		
17		14	2020/5/5	明治デポ株式会社	P-A401	A4コピー用紙	4,200	13	54,600		
18		15	2020/5/5	株式会社大宝通商	S-PR01	ボールペン(赤)	945	3	2,835		
19		16	2020/5/6	株式会社室町文具	S-CF01	A4クリアファイル	840	1	840		
20		17	2020/5/6	鎌倉商事株式会社	S-PR01	ボールペン(赤)	945	3	2,835		
21		18	2020/5/6	明和電気株式会社	S-PR01	ボールペン(赤)	945	1	945		
22		19	2020/5/6	慶応プラン株式会社	S-PK01	ボールペン(黒)	945	3	2,835		
23		20	2020/5/7	株式会社大化事務機	P-A401	A4コピー用紙	4,200	1	4,200		
24		21	2020/5/7	明和電気株式会社	P-A301	A3コピー用紙	4,200	1	4,200		
25		22	2020/5/7	株式会社大化事務機	S-PK01	ボールペン(黒)	945	5	4,725		
26		23	2020/5/7	株式会社大宝通商	S-PR01	ボールペン(赤)	945	1	945		
27		24	2020/5/8	株式会社室町文具	P-A401	A4コピー用紙	4,200	11	46,200		

売上データ

❶ 抽出範囲を用意する

ここでは［商品名］フィールドの商品名のデータを、1種類につき1つずつK列に抽出する

1 セルF3をクリック

2 Ctrlキーを押しながらCキーを押す

3 セルK3をクリック

コード	商品名	単価	数量	金額		商品名
P-A401	A4コピー用紙	4,200	11	46,200		
S-PR01	ボールペン(赤)	945	1	945		
P-B401	B4コピー用紙	3,150	4	12,600		
S-PR01	ボールペン(赤)	945	4	3,780		
P-B401	B4コピー用紙	3,150	5	15,750		
P-A301	A3コピー用紙	4,200	3	12,600		
S-PK01	ボールペン(黒)	945	3	2,835		
S-PR01	ボールペン(赤)	945	2	1,890		
P-A301	A3コピー用紙	4,200	4	16,800		
P-B401	B4コピー用紙	3,150	9	28,350		
P-B401	B4コピー用紙	3,150	12	37,800		
P-A401	A4コピー用紙	4,200	11	46,200		
P-A401	A4コピー用紙	4,200	12	50,400		
P-A401	A4コピー用紙	4,200	13	54,600		
S-PR01	ボールペン(赤)	945	3	2,835		

4 Ctrlキーを押しながらVキーを押す

❷ ［フィルターオプションの設定］ダイアログボックスを表示する

抽出範囲が用意できた

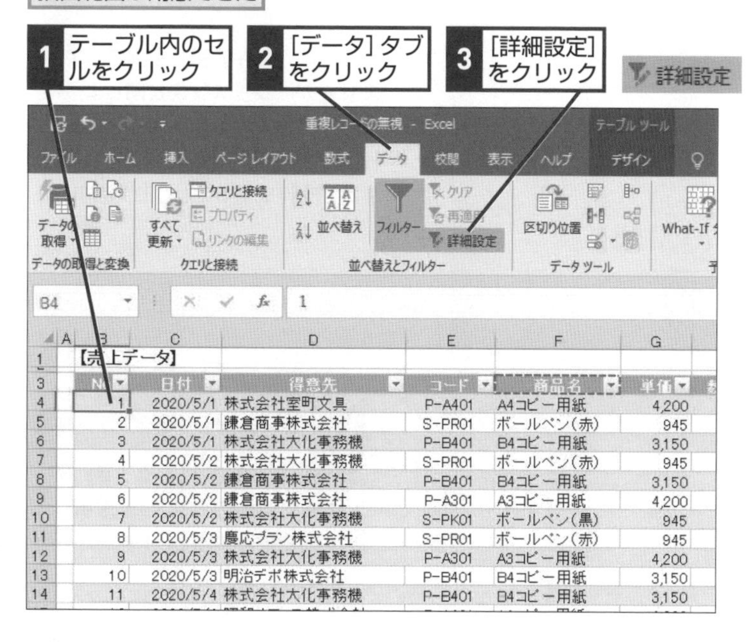

HINT! 抽出したいフィールド名を用意する

抽出範囲に、抽出したいフィールド名を用意しておきます。ここでは、「商品名」を取り出したいので、元のテーブルとは離れた位置のセルに、「商品名」と入力します。この際、元のデータベースのフィールド名と違いがあってはならないので、手順1のように、元のデータベースのフィールド名をコピーして用意しておくといいでしょう。

HINT! 同一シートに抽出する場合は、テーブル内のセルを選択しておく

レッスン㊽では別シートにデータを抽出するために、別シートの何もないセルを選択してから［詳細設定］をクリックしました。ここでは同一シート内のセルに抽出するので、あらかじめテーブル内のセルを選択した状態で［詳細設定］をクリックします。

次のページに続く

3 抽出範囲を選択する

[リスト範囲] にテーブル範囲全体が指定されている

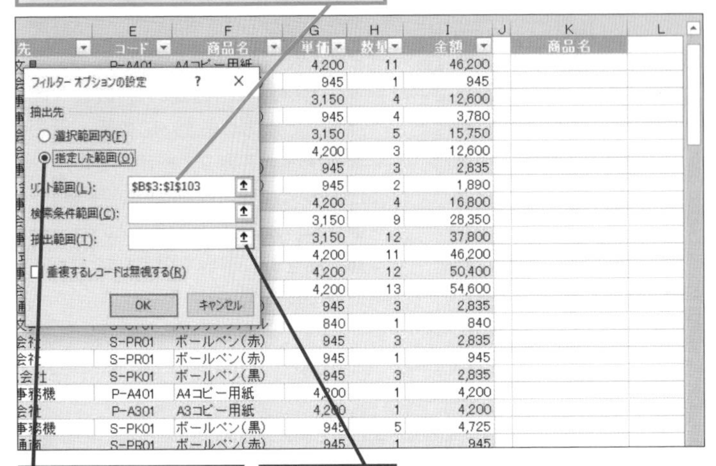

1 [指定した範囲] をクリック

2 ここをクリック

項目名を含めたセル範囲を選択する

3 セルK3をクリック

4 ここをクリック

HINT! 自動的にテーブル範囲全体が選択される

[詳細設定] をクリックするときに、あらかじめテーブル内のセルを選択しておけば、「リスト範囲」に自動的にテーブル範囲全体が指定されます。ここでは別の範囲に商品名を抽出するので、[指定した範囲] を選択すれば、[抽出範囲] を指定できます。

HINT! 条件範囲を指定することもできる

ここでは「条件範囲」を指定していませんが、レッスン㊾と同じようにあらかじめ条件範囲を用意しておけば、一定期間内に売れた商品名の一覧などを作成することもできます。

間違った場合は？

[詳細設定] を実行するとき、例えば抽出範囲のセルK3を選択した状態で実行すると、「参照が正しくありません。」というエラーメッセージが表示されます。この場合は、[OK] ボタンをクリックして、テーブル内のセルを選択し直してから、[詳細設定] を実行しましょう。

❹ 重複するレコードは無視の設定をする

抽出範囲が選択された

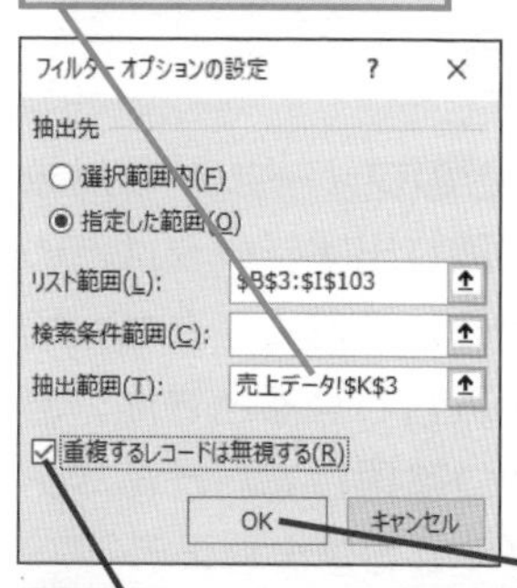

1 ［重複するレコードは無視する］のここをクリックしてチェックマークを付ける

2 ［OK］をクリック

HINT!

［重複するレコードは無視する］を選択する

ユニークレコードを抽出するには、［重複するレコードは無視する］にチェックマークを付けるのがポイントです。チェックマークを付けないと、元データの「商品名」がそのまま抽出されます。

49

重複レコードの無視

❺ 商品名が1回だけ取り出せた

K列に［商品名］フィールドのデータが1回ずつ抽出された

E	F	G	H	I	J	K	L
コード	商品名	単価	数量	金額		商品名	
P-A401	A4コピー用紙	4,200	11	46,200		A4コピー用紙	
S-PR01	ボールペン(赤)	945	1	945		ボールペン(赤)	
P-B401	B4コピー用紙	3,150	4	12,600		B4コピー用紙	
S-PR01	ボールペン(赤)	945	4	3,780		A3コピー用紙	
P-B401	B4コピー用紙	3,150	5	15,750		ボールペン(黒)	
P-A301	A3コピー用紙	4,200	3	12,600		A4クリアファイル	
S-PK01	ボールペン(黒)	945	3	2,835		B5コピー用紙	
S-PR01	ボールペン(赤)	945	2	1,890			
P-A301	A3コピー用紙	4,200	4	16,800			
P-B401	B4コピー用紙	3,150	9	28,350			
P-B401	B4コピー用紙	3,150	12	37,800			
P-A401	A4コピー用紙	4,200	11	46,200			
P-A401	A4コピー用紙	4,200	12	50,400			
P-A401	A4コピー用紙	4,200	13	54,600			
S-PR01	ボールペン(赤)	945	3	2,835			
S-CF01	A4クリアファイル	840	1	840			
S-PR01	ボールペン(赤)	945	3	2,835			
S-PR01	ボールペン(赤)	945	1	945			
S-PK01	ボールペン(黒)	945	3	2,835			
P-A401	A4コピー用紙	4,200	1	4,200			

間違った場合は？

［重複するレコードは無視する］のチェックを忘れて実行した場合は、［元に戻す］機能は使えないので、もう一度［詳細設定］を実行します。このとき、前回指定した「抽出範囲」の設定が記憶されているので、［指定した範囲］を選択したあと、今度は忘れずに［重複するレコードは無視する］にチェックを入れて実行しましょう。

この章のまとめ

●目的のデータをピンポイントで取り出そう

数十、数百のレコードからでさえ目的のデータを探し出すのは困難です。ましてや数万単位のレコードの中からでは、至難の業と言えるでしょう。しかし、Excelの「フィルター」の機能を活用すればすぐに探し出せます。
フィルターには、テキストフィルター、数値フィルター、日付フィルターのほか、フィールドごとにさまざまな条件が用意されています。複数のフィルターを組み合わせれば、複雑な条件を指定できるため、さまざまな目的に合わせたデータを取り出せるのです。
検索を始める前に、「どのフィールドを対象に検索するのか」や「取り出すデータはどのようなものか」を明確にしておくことも大切です。複数の条件を組み合わせるときは、あらかじめ条件を1つずつ整理して、どんなデータを抽出するかを考えておきましょう。
検索により、テーブルが壊れたり、データが更新されたりすることはないので、いろいろな方法を試して、目的のデータを探し出してください。

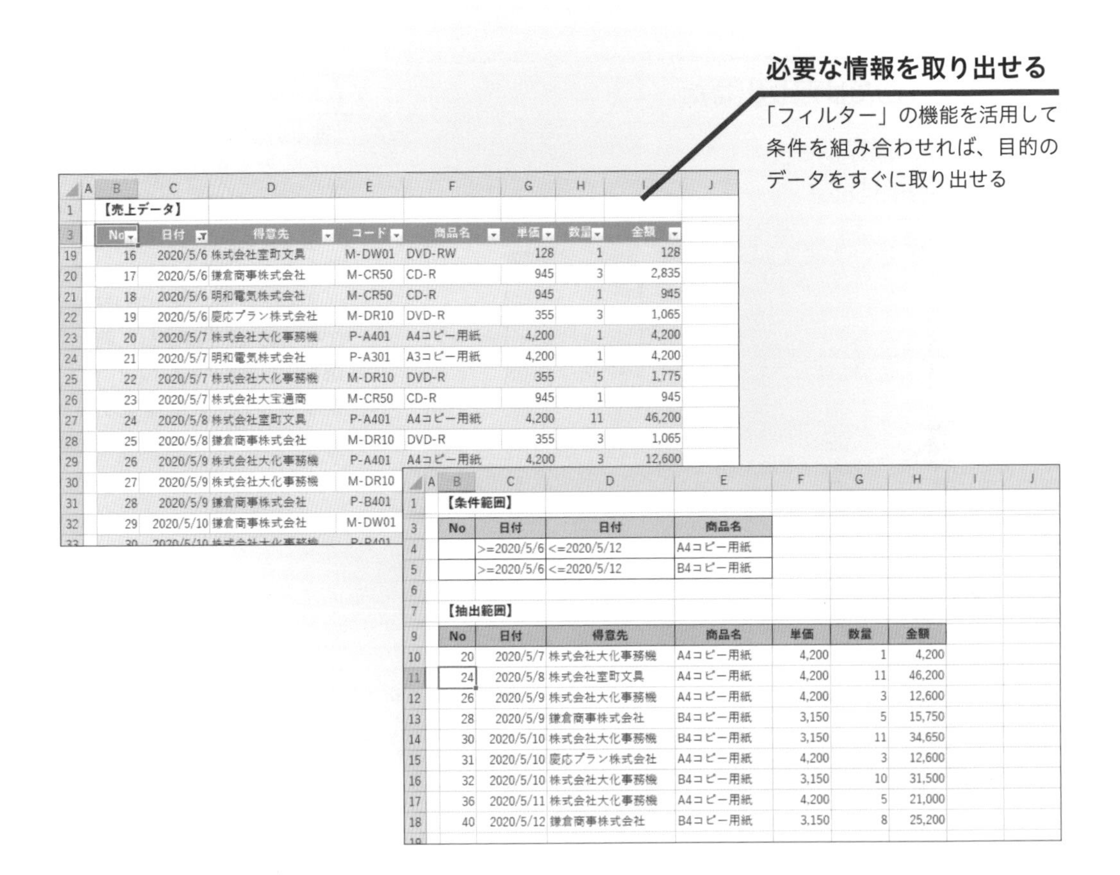

【売上データ】

No	日付	得意先	コード	商品名	単価	数量	金額
16	2020/5/6	株式会社室町文具	M-DW01	DVD-RW	128	1	128
17	2020/5/6	鎌倉商事株式会社	M-CR50	CD-R	945	3	2,835
18	2020/5/6	明和電気株式会社	M-CR50	CD-R	945	1	945
19	2020/5/6	慶応プラン株式会社	M-DR10	DVD-R	355	3	1,065
20	2020/5/7	株式会社大化事務機	P-A401	A4コピー用紙	4,200	1	4,200
21	2020/5/7	明和電気株式会社	P-A301	A3コピー用紙	4,200	1	4,200
22	2020/5/7	株式会社大化事務機	M-DR10	DVD-R	355	5	1,775
23	2020/5/7	株式会社大宝通商	M-CR50	CD-R	945	1	945
24	2020/5/8	株式会社室町文具	P-A401	A4コピー用紙	4,200	11	46,200
25	2020/5/8	鎌倉商事株式会社	M-DR10	DVD-R	355	3	1,065
26	2020/5/9	株式会社大化事務機	P-A401	A4コピー用紙	4,200	3	12,600
27	2020/5/9	株式会社大化事務機	M-DR10				
28	2020/5/9	鎌倉商事株式会社	P-B401				
29	2020/5/10	鎌倉商事株式会社	M-DW01				

【条件範囲】

No	日付	日付	商品名
	>=2020/5/6	<=2020/5/12	A4コピー用紙
	>=2020/5/6	<=2020/5/12	B4コピー用紙

【抽出範囲】

No	日付	得意先	商品名	単価	数量	金額
20	2020/5/7	株式会社大化事務機	A4コピー用紙	4,200	1	4,200
24	2020/5/8	株式会社室町文具	A4コピー用紙	4,200	11	46,200
26	2020/5/9	株式会社大化事務機	A4コピー用紙	4,200	3	12,600
28	2020/5/9	鎌倉商事株式会社	B4コピー用紙	3,150	5	15,750
30	2020/5/10	株式会社大化事務機	B4コピー用紙	3,150	11	34,650
31	2020/5/10	慶応プラン株式会社	A4コピー用紙	4,200	3	12,600
32	2020/5/10	株式会社大化事務機	B4コピー用紙	3,150	10	31,500
36	2020/5/11	株式会社大化事務機	A4コピー用紙	4,200	5	21,000
40	2020/5/12	鎌倉商事株式会社	B4コピー用紙	3,150	8	25,200

必要な情報を取り出せる

「フィルター」の機能を活用して条件を組み合わせれば、目的のデータをすぐに取り出せる

練習問題

1

［第8章_練習問題1.xlsx］を開いて、［売上一覧］シートのテーブルの［商品名］フィールドを対象に「『DVD』で始まるレコード」を表示してみましょう。

●ヒント：「から始まる」という条件を指定するには、［テキストフィルター］の一覧で「～で始まる」の項目を指定します。

練習用ファイル
第8章_練習問題1.xlsx

「DVD」から始まるレコードを抽出する

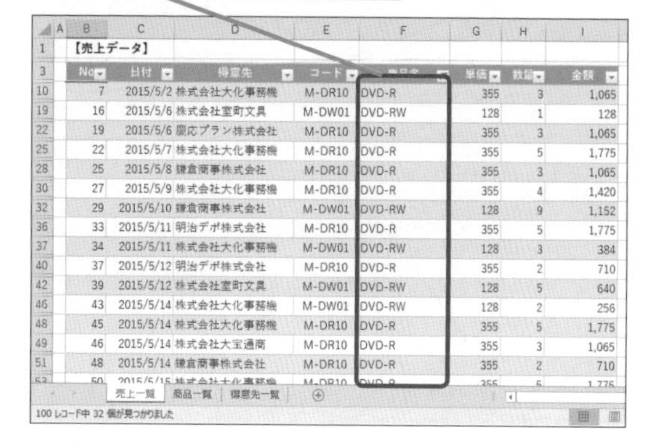

【売上データ】

	No	日付	得意先	コード	商品名	単価	数量	金額
10	7	2015/5/2	株式会社大化事務機	M-DR10	DVD-R	355	3	1,065
19	16	2015/5/6	株式会社室町文具	M-DW01	DVD-RW	128	1	128
22	19	2015/5/6	慶応プラン株式会社	M-DR10	DVD-R	355	3	1,065
25	22	2015/5/7	株式会社大化事務機	M-DR10	DVD-R	355	5	1,775
28	25	2015/5/8	鎌倉商事株式会社	M-DR10	DVD-R	355	3	1,065
30	27	2015/5/9	株式会社大化事務機	M-DR10	DVD-R	355	4	1,420
32	29	2015/5/10	鎌倉商事株式会社	M-DW01	DVD-RW	128	9	1,152
36	33	2015/5/11	明治デポ株式会社	M-DR10	DVD-R	355	5	1,775
37	34	2015/5/11	株式会社大化事務機	M-DW01	DVD-RW	128	3	384
40	37	2015/5/12	明治デポ株式会社	M-DR10	DVD-R	355	2	710
42	39	2015/5/12	株式会社室町文具	M-DW01	DVD-RW	128	5	640
46	43	2015/5/14	株式会社大化事務機	M-DW01	DVD-RW	128	2	256
48	45	2015/5/14	株式会社大化事務機	M-DR10	DVD-R	355	5	1,775
49	46	2015/5/14	株式会社大宝通商	M-DR10	DVD-R	355	3	1,065
51	48	2015/5/14	鎌倉商事株式会社	M-DR10	DVD-R	355	2	710

2

［第8章_練習問題2.xlsx］を開き、［条件範囲］シートに入力されている条件を利用して、［売上一覧］シートのテーブルに該当するデータだけを表示してみましょう。

●ヒント：セル範囲に入力した条件で抽出条件を表示するには、［フィルターオプションの設定］ダイアログボックスの［抽出先］で［選択範囲内］を選択します。

練習用ファイル
第8章_練習問題2.xlsx

［条件範囲］シートの条件を利用して、データを抽出する

	No	日付	得意先	コード	商品名	単価	数量	金額
23	20	2015/5/7	株式会社大化事務機	P-A401	A4コピー用紙	4,200	1	4,200
27	24	2015/5/8	株式会社室町文具	P-A401	A4コピー用紙	4,200	11	46,200
29	26	2015/5/9	株式会社大化事務機	P-A401	A4コピー用紙	4,200	3	12,600
31	28	2015/5/9	鎌倉商事株式会社	P-B401	B4コピー用紙	3,150	5	15,750
33	30	2015/5/10	株式会社大化事務機	P-B401	B4コピー用紙	3,150	11	34,650
34	31	2015/5/10	慶応プラン株式会社	P-A401	A4コピー用紙	4,200	3	12,600
35	32	2015/5/10	株式会社大化事務機	P-B401	B4コピー用紙	3,150	10	31,500
39	36	2015/5/11	株式会社大化事務機	P-A401	A4コピー用紙	4,200	5	21,000
43	40	2015/5/12	鎌倉商事株式会社	P-B401	B4コピー用紙	3,150	8	25,200

売上一覧　条件範囲　商品一覧　得意先一覧
100 レコード中 9 個が見つかりました

答えは次のページ

解　答

1

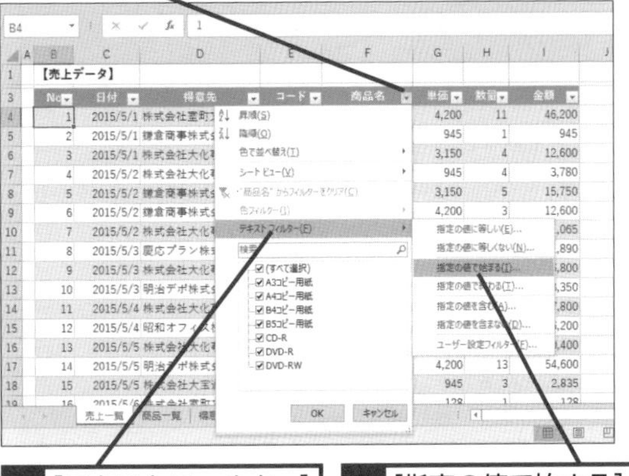

[商品名] フィールドのフィルターボタンをクリックし、[指定の値で始まる] を指定して、「『DVD』で始まる」という条件を指定します。

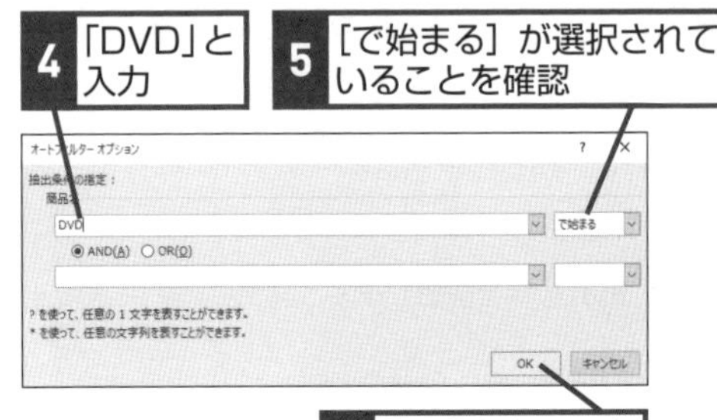

2

1 [売上一覧] シートをクリック

2 テーブル内のセルをクリック

3 [データ] タブをクリック

テーブル範囲内で、該当するデータだけを表示するには、テーブル内のセルを選択した状態で、[データ] タブの [詳細設定] ボタンをクリックします。表示された [フィルターオプションの設定] ダイアログボックスで、[選択範囲内] を選択して [検索条件範囲] を指定します。

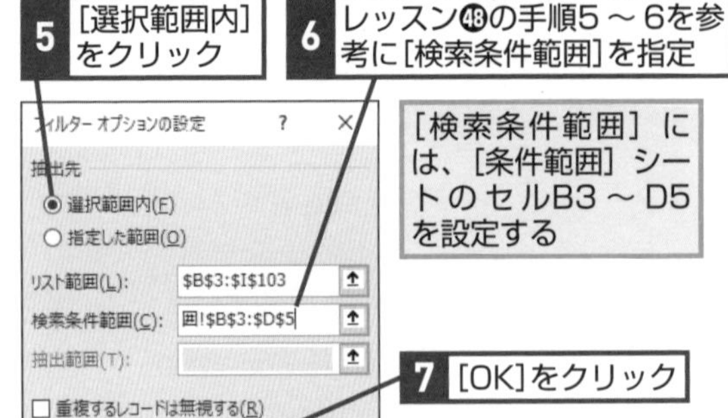

第9章 条件付き書式でデータの傾向を可視化しよう

ここでは、条件付き書式を使って、条件を満たすデータだけに色を付けて目立たせる方法や数値の大きさに応じたアイコンを表示する方法を解説します。特定のデータを目立たせることで、数値の傾向を把握しやすくなります。ビジネスの現場では、グラフが利用されることが多いですが、元データの数値を分かりやすく示すことも重要です。この章で紹介する方法を利用して、分析結果やデータの傾向を効果的に目立たせてみましょう。

●この章の内容

レッスン
50 特定のデータに色を付けるには

上位/下位ルール

対応バージョン

365 2019 2016 2013

レッスンで使う練習用ファイル
上位、下位ルール.xlsx

関連レッスン

▶レッスン27
重複レコードを確認するには …… p.120
▶レッスン51
特定の文字列を含むデータに色を付けるには …… p.218

キーワード

条件付き書式	p.310
フィールド	p.312

売り上げが多いデータがひと目で分かる

商品の売り上げデータベースを構築する際に気になるのが、売り上げの上位・下位の商品でしょう。これらを知ることで、売れ筋の商品を把握したり、売れ行きのいい時期を見極めたりすることができます。逆に、てこ入れが必要な商品も把握できるので、データ分析の足がかりとなります。売り上げの上位・下位のデータを把握するには、条件付き書式を利用するのが簡単です。条件付き書式を利用して［上位/下位ルール］を指定すれば、選択したセルの範囲内で売り上げが上位か下位のセルに色を付けられます。ここでは、売り上げが「上位5項目」のセルに色を付けます。

Before

【売上データ】

No	日付	得意先	コード	商品名	単価	数量	金額
1	2020/5/1	株式会社室町文具	P-A401	A4コピー用紙	4,200	11	46,200
2	2020/5/1	鎌倉商事株式会社	M-CR50	CD-R	945	1	945
3	2020/5/1	株式会社大化事務機	P-B401	B4コピー用紙	3,150	4	12,600
4	2020/5/2	株式会社大化事務機	M-CR50	CD-R	945	4	3,780
5	2020/5/2	鎌倉商事株式会社	P-B401	B4コピー用紙	3,150	5	15,750
6	2020/5/2	鎌倉商事株式会社	M-CW10	CD-RW	1,280	3	3,840
7	2020/5/2	株式会社大化事務機	M-DR10	DVD-R	355	3	1,065
8	2020/5/3	慶応プラン株式会社	M-CR50	CD-R	945	2	1,890
9	2020/5/3	株式会社大化事務機	M-CW10	CD-RW	1,280	4	5,120
10	2020/5/3	明治デポ株式会社	P-B401	B4コピー用紙	3,150	9	28,350
11	2020/5/4	株式会社大化事務機	P-B401	B4コピー用紙	3,150	12	37,800
12	2020/5/4	昭和オフィス株式会社	P-A401	A4コピー用紙	4,200	11	46,200
13	2020/5/5	株式会社大化事務機	P-A401	A4コピー用紙	4,200	12	50,400
14	2020/5/5	明治デポ株式会社	P-A401	A4コピー用紙	4,200	13	54,600
15	2020/5/5	株式会社大宝通商	M-CR50	CD-R	945	3	[illegible]

売上金額の上位5項目を目立たせたい

After

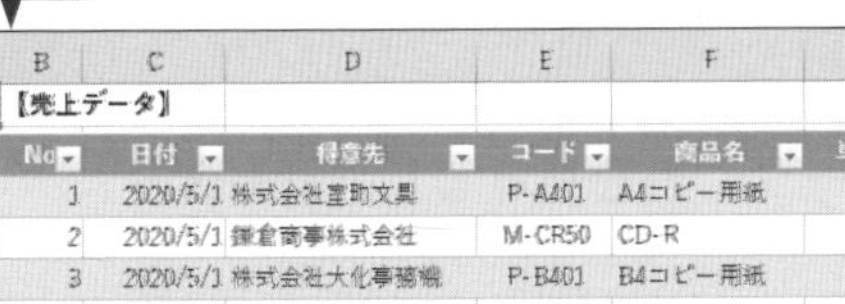

【売上データ】

No	日付	得意先	コード	商品名	単価	数量	金額
1	2020/5/1	株式会社室町文具	P-A401	A4コピー用紙	4,200	11	46,200
2	2020/5/1	鎌倉商事株式会社	M-CR50	CD-R	945	1	945
3	2020/5/1	株式会社大化事務機	P-B401	B4コピー用紙	3,150	4	12,600
4	2020/5/2	株式会社大化事務機	M-CR50	CD-R	945	4	3,780
5	2020/5/2	鎌倉商事株式会社	P-B401	B4コピー用紙	3,150	5	15,750
6	2020/5/2	鎌倉商事株式会社	M-CW10	CD-RW	1,280	3	3,840
7	2020/5/2	株式会社大化事務機	M-DR10	DVD-R	355	3	1,065
8	2020/5/3	慶応プラン株式会社	M-CR50	CD-R	945	2	1,890
9	2020/5/3	株式会社大化事務機	M-CW10	CD-RW	1,280	4	5,120
10	2020/5/3	明治デポ株式会社	P-B401	B4コピー用紙	3,150	9	28,350
11	2020/5/4	株式会社大化事務機	P-B401	B4コピー用紙	3,150	12	37,800
12	2020/5/4	昭和オフィス株式会社	P-A401	A4コピー用紙	4,200	11	46,200
13	2020/5/5	株式会社大化事務機	P-A401	A4コピー用紙	4,200	12	50,400
14	2020/5/5	明治デポ株式会社	P-A401	A4コピー用紙	4,200	13	54,600
15	2020/5/5	株式会社大宝通商	M-CR50	CD-R	945	3	2,835

条件付き書式で項目数と書式を選択して、売上金額の上位5項目を目立たせられる

1 条件付き書式を選択する

ここでは［金額］フィールドの上位5項目に色を付ける

1 ［金額］フィールドを選択

2 ［ホーム］タブをクリック

3 ［条件付き書式］をクリック

4 ［上位/下位ルール］にマウスポインターを合わせる

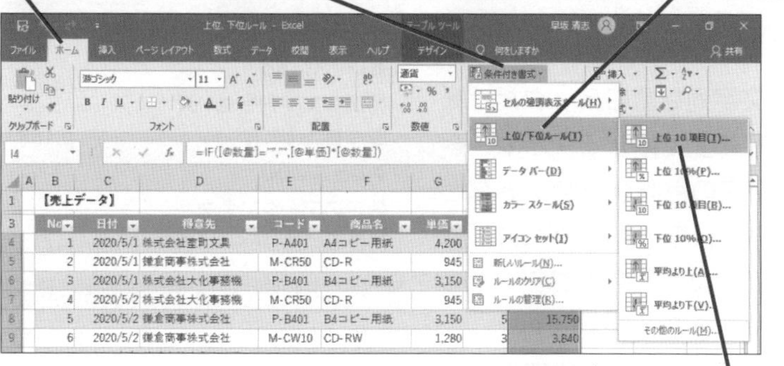

5 ［上位10項目］をクリック

2 条件と書式を指定する

［上位10項目］ダイアログボックスが表示された

ここでは、上位5項目を条件にする

1 「5」と入力

2 ここをクリックして書式を選択

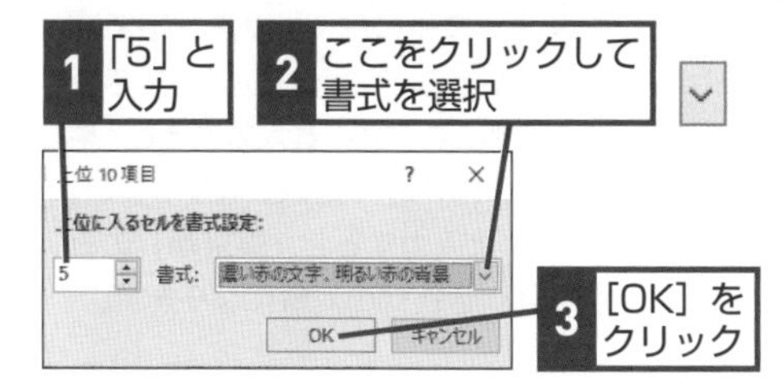

3 ［OK］をクリック

3 条件付き書式を適用できた

金額が上位5項目のデータに選択した書式が適用された

【売上データ】

No	日付	得意先	コード	商品名	単価	数量	金額
1	2020/5/1	株式会社室町文具	P-A401	A4コピー用紙	4,200	11	46,200
2	2020/5/1	鎌倉商事株式会社	M-CR50	CD-R	945	1	945
3	2020/5/1	株式会社大化事務機	P-B401	B4コピー用紙	3,150	4	12,600
4	2020/5/2	株式会社大化事務機	M-CR50	CD-R	945	4	3,780
5	2020/5/2	鎌倉商事株式会社	P-B401	B4コピー用紙	3,150	5	15,750
6	2020/5/2	鎌倉商事株式会社	M-CW10	CD-RW	1,280	3	3,840
7	2020/5/2	株式会社大化事務機	M-DR10	DVD-R	355	3	1,065
8	2020/5/3	慶応プラン株式会社	M-CR50	CD-R	945	2	1,890
9	2020/5/3	株式会社大化事務機	M-CW10	CD-RW	1,280	4	5,120
10	2020/5/3	明治デポ株式会社	P-B401	B4コピー用紙	3,150	9	28,350
11	2020/5/4	株式会社大化事務機	P-B401	B4コピー用紙	3,150	12	37,800
12	2020/5/4	昭和オフィス株式会社	P-A401	A4コピー用紙	4,200	11	46,200
13	2020/5/5	株式会社大化事務機	P-A401	A4コピー用紙	4,200	12	50,400
14	2020/5/5	明治デポ株式会社	P-A401	A4コピー用紙	4,200	13	54,600

HINT! ［上位10項目］と［上位10%］の違いとは

［上位10項目］と似た機能に［上位10%］があります。［上位10%］は、全体のパーセンテージの割合で項目数を指定するときに利用します。例えば、全体で100件のデータの場合、「上位10%」で「10件」のデータを指定でき、50件のデータで「上位10%」の場合、「5件」のデータが指定されます。

HINT! 条件や書式を後から変更するには

指定する項目数やセルに適用する色などの設定を変更するには、条件付き書式を設定したセル範囲を選択して、以下の手順で［条件付き書式ルールの管理］ダイアログボックスを表示します。［ルールの編集］ボタンをクリックすると、項目数や適用する書式を変更できます。

条件付き書式を設定したセル範囲を選択しておく

1 ［ホーム］タブをクリック

2 ［条件付き書式］をクリック

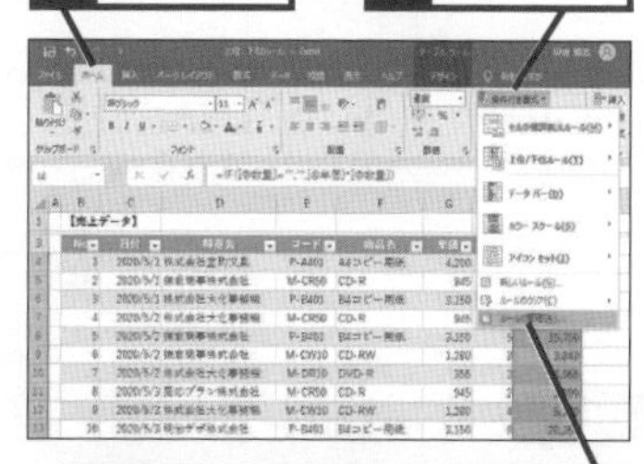

3 ［ルールの管理］をクリック

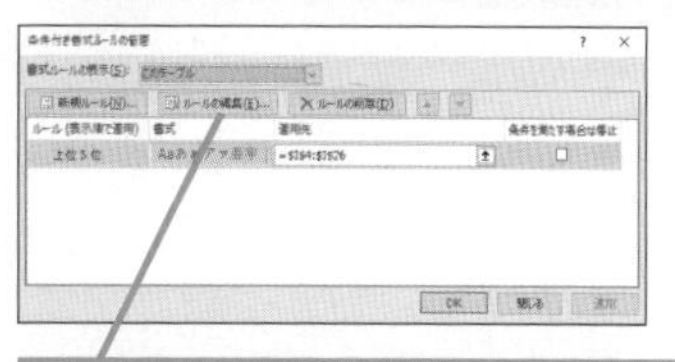

［ルールの編集］をクリックすると、指定する項目数やセルに適用する書式を変更できる

レッスン
51 特定の文字列を含むデータに色を付けるには

セルの強調表示ルール、文字列

対応バージョン

365 2019 2016 2013

レッスンで使う練習用ファイル
セルの強調表示ルール、
文字列.xlsx

「東京都」のデータに色を付ける

データベースを分析するとき、特定の文字列を含むデータだけを探したいことがあります。例えば「東京都」で始まる住所や、途中に「区」を含む住所、「黒」などの特定の色を含む商品名などです。特定の文字列で始まるデータの場合は、第7章で紹介した「並べ替え」を行う方法もありますが、特定の文字列を含むデータの場合は、条件付き書式を利用して色を付けるのが簡単です。
条件付き書式を利用すると、先頭の文字に限らず、途中に文字がある場合でも関係なく目立たせられるので、いろいろなデータベースで活用が可能です。

Before

「東京都」を含むデータに色を付けたい

【顧客住所録】

No	氏名	郵便番号	住所	マンション名等	電話番号
1	大野 正広	106-0031	東京都港区西麻布x-x-x	○○マンション805	03-xxxx-xxxx
2	指原 珠理奈	245-0001	神奈川県横浜市泉区池の谷x-x-x		045-xxx-xxxx
3	櫻井 拓哉	111-0021	東京都台東区日本堤x-x-x	○×プラタ510	03-xxxx-xxxx
4	相葉 吾郎	333-0801	埼玉県川口市東川口x-x-x		090-xxxx-xxxx
5	二宮 剛	150-0001	東京都渋谷区神宮前x-x-x	○×マンション208	080-xxxx-xxxx
6	高橋 陽菜	279-0001	千葉県浦安市当代島x-x-x		050-xxxx-xxxx
7	松本 慎吾	166-0001	東京都杉並区阿佐谷北x-x-x	○○ハイツ312	03-xxxx-xxxx
8	篠田 由紀	655-0001	兵庫県神戸市垂水区多聞町x-x-x		078-xxx-xxxx
9	稲垣 雅紀	174-0041	東京都板橋区舟渡x-x-x	○○コーポ501	03-xxxx-xxxx
10	宮澤 智美	116-0001	東京都荒川区町屋x-x-x		080-xxxx-xxxx
11	香取 潤	210-0001	神奈川県川崎市川崎区本町x-x-x		044-xxx-xxxx
12	河西 佐江	331-0801	埼玉県さいたま市北区今羽町x-x-x		048-xxx-xxxx
13	田村 可奈子	161-0031	東京都新宿区西落合x-x-x	丸閣ビル405	03-xxxx-xxxx

After

[住所]フィールドの「東京都」を含むデータに色を付けられる

【顧客住所録】

No	氏名	郵便番号	住所	マンション名等	電話番号
1	大野 正広	106-0031	東京都港区西麻布x-x-x	○○マンション805	03-xxxx-xxxx
2	指原 珠理奈	245-0001	神奈川県横浜市泉区池の谷x-x-x		045-xxx-xxxx
3	櫻井 拓哉	111-0021	東京都台東区日本堤x-x-x	○×プラタ510	03-xxxx-xxxx
4	相葉 吾郎	333-0801	埼玉県川口市東川口x-x-x		090-xxxx-xxxx
5	二宮 剛	150-0001	東京都渋谷区神宮前x-x-x	○×マンション208	080-xxxx-xxxx
6	高橋 陽菜	279-0001	千葉県浦安市当代島x-x-x		050-xxxx-xxxx
7	松本 慎吾	166-0001	東京都杉並区阿佐谷北x-x-x	○○ハイツ312	03-xxxx-xxxx
8	篠田 由紀	655-0001	兵庫県神戸市垂水区多聞町x-x-x		078-xxx-xxxx
9	稲垣 雅紀	174-0041	東京都板橋区舟渡x-x-x	○○コーポ501	03-xxxx-xxxx
10	宮澤 智美	116-0001	東京都荒川区町屋x-x-x		080-xxxx-xxxx
11	香取 潤	210-0001	神奈川県川崎市川崎区本町x-x-x		044-xxx-xxxx
12	河西 佐江	331-0801	埼玉県さいたま市北区今羽町x-x-x		048-xxx-xxxx
13	田村 可奈子	161-0031	東京都新宿区西落合x-x-x	丸閣ビル405	03-xxxx-xxxx

関連レッスン

キーワード

HINT!

条件にワイルドカードも使用できる

検索する文字には、レッスン㊷で紹介したワイルドカードも使用できます。手順2で「*都」と入力すると「東京都」や「京都」が対象となりますが、「??都」と入力すると「東京都」のみが条件付き書式の対象になります。

1 条件付き書式を選択する

ここでは［住所］フィールドの「東京都」を含むデータに色を付ける

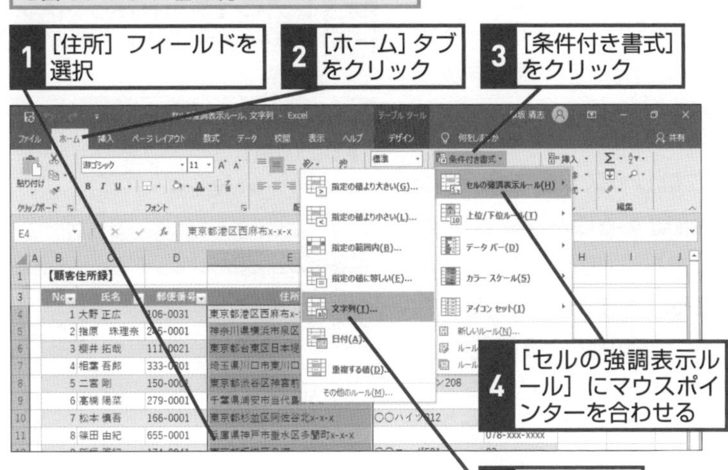

2 条件と書式を指定する

［文字列］ダイアログボックスが表示された

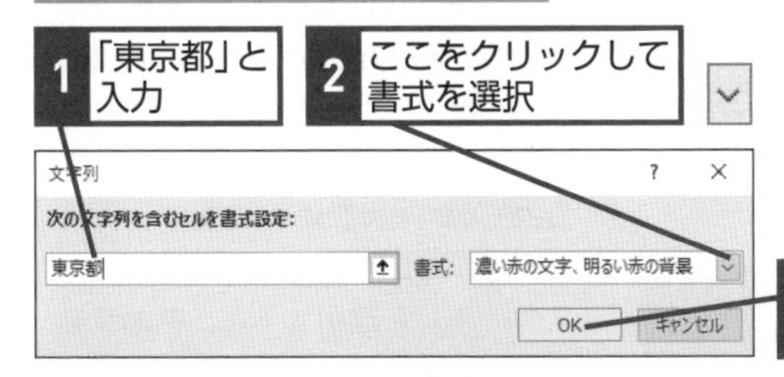

3 条件付き書式を適用できた

「東京都」を含む住所に選択した書式が適用された

	A	B	C	D	E	F	G
1		【顧客住所録】					
3		No	氏名	郵便番号	住所	マンション名等	電話番号
4		1	大野 正広	106-0031	東京都港区西麻布x-x-x	○○マンション805	03-xxxx-xxxx
5		2	指原 珠理奈	245-0001	神奈川県横浜市泉区池の谷x-x-x		045-xxx-xxxx
6		3	櫻井 拓哉	111-0021	東京都台東区日本堤x-x-x	○×プラタ510	03-xxxx-xxxx
7		4	相葉 吾郎	333-0801	埼玉県川口市東川口x-x-x		090-xxxx-xxxx
8		5	二宮 剛	150-0001	東京都渋谷区神宮前x-x-x	○×マンション208	080-xxxx-xxxx
9		6	高橋 陽菜	279-0001	千葉県浦安市当代島x-x-x		050-xxxx-xxxx
10		7	松本 慎吾	166-0001	東京都杉並区阿佐谷北x-x-x	○○ハイツ312	03-xxxx-xxxx
11		8	篠田 由紀	655-0001	兵庫県神戸市垂水区多聞町x-x-x		078-xxx-xxxx
12		9	稲垣 雅紀	174-0041	東京都板橋区舟渡x-x-x	○○コーポ501	03-xxxx-xxxx
13		10	宮澤 智美	116-0001	東京都荒川区町屋x-x-x		080-xxxx-xxxx
14		11	香取 潤	210-0001	神奈川県川崎市川崎区本町x-x-x		044-xxx-xxxx
15		12	河西 佐江	331-0801	埼玉県さいたま市北区今羽町x-x-x		048-xxx-xxxx

HINT! 「東京都」以外に色を付けるには

文字列の場合は、［特定の文字列を含む］以外にも、［特定の文字列を含まない］［特定の文字列で始まる］［特定の文字列で終わる］などの条件を指定できます。これらの条件を設定するには、以下の手順で［指定の値を含むセルだけを書式設定］を選び、［特定の文字列］を指定しましょう。

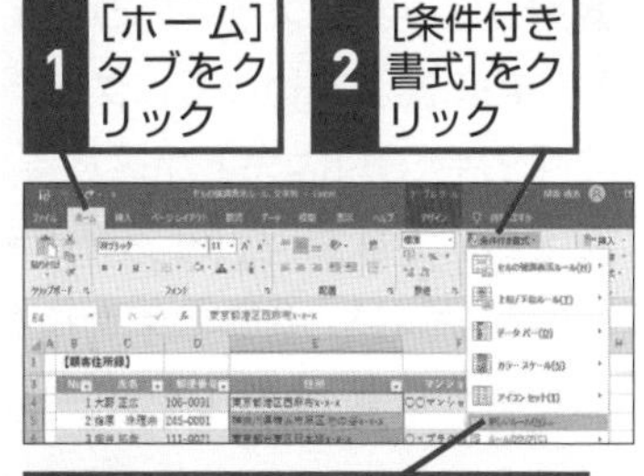

［新しい書式ルール］ダイアログボックスが表示された

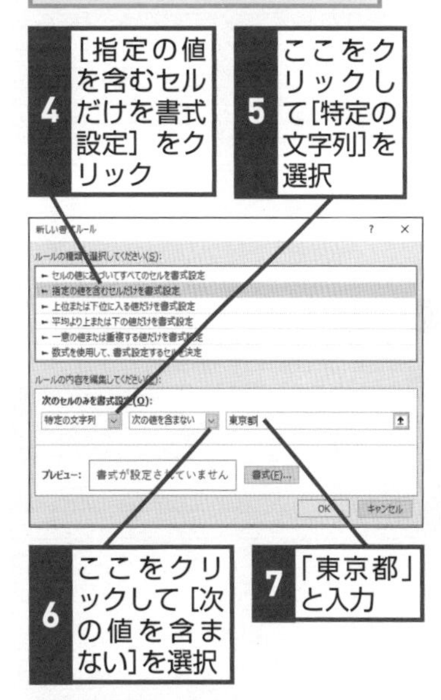

レッスン 52 数値の大きさによってセルの色を塗り分けるには

カラースケール

対応バージョン

365 2019 2016 2013

レッスンで使う練習用ファイル
カラースケール.xlsx

セルの色の濃淡で数値の傾向を判断できる

例えば、売上の上位だけを目立たせるにはレッスン㊿で紹介した「上位/下位ルール」を適用することで確認することができます。さらに「数値の傾向」を確認したいときは、「カラースケール」を適用してみましょう。カラースケールは、数値の大小に応じて、セルの色に濃淡を付けて、グラデーションで表現できる機能です。よく「2月と8月は売上が落ちる」と言われますが、カラースケールでそのような傾向を確認できます。カラースケールで用意されている配色には、2色スケールと3色スケールがありますが、一般的なデータに適用するには2色スケールを利用するといいでしょう。

Before

各月の売上で、数値が大きいほど濃い色を付けたい

	1月	2月	3月	4月	5月	6月	7月	8月	9月	10月	11月	12月	合計
ボールペン	26,471	22,296	58,290	50,906	47,798	36,266	35,695	29,074	42,469	39,306	37,051	42,105	467,727
A4コピー用紙	54,654	44,085	83,531	86,885	82,816	64,396	63,916	51,450	74,135	68,721	67,077	73,635	815,301
B4コピー用紙	37,709	31,048	57,066	59,486	56,031	42,757	42,666	33,732	49,080	45,181	42,428	49,346	546,529
片袖机	39,905	25,578	56,741	41,154	40,765	32,196	28,530	23,999	38,264	35,084	30,983	35,263	428,461
OAチェア	7,264	5,021	8,909	8,040	7,970	6,358	5,612	4,408	6,452	6,188	5,994	6,751	78,967
3段キャビネット	6,364	4,059	7,861	6,493	6,075	4,881	4,703	3,659	5,636	5,086	4,826	5,444	65,087
合計	172,367	132,086	272,398	252,964	241,455	186,854	181,122	146,322	216,036	199,566	188,358	212,543	2,402,072

After

各月の売上の大小が色で区別された

	1月	2月	3月	4月	5月	6月	7月	8月	9月	10月	11月	12月	合計
ボールペン	26,471	22,296	58,290	50,906	47,798	36,266	35,695	29,074	42,469	39,306	37,051	42,105	467,727
A4コピー用紙	54,654	44,085	83,531	86,885	82,816	64,396	63,916	51,450	74,135	68,721	67,077	73,635	815,301
B4コピー用紙	37,709	31,048	57,066	59,486	56,031	42,757	42,666	33,732	49,080	45,181	42,428	49,346	546,529
片袖机	39,905	25,578	56,741	41,154	40,765	32,196	28,530	23,999	38,264	35,084	30,983	35,263	428,461
OAチェア	7,264	5,021	8,909	8,040	7,970	6,358	5,612	4,408	6,452	6,188	5,994	6,751	78,967
3段キャビネット	6,364	4,059	7,861	6,493	6,075	4,881	4,703	3,659	5,636	5,086	4,826	5,444	65,087
合計	172,367	132,086	272,398	252,964	241,455	186,854	181,122	146,322	216,036	199,566	188,358	212,543	2,402,072

関連レッスン

▶レッスン50
特定のデータに色を付けるには……p.216

キーワード

カラースケール p.309
条件付き書式 p.310

HINT! カラースケールの配色にも気を配ろう

カラースケールの配色は、「緑、黄、赤」のような3色スケールと、「白、赤」のような2色スケールが用意されています。数値の大小だけを見たいなら2色スケールを使いますが、例えば気温に対して「赤、白、青のカラースケール」を適用すると、中間値を基準にして高いほうも低いほうも強調できます。また、色のイメージにも気を配ってみてください。白をベースにした配色がわかりやすいですが、「気温が高いと赤い」ほうがイメージに合うでしょう。手軽に実行できるので、いろいろと試してみましょう。

1 色を塗り分けるセル範囲を選択する

ここでは合計以外の1月～12月の売上を色で塗り分ける

1 セルC3～N8をドラッグして選択

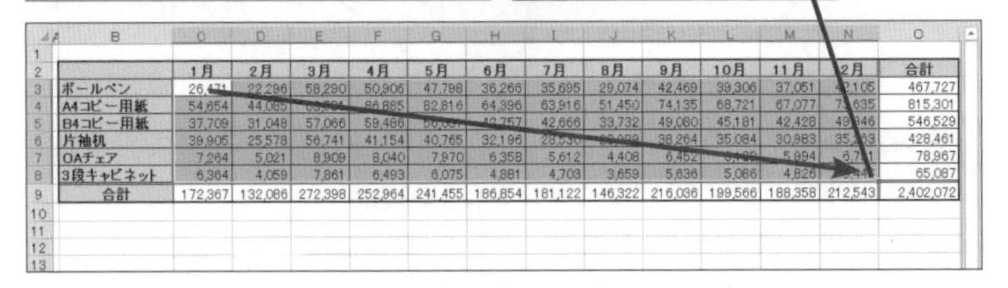

2 カラースケールの種類を選択する

セル範囲が選択された

1 ［ホーム］タブをクリック

2 ［条件付き書式］をクリック

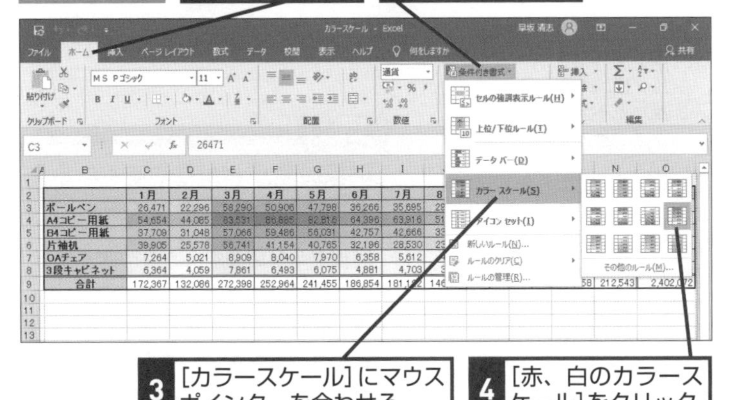

3 ［カラースケール］にマウスポインターを合わせる

4 ［赤、白のカラースケール］をクリック

3 セル範囲にカラースケールが設定された

売上が大きいほど濃く、小さいほど薄い色に塗り分けられた

	1月	2月	3月	4月	5月	6月	7月	8月	9月	10月	11月	12月	合計
ボールペン	26,471	22,296	58,290	50,906	47,798	36,266	35,695	29,074	42,469	39,306	37,051	42,105	467,727
A4コピー用紙	54,654	44,085	83,531	86,885	82,816	64,396	63,916	51,450	74,135	68,721	67,077	78,635	815,301
B4コピー用紙	37,709	31,048	57,066	59,486	56,031	42,757	42,666	33,732	49,080	45,181	42,428	49,346	546,529
片袖机	39,905	25,578	56,741	41,154	40,765	32,196	28,530	23,999	38,264	35,084	30,983	35,263	428,461
OAチェア	7,264	5,021	8,909	8,040	7,970	6,358	5,612	4,408	6,452	6,188	5,994	6,751	78,967
3段キャビネット	6,364	4,059	7,861	6,493	6,075	4,881	4,703	3,659	5,636	5,086	4,826	5,444	65,087
合計	172,367	132,086	272,398	252,964	241,455	186,854	181,122	146,322	216,036	199,566	188,358	212,543	2,402,072

ボールペンやコピー用紙など、文房具の売上が大きいという傾向がつかめる

HINT!

適用範囲も検討しよう

カラースケールは、選択した範囲内のセルの値で大小を判断するので、選択範囲内に合計欄を含めないようにします。一方、ここではデータ範囲をすべて選択しているため、全体的にはボールペン等の文房具の売上が大きい傾向がわかります。ただ、元データを見てみると、「OAチェア」と「3段キャビネット」の売上が1桁違うので、これらは上位の売上に引っ張られて違いがよくわかりません。そこで、セルC3～N6と、セルC7～N8の範囲に分けてカラースケールを適用すると、以下のように見た目が変わります。2月や8月に売上が落ち込んでいる傾向が、よりわかりやすく表現できます。

セルC3～N6と、セルC7～N8にそれぞれカラースケールを適用しておく

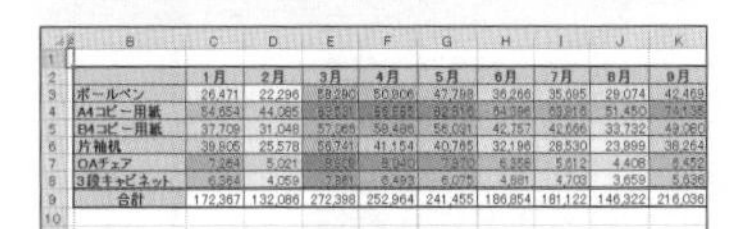

2月と8月のセルの色が薄い傾向にあり、売上が落ち込んでいることがわかる

レッスン

53 セルに横棒グラフを表示するには

データバー

対応バージョン

365 2019 2016 2013

レッスンで使う練習用ファイル
データバー .xlsx

数値表と一緒に横棒グラフが表現できる

数値の傾向を表すのにグラフをよく利用しますが、元の数値表と一緒に表現したいときもあるでしょう。Excelでは、横棒グラフを条件付き書式の「データバー」で、あるいは縦棒グラフと折れ線グラフを「スパークライン」で、セル内にこれらのグラフを表現できます。なお、横棒グラフは横長のグラフになるので、各データの差がよくわかるようにデータバーを表示するセルは列幅を広めに設定しておきましょう。

関連レッスン

▶レッスン62
表の中に折れ線グラフを
表示するには ………………………… p.250

キーワード

Before

売上合計の大小に応じて、セル内に横棒グラフを表示したい

	A	B	C	D
1				
2		得意先名	売上合計	
3		株式会社室町文具	3,010,428,330	
4		株式会社大化事務機	2,890,473,235	
5		株式会社大宝通商	2,536,675,805	
6		鎌倉商事株式会社	2,271,681,995	
7		慶応プラン株式会社	1,907,356,320	
8		昭和オフィス株式会社	1,501,495,245	
9		明治デポ株式会社	1,375,722,590	
10		明和電気株式会社	915,687,020	
11		合計	16,409,520,540	
12				

After

売上合計の大小に応じて、セル内に横棒グラフが表示された

	A	B	C	D
1				
2		得意先名	売上合計	
3		株式会社室町文具	3,010,428,330	
4		株式会社大化事務機	2,890,473,235	
5		株式会社大宝通商	2,536,675,805	
6		鎌倉商事株式会社	2,271,681,995	
7		慶応プラン株式会社	1,907,356,320	
8		昭和オフィス株式会社	1,501,495,245	
9		明治デポ株式会社	1,375,722,590	
10		明和電気株式会社	915,687,020	
11		合計	16,409,520,540	
12				

HINT!

横棒の差がわかりやすくなるように列幅を調整しておく

横棒グラフの差をわかりやすくするには、列幅を広く設定しておきましょう。手順1では、「売上合計」の欄に表示させますので、事前にC列の列幅を広めに設定しています。

① 横棒グラフを表示するセル範囲を選択する

ここでは売上合計の大小を横棒グラフで表示する

1 セルC3 ～ C10を選択

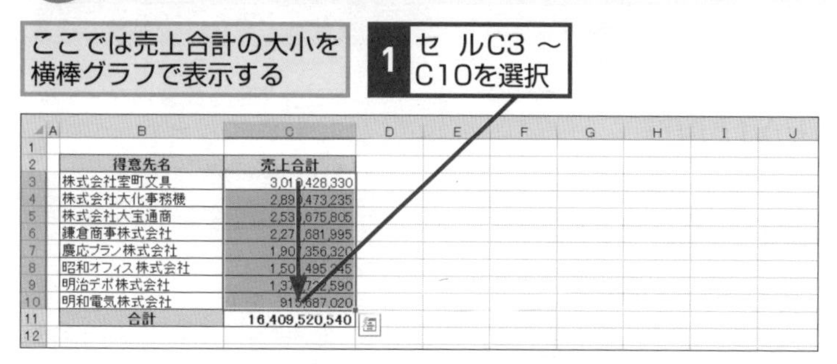

② データバーの種類を選択する

セル範囲が選択された

1 [ホーム]タブをクリック

2 [条件付き書式]をクリック

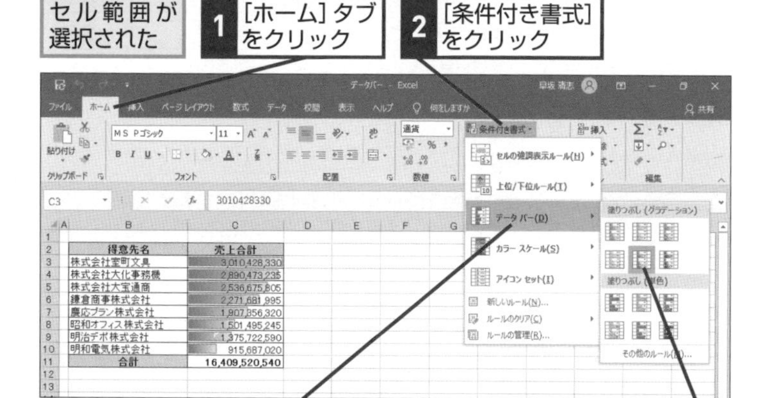

3 [データバー]にマウスポインターを合わせる

4 [塗りつぶし(グラデーション)]の[水色のデータバー]をクリック

③ セル範囲にデータバーが表示された

売上合計が大きいほど、長い横棒が表示される

	A	B	C	D	E	F	G	H	I	J
1										
2		得意先名	売上合計							
3		株式会社室町文具	3,010,428,330							
4		株式会社大化事務機	2,890,473,235							
5		株式会社大宝通商	2,536,675,805							
6		鎌倉商事株式会社	2,271,681,995							
7		慶応プラン株式会社	1,907,356,320							
8		昭和オフィス株式会社	1,501,495,245							
9		明治デポ株式会社	1,375,722,590							
10		明和電気株式会社	915,687,020							
11		合計	16,409,520,540							
12										

HINT!

別のセルに横棒グラフを表示させるには

数値とは別のセルに、横棒グラフだけを表示したいということもあるでしょう。そのときは、まずグラフ表示用の列を別途用意して、そこに合計欄と同じ数字を表示させます。そして、その範囲を対象にしてデータバーを適用し、データバーを表示できたら[条件付き書式] - [ルールの管理]を実行して[棒のみ表示]のチェックマークをオンにします。元の数値が表示されなくなるので、結果的に横棒グラフを別のセルに表示させることができます。

数値が入力されたセルをコピーして、データーバーを適用しておく

手順2の操作2まで実行し、[ルールの管理]をクリックしておく

1 データバーをクリック

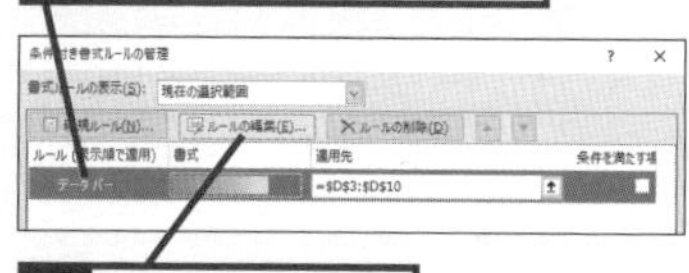

2 [ルールの編集]をクリック

3 [棒のみ表示]のここをクリックしてチェックマークを付ける

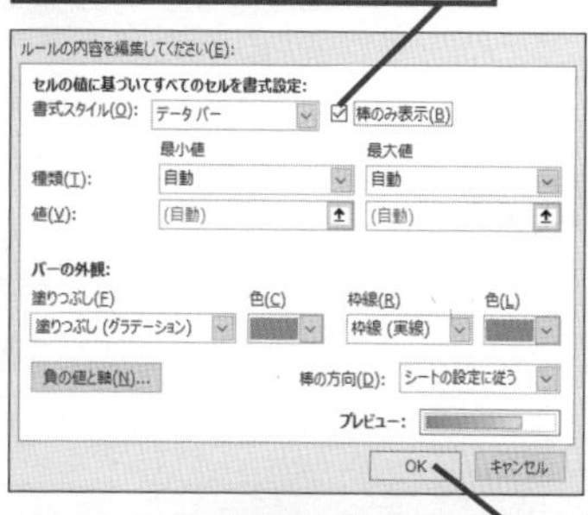

4 [OK]をクリック

数値が表示されなくなり、データーバーだけが表示される

53 データバー

レッスン
54 期限に合わせて行に色を付けるには

新しい書式ルール、DATE関数

対応バージョン

365 2019 2016 2013

レッスンで使う練習用ファイル
新しい書式ルール、
DATE関数.xlsx

関連レッスン

▶レッスン50
特定のデータに色を
付けるには……………………… p.216

▶レッスン55
土日の行に色を付けるには……… p.228

キーワード

関数	p.309
条件付き書式	p.310
フィールド	p.312

更新期限の迫っている会員を目立たせる

条件付き書式では、「日付」を条件にしてセルに色を付けることもできます。例えば「今週」や「来週」、「先月」や「今月」といった期間の日付に簡単に色を付けられます。このほか、自由な期間を設定して色を付けることもできます。

このレッスンでは、［会員住所録］のデータベースで更新期限の迫っている会員に色を付けてみましょう。ここでは、セルG1に「2020/4/5」と入力し、2020年4月5日を含む月末日（2020年4月30日）以前の日付が入力された行に色を付けます。この場合、有効期限が過ぎている日付の行にも色が付きます。

Before

	A	B	C	D	E	F	G
1		【会員住所録】				今日の日付	2020/4/5
3		No	氏名	郵便番号	住所	マンション名等	有効期限
4		1	大野 正広	106-0031	東京都港区西麻布x-x-x	○○マンション805	2020/11/30
5		2	指原　珠理奈	245-0001	神奈川県横浜市泉区池の谷x-x-x		2020/3/31
6		3	櫻井 拓哉	111-0021	東京都台東区日本堤x-x-x	○×プラタ510	2021/1/31
7		4	相葉 吾郎	333-0801	埼玉県川口市東川口x-x-x		2020/4/30
8		5	二宮 剛	150-0001	東京都渋谷区神宮前x-x-x	○×マンション208	2020/8/31
9		6	高橋 陽菜	279-0001	千葉県浦安市当代島x-x-x		2024/9/30
10		7	松本 慎吾	166-0001	東京都杉並区阿佐谷北x-x-x	○○ハイツ312	2020/7/31
11		8	篠田 由紀	655-0001	兵庫県神戸市垂水区多聞町x-x-x		2022/10/31
12		9	稲垣 雅紀	174-0041	東京都板橋区舟渡x-x-x	○○コーポ501	2020/2/28
13		10	宮澤 智美	116-0001	東京都荒川区町屋x-x-x		2020/4/30
14		11	香取 潤	210-0001	神奈川県川崎市川崎区本町x-x-x		2022/2/28
15		12	河西 佐江	331-0801	埼玉県さいたま市北区今羽町x-x-x		2020/5/31
16		13	田村 可奈子	161-0031	東京都新宿区西落合x-x-x	丸閲ビル405	2024/3/31
17		14	柳原 亮	150-0031	東京都渋谷区桜丘町x-x-x	参画ビル202	2021/8/31
18		15	指原　珠理奈	245-0001	神奈川県横浜市泉区池の谷x-x-x		

今日の日付が「4月5日」としたとき、4月30日以前の日付が入力された行を目立たせたい

After

	A	B	C	D	E	F	G
1		【会員住所録】				今日の日付	2020/4/5
3		No	氏名	郵便番号	住所	マンション名等	有効期限
4		1	大野 正広	106-0031	東京都港区西麻布x-x-x	○○マンション805	2020/11/30
5		2	指原　珠理奈	245-0001	神奈川県横浜市泉区池の谷x-x-x		2020/3/31
6		3	櫻井 拓哉	111-0021	東京都台東区日本堤x-x-x	○×プラタ510	2021/1/31
7		4	相葉 吾郎	333-0801	埼玉県川口市東川口x-x-x		2020/4/30
8		5	二宮 剛	150-0001	東京都渋谷区神宮前x-x-x	○×マンション208	2020/8/31
9		6	高橋 陽菜	279-0001	千葉県浦安市当代島x-x-x		2024/9/30
10		7	松本 慎吾	166-0001	東京都杉並区阿佐谷北x-x-x	○○ハイツ312	2020/7/31
11		8	篠田 由紀	655-0001	兵庫県神戸市垂水区多聞町x-x-x		2022/10/31
12		9	稲垣 雅紀	174-0041	東京都板橋区舟渡x-x-x	○○コーポ501	2020/2/28
13		10	宮澤 智美	116-0001	東京都荒川区町屋x-x-x		2020/4/30
14		11	香取 潤	210-0001	神奈川県川崎市川崎区本町x-x-x		2022/2/28
15		12	河西 佐江	331-0801	埼玉県さいたま市北区今羽町x-x-x		2020/5/31
16		13	田村 可奈子	161-0031	東京都新宿区西落合x-x-x	丸閲ビル405	2024/3/31
17		14	柳原 亮	150-0031	東京都渋谷区桜丘町x-x-x	参画ビル202	2021/8/31
18		15	指原　珠理奈	245-0001	神奈川県横浜市泉区池の谷x-x-x		2023/3/31

「4月30日以前の日付」を含む行を目立たせられる

❶ [新しい書式ルール] ダイアログボックスを表示する

ここでは、すべてのフィールドを条件付き書式の対象とする

1 セルB3のここをクリック

	B	C	D	E	F	G
1	【会員住所録】				今日の日付	2020/4/5
3	No	氏名	郵便番号	住所	マンション名等	有効期限
4	1	大野 正広	106-0031	東京都港区西麻布x-x-x	○○マンション805	2020/11/30
5	2	指原　珠理奈	245-0001	神奈川県横浜市泉区池の谷x-x-x		2020/3/31
6	3	櫻井 拓哉	111-0021	東京都台東区日本堤x-x-x	○×プラタ510	2021/1/31
7	4	相葉 吾郎	333-0801	埼玉県川口市東川口x-x-x		2020/4/30
8	5	二宮 剛	150-0001	東京都渋谷区神宮前x-x-x	○×マンション208	2020/8/31
9	6	高橋 陽菜	279-0001	千葉県浦安市当代島x-x-x		2024/9/30
10	7	松本 慎吾	166-0001	東京都杉並区阿佐谷北x-x-x	○○ハイツ312	2020/7/31
11	8	篠田 由紀	655-0001	兵庫県神戸市垂水区多聞町x-x-x		2022/10/31
12	9	稲垣 雅紀	174-0041	東京都板橋区舟渡x-x-x	○○コーポ501	2020/2/28
13	10	宮澤 智美	116-0001	東京都荒川区町屋x-x-x		2020/4/30
14	11	香取 潤	210-0001	神奈川県川崎市川崎区本町x-x-x		2022/2/28
15	12	河西 佐江	331-0801	埼玉県さいたま市北区今羽町x-x-x		2020/5/31
16	13	田村 可奈子	161-0031	東京都新宿区西落合x-x-x	丸閣ビル405	2024/3/31
17	14	柳原 亮	150-0031	東京都渋谷区桜丘町x-x-x	参画ビル202	2021/8/31
18	15	指原　珠理奈	245-0001	神奈川県横浜市泉区池の谷x-x-x		2023/3/31

2 [ホーム]タブをクリック

3 [条件付き書式]をクリック

4 [新しいルール] をクリック

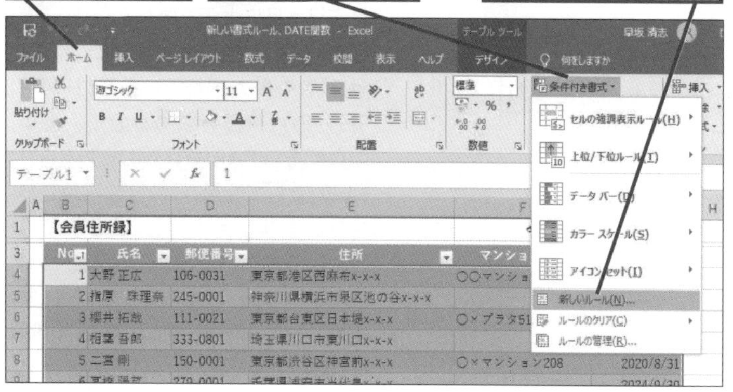

❷ ルールの種類を選択する

[新しい書式ルール] ダイアログボックスが表示された

1 [数式を使用して、書式設定するセルを決定]をクリック

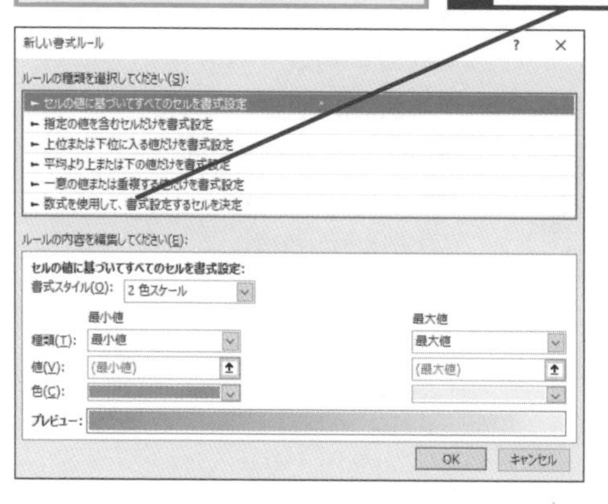

HINT! 日付欄を自動で更新するには

このレッスンでは、セルG1に基準にする日付を入力しています。日付を常に最新の日付にするには、セルに「=TODAY()」と入力します。そうすると、ファイルを開くときに、自動的に最新の日付に更新されるようになります。ただし、TODAY関数を入力すると常にデータが更新されるため、ほかのデータを更新していなくても、ブックを閉じるときに変更を保存するかどうかを確認するダイアログボックスが表示されます。

HINT! 数式欄を編集モードにするには

手順2のように [数式を使用して、書式設定するセルを決定] を選択した場合、下にある [次の数式を満たす場合に値を書式設定] の入力ボックスに条件式を入力します。このとき、←や→キーでカーソルを移動しようとすると、セル番号が取り込まれてしまい、入力した数式がおかしくなってしまいます。数式を編集するときは、F2キーを押して編集モードにしましょう。

間違った場合は？

手順1でマウスポインターの形が⬇や➡になっていると、テーブル全体を正しく選択できません。間違ってクリックしてしまったときは、マウスポインターが↘の形になるところをクリックしてください。

次のページに続く

3 条件を設定する

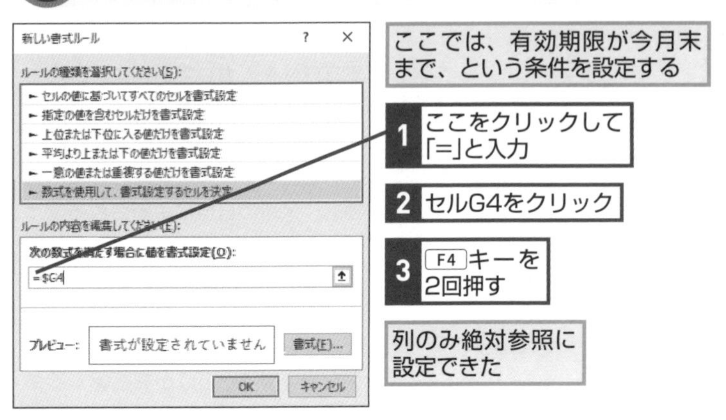

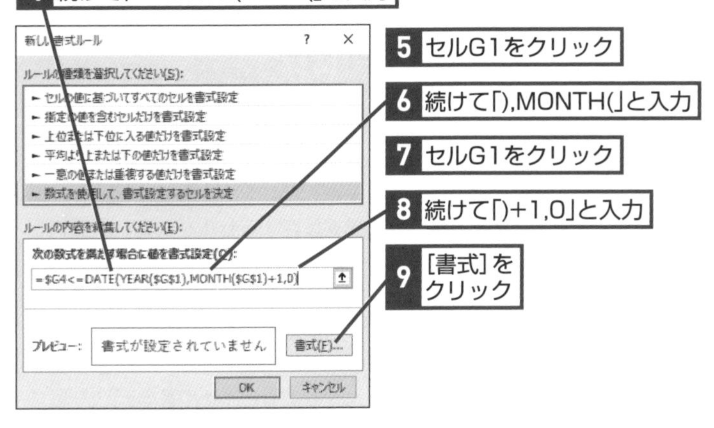

4 書式を設定する

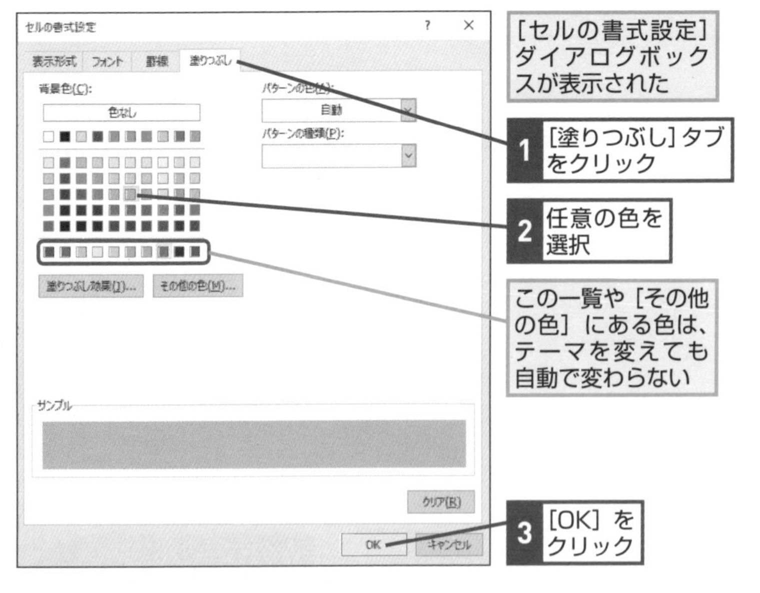

HINT! セル番号を絶対参照にするのはなぜ?

手順3の上の画面では、列を絶対参照に設定しています。条件付き書式で条件式を設定した場合は、各セルでその条件式が成立するかが判定されます。このため、有効期限が入力されたセルG4は、横の列方向だけセル番号が調整されないように「$G4」とし、今日の日付が入力されたセルG1は、どの場合もセル番号が調整されないように「$G$1」とする必要があります。

HINT! 今月の月末日を求めるには

月末日は月によって異なるため、「各月1日の前日」を求めます。ここでは、セルG1に入力されている日付（4月5日）の月末日を求めるので、まず「=DATE(YEAR(G1),MONTH(G1)+1,1)」として翌月1日の日付(5月1日)を求めます。月末はこの1日前なので、「=DATE(YEAR(G1),MONTH(G1)+1,1)-1」とすれば求められますが、DATE関数では引数の［日］に「0」を指定しても前日の日付を求められるので、ここでは「=DATE(YEAR(G1),MONTH(G1)+1,0)」としています。

●DATE関数の書式

=DATE(年,月,日)

▶年月日で指定した日付データを求める

●YEAR関数

=YEAR(日付)

▶日付データから西暦を取り出す

●MONTH関数

=MONTH(日付)

▶日付データから月数を取り出す

5 条件付き書式の設定が完了した

新しい条件付き書式が設定できた

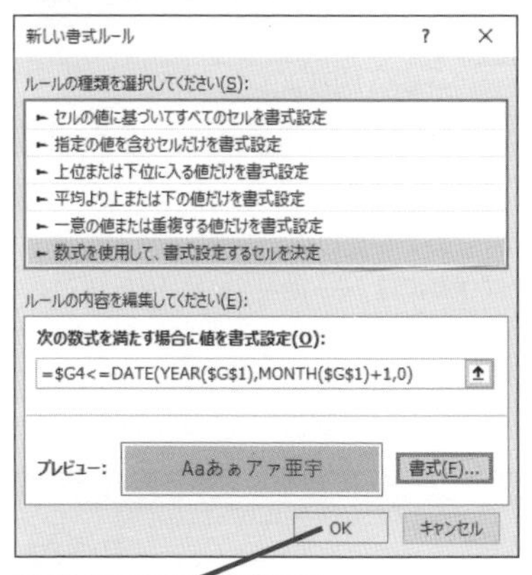

1 [OK]をクリック

6 条件付き書式を適用できた

有効期限が今月末までの行に色が付いた

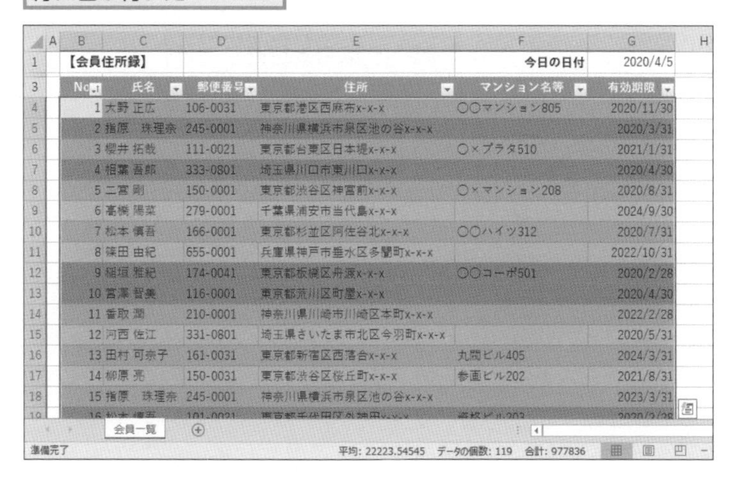

	A	B	C	D	E	F	G	H
1		【会員住所録】				今日の日付	2020/4/5	
3		No	氏名	郵便番号	住所	マンション名等	有効期限	
4		1	大野 正広	106-0031	東京都港区西麻布x-x-x	○○マンション805	2020/11/30	
5		2	指原 珠理奈	245-0001	神奈川県横浜市泉区池の谷x-x-x		2020/3/31	
6		3	櫻井 拓哉	111-0021	東京都台東区日本堤x-x-x	○×プラタ510	2021/1/31	
7		4	相葉 吾郎	333-0801	埼玉県川口市東川口x-x-x		2020/4/30	
8		5	二宮 剛	150-0001	東京都渋谷区神宮前x-x-x	○×マンション208	2020/8/31	
9		6	高橋 陽菜	279-0001	千葉県浦安市当代島x-x-x		2024/9/30	
10		7	松本 慎吾	166-0001	東京都杉並区阿佐谷北x-x-x	○○ハイツ312	2020/7/31	
11		8	篠田 由紀	655-0001	兵庫県神戸市垂水区多聞町x-x-x		2022/10/31	
12		9	稲垣 雅紀	174-0041	東京都板橋区舟渡x-x-x	○○コーポ501	2020/2/28	
13		10	宮澤 智美	116-0001	東京都荒川区町屋x-x-x		2020/4/30	
14		11	香取 潤	210-0001	神奈川県川崎市川崎区本町x-x-x		2022/2/28	
15		12	河西 佐江	331-0801	埼玉県さいたま市北区今羽町x-x-x		2020/5/31	
16		13	田村 可奈子	161-0031	東京都新宿区西落合x-x-x	丸間ビル405	2024/3/31	
17		14	柳原 亮	150-0031	東京都渋谷区桜丘町x-x-x	参画ビル202	2021/8/31	
18		15	指原 珠理奈	245-0001	神奈川県横浜市泉区池の谷x-x-x		2023/3/31	

HINT! 一覧にない色を選択するには

[セルの書式設定] ダイアログボックスの [塗りつぶし] タブにある [その他の色] ボタンをクリックすると [色の設定] ダイアログボックスが表示されます。[標準] タブや [ユーザー設定] タブから好みの色を選べます。

HINT! 条件にする期限を変えるには

セルG1の日付以前の会員にだけ色を付ける場合、[新しい書式ルール] ダイアログボックスで「=$G4<=$G$1」と条件式を入力します。条件となる期限を変えるには、「<=」の右側の日付を変更します。例えば「1週間以内」にするなら、「=$G4<=$G$1+7」と入力しましょう。

HINT! 後で設定を変更するには

後から条件付き書式の設定を変更するには、217ページのHINT!を参考に [条件付き書式ルールの管理] ダイアログボックスを表示します。[ルールの編集] ボタンをクリックすると、[書式ルールの編集] ダイアログボックスが表示されるので、手順3 ～ 5を参考に設定を変更してください。

[書式ルールの編集] ダイアログボックスで条件付き書式の設定を変更できる

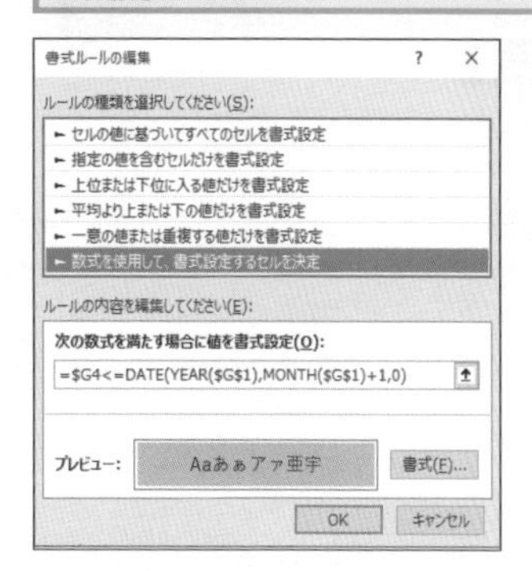

レッスン 55 土日の行に色を付けるには

新しい書式ルール、TEXT関数

対応バージョン

365 2019 2016 2013

レッスンで使う練習用ファイル
新しい書式ルール、
TEXT関数.xlsx

関連レッスン

▶レッスン50
特定のデータに色を
付けるには……p.216

▶レッスン54
期限に合わせて
行に色を付けるには……p.224

キーワード

関数	p.309
条件付き書式	p.310
フィールド	p.312
フィールド行	p.312

土曜日を青、日曜日を赤で塗る

売り上げは、土日と平日で傾向が異なるのが一般的です。土曜日と日曜日のセルを別の色で塗り分けると、平日との差を比較しやすくなります。この場合も条件付き書式を使いますが、複数の書式を設定するには、このレッスンで紹介する方法で［新しい書式ルール］ダイアログボックスを表示しましょう。ポイントとなるのは、日付から土曜日と日曜日を判断する方法です。ここでは、TEXT関数を使う方法を紹介します。TEXT関数は、日付を表示形式で設定した文字列に変換できる関数です。日付を「土」や「日」といった曜日を示す文字列に変換することで、曜日を判定できるようになります。ここでは［売上データ］のデータベースでの設定例を紹介しますが、予定表やカレンダーを作成するときにも、このレッスンで紹介する内容が役立ちます。

Before

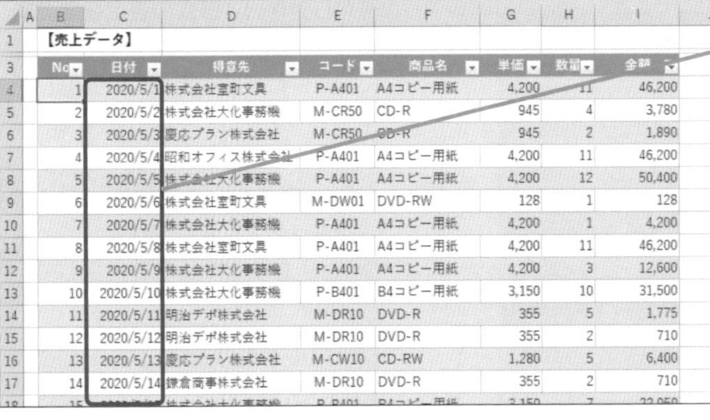

【売上データ】

No	日付	得意先	コード	商品名	単価	数量	金額
1	2020/5/1	株式会社室町文具	P-A401	A4コピー用紙	4,200	11	46,200
2	2020/5/2	株式会社大化事務機	M-CR50	CD-R	945	4	3,780
3	2020/5/3	慶応プラン株式会社	M-CR50	CD-R	945	2	1,890
4	2020/5/4	昭和オフィス株式会社	P-A401	A4コピー用紙	4,200	11	46,200
5	2020/5/5	株式会社大化事務機	P-A401	A4コピー用紙	4,200	12	50,400
6	2020/5/6	株式会社室町文具	M-DW01	DVD-RW	128	1	128
7	2020/5/7	株式会社大化事務機	P-A401	A4コピー用紙	4,200	1	4,200
8	2020/5/8	株式会社室町文具	P-A401	A4コピー用紙	4,200	11	46,200
9	2020/5/9	株式会社大化事務機	P-A401	A4コピー用紙	4,200	3	12,600
10	2020/5/10	株式会社大化事務機	P-B401	B4コピー用紙	3,150	10	31,500
11	2020/5/11	明治デポ株式会社	M-DR10	DVD-R	355	5	1,775
12	2020/5/12	明治デポ株式会社	M-DR10	DVD-R	355	2	710
13	2020/5/13	慶応プラン株式会社	M-CW10	CD-RW	1,280	5	6,400
14	2020/5/14	鎌倉商事株式会社	M-DR10	DVD-R	355	2	710

フィールドに入力した日付から、土曜日と日曜日の行にそれぞれ色を付けたい

After

【売上データ】

No	日付	得意先	コード	商品名	単価	数量	金額
1	2020/5/1	株式会社室町文具	P-A401	A4コピー用紙	4,200	11	46,200
2	2020/5/2	株式会社大化事務機	M-CR50	CD-R	945	4	3,780
3	2020/5/3	慶応プラン株式会社	M-CR50	CD-R	945	2	1,890
4	2020/5/4	昭和オフィス株式会社	P-A401	A4コピー用紙	4,200	11	46,200
5	2020/5/5	株式会社大化事務機	P-A401	A4コピー用紙	4,200	12	50,400
6	2020/5/6	株式会社室町文具	M-DW01	DVD-RW	128	1	128
7	2020/5/7	株式会社大化事務機	P-A401	A4コピー用紙	4,200	1	4,200
8	2020/5/8	株式会社室町文具	P-A401	A4コピー用紙	4,200	11	46,200
9	2020/5/9	株式会社大化事務機	P-A401	A4コピー用紙	4,200	3	12,600
10	2020/5/10	株式会社大化事務機	P-B401	B4コピー用紙	3,150	10	31,500
11	2020/5/11	明治デポ株式会社	M-DR10	DVD-R	355	5	1,775

「土」と「日」という条件から、土曜日を青、日曜日をオレンジ色で塗り分けできる

1 [条件付き書式ルールの管理] ダイアログボックスを表示する

ここでは、すべてのフィールドを条件付き書式の対象とする

1 セルB3のここをクリック

2 [ホーム] タブをクリック

3 [条件付き書式] をクリック

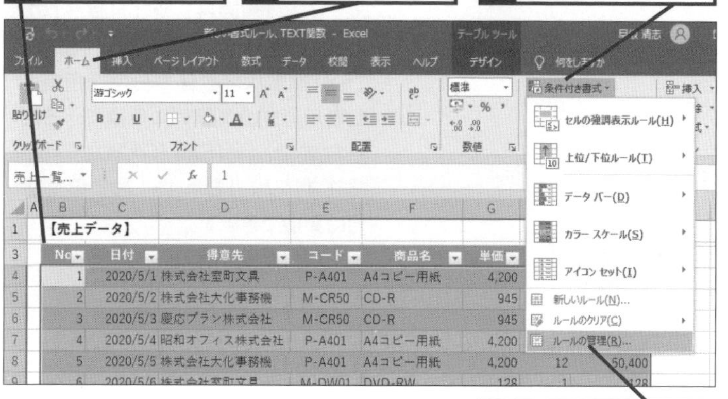

4 [ルールの管理] をクリック

2 新規のルールを作成する

[条件付き書式ルールの管理] ダイアログボックスが表示された

1 [新規ルール] をクリック

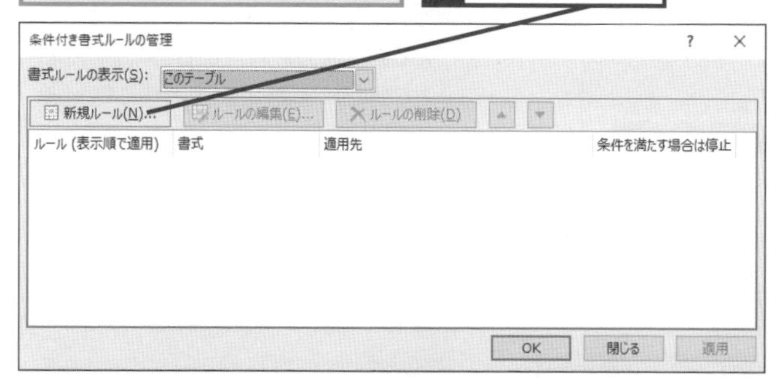

[新しい書式ルール] ダイアログボックスが表示された

2 [数式を使用して、書式設定するセルを決定] をクリック

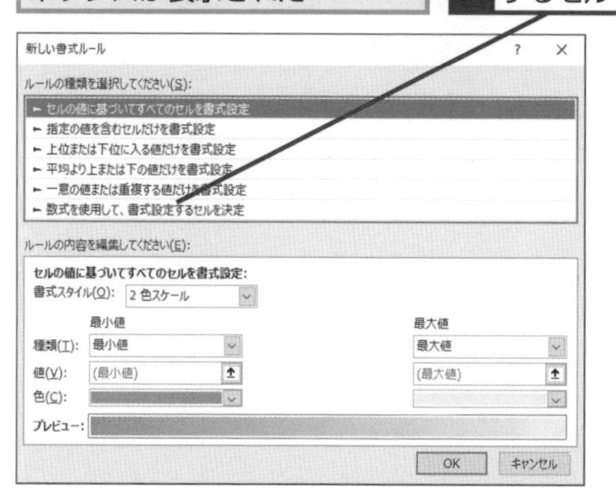

HINT! 2つ以上のルールを設定するときは [ルールの管理] を選択しよう

条件付き書式で独自のルールを設定するとき、通常は [新しいルール] を利用しますが、複数のルールを設定するときは、このレッスンのように [ルールの管理] から実行する方が簡単です。

HINT! 選択範囲にフィールド行を含めない

条件付き書式を設定する選択範囲は、フィールド行を含めないようにします。練習用ファイルの例では、マウスポインターが➘の形になった状態でセルB3をクリックしましょう。もう一度クリックするとフィールド行が含まれますが、さらにもう一度クリックすれば、フィールド行を含めずに全体を選択できます。

間違った場合は？

手順1でマウスポインターの形が✥になっていると、テーブル全体が選択されてしまいます。再度セルB3にマウスポインターを合わせ、マウスポインターが➘の形になったらクリックしてください。

次のページに続く

③「土曜日」の条件と書式を設定する

日付が土曜日の行に色を付けるように設定する

1 「=TEXT($C4,"aaa")="土"」と入力

2 ［書式］をクリックして色を設定

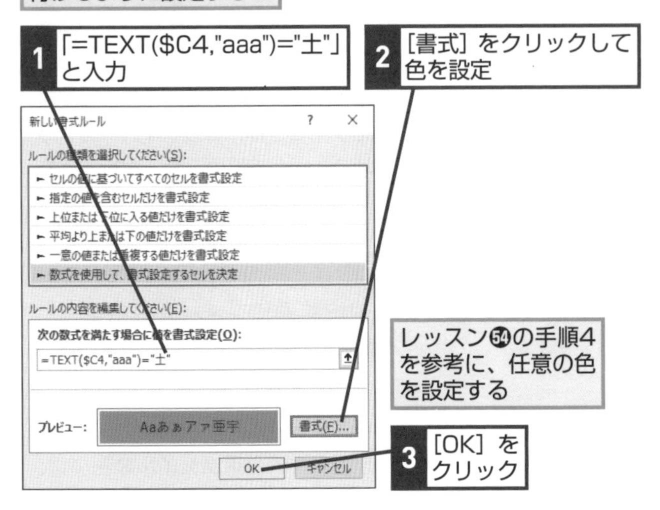

レッスン㊹の手順4を参考に、任意の色を設定する

3 ［OK］をクリック

④続けて新規のルールを作成する

新規ルールが設定された

1 ［新規ルール］をクリック

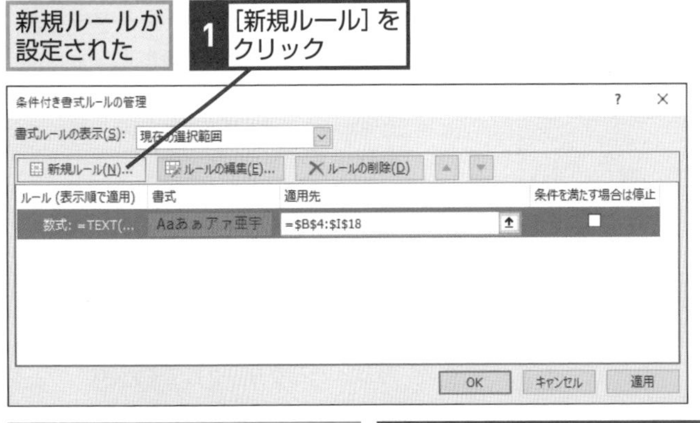

［新しい書式ルール］ダイアログボックスが表示された

2 ［数式を使用して、書式設定するセルを決定］をクリック

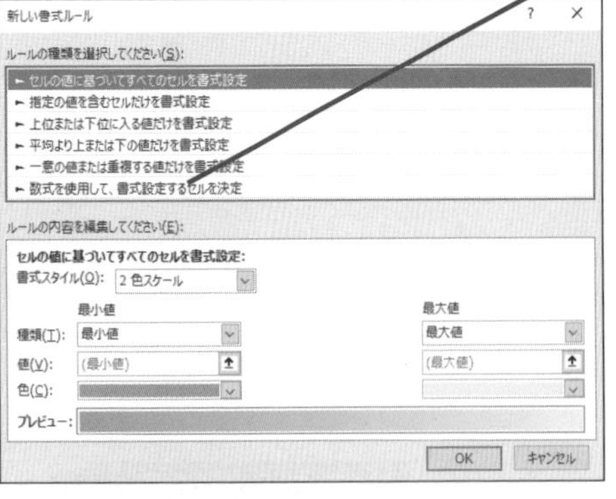

HINT! TEXT関数とは

日付が入力されているセルに「aaa」という表示形式を設定すると「日」や「月」のような曜日名の1文字が表示され、表示形式を「aaaa」に設定すると「日曜日」や「月曜日」のような曜日名が表示されます。TEXT関数は、数値や日付を指定した表示形式の文字列に変換できる関数なので、「=TEXT(C4,"aaa")」と記述すると、「日」や「月」の文字列に変換できます。

●TEXT関数の書式

=TEXT(数値,表示形式)

▶数値や日付を「表示形式」で指定した形式の文字列に変換する

HINT! 絶対参照記号の付け方に注意しよう

条件付き書式に設定する数式は、セルごとにその条件式をコピーするようにして判定します。ここでは日付がC列に入力されているので、「$C4」とC列だけを固定するように絶対参照記号の「$」を付けます。

●列を固定する絶対参照

$C4

▶固定する列番号の前に「$」を付ける

●行を固定する絶対参照

C$4

▶固定する行番号の前に「$」を付ける

●列と行を固定する絶対参照

$C$4

▶固定する列番号と行番号の両方に「$」を付ける

5 「日曜日」の条件と書式を設定する

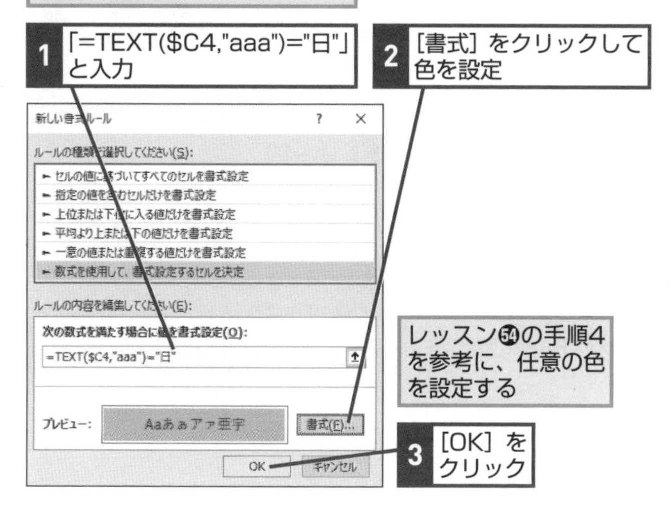

6 条件付き書式の設定が完了した

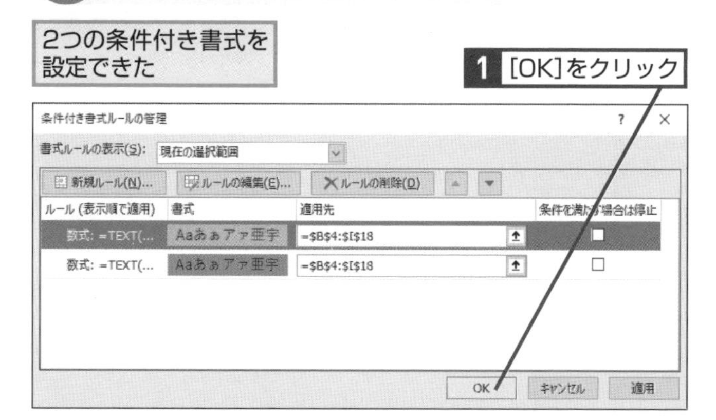

7 条件付き書式を適用できた

土日の行に色が付いた

【売上データ】

No	日付	得意先	コード	商品名	単価	数量	金額
1	2020/5/1	株式会社室町文具	P-A401	A4コピー用紙	4,200	11	46,200
2	2020/5/2	株式会社大化事務機	M-CR50	CD-R	945	4	3,780
3	2020/5/3	慶応プラン株式会社	M-CR50	CD-R	945	2	1,890
4	2020/5/4	昭和オフィス株式会社	P-A401	A4コピー用紙	4,200	11	46,200
5	2020/5/5	株式会社大化事務機	P-A401	A4コピー用紙	4,200	12	50,400
6	2020/5/6	株式会社室町文具	M-DW01	DVD-RW	128	1	128
7	2020/5/7	株式会社大化事務機	P-A401	A4コピー用紙	4,200	1	4,200
8	2020/5/8	株式会社室町文具	P-A401	A4コピー用紙	4,200	11	46,200
9	2020/5/9	株式会社大化事務機	P-A401	A4コピー用紙	4,200	3	12,600
10	2020/5/10	株式会社大化事務機	P-B401	B4コピー用紙	3,150	10	31,500
11	2020/5/11	明治デポ株式会社	M-DR10	DVD-R	355	5	1,775
12	2020/5/12	明治デポ株式会社	M-DR10	DVD-R	355	2	710

HINT! 日曜日の数式は、土曜日の数式をコピーして編集してもいい

日付が日曜日の行に色を付ける条件式は、土曜日の場合に入力した条件式の最後の部分を「"日"」にするだけです。このような場合は、土曜日の条件式をコピーしてから編集してもいいでしょう。手順3で数式をコピーしておき、手順5で数式を貼り付けます。その後、F2キーを押して［編集］モードに切り替えてから、「土」を「日」に変更しましょう。

HINT! 複数の書式ルールは適用順に注意する

複数の書式ルールを設定した場合は、上から表示されている順にルールが適用されます。土曜日と日曜日の書式が重なることはありませんが、例えば祝日も赤く塗るように設定した場合、先に祝日の書式ルールを適用するようにしないと、祝日でも土曜日が青く表示されてしまいます。書式ルールの適用順は、変更したいルールを選択した状態で［条件付き書式ルールの管理］ダイアログボックスの右上にある［上へ移動］ボタン（▲）や［下へ移動］ボタン（▼）で変更できます。

間違った場合は？

手順6で設定した条件付き書式の間違いに気付いたときは、修正する条件付き書式をクリックして選択し、［ルールの編集］ボタンをクリックして条件付き書式を修正します。

レッスン

56 金額に応じたアイコンを表示するには

アイコンセット

対応バージョン

365 2019 2016 2013

レッスンで使う練習用ファイル
アイコンセット.xlsx

金額の大きさによって矢印を表示する

ただの数値の羅列だと、なかなか数値の傾向は分かりません。そんなときは、条件付き書式を使って、セルを3つ～5つの項目に分類できるアイコンセットを設定してみましょう。アイコンセットにはいろいろな種類がありますが、数値の大きさによってアイコンを切り替えたいときは、［方向］のアイコンセットを利用するといいでしょう。

アイコンセットを適用すると、全体の大きさのパーセントに応じて矢印が切り替わります。特定の数値を基準にして矢印を切り替えたい場合は、［書式ルールの編集］ダイアログボックスを利用して、書式のルールを変更しましょう。

関連レッスン

▶レッスン50
特定のデータに色を付けるには……p.216

▶レッスン52
数値の大きさによってセルの色を塗り分けるには……p.220

キーワード

アイコンセット	p.308
条件付き書式	p.310
フィールド	p.312
レコード	p.312

Before

【売上データ】

No	日付	得意先	コード	商品名	単価	数量	金額
1	2020/5/1	株式会社室町文具	P-A401	A4コピー用紙	4,200	11	46,200
2	2020/5/2	株式会社大化事務機	M-DR10	DVD-R	355	4	1,420
3	2020/5/3	慶応プラン株式会社	M-DR10	DVD-R	355	2	710
4	2020/5/4	昭和オフィス株式会社	P-A401	A4コピー用紙	4,200	11	46,200
5	2020/5/5	株式会社大化事務機	P-A401	A4コピー用紙	4,200	12	50,400
6	2020/5/6	株式会社室町文具	M-DW01	DVD-RW	128	1	128
7	2020/5/7	株式会社大化事務機	P-A401	A4コピー用紙	4,200	1	4,200
8	2020/5/8	株式会社室町文具	P-A401	A4コピー用紙	4,200	11	46,200
9	2020/5/9	株式会社大化事務機	P-A401	A4コピー用紙	4,200	3	12,600
10	2020/5/10	株式会社大化事務機	P-B401	B4コピー用紙	3,150	10	31,500
11	2020/5/11	明治デポ株式会社	M-DR10	DVD-R	355	5	1,775
12	2020/5/12	明治デポ株式会社	M-DR10	DVD-R	355	2	710
13	2020/5/13	慶応プラン株式会社	M-CW10	CD-RW	1,280	5	6,400
14	2020/5/14	鎌倉商事株式会社	M-DR10	DVD-R	355	2	710

金額に応じたアイコンをセルに表示したい

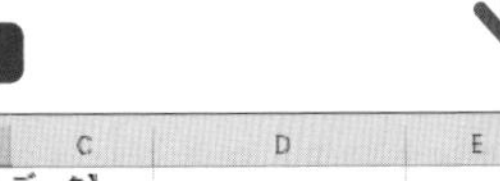

After

【売上データ】

No	日付	得意先	コード	商品名	単価	数量	金額
1	2020/5/1	株式会社室町文具	P-A401	A4コピー用紙	4,200	11	↑ 46,200
2	2020/5/2	株式会社大化事務機	M-DR10	DVD-R	355	4	↓ 1,420
3	2020/5/3	慶応プラン株式会社	M-DR10	DVD-R	355	2	↓ 710
4	2020/5/4	昭和オフィス株式会社	P-A401	A4コピー用紙	4,200	11	↑ 46,200
5	2020/5/5	株式会社大化事務機	P-A401	A4コピー用紙	4,200	12	↑ 50,400
6	2020/5/6	株式会社室町文具	M-DW01	DVD-RW	128	1	↓ 128
7	2020/5/7	株式会社大化事務機	P-A401	A4コピー用紙	4,200	1	↓ 4,200
8	2020/5/8	株式会社室町文具	P-A401	A4コピー用紙	4,200	11	↑ 46,200
9	2020/5/9	株式会社大化事務機	P-A401	A4コピー用紙	4,200	3	↓ 12,600
10	2020/5/10	株式会社大化事務機	P-B401	B4コピー用紙	3,150	10	→ 31,500
11	2020/5/11	明治デポ株式会社	M-DR10	DVD-R	355	5	↓ 1,775
12	2020/5/12	明治デポ株式会社	M-DR10	DVD-R	355	2	↓ 710
13	2020/5/13	慶応プラン株式会社	M-CW10	CD-RW	1,280	5	↓ 6,400
14	2020/5/14	鎌倉商事株式会社	M-DR10	DVD-R	355	2	↓ 710

金額の大小によって、色分けしたアイコンを表示できる

1 アイコンを表示するフィールドを選択する

ここでは、[金額] フィールドに、値に応じたアイコンを表示する

1 [金額] フィールドを選択

	A	B	C	D	E	F	G	H	I	J
1		【売上データ】								
3		No	日付	得意先	コード	商品名	単価	数量	金額	
4		1	2020/5/1	株式会社室町文具	P-A401	A4コピー用紙	4,200	11	46,200	
5		2	2020/5/2	株式会社大化事務機	M-DR10	DVD-R	355	4	1,420	
6		3	2020/5/3	慶応プラン株式会社	M-DR10	DVD-R	355	2	710	
7		4	2020/5/4	昭和オフィス株式会社	P-A401	A4コピー用紙	4,200	11	46,200	
8		5	2020/5/5	株式会社大化事務機	P-A401	A4コピー用紙	4,200	12	50,400	
9		6	2020/5/6	株式会社室町文具	M-DW01	DVD-RW	128	1	128	
10		7	2020/5/7	株式会社大化事務機	P-A401	A4コピー用紙	4,200	1	4,200	
11		8	2020/5/8	株式会社室町文具	P-A401	A4コピー用紙	4,200	11	46,200	
12		9	2020/5/9	株式会社大化事務機	P-A401	A4コピー用紙	4,200	3	12,600	
13		10	2020/5/10	株式会社大化事務機	P-B401	B4コピー用紙	3,150	10	31,500	

2 アイコンセットを設定する

[金額] フィールドの数値に応じて、3つの矢印が表示されるようにする

1 [ホーム] タブをクリック

2 [条件付き書式] をクリック

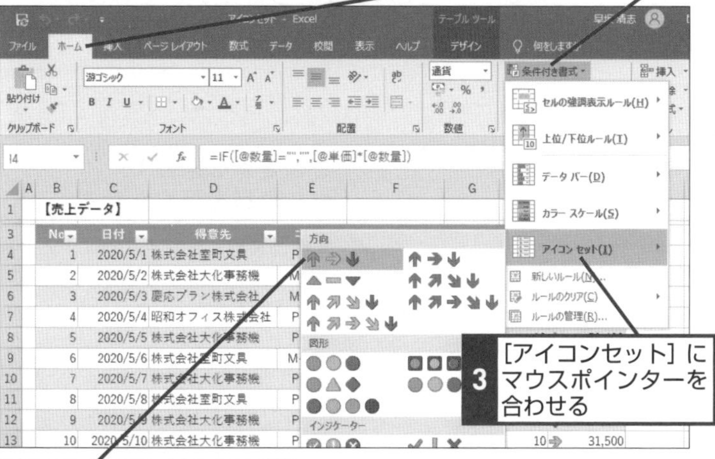

3 [アイコンセット] にマウスポインターを合わせる

4 [3つの矢印 (色分け)] をクリック

3 アイコンセットが設定できた

[金額] フィールドの値に応じたアイコンが表示された

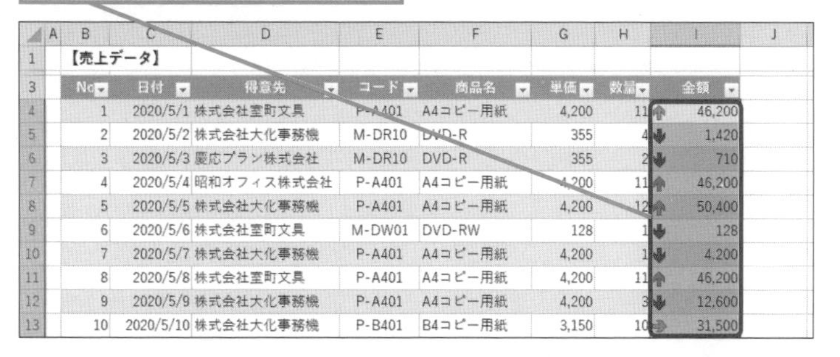

	A	B	C	D	E	F	G	H	I	J
1		【売上データ】								
3		No	日付	得意先	コード	商品名	単価	数量	金額	
4		1	2020/5/1	株式会社室町文具	P-A401	A4コピー用紙	4,200	11	46,200	
5		2	2020/5/2	株式会社大化事務機	M-DR10	DVD-R	355	4	1,420	
6		3	2020/5/3	慶応プラン株式会社	M-DR10	DVD-R	355	2	710	
7		4	2020/5/4	昭和オフィス株式会社	P-A401	A4コピー用紙	4,200	11	46,200	
8		5	2020/5/5	株式会社大化事務機	P-A401	A4コピー用紙	4,200	12	50,400	
9		6	2020/5/6	株式会社室町文具	M-DW01	DVD-RW	128	1	128	
10		7	2020/5/7	株式会社大化事務機	P-A401	A4コピー用紙	4,200	1	4,200	
11		8	2020/5/8	株式会社室町文具	P-A401	A4コピー用紙	4,200	11	46,200	
12		9	2020/5/9	株式会社大化事務機	P-A401	A4コピー用紙	4,200	3	12,600	
13		10	2020/5/10	株式会社大化事務機	P-B401	B4コピー用紙	3,150	10	31,500	

HINT! アイコンセットの設定を変更するには

アイコンセットの設定を変更するには、以下の手順で [書式ルールの編集] ダイアログボックスを表示します。初期設定の [パーセント] ではなく、特定の数値を境にアイコンを切り替えるようにも設定できます。

アイコンセットを設定したフィールドを選択しておく

1 [ホーム] タブをクリック

2 [条件付き書式] をクリック

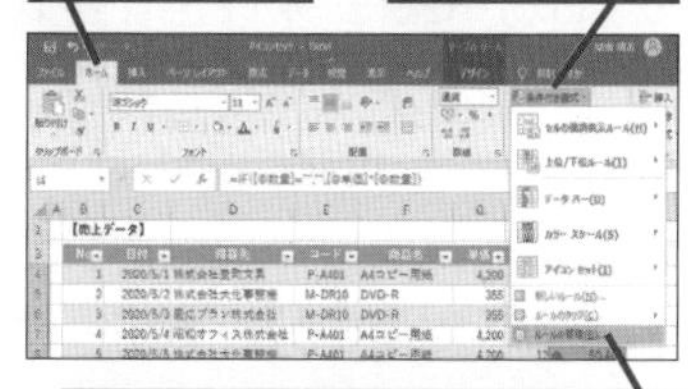

3 [ルールの管理] をクリック

[条件付き書式ルールの管理] ダイアログボックスが表示された

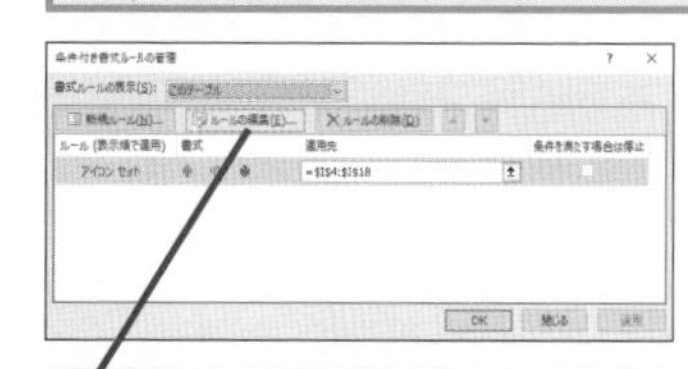

4 [ルールの編集] をクリック

[書式ルールの編集] ダイアログボックスが表示された

[値] や [種類] を変更できる

この章のまとめ

●条件付き書式を上手に活用しよう

この章では、「条件付き書式」に関するテクニックを紹介しました。数値の羅列をただ眺めているだけでは、データベースから傾向を読み取ったり、重要な項目に着目したりするのはなかなか難しいものです。こうしたデータ分析の出発点になるのが、第7章で紹介した「並べ替え」と、この章で紹介した「条件付き書式」です。条件付き書式は、レッスン㉜の「カラースケール」やレッスン㉝の「データバー」、レッスン㊱の「アイコンセット」と多彩な表現手段が用意されているので、これらを上手に使い分けてデータを可視化しましょう。

また、レッスン㉞やレッスン㉟で紹介したように、条件に「数式」を活用すると、さまざまな条件に適合するセルに色を付けられます。数式を条件にするときは、参照するセルの設定がポイントになります。数式欄に入力した数式を各セルにコピーするイメージで、絶対参照の設定を工夫してみましょう。
また、条件付き書式で付けた色を基準にデータを並べ替えるという組み合わせ技も非常に有効です。レッスン⑳で紹介したテクニックと合わせてマスターするといいでしょう。

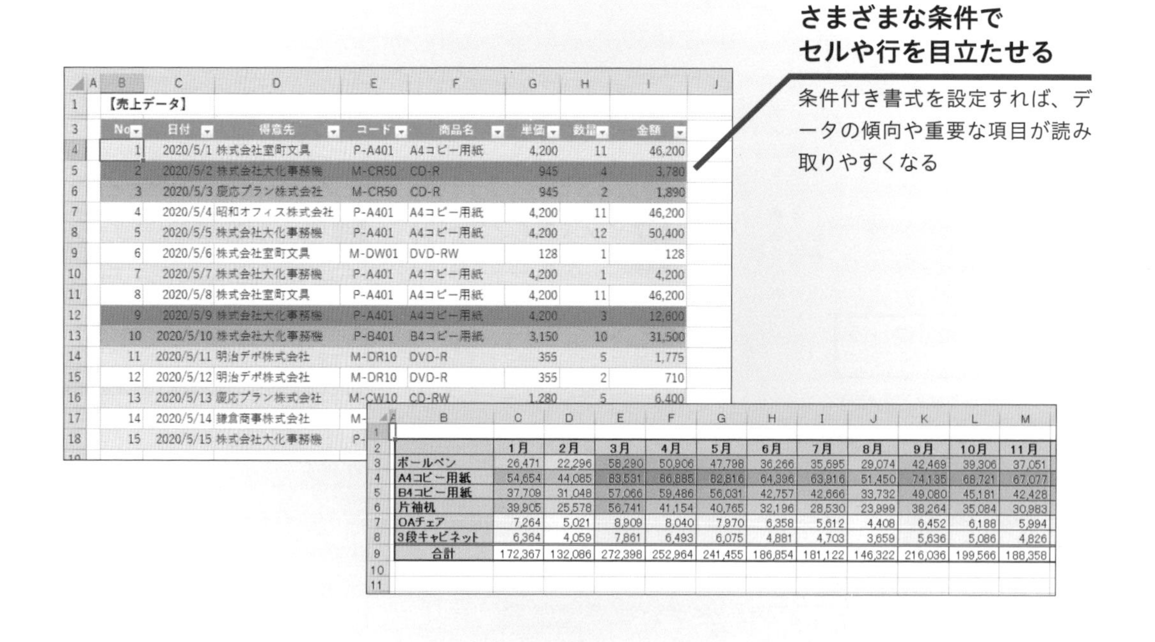

【売上データ】

No	日付	得意先	コード	商品名	単価	数量	金額
1	2020/5/1	株式会社室町文具	P-A401	A4コピー用紙	4,200	11	46,200
2	2020/5/2	株式会社大化事務機	M-CR50	CD-R	945	4	3,780
3	2020/5/3	慶応プラン株式会社	M-CR50	CD-R	945	2	1,890
4	2020/5/4	昭和オフィス株式会社	P-A401	A4コピー用紙	4,200	11	46,200
5	2020/5/5	株式会社大化事務機	P-A401	A4コピー用紙	4,200	12	50,400
6	2020/5/6	株式会社室町文具	M-DW01	DVD-RW	128	1	128
7	2020/5/7	株式会社大化事務機	P-A401	A4コピー用紙	4,200	1	4,200
8	2020/5/8	株式会社室町文具	P-A401	A4コピー用紙	4,200	11	46,200
9	2020/5/9	株式会社大化事務機	P-A401	A4コピー用紙	4,200	3	12,600
10	2020/5/10	株式会社大化事務機	P-B401	B4コピー用紙	3,150	10	31,500
11	2020/5/11	明治デポ株式会社	M-DR10	DVD-R	355	5	1,775
12	2020/5/12	明治デポ株式会社	M-DR10	DVD-R	355	2	710
13	2020/5/13	慶応プラン株式会社	M-CW10	CD-RW	1,280	5	6,400
14	2020/5/14	鎌倉商事株式会社	M-				
15	2020/5/15	株式会社大化事務機	P-				

	1月	2月	3月	4月	5月	6月	7月	8月	9月	10月	11月
ボールペン	26,471	22,296	58,290	50,906	47,798	36,266	35,695	29,074	42,469	39,306	37,051
A4コピー用紙	54,654	44,085	83,531	86,885	82,816	64,396	63,916	51,450	74,135	68,721	67,077
B4コピー用紙	37,709	31,048	57,066	59,486	56,031	42,757	42,666	33,732	49,080	45,181	42,428
片袖机	39,905	25,578	56,741	41,154	40,765	32,196	28,530	23,999	38,264	35,084	30,983
OAチェア	7,264	5,021	8,909	8,040	7,970	6,358	5,612	4,408	6,452	6,188	5,994
3段キャビネット	6,364	4,059	7,861	6,493	6,075	4,881	4,703	3,659	5,636	5,086	4,826
合計	172,367	132,086	272,398	252,964	241,455	186,854	181,122	146,322	216,036	199,566	188,358

さまざまな条件でセルや行を目立たせる

条件付き書式を設定すれば、データの傾向や重要な項目が読み取りやすくなる

練習問題

1

［第9章_練習問題1.xlsx］を開いて、［金額］フィールドの「下位5項目」のセルに黄色い色を付けてみましょう。

●ヒント：［条件付き書式］の［上位/下位ルール］を適用し、書式に［濃い黄色の文字、黄色の背景］を選択します。

練習用ファイル

第9章_練習問題1.xlsx

［金額］フィールドの下位5項目に黄色い色を付ける

【売上データ】

No	日付	得意先	コード	商品名	単価	数量	金額
1	2020/5/1	株式会社室町文具	P-A401	A4コピー用紙	4,200	11	46,200
2	2020/5/1	鎌倉商事株式会社	M-CR50	CD-R	945	1	945
3	2020/5/1	株式会社大化事務機	P-B401	B4コピー用紙	3,150	4	12,600
4	2020/5/2	株式会社大化事務機	M-CR50	CD-R	945	4	3,780
5	2020/5/2	鎌倉商事株式会社	P-B401	B4コピー用紙	3,150	5	15,750
6	2020/5/2	鎌倉商事株式会社	M-CW10	CD-RW	1,280	3	3,840
7	2020/5/2	株式会社大化事務機	M-DR10	DVD-R	355	3	1,065
8	2020/5/3	慶応プラン株式会社	M-CR50	CD-R	945	2	1,890
9	2020/5/3	株式会社大化事務機	M-CW10	CD-RW	1,280	4	5,120
10	2020/5/3	明治デポ株式会社	P-B401	B4コピー用紙	3,150	9	28,350
11	2020/5/4	株式会社大化事務機	P-B401	B4コピー用紙	3,150	12	37,800
12	2020/5/4	昭和オフィス株式会社	P-A401	A4コピー用紙	4,200	11	46,200
13	2020/5/5	株式会社大化事務機	P-A401	A4コピー用紙	4,200	12	50,400
14	2020/5/5	明治デポ株式会社	P-A401	A4コピー用紙	4,200	13	54,600
15	2020/5/5	株式会社大宝通商	M-CR50	CD-R	945	3	2,835

2

［第9章_練習問題2.xlsx］を開いて、［住所］フィールドで、東京都以外の「○○市○○区」という文字を含むデータに色を付けてみましょう。

●ヒント：「○○市○○区」という条件は、ワイルドカードを使って「『市*区』を含む」というように指定します。

練習用ファイル

第9章_練習問題2.xlsx

［住所］フィールドで「東京以外で区を含む住所」に色を付ける

【顧客住所録】

No	氏名	郵便番号	住所	マンション名等	電話番号
1	大野 正広	106-0031	東京都港区西麻布x-x-x	○○マンション805	03-xxxx-xxxx
2	指原　珠理奈	245-0001	神奈川県横浜市泉区池の谷x-x-x		045-xxx-xxxx
3	櫻井 拓哉	111-0021	東京都台東区日本堤x-x-x	○×プラタ510	03-xxxx-xxxx
4	相葉 吾郎	333-0801	埼玉県川口市東川口x-x-x		090-xxxx-xxxx
5	二宮 剛	150-0001	東京都渋谷区神宮前x-x-x	○×マンション208	080-xxxx-xxxx
6	高橋 陽菜	279-0001	千葉県浦安市当代島x-x-x		050-xxxx-xxxx
7	松本 慎吾	166-0001	東京都杉並区阿佐谷北x-x-x	○○ハイツ312	03-xxxx-xxxx
8	篠田 由紀	655-0001	兵庫県神戸市垂水区多聞町x-x-x		078-xxx-xxxx
9	稲垣 雅紀	174-0041	東京都板橋区舟渡x-x-x	○○コーポ501	03-xxxx-xxxx
10	宮澤 智美	116-0001	東京都荒川区町屋x-x-x		080-xxxx-xxxx
11	香取 潤	210-0001	神奈川県川崎市川崎区本町x-x-x		044-xxx-xxxx
12	河西 佐江	331-0801	埼玉県さいたま市北区今羽町x-x-x		048-xxx-xxxx
13	田村 可奈子	161-0031	東京都新宿区西落合x-x-x	丸聞ビル405	03-xxxx-xxxx
14	柳原 亮	150-0031	東京都渋谷区桜丘町x-x-x	参画ビル202	090-xxxx-xxxx
15	指原　珠理奈	245-0001	神奈川県横浜市泉区池の谷x-x-x		045-xxx-xxxx

答えは次のページ

解　答

1

スクロールバーを右にスクロールしておく

1 [金額]フィールドのここをクリック

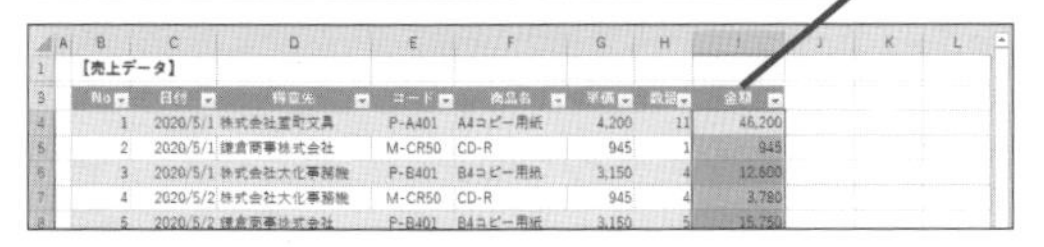

2 [ホーム]タブをクリック　3 [条件付き書式]をクリック

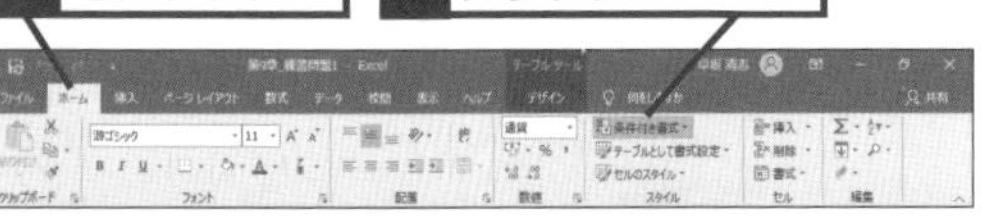

4 [上位/下位ルール]にマウスポインターを合わせる　5 [上位10項目]をクリック

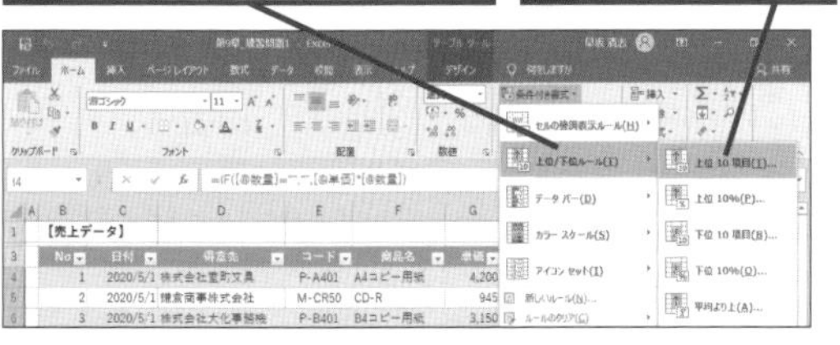

下位の項目に色を付けたい場合は、[上位/下位ルール]の[下位10項目]を選択します。適用する書式については、赤、緑、黄などの所定の書式のほか、独自の書式も設定できます。217ページのHINT!「条件や書式を後から変更するには」を参考にしてください。

[下位10項目]ダイアログボックスが表示された

6 「5」と入力　7 ここをクリックして[濃い黄色の文字、黄色の背景]を選択

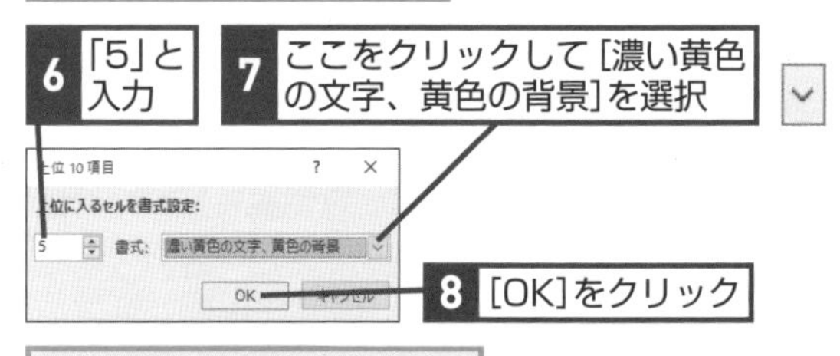

8 [OK]をクリック

下位5項目に黄色い色が付く

2

1 [住所]フィールドのここをクリック

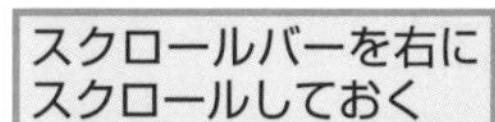

2 [ホーム]タブをクリック　3 [条件付き書式]をクリック

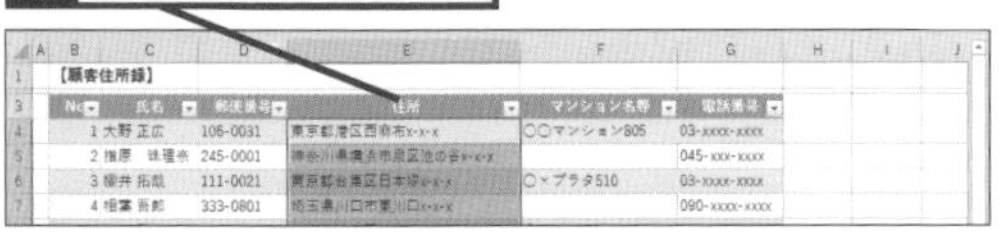

4 [セルの強調表示ルール]にマウスポインターを合わせる

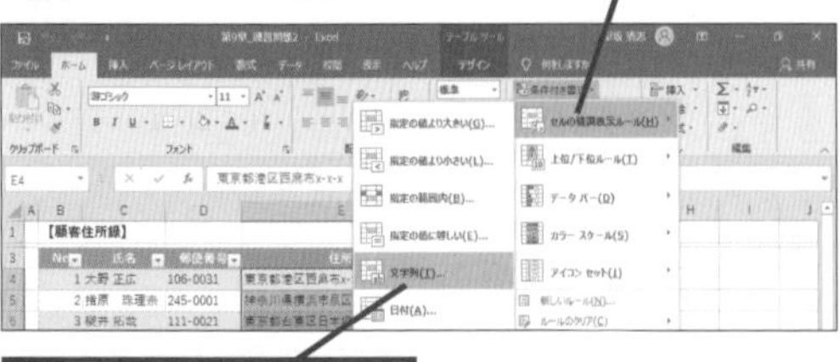

5 [文字列]をクリック

特定の文字を条件として指定する場合は、文字列からパターンを見つけます。東京都の場合は「東京都○○区」となりますが、他県の場合は「○○市○○区」となります。このことから、文字数を限定しない「*」のワイルドカードを使って「市*区」と条件を指定すれば、「東京以外で区を含む住所」に色を付けられます。

[文字列]ダイアログボックスが表示された

6 「市*区」と入力

7 [OK]をクリック

東京都以外で、「区」を含む住所に色が付く

第10章 目的に沿った方法でデータを分析しよう

この章では、「売上データ」を元にして、商品と得意先ごとの発注金額や商品ごとの売上金額を集計したり、複数の条件を設定して取引件数を求めたりする方法を紹介します。この章で紹介する方法をマスターして、目的や条件に沿ってデータを分析できるようにしましょう。また、データを素早く分析できるクイック分析ツールの使い方や、セル内にグラフを挿入して、データをより分かりやすくする方法も解説します。

●この章の内容

レッスン

57 商品ごとの小計を求めるには

小計

対応バージョン

365 2019 2016 2013

レッスンで使う練習用ファイル
小計.xlsx

小計を求めて、商品ごとの売上金額を調べよう

売り上げの報告書や支払いの明細書などを作成するとき、特定の項目を金額ベースでまとめた「小計行」を挿入したいことがあります。下の画面は、売り上げの一覧を管理するテーブルを表に変換して小計行を挿入した例です。商品ごとに小計行を挿入した結果、商品の売上金額がひと目で分かるようになりました。
Excelで小計行を挿入するには、[小計]の機能を利用します。ただし、データベースの機能ではないので、テーブルを一度、表に変換する操作が必要になります。元のテーブルは残しておきたいので、テーブルを含むワークシートをコピーしてから作業しましょう。

Before

【売上データ】

No	日付	得意先	コード	商品名	単価	数量	金額
1	2020/5/1	株式会社室町文具	P-A401	A4コピー用紙	4,200	11	46,200
2	2020/5/1	鎌倉商事株式会社	M-CR50	CD-R	945	1	945
3	2020/5/1	株式会社大化事務機	P-B401	B4コピー用紙	3,150	4	12,600
4	2020/5/2	株式会社大化事務機	M-CR50	CD-R	945	4	3,780
5	2020/5/2	鎌倉商事株式会社	P-B401	B4コピー用紙	3,150	5	15,750
6	2020/5/2	鎌倉商事株式会社	P-A301	A3コピー用紙	4,200	3	12,600
7	2020/5/2	株式会社大化事務機	M-DR10	DVD-R	355	3	1,065
8	2020/5/3	慶応プラン株式会社	M-CR50	CD-R	945	2	1,890
9	2020/5/3	株式会社大化事務機	P-A301	A3コピー用紙	4,200	4	16,800
10	2020/5/3	明治デポ株式会社	P-B401	B4コピー用紙	3,150	9	28,350
11	2020/5/4	株式会社大化事務機	P-B401	B4コピー用紙	3,150	12	37,800
12	2020/5/4	昭和オフィス株式会社	P-A401	A4コピー用紙	4,200	11	46,200
13	2020/5/5	株式会社大化事務機	P-A401	A4コピー用紙	4,200	12	50,400
14	2020/5/5	明治デポ株式会社	P-A401	A4コピー用紙	4,200	13	54,600
15	2020/5/5	株式会社大宝通商	M-CR50	CD-R	945	3	2,835

商品名でデータを並べ替えて、売上金額を求めたい

After

【売上データ】

No	日付	得意先	コード	商品名	単価	数量	金額
6	2020/5/2	鎌倉商事株式会社	P-A301	A3コピー用紙	4,200	3	12,600
9	2020/5/3	株式会社大化事務機	P-A301	A3コピー用紙	4,200	4	16,800
21	2020/5/7	明和電気株式会社	P-A301	A3コピー用紙	4,200	1	4,200
38	2020/5/12	株式会社大宝通商	P-A301	A3コピー用紙	4,200	4	16,800
42	2020/5/13	慶応プラン株式会社	P-A301	A3コピー用紙	4,200	5	21,000
44	2020/5/14	明和電気株式会社	P-A301	A3コピー用紙	4,200	1	4,200
61	2020/5/17	株式会社大宝通商	P-A301	A3コピー用紙	4,200	7	29,400
				A3コピー用紙 集計			105,000
1	2020/5/1	株式会社室町文具	P-A401	A4コピー用紙	4,200	11	46,200
12	2020/5/4	昭和オフィス株式会社	P-A401	A4コピー用紙	4,200	11	46,200
13	2020/5/5	株式会社大化事務機	P-A401	A4コピー用紙	4,200	12	50,400
14	2020/5/5	明治デポ株式会社	P-A401	A4コピー用紙	4,200	13	54,600
20	2020/5/7	株式会社大化事務機	P-A401	A4コピー用紙	4,200	1	4,200
24	2020/5/8	株式会社室町文具	P-A401	A4コピー用紙	4,200	11	46,200
26	2020/5/9	株式会社大化事務機	P-A401	A4コピー用紙	4,200	3	12,600

商品名をグループ化して、それぞれの売上金額（小計）を表示できる

関連レッスン

▶レッスン58
商品ごとの売上金額を合計するには ……… p.242

キーワード

小計	p.310
昇順	p.310
テーブル	p.311
ピボットテーブル	p.311
フィールド	p.312

① ワークシートをコピーする

テーブルを含むワークシートをコピーして、新しいワークシートで小計を求める

ここでは、[売上データ]シートをコピーする

10	7	2020/5/2	株式会社大化事務機	M-DR10	DVD-R	355	3	1,065
11	8	2020/5/3	慶応プラン株式会社	M-CR50	CD-R	945	2	1,890
12	9	2020/5/3	株式会社大化事務機	P-A301	A3コピー用紙	4,200	4	16,800
13	10	2020/5/3	明治デポ株式会社	P-B401	B4コピー用紙	3,150	9	28,350
14	11	2020/5/4	株式会社大化事務機	P-B401	B4コピー用紙	3,150	12	37,800
15	12	2020/5/4	昭和オフィス株式会社	P-A401	A4コピー用紙	4,200	11	46,200
16	13	2020/5/5	株式会社大化事務機	P-A401	A4コピー用紙	4,200	12	50,400
17	14	2020/5/5	明治デポ株式会社	P-A401	A4コピー用紙	4,200	13	54,600
18	15	2020/5/5	株式会社大宝通商	M-CR50	CD-R	945	3	2,835

売上データ　商品一覧　得意先一覧

1 [売上データ]シートにマウスポインターを合わせる

2 Ctrl キーを押しながらここまでドラッグ

ワークシートがコピーされた

[売上データ]シートがコピーされ、[売上データ(2)]という名前に変わった

10	7	2020/5/2	株式会社大化事務機	M-DR10	DVD-R	355	3	1,065
11	8	2020/5/3	慶応プラン株式会社	M-CR50	CD-R	945	2	1,890
12	9	2020/5/3	株式会社大化事務機	P-A301	A3コピー用紙	4,200	4	16,800
13	10	2020/5/3	明治デポ株式会社	P-B401	B4コピー用紙	3,150	9	28,350
14	11	2020/5/4	株式会社大化事務機	P-B401	B4コピー用紙	3,150	12	37,800
15	12	2020/5/4	昭和オフィス株式会社	P-A401	A4コピー用紙	4,200	11	46,200
16	13	2020/5/5	株式会社大化事務機	P-A401	A4コピー用紙	4,200	12	50,400
17	14	2020/5/5	明治デポ株式会社	P-A401	A4コピー用紙	4,200	13	54,600
18	15	2020/5/5	株式会社大宝通商	M-CR50	CD-R	945	3	2,835

売上データ　売上データ (2)　商品一覧　得意先一覧

② [商品名] フィールドを並べ替える

[売上データ(2)] シートで作業する

ここでは、[商品名] フィールドを昇順に並べ替える

1 [商品名] フィールドのフィルターボタンをクリック

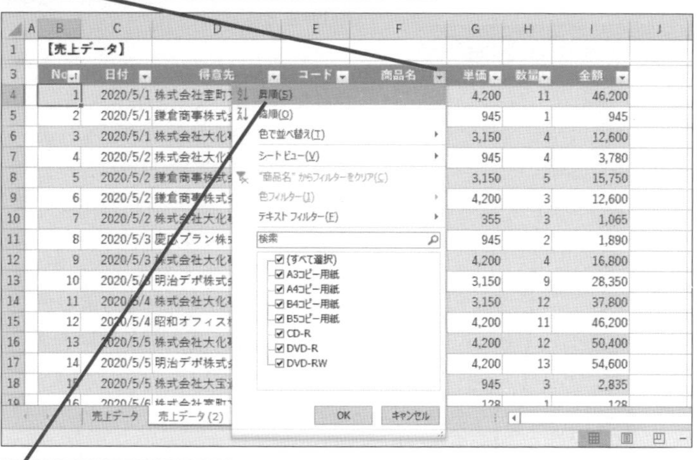

2 [昇順]をクリック

HINT!

テーブルでは小計行を表示できない

小計行を挿入するには、テーブルを表に変換する必要があります。必ずテーブルを含むワークシートをコピーして、コピーしたワークシートのテーブルを表に変換しましょう。小計行を挿入した表をテーブルに戻す場合、小計行の削除や変換する範囲を指定し直す必要があるなど、手間がかかる上、間違いの原因になります。小計行を挿入したワークシートは、あくまで小計を参照するためだけに利用しましょう。
なお、コピーしたワークシートの名前は、以下の手順で自由に変更できます。

1 シート見出しをダブルクリック

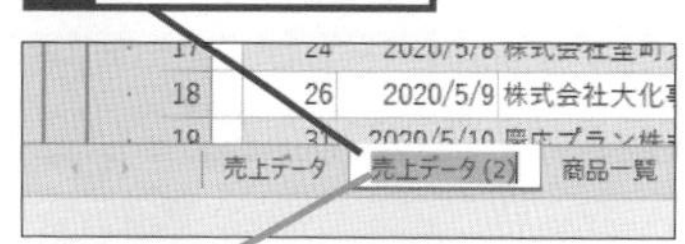

ワークシートの名前を変更できるようになった

2 ワークシートの名前を入力

売上データ　売上データ（変換用）

3 Enter キーを押す

ワークシートの名前が変更された

売上データ　売上データ（変換用）

次のページに続く

3 テーブルを表に変換する

［商品名］フィールドが昇順で並べ替えられた

小計行を挿入するためにテーブルを表に変換する

1 セルB3をクリック

2 ［テーブルツール］の［デザイン］タブをクリック

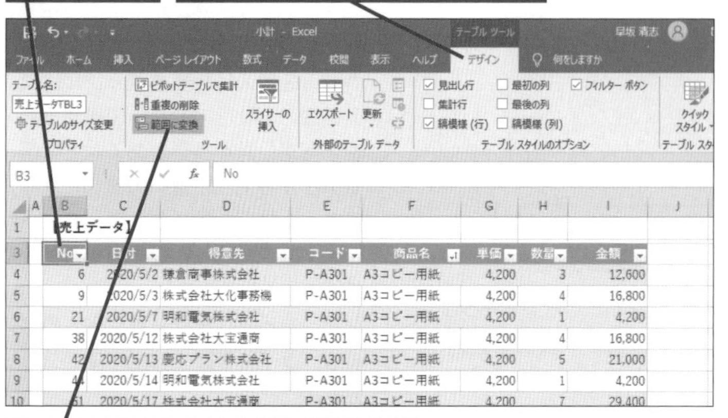

3 ［範囲に変換］をクリック

範囲に変換

テーブルを表に変換するかどうかを確認するメッセージが表示された

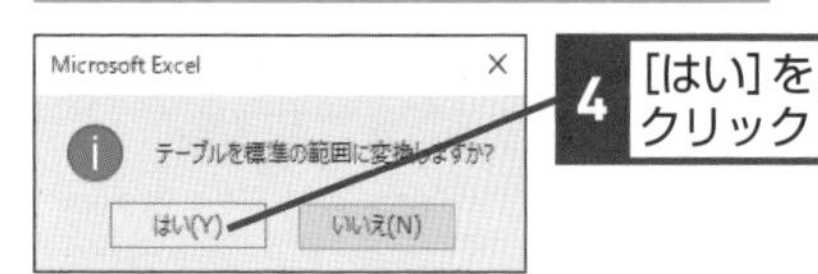

4 ［はい］をクリック

4 ［集計の設定］ダイアログボックスを表示する

テーブルが表に変換された

1 ［データ］タブをクリック

2 ［アウトライン］をクリック

アウトライン

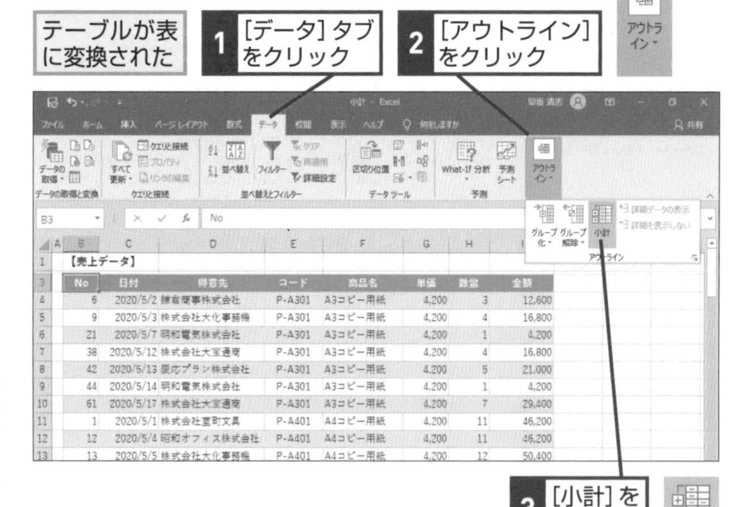

3 ［小計］をクリック

小計

HINT! あらかじめデータを並べ替えておくことが肝心

小計行を挿入する位置は、手順5の［集計の設定］ダイアログボックスにある［グループの基準］で設定できます。ただし、上のデータから順に集計されていくため、事前の並べ替え順によって結果が異なります。このレッスンでは、手順2で［商品名］フィールドを［昇順］で並べ替えた上で、［集計の設定］ダイアログボックスの［グループの基準］に［商品名］を選択し、商品名の区切りごとに小計行を挿入するようにしています。

［商品名］フィールドで並べ替えをしておかないと、小計行が意図通り表示されない

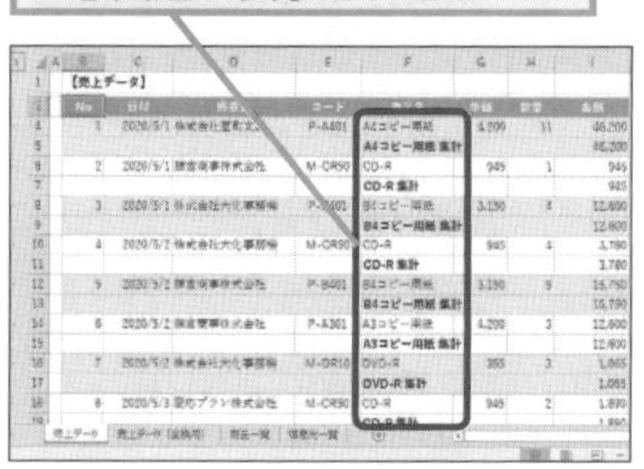

下のHINT!を参考にコピーしたワークシートを削除して、手順1から操作をやり直す

HINT! 不要なワークシートを削除するには

シート見出しを右クリックして表示されたメニューで［削除］を選ぶと、ワークシートを削除できます。データが入力されているワークシートでは、警告のメッセージが表示されますが、［削除］ボタンをクリックするとそのまま削除されます。しかし、ワークシートの削除は取り消しができません。誤って削除しないように注意してください。

5 集計方法と集計するフィールドを設定する

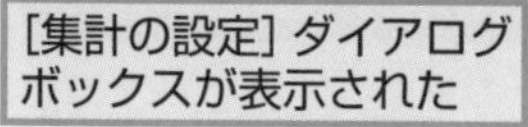

ここでは、商品ごとの売上金額を小計行に表示する

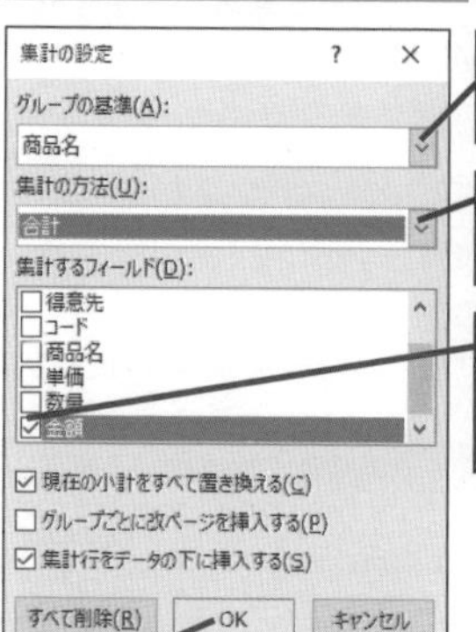

1 ここをクリックして[商品名]を選択

2 ここをクリックして[合計]を選択

3 [集計するフィールド]で[金額]にチェックマークが付いていることを確認

4 [OK]をクリック

6 小計行が挿入された

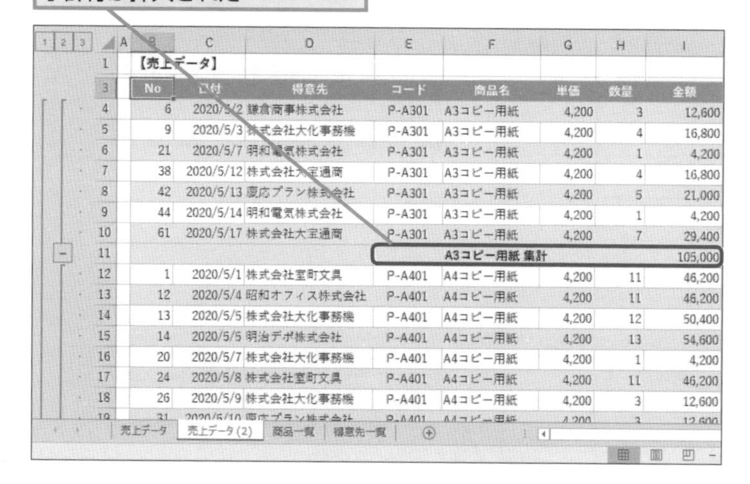

【売上データ】

No	日付	得意先	コード	商品名	単価	数量	金額
6	2020/5/2	鎌倉商事株式会社	P-A301	A3コピー用紙	4,200	3	12,600
9	2020/5/3	株式会社大化事務機	P-A301	A3コピー用紙	4,200	4	16,800
21	2020/5/7	明和電気株式会社	P-A301	A3コピー用紙	4,200	1	4,200
38	2020/5/12	株式会社大宝通商	P-A301	A3コピー用紙	4,200	4	16,800
42	2020/5/13	慶応プラン株式会社	P-A301	A3コピー用紙	4,200	5	21,000
44	2020/5/14	明和電気株式会社	P-A301	A3コピー用紙	4,200	1	4,200
61	2020/5/17	株式会社大宝通商	P-A301	A3コピー用紙	4,200	7	29,400
				A3コピー用紙 集計			105,000
1	2020/5/1	株式会社室町文具	P-A401	A4コピー用紙	4,200	11	46,200
12	2020/5/4	昭和オフィス株式会社	P-A401	A4コピー用紙	4,200	11	46,200
13	2020/5/5	株式会社大化事務機	P-A401	A4コピー用紙	4,200	12	50,400
14	2020/5/5	明治デポ株式会社	P-A401	A4コピー用紙	4,200	13	54,600
20	2020/5/7	株式会社大化事務機	P-A401	A4コピー用紙	4,200	1	4,200
24	2020/5/8	株式会社室町文具	P-A401	A4コピー用紙	4,200	11	46,200
26	2020/5/9	株式会社大化事務機	P-A401	A4コピー用紙	4,200	3	12,600

HINT! 小計の単位で改ページを挿入できる

[集計の設定] ダイアログボックスにある [グループごとに改ページを挿入する] をクリックしてチェックマークを付けると、小計行の下に改ページが自動で挿入できます。小計行ごとに改ページして印刷するときに便利です。

集計行を含めたグループごとに改ページした状態で印刷される

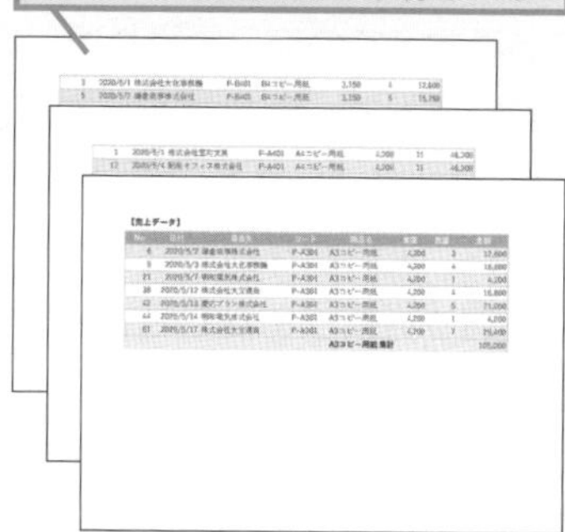

間違った場合は？

手順6で、思い通りの位置に小計行が挿入されなかった場合、データが目的の並び順でなかった可能性があります。このレッスンでは、商品名の昇順で並べ替えて小計を求めます。前ページのHINT!の方法でコピーしたワークシートを削除し、再度手順1から操作をやり直してください。

HINT! ピボットテーブルを使えばいろいろな視点で集計できる

さらに高度な集計作業を行いたいときは、ピボットテーブルの利用を検討しましょう。ピボットテーブルとは、データベースのフィールドを縦横に配置して、行と列の交差する場所にデータを配置することで、複雑な集計表を作成できる機能です。ピボットテーブルを利用したデータの活用方法については、第11章を参照してください。

レッスン

58 商品ごとの売上金額を合計するには

SUMIF関数

対応バージョン

365 2019 2016 2013

レッスンで使う練習用ファイル
SUMIF関数.xlsx

条件に合致する値だけを合計する

第8章で解説した「フィルター」と集計の機能を使えば、大量のデータの中から特定の商品の売上金額を集計できます。操作方法は次ページの2つ目のHINT!を参照してください。しかし、取り扱っているすべての商品を繰り返し集計するのは面倒なので、SUMIF関数を使って一気に集計してしまいましょう。練習用ファイルのセルH1 ～Ｉ10のように、データベースとは別に集計用の表を作成して、集計値を自動的に取り出せるようにしておけば、データの追加や更新があっても、瞬時に必要な情報を把握できます。店舗ごとの出荷総数や取引先ごとの発注金額の合計など、さまざまな場面で使えるので、ぜひマスターしてください。

関連レッスン

▶レッスン61
商品と得意先ごとの発注金額を集計するには……p.248

キーワード

関数	p.309
集計行	p.309
テーブル	p.311
フィールド	p.312
フィルター	p.312
レコード	p.312

Before

	A	B	C	D	E	F	G	H	I	J
1		【売上データ】						■商品別集計表		
3		No.	日付	得意先	商品名	金額		商品名	合計金額	
4		1	2015/5/1	鎌倉商事株式会社	A4コピー用紙	46,200		A4コピー用紙		
5		2	2015/5/1	株式会社大化事務機	CD-R	945		A3コピー用紙		
6		3	2015/5/1	明和電気株式会社	B4コピー用紙	12,600		B5コピー用紙		
7		4	2015/5/2	株式会社大宝通商	CD-R	3,780		B4コピー用紙		
8		5	2015/5/2	慶応プラン株式会社	B4コピー用紙	15,750		CD-R		
9		6	2015/5/2	明和電気株式会社	A3コピー用紙	12,600		CD-RW		
10		7	2015/5/2	株式会社大宝通商	CD-RW	3,840		DVD-R		
11		8	2015/5/3	株式会社室町文具	CD-R	1,890				
12		9	2015/5/3	鎌倉商事株式会社	A3コピー用紙	16,800				

表のレイアウトを変えずに商品ごとの売上金額を求めたい

あらかじめ［商品名］フィールドと同じ商品名を集計用の表に入力しておく

After

	A	B	C	D	E	F	G	H	I	J
1		【売上データ】						■商品別集計表		
3		No.	日付	得意先	商品名	金額		商品名	合計金額	
4		1	2015/5/1	鎌倉商事株式会社	A4コピー用紙	46,200		A4コピー用紙	373,800	
5		2	2015/5/1	株式会社大化事務機	CD-R	945		A3コピー用紙	105,000	
6		3	2015/5/1	明和電気株式会社	B4コピー用紙	12,600		B5コピー用紙	100,800	
7		4	2015/5/2	株式会社大宝通商	CD-R	3,780		B4コピー用紙	469,350	
8		5	2015/5/2	慶応プラン株式会社	B4コピー用紙	15,750		CD-R	57,645	
9		6	2015/5/2	明和電気株式会社	A3コピー用紙	12,600		CD-RW	84,480	
10		7	2015/5/2	株式会社大宝通商	CD-RW	3,840		DVD-R	22,365	
11		8	2015/5/3	株式会社室町文具	CD-R	1,890				
12		9	2015/5/3	鎌倉商事株式会社	A3コピー用紙	16,800				

集計用の表に記入した商品名を利用して、一度に商品ごとの売上金額を求められる

このレッスンで入力する関数

=SUMIF(売上データTBL[商品名],H4,売上データTBL[金額])

▶セルH4に入力された値で［売上データTBL］の中の［商品名］フィールドを検索し、一致したレコードの金額を［売上データTBL］の中の［金額］フィールドから取り出して合計する

① SUMIF関数を入力する

「A4コピー用紙」の売上金額を求める

1 セル I4に「=SUMIF(売上データTBL[商品名],H4,売上データTBL[金額])」と入力

2 Enter キーを押す

② 商品ごとの合計金額が表示された

「A4コピー用紙」の売上金額が求められた

45ページのテクニックを参考に、セルI4のフィルハンドルをダブルクリックして関数をコピーしておく

セルI4に入力した関数をセルI5～I10にコピーすると、商品ごとの売上金額が求められる

HINT! SUMIF関数って何？

SUMIF関数は、指定した条件に合致したレコードの値を合計する関数です。このレッスンでは、セルH4～H10に入力した商品名を条件として、[商品名] のフィールドを検索し、一致したレコードの金額を合計します。

●SUMIF関数の書式

=SUMIF(範囲,検索条件,合計範囲)

▶指定した[検索条件]を[範囲]の中から探して、一致するレコードの[合計範囲]の値を合計する

HINT! 集計行を表示するには

テーブルの一番下の行に集計行を表示するには､以下の手順で操作します。

1 [テーブルツール]の[デザイン]タブをクリック

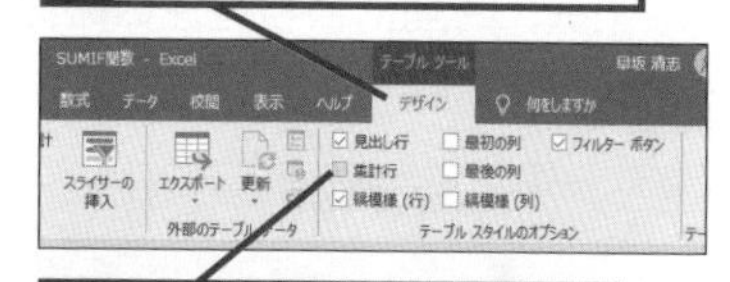

2 [集計行] をクリックしてチェックマークを付ける

集計行が表示された

間違った場合は？

正しく集計されない場合は、関数のセル参照が間違っていないかを確認しましょう。指定した検索条件が範囲に見つからない可能性もあります。もう一度、セル I4に入力した関数を確認してみましょう。

レッスン

59 得意先ごとの取引件数を数えるには

COUNTIF関数

対応バージョン

365 2019 2016 2013

レッスンで使う練習用ファイル
COUNTIF関数.xlsx

動画で見る
詳細は3ページへ

レコード数を求めるなら、COUNTIF関数

レコード数を「数える」のは非常に骨の折れる作業ですし、数え間違いの可能性もあります。Excelには、レコード数を数える機能も備わっていますが、複数の項目をまとめて数えるには不向きです。下の［Before］の画面は、［得意先］フィールドのフィルターボタンを利用して［株式会社大化事務機］を抽出し、レコード数を確認している状態です。しかしまとめてレコード数を求めるときは、COUNTIF関数を利用するといいでしょう（［After］の画面）。レッスン㊳と同じように、集計用の表を用意して、指定する条件（このレッスンでは「得意先」）を入力しておけば、レコード数を簡単に求められます。

COUNTIF関数を使えば、商品の在庫数の確認や特定の取引先との取引数、時期による発注数の傾向なども調べられます。

Before

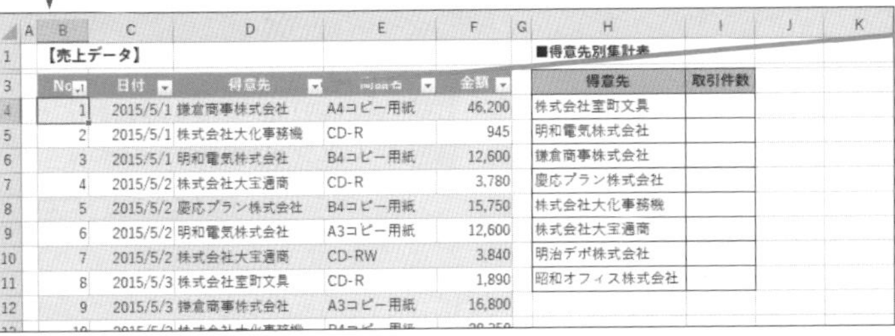

【売上データ】

No	日付	得意先	商品名	金額
1	2015/5/1	鎌倉商事株式会社	A4コピー用紙	46,200
2	2015/5/1	株式会社大化事務機	CD-R	945
3	2015/5/1	明和電気株式会社	B4コピー用紙	12,600
4	2015/5/2	株式会社大宝通商	CD-R	3,780
5	2015/5/2	慶応プラン株式会社	B4コピー用紙	15,750
6	2015/5/2	明和電気株式会社	A3コピー用紙	12,600
7	2015/5/2	株式会社大宝通商	CD-RW	3,840
8	2015/5/3	株式会社室町文具	CD-R	1,890
9	2015/5/3	鎌倉商事株式会社	A3コピー用紙	16,800

■得意先別集計表

得意先	取引件数
株式会社室町文具	
明和電気株式会社	
鎌倉商事株式会社	
慶応プラン株式会社	
株式会社大化事務機	
株式会社大宝通商	
明治デポ株式会社	
昭和オフィス株式会社	

After

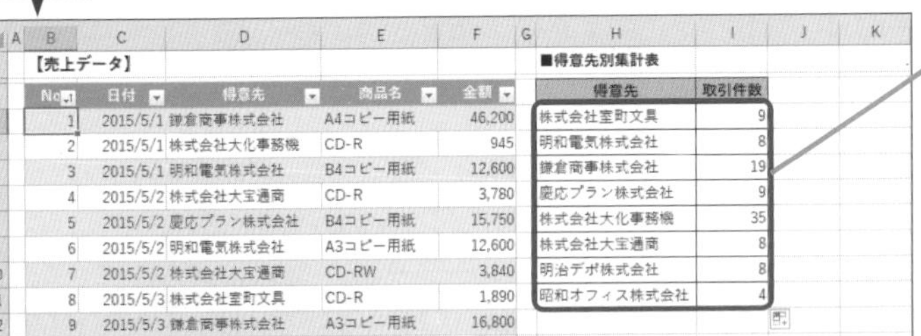

【売上データ】

No	日付	得意先	商品名	金額
1	2015/5/1	鎌倉商事株式会社	A4コピー用紙	46,200
2	2015/5/1	株式会社大化事務機	CD-R	945
3	2015/5/1	明和電気株式会社	B4コピー用紙	12,600
4	2015/5/2	株式会社大宝通商	CD-R	3,780
5	2015/5/2	慶応プラン株式会社	B4コピー用紙	15,750
6	2015/5/2	明和電気株式会社	A3コピー用紙	12,600
7	2015/5/2	株式会社大宝通商	CD-RW	3,840
8	2015/5/3	株式会社室町文具	CD-R	1,890
9	2015/5/3	鎌倉商事株式会社	A3コピー用紙	16,800

■得意先別集計表

得意先	取引件数
株式会社室町文具	9
明和電気株式会社	8
鎌倉商事株式会社	19
慶応プラン株式会社	9
株式会社大化事務機	35
株式会社大宝通商	8
明治デポ株式会社	8
昭和オフィス株式会社	4

このレッスンで入力する関数

```
=COUNTIF(売上データTBL[得意先],H4)
```

▶セルH4に入力された値で［売上データTBL］の中の［得意先］フィールドを検索して、合致するレコードのフィールドを数える

関連レッスン

キーワード

① COUNTIF関数を入力する

「株式会社室町文具」との取引件数を求める

1 セルI4に「=COUNTIF(売上データTBL[得意先],H4)」と入力

2 Enter キーを押す

I4 | =COUNTIF(売上データTBL[得意先],H4)

【売上データ】　　■得意先別集計表

No.	日付	得意先	商品名	金額		得意先	取引件数
1	2015/5/1	鎌倉商事株式会社	A4コピー用紙	46,200		株式会社室町文具	=COUNTIF(売上データTBL[得意先],H4)
2	2015/5/1	株式会社大化事務機	CD-R	945		明和電気株式会社	
3	2015/5/1	明和電気株式会社	B4コピー用紙	12,600		鎌倉商事株式会社	
4	2015/5/2	株式会社大宝通商	CD-R	3,780		慶応プラン株式会社	
5	2015/5/2	慶応プラン株式会社	B4コピー用紙	15,750		株式会社大化事務機	
6	2015/5/2	明和電気株式会社	A3コピー用紙	12,600		株式会社大宝通商	
7	2015/5/2	株式会社大宝通商	CD-RW	3,840		明治デポ株式会社	
8	2015/5/3	株式会社室町文具	CD-R	1,890		昭和オフィス株式会社	
9	2015/5/3	鎌倉商事株式会社	A3コピー用紙	16,800			
10	2015/5/3	株式会社大化事務機	B4コピー用紙	28,350			
11	2015/5/4	株式会社室町文具	B4コピー用紙	37,800			
12	2015/5/4	株式会社大化事務機	A4コピー用紙	46,200			
13	2015/5/5	株式会社大化事務機	A4コピー用紙	50,400			
14	2015/5/5	株式会社大化事務機	A4コピー用紙	54,600			
15	2015/5/5	株式会社大化事務機	CD-R	2,835			

売上データ　商品一覧　得意先一覧

② 取引先ごとの発注件数が表示された

「株式会社室町文具」との取引件数が求められた

45ページのテクニックを参考に、セルI4のフィルハンドルをダブルクリックして関数をコピーしておく

【売上データ】　　■得意先別集計表

No.	日付	得意先	商品名	金額		得意先	取引件数
1	2015/5/1	鎌倉商事株式会社	A4コピー用紙	46,200		株式会社室町文具	9
2	2015/5/1	株式会社大化事務機	CD-R	945		明和電気株式会社	
3	2015/5/1	明和電気株式会社	B4コピー用紙	12,600		鎌倉商事株式会社	
4	2015/5/2	株式会社大宝通商	CD-R	3,780		慶応プラン株式会社	
5	2015/5/2	慶応プラン株式会社	B4コピー用紙	15,750		株式会社大化事務機	
6	2015/5/2	明和電気株式会社	A3コピー用紙	12,600		株式会社大宝通商	
7	2015/5/2	株式会社大宝通商	CD-RW	3,840		明治デポ株式会社	
8	2015/5/3	株式会社室町文具	CD-R	1,890		昭和オフィス株式会社	
9	2015/5/3	鎌倉商事株式会社	A3コピー用紙	16,800			
10	2015/5/3	株式会社大化事務機	B4コピー用紙	28,350			
11	2015/5/4	株式会社室町文具	B4コピー用紙	37,800			
12	2015/5/4	株式会社大化事務機	A4コピー用紙	46,200			
13	2015/5/5	株式会社大化事務機	A4コピー用紙	50,400			
14	2015/5/5	株式会社大化事務機	A4コピー用紙	54,600			
15	2015/5/5	株式会社大化事務機	CD-R	2,835			

セルI4に入力した関数をセルI5～I11にコピーすると、すべての得意先との取引件数が求められる

HINT!

COUNTIF関数って何？

COUNTIF関数は、条件を指定して、その条件に合致したレコードのフィールドを数える関数です。このレッスンでは、［得意先］フィールドに、セルH4～H11に入力した得意先が何件あるかを数えています。

●COUNTIF関数の書式

=COUNTIF(範囲,検索条件)

▶指定した［範囲］の中に［検索条件］を満たすフィールドの数を数える

間違った場合は？

件数が正しく求められないときは、関数の引数［範囲］や［検索条件］に指定した内容が間違っていないかを確認します。また検索条件がデータベース内（このレッスンでは［得意先］フィールド）の文字列と合致しているかを確認してください。

レッスン

60 複数の条件を満たすレコードを数えるには

COUNTIFS関数

対応バージョン

365 | 2019 | 2016 | 2013

レッスンで使う練習用ファイル
COUNTIFS関数.xlsx

条件を並べて素早く数える

「売り上げ目標を達成した日数を得意先ごとに数えたい」「ある商品を一定金額以上購入している顧客数を調べたい」など、**複数の条件を満たすレコードを数えたいときは、このレッスンで紹介するCOUNTIFS関数を利用しましょう。**検索条件範囲と検索条件を交互に並べて指定すれば、フィルターで指定した［AND］と同じように検索結果を絞り込めます。

このレッスンでは、得意先ごとに日別の売上金額が3万円以下と1万円以下のレコードを数えます。検索条件には、「>=」や「<=」などの比較演算子が使えるので、「100000以上、200000以下」といった条件を設定できます。

関連レッスン

▶レッスン59
得意先ごとの取引件数を数えるには……p.244
▶レッスン61
商品と得意先ごとの発注金額を集計するには……p.248

キーワード

関数	p.309
フィールド	p.312
レコード	p.312

After

B4 1

【売上データ】

No	日付	得意先	商品名	金額
1	2015/5/1	鎌倉商事株式会社	A4コピー用紙	46,200
2	2015/5/1	株式会社大化事務機	CD-R	945
3	2015/5/1	明和電気株式会社	B4コピー用紙	12,600
4	2015/5/2	株式会社大宝通商	CD-R	3,780
5	2015/5/2	慶応プラン株式会社	B4コピー用紙	15,750
6	2015/5/2	明和電気株式会社	A3コピー用紙	12,600
7	2015/5/2	株式会社大宝通商	CD-RW	3,840
8	2015/5/3	株式会社室町文具	CD-R	1,890
9	2015/5/3	鎌倉商事株式会社	A3コピー用紙	16,800
10	2015/5/3	株式会社大化事務機	B4コピー用紙	28,350
11	2015/5/4	株式会社室町文具	B4コピー用紙	37,800
12	2015/5/4	株式会社大化事務機	A4コピー用紙	46,200
13	2015/5/5	株式会社大化事務機	A4コピー用紙	50,400
14	2015/5/5	株式会社大化事務機	A4コピー用紙	54,600
15	2015/5/5	株式会社大化事務機	CD-R	2,835

■取引件数

	3万円以上	1万円以下
株式会社室町文具	1	7
明和電気株式会社	2	3
鎌倉商事株式会社	3	12
慶応プラン株式会社	0	6
株式会社大化事務機	6	19
株式会社大宝通商	0	5
明治デポ株式会社	2	6
昭和オフィス株式会社	0	4

「3万円以上」「1万円以下」という条件で、得意先との取引件数を求められる

このレッスンで入力する関数

```
=COUNTIFS(売上データTBL[得意先],H4,売上データTBL[金額],">=30000")
```

▶［売上データTBL］の中の［得意先］フィールドの中でセルH4の値と一致し、かつ［売上データTBL］の中の［金額］フィールドの中で30000以上のレコード数を数える

```
=COUNTIFS(売上データTBL[得意先],H4,売上データTBL[金額],"<=10000")
```

▶［売上データTBL］の中の［得意先］フィールドの中でセルH4の値と一致し、かつ［売上データTBL］の中の［金額］フィールドの中で10000以下のレコード数を数える

1 COUNTIFS関数を入力する

「株式会社室町文具」の日別の売上金額が3万円以上の件数と1万円以下の件数を数える

1 セルＩ4に「=COUNTIFS(売上データTBL[得意先],H4,売上データTBL[金額],">=30000")」と入力

=COUNTIFS(売上データTBL[得意先],H4,売上データTBL[金額],">=30000")

付	得意先	商品名	金額			3万円以上	1万円以下
5/5/1	鎌倉商事株式会社	A4コピー用紙	46,200		株式会社室町文具	=COUNTIFS(売上データTBL[得意先],H4,売上データTBL[金額],">=30000")	
5/5/1	株式会社大化事務機	CD-R	945		明和電気株式会社		
5/5/1	明和電気株式会社	B4コピー用紙	12,600		鎌倉商事株式会社		
5/5/2	株式会社大宝通商	CD-R	3,780		慶応プラン株式会社		
5/5/2	慶応プラン株式会社	B4コピー用紙	15,750		株式会社大化事務機		
5/5/2	明和電気株式会社	A3コピー用紙	12,600		株式会社大宝通商		
5/5/2	株式会社大宝通商	CD-RW	3,840		明治デポ株式会社		

2 Enter キーを押す

3 セルJ4に「=COUNTIFS(売上データTBL[得意先],H4,売上データTBL[金額],"<=10000")」と入力

=COUNTIFS(売上データTBL[得意先],H4,売上データTBL[金額],"<=10000")

付	得意先	商品名	金額			3万円以上	1万円以下
5/5/1	鎌倉商事株式会社	A4コピー用紙	46,200		株式会社室町文具	1	=COUNTIFS(売上データTBL[得意先],H4,売上データTBL[金額],"<=10000")
5/5/1	株式会社大化事務機	CD-R	945		明和電気株式会社		
5/5/1	明和電気株式会社	B4コピー用紙	12,600		鎌倉商事株式会社		
5/5/2	株式会社大宝通商	CD-R	3,780		慶応プラン株式会社		
5/5/2	慶応プラン株式会社	B4コピー用紙	15,750		株式会社大化事務機		
5/5/2	明和電気株式会社	A3コピー用紙	12,600		株式会社大宝通商		
5/5/2	株式会社大宝通商	CD-RW	3,840		明治デポ株式会社		

4 Enter キーを押す

2 金額ごとに取引件数が表示された

「株式会社室町文具」の日別の売上金額で、3万円以下と1万円以下の条件を満たす件数が表示された

【売上データ】 ■取引件数

No	日付	得意先	商品名	金額			3万円以上	1万円以下
1	2015/5/1	鎌倉商事株式会社	A4コピー用紙	46,200		株式会社室町文具	1	7
2	2015/5/1	株式会社大化事務機	CD-R	945		明和電気株式会社		
3	2015/5/1	明和電気株式会社	B4コピー用紙	12,600		鎌倉商事株式会社		
4	2015/5/2	株式会社大宝通商	CD-R	3,780		慶応プラン株式会社		
5	2015/5/2	慶応プラン株式会社	B4コピー用紙	15,750		株式会社大化事務機		
6	2015/5/2	明和電気株式会社	A3コピー用紙	12,600		株式会社大宝通商		
7	2015/5/2	株式会社大宝通商	CD-RW	3,840		明治デポ株式会社		
8	2015/5/3	株式会社室町文具	CD-R	1,890		昭和オフィス株式会社		
9	2015/5/3	鎌倉商事株式会社	A3コピー用紙	16,800				
10	2015/5/3	株式会社大化事務機	B4コピー用紙	28,350				
11	2015/5/4	株式会社室町文具	B4コピー用紙	37,800				

セルI4～J4をドラッグし、45ページのテクニックを参考にセルJ4のフィルハンドルをダブルクリックして、関数をコピーしておく

セルI4～J4に入力した関数をセルI5～J11にコピーすると、すべての得意先との取引件数が求められる

HINT! COUNTIFS関数って何？

COUNTIFS関数は、指定した複数の条件をすべて満たすレコードを数える関数です。手順1では、セルH4に入力した得意先で売り上げが3万円以上のレコード数と、セルH4に入力した得意先で売り上げが1万円以下のレコード数を求めます。

●COUNTIFS関数の書式

=COUNTIFS(検索条件範囲1,検索条件1,検索条件範囲2,検索条件2,……検索条件範囲127,検索条件127)

▶指定した［検索条件範囲］の中で［検索条件］を満たすフィールドの数を数える

間違った場合は？

正しく集計されない場合は、関数のセル参照が間違っていないかを確認しましょう。指定した検索条件が範囲に見つからない可能性もあります。もう一度、セルＩ4に入力した関数を確認してみましょう。

レッスン 61 商品と得意先ごとの発注金額を集計するには

SUMIFS関数

対応バージョン

365　2019　2016　2013

レッスンで使う練習用ファイル
SUMIFS関数.xlsx

複数条件を満たすレコードの合計はSUMIFS関数を利用する

ここでは、商品と取引先ごとに発注金額を集計してみましょう。このような集計表を「クロス集計表」と呼びます。関数で2つのフィールドを基準に集計するためには、SUMIFS関数を利用します。データベースに含まれる項目を縦横に並べて、データベースとは別に集計表を用意しておきます。そして、絶対参照を上手に使って、フィールドの項目を条件値として活用するのがポイントです。

関連レッスン

▶レッスン60
複数の条件を満たすレコードを数えるには……p.246

キーワード

オートフィル	p.308
関数	p.309
構造化参照	p.309
集計	p.309

Before

A1

【売上データ】

No	日付	得意先	商品名	金額
1	2015/5/1	鎌倉商事株式会社	A4コピー用紙	46,200
2	2015/5/1	株式会社大化事務機	CD-R	945
3	2015/5/1	明和電気株式会社	B4コピー用紙	12,600
4	2015/5/2	株式会社大宝通商	CD-R	3,780
5	2015/5/2	慶応プラン株式会社	B4コピー用紙	15,750
6	2015/5/2	明和電気株式会社	A3コピー用紙	12,600
7	2015/5/2	株式会社大宝通商	CD-RW	3,840
8	2015/5/3	株式会社室町文具	CD-R	1,890
9	2015/5/3	鎌倉商事株式会社	A3コピー用紙	16,800
10	2015/5/3	株式会社大化事務機	B4コピー用紙	28,350
11	2015/5/4	株式会社室町文具	B4コピー用紙	37,800
12	2015/5/4	株式会社大化事務機	A4コピー用紙	46,200

■売上集計表

	A4コピー用紙	A3コピー用紙	B5コピー用
株式会社室町文具			
明和電気株式会社			
鎌倉商事株式会社			
慶応プラン株式会社			
株式会社大化事務機			
株式会社大宝通商			
明治デポ株式会社			
昭和オフィス株式会社			

After

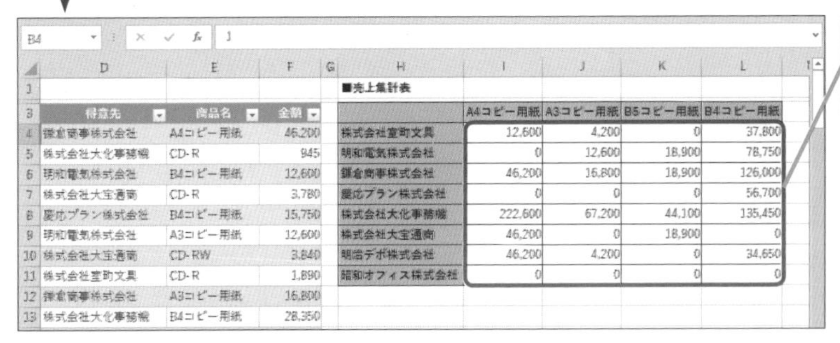

B4　1

得意先	商品名	金額
鎌倉商事株式会社	A4コピー用紙	46,200
株式会社大化事務機	CD-R	945
明和電気株式会社	B4コピー用紙	12,600
株式会社大宝通商	CD-R	3,780
慶応プラン株式会社	B4コピー用紙	15,750
明和電気株式会社	A3コピー用紙	12,600
株式会社大宝通商	CD-RW	3,840
株式会社室町文具	CD-R	1,890
鎌倉商事株式会社	A3コピー用紙	16,800
株式会社大化事務機	B4コピー用紙	28,350

■売上集計表

	A4コピー用紙	A3コピー用紙	B5コピー用紙	B4コピー用紙
株式会社室町文具	12,600	4,200	0	37,800
明和電気株式会社	0	12,600	18,900	78,750
鎌倉商事株式会社	46,200	16,800	18,900	126,000
慶応プラン株式会社	0	0	0	56,700
株式会社大化事務機	222,600	67,200	44,100	135,450
株式会社大宝通商	46,200	0	18,900	0
明治デポ株式会社	46,200	4,200	0	34,650
昭和オフィス株式会社	0	0	0	0

このレッスンで入力する関数

=SUMIFS(売上データTBL[金額],売上データTBL[得意先],$H4,売上データTBL[商品名],I$3)

▶セルH4の値が［売上データTBL］の中の［得意先］フィールドにあり、かつセルＩ3の値が［売上データTBL］の中の［商品名］フィールドにある場合にF列の値を合計する

① SUMIFS関数を入力する

「株式会社室町文具」が発注した「A4コピー用紙」の合計金額を求める

1 セルＩ4に「=SUMIFS(売上データTBL[金額],売上データTBL[得意先],$H4,売上データTBL[商品名],Ｉ$3)」と入力

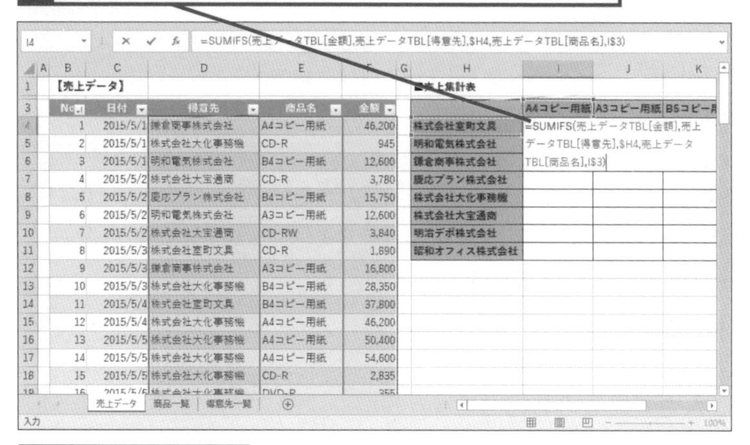
=SUMIFS(売上データTBL[金額],売上データTBL[得意先],$H4,売上データTBL[商品名],I$3)

【売上データ】

No	日付	得意先	商品名	金額
1	2015/5/1	鎌倉商事株式会社	A4コピー用紙	46,200
2	2015/5/1	株式会社大化事務機	CD-R	945
3	2015/5/1	明和電気株式会社	B4コピー用紙	12,600
4	2015/5/2	株式会社大宝通商	CD-R	3,780
5	2015/5/2	慶応プラン株式会社	B4コピー用紙	15,750
6	2015/5/2	明和電気株式会社	A3コピー用紙	12,600
7	2015/5/2	株式会社大宝通商	CD-RW	3,840
8	2015/5/3	株式会社室町文具	CD-R	1,890
9	2015/5/3	鎌倉商事株式会社	A3コピー用紙	16,800
10	2015/5/3	株式会社大化事務機	B4コピー用紙	28,350
11	2015/5/4	株式会社室町文具	B4コピー用紙	37,800
12	2015/5/4	株式会社大化事務機	A4コピー用紙	46,200
13	2015/5/5	株式会社大化事務機	A4コピー用紙	50,400
14	2015/5/5	株式会社大化事務機	A4コピー用紙	54,600
15	2015/5/5	株式会社大化事務機	CD-R	2,835

売上集計表

	A4コピー用紙	A3コピー用紙	B5コピー用
株式会社室町文具	=SUMIFS(売上データTBL[金額],売上データTBL[得意先],$H4,売上データTBL[商品名],I$3)		
明和電気株式会社			
鎌倉商事株式会社			
慶応プラン株式会社			
株式会社大化事務機			
株式会社大宝通商			
明治デポ株式会社			
昭和オフィス株式会社			

売上データ　商品一覧　得意先一覧

2 Enter キーを押す

② 商品と得意先ごとの発注金額が集計された

「株式会社室町文具」が発注した「A4コピー用紙」の合計金額が求められた

【売上データ】

No	日付	得意先	商品名	金額
1	2015/5/1	鎌倉商事株式会社	A4コピー用紙	46,200
2	2015/5/1	株式会社大化事務機	CD-R	945
3	2015/5/1	明和電気株式会社	B4コピー用紙	12,600
4	2015/5/2	株式会社大宝通商	CD-R	3,780
5	2015/5/2	慶応プラン株式会社	B4コピー用紙	15,750
6	2015/5/2	明和電気株式会社	A3コピー用紙	12,600
7	2015/5/2	株式会社大宝通商	CD-RW	3,840
8	2015/5/3	株式会社室町文具	CD-R	1,890
9	2015/5/3	鎌倉商事株式会社	A3コピー用紙	16,800
10	2015/5/3	株式会社大化事務機	B4コピー用紙	28,350
11	2015/5/4	株式会社室町文具	B4コピー用紙	37,800
12	2015/5/4	株式会社大化事務機	A4コピー用紙	46,200
13	2015/5/5	株式会社大化事務機	A4コピー用紙	50,400
14	2015/5/5	株式会社大化事務機	A4コピー用紙	54,600
15	2015/5/5	株式会社大化事務機	CD-R	2,835

売上集計表

	A4コピー用紙	A3コピー用紙	B5コピー用
株式会社室町文具	12,600		
明和電気株式会社			
鎌倉商事株式会社			
慶応プラン株式会社			
株式会社大化事務機			
株式会社大宝通商			
明治デポ株式会社			
昭和オフィス株式会社			

売上データ　商品一覧　得意先一覧

45ページのテクニックを参考に、セルＩ4のフィルハンドルをダブルクリックして関数をコピーしておく

セルＩ4～Ｉ11をコピーして、セルJ4～L11に貼り付けておく

HINT! SUMIFS関数って何？

SUMIFS関数は、複数の条件に合致するレコードのフィールドを合計する関数です。このレッスンでは、得意先と商品名を条件として、どちらにも合致するレコードの発注金額の合計を求めています。

●SUMIFS関数の書式

=SUMIFS(合計対象範囲,条件範囲1,条件1,条件範囲2,条件2,……,条件範囲127,条件127)

▶複数の条件に一致する合致するレコードを検索して、合計対象範囲のフィールドの値を合計する。127個までの引数を指定できる

HINT! 構造化参照を利用した数式を右のセルにコピーするときはオートフィルを実行しない

セルＩ4に入力した関数を右の列にコピーするときは、オートフィルを実行しないようにします。手順1では、[金額][得意先][商品名]のフィールドを構造化参照した数式を入力しました。しかし、セルＩ4のフィルハンドルを右にドラッグすると、引数の参照先が［No］［商品名］［金額］のフィールドになってしまい、正しい結果が得られません。従って、手順2でセルＩ4のフィルハンドルをダブルクリックしてセルＩ5～Ｉ11に数式をコピーしたら、セルＩ4～Ｉ11をコピーして、セルJ4～L11に貼り付けます。構造化参照を利用した数式では、コピーと貼り付けを実行した場合と、オートフィルを実行した場合で参照先のセルが変わることに注意してください。

レッスン

62 表の中に折れ線グラフを表示するには

スパークライン

対応バージョン

365 2019 2016 2013

レッスンで使う練習用ファイル
スパークライン.xlsx

スパークラインでデータの推移が分かる

「集計表のほかにグラフを書類に入れたいが、スペースがない」という場合もあります。そんなときは、数値の推移を表す小さいグラフをセルに表示するといいでしょう。レッスン㊸では、セルに横棒グラフを表示するデータバーの機能を紹介しました。このレッスンでは、「スパークライン」という機能を紹介します。[After] の例を見てください。スパークラインを利用すれば、セル内に小さな折れ線グラフを表示して、4月から9月までの売り上げの推移を簡単に表せます。また、スパークラインを挿入したセルは、通常のセルのようにデータを入力できるのも特徴です。そこでこのレッスンでは、スパークラインを挿入したセルに順位を表す関数を入力し、「売り上げの推移」と「売り上げの順位」がひと目で分かるように表をカスタマイズします。

関連レッスン

▶レッスン53
セルに横棒グラフを
表示するには ………………………… p.222

キーワード

スパークライン	p.310
データバー	p.311

Before

【商品別売上推移】

	4月	5月	6月	7月	8月	9月	合計
東北支店	840,000	504,000	168,000	252,000	210,000	630,000	2,604,000
関東支店	88,200	134,400	100,800	75,600	92,400	105,000	596,400
東京支店	504,000	126,000	157,500	63,000	78,000	315,000	1,243,500
中部支店	97,650	129,150	88,200	97,650	113,400	126,000	652,050
関西支店	1,914,885	1,177,890	684,075	597,135	642,695	1,474,305	6,490,985
九州支店	2,241,600	651,400	321,800	189,800	296,000	1,914,800	5,615,400
合計	5,686,335	2,722,840	1,520,375	1,275,185	1,432,495	4,565,105	17,202,335

売り上げの推移と売上合計の順位がひと目で分かるようにしたい

After

【商品別売上推移】

	4月	5月	6月	7月	8月	9月	売上推移	合計
東北支店	840,000	504,000	168,000	252,000	210,000	630,000	3位	2,604,000
関東支店	88,200	134,400	100,800	75,600	92,400	105,000	6位	596,400
東京支店	504,000	126,000	157,500	63,000	78,000	315,000	4位	1,243,500
中部支店	97,650	129,150	88,200	97,650	113,400	126,000	5位	652,050
関西支店	1,914,885	1,177,890	684,075	597,135	642,695	1,474,305	1位	6,490,985
九州支店	2,241,600	651,400	321,800	189,800	296,000	1,914,800	2位	5,615,400
合計	5,686,335	2,722,840	1,520,375	1,275,185	1,432,495	4,565,105		17,202,335

スパークラインで売り上げの推移が分かる

RANK.EQ関数で売上合計の順位が求められる

① 列を挿入する

スパークラインを表示する列を挿入する

1 I列のここをクリック

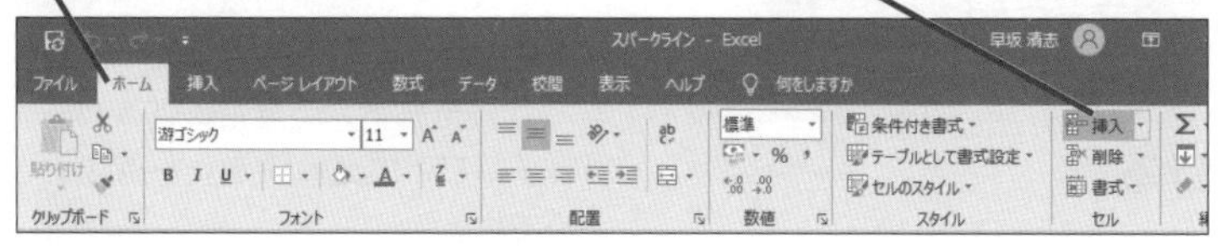

2 [ホーム] タブをクリック

3 [挿入] をクリック

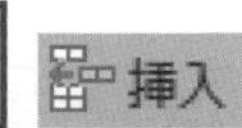

② スパークラインを表示する

ここでは、折れ線のスパークラインを使用する

1 セルＩ3に「売上推移」と入力

2 セルＩ4～Ｉ10をドラッグして選択

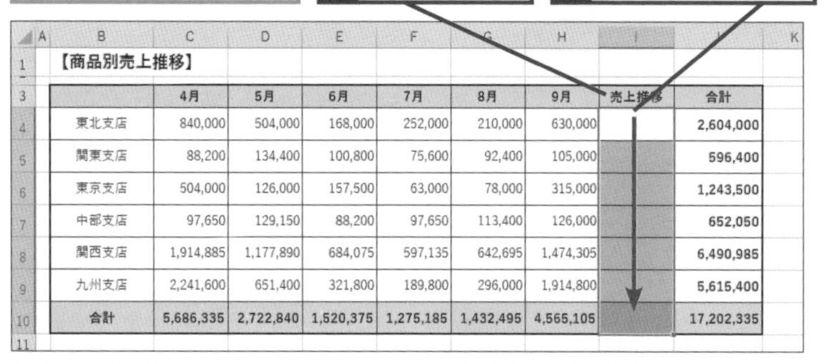

3 [挿入] タブをクリック

4 [折れ線] をクリック

[スパークラインの作成] ダイアログボックスが表示された

5 セルC4～H10をドラッグして選択

6 [OK] をクリック

HINT!
スパークラインを使いこなそう

スパークラインでは、「折れ線」「縦棒」「勝敗」の3つのグラフを描けます。時系列などのデータの推移を示すには「折れ線」、量の比較には「縦棒」を使います。「勝敗」は、プラスの値ならセルの上下中央から上、マイナスの値ならセルの上下中央から下に棒グラフを表示します。

スパークラインを表示するセル範囲を選択しておく

1 [挿入] タブをクリック

2 [縦棒スパークライン] をクリック

[スパークラインの作成] ダイアログボックスが表示された

3 データ範囲を入力

4 [OK] をクリック

[縦棒] のスパークラインが表示された

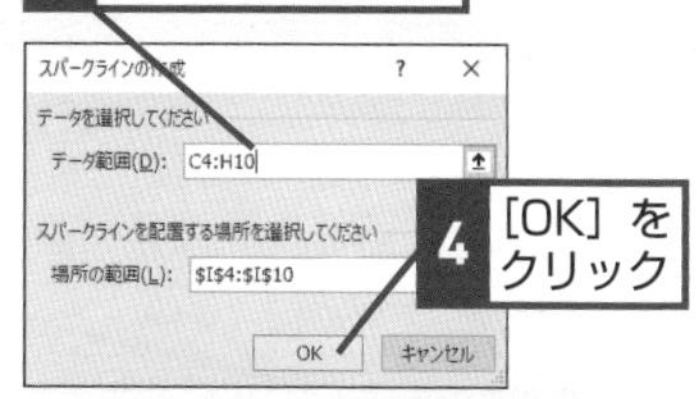

セル範囲が選択されていれば、ボタンをクリックして別のグラフを設定できる

次のページに続く

❸ スパークラインの頂点を強調表示する

スパークラインが表示された

1 ［スパークラインツール］の［デザイン］タブをクリック

2 ［頂点（山）］をクリックしてチェックマークを付ける

3 ［頂点（谷）］をクリックしてチェックマークを付ける

❹ スパークラインに順位を付ける

スパークラインに1位～6位までの順位を表示させる

1 ［軸］をクリック

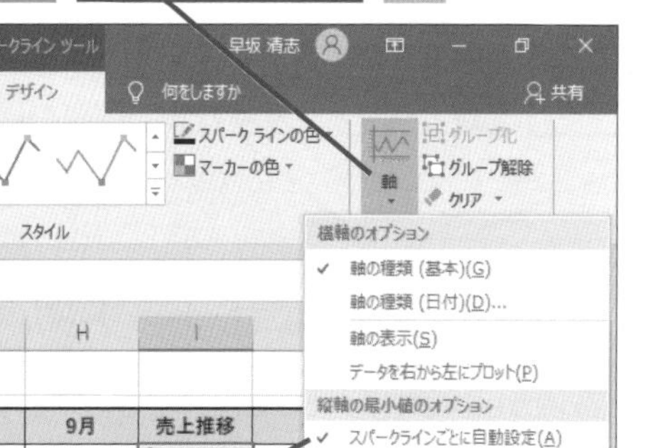

2 ［スパークラインごとに自動設定］にチェックマークが付いていることを確認

RANK.EQ関数を入力して、セルに順位の文字を表示する

3 セルＩ４～Ｉ９をドラッグして選択

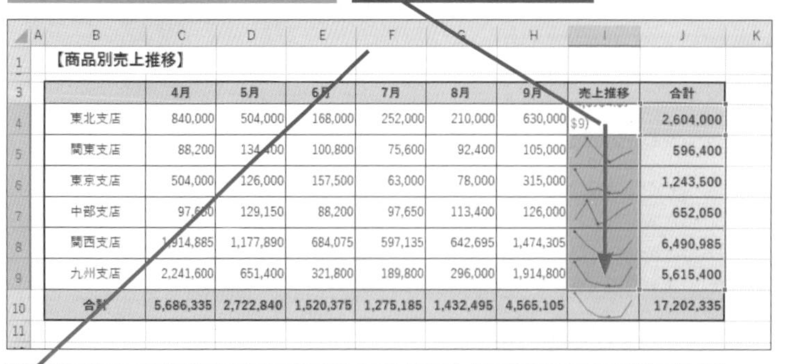

【商品別売上推移】

	4月	5月	6月	7月	8月	9月	売上推移	合計
東北支店	840,000	504,000	168,000	252,000	210,000	630,000	$9)	2,604,000
関東支店	88,200	134,400	100,800	75,600	92,400	105,000		596,400
東京支店	504,000	126,000	157,500	63,000	78,000	315,000		1,243,500
中部支店	97,650	129,150	88,200	97,650	113,400	126,000		652,050
関西支店	1,914,885	1,177,890	684,075	597,135	642,695	1,474,305		6,490,985
九州支店	2,241,600	651,400	321,800	189,800	296,000	1,914,800		5,615,400
合計	5,686,335	2,722,840	1,520,375	1,275,185	1,432,495	4,565,105		17,202,335

4 「=RANK.EQ(J4,$J$4:$J$9)」と入力

5 Ctrl＋Enterキーを押す

HINT!
［スパークラインごとに自動設定］を確認するのはなぜ？

基本的にグラフの縦軸の最小値はゼロにするのが原則ですが、データの傾向を見せる「折れ線」の場合は、より変化が分かりやすくなるように、縦軸の最小値をゼロ以外に設定しても構いません。［スパークラインの軸］で［すべてのスパークラインで同じ値］を選ぶと、数値の差が大きくなり過ぎて傾向が分からないこともあるため、［折れ線］の場合は［スパークラインごとに自動設定］を選ぶといいでしょう。

HINT!
RANK.EQ関数って何？

RANK.EQ関数は、順位を求める関数で、従来のRANK関数に相当します。順位は、数値の大きい順に付ける「降順」、小さい順に付ける「昇順」を［順序］の引数で指定します。

●RANK.EQ関数の書式

=RANK.EQ(数値,範囲,順序)

▶［数値］の引数に順位を求めたい値を指定し、［範囲］の引数に順位を求めるセル範囲を指定する。順位を「降順」で求める場合は、［順序］の引数を省略するか「0」を指定し、「昇順」で求める場合は「1」を指定する

HINT!
選択した範囲に同じ数式や文字列を一度に入力できる

あらかじめセル範囲を選択しておいてから数式や文字列を入力し、Ctrl＋Enterキーを押すと、その選択範囲に同じ内容を一度に入力できます。数式を入力する際は、数式が入力されたセルをコピーする際と同様に、相対参照のセル位置が自動的に調整されます。その一方で、セルの書式はコピーされないので、罫線などの書式が崩れず便利です。

5 ［セルの書式設定］ダイアログボックスを表示する

ここでは、順位の文字を中央にそろえる

1 ［ホーム］タブをクリック

2 ［中央揃え］をクリック

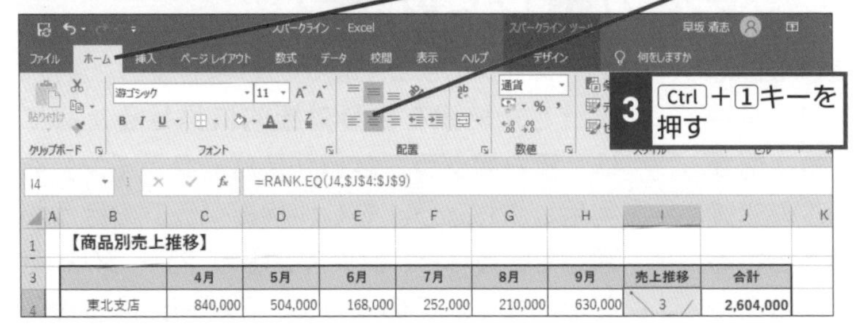

3 Ctrl＋1キーを押す

6 文字の表示形式と書式を変更する

［セルの書式設定］ダイアログボックスが表示された

1 ［表示形式］タブをクリック

2 ［ユーザー定義］をクリック

3 ここをクリックして「0"位"」と入力

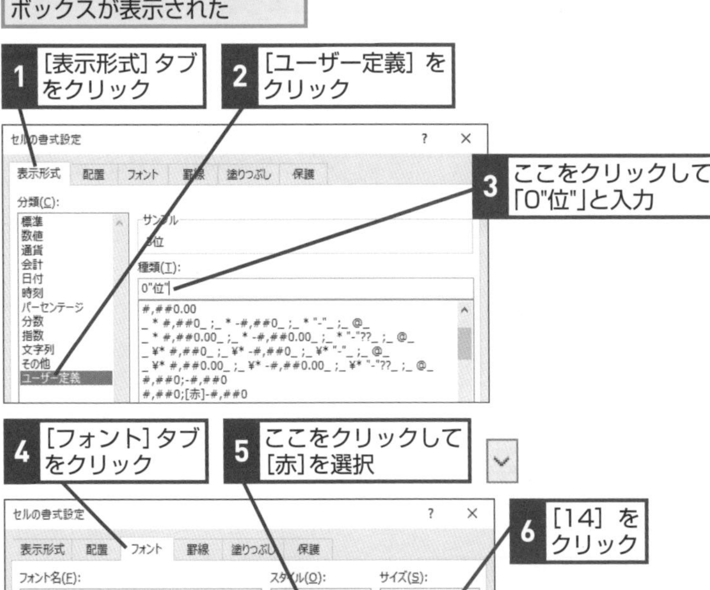

4 ［フォント］タブをクリック

5 ここをクリックして［赤］を選択

6 ［14］をクリック

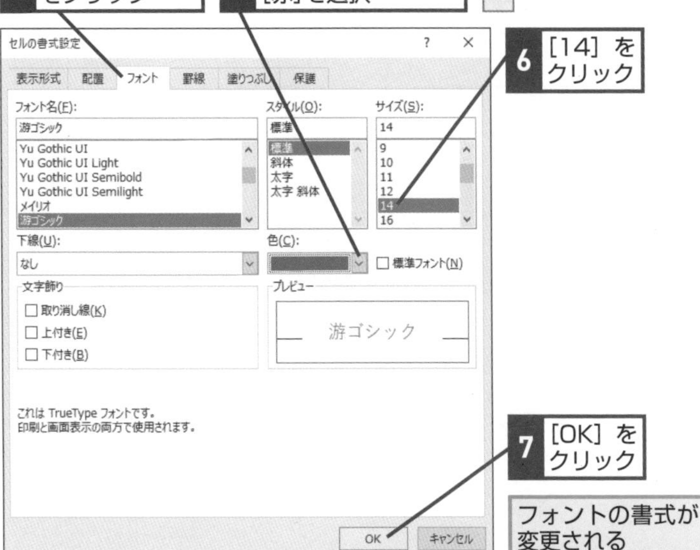

7 ［OK］をクリック

フォントの書式が変更される

HINT! スパークラインの色を変えるには

スパークラインの線や棒の色は、［スパークラインツール］の［デザイン］タブにある［スパークラインの色］ボタンをクリックして表示される一覧でで変更ができます。なお、［頂点（山）と［頂点（谷）］の色は、［マーカーの色］ボタンからで変更できます。縦棒グラフの場合、［頂点（山）］と［頂点（谷）］は、それぞれ最大値の棒と最小値の棒の色が変わるようになっています。

［スパークラインの色］をクリックすると、スパークラインの色を変更できる

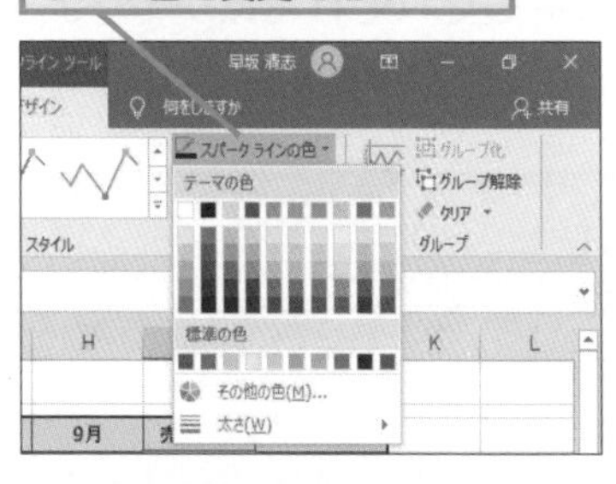

HINT! スパークラインをより分かりやすく見せる

このレッスンでは、スパークラインを設定したセルに順位を表示しました。結果が順位として分かりやすくなるように、文字に表示形式を設定しておきましょう。さらに目立たせるために、フォントの色を変えたり、フォントサイズを大きくしたりしてもいいでしょう。また、スパークラインは、一連のデータの結果を1つのセルに表示するので、より傾向を分かりやすくするために、スパークラインを表示するセルの列幅を広く、行の高さを高く設定するのもお薦めです。

この章のまとめ

●目的を明確にしてデータを分析してみよう

データベースは、データを集めるだけではなく、集計や分析にも使えることが非常に重要です。データが集まってくると、「今、何が売れているのか」「どの期間に、どこの店舗で売れていたのか」ということを調べられるようになります。この章では、主に関数を使用してデータを集計する方法を紹介しました。データを集計するには、次の11章のピボットテーブルを使う方法もあります。どちらにもそれぞれ特徴がありますので、シチュエーションによって使い分けましょう。また、集計した結果をより効果的に見せるためには、折れ線グラフなら「スパークライン」を利用しましょう。もし、横棒グラフのほうが適しているなら、レッスン㊸の「データバー」を使います。このように、Excelには多種多様な機能が用意されていますが、「どんな目的でデータを見たいのか」を常に明確にしたうえで、そのためにはどの機能が最適かという視点で活用しましょう。

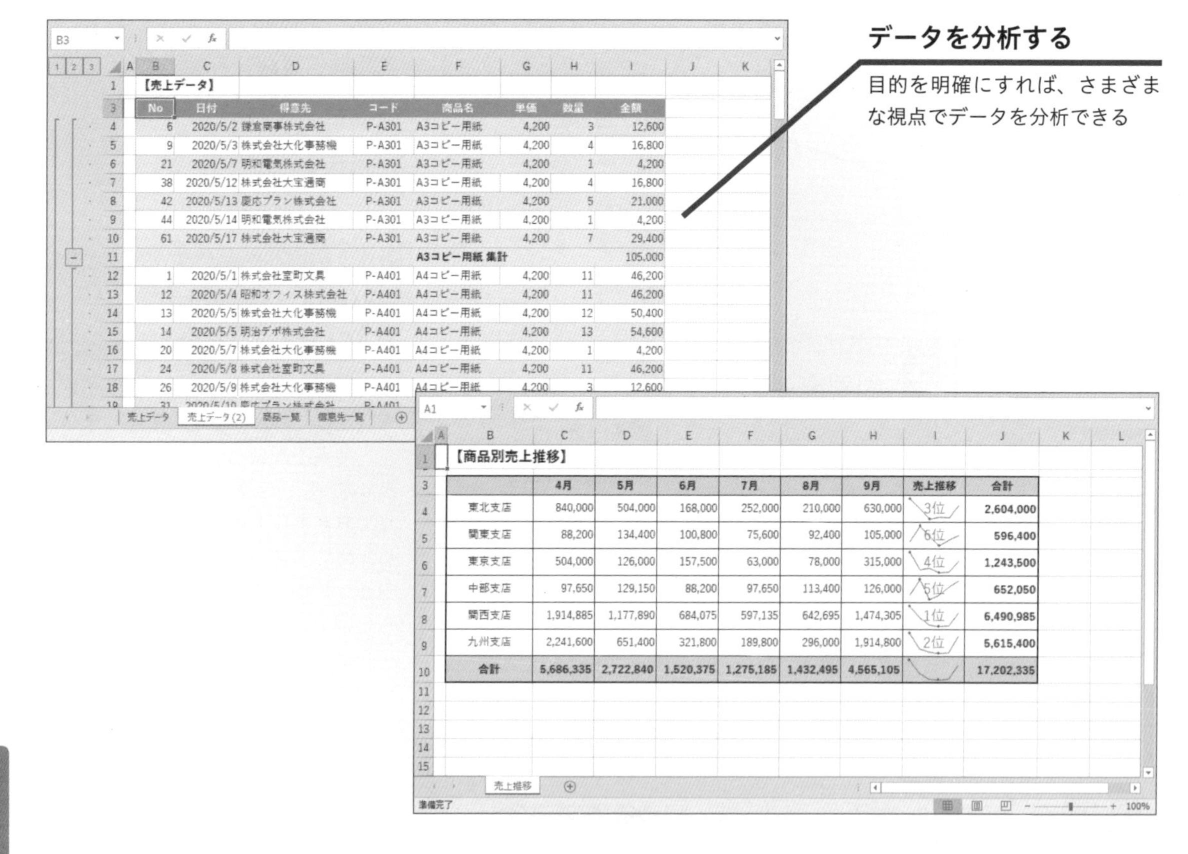

【売上データ】

No	日付	得意先	コード	商品名	単価	数量	金額
6	2020/5/2	鎌倉商事株式会社	P-A301	A3コピー用紙	4,200	3	12,600
9	2020/5/3	株式会社大化事務機	P-A301	A3コピー用紙	4,200	4	16,800
21	2020/5/7	明和電気株式会社	P-A301	A3コピー用紙	4,200	1	4,200
38	2020/5/12	株式会社大宝通商	P-A301	A3コピー用紙	4,200	4	16,800
42	2020/5/13	慶応プラン株式会社	P-A301	A3コピー用紙	4,200	5	21,000
44	2020/5/14	明和電気株式会社	P-A301	A3コピー用紙	4,200	1	4,200
61	2020/5/17	株式会社大宝通商	P-A301	A3コピー用紙	4,200	7	29,400
				A3コピー用紙 集計			105,000
1	2020/5/1	株式会社室町文具	P-A401	A4コピー用紙	4,200	11	46,200
12	2020/5/4	昭和オフィス株式会社	P-A401	A4コピー用紙	4,200	11	46,200
13	2020/5/5	株式会社大化事務機	P-A401	A4コピー用紙	4,200	12	50,400
14	2020/5/5	明治デポ株式会社	P-A401	A4コピー用紙	4,200	13	54,600
20	2020/5/7	株式会社大化事務機	P-A401	A4コピー用紙	4,200	1	4,200
24	2020/5/8	株式会社室町文具	P-A401	A4コピー用紙	4,200	11	46,200
26	2020/5/9	株式会社大化事務機	P-A401	A4コピー用紙	4,200	3	12,600

【商品別売上推移】

	4月	5月	6月	7月	8月	9月	売上推移	合計
東北支店	840,000	504,000	168,000	252,000	210,000	630,000	3位	2,604,000
関東支店	88,200	134,400	100,800	75,600	92,400	105,000	6位	596,400
東京支店	504,000	126,000	157,500	63,000	78,000	315,000	4位	1,243,500
中部支店	97,650	129,150	88,200	97,650	113,400	126,000	5位	652,050
関西支店	1,914,885	1,177,890	684,075	597,135	642,695	1,474,305	1位	6,490,985
九州支店	2,241,600	651,400	321,800	189,800	296,000	1,914,800	2位	5,615,400
合計	5,686,335	2,722,840	1,520,375	1,275,185	1,432,495	4,565,105		17,202,335

データを分析する

目的を明確にすれば、さまざまな視点でデータを分析できる

練習問題

1

[第10章_練習問題1.xlsx] を開いて、得意先別に売上金額を合計しましょう。

●ヒント：1つの条件を指定して合計を求めるには、SUMIF関数を使います。

練習用ファイル

第10章_練習問題1.xlsx

得意先別に取引金額を集計する

■得意先別集計表

得意先	商品名	金額		得意先	取引金額
鎌倉商事株式会社	A4コピー用紙	46,200		株式会社室町文具	76,460
株式会社大化事務機	CD-R	945		明和電気株式会社	116,040
明和電気株式会社	B4コピー用紙	12,600		鎌倉商事株式会社	244,075
株式会社大宝通商	CD-R	3,780		慶応プラン株式会社	73,755
慶応プラン株式会社	B4コピー用紙	15,750		株式会社大化事務機	513,970
明和電気株式会社	A3コピー用紙	12,600		株式会社大宝通商	78,390
株式会社大宝通商	CD-RW	3,840		明治デポ株式会社	98,675
株式会社室町文具	CD-R	1,890		昭和オフィス株式会社	12,075
鎌倉商事株式会社	A3コピー用紙	16,800			
株式会社大化事務機	B4コピー用紙	28,350			
株式会社室町文具	B4コピー用紙	37,800			

2

[第10章_練習問題2.xlsx] を開いて、セルH4に入力した金額以上の取引件数が何件あったかを求めてみましょう。取引件数が正しく求められたら、セルH4の数値を変更して、5万円以上の取引があったかどうかを確認してみましょう。

●ヒント：1つの条件を指定して件数を求めるには、COUNTIF関数を使います。セルH4に入力した値を利用して「○○以上」という条件にするには、条件の引数に「">="&H4」と指定します。

練習用ファイル

第10章_練習問題2.xlsx

1日3万円以上の取引があった件数を確認した後で、5万円以上の取引件数を数える

■取引金額件数

得意先	商品名	金額		以上	件数
鎌倉商事株式会社	A4コピー用紙	46,200		50,000	2
株式会社大化事務機	CD-R	945			
明和電気株式会社	B4コピー用紙	12,600			
株式会社大宝通商	CD-R	3,780			
慶応プラン株式会社	B4コピー用紙	15,750			
明和電気株式会社	A3コピー用紙	12,600			
株式会社大宝通商	CD-RW	3,840			
株式会社室町文具	CD-R	1,890			
鎌倉商事株式会社	A3コピー用紙	16,800			
株式会社大化事務機	B4コピー用紙	28,350			
株式会社室町文具	B4コピー用紙	37,800			

答えは次のページ

解　答

1

1 セルＩ4に「=SUMIF(売上データTBL[得意先],H4,売上データTBL[金額])」と入力

2 Enter キーを押す

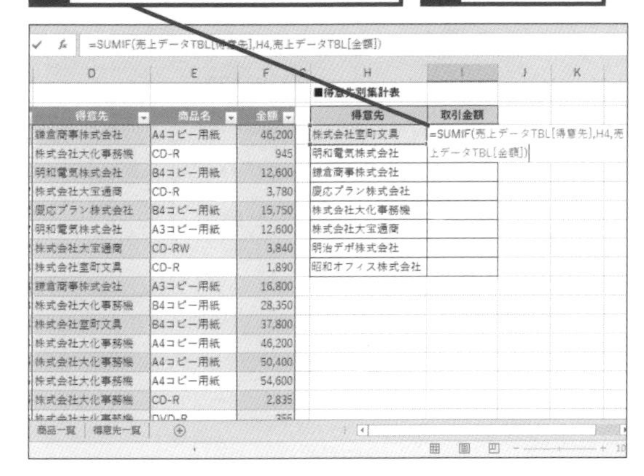

セルH4～H11に入力されている得意先の名前をSUMIF関数の引数に指定します。セルＩ4に数式を入力したら、セルＩ5～Ｉ11にコピーしておきます。

得意先ごとの売上金額が合計された

セルI4に入力した数式をセルI5～I11にコピーしておく

2

1 セルＩ4に「=COUNTIF(売上データTBL[金額],">="&H4)」と入力

2 Enter キーを押す

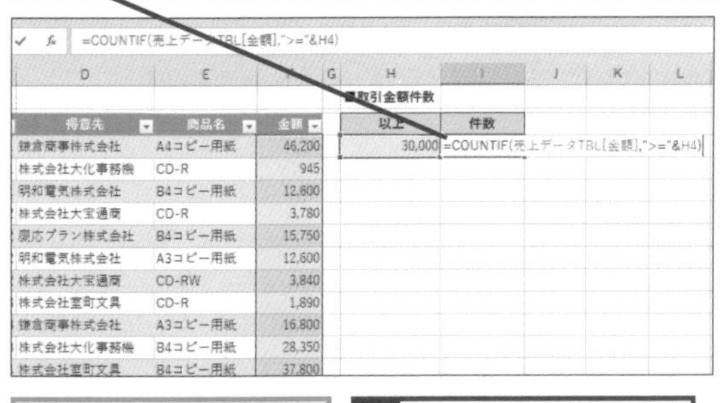

3万円以上の取引件数が表示された

3 セルH4に「50000」と入力

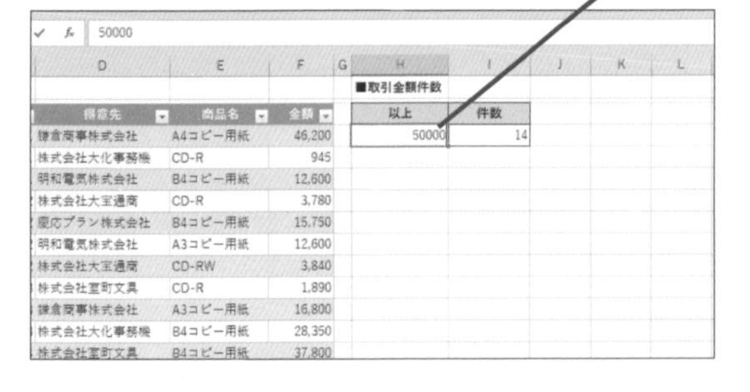

数値を条件にする場合、セルには数値だけを入力し、比較演算子は数式中で指定するのがお薦めです。こうすると、条件を指定しやすくなります。
ここでは、条件に「">="&H4」と指定します。こうすることで、「セルH4（の数値）以上」という条件を指定できます。誤って「">=H4"」などと指定しないように注意しましょう。

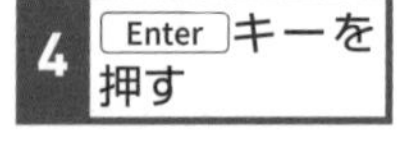

4 Enter キーを押す

5万円以上の取引件数が表示される

第11章 ピボットテーブルで集計表を作成しよう

集計対象のデータがデータベースの形式で入力されているなら、「ピボットテーブル」の機能で集計表を作成してみましょう。ピボットテーブルの機能を利用すれば、関数や数式を利用しなくてもクロス集計表などの複雑な集計表が簡単に作成できます。

●この章の内容

レッスン
63 ピボットテーブルを作成するには

ピボットテーブル

対応バージョン

365 2019 2016 2013

レッスンで使う練習用ファイル
ピボットテーブル.xlsx

動画で見る
詳細は3ページへ

ピボットテーブルで集計表を簡単に作成できる

ピボットテーブルの機能を利用すれば、集計表を簡単に作成できます。ピボットテーブルはテーブルから作成しますが、集計したい2つ以上のフィールドをフィールドセクションからレイアウトセクションにドラッグするだけで、商品ごとに売上金額を集計した表を作成できます。行や列のフィールドには、テーブルにあるデータが自動的に表示されます。なお、セル範囲からもピボットテーブルを作成できますが、新たにデータを追加したり削除したりすると、作成対象となるセル範囲を指定し直す必要があります。テーブルから作成しているのであれば、テーブル名で参照できるので、この必要はありません。ピボットテーブルを活用するなら、データベースをテーブルに変換しておくといいでしょう。

関連レッスン

▶レッスン64
商品を月ごとに
クロス集計するには……p.262

▶レッスン65
販売個数と売上金額を
同時に集計するには……p.264

キーワード

集計	p.309
テーブル	p.311
ピボットテーブル	p.311
フィールド名	p.312

Before

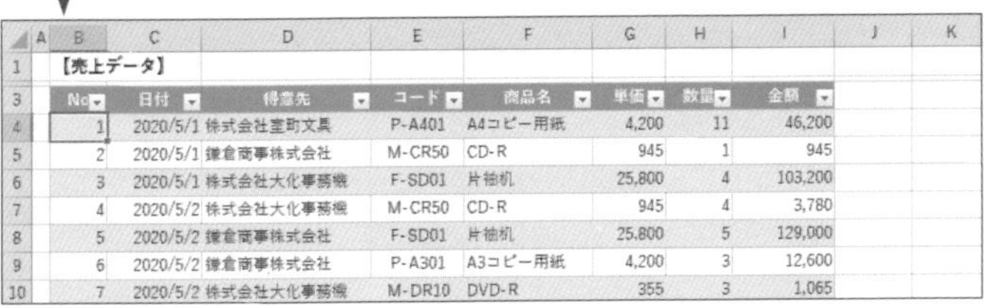

【売上データ】

No	日付	得意先	コード	商品名	単価	数量	金額
1	2020/5/1	株式会社室町文具	P-A401	A4コピー用紙	4,200	11	46,200
2	2020/5/1	鎌倉商事株式会社	M-CR50	CD-R	945	1	945
3	2020/5/1	株式会社大化事務機	F-SD01	片袖机	25,800	4	103,200
4	2020/5/2	株式会社大化事務機	M-CR50	CD-R	945	4	3,780
5	2020/5/2	鎌倉商事株式会社	F-SD01	片袖机	25,800	5	129,000
6	2020/5/2	鎌倉商事株式会社	P-A301	A3コピー用紙	4,200	3	12,600
7	2020/5/2	株式会社大化事務機	M-DR10	DVD-R	355	3	1,065

商品ごとに売上金額を集計したい

After

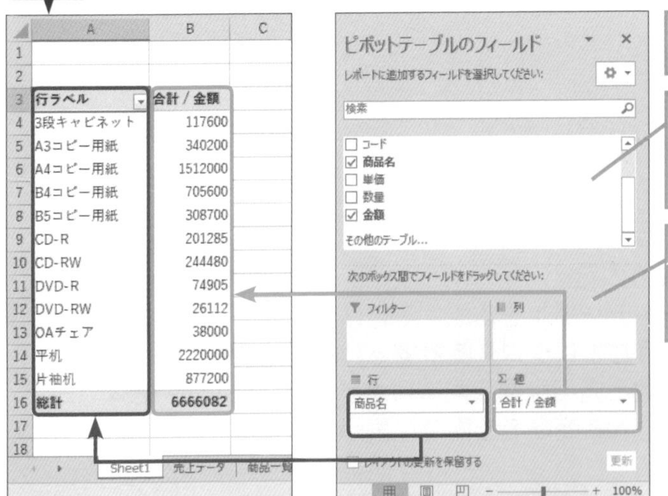

行ラベル	合計 / 金額
3段キャビネット	117600
A3コピー用紙	340200
A4コピー用紙	1512000
B4コピー用紙	705600
B5コピー用紙	308700
CD-R	201285
CD-RW	244480
DVD-R	74905
DVD-RW	26112
OAチェア	38000
平机	2220000
片袖机	877200
総計	6666082

ピボットテーブルで商品ごとの売上金額を集計できる

◆フィールドセクション
フィールドセクションの各フィールドをレイアウトセクションに配置する

◆レイアウトセクション
レイアウトセクションに配置したデータが集計表に表示される

① ピボットテーブルを作成する

ここでは、[売上データ] テーブルから
ピボットテーブルを作成する

1 テーブル内のセルをクリック

2 [挿入] タブをクリック

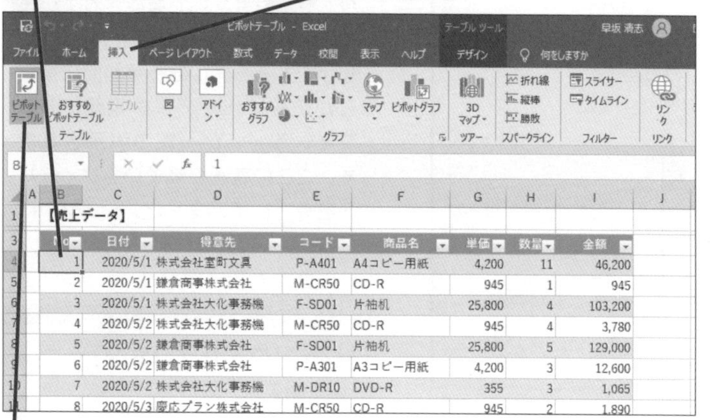

3 [ピボットテーブル] をクリック

② ピボットテーブルの範囲を指定する

[ピボットテーブルの作成] ダイアログボックスが表示された

1 [テーブル/範囲] に [売上データTBL] と入力されていることを確認

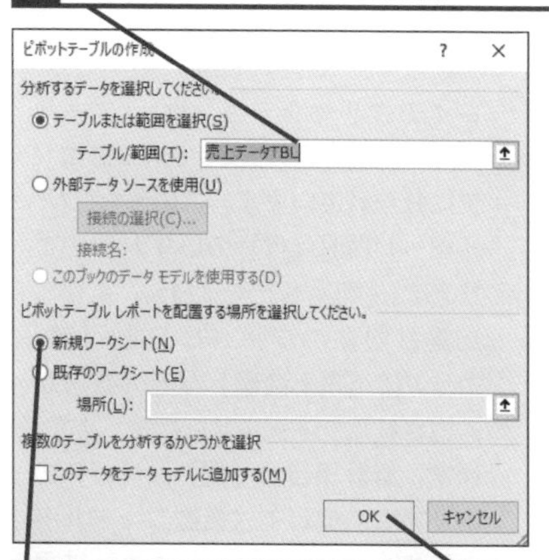

2 [新規ワークシート] が選択されていることを確認

3 [OK] をクリック

HINT!
ピボットテーブルの作成前にテーブルになっているかを確認しよう

ピボットテーブルを作成する際には、テーブル内のセルを選択しておきます。それだけでそのセルを含むテーブルのテーブル名が自動的に選択されるので、あらかじめテーブル範囲全体を選択しておく必要はありません。しかし、テーブルに変換されていない状態でセル範囲を選択すると、手順2の［ピボットテーブルの作成］ダイアログボックスの［テーブル/範囲］に、「売上データ!$B$3:$I$303」という形式で表のセル範囲が指定されます。

テーブルでなく表で手順1の操作を行うと、表のセル範囲が指定される

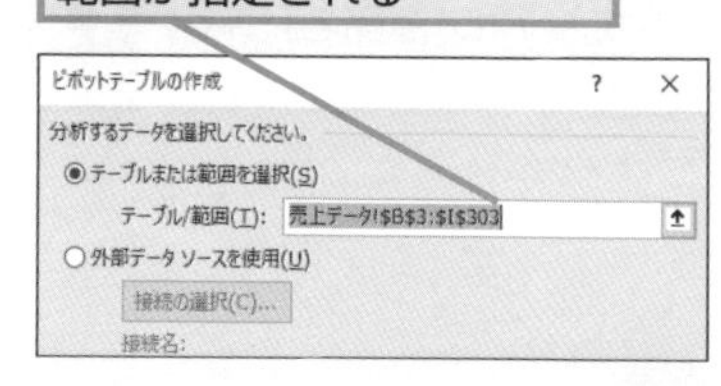

HINT!
任意のセル範囲でピボットテーブルを作成するには

ピボットテーブルの作成は、テーブル名を入力してテーブル全体を参照範囲に指定するのが基本ですが、任意のセル範囲を選択してから［ピボットテーブルの作成］ダイアログボックスを表示すると、その選択したセル範囲のデータだけを対象にしたピボットテーブルを作成できます。このように一部のデータ範囲を指定する場合には、先頭の行にフィールド名を含めるようにセル範囲を選択しておきましょう。

次のページに続く

3 集計するフィールドを選択する

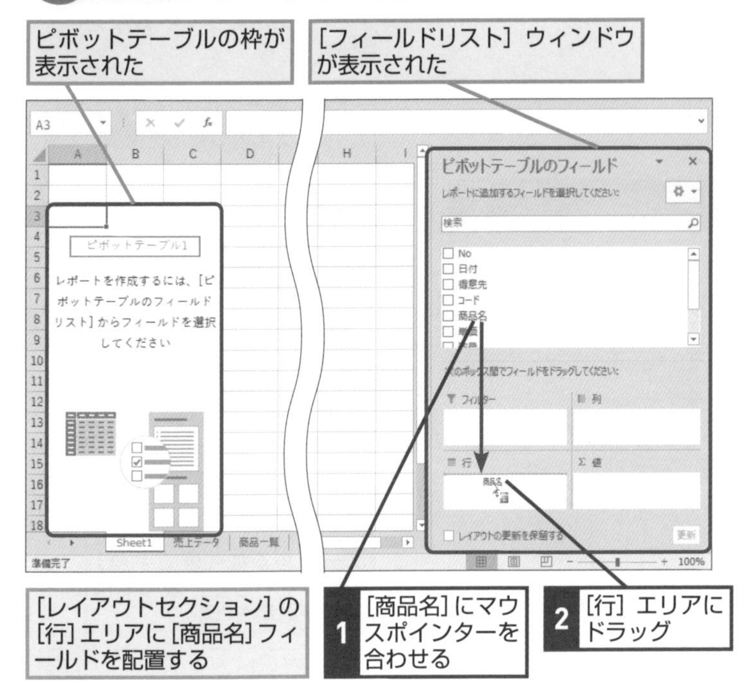

4 集計する値を選択する

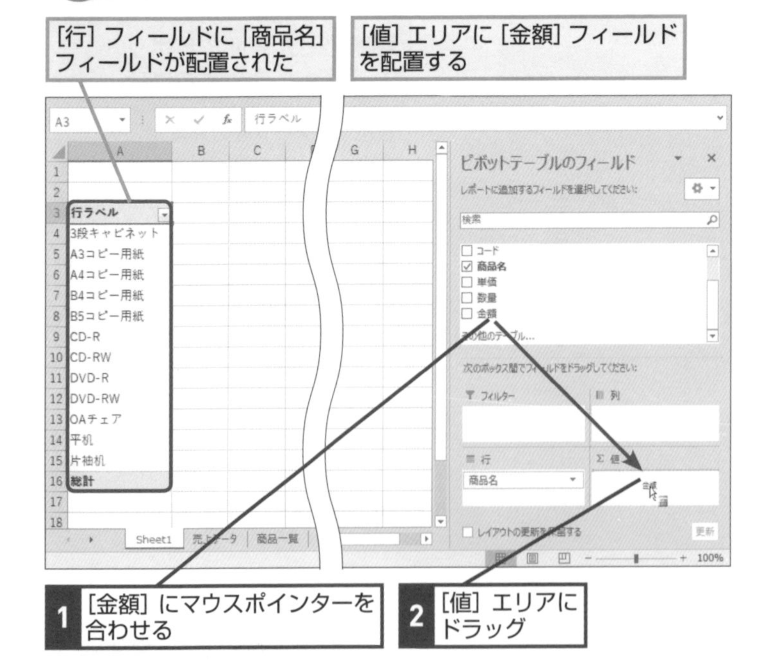

HINT! [フィールドリスト] ウィンドウって何？

画面右側に表示される［フィールドリスト］ウィンドウは、上部の［フィールドセクション］と下部の［レイアウトセッション］で構成されています。［フィールドセクション］には、ピボットテーブルの参照範囲に指定したテーブルやデータ範囲にあるフィールド名が一覧で表示されます。ここに表示されているフィールド名を［レイアウトセクション］にドラッグして配置します。

HINT! [レイアウトセクション] って何?

［フィールドセクション］の下部にある［レイアウトセクション］は、ピボットテーブルの［フィルター］［列］［行］［値］の各領域を表しています。このレイアウトセクションに、［フィールドセクション］から各フィールドをドラッグすることで、ピボットテーブルの表の構造を決定します。

HINT! [行] エリアや [値] エリアって何？

レイアウトセクションは、［フィルター］［列］［行］［値］の4つのエリアに分かれています。このうち［フィルター］［列］［行］のいずれかのエリアに、［商品名］や［日付］といった集計対象のフィールドを、［値］エリアに［売上金額］などの数値が入力されたフィールドを指定します。通常、集計項目は［列］か［行］のエリアに追加して（複数フィールドの追加が可能）、それらの集計結果を、「支店」ごとに切り替えて表示したいというような場合に［フィルター］エリアに［支店］フィールドを追加するようにします。

5 ピボットテーブルが完成した

商品ごとの合計金額と総計が表示された

HINT! ドラッグアンドドロップで簡単にやり直しできる

［レイアウトセクション］に配置したフィールドは、レイアウトセクション内で自由に移動できます。［列］エリアにフィールドを追加したけれど、やっぱり［行］エリアに追加した方が見やすい、というような場合は、［列］エリアに表示されているフィールド名を［行］エリアまでドラッグするだけで変更できます。また、レイアウトセクションに追加したフィールドを削除したい場合は、セル上にそのフィールドをドラッグすれば削除できます。詳しくは266ページのHINT!も参考にしてください。

テクニック ピボットグラフを作成してデータを見やすくしよう

ピボットテーブル内のセルを選択した状態で以下の手順を実行すると、「ピボットグラフ」を作成できます。ピボットグラフは、元になっているピボットテーブルと連動しており、元のピボットテーブルの［フィルター］の条件を変更すれば、指定した値だけの集計結果のグラフに変化します。また、［行］エリアと［列］エリアに追加されているフィールドを入れ替えると、それに応じて変化します。

ピボットグラフは、元のピボットテーブルで設定を変更するだけでなく、ピボットグラフ上に表示されている項目から、設定を変更できるのも特徴です。このときは逆に、ピボットテーブルのレイアウトが変化します。ピボットテーブルとピボットグラフのレイアウトを別にしておきたいときは、別途、ピボットグラフ用のピボットテーブルを用意しておくといいでしょう。

ここでは作成したピボットテーブルからピボットグラフを作成する

1 テーブル内のセルをクリック

2 ［ピボットテーブルツール］の［分析］タブをクリック

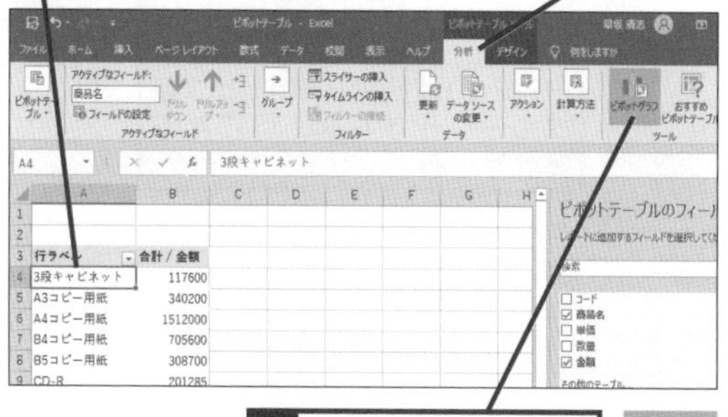

3 ［ピボットグラフ］をクリック

［グラフの挿入］ダイアログボックスが表示された

4 ［縦棒］をクリック

5 ［集合縦棒］をクリック

6 ［OK］をクリック

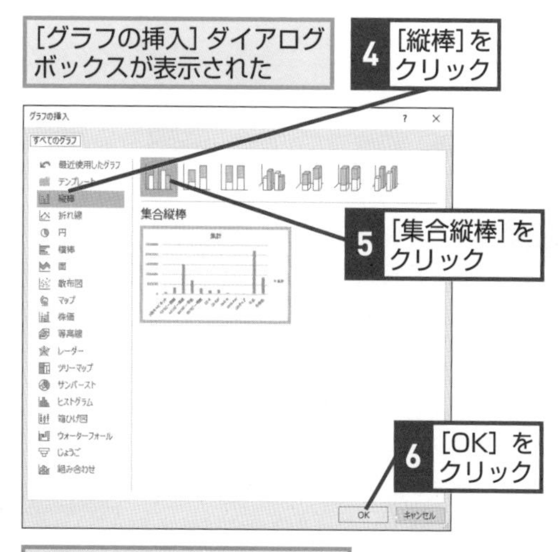

ピボットグラフが表示される

レッスン

64 商品を月ごとにクロス集計するには

クロス集計

対応バージョン

365 2019 2016 2013

レッスンで使う練習用ファイル
クロス集計.xlsx

日付を「グループ化」して、月ごとに集計しよう

ピボットテーブルで月ごとの売り上げを集計したいなら、[商品名] や [金額] といったフィールドのほかに、テーブルに [日付] フィールドを用意しておきます。この [日付] フィールドをピボットテーブルの [行] エリアや [列] エリアに配置すれば、日付ごとの売り上げを集計できます。ただし、日々の売り上げは変動が多いため、1カ月単位で集計すると売り上げの傾向がとらえやすくなります。これを関数で行う場合には、各月の開始日と終了日を条件にして集計するか、別途 [月数] を示すフィールドを用意しておく必要があるため、かなり面倒です。しかし、ピボットテーブルを利用すれば、[日付] フィールドをグループ化するだけで、[1週間] [1カ月] [四半期] など、指定した期間ごとの集計表にすぐに切り替えられます。

Before

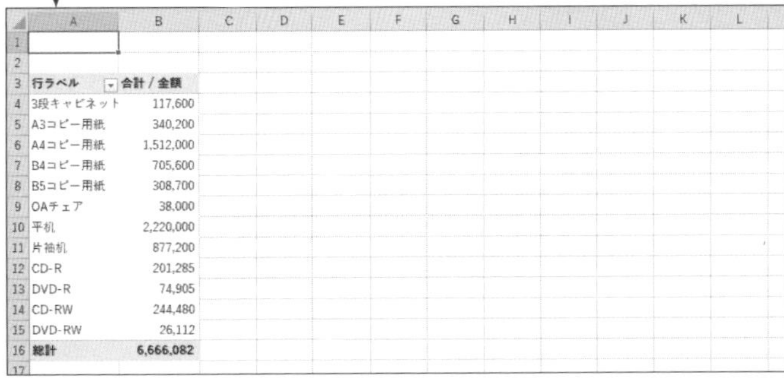

行ラベル	合計 / 金額
3段キャビネット	117,600
A3コピー用紙	340,200
A4コピー用紙	1,512,000
B4コピー用紙	705,600
B5コピー用紙	308,700
OAチェア	38,000
平机	2,220,000
片袖机	877,200
CD-R	201,285
DVD-R	74,905
CD-RW	244,480
DVD-RW	26,112
総計	6,666,082

商品別の売り上げを月ごとに表示したい

After

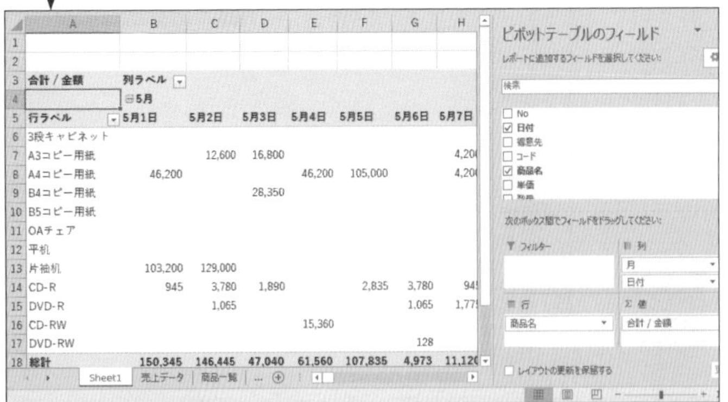

合計 / 金額	列ラベル						
	⊟5月						
行ラベル	5月1日	5月2日	5月3日	5月4日	5月5日	5月6日	5月7日
3段キャビネット							
A3コピー用紙		12,600	16,800				4,20
A4コピー用紙	46,200			46,200	105,000		4,20
B4コピー用紙			28,350				
B5コピー用紙							
OAチェア							
平机							
片袖机	103,200	129,000					
CD-R	945	3,780	1,890		2,835	3,780	94
DVD-R		1,065				1,065	1,77
CD-RW				15,360			
DVD-RW						128	
総計	150,345	146,445	47,040	61,560	107,835	4,973	11,12

日ごとの商品別の売り上げをグループ化すれば、月ごとに集計できる

関連レッスン

キーワード

1 [日付] フィールドを表示する

ここでは、売り上げの合計を日ごとに表示する

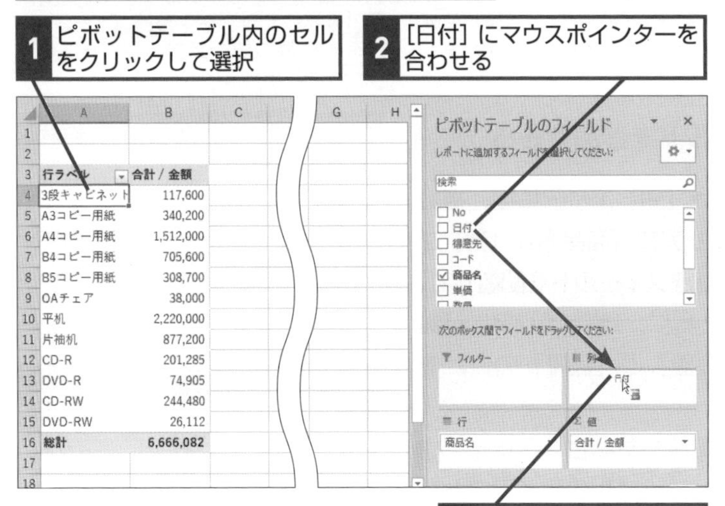

3 [列]エリアにドラッグ

2 [日付] フィールドを展開する

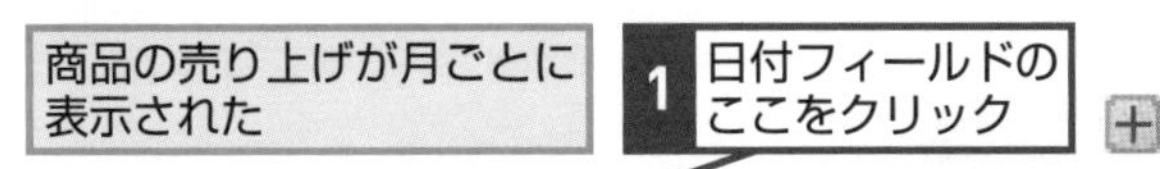

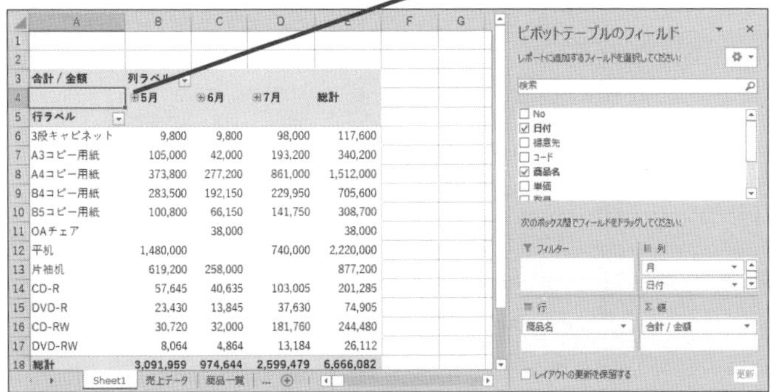

日付フィールドが展開され、商品の売り上げが日ごとに表示された

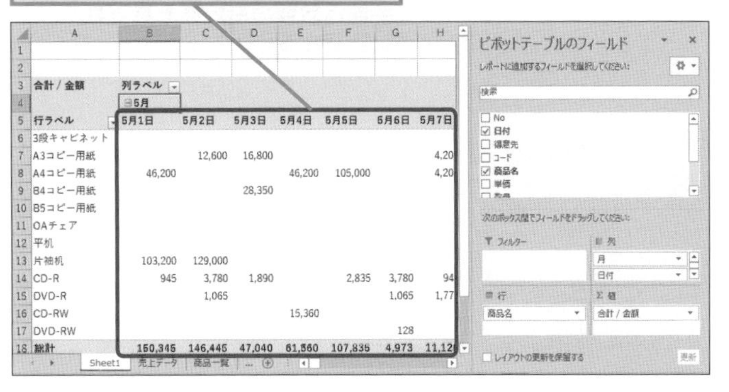

HINT!

グループ化の単位を変更するには

データによっては四半期や年単位で集計した方がいい場合もあるでしょう。そんなときは [日付] フィールドのグループ化の単位を以下の手順で変更します。

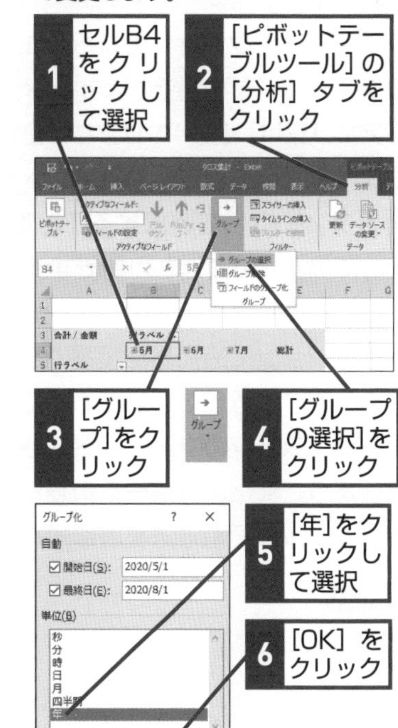

レッスン

65 販売個数と売上金額を同時に集計するには

複数の値で集計、レポートのレイアウト

対応バージョン

365 2019 2016 2013

レッスンで使う練習用ファイル
複数の値で集計、レポートの
レイアウト.xlsx

関連レッスン

▶レッスン63
ピボットテーブルを
作成するには……p.258

▶レッスン64
商品を月ごとに
クロス集計するには……p.262

キーワード

集計	p.309
ピボットテーブル	p.311
フィールド	p.312

[値] エリアにも複数のフィールドを追加できる

レイアウトセクションの［行］エリアや［列］エリアには、複数のフィールドを配置できます。［行］エリアに［商品名］、［列］エリアに［日付］、［値］エリアに［金額］の各フィールドを配置して、クロス集計表を作成してみましょう。さらに、［値］エリアに［数量］フィールドを追加することで、［金額］と［数量］の合計を同時に集計することも可能です。
なお、各エリアに複数のフィールドを配置した場合は、レイアウトセクションに追加した順番でピボットテーブルのレイアウトが決まります。思った通りの表示順になっていない場合は、レイアウトセクションのフィールドをドラッグして順番を入れ替えてみましょう。また、レポートのレイアウトの機能を使えば、ピボットテーブルの表示方法を表形式などに変更できます。

Before

	A	B	C	D	E	F	G
1							
2							
3	合計 / 金額	列ラベル					
4	行ラベル	5月	6月	7月	総計		
5	3段キャビネット	9,800	9,800	98,000	117,600		
6	A3コピー用紙	105,000	42,000	193,200	340,200		
7	A4コピー用紙	373,800	277,200	861,000	1,512,000		
8	B4コピー用紙	283,500	192,150	229,950	705,600		
9	B5コピー用紙	100,800	66,150	141,750	308,700		
10	OAチェア		38,000		38,000		
11	平机	1,480,000		740,000	2,220,000		
12	片袖机	619,200	258,000		877,200		
13	CD-R	57,645	40,635	103,005	201,285		
14	DVD-R	23,430	13,845	37,630	74,905		
15	CD-RW	30,720	32,000	181,760	244,480		
16	DVD-RW	8,064	4,864	13,184	26,112		
17	総計	3,091,959	974,644	2,599,479	6,666,082		
18							

Sheet1 売上データ 商品一覧 得意先一覧

売り上げの合計金額だけでなく、販売数も集計したい

After

	A	B	C	D	E	F
1						
2						
3			日付			
4	商品名	値	5月	6月	7月	総計
5	3段キャビネット	数量合計	1	1	10	12
6		合計金額	9,800	9,800	98,000	117,600
7	A3コピー用紙	数量合計	25	10	46	81
8		合計金額	105,000	42,000	193,200	340,200
9	A4コピー用紙	数量合計	89	66	205	360
10		合計金額	373,800	277,200	861,000	1,512,000
11	B4コピー用紙	数量合計	90	61	73	224
12		合計金額	283,500	192,150	229,950	705,600
13	B5コピー用紙	数量合計	32	21	45	98
14		合計金額	100,800	66,150	141,750	308,700
15	OAチェア	数量合計	0	10	0	10
16		合計金額	0	38,000	0	38,000
17	平机	数量合計	10	0	5	15
18		合計金額	1,480,000	0	740,000	2,220,000

Sheet1 売上データ 商品一覧 …

金額と数量の合計をそれぞれ集計できる

❶ ［値］エリアに［数量］を追加する

ここでは、複数のフィールドを同時に集計できるようにする

ピボットテーブル内のセルを選択しておく

1 ［数量］にマウスポインターを合わせる

2 ［値］エリアの［合計/金額］の上にドラッグ

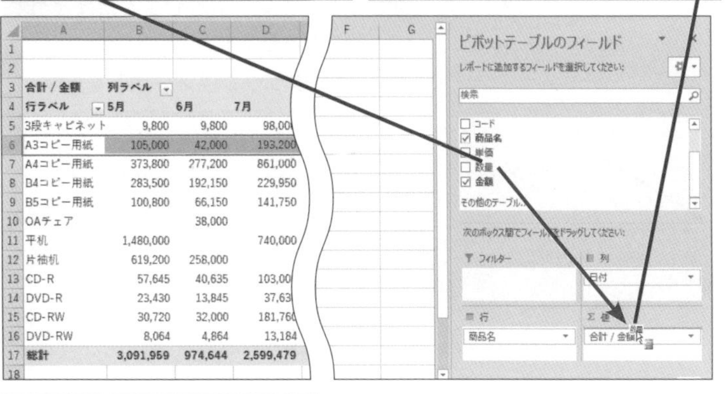

月ごとの集計に数量の合計が加わった

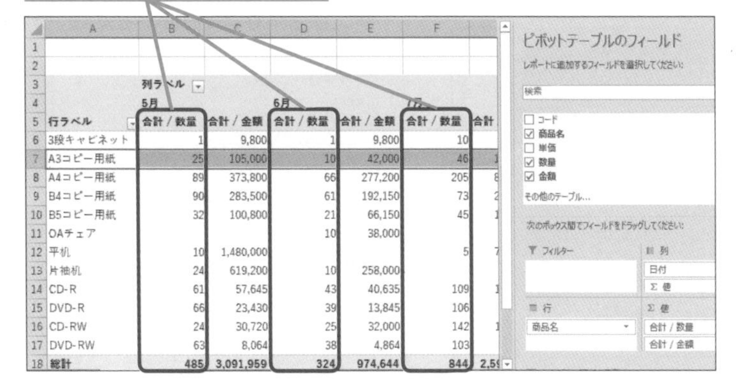

❷ フィールド名を変更する

集計表に合ったフィールド名に変更する

1 セルB5をクリック

2 「数量合計」と入力

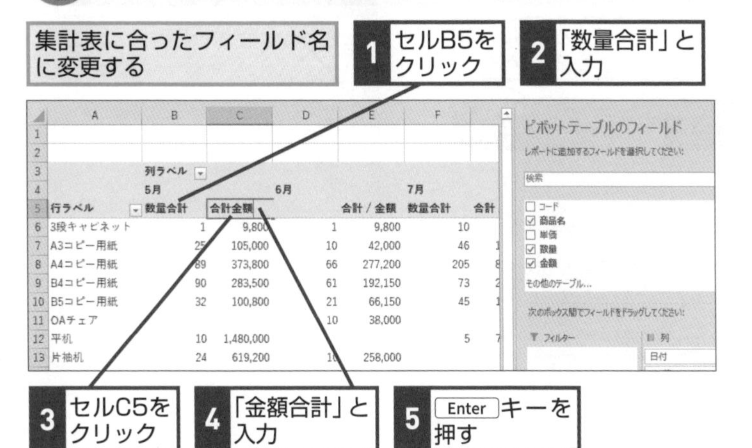

3 セルC5をクリック

4 「金額合計」と入力

5 Enter キーを押す

HINT!

［値］エリアへの配置で並び順が変わる

各エリアに複数のフィールドを追加している場合は、各エリアのフィールドの上から順番に、ピボットテーブルの上から下、もしくは左から右の順にフィールドが表示されます。

［合計/金額］フィールドを［値］エリアに配置しておく

1 ［数量］にマウスポインターを合わせる

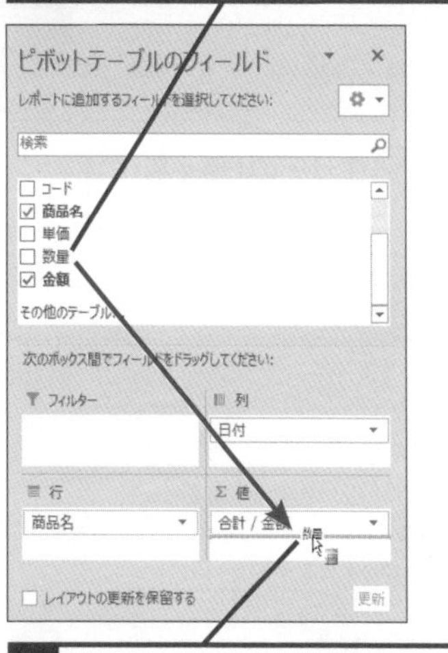

2 ［値］エリアの［合計/金額］の下にドラッグ

［金額］が前に、［数量］が後に表示された

	列ラベル	
	5月	
行ラベル	合計 / 金額	合計 / 数量
3段キャビネット	9,800	1
A3コピー用紙	105,000	25
A4コピー用紙	373,800	89
B4コピー用紙	283,500	90
B5コピー用紙	100,800	32
OAチェア		
平机	1,480,000	10
片袖机	619,200	24
CD-R	57,645	61

次のページに続く

3 [値]を[行]エリアに移動する

[列]エリアの[値]を[行]エリアに移動して、ピボットテーブルのレイアウトを変更する

1 [列]エリアの[値]にマウスポインターを合わせる

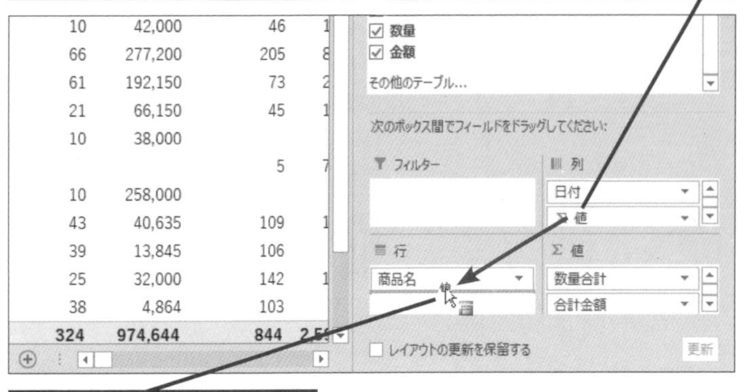

2 [行]エリアの[商品名]の下にドラッグ

ピボットテーブルのレイアウトが変更された

	A	B	C	D	E	F
1						
2						
3		列ラベル				
4	行ラベル	5月	6月	7月	総計	
5	3段キャビネット					
6	数量合計	1	1	10	12	
7	金額合計	9,800	9,800	98,000	117,600	
8	A3コピー用紙					
9	数量合計	25	10	46	81	
10	金額合計	105,000	42,000	193,200	340,200	
11	A4コピー用紙					

4 ピボットテーブルのレイアウトを表形式にする

[レポートのレイアウト]から表示形式を変更する

1 [ピボットテーブルツール]の[デザイン]タブをクリック

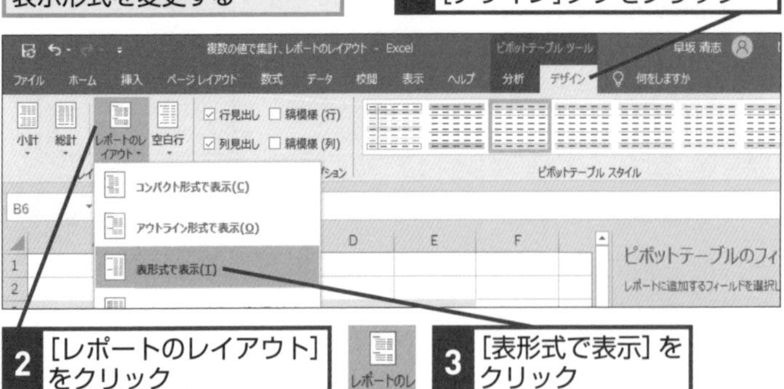

2 [レポートのレイアウト]をクリック

3 [表形式で表示]をクリック

HINT! ピボットテーブルに追加したフィールドを削除するには

ピボットテーブルに追加したフィールドを削除したい場合は、レイアウトセクションからそのフィールドを削除します。削除する方法は次の3通りがあります。

●ドラッグでフィールドを削除

1 フィールドを[レイアウトセクション]の外にドラッグ

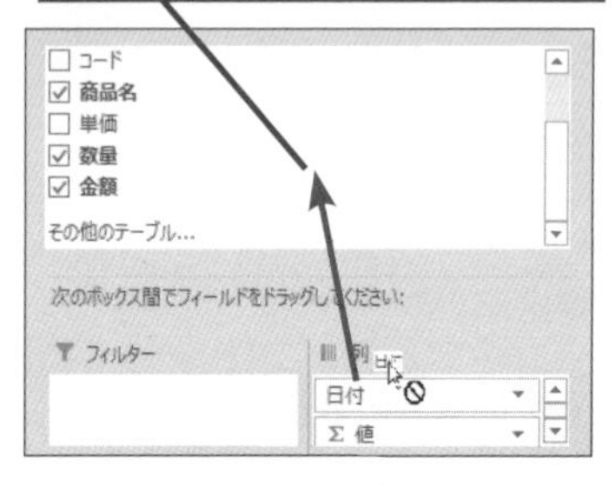

●クリックでフィールドを削除

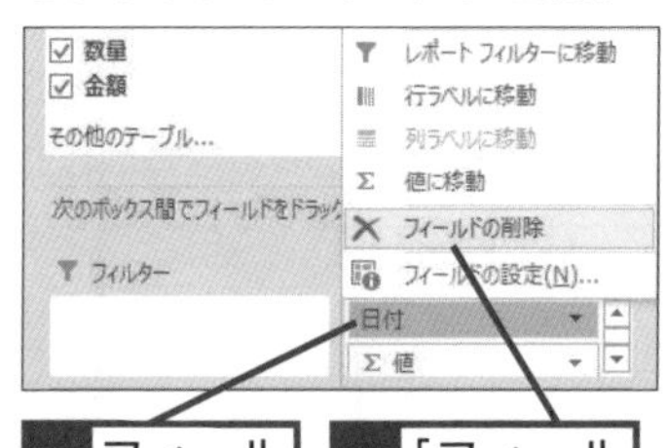

1 フィールド名をクリック

2 [フィールドの削除]をクリック

●チェックマークでフィールドを削除

1 フィールド名をクリックしてチェックマークをはずす

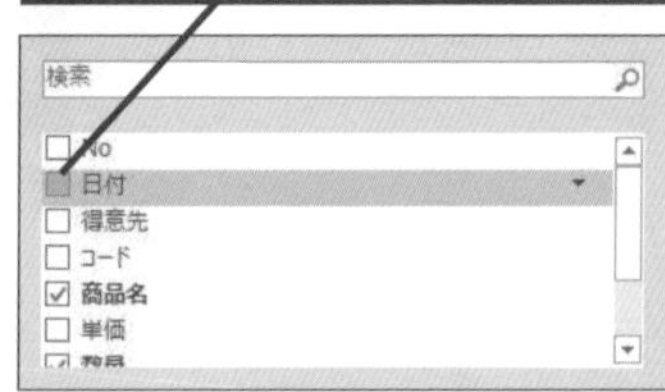

5 フィールドの項目を中央に配置する

ピボットテーブルが［表形式］で表示された

1 ［ピボットテーブルツール］の［分析］タブをクリック

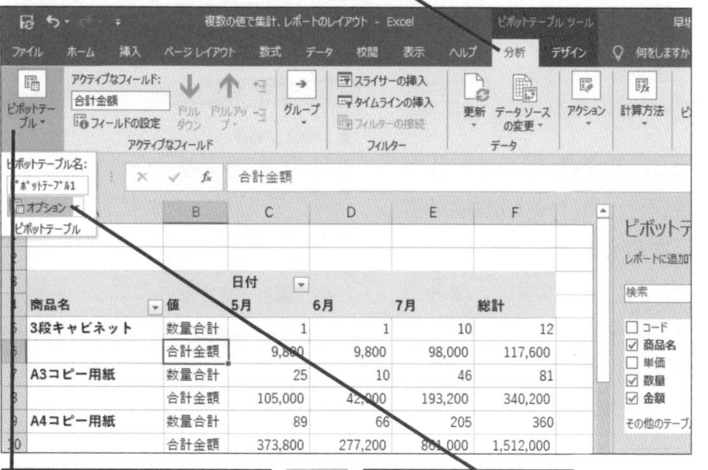

2 ［ピボットテーブル］をクリック

3 ［オプション］をクリック

［ピボットテーブルオプション］ダイアログボックスが表示された

4 ［レイアウトと書式］タブをクリック

5 ［セルとラベルを結合して中央揃えにする］をクリックしてチェックマークを付ける

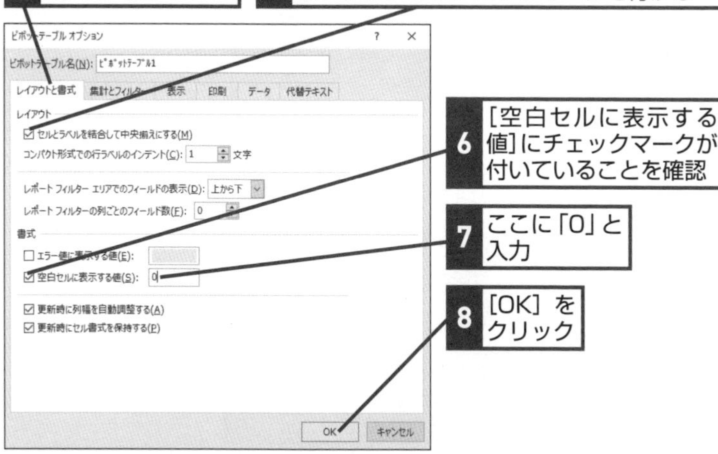

6 ［空白セルに表示する値］にチェックマークが付いていることを確認

7 ここに「0」と入力

8 ［OK］をクリック

フィールドの各項目が中央に配置された

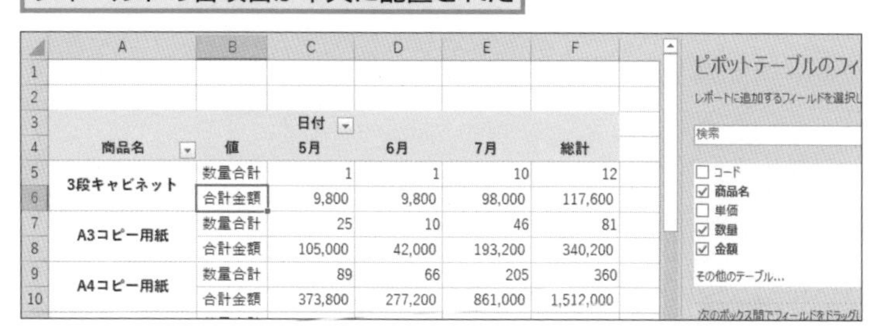

	A	B	C	D	E	F
1						
2						
3			日付			
4	商品名	値	5月	6月	7月	総計
5	3段キャビネット	数量合計	1	1	10	12
6		合計金額	9,800	9,800	98,000	117,600
7	A3コピー用紙	数量合計	25	10	46	81
8		合計金額	105,000	42,000	193,200	340,200
9	A4コピー用紙	数量合計	89	66	205	360
10		合計金額	373,800	277,200	861,000	1,512,000

HINT!

セルを右クリックして［ピボットテーブルオプション］を表示できる

［ピボットテーブルオプション］ダイアログボックスは、ピボットテーブル内のセルを右クリックして表示されるメニューで、［ピボットテーブルオプション］をクリックしても表示できます。

ピボットテーブルを作成しておく

1 ピボットテーブル内のセルを右クリック

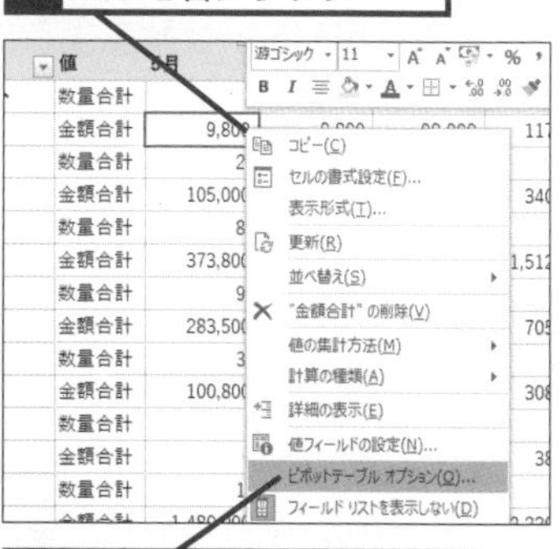

2 ［ピボットテーブルオプション］をクリック

［ピボットテーブルオプション］ダイアログボックスが表示された

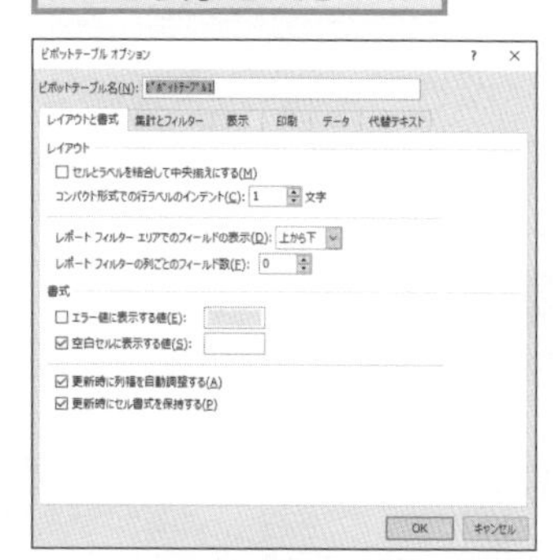

間違った場合は？

手順3でフィールドを間違ったエリアにドラッグしてしまったときは、そのフィールドをもう一度正しいエリアまでドラッグし直しましょう。

レッスン

66 商品コードと商品名を同時に表示するには

複数の行で集計、レポートのレイアウト

対応バージョン

365 2019 2016 2013

レッスンで使う練習用ファイル
複数の行で集計、レポートのレイアウト.xlsx

ピボットテーブルの結果をデータベースの形式で出力する

［行］エリアに［コード］と［商品名］といった複数のフィールドを配置した場合、ピボットテーブルに各フィールドを階層構造で表示することができます。ただし、表示される必要のない小計行まで表示されるため、見ためがごちゃごちゃとしてしまい、かえってデータが読み取りにくくなってしまうこともあります。フィールドの項目が1行ずつ並ぶようにするには、レポートのレイアウトの機能でピボットテーブルの表示レイアウトを変更して、横1列にデータが並ぶようにします。

関連レッスン

▶レッスン63
ピボットテーブルを作成するには ……… p.258
▶レッスン65
販売個数と売上金額を同時に集計するには ……… p.264

キーワード

並べ替え	p.311
ピボットテーブル	p.311
フィールド	p.312

Before

【出庫データ】

No	日付	コード	商品名	ロット	数量
1	2020/5/1	W-A101	腕時計TypeA	A1401V	11
2	2020/5/1	P-A394	万年筆（A）	1403P1H	1
3	2020/5/1	Z-A113	ライターModel	321A4W1	4
4	2020/5/2	P-A394	万年筆（A）	1403P1H	4
5	2020/5/2	Z-A113	ライターModel	321A4W1	5
6	2020/5/2	W-A101	腕時計TypeA	A1403H	3
7	2020/5/2	P-A394	万年筆（A）	1405P1V	3
8	2020/5/3	P-A394	万年筆（A）	1403P1H	2
9	2020/5/3	W-A101	腕時計TypeA	A1403H	4
10	2020/5/3	W-R002	腕時計TypeR	RB13AH	9
11	2020/5/4	P-B222	万年筆（B）	B1406P4	12
12	2020/5/4	W-A101	腕時計TypeA	A1401V	11
13	2020/5/5	W-A101	腕時計TypeA	A1401V	12
14	2020/5/5	W-A101	腕時計TypeA	A1401V	13

［出庫データTBL］テーブルを元に製品の出荷数を集計したい

After

コード	商品名	ロット	合計 / 数量
⊟P-A394	⊟万年筆（A	1403P1H	213
P-A394	万年筆（A	1405P1V	211
⊟P-B222	⊟万年筆（B	B1405P5	204
P-B222	万年筆（B	B1406P4	191
⊟W-A101	⊟腕時計Typ	A1311P	98
W-A101	腕時計Typ	A1401V	360
W-A101	腕時計Typ	A1403H	81
⊟W-R002	⊟腕時計Typ	RB13AH	224
⊟Z-A113	⊟ライターM	321A4W1	34
Z-A113	ライターM	64827M4	15
⊟Z-S106	⊟ライターM	10FS314	10
Z-S106	ライターM	H134B12	12
総計			1653

ピボットテーブルの［レポートのレイアウト］を活用することで、出荷数の集計表が見やすくなった

1 1つめのフィールドを配置する

レッスン㊸を参考に、[出庫データTBL] テーブルで新しいワークシートにピボットテーブルを作成しておく

ここでは、複数のフィールドを同時に集計できるようにする

1 [コード] にマウスポインターを合わせる

2 [行] エリアにドラッグ

[コード] フィールドが[行]エリアに配置できた

2 残りのフィールドを配置する

1 [商品名] と [ロット] を [行] エリアの [コード] の下に、[数量] を [値] エリアにドラッグして追加

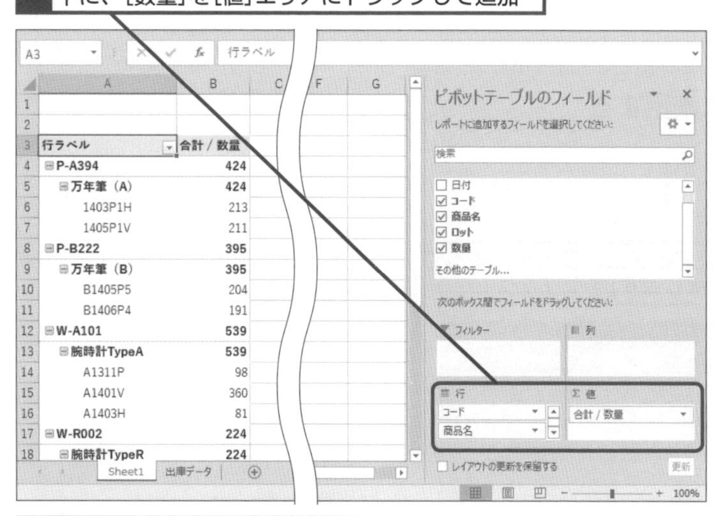

レイアウトセクションに複数のフィールドを配置できた

HINT! レイアウトセクションの表示を広げるには

[行] エリアに複数のフィールドを追加した場合は、すべての項目を表示し切れなくなることがあります。スクロールバーを下にドラッグすれば、隠れてしまっている項目を表示できますが、各エリア間でフィールドを移動したい場合には、以下の手順でレイアウトセクションそのものの高さを広げるといいでしょう。

レイアウトセクションの隠れている項目を表示する

1 ここにマウスポインターを合わせる

2 そのまま上にドラッグ

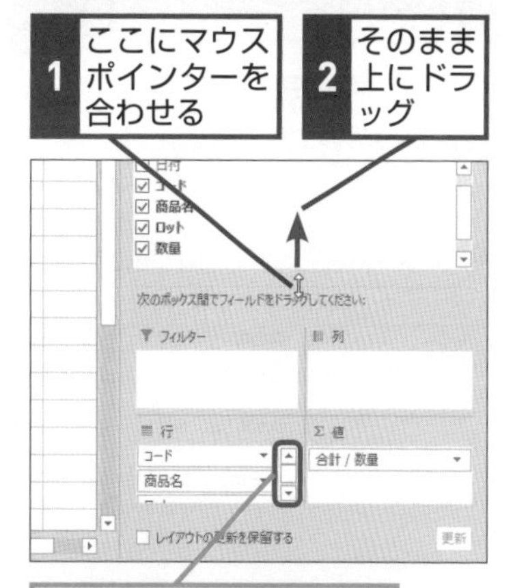

スクロールバーを上下にドラッグすると隠れている項目を表示できる

[行] エリアのすべてのフィールドが表示された

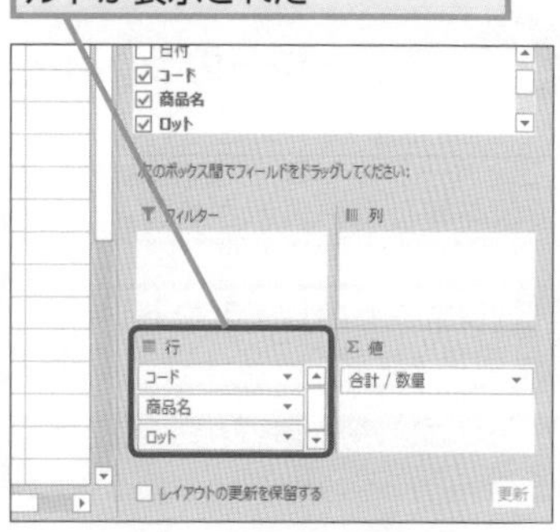

次のページに続く

❸ レポートのレイアウトを変更する

レポートを表形式で表示する

1 [ピボットテーブルツール]の[デザイン]タブをクリック

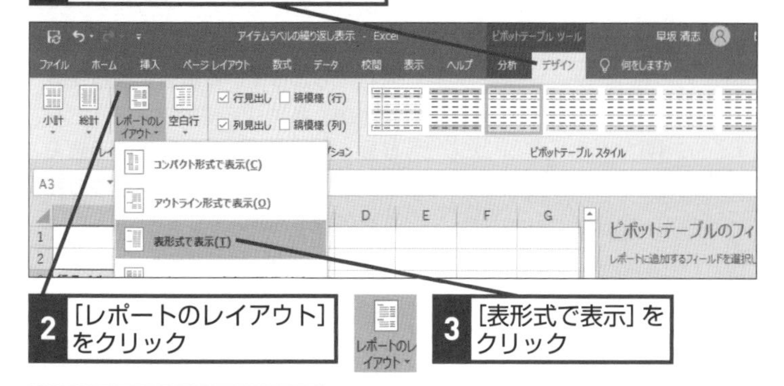

2 [レポートのレイアウト]をクリック

3 [表形式で表示]をクリック

レポートの表示を表形式に変更できた

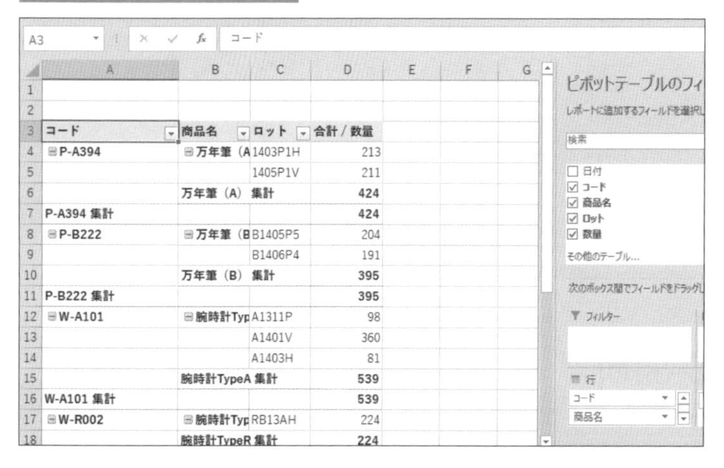

	A	B	C	D
3	コード	商品名	ロット	合計 / 数量
4	⊟P-A394	⊟万年筆（A	1403P1H	213
5			1405P1V	211
6		万年筆（A）集計		424
7	P-A394 集計			424
8	⊟P-B222	⊟万年筆（B	B1405P5	204
9			B1406P4	191
10		万年筆（B）集計		395
11	P-B222 集計			395
12	⊟W-A101	⊟腕時計Typ	A1311P	98
13			A1401V	360
14			A1403H	81
15		腕時計TypeA 集計		539
16	W-A101 集計			539
17	⊟W-R002	⊟腕時計Typ	RB13AH	224
18		腕時計TypeR 集計		224

❹ フィールドのラベルを1行に表示する

[コード]フィールドと[商品名]フィールドの項目を繰り返し表示されるように設定する

1 [レポートのレイアウト]をクリック

2 [アイテムのラベルをすべて繰り返す]をクリック

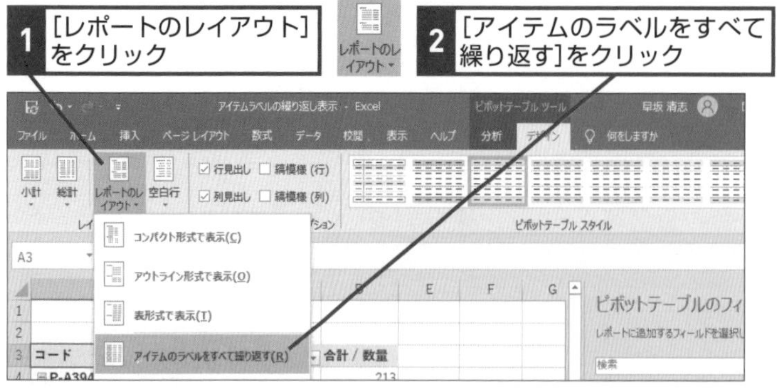

HINT! レポートのレイアウトには3種類ある

[レポートのレイアウト]には、[コンパクト形式で表示][アウトライン形式で表示][表形式で表示]の3種類があります。標準で適用されているのが[コンパクト形式]で、[行]エリアに複数フィールドを配置している場合に横幅を取らないよう、[行]エリアのフィールドがピボットテーブルの左端列1列に階層構造で表示されます。[アウトライン形式]は明細行がたくさんあるような場合に有効なレイアウトで、[行]エリアで上位にあるフィールドの次の列に下位のフィールドが並ぶ形で表示され、小計行が上に表示されます。[表形式で表示]はレッスン㉟で見たように、[行]エリアの項目が表形式で表示され、小計行が下に表示されます。

●アウトライン形式のレイアウト

[行]エリアの別の列にフィールドが表示され、小計行は上に表示される

	A	B	C	D
3	コード	商品名	ロット	合計 / 数量
4	⊟P-A394			
5	P-A394	⊟万年筆（A）		
6	P-A394	万年筆（A	1403P1H	213
7	P-A394	万年筆（A	1405P1V	211
8	⊟P-B222			
9	P-B222	⊟万年筆（B）		
10	P-B222	万年筆（B	B1405P5	204
11	P-B222	万年筆（B	B1406P4	191
12	⊟W-A101			

5 [小計]の表示を変更する

ラベルが繰り返し表示された

ここでは[ロット]ごとの数量の合計のみを集計する

1 [小計]をクリック

2 [小計を表示しない]をクリック

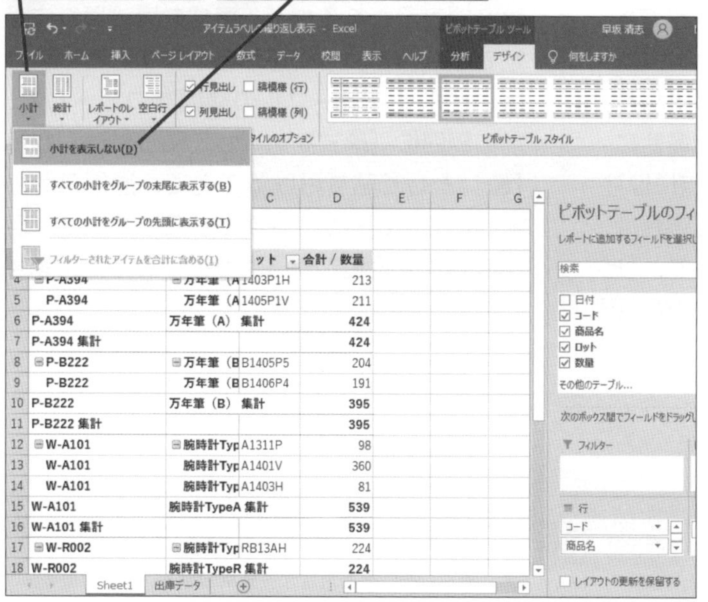

6 [小計]が非表示になった

ロットごとの数量の合計だけを表示できた

レッスン❺のHINT!を参考に列幅を変更しておく

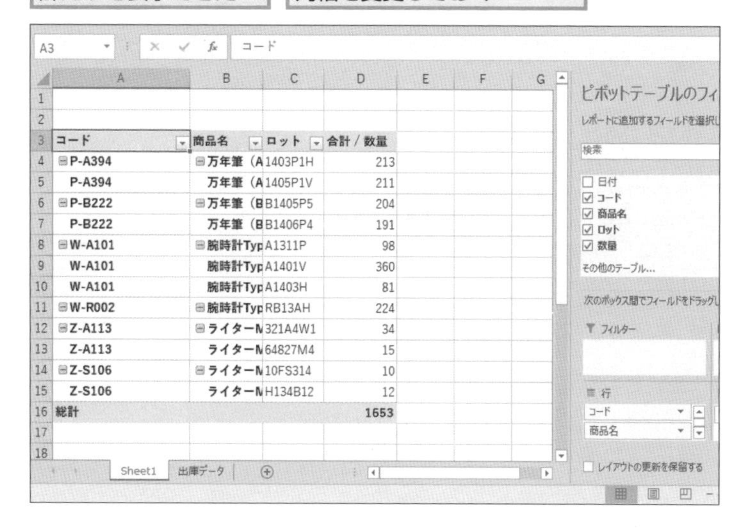

HINT!
[小計]を再表示させるには

小計の表示/非表示はいつでも切り替えられます。手順5で非表示にした小計を再表示するには、[ピボットテーブルツール]の[デザイン]タブにある[小計]ボタンをクリックして、[すべての小計をグループの末尾に表示する]を選びます。なお、[すべての小計をグループの先頭に表示する]を選んだ場合は、各フィールドの先頭行や先頭列に小計が表示されます。

非表示の小計を再表示させる

1 [小計]をクリック

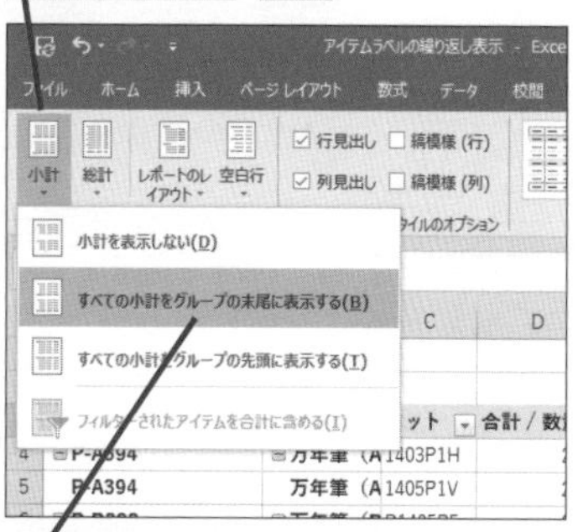

2 [すべての小計をグループの末尾に表示する]をクリック

小計が表示される

HINT!
フィールドを並べ替えるには

コードや商品名、ロットなど、ピボットテーブルの[行]エリアに配置したフィールド名の横には、フィルターボタンが表示されています。これをクリックして表示されるメニューから、フィールドの並べ替えができます。詳しくは、レッスン㊲を参考にしてください。

この章のまとめ

●ピボットテーブルで複雑な集計を手軽に実行できる

ピボットテーブルは、関数を利用する場合に比べ、圧倒的に簡単に集計を行うことができ、レイアウトもすぐに変更できるのが大きな魅力です。ただし、関数での集計とは異なり、元のデータベースの値が変更された場合に、自動的に集計結果が再計算されない点には注意が必要です。元データが変更された場合は、ピボットテーブル内のセルを選択して、[ピボットテーブルツール] の [分析] タブの [更新] ボタンをクリックします。

もう1つ、ピボットテーブルは、所定の項目が必ず表示されるなど、書式を思い通りに設定できないという欠点があります。この場合は、ピボットテーブルの範囲をコピーして、別の範囲に [形式を選択して貼り付け] から [値] として貼り付けることで、通常のセル範囲にすることができます。こうすれば、自由に書式を設定できるようになるので、覚えておくといいでしょう。

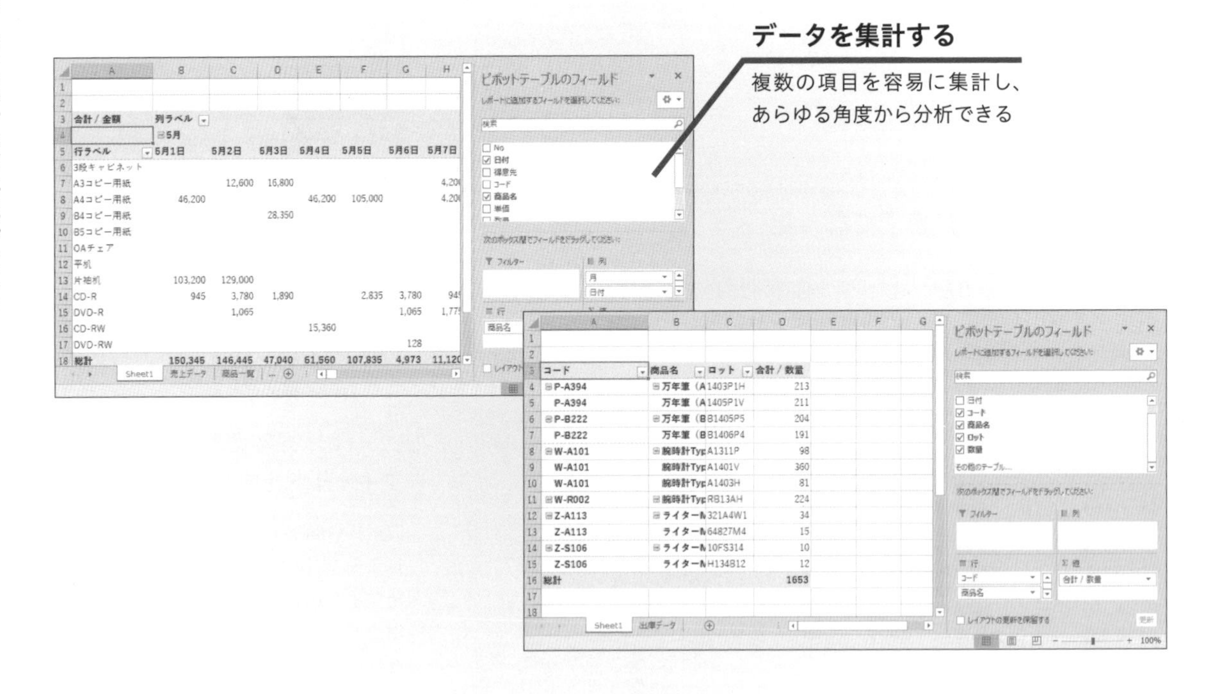

練習問題

1

［第11章_練習問題1.xlsx］を開き、縦に「商品名」、横に「得意先」が並んでいるピボットテーブルのレイアウトを、縦に「得意先」、横に「商品名」が並ぶように変更しましょう。

［商品名］と［得意先］の表示位置を入れ替える

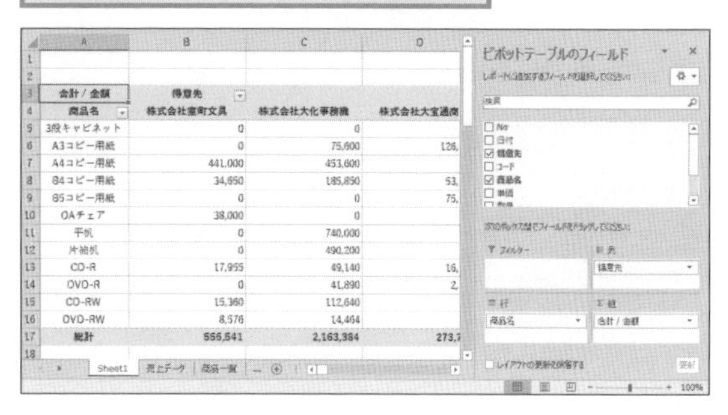

●ヒント：レイアウトセクションの［行］と［列］のエリアに表示されているフィールドを、それぞれドラッグして入れ替えます。

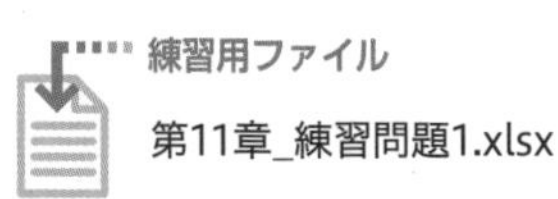
練習用ファイル
第11章_練習問題1.xlsx

2

［第11章_練習問題2.xlsx］を開き、得意先ごとの取引件数を集計してみましょう。

得意先との取引回数の合計を求める

	A	B	C	D	E
1					
2					
3	行ラベル	個数 / 得意先			
4	株式会社室町文具	28			
5	株式会社大化事務機	103			
6	株式会社大宝通商	23			
7	鎌倉商事株式会社	60			
8	慶応プラン株式会社	27			
9	昭和オフィス株式会社	11			
10	明治デポ株式会社	24			
11	明和電気株式会社	24			
12	総計	300			
13					

●ヒント：取引件数は、集計方法に「データの個数」を指定することで集計できます。

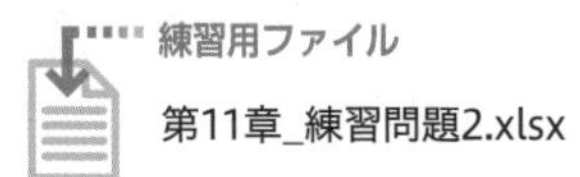
練習用ファイル
第11章_練習問題2.xlsx

答えは次のページ

解　答

1

ピボットテーブル内のセルを選択しておく

1 ［列］エリアの［商品名］にマウスポインターを合わせる

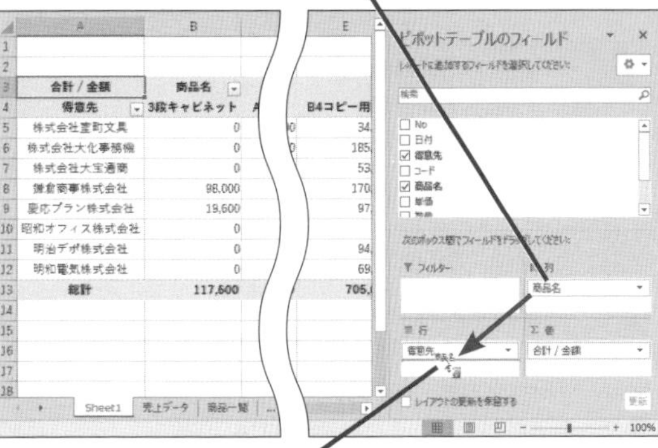

2 ［行］エリアの［得意先］の下にドラッグ

レイアウトセクションに表示されている［行］エリアと［列］エリアのフィールドをそれぞれドラッグして入れ替えます。フィールドを削除して配置し直したりする必要はありません。

ピボットテーブルのレイアウトが変更された

3 ［行］エリアの［得意先］にマウスポインターを合わせる

4 ［列］エリアにドラッグ

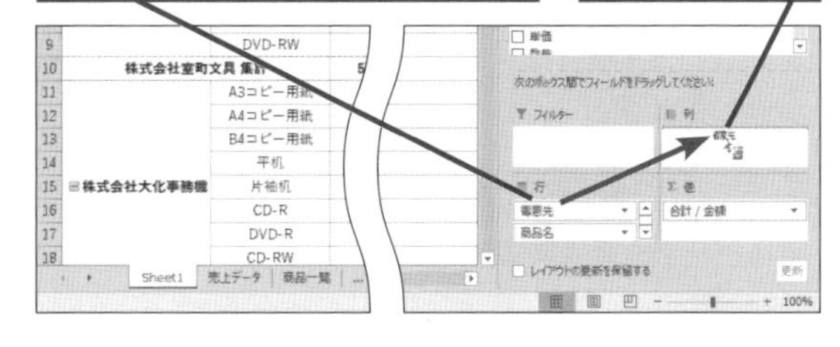

2

ピボットテーブルの枠をクリックしておく

1 ［得意先］にマウスポインターを合わせる

2 ［行］エリアにドラッグ

ポイントは、［値］エリアにも［得意先］フィールドを追加することです。文字列が入力されたフィールドを［値］エリアに追加すると、自動的に「データの個数」として集計されます。もし、［金額］などの数値フィールドを追加した場合は、ピボットテーブルの集計結果が表示されたセルを右クリックして表示されるメニューで［値の集計方法］を選ぶと、集計方法を［データの個数］などに変更できます。

ピボットテーブルに［得意先］フィールドが表示された

3 ［得意先］にマウスポインターを合わせる

4 ［値］エリアにドラッグ

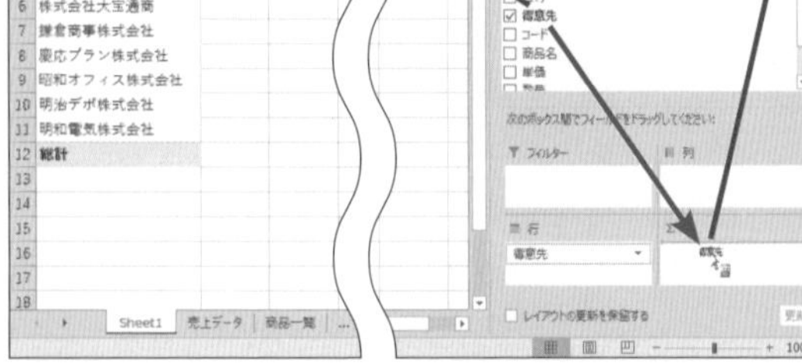

第12章 大量の外部データを効率的に処理しよう

Excelは仕様の上では約100万件のデータを扱うことができます。しかし、実際はだいたい数万件程度を超えてくると、Excelの動作が重くなり実用に耐えられなくなります。そこで、Excelでは「Power Query」という標準アプリと連携することで、何100万件を超えるデータの中から必要なデータだけをExcelに取り込んで利用できます。本章では、この「Power Query」の使い方を紹介します。

●この章の内容

レッスン
67

Power Queryの基本を知ろう

Power Queryの機能

対応バージョン

365 2019 2016 2013

このレッスンには、
練習用ファイルがありません

大量のデータが扱える「Power Query」

Excelにはオートフィルターやピボットテーブルなど多彩な機能が用意されているので、簡単にデータの分析や集計をできるのが大きな魅力です。ところが、データ量が多くなってくると、動作が重くなり、実用に耐えられなくなってくるのがネックでした。そこで、Excel 2016から［データ］タブに［データの取得と変換］という機能が用意され、大量のデータでもExcelで扱いやすくなりました。このときに利用するのが、「Power Query」です。［データの取得と変換］を実行すると、「Power Queryエディター」が起動し、そこで条件などを指定すると、その結果がExcelに取り込まれて、あとはExcelで慣れ親しんだ機能でデータ分析を行えるようになります。

◆Power Queryエディター

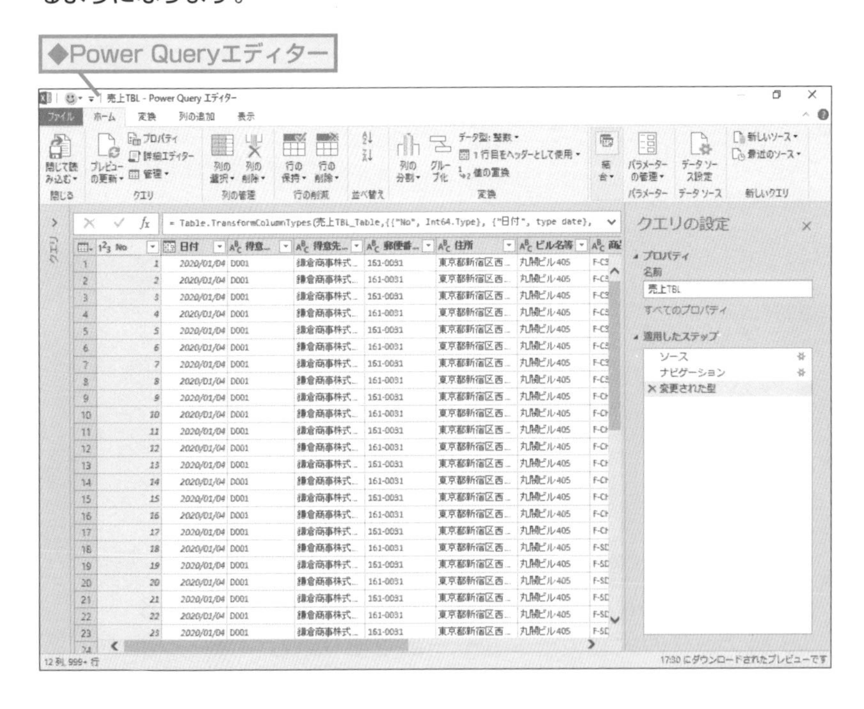

関連レッスン

▶レッスン68
別ブックの大量データから
一部を取り込むには …………………… p.278
▶レッスン70
複数のテーブルをつなげて
1つのテーブルにするには ………… p.288

キーワード

Power Query	p.308
データの取得と変換	p.310

通常のExcelより効率的に作業できる

Power Queryは、概念や機能などがExcelユーザーには取っ付きにくく、正直難解な印象を受けます。ですが、そのハードルを乗り越えるのに余りある魅力的な機能を持っていますので、ぜひマスターしたい機能です。例えば、基幹システムを利用しているような企業では、大量の売上データと商品マスターを、レッスン㉝で紹介したように、VLOOKUP関数でぶつけて必要なデータを作るのに、半日かけているというようなケースも少なくないでしょう。ところがPower Queryを使えば、10分程度でできてしまう可能性があります。心当たりのある方は、まずは本書で紹介する使い方だけでも、ぜひ試してみてください。

Power Queryなら、Exceより効率的に作業できる

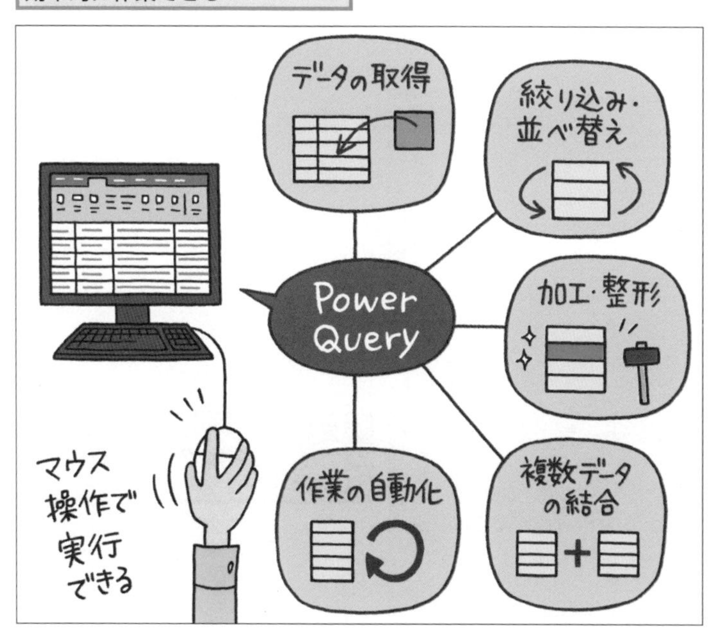

HINT! さまざまなデータを利用できる

Power Queryでは、別のExcelブックだけでなく、Micosoft AccessやSQLサーバー、CSVファイルなどのテキストファイル、Micosoft Azureなど、多彩なデータファイルにアクセスして、必要なデータを取り込めます。CSVファイルを取り込む方法については、レッスン㊴で紹介しています。

HINT! 大量データから一部のデータだけを取り込むのが基本

Power Queryの機能は非常に多彩ですが、大量の外部データから必要なデータだけをExcelに取り込むために利用するものと捉えておくといいでしょう。ただ、1つのデータに必要なデータがすべてそろっているわけではないので、複数のデータベースを連結したり、適切なデータに変換したり、といった機能が多数用意されています。まずは、レッスン㊳で、別のブックの大量データの一部を取り込む方法を試してみるといいでしょう。

HINT! Excel 2013でPower Queryを利用するには

Excel 2013の場合は、「Power Query for Excel」アドインをダウンロードすることにより、Power Queryを利用することができます。本書では正式にサポートしませんが、本章で紹介する機能は同様に利用することもできます。

レッスン

68 別ブックの大量データから一部を取り込むには

データの取得

対応バージョン

365 2019 2016 2013

レッスンで使う練習用ファイル
売上データ.xlsx

必要なデータだけを対象にして作業ができる

サンプルファイルの「売上データ.xlsx」には、約80万件のデータが保存されていますが、これだけの件数のデータをそのまま扱うのは困難です。しかし、作業によっては、特定の期間内の一部のデータだけで十分なことも多いでしょう。ここではPower Queryで、作業に必要なデータだけをExcelに取り込む方法を解説します。

関連レッスン

▶レッスン70
複数のテーブルをつなげて
1つのテーブルにするには ………… p.288

キーワード

Power Query	p.308
データの取得と変換	p.310

Before

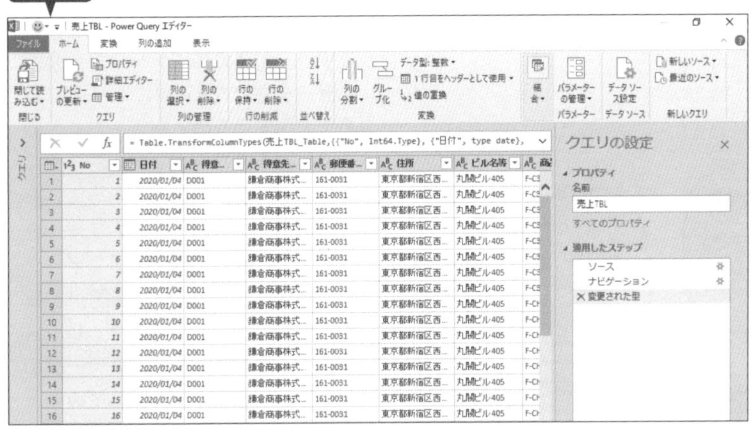

大量のデータを含むブックをPower Queryエディターで読み込んで、必要なデータだけをExcelにインポートする

After

No	日付	得意先コード	得意先名	商品コード	商品名
1	2020/1/4	D001	鎌倉商事株式会社	F-C301	3段キャビネ
2	2020/1/4	D001	鎌倉商事株式会社	F-C301	3段キャビネ
3	2020/1/4	D001	鎌倉商事株式会社	F-C301	3段キャビネ
4	2020/1/4	D001	鎌倉商事株式会社	F-C301	3段キャビネ
5	2020/1/4	D001	鎌倉商事株式会社	F-C301	3段キャビネ
6	2020/1/4	D001	鎌倉商事株式会社	F-C301	3段キャビネ
7	2020/1/4	D001	鎌倉商事株式会社	F-C301	3段キャビネ
8	2020/1/4	D001	鎌倉商事株式会社	F-C301	3段キャビネ
9	2020/1/4	D001	鎌倉商事株式会社	F-CH01	OAチェア
10	2020/1/4	D001	鎌倉商事株式会社	F-CH01	OAチェア
11	2020/1/4	D001	鎌倉商事株式会社	F-CH01	OAチェア
12	2020/1/4	D001	鎌倉商事株式会社	F-CH01	OAチェア
13	2020/1/4	D001	鎌倉商事株式会社	F-CH01	OAチェア
14	2020/1/4	D001	鎌倉商事株式会社	F-CH01	OAチェア
15	2020/1/4	D001	鎌倉商事株式会社	F-CH01	OAチェア
16	2020/1/4	D001	鎌倉商事株式会社	F-CH01	OAチェア
17	2020/1/4	D001	鎌倉商事株式会社	F-CH01	OAチェア

クエリと接続
クエリ 接続
1個のクエリ
売上TBL
196,044 行読み込まれました。

Sheet1

必要なデータだけが、Excelファイルで編集できるようになった

❶ ブックを読み込む

Excelを起動して、ブックを新規に作成しておく

HINT!
Excel 2016で実行するには

Excel 2016では、[データ]タブで[新しいクエリ] - [ファイルから] - [ブックから] の順にクリックして実行します。

❷ 読み込むファイルを選択する

[データの取り込み] ダイアログボックスが表示された

ここでは「売上データ.xlsx」を読み込む

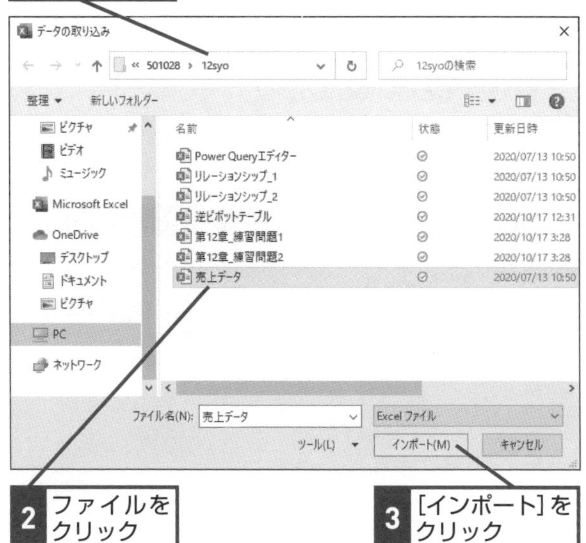

間違った場合は？

もし、手順2で間違ったファイルを選択して、[インポート] ボタンをクリックしてしまったときは、手順3の画面で [キャンセル] ボタンをクリックして、手順1からやり直します。

次のページに続く

3 読み込む方法を選択する

[ナビゲーター] 画面が表示された

1 [売上TBL]をクリック

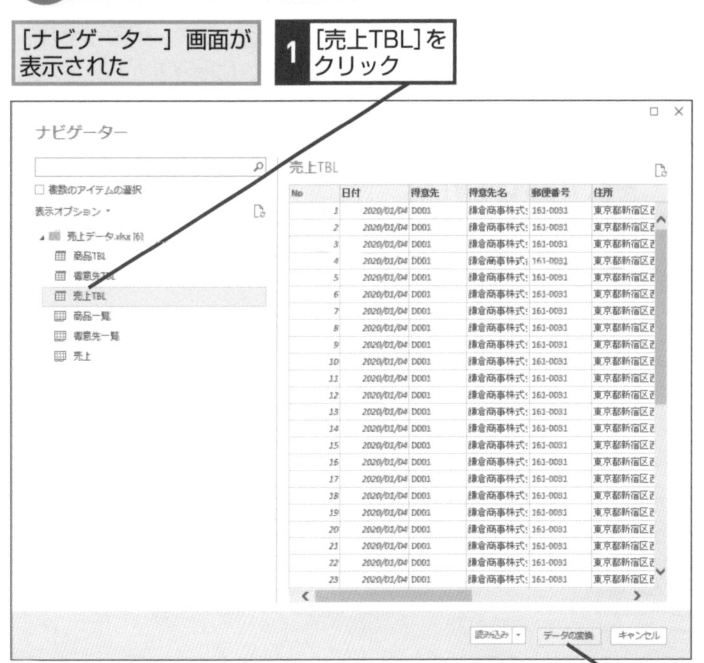

2 [データの変換] をクリック

HINT! [読み込み] ボタンはクリックしない

手順3で［データの変換］ボタンではなく［読み込み］ボタンをクリックすると、Power Queryエディターは表示されず、すべてのデータが読み込まれてしまいます。これではPower Queryを利用する意味がありません。もし間違えてクリックしてしまったときは、インポートされたテーブル内のセルを選択してから、［クエリ］タブの［編集］ボタンをクリックすることで、Power Queryエディターを表示することができます。

テクニック ピボットテーブルとしても取り込める

ここでは、「テーブル」としてデータを取り込んでいますが、手順7の画面で［ピボットテーブルレポート］を選択することで、元データを別のファイルに持ったまま、ピボットテーブルを作成することもできます。集計結果を見たい場合は、最初からピボットテーブルを作成するといいでしょう。

手順7の画面を表示しておく

1 [ピボットテーブルレポート]をクリック

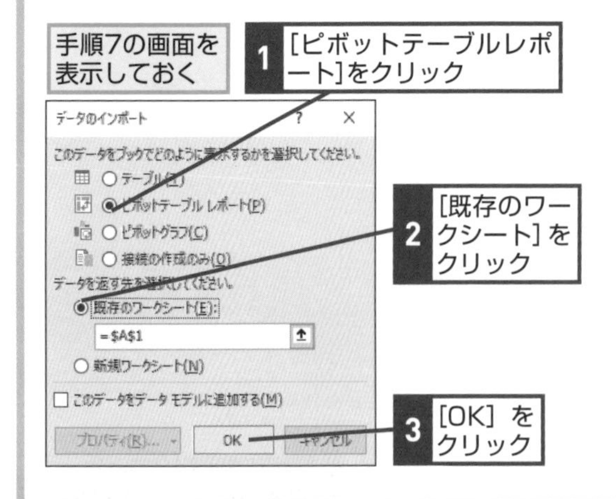

2 [既存のワークシート] をクリック

3 [OK] をクリック

ピボットテーブルとしてデータが取り込まれた

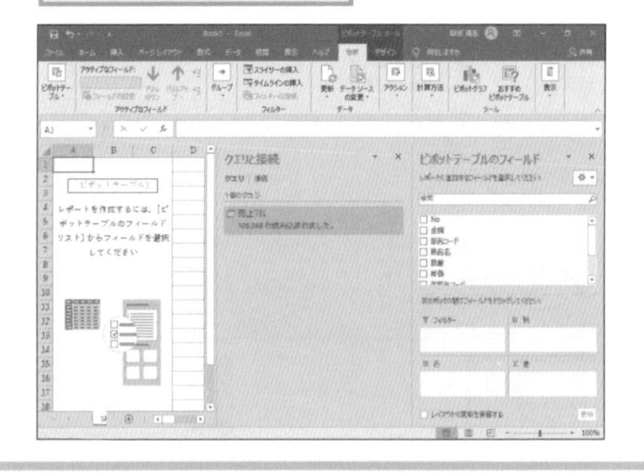

実践編 第12章 大量の外部データを効率的に処理しよう

4 不必要な列を削除する

Power Queryエディターが起動して、ブックのデータが取り込まれた

ここでは項目名が［郵便番号］［住所］［ビル名等］の列を削除する

1 ［郵便番号］をクリック

2 Shift キーを押しながら［ビル名等］をクリック

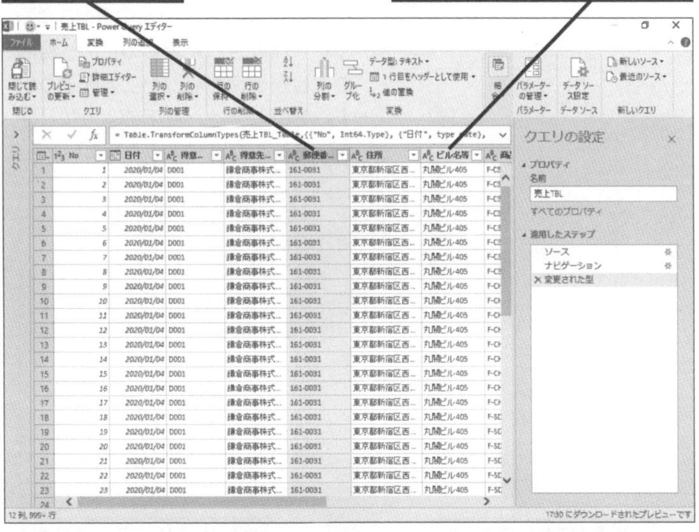

［郵便番号］［住所］［ビル名等］の列が選択された

3 ［ビル名等］を右クリック

4 ［列の削除］をクリック

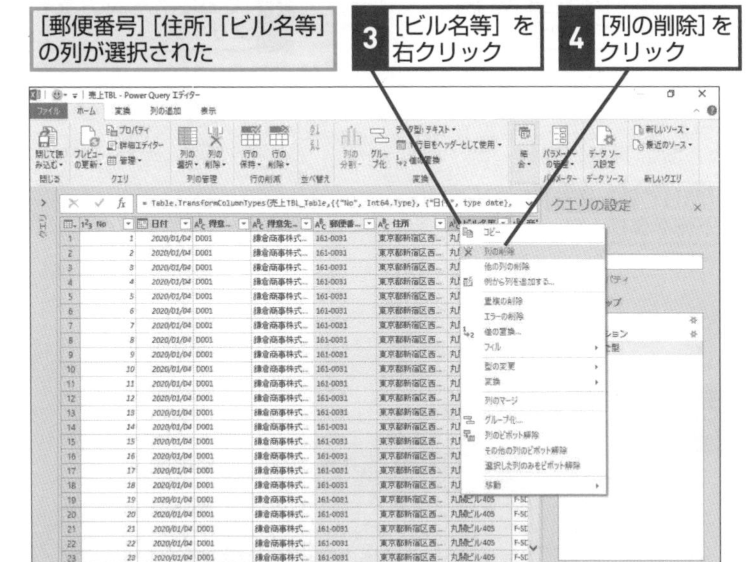

HINT! 複数の列を選択するときはドラッグしないようにする

複数の列を選択したい場合は、手順4のように、Shift キーを利用しましょう。もし、Excelと同じように、「郵便番号」のフィールド名からドラッグして複数列を選択しようとすると、列全体の移動になってしまうので注意してください。

HINT! 操作を取り消すには

［変更された型］など自分で操作した覚えのない手順は、ファイルを読み込んだときなどに自動的に実行された手順です。もし、不要な操作をしてしまったときは、手順をクリックして選択し、手順名の左に表示された✕をクリックすることで取り消すことができます。

取り消したい操作のここをクリックすると、元の状態に戻る

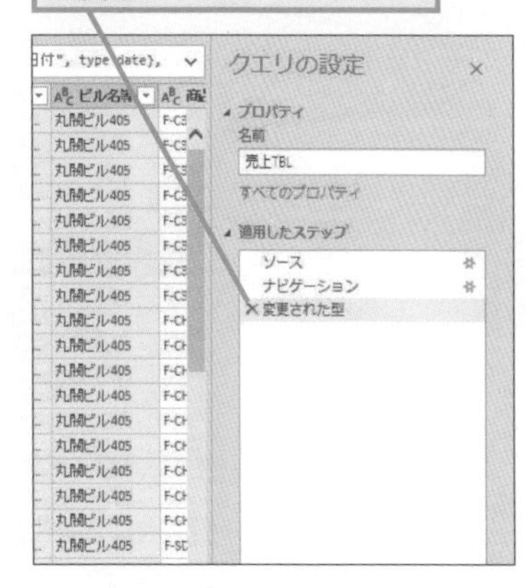

次のページに続く

5 取り込むデータを絞り込む

項目名が［郵便番号］［住所］［ビル名等］の列が削除された

ここでは［日付］が第1四半期のデータだけに絞り込む

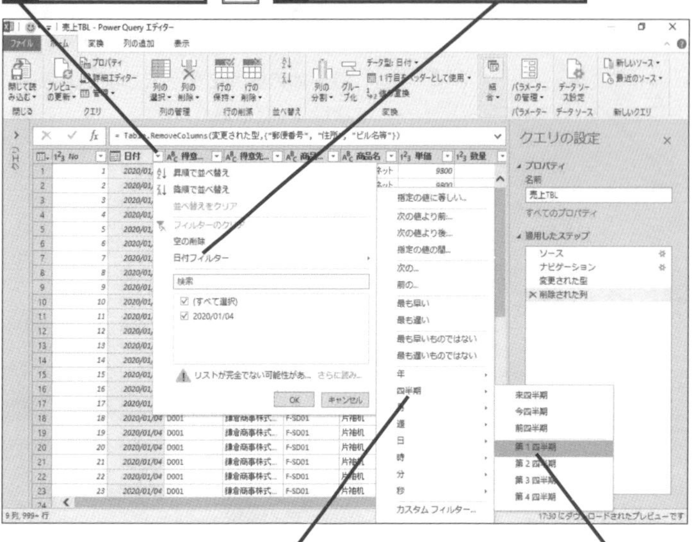

HINT! 条件したい項目が表示されないときは

取り込みたいデータは、Excelのオートフィルターと同様の操作で条件を指定できます。ただし、フィルターボタンをクリックしたときに表示される項目は、元データの先頭1,000件から作成された項目のため、目的の項目が表示されないことがあります。そのときは、以下のように［さらに読み込む］をクリックしましょう。

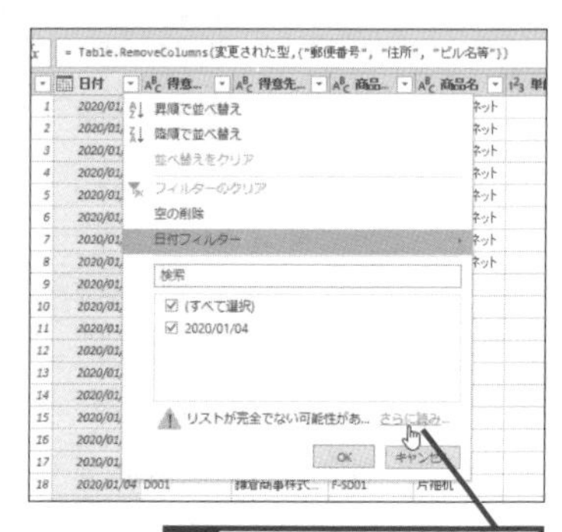

6 データをExcelで読み込む

Power Queryエディターを閉じて、データをExcelで読み込む

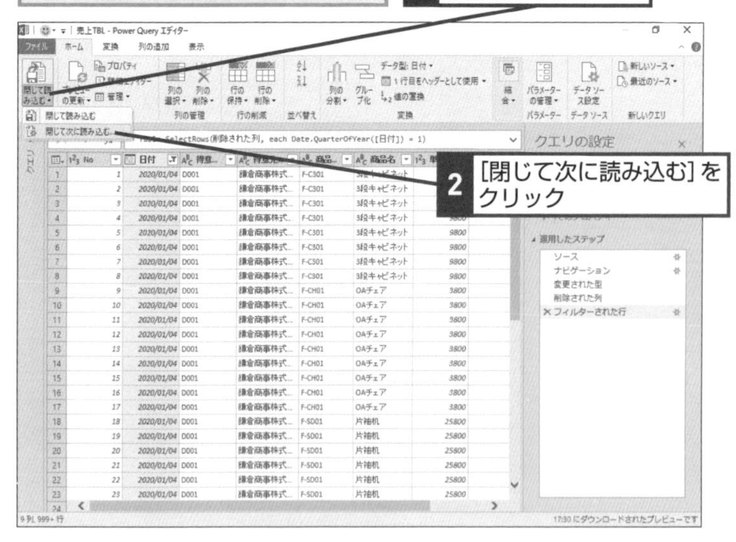

間違った場合は？

手順6で［閉じて読み込む］の上のボタン部分をクリックした場合は、既定値のまま、新規ワークシートのセルA1にテーブルが作成されます。元からあった新規ブックのシートが不要になるので、それらのシートを削除しましょう。

7 インポート先の設定をする

[データのインポート] ダイアログボックスが表示された

ここではテーブルに変換して読み込む

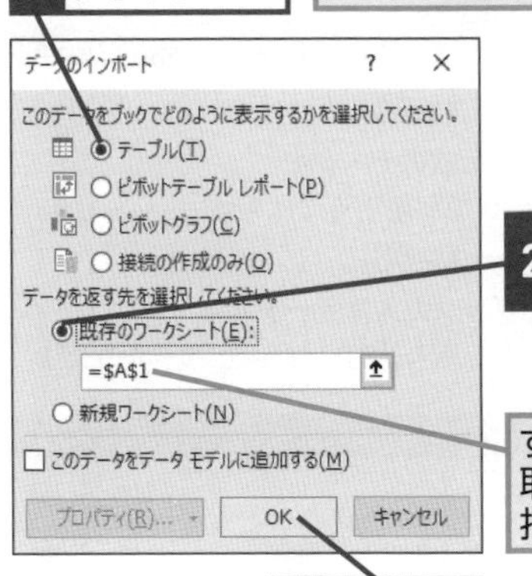

HINT!
インポート先を設定するには

ここでは空のシートを含む新規のブックを用意していたので、手順7で［既存のワークシート］を指定しています。このとき、セル番号が自動的に「$A$1」となりますが、これはセルA1を起点としてテーブルを作成するという意味です。もし、別のセルを起点にしたいときは、手順7の画面で操作2のあとにボタンをクリックして、ワークシート上のセルをクリックして指定します。

8 データがExcelに取り込まれた

絞り込んだデータがExcelに取り込まれた

通常のExcelの機能で編集できるようになった

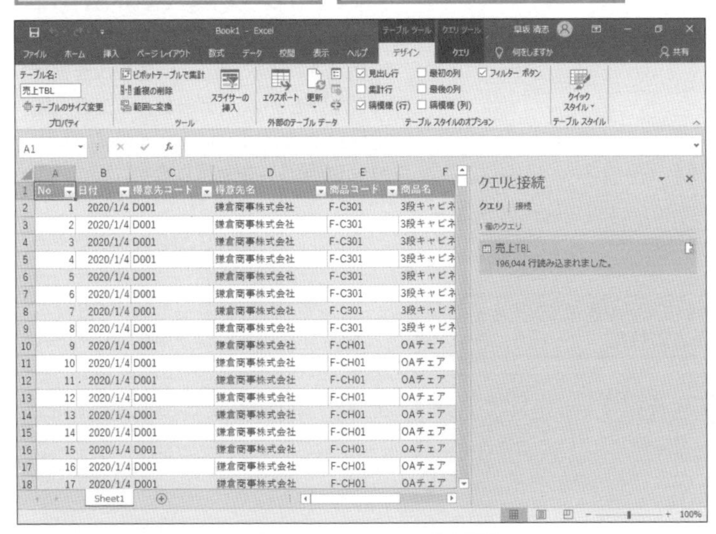

ブックを閉じるとき、必要に応じてファイルを保存することを忘れないようにしておく

HINT!
条件を変更したいときは

データのインポートが完了すると、画面右側に［クエリと接続］パネルが表示され、これまで行った設定が「クエリ」として表示されます。もし、インポートする条件を変更したいときは、該当するクエリ名をダブルクリックすれば、Power Queryエディターが表示されるので、設定し直すことができます。

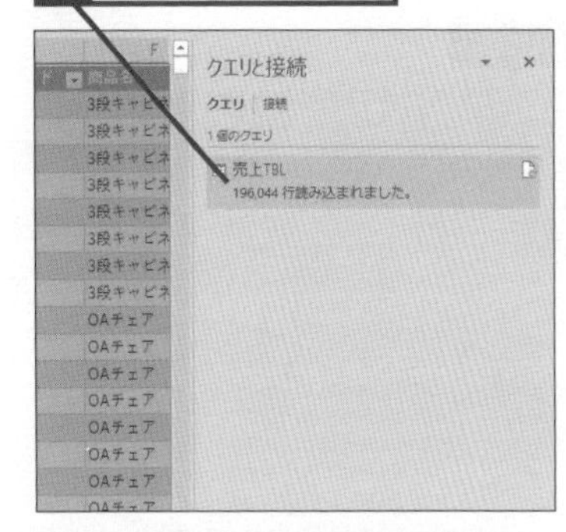

再びPower Queryエディターが起動する

レッスン

69 CSV形式のデータを取り込むには

CSV形式

詳細な設定を行ってCSVデータが取り込める

レッスン⑳では、従来のウィザード方式でCSV形式のデータを取り込む方法を紹介しました。ウィザードは手軽に利用できるメリットがありますが、Power QueryでCSV形式のデータを取り込むこともできます。Power Queryを使えば、レッスン㊳で紹介したように、フィルターで制限したデータだけを取り込むこともできますし、レッスン⑰で紹介するように、ほかのExcelブックとテーブルをつなげて1つのデータを作成するなど、多種多様な方法でデータを活用できるようになります。

Before

カンマで区切られたCSV形式のファイルをExcelに取り込む

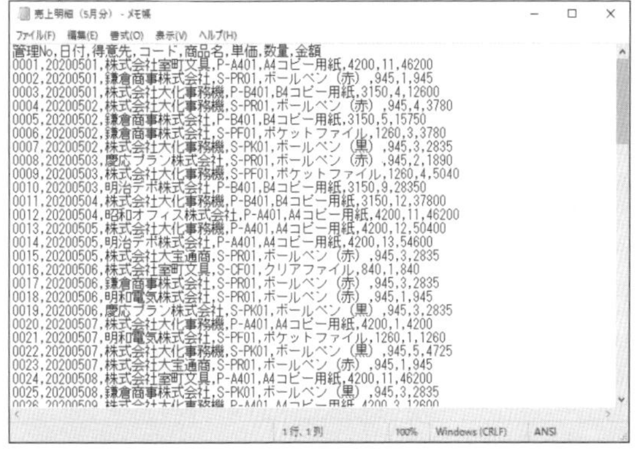
売上明細（5月分） - メモ帳
ファイル(F) 編集(E) 書式(O) 表示(V) ヘルプ(H)
管理No,日付,得意先,コード,商品名,単価,数量,金額
0001,20200501,株式会社室町文具,P-A401,A4コピー用紙,4200,11,46200
0002,20200501,鎌倉商事株式会社,S-PR01,ボールペン（赤）,945,1,945
0003,20200501,株式会社大化事務機,P-B401,B4コピー用紙,3150,4,12600
0004,20200502,株式会社大化事務機,S-PR01,ボールペン（赤）,945,4,3780
0005,20200502,鎌倉商事株式会社,P-B401,B4コピー用紙,3150,5,15750
0006,20200502,鎌倉商事株式会社,S-PF01,ポケットファイル,1260,3,3780
0007,20200502,株式会社大化事務機,S-PK01,ボールペン（黒）,945,3,2835
0008,20200503,慶応プラン株式会社,S-PR01,ボールペン（赤）,945,2,1890
0009,20200503,株式会社大化事務機,S-PF01,ポケットファイル,1260,4,5040
0010,20200503,明治デポ株式会社,P-B401,B4コピー用紙,3150,9,28350
0011,20200504,株式会社大化事務機,P-B401,B4コピー用紙,3150,12,37800
0012,20200504,昭和オフィス株式会社,P-A401,A4コピー用紙,4200,11,46200
0013,20200505,株式会社大化事務機,P-A401,A4コピー用紙,4200,12,50400
0014,20200505,明治デポ株式会社,P-A401,A4コピー用紙,4200,13,54600
0015,20200505,株式会社大宝通商,S-PR01,ボールペン（赤）,945,3,2835
0016,20200506,株式会社室町文具,S-CF01,クリアファイル,840,1,840
0017,20200506,鎌倉商事株式会社,S-PR01,ボールペン（赤）,945,3,2835
0018,20200506,明和電気株式会社,S-PR01,ボールペン（赤）,945,1,945
0019,20200506,慶応プラン株式会社,S-PK01,ボールペン（黒）,945,3,2835
0020,20200507,株式会社大化事務機,P-A401,A4コピー用紙,4200,1,4200
0021,20200507,明和電気株式会社,S-PF01,ポケットファイル,1260,1,1260
0022,20200507,株式会社大化事務機,S-PK01,ボールペン（黒）,945,5,4725
0023,20200507,株式会社大宝通商,S-PR01,ボールペン（赤）,945,1,945
0024,20200508,株式会社室町文具,P-A401,A4コピー用紙,4200,11,46200
0025,20200508,鎌倉商事株式会社,S-PK01,ボールペン（黒）,945,3,2835
1行、1列 100% Windows (CRLF) ANSI

After

ExcelにCSV形式のファイルが取り込まれた

	A	B	C	D	E	F	
1	管理No	日付	得意先	コード	商品名	単価	数
2	0001	2020/5/1	株式会社室町文具	P-A401	A4コピー用紙	4200	11
3	0002	2020/5/1	鎌倉商事株式会社	S-PR01	ボールペン（赤）	945	1
4	0003	2020/5/1	株式会社大化事務機	P-B401	B4コピー用紙	3150	4
5	0004	2020/5/2	株式会社大化事務機	S-PR01	ボールペン（赤）	945	4
6	0005	2020/5/2	鎌倉商事株式会社	P-B401	B4コピー用紙	3150	5
7	0006	2020/5/2	鎌倉商事株式会社	S-PF01	ポケットファイル	1260	3
8	0007	2020/5/2	株式会社大化事務機	S-PK01	ボールペン（黒）	945	3
9	0008	2020/5/3	慶応プラン株式会社	S-PR01	ボールペン（赤）	945	2
10	0009	2020/5/3	株式会社大化事務機	S-PF01	ポケットファイル	1260	4
11	0010	2020/5/3	明治デポ株式会社	P-B401	B4コピー用紙	3150	9
12	0011	2020/5/4	株式会社大化事務機	P-B401	B4コピー用紙	3150	12
13	0012	2020/5/4	昭和オフィス株式会社	P-A401	A4コピー用紙	4200	11
14	0013	2020/5/5	株式会社大化事務機	P-A401	A4コピー用紙	4200	12
15	0014	2020/5/5	明治デポ株式会社	P-A401	A4コピー用紙	4200	13
16	0015	2020/5/5	株式会社大宝通商	S-PR01	ボールペン（赤）	945	3
17	0016	2020/5/6	株式会社室町文具	S-CF01	クリアファイル	840	1
18	0017	2020/5/6	鎌倉商事株式会社	S-PR01	ボールペン（赤）	945	3

Sheet1

クエリと接続
クエリ | 接続
1個のクエリ
売上明細（5月分）
100 行読み込まれました。

対応バージョン

365 2019 2016 2013

レッスンで使う練習用ファイル
売上明細（5月分）.csv

関連レッスン

▶レッスン20
CSV形式のデータをExcelで利用するには ………………… p.88
▶レッスン68
別ブックの大量データから一部を取り込むには ………………… p.278

キーワード

CSV	p.308
Power Query	p.308
データの取得と変換	p.310

HINT!

Excel 2016で実行するには

Excel 2016では、［データ］タブの［テキストファイル］ボタンをクリックすると、レッスン⑳で紹介したウィザード形式のダイアログボックスが表示されます。Power Queryを実行したいときは、［データ］タブの［新しいクエリ］-［ファイルから］-［CSVから］を実行します。

1 CSV形式のファイルを読み込む

Excelを起動して、ブックを新規に作成しておく

2 読み込むファイルを選択する

[データの取り込み] ダイアログボックスが表示された

ここでは「売上明細（5月分）.csv」を読み込む

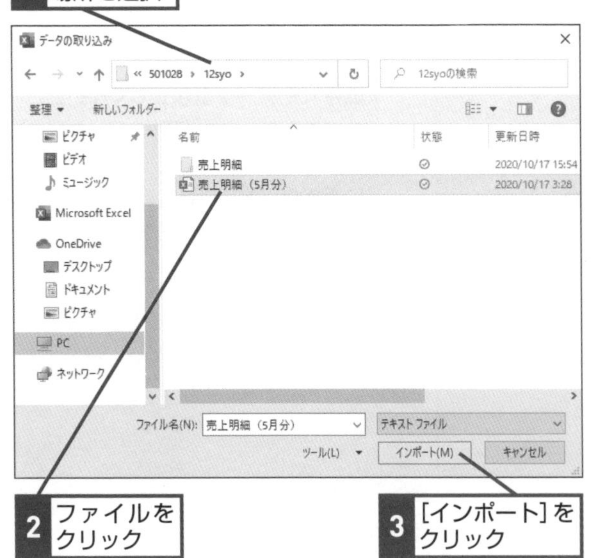

HINT!

「フォルダーから」も試してみよう

このレッスンの方法をマスターしたら、[データの取得] - [ファイルから] - [フォルダーから] も試してみるのもお勧めします。このコマンドを実行した場合は、ファイル名ではなく、CSVファイルなどが収録されたフォルダを指定します。表示されたPower Queryエディターには、ファイル名などの情報が表示されますが、いちばん左に表示された [Fileの結合] ボタン（⊟）をクリックすると、あとは手順3からと同様の手順で、フォルダ内に保存されたファイルをすべて縦につなげた1つのテーブルとして取り込むことができます。

[データの取得] - [ファイルから] - [フォルダーから] をクリックして、取り込むフォルダーを選択しておく

表示された画面で手順3を参考に [データの変換] をクリックしておく

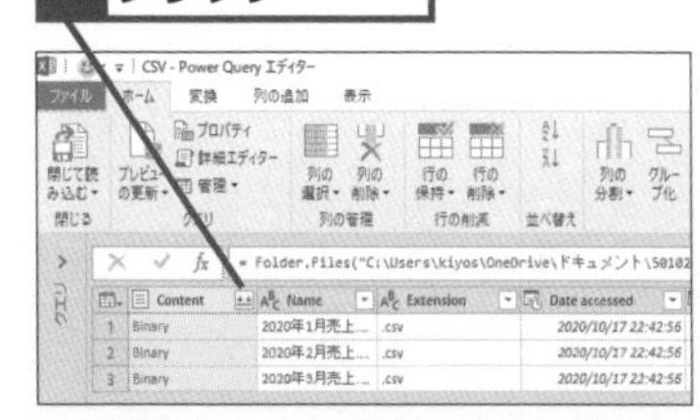

フォルダー内の複数のファイルを1つのテーブルとして取り込むことができる

次のページに続く

読み込む方法を選択する

CSVファイルの内容がプレビューで表示された

1 [区切り記号]に[コンマ]が選択されていることを確認

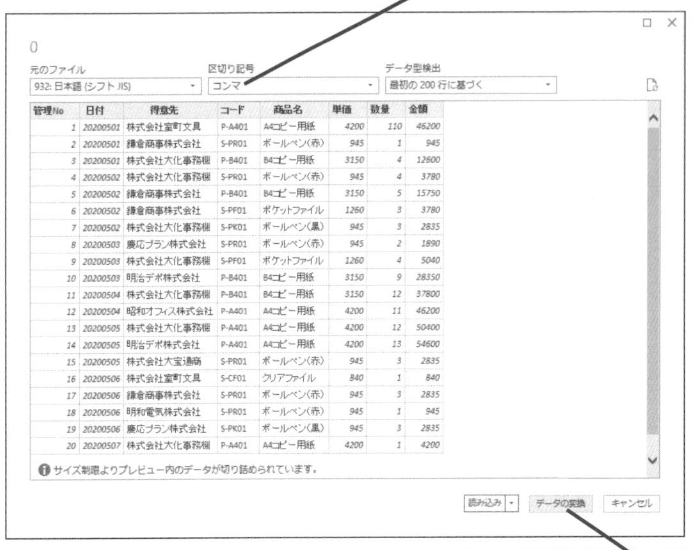

管理No	日付	得意先	コード	商品名	単価	数量	金額
1	20200501	株式会社室町文具	P-A401	A4コピー用紙	4200	110	46200
2	20200501	鎌倉商事株式会社	S-PR01	ボールペン(赤)	945	1	945
3	20200501	株式会社大化事務機	P-B401	B4コピー用紙	3150	4	12600
4	20200502	株式会社大化事務機	S-PR01	ボールペン(赤)	945	4	3780
5	20200502	鎌倉商事株式会社	P-B401	B4コピー用紙	3150	5	15750
6	20200502	鎌倉商事株式会社	S-PF01	ポケットファイル	1260	3	3780
7	20200502	株式会社大化事務機	S-PK01	ボールペン(黒)	945	3	2835
8	20200503	慶応プラン株式会社	S-PR01	ボールペン(赤)	945	2	1890
9	20200503	株式会社大化事務機	S-PF01	ポケットファイル	1260	4	5040
10	20200503	明治デポ株式会社	P-B401	B4コピー用紙	3150	9	28350
11	20200504	株式会社大化事務機	P-B401	B4コピー用紙	3150	12	37800
12	20200504	昭和オフィス株式会社	P-A401	A4コピー用紙	4200	11	46200
13	20200505	株式会社大化事務機	P-A401	A4コピー用紙	4200	12	50400
14	20200505	明治デポ株式会社	P-A401	A4コピー用紙	4200	13	54600
15	20200505	株式会社大宝通商	S-PR01	ボールペン(赤)	945	3	2835
16	20200506	株式会社室町文具	S-CF01	クリアファイル	840	1	840
17	20200506	鎌倉商事株式会社	S-PR01	ボールペン(赤)	945	3	2835
18	20200506	明和電気株式会社	S-PR01	ボールペン(赤)	945	1	945
19	20200506	慶応プラン株式会社	S-PK01	ボールペン(黒)	945	3	2835
20	20200507	株式会社大化事務機	P-A401	A4コピー用紙	4200	1	4200

2 [データの変換]をクリック

HINT!
文字化けしたときは？

取り込んだファイルの内容に応じて、元のファイルには自動で認識された文字コードが指定されています。もし、表示されている漢字が文字化けしているような場合は、「Unicode(UTF-8)」など、正しいコードを指定しましょう。

4 [変更された型] を削除する

Power Queryエディターが起動した

1 [変更された型]のここをクリック

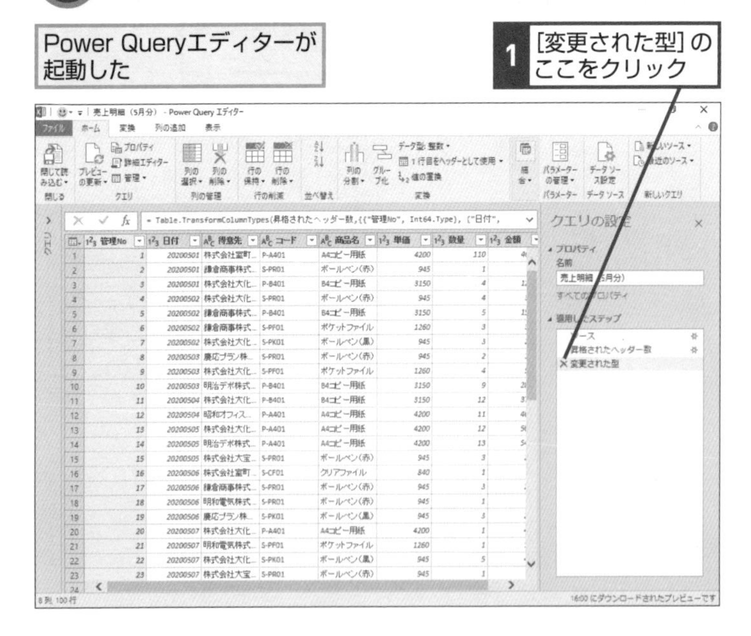

HINT!
なぜステップを削除するの？

ファイルを読み込んだときに、元のデータに合わせて自動的に判断された「データ型」が指定され、この動作が右側のステップに［変更された型］として記録されています。ただし、特にCSVファイルの場合は、自動認識されたデータ型が正しくないこともあるので、必ず各列のデータ型を確認するようにしましょう。ここでは手順5以降で定義し直すので、手順4ではこのステップをいったん削除しています。

5 データ型を［日付］型に変更する

ここでは項目名が[日付]のデータ型を[日付]に変更する

1 [ホーム]タブをクリック

2 [データ型:テキスト]をクリック

3 [日付]をクリック

HINT! データ型って何？

データ型については、レッスン❸や❹に詳しくまとめてあります。このレッスンの練習用ファイルでは、「日付」フィールドのデータが8桁の数字になっています。これを日付データとして取り込めるように、このフィールドに「日付」型を指定し、[単価]から[金額]の列を[整数]に変更します。複数列を選択する方法については、281ページの上のHINT!を参照してください。

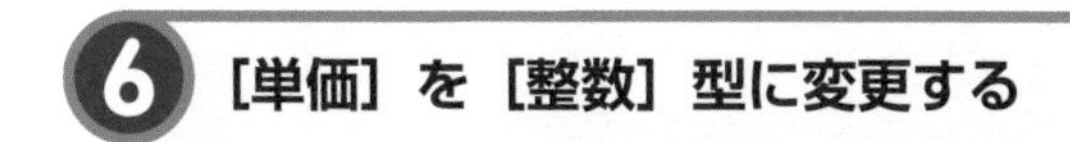

6 ［単価］を［整数］型に変更する

1 [単価]をクリック

2 Shift キーを押しながら[金額]をクリック

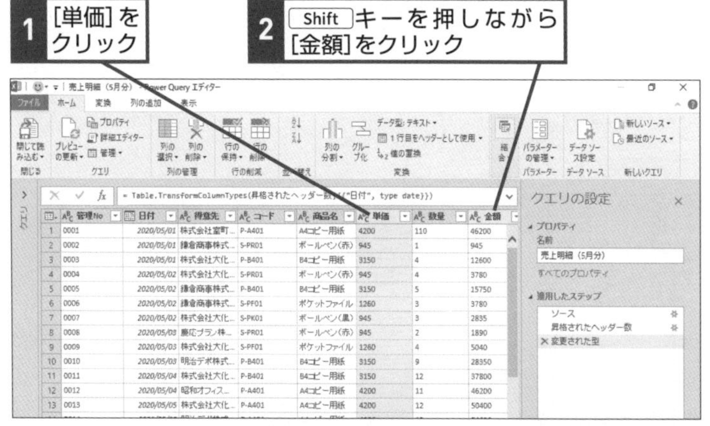

3 [データ型:テキスト]をクリック

4 [整数]をクリック

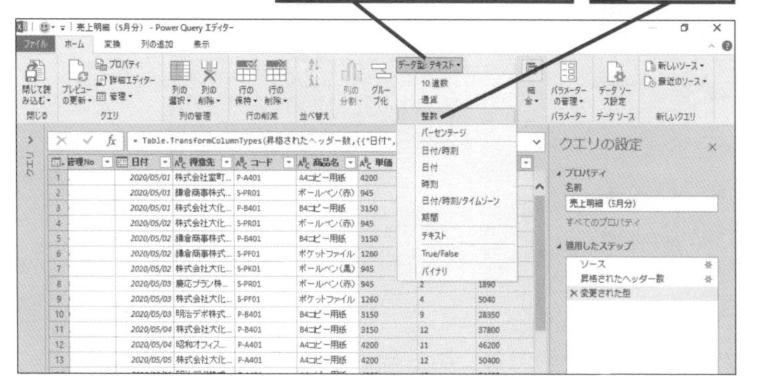

HINT! 元データが変更されるとExcelにも反映される

Power Queryで取り込んだデータは元データと接続されています。右側の［クエリと接続］パネルに表示されたクエリ名をクリックすると、リボンに[クエリ]タブが表示されます。この［クエリ］タブの［更新］ボタンをクリックすると、その時点の最新データに更新できます。

1 [クエリツール]の[クエリ]タブをクリック

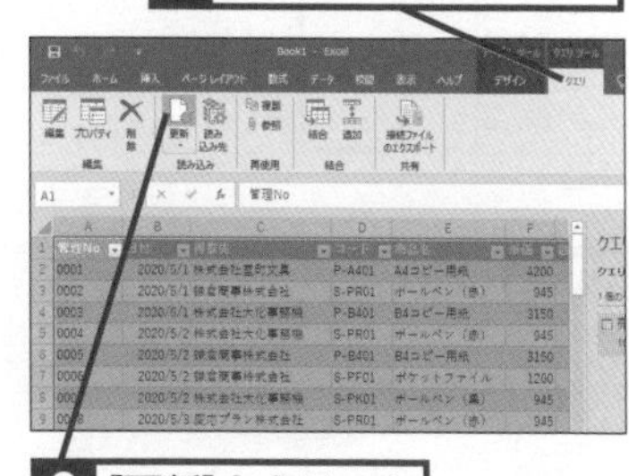

2 [更新]をクリック

レッスン

70 複数のテーブルをつなげて1つのテーブルにするには

リレーションシップ

対応バージョン

365 2019 2016 2013

レッスンで使う練習用ファイル
2020年1月売上明細.xlsx
得意先一覧.xlsx、商品一覧.xlsx

関連レッスン

▶レッスン33
コードの一覧から商品名や単価を取り出すには……p.142

▶レッスン68
別ブックの大量データから一部を取り込むには……p.278

キーワード

Power Query	p.308
データの取得と変換	p.310
リレーショナルデータベース	p.312

今までの作業が軽減できる画期的な機能

データベースは、商品マスターや売上データなど、さまざまなテーブルに分けて作成し、それらをコードなどで関連付けて使います。このため、テーブル同士をつなぐ仕組みが必須になります。この関連付けを「リレーション」と呼びます。Excelでは、レッスン㉝のようにVLOOKUP関数が利用されますが、データが大量になると再計算に非常に時間がかかってしまうのが難点でした。Power Queryでは、これらのリレーションシップの設定も簡単に行えるのが大きな魅力です。

Before

【得意先一覧】

コード	得意先	郵便番号	住所	ビル名等
D001	鎌倉商事株式会社	161-0031	東京都新宿区西落合x－x－x	丸閥ビル405
D002	株式会社大化事務機	150-0031	東京都渋谷区桜丘町x－x－x	参画ビル202
D003	慶応プラン株式会社	245-0001	神奈川県横浜市泉区池の谷x－x－x	
D004	株式会社室町文具	101-0021	東京都千代田区外神田x－x－x	資格ビル203
D005	明治デポ株式会社	261-0001	千葉県千葉市美浜区幸町x－x－x	
D006	明和電気株式会社	530-0011	大阪府大阪市北区大深町x－x－x	
D007	株式会社大宝通商	210-0001	神奈川県川崎市川崎区本町x－x－x	互角ビル801
D008	昭和オフィス株式会社	455-0001	愛知県名古屋市港区七番町x－x－x	

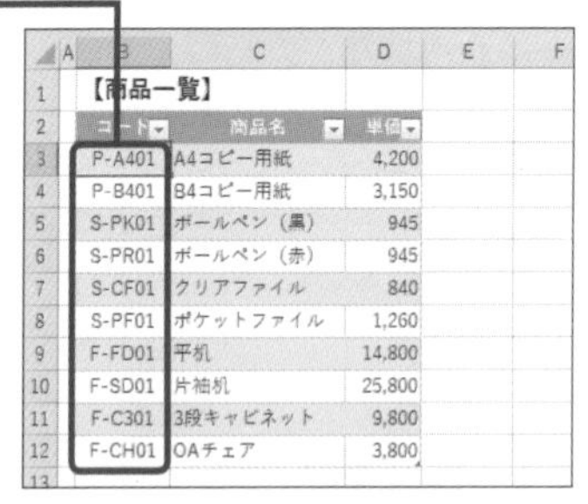

【売上データ】

日付	得意先コード	商品コード	数量
2020/01/04	D001	F-C301	3
2020/01/04	D001	F-C301	3
2020/01/04	D001	F-C301	2
2020/01/04	D001	F-C301	3
2020/01/04	D001	F-C301	5
2020/01/04	D001	F-C301	2
2020/01/04	D001	F-C301	2
2020/01/04	D001	F-C301	2
2020/01/04	D001	F-CH01	2

【商品一覧】

コード	商品名	単価
P-A401	A4コピー用紙	4,200
P-B401	B4コピー用紙	3,150
S-PK01	ボールペン（黒）	945
S-PR01	ボールペン（赤）	945
S-CF01	クリアファイル	840
S-PF01	ポケットファイル	1,260
F-FD01	平机	14,800
F-SD01	片袖机	25,800
F-C301	3段キャビネット	9,800
F-CH01	OAチェア	3,800

複数のテーブルで、同じコードをもつデータ同士を結合する

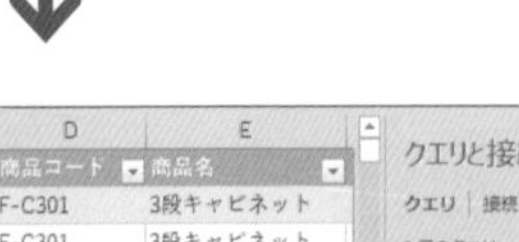

After

日付	得意先コード	得意先	商品コード	商品名
2020/1/4	D001	鎌倉商事株式会社	F-C301	3段キャビネット
2020/1/4	D001	鎌倉商事株式会社	F-C301	3段キャビネット
2020/1/4	D001	鎌倉商事株式会社	F-C301	3段キャビネット
2020/1/4	D001	鎌倉商事株式会社	F-C301	3段キャビネット
2020/1/4	D001	鎌倉商事株式会社	F-C301	3段キャビネット
2020/1/4	D001	鎌倉商事株式会社	F-C301	3段キャビネット
2020/1/4	D001	鎌倉商事株式会社	F-C301	3段キャビネット
2020/1/4	D001	鎌倉商事株式会社	F-C301	3段キャビネット
2020/1/4	D001	鎌倉商事株式会社	F-CH01	OAチェア
2020/1/4	D001	鎌倉商事株式会社	F-CH01	OAチェア
2020/1/4	D001	鎌倉商事株式会社	F-CH01	OAチェア
2020/1/4	D001	鎌倉商事株式会社	F-CH01	OAチェア
2020/1/4	D001	鎌倉商事株式会社	F-CH01	OAチェア
2020/1/4	D001	鎌倉商事株式会社	F-CH01	OAチェア

クエリと接続
クエリ｜接続
3個のクエリ
売上TBL
62,527 行読み込まれました。
得意先TBL
8 行読み込まれました。
商品TBL
10 行読み込まれました。

複数のテーブルのデータを結合して、1つのテーブルとして読み込めた

1 読み込む方法を選択する

レッスン68の手順1～2を参考に、「2020年1月売上明細.xlsx」を取り込んでおく

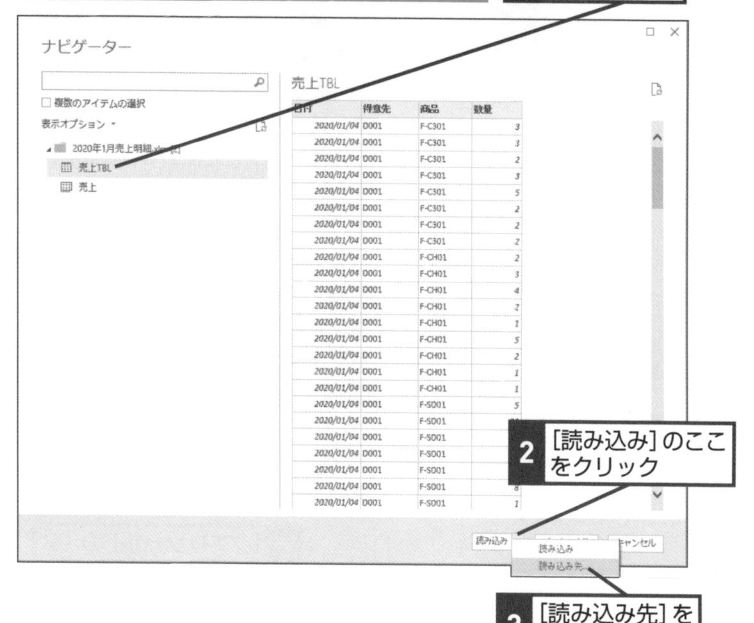

2 インポート先の設定をする

[データのインポート]ダイアログボックスが表示された

ここではテーブルに変換して読み込む

ここではすでに作成したブックでデータを読み込む

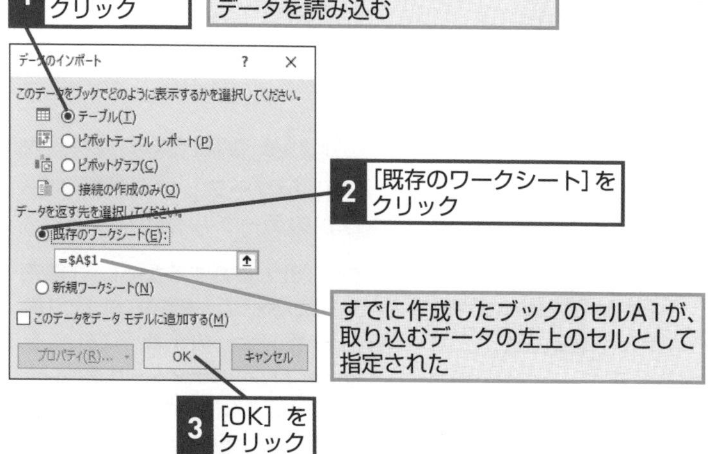

HINT! データを全件取り込むときは

ここでは、メインのデータとなる「2020年1月売上明細.xlsx」の「売上TBL」を読み込みます。これまでのレッスンでは、[読み込み]ボタンではなく、[データの変換]ボタンをクリックしましたが、今回は、売上TBLのデータをすべて取り込むので、[読み込み]ボタンをクリックしています。手順1では、これまでと同様に新規ブックを用意して作業しているので、手順2ですでに用意されている[既存のワークシート]を選択するために、[読み込み先]のほうを選択しています。

HINT! 「売上TBL」と「売上」の違いは？

元の「2020年1月売上明細.xlsx」ファイルを開いて確認してみると、「売上TBL」がテーブル名で、「売上」がシート名になっています。テーブルを設定していなくても、シート名を指定すれば、条件が合えばそのままデータを取り込めますが、トラブルを避けるためにデータベース範囲はテーブルにして、そのテーブルを指定して読み込むようにしましょう。

間違った場合は？

手順1で[読み込み]をクリックしたときは、新規ワークシートから全件のデータが取り込まれるようになります。元からあった新規ブックのシートが不要になるだけなので、それらのシートを削除すれば問題ありません。

次のページに続く

③ クエリの編集を開始する

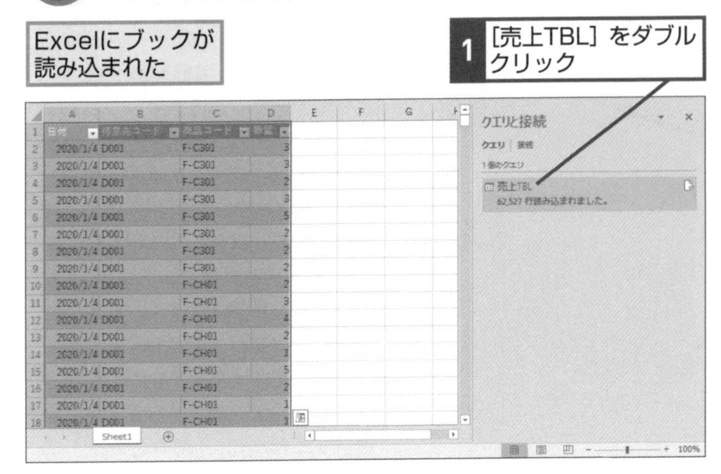

④ 新しいブックをインポートする

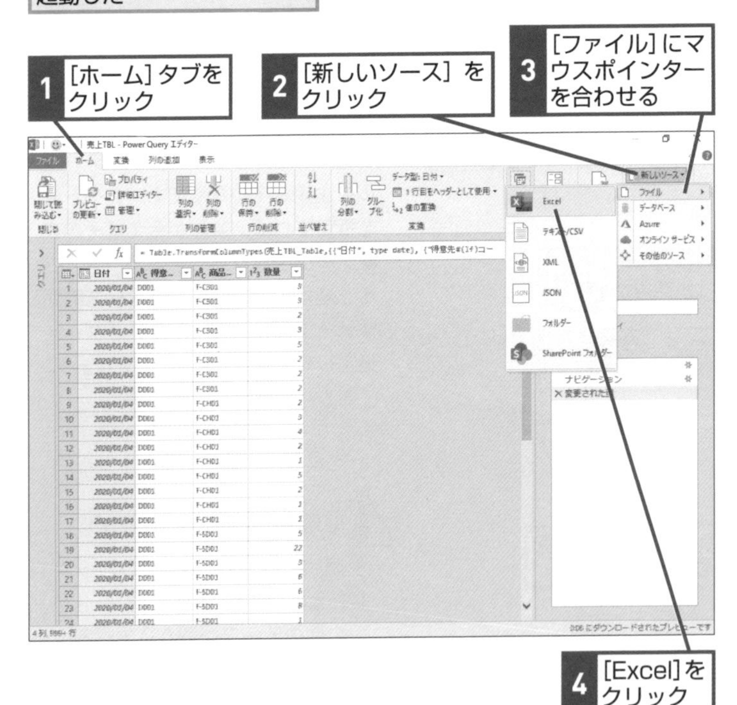

HINT!
[クエリ] タブからも実行できる

取り込まれた売上TBLを見てみると、得意先コードや商品コードがあるだけで、実際の得意先名や商品名がわかりません。そこで、これらのコードをキーにして、得意先マスターと商品マスターと結合して、それらのデータを取り出します。そのために、Power Queryエディターを起動しますが、手順3のように [クエリと接続] パネルのクエリ名をダブルクリックするほか、[クエリ] タブの [編集] ボタンをクリックしてもPower Queryエディターを起動できます。[クエリ] タブは、[クエリと接続] パネルのクエリ名を選択した状態で表示されます。

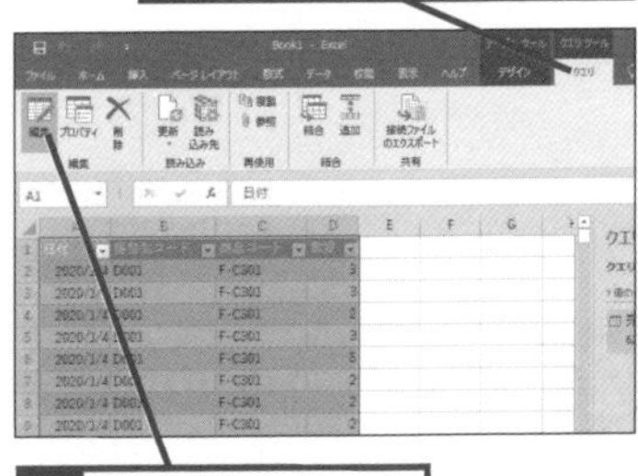

HINT!
[新しいソース] から接続するほかのテーブルを追加する

売上TBLと接続するために、「得意先一覧.xlsx」の「得意先TBL」と「商品一覧.xlsx」の「商品TBL」をPower Queryエディターに追加します。このようなほかのテーブルは[新しいソース] から追加します。

5 読み込むファイルを選択する

[データの取り込み] ダイアログボックスが表示された

ここでは「得意先一覧.xlsx」を読み込む

1 ファイルの場所を選択

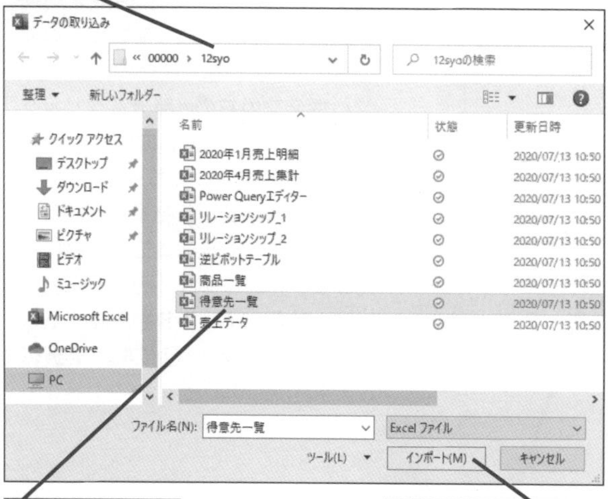

2 ファイルをクリック

3 [インポート] をクリック

[ナビゲーター] 画面が表示された

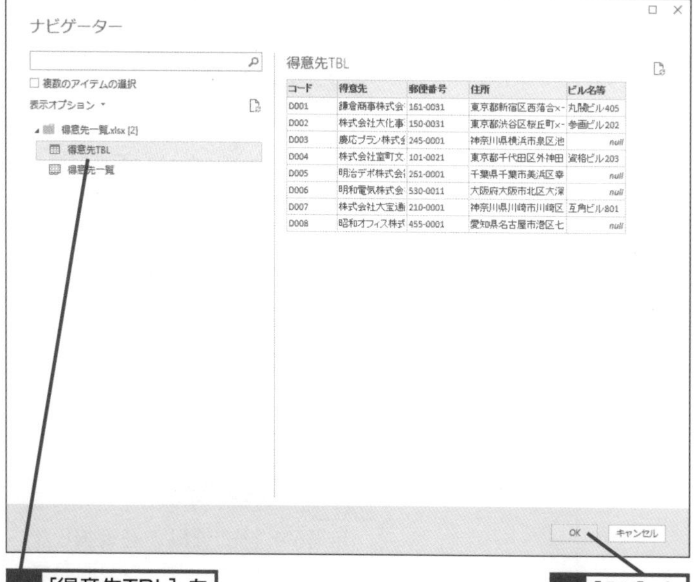

得意先TBL

コード	得意先	郵便番号	住所	ビル名等
D001	鎌倉商事株式会	161-0031	東京都新宿区西落合×-	丸閣ビル405
D002	株式会社大化事	150-0031	東京都渋谷区桜丘町×-	参画ビル202
D003	慶応プラン株式会	245-0001	神奈川県横浜市泉区池	null
D004	株式会社室町文	101-0021	東京都千代田区外神田	資格ビル203
D005	明治デポ株式会	261-0001	千葉県千葉市美浜区幸	null
D006	明和電気株式会	530-0011	大阪府大阪市北区大深	null
D007	株式会社大宝通	210-0001	神奈川県川崎市川崎区	互角ビル801
D008	昭和オフィス株式	455-0001	愛知県名古屋市港区七	null

4 [得意先TBL] をクリック

5 [OK] をクリック

手順4～5を参考に、[商品一覧.xlsx] の [商品TBL]を読み込んでおく

HINT! 「ナビゲーター」画面で各テーブルを指定する

[新しいソース] を指定する場合も、手順1と同様の「ナビゲーター」ダイアログボックスで指定しますが、こちらの画面には [OK] ボタンしかありません。ワークシートへの読み込み方法は、Power Queryエディターを閉じるときに指定します。手順17を参考にしてください。

間違った場合は？

[ナビゲーター] ダイアログボックスで、テーブル名でなくシート名を選択してしまったなど、間違ったテーブルを追加してしまったときは、Power Queryエディターで間違ったテーブル名を右クリックして [削除] を実行します。

次のページに続く

6 クエリの結合を開始する

ここでは［売上TBL］をメインに結合していく

1 ［売上TBL］をクリック

2 ［結合］をクリック

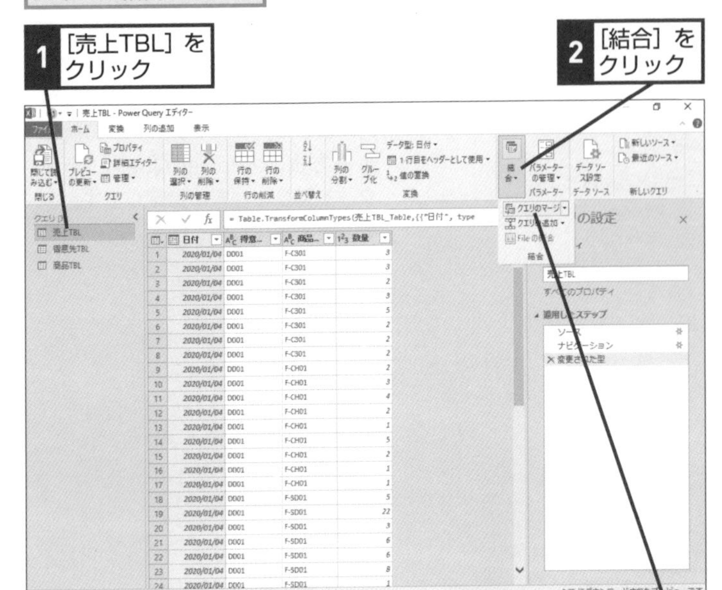

3 ［クエリのマージ］をクリック

HINT! ［クエリのマージ］とは？

「マージ」（merge）とは､「結合する」や「統合する」などの意味を持つ英語です。今回のように、「コード」などをキーにして2つのテーブルを接続するには、「マージ」機能を利用します。テーブル通しを横につなぐイメージです。なお、［クエリのマージ］ボタンの右の▾部分をクリックすると［新規としてクエリをマージ］も選択できます。こちらは、2つのテーブルを結合した結果を、新しいテーブルとして作成したい場合に利用します。ここでは「売上TBL」内に結合したフィールドを追加するので、［クエリのマージ］のほうを実行します。

7 結合するテーブルを選択する

［マージ］画面が表示された

1 ここをクリック

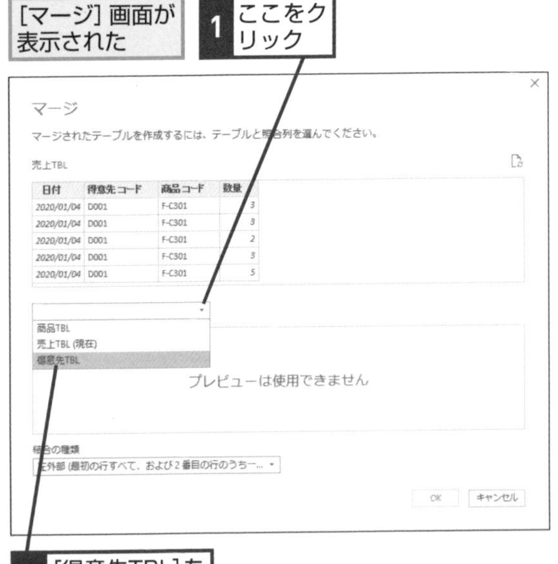

2 ［得意先TBL］をクリック

HINT! ［クエリの追加］とは？

もう一方の［クエリの追加］とは、例えば､売上データが「4月分」と「5月分」で別々のテーブルになっているようなときに、それらを縦につなげて1つのテーブルにしたいときに利用します。

間違った場合は？

手順6で「売上TBL」を選択しなかった場合は、［マージ］画面の上側に「売上TBL」が表示されません。もし間違えた場合は、［キャンセル］ボタンをクリックして、手順6からやり直しましょう。

8 照合列を設定する

ここでは得意先コードを照合列に設定する

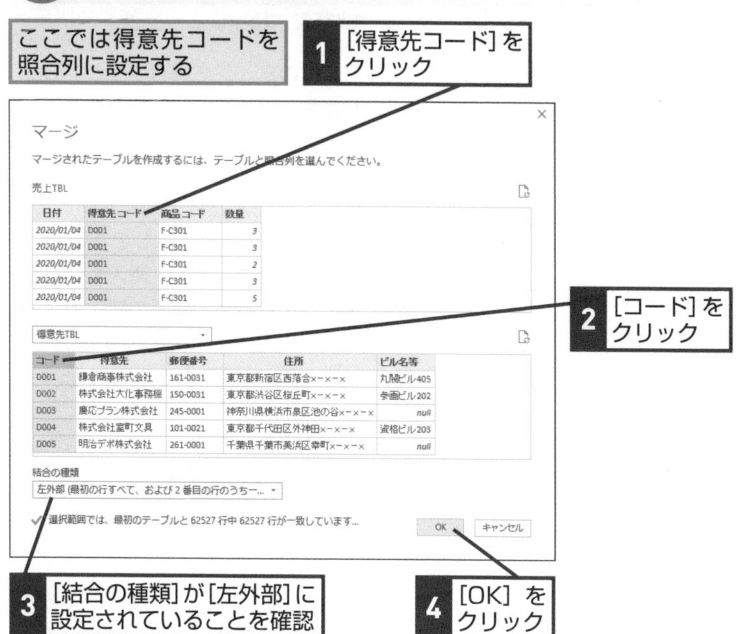

HINT! [照合列] って何？

2つのテーブルを結合する際は、「コード」のようにお互いに共通するキーになるデータが入力されているフィールドを手掛かりにして結合します。この共通のキーとなる列のことをPower Queryでは「照合列」と呼んでいます。得意先TBLとは、得意先コードで照合するので、双方のコードの列を指定します。

9 取り込む列を指定する

ここでは［得意先］を指定する

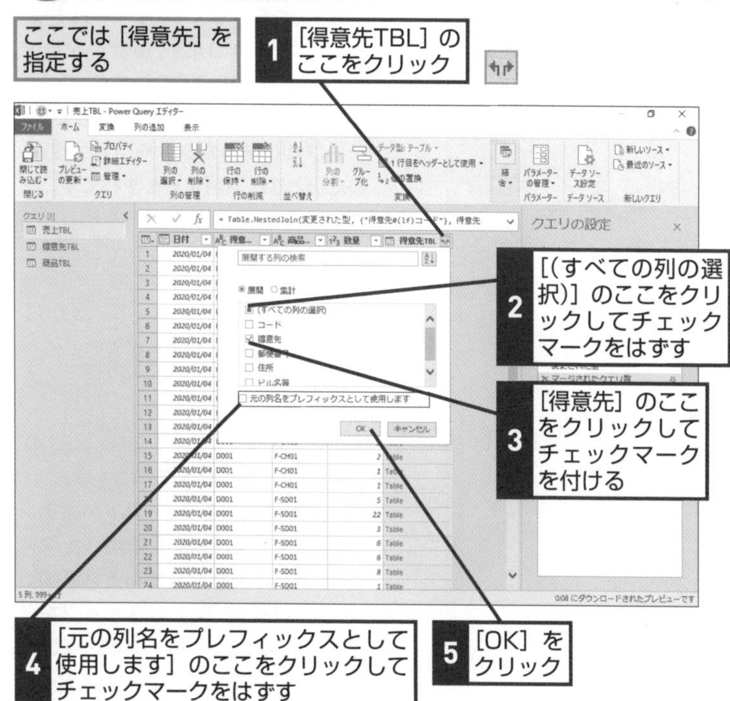

HINT! [結合の種類] って何？

2つのテーブルを結合するといっても、例えば、別々のシステムで運用していた2つの商品マスターを統合して1つにしたい、というように、さまざまなケースがあります。そこで、さまざまケースに対応できるように、いくつかの統合方法を「統合の種類」で選ぶことができます。VLOOKUP関数を使うのと同じようなイメージで統合する場合に利用するのが「左外部」です。そのほかの統合の種類は、299ページのテクニックを参照しましょう。

次のページに続く

10 列を移動する

[得意先] の列を、[得意先コード] の右に移動する

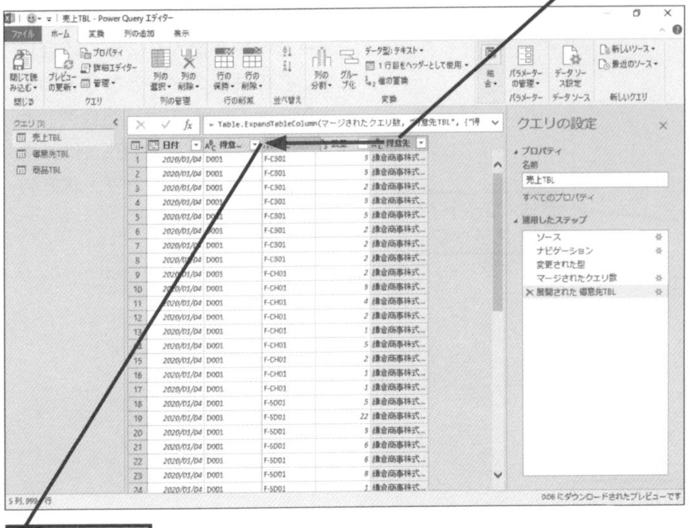

11 新しくほかのクエリを結合する

[得意先] の列が移動した

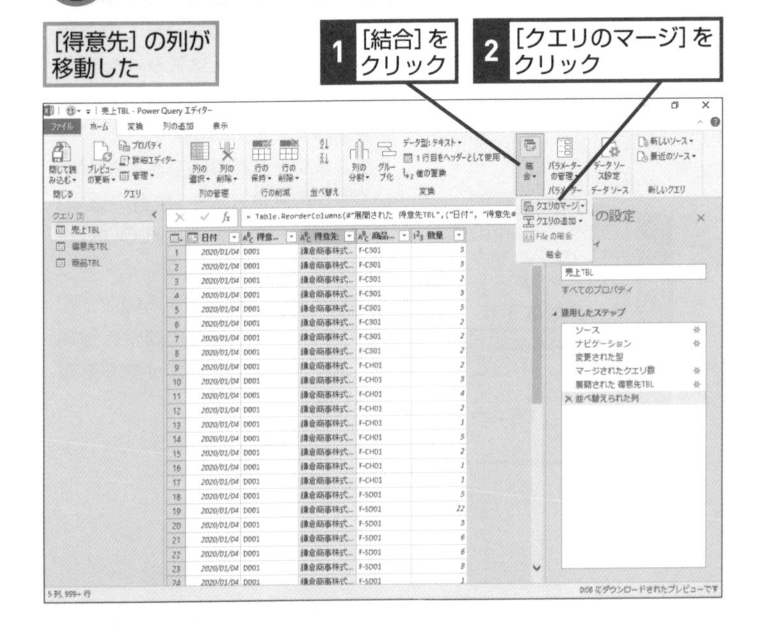

HINT! 挿入するフィールドの設定について

クエリのマージを実行すると、結合したテーブルの新しい列が挿入されるので、挿入したいフィールドだけが表示されるようにします。ここでは、得意先名だけ追加したいので、そのほかのフィールドのチェックボックスは外します。挿入した得意先名は、得意先コードの隣に表示されていたほうがわかりやすいので、ドラッグして移動しておきましょう。

HINT! 「元の列名をプレフィックスとして使用します」とは？

「元の列名をプレフィックスとして使用します」をオンにすると、「得意先TBL.得意先」のようなフィールド名が付くようになります。結合するテーブル同士で、同じような内容のフィールドが存在する場合に、どちらのテーブルにあったフィールドか確認したいときに利用すると便利です。

間違った場合は？

手順9で挿入するフィールドの指定を間違えた場合は、「適用したステップ」に表示されている [展開された得意先TBL] のステップを削除しましょう。フィールドの移動まで行っているときは、そのステップの操作ができないので、最後のステップから順に削除します。

12 新しいほかのクエリの照合列を設定する

ここでは商品コードを照合列に設定する

1 [商品コード]をクリック

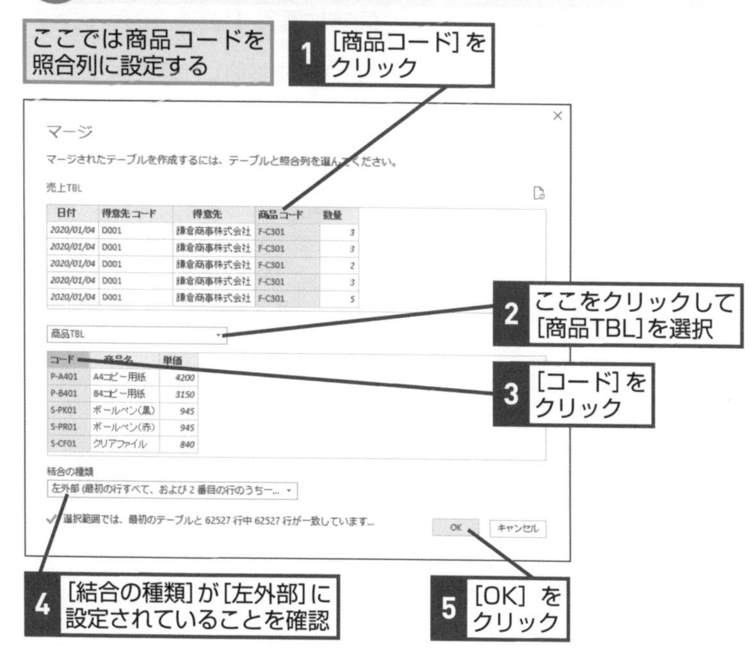

2 ここをクリックして[商品TBL]を選択

3 [コード]をクリック

4 [結合の種類]が[左外部]に設定されていることを確認

5 [OK]をクリック

13 [商品TBL]で取り込む列を指定する

ここでは[商品名]と[単価]を指定する

1 [得意先TBL]のここをクリック

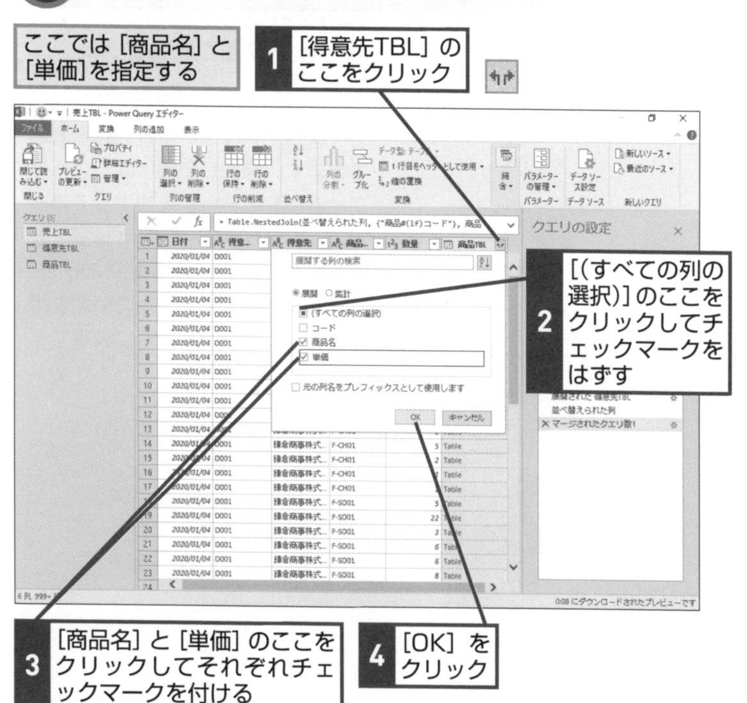

2 [(すべての列の選択)]のここをクリックしてチェックマークをはずす

3 [商品名]と[単価]のここをクリックしてそれぞれチェックマークを付ける

4 [OK]をクリック

HINT!

商品TBLは「商品コード」を照合列に設定して結合する

商品TBLも同様に結合します。商品TBLのほうは、「商品コード」を照合列に指定します。

HINT!

「展開」と「集計」の違いは？

フィールドを展開する画面には、[展開]と[集計]のオプションボタンが用意されています。例えば、商品マスターをメインにして、売上明細データを結合する場合などに「集計」を選択すると、数値フィールドは合計を、その他のフィールドはデータ件数の集計結果を、それぞれ表示できます。

[展開]と[集計]を選択できる

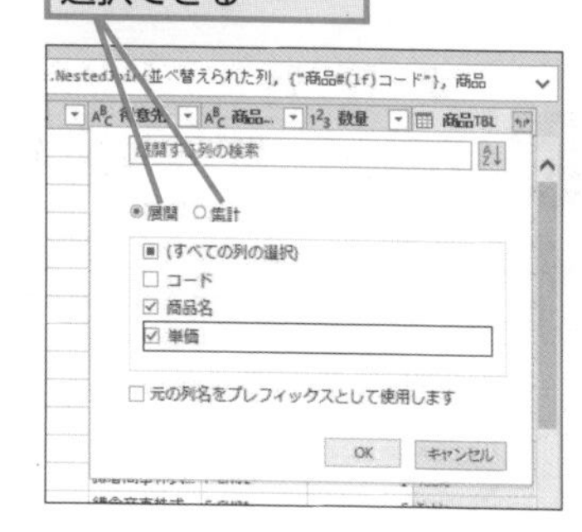

次のページに続く

14 [商品名] と [単価] の列を移動する

ここでは[商品コード]の列の右に移動する

1 [商品名]と[単価]にマウスポインターを合わせる

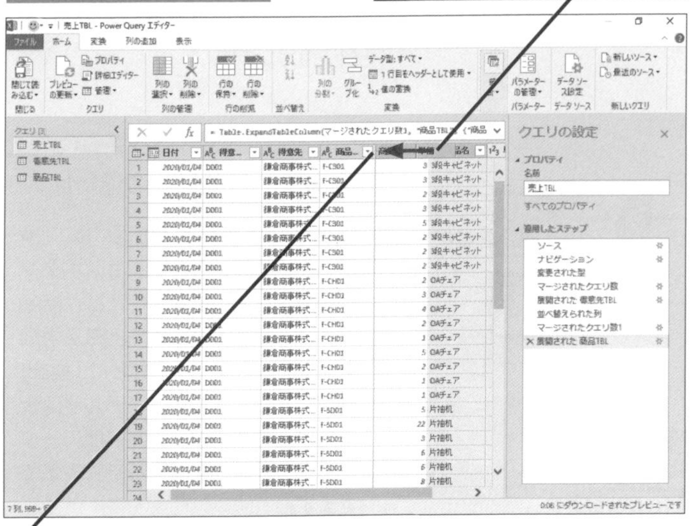

2 ここまでドラッグ

HINT!

「商品名」と「単価」の列を同時に移動する

商品TBLを展開した直後は、「商品名」と「単価」のフィールドが選択された状態なので、そのままドラッグで同時に移動できます。もし、選択を解除してしまった場合は、「商品名」のフィールド名を選択したあと、Shiftキーを押しながら「単価」のフィールド名をクリックして選択し直しましょう。

15 [カスタム列] を追加する

[商品名]と[単価]の列が移動した

ここでは[金額]の列を追加する

1 [列の追加] タブをクリック

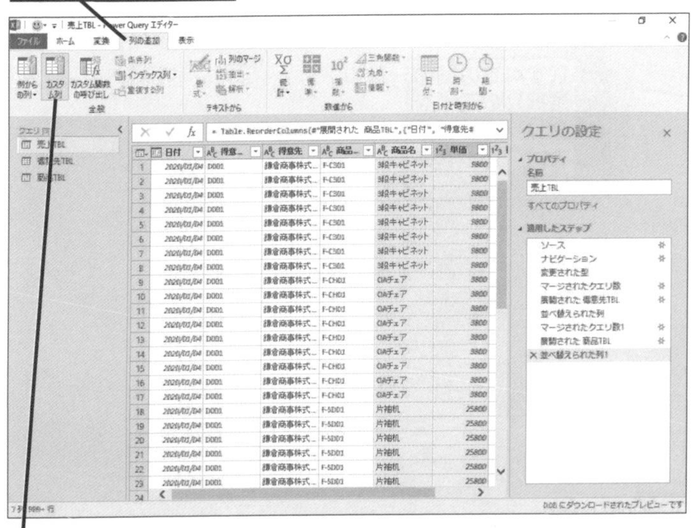

2 [カスタム列]をクリック

HINT!

元のテーブルにはない独自の列を追加することもできる

Power Queryエディターでは、元のデータベースにない新しい列を追加できます。追加した列には、既存のフィールドのデータを加工して作ったデータをセットしたり、「単価×数量」のような簡単な計算結果のほか、DAX関数と呼ばれる専用の関数を用いて特別な値を返すように設定することができます。

16 [カスタム列] の名前を設定する

[カスタム列] 画面が表示された

ここでは、[金額]列を作成して、「= [単価] * [数量]」という計算式を入力する

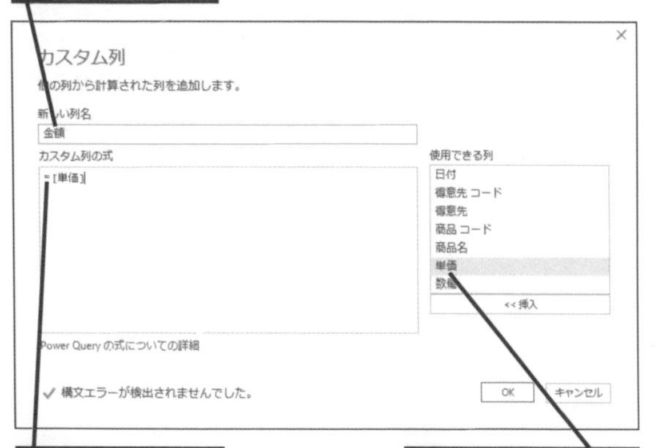

計算式の続きを入力する

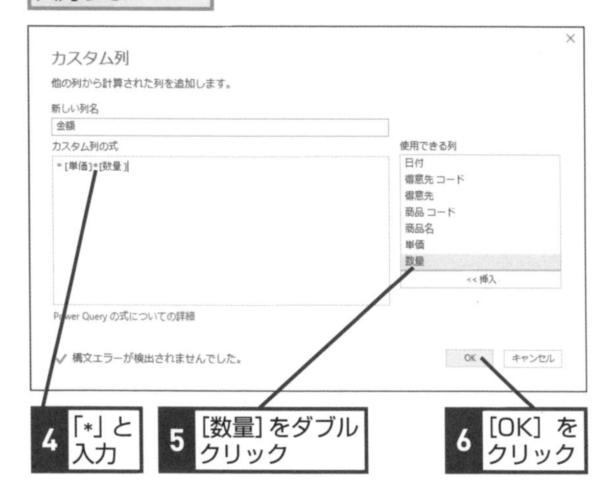

HINT!

「単価×数量」を計算する「金額」フィールドを追加する

ここでは「単価×数量」で計算できる「金額」のフィールドを追加します。[新しい列名] に「金額」と入力したら、IMEをオフにして入力しましょう。「単価」などはマウスのダブルクリックで指定できるので、IMEはオフのまま入力できます。

HINT!

数式の内容を変更したい場合は

入力を完了したあとで、数式の内容を変更したいときは、[適用したステップ] に表示されている [追加されたカスタム] のステップをダブルクリックします。[カスタム列] の画面が再表示されて、数式を変更できます。

次のページに続く

17 データをExcelで読み込む

Power Queryエディターを閉じて、データをExcelで読み込む

1 [閉じて読み込む] の下側をクリック

2 [閉じて次に読み込む] をクリック

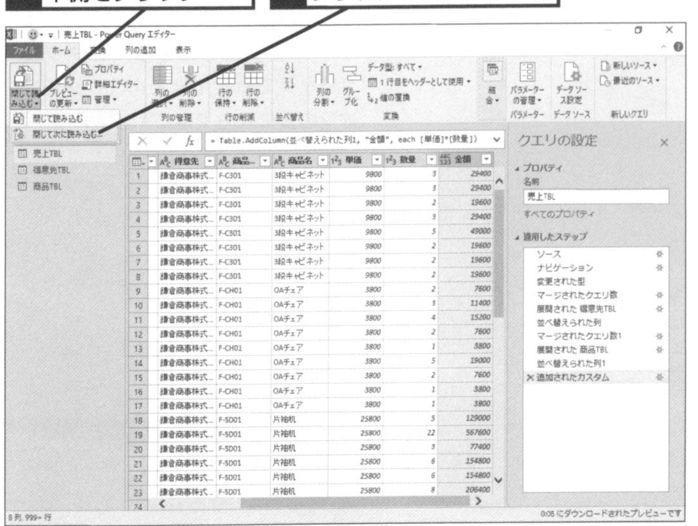

18 インポート先の設定をする

[データのインポート] ダイアログボックスが表示された

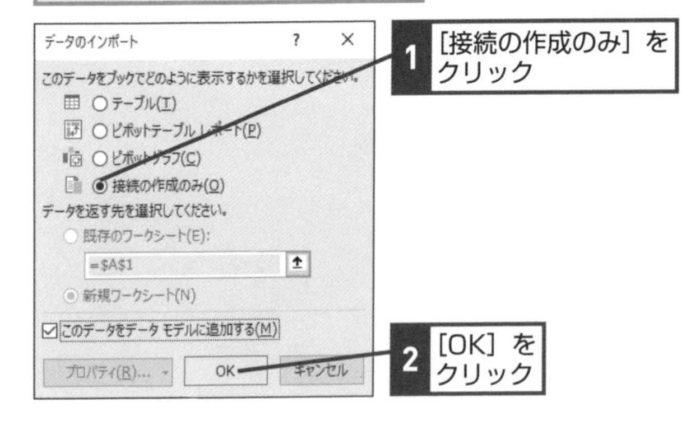

1 [接続の作成のみ] をクリック

2 [OK] をクリック

HINT! どうしてデータを返す先を指定しないの？

手順18で［接続の作成のみ］を指定すると、そのテーブルの内容はワークシート上に読み込まれなくなるので、Excelブックのファイルサイズが無用に大きくなることを防ぐことができます。なお、複数のテーブルを接続したときは、［このデータをデータモデルに追加する］のチェックボックスが自動的にオンになるようになります。このオプションについては通常は気にしなくてかまいません。

間違った場合は？

手順17で、［閉じて読み込む］の上側のボタンをクリックした場合は、得意先TBLと商品TBLがそれぞれのシートに出力されます。その場合は、「クエリと接続」パネルに表示されたテーブル名を右クリックして［読み込み先］を実行すると、手順18の画面が表示されるので、そこで［接続の作成のみ］を選択します。ただし、挿入されたワークシートはそのまま残るので、手動で削除しましょう。

テクニック 統合の種類について

「クエリのマージ」に表示される［統合の種類］は、「左外部」などデータベース特有の用語です。直訳の日本語で、意味がわかりにくいので、詳しく解説しておきましょう。ここでは、［マージ］画面の上に表示されるテーブルを「メインTBL」、下に表示されるテーブルを「サブTBL」とします。統合の種類には、「左外部」や「右外部」のように、「左右」の表記が出てきますが、左がメインTBLから見た接続、右がサブTBLから見た接続のイメージになります。通常、出力するフィールドには、共通する「照合列」は、どちらか一方のテーブルしか指定しませんが、「左」「右」を使い分ける場合は、どちらの「照合列」を出力するかによって結果が変わってきます。

●結合の種類

結合の種類	内容	結果テーブルの行数
左外部	メイン TBL の全行を出力し、照合列が一致するサブ TBL のフィールドの内容を返す	メイン TBL の行数
右外部	サブ TBL の全行を出力し、照合列が一致するメイン TBL のフィールドの内容を返す	サブ TBL の行数
完全外部	メイン TBL の全行を出力し、照合列が一致しないサブ TBL のレコードも追加する	メイン TBL の行数＋メイン TBL に存在しないサブ TBL の行数
内部	メイン TBL とサブ TBL で、照合列が一致するレコードのみを返す	メイン TBL とサブ TBL で重複している行数
左反	メイン TBL だけにあって、サブ TBL にはない照合列のレコードのみを返す	メイン TBL のみに存在する行数
右反	サブ TBL だけにあって、メイン TBL にはない照合列のレコードのみを返す	サブ TBL のみに存在する行数

19 連結したデータがExcelに読み込まれた

複数のテーブルをつなげて1つのテーブルにできた

通常のExcelの機能で編集できるようになった

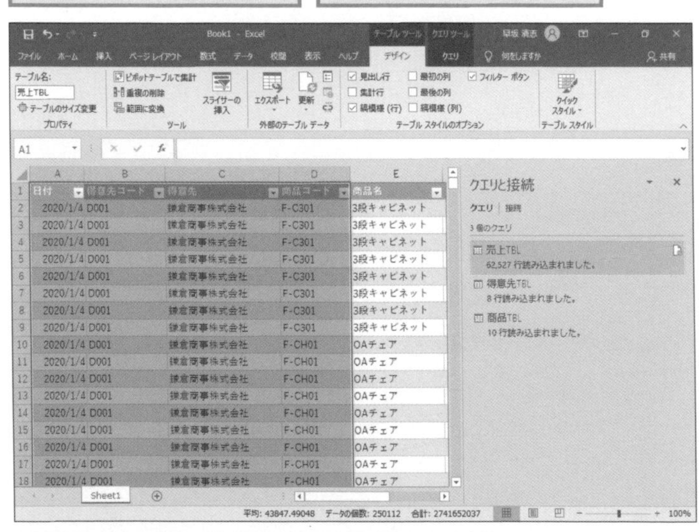

ブックを閉じるとき、必要に応じてファイルを保存することを忘れないようにしておく

HINT! 状況に応じてアレンジしよう

このレッスンでは、売上明細データを全件取り込みました。VLOOKUP関数などを使う必要がなくても、データ件数が多くなるとExcelでは動作が重くなります。必要に応じてレッスン68のように取り込むレコードにフィルターを設定したり、ピボットテーブルとして表示したりなど、アレンジして使ってください。

レッスン

71 集計表をデータベースの形式に変換するには

逆ピボットテーブル

対応バージョン

365 2019 2016 2013

レッスンで使う練習用ファイル
2020年4月売上集計.xlsx

集計表を分析可能なデータベースの状態にする

[Before]は、縦に「日付」、横に「商品名」を展開したクロス集計表の状態になっています。データベースとして扱うには、[After]のように「商品名」が1つのフィールドに入力されている必要があり、[Before]の状態では、さまざまなデータ分析を行えません。本来は、ピボットテーブルで集計するように、[After]のような元データが存在するはずですが、それが入手できないような場合は、Power Queryを使うことで、ピボットテーブルとは逆のイメージとなる操作を行うことができます。

関連レッスン

▶レッスン64
商品を月ごとに
クロス集計するには………………… p.262
▶レッスン68
別ブックの大量データから一部を取り込むには………………………………… p.278

キーワード

Power Query	p.308
逆ピボットテーブル	p.309
データの取得と変換	p.310

Before

	A	B	C	D	E	F	G	H	I
1									
2		日付	ボールペン（黒）	ボールペン（赤）	A4クリアファイル	ポケットファイル	A4コピー用紙	A3コピー用紙	B5コピ-
3		2020/4/1	3,780	4,725	14,280		4,200		
4		2020/4/2	5,670	26,460	2,520	23,940	12,600		
5		2020/4/3	2,835	945	3,360		92,400	37,800	
6		2020/4/4	7,560	3,780			247,800		
7		2020/4/5	12,285	945	10,920	30,240			
8		2020/4/6	14,175	4,725	3,360	16,380	58,800		
9		2020/4/7	6,615	8,505		25,200	37,800	12,600	
10		2020/4/8	4,725	7,560	5,880			29,400	
11		2020/4/9	945	11,340	12,600		96,600		
12		2020/4/10	1,890	5,670	16,800	21,420	29,400	16,800	
13		2020/4/11	14,175	1,890	7,560	55,440	33,600		
14		2020/4/12		2,835	17,640			4,200	
15		2020/4/13		11,340	9,240		113,400	54,600	
16		2020/4/14	6,615	11,340			42,000		
17		2020/4/15	10,395				113,400	4,200	
18		2020/4/16	2,835	945			4,200	12,600	

2020年4月

クロス集計表からデータベース形式のデータに変更する

After

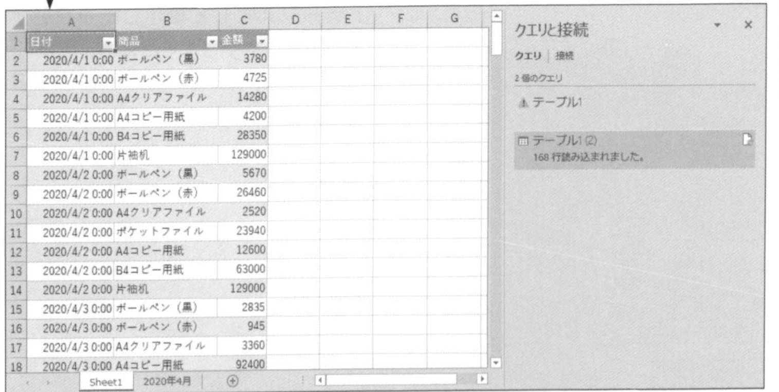

	A	B	C	D	E	F	G
1	日付	商品	金額				
2	2020/4/1 0:00	ボールペン（黒）	3780				
3	2020/4/1 0:00	ボールペン（赤）	4725				
4	2020/4/1 0:00	A4クリアファイル	14280				
5	2020/4/1 0:00	A4コピー用紙	4200				
6	2020/4/1 0:00	B4コピー用紙	28350				
7	2020/4/1 0:00	片袖机	129000				
8	2020/4/2 0:00	ボールペン（黒）	5670				
9	2020/4/2 0:00	ボールペン（赤）	26460				
10	2020/4/2 0:00	A4クリアファイル	2520				
11	2020/4/2 0:00	ポケットファイル	23940				
12	2020/4/2 0:00	A4コピー用紙	12600				
13	2020/4/2 0:00	B4コピー用紙	63000				
14	2020/4/2 0:00	片袖机	129000				
15	2020/4/3 0:00	ボールペン（黒）	2835				
16	2020/4/3 0:00	ボールペン（赤）	945				
17	2020/4/3 0:00	A4クリアファイル	3360				
18	2020/4/3 0:00	A4コピー用紙	92400				

クロス集計表からデータベース形式のデータに変更できた

実践編 第12章 大量の外部データを効率的に処理しよう

1 クエリを追加する

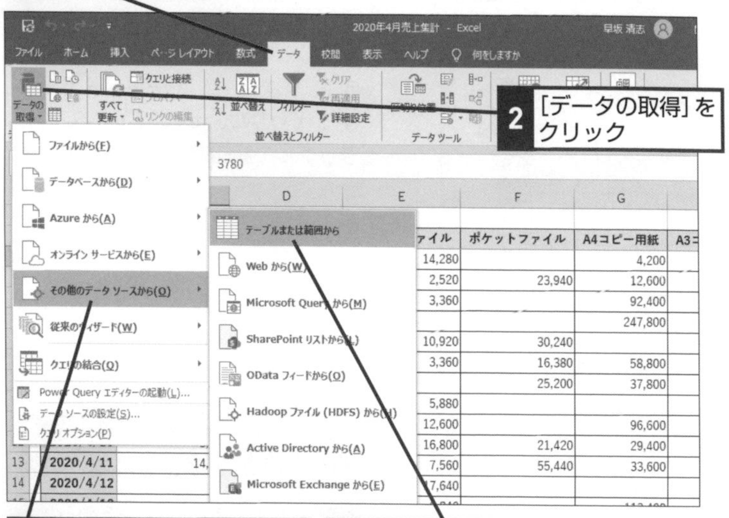

2 自動的に選択されたセル範囲を確認する

[テーブルの作成] ダイアログボックスが表示された

合計列が選択されてしまっている

	B	H	I	J	K	L	M	N	O
2	日付	A3コピー用紙	B5コピー用紙	B4コピー用紙	平机	片袖机	3段キャビネット	OAチェア	合計
18	2020/4/16	12,600	15,750	28,350					64,680
19	2020/4/17	8,400							1,604,425
20	2020/4/18	8,400							177,870
21	2020/4/19	37,800							201,180
22	2020/4/20	8,400							57,435
23	2020/4/21	4,200					98,000		188,720
24	2020/4/22						9,800		62,405
25	2020/4/23							38,000	142,580
26	2020/4/24	46,200		18,900					204,960
27	2020/4/25	42,000		18,900		129,000			241,140
28	2020/4/26								79,905
29	2020/4/27		6,300				9,800		104,405
30	2020/4/28	12,600	28,350						73,710
31	2020/4/29		34,650						68,880
32	2020/4/30		25,200	34,650					155,400
33	合計	340,200	308,700	705,600	2,220,000	877,200		117,600	38,000	6,932,000

テーブルの作成
テーブルに変換するデータ範囲を指定してください(W)
=$B$2:$O$32
☑ 先頭行をテーブルの見出しとして使用する(M)
OK　キャンセル

2020年4月

合計行は選択されていない

HINT!

「外部でデータ接続が無効になっています」と表示されたときは

ExcelブックとPower Queryで取り込んだ元データのファイルとは接続されているので、更新すれば最新のデータを反映できます。このため、Power Queryを使用したExcelブックを開いたときに、以下のように「セキュリティの警告」が表示される場合があります。自分で作成したファイルなど、信頼できるファイルの場合は、[コンテンツの有効化] ボタンをクリックして、更新できる状態にしましょう。

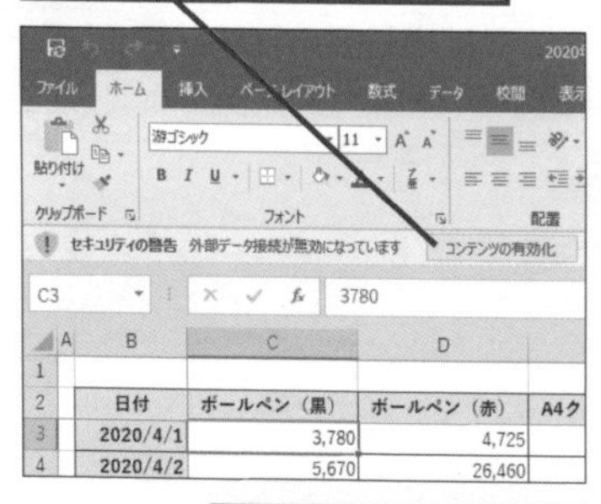

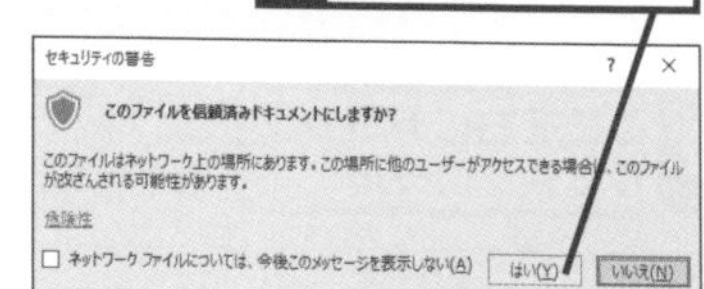

次のページに続く

セルの選択範囲を変更する

合計列を選択範囲から除外する

1 [Shift]キーを押しながら[←]キーを押す

2 [OK] をクリック

	A	B	H	I	J	K	L	M	N	O	P
1											
2		日付	A3コピー用紙	B5コピー用紙	B4コピー用紙	平机	片袖机	3段キャビネット	OAチェア	合計	
18		2020/4/16	12,600	15,750	28,350					64,680	
19		2020/4/17	8,400							1,604,425	
20		2020/4/18	8,400							177,870	
21		2020/4/19	37,800							201,180	
22		2020/4/20	8,400							57,436	
23		2020/4/21	4,200					98,000		188,720	
24		2020/4/22						9,800		62,405	
25		2020/4/23							38,000	142,580	
26		2020/4/24	46,200		18,900					204,960	
27		2020/4/25	42,000		18,900		129,000			241,140	
28		2020/4/26								79,905	
29		2020/4/27		6,300				9,800		104,405	
30		2020/4/28	12,600	28,350						73,710	
31		2020/4/29		34,650						68,880	
32		2020/4/30		25,200	34,650					155,400	
33		合計	340,200	308,700	705,600	2,220,000	877,200		117,600	38,000	6,932,000

テーブルの作成

テーブルに変換するデータ範囲を指定してください(W)

$B$2:$N$32

☑ 先頭行をテーブルの見出しとして使用する(M)

OK キャンセル

2020年4月

参照

4 列のピボットを解除する

ここでは商品名の列のピボットを解除する

1 [ボールペン（黒）]をクリック

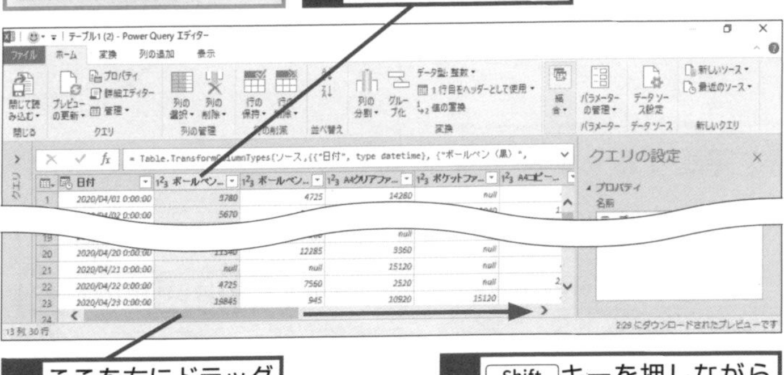

2 ここを右にドラッグしてスクロール

3 [Shift]キーを押しながら[OAチェア]をクリック

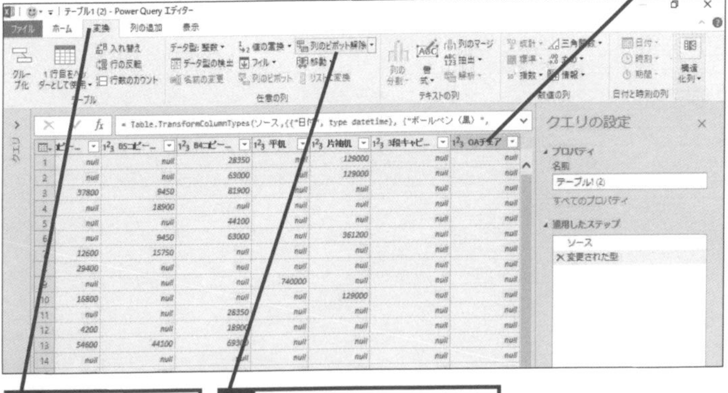

4 [変換] タブをクリック

5 [列のピボット解除] をクリック

HINT!

セルの選択範囲はドラッグしてもいい

手順3では、自動で選択された範囲を[Shift]キーを押しながら[←]キーを押すことで、選択範囲を縮小しています。もちろん、キーボードで操作する代わりに、セルB2～N32をドラッグして範囲選択してもかまいません。

HINT!

列の名前を確認するには

画面サイズによっては、手順4のように「ボールペン（黒）」の名前がすべて表示されない場合はあります。その場合は、Excelと同様に、列と列の間をマウスでドラッグして、列幅を広げましょう。

間違った場合は？

手順3で選択するセル範囲を間違えた場合は、Power Queryエディターの右上の[×]ボタンをクリックして、表示されたダイアログボックスで［破棄］ボタンをクリックします。元のセル範囲にはテーブルが適用されているので、31ページのHINT!を参考にして、テーブル範囲を変更しましょう。

5 列の名前を変更する

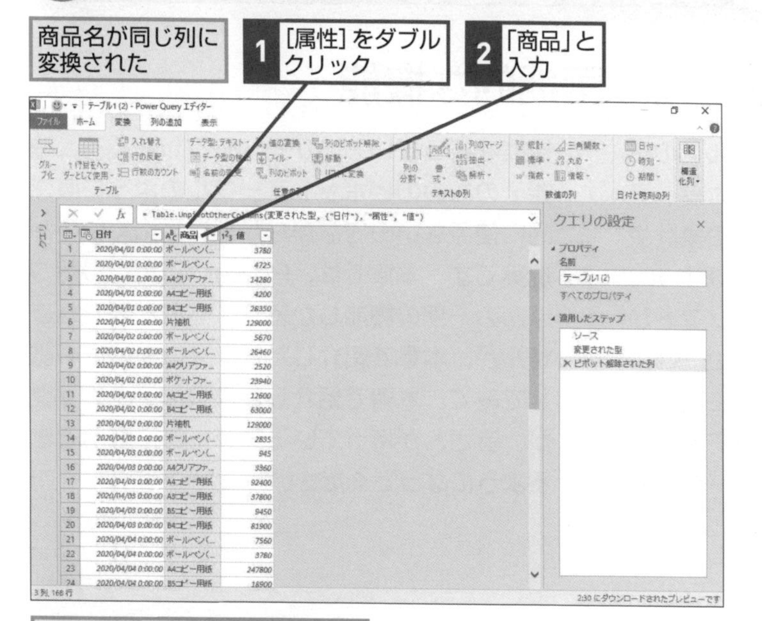

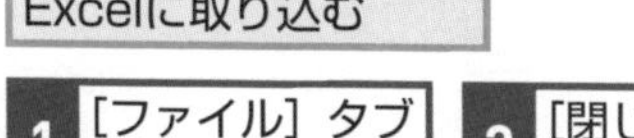

HINT!
列の名前はダブルクリックで編集できる

列に展開されていた商品名が1列のデータに変換されます。この際、列名には「属性」や「値」といった名前が自動的に入力されますが、これらの列の内容をわかりやすくするために「商品」と「金額」に変更しておきましょう。列の名前は、Excelと同様にダブルクリックすれば編集できます。

6 ワークシートに戻る

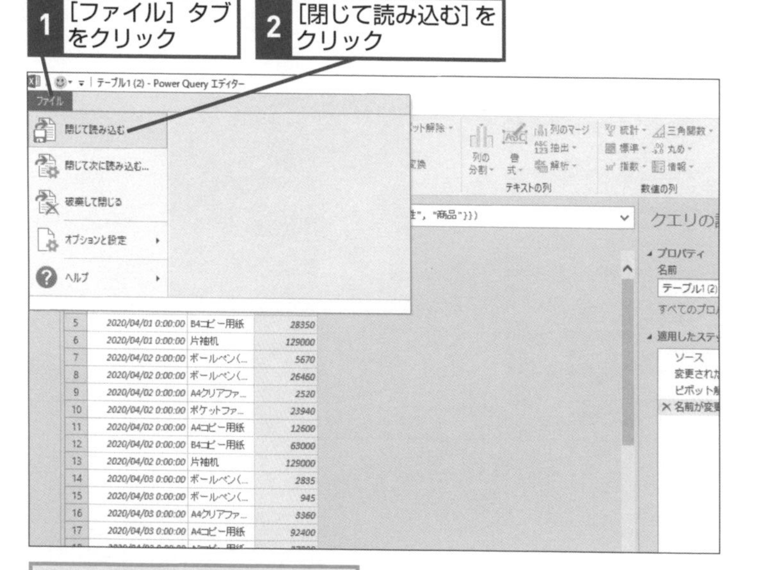

クロス集計表からデータベース形式のデータに変更される

HINT!
新規シートにテーブルとして出力する場合は [閉じて読み込む] でいい

これまでのレッスンで、[閉じて次に読み込む] のほうを選択していたのは、出力先に既存のワークシートを指定するなど、出力する方法を指定するためでした。「テーブル」として、「新規シート」に出力するのであれば、既定値のままでOKなので、[閉じて読み込む] を実行すれば問題ありません。

この章のまとめ

● Excelの使い方を変える画期的な機能

初期のExcelには、「ピボットテーブル」の機能はありませんでした。しかし、ピボットテーブルが搭載されることで、データの集計や分析が多彩に行えるようになりました。Excelは、それまでの単なる表計算ソフトから劇的に変化したと言えます。さらに、Power Queryもピボットテーブルに匹敵するか、それ以上の魅力を持った機能であることは間違いありません。ただ、[データの取得と変換]という直訳的な名称から、どんな機能を持っているのかイメージしにくく、機能そのもののピボットテーブルのように直感的に使えないのでなかなか理解しにくいのが現実です。本章では、Power Queryの持つほんの一部の機能しか紹介することができませんが、本章で紹介したレッスンを何度も試してみて、本書で紹介したようなテクニックが、皆さんが持っている実データに応用できるようになってください。

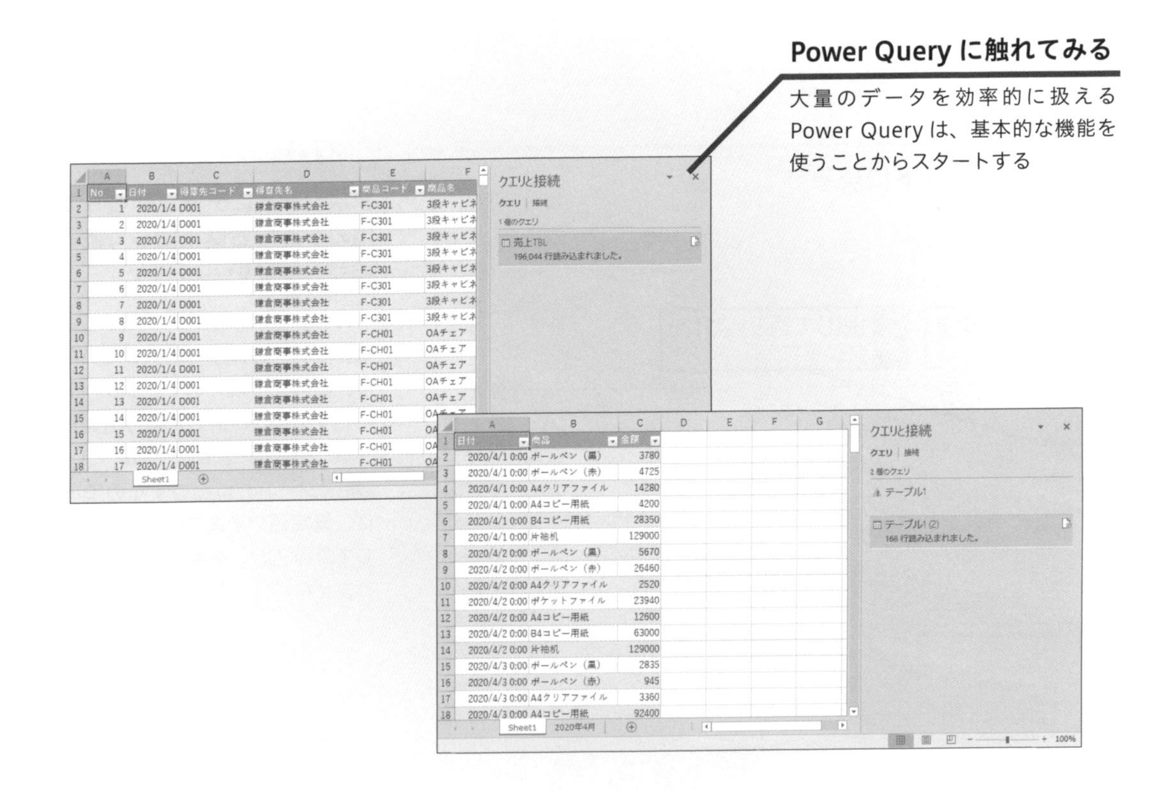

Power Query に触れてみる

大量のデータを効率的に扱えるPower Queryは、基本的な機能を使うことからスタートする

練習問題

1

「第12章_練習問題1.xlsx」を開き、「Sheet1」に「売上データ.xlsx」の「売上TBL」から、「1月」のデータだけを取り込んでください。

●ヒント：レッスン㊳を参考にして、フィルターの条件を「1月」に指定します。

練習用ファイル

第12章_練習問題1.xlsx

1月のデータだけを取り込む

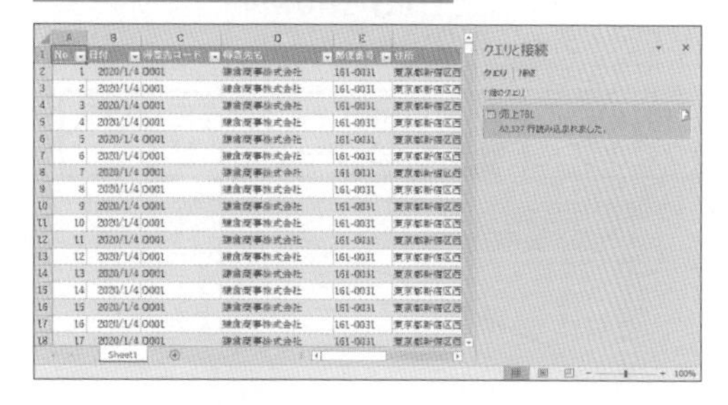

2

「第12章_練習問題2.xlsx」を開き、「名簿.xlsx」の「名簿2TBL」のクエリをマージして、図のように両テーブルを1つにまとめてください。

●ヒント：まず、レッスン㉑を参考にして、「第12章_練習問題2.xlsx」の「名簿1TBL」からクエリを作成します。次にレッスン⑳を参考にして、［クエリのマージ］で「名簿2TBL」を「完全外部」として結合します。

練習用ファイル

第12章_練習問2.xlsx

2つのテーブルを「完全外部」でマージする

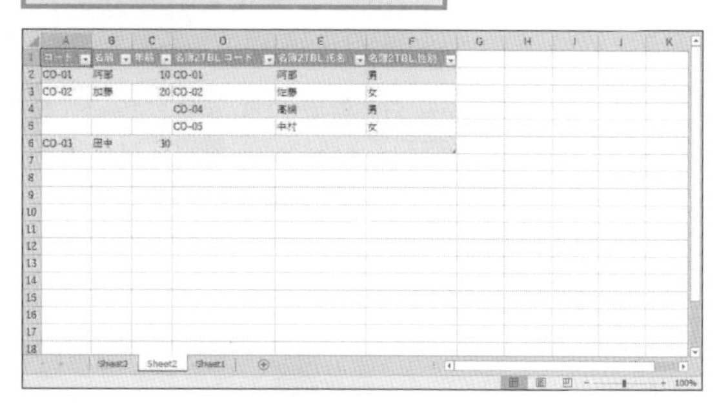

答えは次のページ

解 答

1

レッスン㊳の手順1～3を参考に、「売上データ.xlsx」の「売上TBL」をPower Queryエディターに取り込んでおく

レッスン㊳の手順5では、[第1四半期]を選択していますが、この代わりに[日付フィルター] - [月] - [1月]をクリックします。

2

レッスン㉑の手順1を参考に「名簿1TBL」を追加しておく

レッスン⑳の手順4～5を参考に、「名簿.xlsx」のテーブルから「名簿2TBL」を追加しておく

レッスン⑳の手順6～9を参考に、2つのテーブルを結合しておく

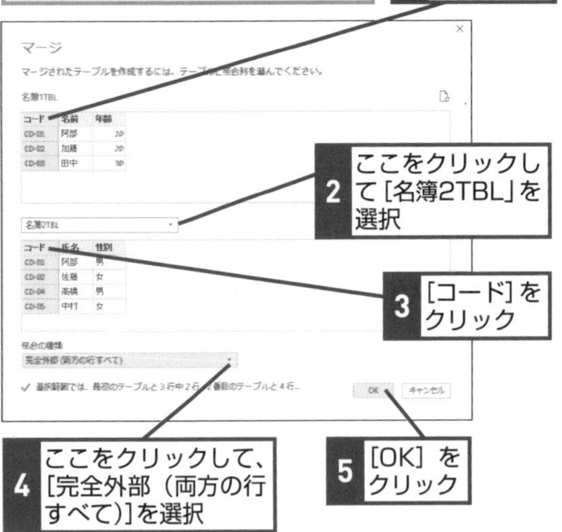

まず、「第12章_練習問題2.xlsx」のファイルを開いて、レッスン㉑を参考に、[テーブルまたは範囲から]を実行して、「名簿1TBL」を追加します。次にレッスン⑳の手順4以降を参考にして、「名簿2TBL」を追加して、[クエリのマージ]を実行します。[マージ]画面では、「名簿1TBL」と「名簿2TBL」の双方の「コード」列を照合列に設定し、[統合の種類]に[完全外部（両方の行すべて)]を選択します。「名簿2TBL」のフィールドは、すべての列を指定し、[元の列名をプレフィックスとして使用します]のチェックマークをオンにします。

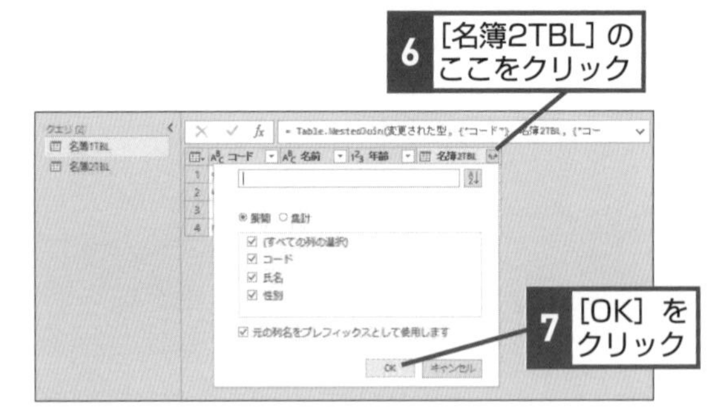

付録　Excelでよく使われるショートカットキー一覧

ショートカットキーで入力作業や操作が簡便化し、作業効率が格段に上がります。ただし、あまり使わない機能や覚えにくいものまで無理して覚える必要はありません。ここでは、よく使う機能を厳選し「覚え方」を明記しておきましたので、ぜひ活用してください。

編集と入力

ショートカットキー	機能	覚え方	備考
Ctrl＋Enterキー	選択範囲に同時入力	同時はCtrl	単独セルを選択している場合は、入力後にセルポインタが移動しない
Alt＋Enterキー	セル内改行	折るときはオルトキー	セル内の任意の文字位置で改行する
Ctrl＋:キー	作業時の時刻を入力	時刻の区切り記号の:	作業時の時刻の入力状態になる
Ctrl＋;キー	作業時の日付を入力	時刻とセットで覚える	作業時の日付の入力状態になる。スペース追加後、時刻のショートカットの利用もできる
Ctrl＋Dキー	下セルにコピー	DownのD	選択セルの上のセルを書式も含めてコピーする
Ctrl＋Rキー	右セルにコピー	RightのR	選択セルの左のセルを書式も含めてコピーする

セルの選択

ショートカットキー	機能	覚え方	備考
Ctrl＋Aキー	表全体を選択	AllのA	あらかじめ選択したセルを含む表全体を選択する。図形等と選択していた場合は、同種オブジェクトのすべてを選択する
Ctrl＋クリック	飛び飛びのセルを選択	同時はCtrl	クリックした任意のセルを選択範囲に加える
Shift＋クリック	連続したセルを選択	連続はShift	あらかじめ選択したセルと、[Shift] クリックしたセルまでの範囲を選択する
Ctrl＋矢印キー	連続データの切れ目セルを選択	同時はCtrl	連続したデータの最終セル、もしくは次の連続データの先頭セルを選択する
Shift＋矢印キー	選択範囲の拡大・縮小	連続はShift	あらかじめ選択したセルから押した矢印キーの方向に選択範囲を拡大・縮小する
Ctrl＋Gキー	[ジャンプ] ダイアログを表示	Go toのG	[ジャンプ] ダイアログの [セル選択] ボタンから「可視セル」などを指定できる

その他の機能

ショートカットキー	機能	覚え方	備考
Ctrl＋Cキー	コピー	CopyのC	選択範囲やオブジェクトをクリップボードにコピーする
Ctrl＋Vキー	貼り付け	Cキーの右隣	クリップボードの内容を貼り付ける
Ctrl＋Alt＋Vキー	形式を選択して貼り付け	貼り付けの拡張	[形式を選択して貼り付け] ダイアログを表示する。値貼り付けしたい場合などに便利
Ctrl＋Zキー	元に戻す	Ctrlキーに近い	[元に戻す] 機能を実行する
Ctrl＋Oキー	ファイルを開く	OpenのO	[ファイルを開く] 機能を実行する
Ctrl＋Sキー	上書き保存	SaveのS	最新Excelでは自動保存機能もあるが、それでも任意の時点で保存できるキーは覚えておきたい
Ctrl＋Wキー	ブックのみを閉じる	WindowのW	Excelを終了せずに、ブックのみを閉じることができる

用語集

Access（アクセス）
マイクロソフトが開発・発売しているデータベースソフト。大量のデータ抽出や集計、共有などに利用されている。インポートやエクスポートの機能を利用すれば、ExcelのデータベースをAccessで開いたり、AccessのデータベースをExcelで開いたりすることもできる。
→インポート、エクスポート、集計、抽出、データベース

CSV（シーエスブイ）
「Comma Separated Values」（カンマ区切り）の略で、データとデータの間を「,」（カンマ）で区切った形式のテキストファイルのこと。テキストファイルであるため汎用的に読み書きができ、異なるアプリ間でデータをやりとりする際に利用される。
→カンマ区切り、データベース、テキストファイル

PDF（ピーディーエフ）
Portable Document Formatの略。アドビが開発した電子文書のためのファイル形式のこと。Adobe Acrobat Reader DCなどの閲覧ソフトがあれば、コンピューターの環境を意識せずに、文書を印刷結果のイメージそのままで閲覧できる。文書をやりとりする際に広く利用されている。Excelではファイルを保存する際に、印刷イメージをPDF形式で保存することもできる。

Power Query（パワークエリ）
マイクロソフトが開発したデータ分析用アドインで、［データの取得と変換］から利用できる。基幹システム等から出力された大量のデータベースに対しても、必要なデータのみを加工してExcelのワークシートに出力できるのが大きな特徴。
→クエリ、データの取得と変換

SQL（エスキューエル）
リレーショナルデータベースを操作するための言語の1つ。Excelから外部データベースのデータを取り出す際にも、SQLのデータ照会用のコマンドである「SELECT文」が利用される場合がある。
→データベース、リレーショナルデータベース

VBA（ブイビーエー）
Visual Basic for Applicationsの略。プログラミング言語のVisual Basicをアレンジし、WordやExcelなどのマクロ機能を実現するために開発されたもの。

アイコンセット
アイコンは、文字による名称や説明の代わりに、記号化された単純な絵でその内容を表したもの。条件付き書式には、複数のアイコンの組み合わせを利用して、数値の大小や傾向を表すことができる「アイコンセット」も用意されている。
→条件付き書式

インポート
ほかのアプリで作成されたファイルを取り込んで利用できるようにすること。Excelでは、CSV形式のファイルなどをインポートできる。
→CSV

エクスポート
ほかのアプリでデータを取り込めるように、ファイルを別のファイル形式に変換して保存すること。Excelでは、CSV形式のファイルなどにエクスポートできるが、データをエクスポートする際には、オリジナルの書式などが失われる場合がほとんど。
→CSV

オートフィル
連続したセルに、セルの内容や書式をコピーできる機能。数値の連番や曜日などを簡単に入力できる。「1」「2」や「日」「月」などをセルに入力して、選択したセルの右下のフィルハンドルをドラッグするか、ダブルクリックすれば連続データを入力できる。

オートフィルター
フィールドを昇順や降順、特定のキーで並べ替えたり、条件を指定して特定のレコードを表示したりする機能。表をテーブルに変換すると、オートフィルターも利用できるようになる。各フィールド名の右に表示されるフィルターボタンをクリックして並べ替えやデータの抽出を実行する。
→キー、降順、昇順、抽出、並べ替え、フィールド、フィールド名、フィルターボタン、レコード

外部データ
Excelのブックにあるデータベースから見て、ハードディスクやネットワーク上に保存されているほかのファイルのこと。Excelでは、主にAccessなどのほかのデータベース形式のファイルやCSV形式のファイルなどを外部データとして扱う。
→Access、CSV、データベース

関数
書式に従って記述し、引数と呼ばれる値を受け取って、所定の処理を実行して結果を返す数式のこと。Excelでは、合計を計算するSUM関数が有名。関数には、数値を計算して結果を返すものだけでなく、文字列データを編集できるものもある。
→文字列データ

カンマ区切り
→CSV

カラースケール
条件付き書式で設定できる書式で、セルに入力されている数値の大きさに合わせて、セルの色をグラデーションで塗り分けることができる。
→条件付き書式

キー
Excelでは、並べ替えの際に基準にするフィールドのことを指す。データベースにおいては、フィールド名のことを「キー」と呼んでいる。→データベース、並べ替え、フィールド、フィールド名

逆ピボットテーブル
ピボットテーブルは、データベースからクロス集計表を作成することができるが、その逆に、クロス集計表からデータベース形式のデータへと変換すること。Power Queryの機能を利用して、実行することができる。
→Power Query、ピボットテーブル

クイック分析
Excelに用意されている関数やグラフ、ピボットテーブル、条件付き書式、スパークラインといった分析関連の機能を手軽に実行できる。セル範囲を選択したとき、右下に表示される［クイック分析］ボタンをクリックすると実行できる。
→関数、条件付き書式、スパークライン、テーブル、ピボットテーブル

クエリ
データベースを検索したり、更新したりするための命令のこと。リレーショナルデータベースでは、クエリの記述にはSQLが使われることが多い。
→SQL、データベース、リレーショナルデータベース

区切り位置
1列のデータをカンマや固定長で区切って、複数のフィールドに分割する機能のこと。［データ］タブの［区切り位置］ボタンをクリックして実行する。
→固定長、データ型、フィールド

検索
条件を指定して、データベースから目的のデータを見つけ出すこと。
→データベース

コード引き
コードとそれに対応する商品名などの一覧表を用意しておき、別のワークシートやブックでコードを入力することで、用意した一覧表から商品名などの別のフィールドのデータを取り出すこと。
→フィールド

降順
並べ替えの際などに指定する並び順の1つ。数値データの場合は値の大きい順、ふりがなのある漢字の場合は五十音の逆順、ふりがなを利用しない場合は文字コードの逆順に並ぶ。
→数値データ、並べ替え

構造化参照
テーブル内のセルやテーブル自体を参照するときの参照方法。例えば、［単価］フィールドと［ 数量］フィールドのかけ算を行うとき、「=G4*H4」の代わりに、「=[@単価] *[@数量]」のようにフィールド名で入力できる。これによって、数式の意味がより理解しやすくなる。また、複数のレコードの同じフィールドに数式を入力する場合に同じ数式をそのまま利用できる。
→テーブル、フィールド、フィールド名、レコード

項目行
→フィールド行

固定長
最初の項目は5文字、2番目の項目は10文字といったように、各項目の長さを固定して、一定になるように記述されているデータのこと。一定の長さに満たないデータの場合は、次の項目まで半角の空白文字が挿入される。

取得と変換
→データの取得と変換

集計
→小計

集計行
テーブルに表示できる集計行のこと。売り上げの「合計」や商品の「個数」など、対象とするフィールドに対して指定した方法で集計結果を表示できる。
→集計、テーブル、フィールド

用語集

主キー
リレーショナルデータベースにおいて、一意のレコードであることを識別するために指定するフィールドのこと。特定のコードや連番など、レコード間で重複しない値を持つフィールドを指定する。
→フィールド、リレーショナルデータベース、レコード

小計
Excelにおいて、[店舗名] や [商品名] [金額] などの基準を決めたフィールドの区切りごとに小計行を挿入する機能。あらかじめ基準にしたいフィールドで並べ替えを実行してから小計行を挿入する。[データ] タブの [小計] ボタンをクリックして実行する。なお、テーブルには、小計行を挿入できない。
→テーブル、並べ替え、フィールド

条件付き書式
条件を指定して、条件に合致した場合にセルに色を付けるといった書式を適用する機能のこと。自分で数式を指定して条件を設定するほか、セル内に横棒グラフを表示できる「データバー」、数値の大きさでセルの色を塗り分ける「カラースケール」、数値の大きさによって表示するアイコンを変化させる「アイコンセット」なども指定できる。
→アイコンセット、データバー

昇順
並べ替えのときなどに指定する並び順の1つ。数値データの場合は値の小さい順、ふりがなのある漢字の場合は五十音順、ふりがなを利用しない場合は文字コード順に並ぶ。
→数値データ、並べ替え

シリアル値
Excelが日付や時刻を管理している値のこと。Excelでは、1900年1月1日を「1」として、1日に1ずつ増やした連番で日付データが管理されている。セルの表示形式によって「43922」というシリアル値を「2020/4/1」という日付として表示できる。なお、時刻のシリアル値は、「1」日を「24（時間）×60（分）×60（秒）」で割った小数で示される。
→日付データ

数値データ
数字や小数点などだけで構成された値のこと。計算の対象にできる。

スパークライン
セル内に「折れ線」「縦棒」「勝敗」の各グラフを描画できる。「勝敗」グラフは、縦棒グラフをアレンジしたもので、例えば、「目標数値」を達成したかどうかがすぐに分かる。

選択リスト
リストをクリックして項目の一覧を表示させ、その中からデータを選択して入力できる仕組みのこと。Excelでは、[データの入力規則] ダイアログボックスで指定でき、フィールドやセルにあるデータを元の値として、一覧に表示できる。
→データの入力規則、フィールド

ソート
→並べ替え

タブ区切り
データとデータの間を「タブ」で区切った形式のテキストファイルのこと。タブで区切られたテキストのことを「タブ区切りテキスト」と呼ぶこともある。
→テキストファイル

抽出
データベースで特定の条件に該当するデータを、別のワークシートや別のブックに表示したり、ほかのセル範囲などに取り出したりすること。オートフィルターやフィルターオプションなどの機能を利用すると、条件に一致したデータや一致しないデータなど、さまざまな条件でデータを抽出できる。
→オートフィルター、データベース、フィルターオプション

重複レコード
同じデータが、複数行登録されているレコードのこと。売上データのように、同じ商品に関するデータが複数登録されているような状態を指すのではなく、本質的に同じデータが複数登録されている状態を指す。例えば、商品マスターには、同じ商品のデータは1件しか登録されないのが大原則となるが、複数件登録されてしまっているような状態を指す。
→ユニークデータ

データ型
データの種類のこと。一般に、計算に利用できる「数値型」、日付や時刻を示す「日付型」、文字列データとなる「文字列型」、オン・オフのような2値を示す「論理型」などがある。Excelでは、真（成立）を「TRUE」、偽（不成立）を「FALSE」とした論理値で扱える。
→文字列データ

データの取得と変換
Excel 2016から [データ] タブに用意された一連の機能のこと。それまで、Power Queryは別途アドインとして組み込むことで利用できたが、Excel 2016からは、[データの取得と変換] に用意されているボタンから直接利用できるようになった。
→Power Query

データの入力規則
条件に合致するデータしか、セルに入力できないようにする機能のこと。[データ]タブの[データの入力規則]ボタンをクリックして［データの入力規則］ダイアログボックスを表示する。［データの入力規則］ダイアログボックスでは、セルにデータを入力したときにメッセージを表示する設定や日本語入力のオン・オフ、入力モードの切り替えなどを設定できる。

データバー
条件付き書式で設定できる書式で、セルに入力されている数値の大きさに合わせて、セル内に直接、棒グラフを挿入できる。
→条件付き書式

データベース
大量のデータを一定の決まりを定めて蓄積し、効率よくデータを管理・活用できるようにしたもの。データベースを利用すれば、商品名や得意先ごとの売上金額を求めたり、指定した条件で集計したりすることが簡単にできる。
→集計

テーブル
フィールド（列）とレコード（行）で構成される表のこと。セル範囲をテーブルに変換すると、自動的に書式が設定され、フィールド名（項目名）にフィルターボタン（ ）が表示される。フィルターボタンを使ってデータの並べ替えや抽出をすぐに実行できるほか、集計行を追加して簡単にデータを集計できる。
→集計行、テーブル、抽出、並べ替え、フィールド、フィールド名、フィルターボタン、レコード

テーブル名
テーブルに設定される特別な名前のこと。標準の設定では、「テーブル1」のようなテーブル名が付くが、テーブル名は自由に変更できる。なお、Excelにおいては、セル範囲に付けられる「名前」と「テーブル名」は、別の機能として扱われる。
→テーブル、名前

トップテン
数値や数量のフィールドで、上位や下位の特定順位までに入るレコードを抽出する機能のこと。上位20位、下位30%といったレコードが取り出せる。対象のフィールドに同一の値のレコードがあるときは、指定した値より抽出件数が多くなったり、少なくなったりする。
→抽出、フィールド、レコード

名前
特定のセル範囲に任意の名称を付ける機能のこと。例えば、セルB4～B13のセル範囲に「コード」という名前を付けておくと、数式で「コード」と記述してセルB4～B13を参照できる。セル範囲の内容が分かりやすくなるほか、データを管理しやすくなる。

並べ替え
データベースのレコードを、指定したキーを基準にして並べ替えること。昇順や降順のほか、都道府県名など、別のワークシートに用意した任意の順序で並べ替えができる。複数の条件を指定すれば、「店舗ごとの売れ筋商品」や「商品ごとの売上金額が高い上位店舗」など、さまざまな角度からデータを検証できる。
→キー、降順、昇順、データベース、並べ替え、レコード

入力規則
→データの入力規則

排他制御
ネットワーク上のファイルなどは、複数人が同時にデータを更新するとデータベースの整合性が取れなくなる場合がある。これを防ぐために、誰かがデータを編集しているときに、ほかのユーザーが一時的にデータに書き込めないように制限する仕組みのこと。
→データベース

日付データ
Excelが日付として扱うデータのこと。Excelは「1900/1/1」を「1」として、それ以降の日付に1を加算する「シリアル値」という数値で日付を管理している。例えば、「2020/4/1」のシリアル値は「43922」となる。Excelでは、セルの表示形式の設定で、シリアル値が「日付」と分かるように画面に表示している。
→シリアル値

ピボットテーブル
データベースから、特定の項目を複数指定して集計できる機能のこと。データベースにある［商品名］や［得意先］などのフィールドをピボットテーブルの列や行の領域に配置して、項目を自由に入れ替えながら集計ができる。
→集計、データベース、フィールド

表記揺れ
「ユウゲンガイシャ」と「ユウゲンカイシャ」「株式会社」と「(株)」のように、本来同じ内容を表すデータが異なる表記方法で入力されていること。同じ「会社」という単位でも、表記が異なれば別のデータとして扱われてしまうので、データの整合性を保つために表記方法を統一する必要がある。

フィールド
データベースで「1、2、3」（No）や「松本 慎吾」（氏名）「102-0074」（郵便番号）など、フィールド名に沿って項目を入力する「列」のこと。→データベース、フィールド名

フィールド行
データベースで[No]や[会社名][部署名]などのフィールド（列）の内容を示す1行目の項目名のこと。通常は2行目以降のセルとは異なる書式を設定して、レコードと区別できるようにする。
→データベース、フィールド、レコード

フィールド名
フィールド行に入力する［No］や［会社名］［部署名］などのフィールド（列）の名前。各フィールドの内容を表す。
→フィールド、フィールド行

フィルター
→オートフィルター

フィルターオプション
データベースがあるワークシートとは別のワークシートやブックに抽出条件を用意し、より複雑な条件でレコードを抽出できる機能のこと。データを参照する［リスト範囲］と［検索条件範囲］［抽出範囲］の3つを設定する。
→抽出、データベース、レコード

フィルターボタン
テーブルのフィールド名から並べ替えや条件を設定して必要なレコードを抽出できるボタンのこと。表をテーブルに変換したときに表示される。並べ替えや抽出の前後でボタンの表示が異なる。
→抽出、テーブル、並べ替え、フィールド名、レコード

フォーム
広義には、1レコードの各フィールドを一定の書式でレイアウトした画面のこと。Excelでは、データの入力や検索ができるカード型の専用画面を指す。入力や検索に特化したフォームがあれば、データベースを直接開かなくてもいいので、データベースの管理者と利用者にとってメリットがある。
→検索、データベース、フィールド、レコード

文字列データ
一般に、数値以外の文字列で構成されるデータ。Excelの場合は、表示形式の設定により数値データが文字列として扱われる場合もある。
→数値データ

ユーザー設定リスト
例えば、日本全国の各都道府県名や「部長」「課長」「係長」「主任」などの役職名など、連続したデータをユーザーが登録できるリストのこと。ユーザー設定リストを登録しておくことで、それらの連続データをオートフィルで入力できたり、データの並べ替え順に指定することができるようになる。
→オートフィル、並べ替え

ユニークデータ
同じデータが存在しない、ユニーク（唯一）な状態になっているデータのこと。無重複データ。
→重複レコード

リレーショナルデータベース
現在、最も広く利用されているデータ管理方式に基づいて設計されたデータベース。データをフィールド（列）とレコード（行）で整理した上で、「ID」や「コード」などのキーとなるフィールドによって複数のデータベースを関連付けることで、各データベース間で簡単に結合や抽出ができる。
→キー、抽出、データベース、フィールド、レコード

レコード
名刺にある「会社名」「部署名」「氏名」「住所」「電話番号」「メールアドレス」などの項目のように、関連する1件分のデータのまとまりのこと。Excelでは、通常1件のレコードを、横1行で扱う。

列見出し
→フィールド名

ワイルドカード
文字による抽出条件を指定するときに、任意のあいまいな条件を指定する半角の記号のこと。文字数に関係なく特定の文字の代わりを指定するときは「*」（アスタリスク）、1文字分の代わりを指定するときには「?」（クエスチョン）を指定する。「東京都*区*」などと条件を指定すれば、東京都23区以外の住所を抽出できる。
→抽出

用語集

索　引

記号・数字

アルファベット

ア

カ

索引

できるサポートのご案内

できるシリーズの書籍の記載内容に関する質問を下記の方法で受け付けております。

電話　FAX　インターネット　封書によるお問い合わせ

質問の際は以下の情報をお知らせください

①**書籍名・ページ**
②書籍の裏表紙にある**書籍サポート番号**
③お名前　④電話番号
⑤質問内容（なるべく詳細に）
⑥ご使用のパソコンメーカー、機種名、使用OS
⑦ご住所　⑧FAX番号　⑨メールアドレス

※電話の場合、上記の①～⑤をお聞きします。
FAXやインターネット、封書での問い合わせについては、各サポートの欄をご覧ください。

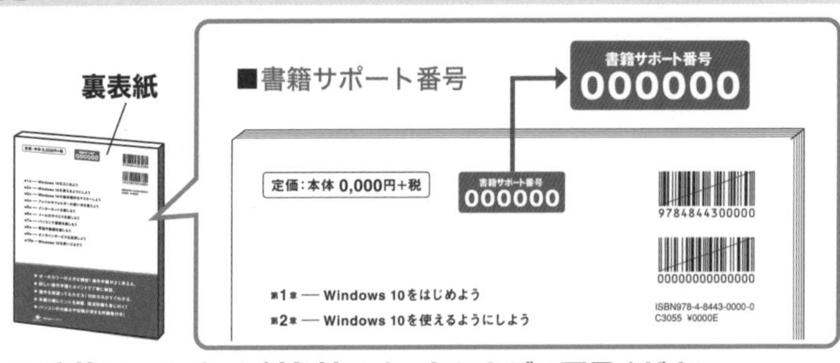

※裏表紙にサポート番号が記載されていない書籍は、サポート対象外です。なにとぞご了承ください。

回答ができないケースについて（下記のような質問にはお答えしかねますので、あらかじめご了承ください。）

- 書籍の記載内容の範囲を超える質問
  書籍に記載していない操作や機能、ご自分で作成されたデータの扱いなどについてはお答えできない場合があります。
- できるサポート対象外書籍に対する質問
- ハードウェアやソフトウェアの不具合に対する質問
  書籍に記載している動作環境と異なる場合、適切なサポートができない場合があります。
- インターネットやメールの接続設定に関する質問
  プロバイダーや通信事業者、サービスを提供している団体に問い合わせください。

サービスの範囲と内容の変更について

- 該当書籍の奥付に記載されている初版発行日から3年が経過した場合、もしくは該当書籍で紹介している製品やサービスについて提供会社によるサポートが終了した場合は、ご質問にお答えしかねる場合があります。
- なお、都合により「できるサポート」のサービス内容の変更や「できるサポート」のサービスを終了させていただく場合があります。あらかじめご了承ください。

電話サポート 0570-000-078（月～金 10:00～18:00、土・日・祝休み）

- **対象書籍をお手元に用意**いただき、**書籍名**と**書籍サポート番号**、**ページ数**、**レッスン番号**をオペレーターにお知らせください。確認のため、お客さまのお名前と電話番号も確認させていただく場合があります
- サポートセンターの対応品質向上のため、通話を録音させていただくことをご了承ください
- 多くの方からの質問を受け付けられるよう、1回の質問受付時間はおよそ15分までとさせていただきます
- 質問内容によっては、その場ですぐに回答できない場合があることをご了承ください
  ※本サービスは無料ですが、**通話料はお客さま負担**となります。あらかじめご了承ください
  ※午前中や休日明けは、お問い合わせが混み合う場合があります　※一部の携帯電話やIP電話からはご利用いただけません

FAXサポート 0570-000-079（24時間受付・回答は2営業日以内）

- 必ず上記①～⑧までの情報をご記入ください。メールアドレスをお持ちの場合は、メールアドレスも記入してください（A4の用紙サイズを推奨いたします。記入漏れがある場合、お答えしかねる場合がありますので、ご注意ください）
- 質問の内容によっては、折り返しオペレーターからご連絡をする場合もございます。あらかじめご了承ください
- FAX用質問用紙を用意しております。下記のWebページからダウンロードしてお使いください
  https://book.impress.co.jp/support/dekiru/

インターネットサポート https://book.impress.co.jp/support/dekiru/（24時間受付・回答は2営業日以内）

- 上記のWebページにある「できるサポートお問い合わせフォーム」に項目をご記入ください
- お問い合わせの返信メールが届かない場合、迷惑メールフォルダーに仕分けされていないかをご確認ください

封書によるお問い合わせ
（郵便事情によって、回答に数日かかる場合があります）

〒101-0051
東京都千代田区神田神保町一丁目105番地
株式会社インプレス できるサポート質問受付係

- 必ず上記①～⑦までの情報をご記入ください。FAXやメールアドレスをお持ちの場合は、ご記入をお願いいたします（記入漏れがある場合、お答えしかねる場合がありますので、ご注意ください）
- 質問の内容によっては、折り返しオペレーターからご連絡をする場合もございます。あらかじめご了承ください

本書を読み終えた方へ

できるシリーズのご案内

※1：当社調べ　※2：大手書店チェーン調べ

Office 関連書籍

できるExcel関数
Office 365/2019/2016/2013/2010対応

データ処理の効率アップに役立つ本

尾崎裕子&
できるシリーズ編集部
定価：本体1,580円+税

豊富なイメージイラストで関数の「機能」がひと目で分かる。実践的な作例が満載されているので、関数の「利用シーン」が具体的に学べる！

できるExcel マクロ&VBA
Office 365/2019/2016/2013/2010対応

作業の効率化&時短に役立つ本

小舘由典&
できるシリーズ編集部
定価：本体1,800円+税

「マクロ」と「VBA」を業務効率化に役立てる！ マクロの基本からVBAを使った一歩進んだ使い方まで丁寧に解説しているので、確実にマスターできる。

できるExcel ピボットテーブル
Office 365/2019/2016/2013対応

データ集計・分析に役立つ本

門脇香奈子&
できるシリーズ編集部
定価：本体2,300円+税

膨大なデータベースから欲しい情報を瞬時に引き出せる魔法の集計表「ピボットテーブル」の使いこなしがしっかり身に付く！

できるAccess 2019
Office 2019/Office 365両対応

広野忠敏&
できるシリーズ編集部
定価：本体1,980円+税

データベースの構築・管理に役立つ「テーブル」「クエリ」「フォーム」「レポート」が自由自在！　軽減税率に対応したデータベースが作れる。

テレワーク 関連書籍

できるテレワーク入門
在宅勤務の基本が身に付く本

法林岳之・清水理史&
できるシリーズ編集部
定価：本体1,580円+税

チャットやビデオ会議、クラウドストレージの活用や共同編集などの基礎知識が満載！　テレワークをすぐにスタートできる。

できるZoom
ビデオ会議が使いこなせる本

法林岳之・清水理史&
できるシリーズ編集部
定価：本体1,580円+税

事前設定やビデオ会議の始め方、ホワイトボードの活用など、Zoomを仕事に生かすための知識を幅広く解説。初めてでもビデオ会議を実践できる！

できるポケット テレワーク必携 Microsoft Teams全事典

株式会社
インサイトイメージ&
できるシリーズ編集部
定価：本体1,280円+税

ビデオ会議・チャット・ファイル共有などの機能を備えたビジネスコミュニケーションツール「Teams」を今日から使いこなせる！

読者アンケートにご協力ください！

https://book.impress.co.jp/books/1120101076

このたびは「できるシリーズ」をご購入いただき、ありがとうございます。
本書はWebサイトにおいて皆さまのご意見・ご感想を承っております。
気になったことやお気に召さなかった点、役に立った点など、
皆さまからのご意見・ご感想をお聞かせいただき、
今後の商品企画・制作に生かしていきたいと考えています。
お手数ですが以下の方法で読者アンケートにご回答ください。
ご協力いただいた方には抽選で毎月プレゼントをお送りします！

※プレゼントの内容については、「CLUB Impress」のWebサイト（https://book.impress.co.jp/）をご確認ください。

1 URLを入力して Enter キーを押す

2 ［アンケートに答える］をクリック

https://book.impress.co.jp/books/1120101076

アンケートに答える

※Webサイトのデザインやレイアウトは変更になる場合があります。

◆会員登録がお済みの方
会員IDと会員パスワードを入力して、［ログインする］をクリックする

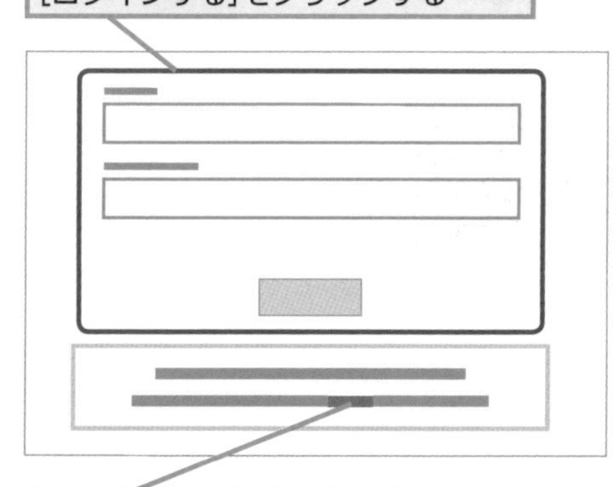

◆会員登録をされていない方
［こちら］をクリックして会員規約に同意してからメールアドレスや希望のパスワードを入力し、登録確認メールのURLをクリックする

本書のご感想をぜひお寄せください　https://book.impress.co.jp/books/1120101076

「アンケートに答える」をクリックしてアンケートにご協力ください。アンケート回答者の中から、抽選で**商品券（1万円分）**や**図書カード（1,000円分）**などを毎月プレゼント。当選は賞品の発送をもって代えさせていただきます。はじめての方は、「CLUB Impress」へご登録（無料）いただく必要があります。

読者登録サービス CLUB IMPRESS 登録カンタン 費用も無料！
アンケートやレビューでプレゼントが当たる！

本書の内容に関するお問い合わせは、無料電話サポートサービス「できるサポート」をご利用ください。詳しくは316ページをご覧ください。

■著者

早坂清志（はやさか きよし）

Mac版しか存在しない頃からExcelの解説書を執筆するなど、30年以上表計算ソフトに携わる。
現在は、医療機器メーカーでExcel VBAを用いた業務改善を推進する傍ら、書籍などの原稿執筆やVBA開発等を請け負う。『小さな会社のExcel VBA業務自動化アプリケーション作成・運用ガイド Windows 10、Excel 2016/2013/2010対応』（共著・翔泳社）など、著書多数。

STAFF

本文オリジナルデザイン　川戸明子
シリーズロゴデザイン　山岡デザイン事務所<yamaoka@mail.yama.co.jp>
カバーデザイン　株式会社ドリームデザイン
カバーモデル写真　PIXTA
本文イメージイラスト　ケン・サイトー
本文イラスト　松原ふみこ・福地祐子
DTP制作　町田有美・田中麻衣子

編集協力　高橋優海
デザイン制作室　今津幸弘<imazu@impress.co.jp>
　鈴木　薫<suzu-kao@impress.co.jp>
制作担当デスク　柏倉真理子<kasiwa-m@impress.co.jp>

編集制作　高木大地

デスク　進藤　寛< shindo@impress.co.jp >
編集長　藤原泰之< fujiwara@impress.co.jp >

オリジナルコンセプト　山下憲治

■落丁・乱丁本などの問い合わせ先
TEL　03-6837-5016　FAX　03-6837-5023
service@impress.co.jp
受付時間　10:00～12:00／13:00～17:30
（土日・祝祭日を除く）
●古書店で購入されたものについてはお取り替えできません。

■書店／販売店の窓口
株式会社インプレス 受注センター
TEL　048-449-8040　FAX　048-449-8041

株式会社インプレス 出版営業部
TEL　03-6837-4635

できるExcel データベース 入力・整形・分析の効率アップに役立つ本
2019/2016/2013 & Microsoft 365対応

2020年11月11日　初版発行

著　者　早坂清志&できるシリーズ編集部

発行人　小川 亨

編集人　高橋隆志

発行所　株式会社インプレス
〒101-0051　東京都千代田区神田神保町一丁目105番地
ホームページ　https://book.impress.co.jp/

印刷所　株式会社廣済堂
ISBN978-4-295-01028-9 C3055
Printed in Japan